广东封开黑石顶
省级自然保护区植物

雷纯义　区升华　凡　强　吴林芳　主编

華中科技大學出版社
http://press.hust.edu.cn
中国·武汉

图书在版编目（CIP）数据

广东封开黑石顶省级自然保护区植物 / 雷纯义等主编. -- 武汉 : 华中科技大学出版社, 2024. 11.
ISBN 978-7-5772-0948-7

Ⅰ. Q958.526.54

中国国家版本馆CIP数据核字第2024KN7448号

广东封开黑石顶省级自然保护区植物　　雷纯义 区升华 凡　强 吴林芳 主编

Guangdong Fengkai Heishiding Shengji Ziran Baohuqu Zhiwu

出版发行：华中科技大学出版社（中国·武汉）　　电话：（027）81321913
武汉市东湖新技术开发区华工科技园　　邮编：430223
出 版 人：阮海洪

策划编辑：段园园　　责任监印：朱　玢
责任编辑：陈　骏　郭娅辛　　装帧设计：段自强

印　刷：湖北金港彩印有限公司
开　本：1020 mm × 1440 mm　1/16
印　张：30.75
字　数：797千字
版　次：2024年11月 第1版 第1次印刷
定　价：498.00元

投稿热线：13710226636（微信同号）
本书若有印装质量问题，请向出版社营销中心调换
全国免费服务热线：400-6679-118 竭诚为您服务

主编

雷纯义 区升华 凡　强 吴林芳

副主编

莫刚毅 黄木养 黄萧洒 邓焕然

参编人员
（按姓名音序排列）

曹洪麟 陈接磷 陈素芳 陈志晖 冯慧喆 黄金钊
黄银龙 黄中福 黄中杰 孔新荣 李步杭 李广源
李金威 李绮恒 李伟锋 廖文波 林建均 林兆廷
龙双连 聂楚明 童毅华 吴健梅 杨凌寒 杨诗敏
叶华谷 叶志平 张　蒙 赵万义 植秀飞

编写单位

广州林芳生态科技有限公司
广东封开黑石顶省级自然保护区管理处
中山大学

前言

广东封开黑石顶省级自然保护区（以下简称“保护区”）的前身是于1979年批准设立的封开县黑石顶天然阔叶林保护区，1995年12月，经广东省人民政府批准正式晋升为省级自然保护区，是广东省较早建立的自然保护区之一。保护区位于广东省肇庆市封开县，总面积为3264.54 hm^2。

保护区地处云开山脉余脉，北回归线穿越保护区核心区，具有极高的保护价值。境内群山环绕，地质历史悠久，溪流众多，优越的自然地理环境孕育着茂密的南亚热带常绿阔叶林森林生态系统，其间分布有成片的原生性较强的天然老龄林、各类珍稀濒危动植物资源和生态资源。

保护区属云开山系黄冈山脉，一般海拔150~700 m，最低海拔80 m，主峰黑石顶海拔927.4 m。保护区的地势大致以最高峰黑石顶为原点向北和向西倾斜。保护区位于北回归线上，属南亚热带季风气候，具有温暖湿润、光照充足、雨量丰沛等气候特点。同时，因地处粤西山区，为云开山系和南岭山系的连接带，是太平洋东南季风的迎风坡，山地屏障作用显著。保护区海拔相对高差847 m，具有一定的垂直植被亚带。马尾松针阔混交林主要分布于海拔300 m以下丘陵坡地；海拔300~800 m为南亚热带常绿阔叶林，其中海拔500~600 m的山地以蕈树林为主；海拔700 m以上的山脊带以苦竹、稀树灌丛与山顶灌草丛为主。

本次综合科学考察时间为2021年至2023年，在总结保护区历史资料的基础上，共记录野生维管植物1728种，其中国家二级保护野生植物36种，分别为长柄石杉、华南马尾杉、福建观音座莲、金毛狗、大叶黑桫椤、黑桫椤、桫椤、苏铁蕨、百日青、福建柏、穗花杉、金耳环、华重楼、短萼黄连、金线兰、建兰、墨兰、深圳香荚兰、独蒜兰、八角莲、格木、肥荚红豆、光叶红豆、花榈木、云开红豆、茸荚红豆、软荚红豆、木荚红豆、合柱金莲木、红椿、伯乐树、紫荆木、条叶猕猴桃、巴戟天、驼峰藤、山橘；广东省重点保护野生植物11种，分别为观光木、广东石豆兰、乐昌虾脊兰、石仙桃、半枫荷、紫背天葵、鼎湖细辛、走马胎、大苞白山茶、银钟花、乌檀。为了对本区已开展的调查活动进行阶段性总结，同时也为保护区工作人员的日常保护管理工作提供参考资料，我们编写了《广东封开黑石顶省级自然保护区植物》一书。根据目前分子进化与系统发育学发展趋势，本书的分类处理主要参考《中国生物物种名录》2022版（http://www.sp2000.org.cn/）。科、属系统的编排主要采用基于分子数据建立的现代流行分类系统，即蕨类植物按PPG Ⅰ系统（2016），裸子植物按GPG Ⅰ系统（Christenhusz，2011），被子植物按APG Ⅳ系统（2016）。其中，部分科、属因其所包含的属下类群地位调整较大，目前观点不一或资料不全等原因，综合参照《中国维管植物科属志》（李德铢，2020）、《广东高等植物红色名录》（王瑞江，2022）和*Flora of China*（2004—2013）所列。本书以简短的文字描述植物的特征、分类，并配以彩色照片；在中文名称后的括号里附有该种所隶的属，属后面的蓝色字体为该种的别名；书后附有中文名称和学名索引，旨在方便读者查阅。

本书是广东封开黑石顶省级自然保护区、中山大学、中国科学院华南植物园和广州林芳生态科技有限公司各位成员共同努力的结果。本书在编写和出版过程中得到了广东省林业局，肇庆市和封开县各级党委、人民政府等单位的支持和帮助。同时，得到了许多黑石顶植物爱好者的大力支持。在此，谨向各位照片拍摄者、协助者、支持者表示衷心的感谢。由于受水平和时间所限，本书难免存在一些不足之处，敬请广大读者提出宝贵意见。

编委会

2024年6月

目录

一、蕨类植物

P1 石松科 Lycopodiaceae

长柄石杉（石杉属）千层塔

Huperzia javanica **(Sw.) C. Y. Yang**

一年生土生草本。茎直立，等二叉分枝。不育叶疏生，平伸，阔椭圆形至倒披针形，基部明显变窄，长 10~25 mm，宽 2~6 mm，叶柄长 1~5 mm。孢子叶稀疏，平伸或稍反卷，椭圆形至披针形，长 7~15 mm，宽 1.5~3.5 mm。

生于林下、路边，海拔 300~900 m。产于中国西南、华南、华中和华东地区。

石松（石松属）

Lycopodium japonicum **Thunb.**

多年生土生植物。匍匐茎细长横走，2~3 回分叉，绿色，被稀疏的叶；侧枝直立，高达 40 cm，多回二叉分枝，稀疏，压扁状。叶螺旋状排列，密集，上斜，披针形或线状披针形，长 4~8 mm，基部下延，无柄，边缘全缘。孢子囊穗 3~8 个集中生长于长达 30 cm 的总柄；孢子囊穗直立，长 2~8 cm，具 1~5 cm 长的柄；孢子叶阔卵形，长 2.5~3 mm，先端具芒状长尖头，边缘膜质，啮蚀状，纸质；孢子囊生于孢子叶腋，圆肾形，黄色。

生于海拔 100~600 m 的林下、灌丛下、草坡、路边或岩石上。产于除中国东北、华北以外的其他地区。

藤石松（藤石松属）石子藤石松

Lycopodiastrum casuarinoides **(Spring) Holub ex R.D. Dixit**

大型土生植物。地上主茎木质藤状，具疏叶；叶螺旋状排列，贴生，卵状披针形至钻形，长 1.5~3 mm，无柄，全缘，具 1 膜质长芒或芒脱落。不育枝柔软，黄绿色，多回不等位二叉分枝。能育枝柔软，红棕色，小枝扁平，多回二叉分枝。孢子囊穗生于孢子枝顶端，排列成圆锥形，长 1~4 cm，红棕色；孢子叶阔卵形，覆瓦状排列，长 2~3 mm，具膜质长芒，边缘具不规则钝齿；孢子囊圆肾形，黄色。

生于海拔 100~600 m 的林下、林缘、灌丛下或沟边。产于中国华东、华南、华中、西南大部分省区。

垂穗石松（石松属）铺地蜈蚣

Palhinhaea cernua **(L.) Vasc. et Franco**

中型至大型土生植物，主茎直立，高达 60 cm，圆柱形，光滑无毛，多回不等位二叉分枝；主茎上的叶螺旋状排列，钻形至线形，基部圆形，下延，无柄，先端渐尖，边缘全缘，中脉不明显，纸质。侧枝上斜，多回不等位二叉分枝，有毛或光滑无毛；侧枝及小枝上的叶螺旋状排列，钻形至线形，基部下延，无柄，先端渐尖，边缘全缘，表面有纵沟。孢子囊穗单生于小枝顶端，短圆柱形，成熟时通常下垂，淡黄色，无柄；孢子叶卵状菱形，覆瓦状排列；孢子囊生于孢子叶腋，内藏，圆肾形，黄色。

生于海拔 100~900 m 的林下或灌丛下。产于中国江西、福建、湖南、广东、香港、广西、海南、四川、重庆、贵州、云南、西藏等地。

华南马尾杉（马尾杉属）
***Phlegmariurus austrosinicus* (Ching) L. B. Zhang**

中型附生蕨类。茎簇生，成熟枝下垂，二至多回二叉分枝，长 20~70 cm。叶螺旋状排列。营养叶平展或斜向上开展，椭圆形，基部楔形，下延，有明显的柄，有光泽，顶端圆钝，中脉明显，革质，全缘。孢子囊穗比不育部分略细瘦，非圆柱形，顶生。孢子叶椭圆状披针形，排列稀疏，基部楔形，先端尖，中脉明显，全缘。孢子囊生在孢子叶腋，肾形，2 瓣开裂，黄色。

附生于海拔 700~900 m 的林下岩石上。中国特有种，产于江西、广东、香港、广西、四川、贵州、云南。模式标本采自广西兴安。

薄叶卷柏（卷柏属）
***Selaginella delicatula* Alston**

土生，近直立，基部横卧，高 35~50 cm。主茎自中下部羽状分枝，无关节，侧枝 5~8 对，1 回羽状分枝，或基部 2 回。叶交互排列，二型，表面光滑，背部不呈龙骨状，边缘全缘，具狭窄的白边，不分枝主茎上的叶较大，一型。中叶窄椭圆形或镰形，长 1.8~2.4 mm，基部斜，边缘全缘。侧叶长圆状卵形，长 3~4 mm，先端具微齿。孢子叶穗四棱柱形，单生于小枝末端，长 5~15 mm；孢子叶一型，宽卵形，边缘全缘，具白边。

林下土生或生于阴处岩石上，海拔 100~600 m。产于中国澳门、安徽、重庆、福建、广东、广西、贵州、海南、湖北、湖南、江西、四川、台湾、香港、云南、浙江。

P3 卷柏科 Selaginellaceae

二形卷柏（卷柏属）异型卷柏
***Selaginella biformis* A. Braun ex Kuhn**

土生或石生，常绿，直立或匍匐，高 15~45 cm，主茎不分枝，长 10~30 cm，上部羽状，呈复叶状。茎近四棱柱形，具沟槽，侧生分枝密集，4~7 对，2 回羽状。叶长交互排列，二型。主茎上的叶远生，较大，一型，带红色或绿色，卵形。中叶卵形，长 0.8~1.4 mm，叶尖具芒，基部偏心形。侧叶长圆镰形，长 1.8~3.2 mm，叶尖急尖，基部扩大或圆形。孢子叶穗四棱柱形，单生于小枝末端，长 5~15 mm；孢子叶一型。

生于林下阴湿地或岩石上，海拔 100~500 m。产于中国云南、广东、广西、贵州、海南、香港、云南。

深绿卷柏（卷柏属）多德卷柏
***Selaginella doederleinii* Hieron.**

土生，近直立，基部横卧，高 25~45 cm。主茎下部开始分枝，无关节，侧枝 3~6 对，2~3 回羽状分枝。叶交互排列，二型，纸质，边缘有细齿，不具白边。中叶先端具芒或尖头，基部钝，长 1.1~2.7 mm，背部明显龙骨状隆起，先端具尖头或芒。侧叶长圆状镰形，略斜升，长 2.3~4.4 mm，上侧基部覆盖小枝。孢子叶穗紧密，四棱柱形，单个或成对生，长 5~30 mm；孢子叶一型，卵状三角形，白边不明显，先端龙骨状。

林下土生，海拔 200~600 m。产于中国安徽、重庆、福建、广东、贵州、广西、湖南、海南、江西、四川、台湾、香港、云南、浙江。

疏松卷柏（卷柏属）

Selaginella effusa Alston

土生或石生，直立，高 10~45 cm。根托着生主茎的上部及下部，自主茎分叉处下方生出，根多分叉，被毛。主茎自下部开始羽状分枝，不呈“之”字形，禾秆色，茎近方形，具沟槽，无毛；侧枝 3~10 对，2~3 回羽状分枝，小枝规则，分枝无毛，背腹压扁。叶全部交互排列，二型，膜质，表面光滑，非全缘。孢子叶穗紧密，单生于小枝末端；孢子叶明显二型，倒置，不具白边，上侧的孢子叶镰形，具孢子叶翼，下侧的孢子叶卵状披针形，龙骨状；大孢子叶分布于孢子叶穗下部。大孢子黄白色；小孢子浅黄色。

生于荫处岩石上或林下土生，海拔 200~800 m。产于中国广东、广西、贵州、西藏、云南。

粗叶卷柏（卷柏属）

Selaginella trachyphylla Hieron.

土生，匍匐，上部斜生，高 25~45 cm，无匍匐根状茎或游走茎。根托只生于主茎的中部以下，由茎上分枝的腋处下面生出。主茎自下部开始羽状分枝，不呈“之”字形，无关节，禾秆色，茎卵圆形或近方形，不具沟槽。2~3 回羽状分枝，分枝无毛，背腹压扁。叶上表面有刺突，无虹彩，边缘不为全缘，不具白边。孢子叶穗紧密，四棱柱形，单生于小枝末端，或成对；孢子叶一型，卵状三角形，边缘有细齿；白边不明显，先端渐尖；大孢子叶分布于孢子叶穗下部的下侧。大孢子白色；小孢子淡黄色。

林下土生，海拔 150~350 m。产于中国广西、广东、贵州、香港。

兖州卷柏（卷柏属）

Selaginella involvens(Sw.) Spring

石生，直立，高 15~45 cm。主茎中部向上分枝，无关节，侧枝 7~12 对，2~3 回羽状分枝。叶交互排列，二型，纸质较厚，背部略呈龙骨状，不具白边，主茎上的叶较大，略一型，鞘状，边缘有细齿。中叶边缘有细齿，先端具芒，长 0.6~1.2 mm。侧叶卵圆形到三角形，长 1.4~2.4 mm，边缘具细齿，基部覆盖小枝，下侧边缘全缘。孢子叶穗四棱柱形，单生，长 5~15 mm；孢子叶一型，卵状三角形，边缘具细齿，不具白边，锐龙骨状。

生于岩石上，或附生树干上，海拔 250~600 m。产于中国湖南、香港、安徽、重庆、福州、甘肃、广东、广西、贵州、海南、河南、湖北、江西、陕西、四川、台湾、西藏、云南、浙江。

翠云草（卷柏属）

Selaginella uncinata (Desv.) Spring

土生，主茎先直立而后攀援状，长 50~100 cm。主茎自近基部分枝，无关节，侧枝 5~8 对，2 回羽状分枝。叶交互排列，二型，草质，表面具虹彩，边缘全缘，白边明显，主茎上的叶较大，二型。中叶卵圆形，长 1.0~2.4 mm，背部不呈龙骨状，先端长渐尖，基部钝。侧叶长圆形，长 2.2~3.2 mm，先端急尖，上侧基部不覆盖小枝。孢子叶穗四棱柱形，单生，长 5.0~25 mm；孢子叶一型，卵状三角形，具白边，先端龙骨状。大孢子灰白色或暗褐色；小孢子淡黄色。

生于林下，海拔 50~700 m。产于中国安徽、重庆、福建、广东、广西、贵州、湖北、湖南、江西、陕西、四川、陕西、香港、云南、浙江。中国特有种，其他国家也有栽培。

剑叶卷柏（卷柏属）

Selaginella xipholepis **Baker**

土生或石生，匍匐，直立能育茎高 5~10 cm，无游走茎。直立茎为不规则的羽状分枝，不呈“之”字形，无关节，禾秆色，茎圆柱状，光滑无毛；侧枝 2~3 对，1~2 次分叉，分枝稀疏，无毛。叶全部交互排列，二型，草质，表面光滑，非全缘，略具白边。孢子叶穗紧密，单生小枝末端或成对孢生；孢子叶二型或略二型，倒置，白边不明显，上侧的孢子叶长圆状镰形，下侧的孢子卵状披针形；大孢子叶分布于孢子叶穗下部的下侧，大、小孢子叶相间排列，或下侧全为大孢子叶。大孢子橘黄色；小孢子橘红色。

生于山坡或岩石上，成片分布，海拔 400~900 m。产于中国福建、广西、广东、江西、香港。

P4 木贼科 Equisetaceae

节节草（木贼属）

Equisetum ramosissimum **Desf.**

中小型植物。地上枝多年生。枝一型，高 20~60 cm，节间长 2~6 cm，绿色，主枝多在下部分枝，常形成簇生状。主枝有脊 5~14 条，有一行小瘤或有浅色小横纹；鞘筒狭长达 1 cm；鞘齿 5~12 枚，三角形，边缘膜质，背部弧形，宿存。侧枝较硬，有脊 5~8 条，脊上平滑或有一行小瘤或有浅色小横纹；鞘齿 5~8 个，披针形，宿存。孢子囊穗短棒状或椭圆形，长 0.5~2.5 cm，顶端有小尖突，无柄。

海拔 100~600 m。中国广泛分布。

笔管草（木贼属）

Equisetum ramosissimum **Desf. subsp. *debile* (Roxb. ex Vaucher) Hauke**

大中型植物。枝一型。高达 60 cm，节间长 3~10 cm，绿色，成熟主枝分枝较少。主枝有脊 10~20 条，有一行小瘤或有浅色小横纹；鞘筒短；鞘齿 10~22 枚，狭三角形，膜质，早落或有时宿存。侧枝较硬，有脊 8~12 条，脊上有小瘤或横纹；鞘齿 6~10 个，披针形，较短，膜质，早落或宿存。孢子囊穗短棒状或椭圆形，长 1~2.5 cm，顶端有小尖突，无柄。

海拔 100~600 m。产于中国陕西、甘肃、山东、江苏、上海、安徽、浙江、江西、福建、台湾、河南、湖北、湖南、广东、香港、广西、海南、四川、重庆、贵州、云南、西藏。

P6 瓶尔小草科 Ophioglossaceae

瓶尔小草（瓶尔小草属）箭蕨

Ophioglossum vulgatum **L.**

根状茎短而直立，具一簇肉质粗根，如匍匐茎一样向四面横走，生出新植物。叶通常单生，总叶柄长 6~9 cm，深埋土中，下半部为灰白色，较粗大。营养叶为卵状长圆形或狭卵形，先端钝圆或急尖，基部急剧变狭并稍下延，无柄，微肉质到草质，全缘，网状脉明显。孢子叶长 9~18 cm 或更长，较粗健，自营养叶基部生出，孢子穗先端尖，长度远超出于营养叶。

生于林下，海拔 300~500 m。产于中国湖北、四川、陕西南部、贵州、云南、台湾、西藏。

P7 合囊蕨科 Marattiaceae

福建观音座莲（观音座莲属）莲座蕨
Angiopteris fokiensis **Hieron.**

植株高 1.5 m 以上。根状茎块状，直立。叶柄粗壮，长约 50 cm。叶片宽广，长 60 cm 以上；羽片 5~7 对，互生，长 50~60 cm，基部不变狭，羽柄长 2~4 cm，奇数羽状；小羽片 35~40 对，对生或互生，具短柄，长 7~9 cm，宽 1~1.7 cm，披针形，基部几圆形，下部小羽片较短，顶生小羽片有柄，叶缘具浅三角形锯齿。叶草质，两面光滑。叶轴光滑，腹部具纵沟，羽轴具狭翅。孢子囊群棕色，长圆形，长约 1 mm，距叶缘 0.5~1 mm，由 8~10 个孢子囊组成。

生于林下溪沟边。产于中国福建、湖北、贵州、广东、广西、香港。

P8 紫萁科 Osmundaceae

紫萁（紫萁属）
Osmunda japonica **Thunb.**

植株高 50~80 cm。叶簇生，直立，柄长 20~30 cm，禾秆色，幼时被密茸毛，不久脱落；叶片长 30~50 cm，宽 25~40 cm，顶部一回羽状，其下为二回羽状；羽片 3~5 对，对生，长 15~25 cm，基部一对稍大，有柄，奇数羽状；小羽片 5~9 对，对生或近对生，无柄，长 4~7 cm，宽 1.5~1.8 cm，顶生小羽片有柄，边缘具细锯齿。叶纸质，无毛。孢子叶同营养叶等高，羽片和小羽片均短缩，小羽片线形，长 1.5~2 cm，沿中肋两侧背面密生孢子囊。

生于林下或溪边酸性土上。广泛分布于中国，北起山东，南达广东、广西，东至东海，西迄云南、贵州、四川，向北至秦岭南坡。

狭叶紫萁（羽节紫萁属）
Plenasium angustifolium **(Ching) A. E. Bobrov**

根状茎粗大而直立，初生时连同叶柄被有红棕色的茸毛，后变光滑或几光滑。叶簇生，直立，暗棕色或淡禾秆色，坚硬，光亮，叶片长 25~35 cm，宽约 15 cm，长圆形，钝头，一回奇数羽状；侧生羽片 12~18 对，顶生的羽片同形，线形或线状披针形，向基部渐变狭，基部一对几不缩短。叶为厚纸质或近革质，两面光滑。叶脉每组 6 条，下先出，由各枝二叉分枝而成，上下两面均显凸。羽片基部以上 2~6 对为不育，中部 3~5 对为能育，深棕色，孢囊群内有红棕色的茸毛混生，后几变光滑。

生于潮湿山谷或溪沟边。产于中国海南、台湾、广东、香港。

华南羽节紫萁（羽节紫萁属）华南紫萁
Plenasium vachellii **(Hook.) C. Presl**

植株高达 1 m。叶簇生；柄长 20~40 cm，棕禾秆色；叶片长圆形，长 40~90 cm，宽 20~30 cm，一型，但羽片为二型，一回羽状；羽片 15~20 对，近对生，有短柄，长 15~20 cm，宽 1~1.5 cm，顶生小羽片有柄，边缘全缘。叶厚纸质，两面光滑。下部数对羽片为能育，生孢子囊，羽片紧缩为线形，宽仅 4 mm，中肋两侧密生圆形分开的孢子囊穗，深棕色。

生于草坡和溪边阴处酸性土上，最耐火烧。产于中国香港、海南、广东、广西、福建、贵州、云南。

P9 膜蕨科 Hymenophyllaceae

广西长筒蕨（长片蕨属）

***Abrodictyum obscurum* Ebihara & K. Iwats. var. *siamense* (Christ) K. Iwats.**

植株高 10~12 cm。叶簇生；叶柄灰褐色，圆柱形，上面有浅沟，光滑，顶端有狭翅；叶片长圆状卵形，三回羽状分裂；羽片互生或几对生，无柄，斜向上，3~5 对，向上部渐缩短，羽状深裂，羽轴有狭翅；小羽片楔状匙形；末回裂片细长。叶脉叉状分枝，暗褐色，两面均明显，末回裂片有小脉 1 条。叶薄草质，半透明。叶轴暗褐色，光滑无毛，全部有翅。孢子囊群顶生于向轴的末回裂片上，通常每一羽片有 2~3 个；囊苞短漏斗状；囊群托长而突出，粗大，黑褐色。

生于山谷中林下阴湿岩石上。产于中国广西、广东、海南。

翅柄假脉蕨（假毛蕨属）长柄假脉蕨

***Crepidomanes latealatum* (Bosch) Copel.**

植株高 5~10 cm。根茎丝状，横走，密被褐色短毛。叶疏生，叶柄短，暗绿褐色，基部黑褐色被短毛，几全部有翅；叶片长卵形或宽披针形，长 2~5 cm，宽 1~2 cm，二回羽裂；羽片 3~6 对，无柄；末回裂片长圆状线形，长 3~4 mm，宽约 0.8 mm，4~6 对，极斜上，密接，全缘，具浅波状褶皱；叶脉叉状分枝，叶缘与叶脉间有数条断续的且与叶脉斜行的假脉；叶薄膜质。孢子囊群顶生于向轴裂片，每裂片有 2~5 个；囊苞椭圆形，长约 1.2 mm，基部稍窄，两侧有窄翅，口部浅裂为 2 唇瓣；囊托突出囊苞口外。

生于山地林下岩石上，海拔 800~900 m。产于中国广东、广西、四川、贵州、云南等地。

长柄蕗蕨（膜蕨属）圆锥蕗蕨、多花蕗蕨

***Hymenophyllum polyanthos* Bedd.**

植株高 3~5 cm。根状茎纤细，深褐色，长而横走，几光滑，下面疏生纤维状的根。叶远生；叶柄纤细，深褐色，全部有翅达到基部；叶片三角状卵形，二回羽裂；羽片 5~7 对，互生，斜卵形；裂片 2~8 个，互生，长圆形至长圆状线形，先端钝头并常有浅缺刻，单一或通常分叉。叶脉叉状分枝，两面稍隆起，褐色，末回裂片有小脉 1~2 条。叶为薄膜质，干后为浅褐色。叶轴及羽轴深褐色，稍曲折，全部均有翅。孢子囊群位于叶片上部 1/3，各部裂片均能育；囊苞卵形，尖头，全缘，唇瓣深裂几达基部。

生于溪边的岩石上。产于中国广东。

P12 里白科 Gleicheniaceae

芒萁（芒萁属）铁芒萁

***Dicranopteris pedata* (Houtt.) Nakaike**

植株通常高 45~100 cm。叶远生，柄长 24~56 cm；叶轴一至二（三）回二叉分枝，一回羽轴长约 9 cm，被暗锈色毛，渐变光滑，二回羽轴长 3~5 cm；腋芽密被锈黄色毛；各回分叉处两侧均有一对托叶状羽片，生于一回分叉处的羽片长 9.5~16.5 cm，生于二回分叉处的羽片较小；末回羽片长 16~23.5 cm，尾状，篦齿状深裂几达羽轴；裂片 35~50 对，长 1.5~2.9 cm。叶纸质，下面灰白色，沿脉疏被锈色毛。孢子囊群圆形，一列。

生于强酸性土的荒坡或林缘。产于中国江苏、浙江、江西、安徽、湖北、湖南、贵州、四川、福建、台湾、广东、香港、广西、云南。

中华里白（里白属）
***Diplopterygium chinense* (Rosenst.) De Vol**

植株高约 3 m。根状茎横走，深棕色，密被棕色鳞片。叶片巨大，二回羽状；叶柄深棕色，密被红棕鳞片，后几变光滑；羽片长圆形，长约 1 m；小羽片互生，多数，长 14~18 cm，羽状深裂；裂片互生；中脉上面平，下面凸起，侧脉两面凸起明显。叶坚质，上面绿色，沿小羽轴被分叉的毛，下面灰绿色，沿中脉、侧脉及边缘密被星状柔毛，后脱落。叶轴褐棕色，初密被红棕色鳞片。孢子囊群圆形，一列，位于中脉和叶缘之间，稍近中脉，着生于基部上侧小脉上，由 3~4 个孢子囊组成。

生于山谷溪边或林中，有时成片生长。产于中国福建、广东、广西、贵州、四川。

里白（里白属）
***Diplopterygium glaucum* (Thunb. ex Houtt.) Nakai**

植株高约 1.5 m。根状茎横走，被鳞片。叶草质，上面绿色，下面灰白色，羽轴棕绿色，沿小羽轴及中脉疏被锈色短星状毛，后变无毛；柄长约 60 cm，粗约 4 mm，暗棕色；一回羽片对生，具短柄，长 55~70 cm，长圆形，中部最宽，18~24 cm，向顶端渐尖，基部稍变狭；小羽片 22~35 对，几无柄，线状披针形，顶端渐尖，基部不变狭，截形，羽状深裂；裂片 20~35 对，互生，几平展，长 7~10 mm，宽 2.2~3 mm，钝头，基部汇合，缺刻尖狭，边缘全缘，干后稍内卷；中脉上面平，下面凸起，侧脉两面可见，10~11 对，叉状分枝，直达叶缘。孢子囊群圆形，中生，生于上侧小脉上，由 3~4 个孢子囊组成。

生于林下阴处，海拔 100~900 m。产于中国浙江、湖北、四川、福建、台湾、江西、广东、广西、贵州、云南。

P13 海金沙科 Lygodiaceae

曲轴海金沙（海金沙属）
***Lygodium flexuosum* (L.) Sw.**

植株高达 7 m。三回羽状；羽片对生于叶轴上的短距上，距端有一丛淡棕色柔毛。羽片长圆三角形，长 16~25 cm，羽轴略向左右弯曲，一回小羽片 3~5 对，基部一对最大，长 9~10.5 cm，下部羽状；末回裂片 1~3 对，近无柄，基部一对长 1.2~5 cm，宽 1~1.5 cm，向上的羽片渐短，顶端一片特长，叶缘有细锯齿。叶草质，小羽轴两侧有狭翅和棕色短毛。孢子囊穗长 3~9 mm，线形，棕褐色，无毛，小羽片顶部通常不育。

生于疏林中，海拔 100~600 m。产于中国广东、海南、广西、贵州、云南等省区。

海金沙（海金沙属）狭叶海金沙
***Lygodium japonicum* (Thunb.) Sw.**

植株高攀达 1~4 m。叶轴上面有 2 条狭边，羽片对生于叶轴上的短距两侧。端有一丛黄色柔毛复盖腋芽。不育羽片长宽几相等，10~12 cm，二回羽状；一回羽片 2~4 对，互生，基部一对长 4~8 cm；二回小羽片 2~3 对，互生，掌状三裂；末回裂片中央 1 条长 2~3 cm。叶纸质。两面沿中肋及脉上略有短毛。能育羽片长宽几相等，12~20 cm，二回羽状；一回小羽片 4~5 对，互生，长 5~10 cm，二回小羽片 3~4 对，羽状深裂。孢子囊穗长 2~4 mm，暗褐色，无毛。

产于中国江苏、浙江、安徽、福建、台湾、广东、香港、广西、湖南、贵州、四川、云南、陕西。

小叶海金沙（海金沙属）斑鸠窝、扫把藤

Lygodium microphyllum **(Cav.) R. Br.**

植株蔓攀，高达 5~7 m。叶轴纤细如铜丝，二回羽状；羽片对生于叶轴的距上，距端密生红棕色毛。不育羽片生于叶轴下部，长 7~8 cm，奇数羽状，小羽片 4 对，互生。边缘有矮钝齿。叶薄草质，两面光滑。能育羽片长 8~10 cm，通常奇数羽状，小羽片三角形或卵状三角形，钝头，长 1.5~3 cm。孢子囊穗 5~8 对，线形，一般长 3~5 mm，黄褐色，光滑。

生于溪边灌木丛中，海拔 100~200 m。产于中国福建、台湾、广东、香港、海南、广西、云南。

镰羽瘤足蕨（瘤足蕨属）

Plagiogyria falcata **Copel.**

根状茎短粗，弯生。叶多数簇生。不育叶的柄长 14~16 cm，锐三角形，草质，棕绿色；叶片长 35~45 cm，宽 9~10 cm，长披针形，羽状深裂几达叶轴；羽片 50~55 对，平展，互生，相距约 1 cm，缺刻狭而略向上弯，中部狭披针形，微向上弯，渐尖头，基部不对称，下侧略圆，上侧阔而上延，或以狭翅沿叶轴汇合。叶脉斜出，由基部以上分叉，小脉纤细而明显，直达叶边。叶为草质，干后绿色，光滑，叶轴下面为尖三角形。能育叶较高，柄长 30~35 cm；羽片线形，长 3~4 cm，无柄。

生于山地林下溪沟中。产于中国福建、广东、广西、浙江、安徽、贵州、台湾。

P21 瘤足蕨科 Plagiogyriaceae

瘤足蕨（瘤足蕨属）镰叶瘤足蕨、贴生瘤足蕨

Plagiogyria adnata **(Blume) Bedd.**

不育叶的柄长 13~17 cm，灰棕色；叶片长 30~38 cm，宽 18~22 cm，向顶部为深羽裂的渐尖头；羽片 20~25 对，平展，互生，相距约 1.5 cm；披针形，渐尖头，长 8~10 cm，宽约 1.2 cm；基部上侧略与叶轴合生，向顶部的羽片逐渐缩短，基部沿叶轴以狭翅汇合，边缘全缘。仅向顶部有钝锯齿。叶脉斜出，二叉，两面明显。叶为草质，干后棕绿色。能育叶较高，柄长 28~34 cm；叶片长约 20 cm；羽片长 8~10 cm，线形，有短柄，急尖头。

生于森林中潮湿处，海拔 500~900 m 的热带地区。产于中国长江以南地区。

P22 金毛狗蕨科 Cibotiaceae

金毛狗（金毛狗属）黄毛狗、猴毛头

Cibotium barometz **(L.) J. Sm.**

根状茎粗大，顶端生出一丛大叶，柄长达 120 cm，棕褐色，基部被有一大丛垫状的金黄色长茸毛，有光泽；叶片长达 180 cm，三回羽状分裂；一回小羽片长约 15 cm，互生，有小柄，羽状深裂；末回裂片线形，长 1~1.4 cm，边缘有浅锯齿。叶为革质或厚纸质，有光泽，下面为灰白或灰蓝色，两面光滑；孢子囊群 1~5 对，生于下部的小脉顶端，囊群盖坚硬，棕褐色，两瓣状，成熟时张开如蚌壳；孢子为三角状的四面形，透明。

生于山麓沟边及林下阴处酸性土上，海拔 200~700 m。产于中国云南、贵州、四川、广东、广西、福建、台湾、海南、浙江、江西、湖南。

P25 桫椤科 Cyatheaceae

大叶黑桫椤（桫椤属）
Alsophila gigantea **Wall. ex Hook.**

植株高 2~5 m，有主干，直径达 20 cm；叶型大，长达 3 m，叶柄长 1 m，乌木色，粗糙，疏被头垢状的暗棕色短毛，基部、腹面密被棕黑色鳞片；叶片三回羽裂，叶轴下部乌木色，粗糙；羽片平展，有短柄，长圆形，长 50~60 cm；小羽片约 25 对，互生，条状披针形，长约 10 cm，小羽轴上面被毛，下面疏被小鳞片，裂片 12~15 对；叶脉下面可见，小脉 6~7 对，有时多达 8~10 对；叶为厚纸质，下面灰褐色，两面均无毛。孢子囊群位于主脉与叶缘之间，排列成“V”形，无囊群盖，隔丝与孢子囊等长。

通常生于溪沟边的密林下，海拔 600~900 m。产于中国云南、广西、广东、海南。

小黑桫椤（桫椤属）
Gymnosphaera metteniana **(Hance) Tagawa**

植株高 1.5~2 m。根状茎短而直立，或斜升，密被褐棕色的线状披针形鳞片。叶簇生；柄长 80~100 cm，红棕色或紫黑色，基部密被鳞片，具疣突；叶片长 80~120 cm，三回羽裂；羽片互生，椭圆披针形，长 40~50 cm，宽 12~22 cm；小羽片 20~25 对，互生，几无柄，椭圆形，深羽裂，基部裂片通常不分离；裂片椭圆形，边缘有疏钝齿；叶脉明显，每裂片有小脉 5~7 对，单一或偶有二叉；叶纸质，两面疏被针状长毛。孢子囊群着生于小脉中部，无盖，隔丝与孢子囊等长。

生于林下沟旁。产于中国广东、台湾、福建、江西、贵州、四川、云南。

桫椤（桫椤属）结脉黑桫椤、鬼桫椤
Alsophila spinulosa **(Wall. ex Hook.) R. M. Tryon**

乔木状蕨类，高达 6 m，茎干直径 10~20 cm。叶螺旋状排列于茎顶端；叶柄长 30~50 cm；叶片大，长矩圆形，长 1~2 m，宽 0.4~1.5 m，三回羽状深裂。孢子囊群孢生于侧脉分叉处，靠近中脉，有隔丝，囊托突起；囊群盖球形，薄膜质，外侧开裂，易破，成熟时反折覆盖于主脉上面。

生于山地溪旁或疏林中，海拔 260~700 m。产于中国福建、台湾、广东、海南、香港、广西、贵州、云南、四川、重庆、江西。

黑桫椤（桫椤属）结脉黑桫椤、鬼桫椤
Gymnosphaera podophylla **(Hook.) Copel.**

植株高 1.5~3 m，茎干有或无。叶簇生；柄乌木色或紫红色，有光泽，粗糙或略有小尖刺，基部略膨大并被黑色长鳞片；叶片长 2~3 m，一至二回羽状；羽片互生，斜展，有柄，椭圆披针形，长 30~55 cm，中部宽 10~18 cm，先端长渐尖；小羽片约 20 对，对生，近平展，有短柄，线状披针形；叶脉两面均隆起，侧脉斜向上，3~4 对，相邻两侧的基部对小脉通常靠拢或联结；叶坚纸质，无毛；叶轴及羽轴下面粗糙，上面被棕色短毛。孢子囊群着生于小脉近基部，在小羽轴两侧各有 2~3 行，无盖及隔丝。

生于山谷林下、溪边灌丛中，海拔 100~500 m。产于中国台湾、福建、香港、广东、广西、贵州、云南。

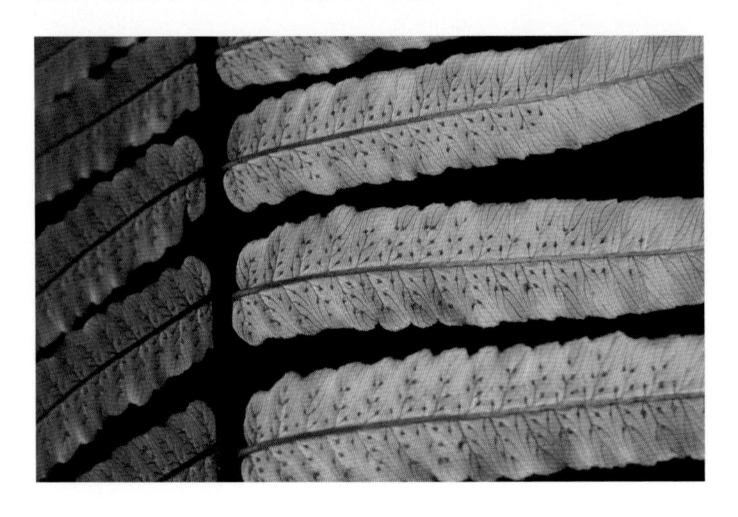

P29 鳞始蕨科 Lindsaeaceae

陵齿蕨（鳞始蕨属）鳞始蕨

Lindsaea cultrata **(Willd.) Sw.**

植株高 20 cm。叶近生，直立；叶柄长 4~10 cm，禾秆色，有光泽，仅基部有鳞片；叶片线状披针形，长 10~15 cm，一回羽状；羽片 17~30 对，互生，有短柄，长 8~10 cm，近先端处上弯，长 8~10 mm，有缺刻，长 8~9 mm。叶草质，干后绿色；叶轴光滑。孢子囊群沿羽片上部边缘着生，每缺刻有一个囊群，横跨于 2~3 条小脉顶端；囊群盖横线形，边缘啮蚀状。

生于林下。产于中国台湾、福建、江西、湖南、广东、广西、贵州、四川、云南。

团叶鳞始蕨（鳞始蕨属）

Lindsaea orbiculata **(Lam.) Mett. ex Kuhn**

植株高达 30 cm。叶近生；叶柄长 5~11 cm，栗色，光滑；叶片线状披针形，长 15~20 cm，一回羽状，下部常二回羽状；羽片 20~28 对，有短柄，长 9 mm；在二回羽状植株上，其基部一对或数对羽片伸出，呈线形，长可达 5 cm，一回羽状，其小羽片与上部各羽片相似而较小。叶草质，叶轴有四条棱。孢子囊群长线形；囊群盖线形，棕色，膜质，几达叶缘。

生于林下溪边湿地，海拔 200~600 m。产于中国台湾、福建、广东、海南、广西、贵州、四川、云南。

钱氏鳞始蕨（鳞始蕨属）

Lindsaea chienii **Ching**

植株高 40 cm。根状茎横走，直径约 2 mm，密被红棕色的钻形小鳞片。叶几近生；叶柄长 15~26 cm，栗红色，有光泽，除基部疏被鳞片外，通体光滑；叶片三角形，长 11~14 cm，宽约 7 cm，二回羽状，上部 1/4~1/2 为一回羽片；基部羽片近对生，向上为互生，斜上，接近，几无柄，下部羽片 4~6 对一回羽状，顶部羽状浅裂，渐尖头；小羽片 7~8 对，边缘有宽短、截形的小裂片，着生孢子囊群。孢子囊群长圆线形，每小羽片有 5~7 个，短，生于 1~2 条细脉顶端；囊群盖膜质，灰绿色，宽 0.5 mm，离边缘近。

生于林中，海拔 150~600 m。产于中国广东、广西、云南。

乌蕨（乌蕨属）乌韭

Odontosoria chinensis **J. Sm.**

植株高达 65 cm。叶近生，叶柄长达 25 cm，有光泽；叶片披针形，长 20~40 cm，宽 5~12 cm，四回羽状；羽片 15~20 对，互生，有短柄，卵状披针形，长 5~10 cm，下部三回羽状；末回小羽片小，倒披针形，先端截形，有齿牙，基部楔形，下延，其下部小羽片常再分裂。叶坚草质，通体光滑。孢子囊群边缘着生，每裂片上 1~2 枚，顶生；囊群盖灰棕色，革质，半杯形，与叶缘等长，宿存。

生于林下或灌丛中阴湿地，海拔 200~600 m。产于中国浙江、福建、台湾、安徽、江西、广东、海南、香港、广西、湖南、湖北、四川、贵州、云南。

P30 凤尾蕨科 Pteridaceae

扇叶铁线蕨（铁线蕨属）

Adiantum flabellulatum **L.**

植株高 20~45 cm。根状茎密被棕色有光泽的披针形鳞片。叶簇生；柄长 10~30 cm，紫黑色，有光泽；叶片扇形，长 10~25 cm，二至三回不对称的二叉分枝，中央羽片奇数一回羽状；小羽片 8~15 对，互生，长 6~15 mm，具短柄，半圆形（能育的），或斜方形（不育的）。叶干后近革质，两面均无毛；各回羽轴及小羽柄上面均密被红棕色短刚毛，下面光滑。孢子囊群每羽片 2~5 枚，横生于裂片上缘和外缘，以缺刻分开；囊群盖宿存。

生于阳光充足的酸性红、黄壤上，海拔 100~600 m。产于中国台湾、福建、江西、广东、海南、湖南、浙江、广西、贵州、四川、云南。

毛轴碎米蕨（碎米蕨属）

Cheilanthes chusana **Hook.**

植株高 10~30 cm。根状茎被栗黑色披针形鳞片。叶簇生，柄长 2~5 cm，亮栗色，密被红棕色披针形鳞片以及少数短毛，叶轴具棕色粗短毛；叶片长 8~25 cm，二回羽状全裂；羽片 10~20 对，几无柄，中部羽片最大，长 1.5~3.5 cm，下侧斜出，深羽裂；裂片边缘有圆齿；下部羽片略渐缩短，基部一对三角形羽片。叶干后草质，绿色或棕绿色，两面无毛。孢子囊群圆形，生小脉顶端，位于裂片的圆齿上，每齿 1~2 枚；囊群盖肾形，黄绿色，宿存。

生于路边、林下或溪边石缝中，海拔 100~600 m。产于中国河南、甘肃、陕西、江苏、浙江、安徽、江西、湖南、湖北、四川、贵州、广西。

假鞭叶铁线蕨（铁线蕨属）细柄书带蕨

Adiantum malesianum **J. Ghatak**

植株高 15~20 cm。根状茎短而直立，密被棕色鳞片，通体被多细胞的节状长毛；叶片长 12~20 cm，中部宽约 3 cm，一回羽状；羽片约 25 对，无柄，基部一对羽片不缩小，近团扇形；裂片 5~6 对；羽轴与叶柄同色，密被同样的长硬毛，叶轴先端往往延长成鞭状，落地生根，进行无性繁殖。每孢子囊群有羽片 2~5 枚；囊群盖圆肾形，宿存。

生于山坡灌丛下岩石上或石缝中。产于中国广东、海南、广西、湖南、贵州、四川、云南。

书带蕨（书带蕨属）细柄书带蕨

Haplopteris flexuosa **(Fée) E. H. Crane**

植株高 20~40 cm。根状茎横走，密被黑褐色披针形鳞片。叶簇生，近无柄，狭线形，长 20~40 cm，宽 3~6 mm，先端渐尖，基部长渐狭而成狭翅，全缘，干后略反卷；中脉上面不明显或稍凹入，下面隆起，小脉不明显；叶硬革质，叶边反卷，干后灰棕色或棕绿色。孢子囊群着生于近叶缘内的浅沟中，远离中脉，浅沟内缘隆起。隔丝多数，先端倒圆锥形，长宽近相等，亮褐色。孢子长椭圆形，无色透明，单裂缝，表面具模糊的颗粒状纹饰。

生于树干上或岩石上，海拔 600~800 m。产于中国广东、海南、香港、台湾、贵州、云南。

线羽凤尾蕨（凤尾蕨属）

Pteris arisanensis Tagawa

植株高 1~1.5 m。根状茎先端被黑褐色鳞片。叶簇生；柄约与叶片等长，光滑；叶片长 50~70 cm，二回深羽裂（或基部三回深羽裂）；侧生羽片 5~15 对，近无柄，长 15~28 cm，先端长尾尖，篦齿状深羽裂，基部一对羽片基部下侧有 1 片篦齿状羽裂的小羽片；裂片 25~35 对，互生，长 2~3 cm，宽 5~8 mm，全缘。羽轴两侧的翅宽 6~10 mm。相邻裂片基部相对的两小脉在缺刻底部开口或相交成一高尖三角形。叶干后近革质，绿色、黄绿色或棕绿色，无毛。

生于密林下或溪边阴湿处，海拔 100~600 m。产于中国台湾、广东、海南、广西、贵州、云南。

疏羽半边旗（凤尾蕨属）

Pteris dissitifolia Baker

植株高 1~1.5 m。叶簇生；叶片卵状长圆形，长 35~50 cm，宽 25~30 cm，二回羽状或二回半边羽状深裂；侧生羽片 5~8 对，下部 1~2 对羽片通常两侧均为深羽裂，下侧基部的裂片有时在其下侧再一次篦齿羽裂；中部的羽片往往仅下侧为深羽裂，上侧全缘或仅上部深羽裂；上部羽片仅下侧深羽裂，上侧全缘；裂片 8~10 对，互生或近对生，间隔宽约 1 cm，基部下侧明显下延，在叶轴两侧形成不连续的阔翅。

生于林缘疏阴处。产于中国云南、广东、海南。

刺齿半边旗（凤尾蕨属）

Pteris dispar Kunze

植株高 30~80 cm。根状茎斜向上。叶簇生，近二型；柄长 15~40 cm，与叶轴均为栗色，有光泽；叶片长卵形，长 25~40 cm，宽 15~20 cm，二回深羽裂或二回半边深羽裂，顶生羽片披针形，篦齿状羽裂几达叶轴，侧生羽片 5~8 对，披针形，先端尾状渐尖，两侧或仅下侧深羽裂几达羽轴，裂片下侧的较上侧的略长，以基部下侧一片最长，不育叶缘有长尖刺状的锯齿；羽轴下面隆起，基部栗色，向上禾秆色，上有纵沟，纵沟两侧有啮蚀状的翅状狭边，侧脉明显，小脉直达锯齿的软骨质刺尖头。叶草质，干后绿色，无毛。

生于山谷疏林下酸性土壤上，海拔 100~600 m。产于中国长江以南地区。

剑叶凤尾蕨（凤尾蕨属）

Pteris ensiformis Burm.

植株高 30~50 cm。根状茎被黑褐色鳞片。叶密生，二型；柄长 10~30 cm，光滑；叶长 10~25 cm，羽状，羽片 3~6 对，对生，上部的无柄，下部的有短柄；不育叶长 2.5~3.5（8）cm，小羽片 2~3 对，对生，无柄，基部下侧下延，上部具尖齿；能育叶的羽片通常为 2~3 叉，中央的分叉最长，下部两对羽片有时羽状，小羽片 2~3 对，狭线形，基部下侧下延，先端不育的叶缘有密尖齿，余均全缘；侧脉密接，通常分叉。叶无毛。

生于林下或溪边酸性土壤上，海拔 150~500 m。产于中国浙江、江西、福建、台湾、广东、广西、贵州、四川、云南。

傅氏凤尾蕨（凤尾蕨属）金钗凤尾蕨

Pteris fauriei **Hieron.**

植株高50~90 cm。根状茎先端密被鳞片。叶簇生；柄长30~50 cm，光滑；叶片长25~45 cm，二回深羽裂（或基部三回深羽裂）；侧生羽片3~8对，几无柄，镰刀状披针形，长13~23 cm，先端具线状尖尾，篦齿状深羽裂，顶生羽片较宽，具2~4 cm长的柄，最下一对羽片基部下侧有1片小羽片，略短；裂片20~30对，中部的裂片长1.5~2.2 cm，全缘。羽轴纵沟两旁有针状扁刺。叶无毛。孢子囊群线形，沿裂片边缘延伸；囊群盖线形，全缘，宿存。

生于林下沟旁的酸性土壤上，海拔100~600 m。产于中国台湾、浙江、福建、江西、湖南、广东、广西、云南。

井栏边草（凤尾蕨属）凤尾草、铁脚鸡

Pteris multifida **Poir.**

植株高30~45 cm。根状茎先端被黑褐色鳞片。叶密而簇生，明显二型；不育叶柄长15~25 cm，光滑；叶片长20~40 cm，一回羽状，羽片常3对，无柄，线状披针形，长8~15 cm，叶缘有尖锯齿及软骨质的边，下部1~2对通常分叉，上部羽片基部显著下延，在叶轴两侧形成宽3~5 mm的狭翅；能育叶有较长的柄，羽片4~6对，狭线形，长10~15 cm，仅不育部分具锯齿，余均全缘。叶干后草质，暗绿色，无毛。

生于墙壁上、井边及石灰岩缝隙或灌丛下，海拔100~600 m。产于中国河北、山东、河南、陕西、四川、贵州、广西、广东、福建、台湾、浙江、江苏、安徽、江西、湖南、湖北。

全缘凤尾蕨（凤尾蕨属）三角眼凤尾蕨

Pteris insignis **Mett. ex Kuhn**

植株高1~1.5 m。根状茎先端被黑褐色鳞片。叶簇生；柄长60~90 cm，近基部疏被脱落的黑褐色鳞片；叶片长50~80 cm，一回羽状；羽片6~14对，线状披针形，全缘，具软骨质的边，长16~20 cm，下部的羽片不育，基部一对羽片有时具一短小的分叉，顶生羽片同形，有柄。叶厚纸质，灰绿色至褐绿色，无光泽，无毛；叶轴浅褐色。孢子囊群线形，着生于能育羽片的中上部，羽片先端不育；囊群盖线形，灰白色或灰棕色，全缘。

生于山谷中阴湿的密林下或水沟旁，海拔200~600 m。产于中国浙江、江西、福建、湖南、广东、海南、广西、贵州、云南。

半边旗（凤尾蕨属）半边蕨、单片锯

Pteris semipinnata **L.**

植株高35~100 cm。根状茎先端及叶柄基部被褐色鳞片。叶簇生，近一型；叶柄长15~55 cm，栗红色，光滑；叶片长15~50 cm，二回半边深裂；顶生羽片长10~18 cm，先端尾状，裂片6~12对，长2.5~5 cm，基部下延达下一对裂片；侧生羽片4~7对，长5~15 cm，先端长尾头，上侧仅有一条阔翅，几不分裂，下侧深羽裂，裂片3~6片，长1.5~5 cm，不育裂片的叶有尖锯齿，能育裂片仅顶端具1~3个尖锯齿。羽轴具狭翅边。叶干后草质，灰绿色，无毛。

生于林下、溪边酸性土壤上，海拔100~500 m。产于中国台湾、福建、江西、广东、广西、湖南、贵州、四川、云南。

蜈蚣凤尾蕨（凤尾蕨属）蜈蚣草、圆羊齿、鳞盖凤尾蕨
***Pteris vittata* L.**

植株高 20~150 cm。根木质，密被黄褐色鳞片。叶簇生；柄坚硬，长 10~30 cm，深禾秆色至浅褐色，幼时密被鳞片，后渐稀疏；叶片倒披针状长圆形，一回羽状；侧生羽片多数（可达 40 对），下部羽片较疏离；基部羽片仅为耳形，中部羽片狭长形，上侧耳片较大并常覆盖叶轴，不育的叶缘有微细而均匀的密锯齿。主脉下面隆起，侧脉纤细，单一或分叉。叶干后薄革质，暗绿色，无光泽，无毛；叶轴禾秆色，疏被鳞片。在成熟的植株上除下部缩短的羽片不育外，几乎全部羽片均能育。

常生长于石隙或墙壁上，以及钙质土或石灰岩上，海拔 100~900 m，从不生于酸性土壤。广泛分布于中国热带和亚热带地区，以秦岭南坡为其在中国分布的北方界线。

栗蕨（栗蕨属）
***Histiopteris incisa* (Thunb.) J. Sm.**

植株高约 2 m。根状茎长而横走，粗壮，密被栗褐色鳞片。叶大，疏生；柄长约 1 m；叶片三角形或长圆状三角形，长 50~100 cm，2~3 回羽状；羽片对生，基部有托叶状的小羽片 1 对，一回羽状或二回深羽裂；羽片多数，对生，下部 1~3 对较大，一回羽状或深羽裂达小羽轴；裂片 6~9 对，对生，通常 2 对较大，间隔与裂片等宽或较宽，全缘或羽裂达 1/2，边缘波状或具波状圆齿。叶脉网状，网眼五角形或六角形，两面显。叶干后草质或纸质，上面褐绿色，下面灰绿色或浅灰色，均无毛。

生于林下，海拔 400~900 m。产于中国台湾、广东、海南、广西、云南。

P31 碗蕨科 Dennstaedtiaceae

碗蕨（碗蕨属）
***Dennstaedtia scabra* (Wall. ex Hook.) T. Moore**

根状茎长而横走，红棕色，密被棕色透明的节状毛，叶疏生；柄长 20~35 cm，红棕色或淡栗色，下面圆形，上面有沟。叶片长 20~29 cm，宽 15~20 cm，三角状披针形或长圆形，下部三至四回羽状深裂，中部以上三回羽状深裂；羽片 10~20 对，基部一对最大，长 10~14 cm，二至三回羽状深裂；一回小羽片 14~16 对，长圆形；二回小羽片阔披针形，深裂；末回小羽片全绿或 1~2 裂，小裂片钝头，无锯齿。叶脉羽状分叉，不达到叶边。先端有纺锤形水囊。叶坚草质，干后棕绿色。孢子囊群圆形，位于裂片的小脉顶端；囊群盖碗形，灰绿色，略有毛。

生于林下或溪边，海拔 700~900 m。产于中国台湾、广西、贵州、云南、四川、湖南、江西、浙江。

姬蕨（姬蕨属）
***Hypolepis punctata* Bedd.**

根状茎长而横走，密被棕色节状长毛。叶疏生，柄长 22~25 cm，粗糙有毛。叶片长 35~70 cm，宽 20~28 cm，长卵状三角形，三至四回羽状深裂，顶部为一回羽状；羽片 8~16 对，密生灰色腺毛，2~3 回羽裂；一回小羽片 14~20 对，一至二回羽状深裂；二回羽片 10~14 对，羽状深裂达中脉 1/2~2/3 处；末回裂片长 5 mm 左右，钝头；下面中脉隆起，侧脉羽状分枝，直达锯齿。叶坚草质或纸质。孢子囊群圆形，生于小裂片基部两侧或上侧近缺刻处，中脉两侧 1~4 对；囊群盖由锯齿反卷而成，棕绿色或灰绿色，不变质，无毛。

生于溪边阴处，海拔 500~900 m。产于中国长江以南地区。

华南鳞盖蕨（鳞盖蕨属）
Microlepia hancei **Prantl**

根状茎横走。叶远生，柄长 30~40 cm，基部粗 2.5~4 mm，棕禾秆色或棕黄色，除基部外无毛，略粗糙，稍有光泽。叶片长 50~60 cm，中部宽 25~30 cm，先端渐尖，卵状长圆形，三回羽状深裂，羽片 10~16 对，互生，柄短（长 3 mm），两侧有狭翅，相距 8~10 cm，几平展，基部一对略短，长约 10 cm，基部宽 5 cm 左右，长三角形，中部的长 13~20 cm，宽 5~8 cm，阔披针形，二回羽状深裂。孢子囊群圆形，生于小裂片基部上侧近缺刻处；囊群盖近肾形，膜质，灰棕色，偶有毛。

产于中国福建、台湾、广东、香港、海南。

边缘鳞盖蕨（鳞盖蕨属）
Microlepia marginata **(Houtt.) C. Chr.**

植株高约 60 cm。叶远生；叶柄长 20~30 cm，深禾秆色，上面有纵沟，几光滑；叶片羽状深裂，长 20~30 cm，一回羽状；羽片 20~25 对，基部对生，上部互生，有短柄，长 10~15 cm，基部上侧钝耳状，下侧楔形，边缘缺裂至浅裂，小裂片三角形，偏斜，上部各羽片渐短，无柄。叶纸质，叶轴密被锈色开展的硬毛。孢子囊群圆形，每小裂片上 1~6 个，向边缘着生；囊群盖杯形，棕色，坚实，多少被短硬毛，距叶缘较远。

生于林下或溪边，海拔 300~500 m。产于中国江苏、安徽、江西、浙江、台湾、福建、广东、海南、广西、湖南、湖北、贵州、四川、云南。

虎克鳞盖蕨（鳞盖蕨属）
Microlepia hookeriana **(Wall.) C. Presl**

植株高达 80 cm。叶远生；柄长 20~30 cm，褐禾秆色，叶柄与叶轴密被灰棕色柔毛；叶片阔披针形，长 40~50 cm，宽 10~15 cm，一回羽状；羽片 23~28 对，对生或上部的互生，下部的有短柄，平展，镰状披针形，先端渐尖，上下两侧均多少呈耳形，上侧的较大，边缘有波状圆齿；叶脉明显，侧脉斜展，二叉（基部一对多为羽状）；叶草质，叶下面的叶脉上均被淡灰色长柔毛，叶上面于主脉密被褐色柔毛，小脉上仅有 1~2 根疏长毛，叶肉无毛。孢子囊群生于小脉顶端，近边缘着生，排成整齐的 1 行；囊群盖杯形，坚实，光滑，宿存。

生于林下溪边或阴湿处，海拔 100~600 m。产于中国广东、海南、台湾、福建、香港、广西、云南。

粗毛鳞盖蕨（鳞盖蕨属）
Microlepia strigosa **(Thunb.) C. Presl**

植株高达 1 m。叶远生；柄长 20~30 cm，深禾秆色，疏被灰棕色短毛或近光滑；叶片卵状披针形，长 45~60 cm，宽 20~30 cm，中部最宽，先端渐尖并为一回羽状，向下为二回羽状；羽片 12~25 对，互生或基部的对生或近对生，长 12~20 cm，基部不对称，上侧近截形而略呈耳形，下侧楔形，一回羽状；小羽片 20~30 对，近无柄，近菱形，基部上侧近截形，下侧楔形并下延，全缘或有浅钝齿；叶脉两面明显，在裂片上为羽状，有小脉 3~7 对，二叉；叶纸质，轴脉两面均被淡黄色毛。孢子囊群小，近缘生，每裂片 3~6 对；囊群盖圆肾形或浅杯形，无毛或被疏毛。

生于林下石灰岩上。产于中国长江以南地区。

岩穴蕨（稀子蕨属）
***Monachosorum maximowiczii* (Baker) Hayata**

叶簇生，常向四面倒伏，柄长 5~10 cm，红棕色，光滑，草质；叶片长 15~30 cm，长线状披针形，向基部变狭，叶轴顶端常伸长成一鞭形，一回羽状；羽片 30~60 对，几乎对生，披针形，钝头，无柄，基部不对称，下侧楔形，上侧近截形，有小耳形突起，边缘有粗钝锯齿；下部的羽片逐渐缩短，或呈耳形。中脉下面明显，上面隐约，13~16 对，走向锯齿而不达齿顶。叶膜质，光滑，下面疏被细微的伏生腺毛；叶轴细长，草质，灰棕色。孢子囊群圆形，生于侧脉顶部，位于锯齿之中，接近叶边，无盖。

生于密林下阴湿石缝或石洞内，海拔 800~1600 m。产于中国安徽、江西、湖南、贵州、湖北、台湾、广东。

毛轴蕨（蕨属）
***Pteridium revolutum* (Blume) Nakai**

植株高约 1 m。叶远生；柄长 35~50 cm，禾秆色，上面有纵沟 1 条，幼时密被灰白色柔毛，后脱落；叶片阔三角形或卵状三角形，渐尖头，长 30~80 cm，宽 30~50 cm，三回羽状；羽片 4~6 对，对生，具柄，长圆形，先端渐尖，下部羽片略呈三角形；小羽片 12~18 对，对生或互生，与羽轴合生，深羽裂几达小羽轴；裂片约 20 对，对生或互生，披针状镰刀形，通常全缘；叶片的顶部为二回羽状，羽片披针形；裂片下面被毛。叶脉上面凹陷，下面隆起；叶轴、羽轴及小羽轴的下面和上面的纵沟内均密被灰白色或浅棕色柔毛，老时渐稀疏。

生于山坡阳处或山谷疏林中的林间空地，海拔 600~900 m。产于中国台湾、江西、广东、广西、湖南、湖北、陕西、甘肃、四川、贵州、云南、西藏。

蕨（蕨属）蕨菜、如意菜
***Pteridium aquilinum* (L.) Kuhn var. *latiusculum* (Desv.) Underw. ex A. Heller**

植株高达 1 m。叶远生；柄长 20~80 cm，褐棕色或棕禾秆色，光滑，上面有浅纵沟 1 条；叶片阔三角形或长圆三角形，长 30~60 cm，宽 20~45 cm，三回羽状；羽片 4~6 对，对生或近对生，斜展，基部一对最大（向上几对略变小）；小羽片约 10 对，互生，披针形，具短柄；裂片 10~15 对，平展，长圆形，全缘；中部以上的羽片逐渐变为一回羽状，部分小羽片的下部具 1~3 对浅裂片或边缘具波状圆齿。叶脉稠密，下面明显。叶干后近革质或革质，暗绿色。各回羽轴上面均有深纵沟 1 条，沟内无毛。

生于山地阳坡及森林边缘阳光充足处，海拔 200~900 m。产于中国各地，但主要产于长江流域及其以北的亚热带、温带地区。

P37 铁角蕨科 Aspleniaceae

华南铁角蕨（铁角蕨属）
***Asplenium austrochinense* Ching**

植株高 30~40 cm。根状茎先端密被褐棕色鳞片。叶近生；叶柄长 10~20 cm；叶片长 18~26 cm，基部宽 6~10 cm，二回羽状；羽片 10~14 对，长 4.5~8 cm，柄长 3~4 mm；小羽片 3~5 对，互生，基部上侧一片较大，匙形，长 1~2 cm，基部与羽轴合生，下侧沿羽轴下延，全缘，顶部浅片裂为 2~3 个裂片，裂片顶端近撕裂；羽轴两侧有狭翅。叶坚革质。孢子囊群短线形，长 3~5 mm，褐色，每小羽片有 2~7 枚；囊群盖线形，棕色，厚膜质，全缘，宿存。

生于密林下潮湿岩石上，海拔 300~600 m。产于中国浙江、江西、福建、台湾、湖北、湖南、广东、广西、四川、贵州、云南。

倒挂铁角蕨（铁角蕨属）
Asplenium normale **Don**

植株高 15~40 cm。根状茎黑色，密被黑褐色鳞片。叶簇生；叶柄长 5~18 cm，略呈四棱形；叶片长 12~26 cm，中部宽 2~3.5 cm，一回羽状；羽片 20~35 对，互生，无柄，长 8~18 mm，基部宽 4~8 mm，基部上侧截形并略呈耳状，紧靠或稍覆迭叶轴，下侧楔形，边缘具粗锯齿。叶草质，两面无毛；叶轴近先端处常有 1 枚芽孢，能在母株上萌发。孢子囊群椭圆形，棕色，每羽片有 3~5 对；囊群盖椭圆形，淡棕色或灰棕色，膜质，全缘。

生于密林下或溪旁石上，海拔 300~600 m。广泛分布于中国江苏、浙江、江西、福建、台湾、湖南、广东、广西、四川、贵州、云南、西藏。

假大羽铁角蕨（铁角蕨属）
Asplenium pseudolaserpitiifolium **Ching**

植株高可达 1 m。叶片大，椭圆形，长 15~55 (70) cm，宽 9~25 cm，渐尖头，三回羽状；羽片 12~15 对，相距 5~8 cm，基部的对生，向上互生，斜展，有长柄（基部长超过 1 cm），基部一对不缩短，长 10~20 cm，宽 6~10 cm，长三角形，多少呈镰刀状。孢子囊群狭线形，长 3~6 mm，棕色，极斜向上，每末回小羽片或裂片有 1~2 (4) 枚，排列不整齐；囊群盖狭线形，淡棕色，膜质，全缘，开向主脉或小羽轴，宿存。

产于中国台湾、福建、广东、海南、广西、云南。

长叶铁角蕨（铁角蕨属）
splenium prolongatum **Hook.**

植株高 20~40 cm。根状茎先端密被黑褐色鳞片。叶簇生；叶柄长 8~18 cm；叶片长 10~25 cm，二回羽状；羽片 20~24 对，中部羽片长 1.3~2.2 cm，羽状；小羽片互生，上侧有 2~5 片，下侧 0~3 片，狭线形，长 4~10 mm，基部与羽轴合生，上侧基部 1~2 片常再二至三裂。叶近肉质；叶轴顶端往往延长成鞭状而生根，羽轴两侧有狭翅。孢子囊群狭线形，长 2.5~5 mm，深棕色，每小羽片或裂片 1 枚；囊群盖狭线形，灰绿色，膜质，全缘，宿存。

附生于林中树干或岩石上，海拔 200~800 m。产于中国甘肃、浙江、江西、福建、台湾、湖北、湖南、广东、广西、四川、贵州、云南。

岭南铁角蕨（铁角蕨属）
Asplenium sampsoni **Hance**

植株高 15~30 cm。叶簇生；叶柄肉质，长 3~6 cm；叶片纺锤状披针形，长 13~25 cm，中部宽 2~5 cm，二回羽状；羽片 17~28 对，中部羽片长 1.4~2.5 cm, 宽 8~10 mm；小羽片 5~9 对，互生，上先出，彼此密接，线形，圆头，基部与羽轴合生并以阔翅相连，全缘，基部上侧 1 片常再 2~3 裂，裂片与小羽片同形而较短。叶脉上面明显，隆起，下面不见，每小羽片有小脉 1 条，不达叶边。孢子囊群线形，每小羽片 1 枚，生于小脉中部的上侧；囊群盖阔线形，灰绿色，后变灰棕色，膜质，全缘，开向叶边，宿存。

生于石上，海拔 300~750 m。产于中国广东、广西、贵州、云南。模式标本产于中国广东。

P40 乌毛蕨科 Blechnaceae

乌毛蕨（乌毛蕨属）赤蕨头

***Blechnum orientale*(L.)C. Presl**

植株高 0.5~2 m。叶簇生；柄长 3~80 cm，坚硬，无毛；叶片长 1 m 左右，宽 20~60 cm，一回羽状；羽片多数，二型，互生，无柄，下部羽片不育，极度缩小为圆耳形，向上羽片突然伸长，能育，线状披针形，长 10~30 cm，宽 5~18 mm，基部下侧往往与叶轴合生，全缘或微波状，顶生羽片较长。主脉两面隆起，上面有纵沟。叶近革质，无毛。孢子囊群线形，连续，紧靠主脉两侧；囊群盖线形，宿存。

生于水沟旁及坑穴边缘，也生长于山坡灌丛中或疏林下，海拔 300~600 m。产于中国长江流域以南地区。

崇澍蕨（狗脊属）

***Woodwardia harlandii* Hook.**

植株高达 1.2 m。叶散生，叶柄长短不一，15~90 cm 均有；叶片变异甚大，或为披针形的单叶，或为三出而中央羽片特大，而较多见者为羽状深裂，有时下部近于羽状；侧生羽片（或裂片）1~4 对，对生，基部与叶轴合生，基部一对羽片长 20~29 cm，向上渐短，顶生羽片则较长阔，羽片边缘有软骨质狭边，干后略反卷，中部以上为全缘或波状；叶脉可见，主脉两面均隆起。孢子囊群紧靠主脉并与主脉平行，成熟时沿主脉两侧汇合成 1 条连续的线形，并往往在两个孢子囊群的接头处以三角状的形式伸出 1 对较短的孢子囊群。

生于山谷湿地，海拔 420~600 m。产于中国海南、广东、广西、湖南、福建、台湾。

苏铁蕨（苏铁蕨属）苏铁蕨贯众

***Brainea insignis* (Hook.) J. Sm.**

植株高达 1 m。主轴单一或有时分叉，粗 10~15 cm，黑褐色，坚实，顶部与叶轴基部均密被褐棕色的线形鳞片。叶簇生于主轴的顶部，略呈二形；柄长 10~30 cm，坚硬，光滑或下部略显粗糙；叶片椭圆状披针形，长 50~100 cm，一回羽状；羽片 30~50 对，对生或互生，线状披针形至狭披针形，近无柄，边缘有细密锯齿，偶有少数不整齐的裂片，干后软骨质的边缘向内反卷；能育叶与不育叶同形，但羽片较短较狭，边缘有时呈不规则的浅裂；叶脉两面均明显；叶轴棕禾秆色，上面有纵沟。孢子囊群沿主脉两侧的小脉着生，成熟时满布于能育羽片的下面。

生于山坡向阳处，海拔 500~700 m。广泛分布于中国广东、广西、海南、福建、台湾、云南。

狗脊（狗脊属）日本狗脊蕨、大叶狼花

***Woodwardia japonica* (L. f.) Sm.**

植株高 50~120 cm。叶近生；柄长 15~70 cm，暗浅棕色，坚硬，叶柄基部往往宿存于根状茎上；叶片长卵形，长 25~80 cm，下部宽 18~40 cm，二回羽裂；顶生羽片大于其下的侧生羽片，侧生羽片 4~16 对，基部一对略缩短，下部羽片较长，上侧常与叶轴平行，羽状半裂；裂片 11~16 对，基部一对缩小，下侧一片为圆形、卵形或耳形，向上数对裂片较大；叶脉明显，羽轴及主脉两面隆起；叶近革质，两面无毛或下面疏被短柔毛。孢子囊群线形，着生于主脉两侧的狭长网眼上，不连续，呈单行排列；囊群盖线形，质厚，棕褐色，成熟时开向主脉或羽轴，宿存。

生于疏林下的酸性土上。广泛分布于中国长江流域以南地区。

P41 蹄盖蕨科 Athyriaceae

长江蹄盖蕨（蹄盖蕨属）

Athyrium iseanum **Rosenst.**

叶簇生。能育叶长 25~70 cm；叶柄长 10~25 cm，黑褐色，向上淡绿禾秆色，光滑；叶片长圆形，长 (10)18~45 cm，二回羽状；小羽片深羽裂；羽片 10~20 对，基部一对羽片略缩短，第二对羽片披针形；小羽片羽裂至二回羽状；小羽片 10~14 对，基部一对略大，卵状长圆形，上侧与羽轴并行，边缘深羽裂几达主脉；裂片 4~6 对，上侧较下侧的大。叶脉下面较明显，在下部裂片上为羽状。叶干后草质，两面无毛。孢子囊群每裂片 1 枚，基部上侧有 2~3 枚；囊群盖宿存。

生于山谷林下阴湿处，海拔 100~600 m。产于中国长江以南地区。

单叶对囊蕨（对囊蕨属）单叶双盖蕨

Deparia lancea **Fraser-Jenkins**

叶远生。能育叶长 40 cm；叶柄长 8~15 cm，淡灰色，基部被褐色鳞片；叶片披针形或线状披针形，长 10~25 cm，边缘全缘或稍呈波状；中脉两面均明显，小脉斜展，每组 3~4 条，平行，直达叶边。叶干后纸质或近革质。孢子囊群线形，通常多分布于叶片上半部，沿小脉斜展，在每组小脉上通常有 1 条，单生或偶有双生；囊群盖成熟时膜质，浅褐色。孢子赤道面呈圆形，周壁薄而透明，表面具不规则的粗刺状或棒状突起，突起顶部具稀少而小的尖刺。

通常生于溪旁林下酸性土或岩石上，海拔 200~600 m 的地区。产于中国大别山以南地区。

假蹄盖蕨（对囊蕨属）

Deparia japonica **(Thunb.) M. Kato**

植株高 30~50 cm。叶疏生；柄长 15~25 cm，禾秆色，基部被小鳞片及短毛节状；叶片狭椭圆形至长卵形，长 20~30 cm，宽约 10 cm，二回深羽裂，羽片约 10 对，互生，中部的羽片有时近平展，披针形，有时为椭圆形或椭圆状披针形；下部的羽片长 5~8 cm，先端渐尖，羽状深裂，裂片 10~14 对，斜展，椭圆形，圆头，边缘波状；叶脉明显，每裂片有侧脉 5~6 对；叶草质。孢子囊群线形，沿侧脉上侧单生或仅基部偶有双生；囊群盖膜质，上面偶被毛，边缘啮蚀状，宿存。

生于山谷林下潮湿处。产于中国长江以南地区。

中华双盖蕨（双盖蕨属）

Diplazium chinense **(Baker) C. Chr.**

叶近生。能育叶长约 1 m；叶柄长 20~50 cm，光滑，上面有浅沟；叶片三角形，长 30~60 cm，基部宽 25~40 cm，羽裂渐尖的顶部以下二回羽状，小羽片羽状深裂至全裂；侧生羽片达 13 对，基部 1 对最大；近叶片顶部的几对缩小，羽状深裂；侧生小羽片约 13 对，羽状深裂达中肋；小羽片的裂片达 15 对，下部几对羽状半裂；叶脉羽状，在小羽片的裂片上小脉 6~8 对。叶草质，两面光滑。孢子囊群细短线形，在小羽片的裂片 5~6 对，生于小脉中部或接近主脉，其长多数超过小脉长度的 1/2；囊群盖成熟时浅褐色，膜质，从一侧张开，宿存或部分残留。

生于山谷林下溪沟边、石隙及公园阴凉处，海拔 100~600 m。产于中国江苏、上海、安徽、浙江、江西、福建、广西、四川、重庆、贵州。

厚叶双盖蕨（双盖蕨属）

Diplazium crassiusculum **Ching**

植株高 60~130 cm。叶簇生；柄长 30~50 cm，暗禾秆色；叶片椭圆形或卵形，长 25~50 cm，宽 15~24 cm，一回羽状，偶为单叶，顶生羽片与侧生羽片同形同大，侧生羽片 2~3 对，互生，斜向上，有短柄，椭圆状披针形，长 16~23 cm，宽 4~5 cm，先端短渐尖，基部圆楔形，边缘仅中部以上有细锯齿；主脉明显，下面圆而隆起，小脉每组 3~4 条；叶厚纸质至近革质，无毛。孢子囊群线形，单生（偶有双生）于每组小脉的上侧小脉上，其下侧小脉不育；囊群盖同形，膜质。

生于常绿阔叶林及灌木林下，土生或生岩石上，海拔 200~700 m。产于中国广东、福建、江西、广西、湖南、贵州。

阔片双盖蕨（双盖蕨属）

Diplazium matthewii **(Copel) C. Chr.**

叶近生。能育叶长达 1 m；叶柄长约 40 cm，光滑，上面有浅纵沟；叶片三角形，长达 70 cm，基部宽达 50 cm，羽裂渐尖的顶部以下一回羽状至基部二回羽状；侧生羽片约 8 对，互生，阔披针形，羽裂为长卵形或矩圆形的阔裂片；侧生羽片的裂片达 12 对，互生，基部下侧一片较大；叶脉上面不明显，下面略可见，羽状，每组侧脉有小脉 3~5 对。叶草质，两面光滑。孢子囊群线形，极斜向上，每组侧脉有 1~2 对，单生或双生；囊群盖线形，褐色，膜质，全缘，宿存。

生于林下沟旁阴湿处，海拔 300 m。产于中国福建、广东、香港、广西。

双盖蕨（双盖蕨属）

Diplazium donianum **(Mett.) Tardieu**

植株高 30~60 cm。叶近生；叶柄坚硬，长 15~30 cm，禾秆色，下部疏被鳞片，叶片椭圆形或卵形，长 20~40 cm，宽 15~20 cm，奇数一回羽状；侧生羽片 3~5 对，互生或近对生，同大，略斜向上，卵状披针形，长 10~15 cm，宽 2~3 cm，先端渐尖，基部阔楔形，全缘或仅中部以上有疏锯齿；顶生羽片与侧生羽片同形同大；叶脉明显，小脉略斜向上，每组 3~4 条；叶厚纸质至近革质，干后棕绿色。孢子囊群条形，双生，略斜向上，每组小脉有 1~2 条，生于上下侧的小脉上，囊群盖同形，宿存。

生于常绿阔叶林下阴湿处，海拔 300~600 m。产于中国广东、海南、云南、广西、香港、福建、台湾。

江南双盖蕨（双盖蕨属）江南短肠蕨

Diplazium mettenianum **(Miquel) C. Christensen**

常绿中型林下植物。根状茎长而横走。叶远生。能育叶长约 70 cm；叶柄长 30~40 cm；叶片三角形或三角状阔披针形，长 25~40 cm，顶部以下一回羽状，羽片羽状浅裂至深裂；侧生羽片约 10 对，互生或近对生，镰状披针形或披针形，长达 18 cm，两侧羽状浅裂至深裂；侧生羽片裂片约 15 对，密接，半圆形或镰状披针形；叶脉羽状，下面可见，在裂片上 5~7 对。叶纸质，两面光滑；叶轴禾秆色，光滑，上面有浅纵沟。孢子囊群线形，在侧生羽片的裂片上有 2~5(7) 对，偶为 1 条，大多单生于小脉上侧中部，在基部上侧 1 脉常为双生；囊群盖浅褐色，薄膜质，全缘，宿存。

生于山谷林下，海拔 600~800 m。产于中国长江以南地区。

小叶双盖蕨（双盖蕨属）

Diplazium mettenianum **(Miq.) C. Chr. var. *fauriei* (Christ) Tagawa**

相对原变种江南双盖蕨，本种叶较小，叶片长15~20 cm，宽7~10 cm，羽片通常长4~7 cm，宽1~1.5 cm，边缘呈锯齿状或浅波状。通常有孢子囊群1条，偶有2~3条，大多单生，偶有双生。

生于林下溪边阴湿处岩石上，海拔400~500 m。分布于中国福建、浙江、江西、广东。

毛轴双盖蕨（双盖蕨属）

Diplazium pullingeri **(Baker) J. Sm.**

叶簇生。能育叶长约65 cm；叶柄长10~20 cm，密被浅褐色有光泽的卷曲节状长柔毛，上面有浅纵沟，下面圆形；叶片椭圆形或长椭圆形，长达45 cm，宽达20 cm；侧生分离羽片达15对，接近，互生或对生，镰状披针形，长达12 cm，不对称，上侧有三角形耳状突起，下侧圆形，两侧全缘或呈波状，中部以上的平展，下部的反折向后斜展；叶脉两面均明显，侧脉大多二叉，下面疏生较短的节毛，上面略有节毛或几无毛。孢子囊群及囊群盖大多长线形，大多生于羽片中部；囊群盖背面或多或少有节状长柔毛。

生于山地常绿阔叶密林中石壁脚下或溪边潮湿岩石上，海拔400~800 m。产于中国浙江、江西、福建、台湾、广东、香港、海南、广西、贵州、云南。

深绿双盖蕨（双盖蕨属）深绿短肠蕨

Diplazium viridissimum **Christ**

叶簇生。叶长可达2 m以上；叶片三角形，长达1.5 m，宽达1.3 m，二回羽状，小羽片羽状深裂；羽片15对左右，互生，长披针形，下部两对最大，长达70 cm，宽达25 cm；小羽片15对左右，互生或近对生，三角状披针形或披针形；裂片15对左右，卵状矩圆形，边缘有浅锯齿；叶脉上面不明显，下面可见，在裂片上羽状，小脉达9对，通常二叉或单一，偶为3~4叉。孢子囊群短线形，在侧生小羽片的裂片上可达7对，通常单生于小脉上侧，或在裂片基部上侧双生。

生于山地阔绿林下及林缘溪沟边，海拔400~900 m。产于中国台湾、广东、广西、四川、贵州、云南、西藏。

P42 金星蕨科 Thelypteridaceae

渐尖毛蕨（毛蕨属）

Cyclosorus acuminatus **(Houtt.) Nakai**

植株高70~80 cm。根状茎先端密被棕色披针形鳞片。叶二列远生，相距4~8 cm；叶柄长30~42 cm，略有一二柔毛；叶片长40~45 cm，二回羽裂；羽片13~18对，互生，羽裂达1/2~2/3；裂片18~24对，全缘。叶坚纸质，除羽轴下面疏被针状毛外，羽片上面被极短的糙毛。孢子囊群圆形，生于侧脉中部以上，每裂片5~8对；囊群盖大，棕色，密生短柔毛，宿存。

生于灌丛、草地、沟旁湿地或山谷中，海拔100~600 m。产于中国秦岭南坡以南地区。

毛蕨（毛蕨属）

Cyclosorus interruptus **(Willd.) H. Ito**

植株高达 130 cm。叶近生；叶柄长约 70 cm，基部黑褐色，向上渐为禾秆色；叶片长约 60 cm，二回羽裂；羽片 22~25 对，顶生羽片长约 5 cm，三角状披针形，羽裂达 2/3；侧生中部羽片几无柄，近线状披针形，羽裂达 1/3；裂片约 30 对，三角形，尖头。叶脉下面明显，每裂片有侧脉 8~10 对。叶近革质，上面光滑，下面沿各脉疏生柔毛。孢子囊群圆形，生于侧脉中部，每裂片 5~9 对，下部 1~2 对不育，在羽轴两侧各形成一条不育带；囊群盖小，膜质，淡棕色，上面疏被白色柔毛，宿存，成熟时隐没于囊群中。

生于山谷溪旁湿处，海拔 200~400 m。产于中国台湾、福建、海南、广东、香港、广西、江西。

乌来凸轴蕨（凸轴蕨属）

Metathelypteris uraiensis **(Rosenst.) Ching**

植株高 30~40 cm。叶近簇生；叶柄长 14~20 cm，禾秆色，被灰白色的短毛；叶片长 16~22 cm，宽 8~15 cm，长圆披针形，二回羽状深裂；羽片 12~15 对，对生或上部的互生，无柄，基部一对常稍缩短，羽状深裂达羽轴两侧的狭翅；裂片 14~20 对，长圆状披针形，圆钝头，全缘或有时边缘呈浅波状。叶脉下面明显，侧脉通常二叉，或上部的单一，每裂片 5~7 对，基部一对出自主脉基部以上。叶薄草质，下面被灰白色的短针毛。孢子囊群小，圆形，每裂片 2~4 对，生于侧脉的近顶部；囊群盖小，圆肾形，膜质，绿色，干后浅棕色，宿存。

生于山谷溪边林下，海拔 500~900 m。产于中国台湾、广东、云南。

华南毛蕨（毛蕨属）

Cyclosorus parasiticus **(L.) Farw.**

植株高达 70 cm。根状茎连同叶柄基部有深棕色披针形鳞片。叶近生；叶柄长达 40 cm，基部以上偶有一二柔毛；叶片长 35 cm，二回羽裂；羽片 12~16 对，无柄，中部以下的对生，羽裂达 1/2 或稍深；裂片 20~25 对，全缘。叶草质，上面疏生短糙毛，下面沿叶轴、羽轴及叶脉密生具一二分隔的针状毛，脉上有橙红色腺体。孢子囊群圆形，生于侧脉中部以上，每裂片 3~6 对；囊群盖小，膜质，棕色，上面密生柔毛，宿存。

生于山谷密林下或溪边湿地处，海拔 100~600 m。产于中国浙江、福建、台湾、广东、海南、湖南、江西、重庆、广西、云南。

金星蕨（金星蕨属）

Parathelypteris glanduligera **(Kunze) Ching**

植株高 35~55 cm。根状茎光滑，先端略被披针形鳞片。叶近生；叶柄长 15~25 cm；叶片长 18~30 cm；二回羽状深裂；羽片约 15 对，无柄，羽裂几达羽轴；裂片 15~20 对，长 5~6 mm，全缘。叶草质，羽片下面密被橙黄色腺体，疏被短毛，上面沿羽轴的纵沟密被针状毛，叶轴多少被灰白色柔毛。孢子囊群小，圆形，每裂片 4~5 对，背生于侧脉的近顶部；囊群盖圆肾形，棕色，厚膜质，背面疏被灰白色刚毛，宿存。

生于疏林下，海拔 100~500 m。广泛分布于中国长江以南地区。

中日金星蕨（金星蕨属）

Parathelypteris nipponica **(Franch. & Sav.) Ching**

植株高 40~60 cm。叶近生；叶柄长 10~20 cm，基部褐棕色，被红棕色鳞片，上部亮禾秆色，光滑；叶片长 30~40 cm，先端渐尖并羽裂，二回羽状深裂；羽片 25~33 对，下部 5~7 对近对生，向下逐渐缩小呈小耳形，最下的呈瘤状；中部羽片互生，无柄，披针形，羽裂几达羽轴；裂片约 18 对，长圆形，圆钝头，全缘或边缘具浅粗锯齿。叶脉明显，每裂片 4~5 对；叶为草质，干后草绿色。孢子囊群圆形，每裂片 3~4 对，背生于侧脉的中部以上，远离主脉；囊群盖中等大，圆肾形，棕色，膜质，背面被少数灰白色的长针毛。

生于丘陵地区的疏林下，海拔 400~800 m。产于中国秦岭南坡以南地区和山东。

红色新月蕨（金星蕨属）

Pronephrium lakhimpurense **(Rosenst.) Holttum**

植株高 1.5 m 以上。根状茎长而横走，粗约 2 mm。叶远生；叶柄长 80~90 cm，粗 7~8 mm，基部偶有一二鳞片，深禾秆色；叶片长 60~85 cm，长圆披针形或卵状长圆形，渐尖头，奇数一回羽状，侧生羽片 8~12 对，近斜展，互生。孢子囊群圆形，生于小脉中部或稍上处，在侧脉间排成 2 行，成熟时偶有汇合，无盖。

产于中国福建、江西、广东、广西、贵州、四川、云南、西藏。

新月蕨（新月蕨属）

Pronephrium gymnopteridifrons **(Hayata) Holttum**

植株高 80~160 cm。根状茎横走。叶远生，柄长 30~60cm，与叶轴同为深禾秆色，叶片椭圆形，长 45~120 cm，宽 25~45cm，奇数一回羽状；顶生羽片与侧生羽片同形，但有长柄；侧生羽片 2~6 对，近对生，斜向上，几无柄，披针形，长 15~20 cm，宽 2~5 cm，先端渐尖，基部圆截形或变狭而为圆楔形，全缘或呈浅波状，叶脉明显，各侧脉间有小脉 8~14 条，几全部联结；叶薄革质，干后灰绿色，两面有疣点，无毛或仅侧脉下面被微毛。孢子囊群圆形，着生于小脉中部；囊群盖不发育，无毛。

生于山谷沟边密林下或山坡疏林下，海拔 100~500 m。产于中国台湾、海南、广东、广西、贵州、云南。

微红新月蕨（新月蕨属）

Pronephrium megacuspe **(Baker) Holttum**

植株高 55~90 cm。根状茎细长横走。叶疏生或近生，柄长 30~60 cm，禾秆色，略带红棕色，叶片椭圆形或椭圆状披针形，长 25~35 cm，宽 10~15 cm，一回羽状；顶生羽片与其下的侧生羽片同形同大或略大，具长柄，侧生羽片 2~6 对，椭圆状披针形，长 10~17（20）cm，中部宽 2~4（5）cm，先端尾状渐尖，基部楔形，近无柄，边缘为不规则的波状，具软骨质狭边，叶脉明显，侧脉间具 2 行整齐的斜长方形网眼；叶纸质，干后棕绿色，沿主脉及侧脉多少饰有红色。孢子囊群生于小脉中部以上，成熟时相邻的两行常汇合成 1 行，无盖。

生于密林下，海拔 100~400 m。产于中国江西、广东、广西、云南。

单叶新月蕨（新月蕨属）
Pronephrium simplex (Hook.) Holttum

植株高 30~40 cm。根状茎细长横走，粗约 1.5 mm，先端疏被深棕色的披针形鳞片和钩状短毛。叶远生，单叶，二型；不育叶的柄长 14~18 cm，粗约 1 mm，禾秆色，基部偶有一二鳞片，向上密被钩状短毛，间有针状长毛；叶片长 15~20 cm，中部宽 4~5 cm，椭圆状披针形，长渐尖头，基部对称，深心脏形，两侧呈圆耳状，边缘全缘或浅波状。叶脉上面可见，斜向上，并行，侧脉间基部有 1 个近长方形网眼，其上具有两行近正方形网眼。孢子囊群生于小脉上，初为圆形，无盖，成熟时布满整个羽片下面。

产于中国台湾、福建、广东、海南、广西、云南。

溪边假毛蕨（假毛蕨属）
Pseudocyclosorus ciliatus (Wall. ex Benth.) Ching

植株高 25~40 cm。根状茎直立。叶簇生；柄长 10~20 cm，浅褐色，与叶轴密被柔毛；叶片椭圆状披针形，长 15~20 cm，先端渐尖，一回羽状，羽片 7~10 对，丛生，无柄，基部一对羽片略缩短并略向下反折，向上的斜展，线状披针形，长 3~5 cm，短尖头或渐尖头，基部截形，叶缘除顶部全缘外，向下为羽状浅裂或半裂；裂片椭圆形，斜向上，密接，钝头，全缘；叶脉明显，小脉 5~6 对；叶草质，干后深绿色，叶缘被疏睫毛，羽轴上面及叶脉下面被疏柔毛。孢子囊群每裂片有 2~4 对，着生于小脉中部；囊群盖被毛。

生于山谷湿地或溪边石缝中，海拔 200~900 m。产于中国海南、广东、香港、广西、云南。

三羽新月蕨（新月蕨属）
Pronephrium triphyllum (Sw.) Holttum

植株高 20~50 cm。根状茎密被灰白色钩状短毛及棕色鳞片。叶疏生，一型或近二型；叶柄长 10~40 cm，基部疏被鳞片，通体密被钩状短毛；叶片长 12~20 cm，卵状三角形，三出，侧生羽片一对，长 5~9 cm，全缘；顶生羽片较大，长 15~18 cm。叶干后坚纸质，上面除沿主脉凹槽密被钩状毛外，其余无毛，下面沿主脉、侧脉及小脉均被钩状毛。能育叶略高出于不育叶，有较长的柄，羽片较狭。孢子囊群生于小脉上，无盖；孢子囊体上有 2 根钩状毛。

生于林下，海拔 100~600 m。产于中国台湾、福建、广东、香港、广西、云南。

戟叶圣蕨（溪边蕨属）
Stegnogramma sagittifolia (Ching) L. J. He & X. C. Zhang

植株高 30~40 cm。根状茎疏被褐色线状披针形鳞片；鳞片边缘有长睫毛。叶簇生；叶柄长 15~30 cm，密被棕色短刚毛；叶片长达 17 cm，基部宽 11~13 cm，戟形，基部深心脏形，全缘或波状；主脉两面均隆起，侧脉明显；叶粗纸质，上面沿主脉密生短柔毛，脉间有伏贴的短毛，下面沿主脉和侧脉密生短柔毛，沿网脉疏生柔毛。孢子囊沿网脉散生。

生于常绿林下及石缝中，海拔 200~500 m。产于中国广西、广东、湖南、江西。

P45 鳞毛蕨科 Dryopteridaceae

刺头复叶耳蕨（复叶耳蕨属）

Arachniodes aristata **(G. Forst.) Tindale**

植株高 50~70 cm。叶柄长 28~36 cm，禾秆色，基部密被红棕色鳞片。叶片五角形或卵状五角形，长 22~34 cm，宽 14~24 cm，顶部羽片具柄，三回羽状；侧生羽片 4~6 对，基部一对特别大，长三角形，长 12~15 cm，基部宽 8~12 cm，基部二回羽状；小羽片 16~20 对，互生，有柄，基部下侧一片伸长，披针形，长 8~10 cm，羽状；末回小羽片 10~14 对。孢子囊群每小羽片 5~8 对，位于中脉与叶边中间；囊群盖脱落。

生于山地林下或岩上，海拔 200~500 m。产于中国山东、江苏、安徽、浙江、江西、福建、台湾、湖南、广东、广西。

中华复叶耳蕨（复叶耳蕨属）

Arachniodes chinensis **(Rosenst.) Ching**

植株高 40~65 cm。叶柄长 14~30 cm，基部及叶轴密被钻形鳞片。叶片卵状三角形，纸质，长 26~35 cm，宽 17~20 cm，顶部略狭缩呈长三角形，二回羽状或三回羽状；羽状羽片 8 对，基部一对较大，羽状或二回羽状；小羽片约 25 对，互生，有短柄，基部下侧一片较大，披针形，略呈镰刀状，长 3~6 cm，宽 1.5~2 cm；末回小羽片 9 对，上部边缘具 2~4 个有长芒刺的锯齿。孢子囊群每小羽片 5~8 对，位于中脉与叶边之间；囊群脱落。

生于山地林下，海拔 300~600 m。产于中国浙江、江西、福建、广东、广西、四川、云南、香港。

大片复叶耳蕨（复叶耳蕨属）球子复叶耳蕨

Arachniodes cavaleriei **(Christ) Ohwi**

植株高达 1 m。叶柄长 62 cm，深禾秆色，基部疏被深棕色、披针形鳞片，向上光滑。叶片椭圆形，长 40 cm，中部宽 25 cm，三回羽状；羽状羽片 7 对，互生，基部一对较大，长 28 cm；小羽片 5 对，互生，基部下侧一片较大；末回小羽片 6 对，互生，基部下侧一片较大，基部上侧有圆耳状凸起，向上羽裂，裂片 6 对。基部上侧第 1 对小羽片伸达第 2 对羽片的基部，第 2~5 对同样；孢子囊群中等大小，每小羽片 5~10 对，每裂片 2~4 对，位于中脉与叶边中间；囊群盖深棕色，脱落。

生于溪边密林阴湿处，海拔 400~900 m。产于中国长江以南地区。

粗裂复叶耳蕨（复叶耳蕨属）

Arachniodes grossa **(Tard.-Blot et C. Chr.) Ching**

植株高达 1 m。叶柄长 48~57 cm，禾秆色。叶片卵状三角形，长 48~52 cm，二回羽状；羽状羽片 6~7 对，互生，基部一对较大，长约 28 cm，下部羽状，向上深羽裂；小羽片或裂片 14 对，互生，镰刀状披针形，下部的小羽片长约 10 cm；第二对羽片长圆披针形，长约 23 cm；小羽片或裂片 18 对，长约 8 cm；自第三对羽片起，向上的逐渐缩短。叶干后纸质，棕色，光滑，叶轴和羽轴下面略被褐棕色小鳞片。孢子囊群生于小脉顶端，每裂片或锯齿 2~3 对，在中脉两侧各排列成 2~3 行；囊群盖暗棕色，纸质，脱落。

生于山地林下，海拔 600~700 m。产于中国广东、海南。

长尾复叶耳蕨（复叶耳蕨属）

Arachniodes simplicior **(Makino) Ohwi**

植株高 75 cm。叶柄长 40 cm，禾秆色，基部被褐棕色鳞片。叶片卵状五角形，长 35 cm，宽约 20 cm，三回羽状；侧生羽片 4 对，基部一对对生，向上的互生，有柄，基部一对最大，斜三角形，长 16 cm，基部二回羽状；小羽片 22 对，互生，基部下侧一片特别伸长；末回小羽片约 16 对，互生，长圆状，边缘具有芒刺的尖锯齿；第 2~4 对羽片披针形，羽状，基部上侧的小羽片较下侧的要大。叶干后纸质，灰绿色，光滑。孢子囊群每小羽片 4~6 对（耳片 3~5 枚），略近叶边生；囊群盖深棕色，膜质，脱落。

生于林下，海拔 400~800 m。产于中国长江流域及以南地区。

阔鳞鳞毛蕨（鳞毛蕨属）

Dryopteris championii **(Benth.) C. Chr.**

植株高 50~80 cm。根状茎顶端及叶柄基部密被棕色、全缘的鳞片。叶簇生；叶柄长 30~40 cm，密被有齿鳞片；叶片卵状披针形，长 40~60 cm，宽 20~30 cm，二回羽状，羽片 10~15 对，卵状披针形；小羽片 10~13 对，长 2~3 cm，顶端具细尖齿，边缘羽裂，基部一对裂片明显最大。侧脉羽状，下面明显。叶轴密被有细齿的棕色鳞片，羽轴具泡状鳞片。孢子囊群大，在小羽片中脉两侧各一行；囊群盖圆肾形，全缘。

生于阔叶林下、山坡灌丛中，海拔 200~600 m。产于中国秦岭南坡以南地区。

华南实蕨（实蕨属）

Bolbitis subcordata **(Copel.) Ching**

根状茎密被灰棕色盾状着生鳞片。叶簇生；叶柄长 30~60 cm，疏被鳞片；叶二型，不育叶椭圆形，长 20~50 cm，一回羽状；羽片 4~10 对，有短柄；顶生羽片基部三裂，其先端常延长入土生根；侧生羽片长 9~20 cm，叶缘有深波状裂片，缺刻内有一明显的尖刺；叶草质，两面光滑。能育叶与不育叶同形而较小；羽片长 6~8 cm，宽约 1 cm。孢子囊群初沿网脉分布，后满布羽片下面。

生于山谷水边密林下石上，海拔 300~600 m。产于中国浙江、江西、台湾、福建、广东、海南、广西、云南。

迷人鳞毛蕨（鳞毛蕨属）

Dryopteris decipiens **(Hook.) Kuntze**

土生植物。植株高达 60 cm。叶簇生；叶柄长 15~25 cm，最基部为黑色，其余为禾秆色，基部密被鳞片，向上鳞片逐渐稀疏；叶片披针形，一回羽状，长 20~30 cm，宽 8~15 cm，顶端渐尖并为羽裂，基部不收缩或略收缩；羽片 10~15 对，互生或对生，有短柄，顶端渐尖，边缘波状浅裂或具浅锯齿，中部的羽片较大；羽片的中脉上面具浅沟，下面凸起，侧脉羽状，小脉单一。叶纸质，干后灰绿色。孢子囊群圆形，在羽片中脉两侧通常各一行，少有不规则两行，较靠近中脉着生；囊群盖圆肾形，边缘全缘。

生于林下。产于中国安徽、浙江、江西、福建、湖南、广东、广西、四川、贵州。

黑足鳞毛蕨（鳞毛蕨属）

Dryopteris fuscipes **C. Chr.**

植株高 50~80 cm。叶簇生，纸质；叶柄长 20~40 cm，最基部为黑色，其余为深禾秆色，基部密被披针形、有光泽的鳞片，鳞片长 1.5~2 cm；叶片卵状披针形或三角状卵形，二回羽状，长 30~40 cm，宽 15~25 cm；羽片 10~15 对，披针形；小羽片 10~12 对，三角状卵形，边缘有浅齿，中部下侧小羽片较长。侧脉羽状。羽轴具较密的泡状鳞片。孢子囊群大，在小羽片中脉两侧各一行，靠近中脉着生；囊群盖圆肾形，边缘全缘。

生于疏密林下，海拔 300~600 m。产于中国长江以南地区。

柄叶鳞毛蕨（鳞毛蕨属）

Dryopteris podophylla **(Hook.) Kuntze**

植株高 40~60 cm。根状茎直立，木质，与叶柄基部密被黑褐色鳞片。叶簇生；柄长约 20 cm，禾秆色，坚硬；叶片卵形，长约 25 cm，宽 15~20 cm，奇数一回羽状，顶端有 1 片分离的顶中羽片，其下有侧生明片 4~8 对；侧生羽片具短柄，披针形，长 10~13 cm，先端渐尖，近全缘或略呈波状，边缘有软骨质狭边，上部 1~2 对的边缘略具锯齿或浅裂；叶脉裂片为羽状，每组有小脉 3~4 对；叶革质，叶轴和羽轴下面略被纤维状鳞片。孢子囊群细小，在羽轴和叶缘之间不整齐地排成 2~3 行，羽轴两侧不育；囊群盖质厚，宿存。

生于林下溪沟边，海拔 700~900 m。产于中国福建、广东、海南、香港、广西、云南。

平行鳞毛蕨（鳞毛蕨属）

Dryopteris indusiata **(Makino) Makino & Yamam.**

植株高 40~60 cm。叶簇生；叶柄长 20~35 cm，禾秆色，最基部密被黑色鳞片，其余部分近光滑；叶片卵状披针形，长 25~40 cm，宽 20~25 cm，二回羽状；羽片 10~15 对，几无柄，卵状披针形，长 12~17 cm，基部略收缩；小羽片 10~12 对，顶端圆钝，无柄，基部羽片的最基部小羽片略缩短并平行于叶轴；裂片 5~7 对，顶端前方具 1~2 齿。叶脉上面不显，下面可见。叶纸质，干后褐绿色，上面光滑，下面叶轴有少量黑色鳞片。孢子囊群大，着生于小羽片中脉两侧或裂片边缘；囊群盖圆肾形，红棕色，边缘全缘。

生于亚热带常绿阔叶林下。产于中国浙江、江西、福建、湖南、广西、四川、贵州、云南。

奇羽鳞毛蕨（鳞毛蕨属）

Dryopteris sieboldii **(van Houtte ex Mett.) Kuntze**

植株高 0.5~1.0 m。根状茎粗短，连同叶柄下部密生披针形鳞片。叶簇生，厚革质，下面偶有小鳞片；叶柄长 20~60 cm，中部以上近光滑；叶片长 25~40 cm，长圆形或三角状卵形，奇数一回羽状，侧生羽片 1~4 对，长 15~20 cm，阔披针形或长圆状披针形，顶生羽片和其下的同形，羽片全缘或有浅锯齿；侧脉羽状分叉。孢子囊群圆形，生于小脉的中部稍下处，沿羽轴两侧各排列成不整齐的 3~4 行，近叶边处不育；囊群盖圆肾形，全缘。

生于林下、溪边，海拔 300~600 m。产于中国安徽、浙江、江西、福建、湖南、广东、广西、贵州。

华南舌蕨（舌蕨属）

Elaphoglossum yoshinagae **(Yatabe) Makino**

植株高 15~30 cm。根状茎短，横卧或斜升，与叶柄下部密被鳞片；鳞片卵形或卵状披针形，长约 5 mm，边缘具睫毛。叶簇生或近生，二型；不育叶近无柄或具短柄，披针形，长 15~30 cm，中部宽 3~4.5 cm，先端短渐尖，基部楔形，长而下延，几达叶柄基部，全缘，平展或略内卷；叶脉仅可见，主脉宽而平坦，侧脉单一或一至二回分叉，几达叶边；叶革质，干后棕色，两面均疏被褐色的星芒状小鳞片，通常主脉下面较多；能育叶与不育叶等高或略低于不育叶，柄长 7~10 cm，叶片略短而狭。

生于山谷岩石上或潮湿树干上，海拔 400~700 m。产于中国广东、海南、香港、台湾、浙江、福建、江西、湖南、广西、贵州。

巴郎耳蕨（耳蕨属）镰羽贯众

Polystichum balansae **Christ**

植株高 25~60 cm。根茎直立，密被棕色鳞片。叶簇生，叶柄长 12~35 cm，禾秆色，腹面有浅纵沟，有棕色鳞片，上部秃净；叶片披针形或宽披针形，长 16~42 cm，一回羽状；羽片 12~18 对，互生，柄极短，镰状披针形，下部的柄长 3.5~9 cm，先端渐尖或近尾状，基部偏斜，上侧截形或有尖的耳状凸下侧楔形，边缘有前倾的钝齿或罕为尖齿；具羽状脉，小脉联结成 2 行网眼，腹面不明显，背面微凸起；叶为纸质，腹面光滑，背面疏生棕色小鳞片或秃净。孢子囊位于中脉两侧各成 2 行；囊群盖圆形，盾状，边缘全缘。

生于林下，海拔 80~800 m。产于中国安徽、浙江、江西、福建、湖南、广东、广西、海南、贵州。

P46 肾蕨科 Nephrolepidaceae

肾蕨（肾蕨属）圆羊齿

Nephrolepis cordifolia **(L.) C. Presl**

附生或土生。根状茎直立，被钻形鳞片，匍匐茎横展，生有块茎，密被鳞片。叶簇生，坚草质，柄长 6~11 cm，密被淡棕色线形鳞片；叶片线状披针形，长 30~70 cm，宽 3~5 cm，一回羽状，小羽片 45~120 对，呈覆瓦状排列，中部羽片长约 2 cm，宽 6~7 mm，基部心脏形，不对称，下侧呈圆楔形或圆形，上侧呈三角状耳形，叶缘具钝锯齿。叶脉明显，小脉顶端具纺锤形水囊。孢子囊群成 1 行位于主脉两侧，肾形，生于小脉顶端；囊群盖肾形，无毛。

生于或附生于溪边林下或石缝中、树干上，海拔 100~500 m。产于中国浙江、福建、台湾、湖南、广东、海南、广西、贵州、云南、西藏。

P48 三叉蕨科 Tectariaceae

沙皮蕨（三叉蕨属）

Tectaria harlandii **(Hook.) C. M. Kuo**

植株高 30~70 cm。叶簇生；叶二型，不育叶卵形，基部下延或不下延，奇数一回羽状或为三叉或有时为披针形的单叶；能育叶与不育叶同形但较小。叶脉联结成近六角形网眼，有分叉的内藏小脉，两面均稍隆起，光滑无毛；侧脉稍曲折，两面均隆起且光滑。叶坚纸质，干后暗褐色，两面均光滑；叶轴及羽轴暗禾秆色，上面稍凹下，两面均光滑。孢子囊群沿叶脉网眼着生，成熟时满布于能育叶下面；囊群盖缺。

生于密林下阴湿处或岩石上。产于中国台湾、福建、广东、海南、云南。

条裂三叉蕨（三叉蕨属）

Tectaria phaeocaulis **(Rosenst.) C. Chr.**

植株高 60~140 cm。根状茎直立，密被褐棕色鳞片。叶簇生；柄长 30~80 cm，褐棕色；叶片椭圆形，长 45~60 cm，下部宽 30~40 cm，先端渐尖并为羽状撕裂，基部二回羽状至三回羽裂；羽片 5~7 对，有短柄，基部一对最大，三角状披针形，长约 20 cm，基部宽 10 cm，下部有 2~3 对分离的小羽片，撕裂状。中部羽片披针形，长约 15 cm，基部两侧有尖耳；叶脉联结成六角形网眼；叶纸质，无毛；各羽轴上面密被淡棕色短节毛。孢子囊群圆形，在侧脉之间有 2 行，靠近侧脉，在叶片上面形成稍凸出的斑点；囊群盖圆肾形，宿存。

生于山谷或河边密林下阴湿处，海拔 400~500 m。产于中国台湾、福建、广东、海南、广西。

三叉蕨（三叉蕨属）三叉羽蕨、鸡爪蕨

Tectaria subtriphylla **(Hook. & Arn.) Copel.**

植株高 50~70 cm。根状茎长而横走。叶近生，纸质；叶柄长 20~40 cm，疏被有关节的淡棕色短毛；叶二型，不育叶三角状五角形，长 25~35 cm，基部宽 20~25 cm，先端长渐尖，基部近心形，一回羽状，能育叶形状相似，但各部缩狭；顶生羽片三角形，基部楔形而下延，两侧羽裂；基部一对羽片最大，三角披针形至三角形，两侧有小裂片。叶脉具六角形网眼，有内藏小脉。孢子囊群圆形，生于小脉联结处；囊群盖圆肾形，脱落。

生于密林下阴湿处、溪边岩石上，海拔 100~400 m。产于中国台湾、福建、广东、海南、广西、贵州、云南。

P50 骨碎补科 Davalliaceae

大叶骨碎补（骨碎补属）

Davallia divaricata **Blume**

植株高达 1 m。叶远生，相距 3~5 cm；柄长 30~60 cm，粗约 4 mm，与叶轴均为亮棕色或暗褐色，上面有深纵沟；叶片大，三角形或卵状三角形，长、宽为 60~90 cm，先端渐尖，四回羽状或五回羽裂；羽片约 10 对，互生，斜展。孢子囊群多数，每裂片有 1 枚，生于小脉中部稍下的弯弓处或生于小脉分叉处，远离叶边及尖齿的弯缺处；囊群盖管状，长约 1 mm，约为宽的 2 倍，先端截形，褐色并有金黄色光泽，厚膜质。

产于中国台湾、福建、广东、海南、广西、云南。

杯盖阴石蕨（骨碎补属）

Davallia griffithiana **Hook.**

植株高约 40 cm。叶远生；柄长 10~15 cm，浅棕色，上有浅纵沟，光滑；叶片三角状卵形，长 16~25 cm，宽 14~18 cm，基部为四回羽裂，中部为三回羽裂，向顶部为二回羽裂。羽片 10~15 对，基部一对最大，长 8.5~11 cm；一回小羽片约 10 对，基部下侧一片最大；二回小羽片 5~7 对，钝头，深羽裂；裂片全缘，先端尖或有小缺刻。第二对羽片起为椭圆披针形，羽轴基部上侧一片为深羽裂，下侧为全缘。叶脉不甚明显，侧脉单一或分叉，几达叶边。叶革质，干后上面浅褐色，下面棕色，无毛。孢子囊群生于裂片上侧小脉顶端，每裂片 1~3 枚；囊群盖宽杯形，棕色，有光泽。

产于中国台湾、云南。

P51 水龙骨科 Polypodiaceae

崖姜（崖姜蕨属）

Pseudodrynaria coronans **(Wall. ex Mett.) Ching**

根状茎横卧，密被蓬松的长鳞片，弯曲的根状茎盘结。叶一型，长圆状倒披针形，长 80~120 cm，中部宽 20~30 cm，顶端渐尖，向下渐变狭，至下约 1/4 处狭缩成宽 1~2 cm 的翅，至基部又渐扩张成膨大的圆心脏形，宽 15~25 cm，边缘有宽缺刻或浅裂，基部以上为羽状深裂。孢子囊群位于小脉交叉处，4~6 个生于侧脉之间，每一网眼内有 1 个孢子囊群，圆球形，分离，成熟后常汇合成一连贯的囊群线。

附生于树干上、石上，海拔 100~600 m。产于中国福建、台湾、广东、广西、海南、贵州、云南。

槲蕨（槲蕨属）

Drynaria roosii **Nakaike**

根状茎直径 1~2 cm，密被鳞片；鳞片盾状着生，边缘有齿。螺旋状攀援，叶二型，基生不育叶圆形，长 5~9 cm，宽 3~7 cm，基部心形，浅裂至叶片宽度的 1/3；能育叶叶柄长 4~10 cm，具明显的狭翅；叶片长 20~45 cm，深羽裂到距叶轴 2~5 mm 处，裂片 7~13 对，披针形，长 6~10 cm，边缘有疏钝齿。孢子囊群圆形、椭圆形，沿裂片中肋两侧各排列成 2~4 行，成熟时相邻 2 侧脉间有圆形孢子囊群 1 行，混生有大量腺毛。

常附生于岩石上、树干上，海拔 100~600 m。产于中国长江以南地区。

节肢蕨（节肢蕨属）

Arthromeris lehmanni **(Mett.) Ching**

根茎长，横走，直径 4~5 mm，被白粉及鳞片，鳞片披针形，长 4~6 mm，淡黄、灰白或白色，基部宽，卵圆形，盾状着生处色较深，窄披针形，钻状尖头，边缘具睫毛；叶疏生，叶柄禾杆色或淡紫色；叶片一回羽状，羽片近对生，披针形，渐尖头，全缘，基部心形并覆盖叶轴；叶纸质；孢子囊群呈圆形或椭圆形，在羽片中脉两侧成不规则多行排列。

附生于树干上或石上，海拔 900 m。产于中国西南、华南至华东一带。

友水龙骨（棱脉蕨属）

Goniophlebium amoenum **(Wall. ex Mett.) Bedd**

植株高 30~70 cm。根状茎横走，密被棕色的卵状披针形鳞片。叶远生；柄长 12~30 cm，禾秆色，坚硬；叶片长卵形，长 25~40 cm，宽 10~20 cm，先端尾状渐尖，羽状深裂几达叶轴；裂片约 15 对，平展（基部一对略向下反折），接近，狭披针形，长 6~12 cm，宽 8~15 mm，先端渐尖，边缘有浅锯齿；叶脉两面均明显，在主脉两侧各有 1 行整齐的网眼；叶纸质，亮绿色，无毛；叶轴及主脉下面疏被小鳞片。孢子囊群圆形，在主脉两侧各有 1 行，略靠近主脉。

附生于树干上或岩壁上。产于中国广东、海南、台湾、广西、贵州、四川、云南。

披针骨牌蕨（伏石蕨属）

Lemmaphyllum diversum **(Rosenst.) De Vol & C. M. Kuo**

植株高 5~10 cm。根状茎横走，与叶柄基部疏被暗褐色鳞片。叶远生，近二型；不育叶的柄较短，不育叶片披针形至椭圆披针形，长 4.5~9 cm，中部宽 2~3 cm，先端渐尖，基部狭楔形并下延于叶柄，全缘；能育叶的柄较长（长 3~4.5 cm），淡禾秆色，能育叶片较狭长，披针形至狭披针形，长 8~9 cm，宽约 1 cm；主脉两面均隆起，小脉不明显，网状，通常具单一的内藏小脉；叶近肉质，干后淡绿色，下面略被小鳞片。孢子囊群圆形，着生于能育叶片中部以上，在主脉两侧各排成 1 行，幼时有盾状隔丝覆盖。

附生于林缘岩石上，海拔 700~800 m。产于中国台湾、浙江、江西、福建、广东、广西、湖南、贵州、湖北、陕西、四川。

伏石蕨（伏石蕨属）小叶伏石蕨

Lemmaphyllum microphyllum **C. Presl**

小型附生蕨类。根状茎细长横走，淡绿色，疏生鳞片；鳞片粗筛孔，顶端钻状，下部略近圆形，两侧不规则分叉。叶远生，二型；不育叶近无柄，近球圆形或卵圆形，基部圆形或阔楔形，长 1.6~2.5 cm，宽 1.2~1.5 cm，全缘；能育叶柄长 3~8 mm，狭缩成舌状或狭披针形，长 3. 5~6 cm，干后边缘反卷。叶脉网状，内藏小脉单一。孢子囊群线形，位于主脉与叶边之间，幼时被隔丝覆盖。

附生于林中树干上或岩石上，海拔 100~600 m。产于中国长江以南地区。

抱石莲（伏石蕨属）抱树莲

Lemmaphyllum drymoglossoides **(Baker) Ching**

根状茎细长横走，被钻状有齿棕色披针形鳞片。叶远生，相距 1.5~5 cm，二型；不育叶长圆形至卵形，长 1~3 cm，圆头或钝圆头，基部楔形，几无柄，全缘；能育叶舌状或倒披针形，长 3~6 cm，宽不及 1 cm，基部狭缩，具短柄，肉质，干后革质，上面光滑，下面疏被鳞片。孢子囊群圆形，沿主脉两侧各成 1 行，位于主脉与叶边之间。

附生于阴湿树干、岩石上，海拔 200~600 m。产于中国秦岭南坡以南地区。

骨牌蕨（伏石蕨属）

Lemmaphyllum rostratum **(Bedd.) Tagawa**

植株高达 10 cm。根状茎横走，与叶柄基部疏被褐色的卵状披针形鳞片。叶远生，近二型，具短柄；不育叶阔披针形，长 6~10 cm，中部宽 2~2.5 cm，先端呈鸟嘴状，基部楔形并下延于叶柄，全缘；能育叶通常较长且狭，主脉两面均隆起，小脉不明显，在主脉与叶缘之间联结成 3 行网眼，内藏小脉单一或分叉；叶近肉质，鲜时淡绿色，干时褐棕色。孢子囊群圆形，在主脉两侧各成 1 行，幼时有盾状隔丝覆盖。

生于林下石上，海拔 900 m。产于中国湖北、甘肃（文县）、四川、贵州、浙江、广东、海南、广西、云南。

粤瓦韦（瓦韦属）

Lepisorus obscurevenulosus **(Hayata) Ching**

植株高 25~40 cm。根状茎横走，与叶柄基部均被黑褐色的卵状披针形鳞片。叶远生，柄长 3~6 cm，暗黑褐色；叶片狭披针形，长 25~30 cm，宽 2~3 cm，两端渐尖，先端长渐狭，基部楔形，全缘，干后略反卷；叶脉两面均不明显，主脉略隆起，叶近革质或厚纸质，干后褐色，下面沿主脉附近疏被小鳞片，上面有明显的斑点状水囊。孢子囊群圆形，在主脉两侧各成 1 行，位于主脉与叶缘之间。

附生于林下树干或岩石上，海拔 400~700 m。产于中国广东、海南、香港、台湾、广西、贵州。

表面星蕨（瓦韦属）

Lepisorus superficialis **(Blume) C. F. Zhao, R. Wei & X. C. Zhang**

攀援植物。叶远生，相距约 3 cm；叶柄长 2~14 cm，两侧有狭翅，基部疏生鳞片；叶片披针形至狭长披针形，长 10~35 cm，宽 1.5~6.5 cm，顶端渐尖，基部急变狭呈楔形并下延于叶柄两侧形成翅，叶缘全缘或略呈波状；主脉两面明显，侧脉不明显，小脉网状，网眼内有分叉的内藏小脉；叶厚纸质，两面光滑。孢子囊群圆形，小而密，散生于叶片下面中脉与叶片之间，呈不整齐的多行。孢子豆形，周壁具不规则褶皱。

产于中国安徽、浙江、江西、福建、台湾、湖北、湖南、广东、广西、四川、贵州、云南、西藏。

线蕨（薄唇蕨属）椭圆线蕨、羊七莲

Leptochilus ellipticus **(Thunb.) Noot.**

植株高 20~60 cm；根茎横走，密被鳞片。叶疏生，近二型；不育叶柄长 6.5~48.5 cm，禾秆色，基部密被鳞片，向上光滑；叶片长尾状卵形或卵状披针形，长 20~70 cm，宽 8~22 cm，一回深羽裂达叶轴；羽片或裂片 3~11 对，对生或近对生，下部的分离，窄长披针形或线形，长 4.5~15 cm，全缘或浅波状；能育叶与不育叶近同形，叶柄较长，羽片较窄，有时与不育叶同大；中脉明显，侧脉和小脉均不明显；叶干后稍褐棕色，纸质，两面均无毛；孢子囊群线形，斜展，在每对侧脉间各成 1 行，伸达叶缘；无囊群盖。

生于山坡林下或溪边岩石上，海拔 100~600 m。产于中国长江以南地区。

宽羽线蕨（薄唇蕨属）

Leptochilus ellipticus **var.** ***pothifolius*** **(Buch.-Ham. ex D. Don) X. C. Zhang**

植株高 36~123 cm。叶羽片 4~14 对，线状披针形或阔披针形，长 13~31 cm，宽 0.3~3.6 cm。孢子囊群线形，斜展，在每对侧脉间各排列成 1 行，伸达叶边；无囊群盖。孢子极面为椭圆形，赤道面为肾形。单裂缝，裂缝长度为孢子全长的 1/3~1/2。周壁表面具球形颗粒和缺刻状刺；有时脱落，则表面光滑。

产于中国浙江、江西、福建、台湾、湖南、广东、海南、香港、广西、重庆、贵州、云南。

锯蕨（锯蕨属）

***Micropolypodium okuboi* (Yatabe) Hayata**

根茎短，直立，被鳞片；叶簇生；叶柄长不及 1 cm，或几无柄，疏被暗棕色长刚毛；叶片线形，长 3~7 cm，宽 4~6 mm，先端锐尖，基部渐窄下延，羽状深裂几达中脉；裂片多数，互生近平展，呈长圆形、卵状长圆形或长三角形，有时稍镰刀状，长约 3 mm，全缘；中脉明显，上面有浅沟，下面隆起，侧脉不明显，通常每裂片有 1 条，单一或分叉，顶端具 1~2 个水囊体；叶近革质，两面被暗棕色长刚毛；孢子囊群圆形或椭圆形，着生于裂片基部上侧分叉小脉顶端，通常每裂片有 1 行。

附生于林中树干上，海拔 900 m。产于中国浙江、湖南、福建、海南、台湾、广东、广西、贵州。

江南星蕨（盾蕨属）大叶骨牌草、七星剑、大星蕨

***Neolepisorus fortunei* (T. Moore) L. Wang**

附生，植株高 30~100 cm。根状茎长而横走，顶部被鳞片；鳞片卵状三角形，有疏齿，筛孔较密，盾状着生，易脱落。叶远生，相距 1.5 cm；叶柄长 5~20 cm，禾秆色；叶片线状披针形至披针形，长 25~60 cm，宽 1.5~7 cm，基部下延于叶柄成狭翅，全缘，有软骨质的边；中脉隆起；叶厚纸质，两面无毛。孢子囊群大，圆形，沿中脉两侧排列 1~2 行，靠近中脉。孢子豆瓣形，周壁具不规则褶皱。

生于林下溪边岩石上、树干上，海拔 300~600 m。产于中国长江流域及其以南地区。

羽裂星蕨（星蕨属）

***Microsorum insigne* (Blume) Copel.**

附生，植株高约 50 cm。根状茎横走，密被暗棕色的三角状卵形鳞片。叶疏生；柄长约 25 cm，褐色，基部疏被鳞片，两侧有狭翅；叶片卵形，长 30~40 cm，宽 20~25 cm，深羽裂，偶为披针形的单叶，羽片线形，斜展，长 7~15 cm，宽 3~4 cm，先端渐尖，钝头，全缘，基部一对裂片稍大，叶轴两侧有宽约 1 cm 的翅；侧脉下面隆起，曲折，小脉不明显，联结成不整齐的网眼，有单一或分叉的内藏小脉；叶纸质。孢子囊群圆形，散生，着生于小脉联结处。

生于林下沟边岩石上或山坡阔叶林下，海拔 600~800 m。产于中国广东、海南、香港、台湾、广西、贵州、云南。

石韦（石韦属）金背茶匙、大金刀

***Pyrrosia lingua* (Thunb.) Farw.**

植株高 10~30 cm。根状茎长而横走，密被鳞片。叶远生，革质，近二型；叶柄与叶片大小和长短变化很大，能育叶通常远比不育叶长得高而较狭窄，两者的叶片略比叶柄长。不育叶片近长圆形，下部 1/3 处最宽，宽 1.5~5 cm，长 10~20 cm，全缘，下面淡棕色或砖红色，被星状毛。侧脉在下面隆起。孢子囊群近椭圆形，在侧脉间成多行整齐排列，布满整个叶片下面，初时为星状毛覆盖，成熟后呈砖红色。

附生于林下树干上、岩石上，海拔 100~600 m。产于中国长江流域及其以南地区。

有柄石韦（石韦属）

Pyrrosia petiolosa **(Christ) Ching**

植株高 5~15 cm。根状茎细长横走，幼时密被披针形棕色鳞片；鳞片长尾状渐尖头，边缘具睫毛。叶远生，一型；具长柄，基部被鳞片，向上被星状毛，棕色或灰棕色；叶片椭圆形，急尖短钝头，基部楔形，下延，干后厚革质，全缘，上面灰淡棕色，有洼点，疏被星状毛，下面被厚层星状毛，初为淡棕色，后为砖红色。主脉下面稍隆起，上面凹陷，侧脉和小脉均不显。孢子囊群布满叶片下面，成熟时扩散并汇合。

多附生于干旱裸露岩石上，海拔 300~900 m。产于中国东北、华北、西北、西南和长江中下游地区。

喙叶假瘤蕨（修蕨属）

Selliguea rhynchophylla **(Hook.) H. Ohashi & K. Ohashi**

根茎长，横走，密被鳞片，鳞片披针形，棕色；叶疏生，二型；不育叶柄长 1~2 cm，叶片卵圆形，长 1~5 cm，宽 1~2 cm；能育叶柄长 5~10 cm，叶片长条形或披针形，长 5~20 cm，宽 0.5~2 cm，钝圆头，边缘具软骨质窄边和缺刻，侧脉两面明显，顶端分叉，不达叶缘；小脉网状，具单一内藏小脉；叶草质，两面无毛，上面绿色，下面常淡红色；孢子囊群圆形，着生于能育叶中上部，在叶片中脉两侧各成 1 行，略近叶缘。

附生于树干上，海拔 900 m。产于中国云南、四川、贵州、广西、广东、湖南、湖北、江西、福建、台湾。

二、裸子植物

G5 买麻藤科 Gnetaceae

罗浮买麻藤（买麻藤属）

***Gnetum lufuense* C. Y. Cheng**

常绿木质藤本；茎枝圆形，皮紫棕色，皮孔不显著。叶对生，薄革质，较大，矩圆形，长 10~18 cm，宽 5~8 cm，侧脉 9~11 对，由中脉近平展伸出，小脉网状，在叶背较明显，叶柄长 8~10 mm。雄球花穗较长，有总苞 10~20 轮。成熟种子矩圆状椭圆球形，长约 2.5 cm，顶端微呈急尖状，基部宽圆，无柄。

生于林中，缠绕于树上，海拔约 500 m。产于中国广东、广西、海南、福建、江西、湖南、贵州、云南。

小叶买麻藤（买麻藤属）竹节藤、木花生

***Gnetum parvifolium* (Warb.) C. Y. Cheng ex Chun**

缠绕藤本，高 4 ~12 m；茎枝圆形，皮土棕色或灰褐色，皮孔较明显。叶较小，椭圆形至长倒卵形，革质，长 4~10 cm，宽 2.5 cm，侧脉细，在叶背隆起，弯曲前伸，叶柄长 5~8 mm。雄球花序不分枝或一次分枝，雄球花穗短小，长 1.2~2 cm，具 5~10 轮环状总苞；雌球花序多生于老枝上，一次三出分枝，雌球花穗细长，每轮总苞内有雌花 5~8 朵。雌球花序成熟时长 10~15 cm；成熟种子假种皮红色，长椭圆球形，长 1.5~2 cm，先端常有小尖头，无种柄或近无柄。

生于干燥平地上或湿润谷地林中，缠绕在大树上，海拔 100~800 m。产于中国广东、广西、海南、福建、江西、湖南、贵州。

G7 松科 Pinaceae

马尾松（松属）

***Pinus massoniana* Lamb.**

乔木，高达 45 m；树皮裂成不规则的鳞状块片；枝条每年生长 1 轮，淡黄褐色；冬芽圆柱形，芽鳞边缘丝状。针叶 2 针一束，稀 3 针一束，长 12~20 cm，细柔，两面有气孔线。雄球花淡红褐色，圆柱形，弯垂，长 6~15 cm；雌球花单生或 2~4 个聚生于新枝近顶端，淡紫红色。球果生于小枝的近顶端，卵圆柱形，长 4~7 cm，有短梗，下垂；种鳞的鳞盾平滑，横脊微明显；种子长卵圆形，长 4~6 mm，连翅长 2~2.7 cm。花期 4~5 月，球果翌年 10~12 月成熟。

生于向阳山地上，山坡针阔混交林、山顶针叶林中，海拔 100~600 m。产于中国秦岭南坡以南地区，西至贵州、四川。

G9 罗汉松科 Podocarpaceae

竹柏（竹柏属）罗汉柴、竹叶柏

***Nageia nagi* (Thunb.) Kuntze**

乔木，高达 20 m；树皮近于平滑，成小块薄片脱落。叶对生，革质，长卵形至披针状椭圆形，有多数并列的细脉，无中脉，长 3.5~9 cm，基部向下窄成柄状。雄球花穗状圆柱形，单生叶腋，常呈分枝状，长 1.8~2.5 cm；雌球花单生叶腋，花后苞片不肥大，成肉质种托。种子圆球形，直径 1.2~1.5 cm，假种皮暗紫色，有白粉，梗长 7~13 mm；骨质外种皮黄褐色，其上密被细小的凹点，内种皮膜质。花期 3~4 月，种子 10 月成熟。

生于常绿阔叶林中或滨海冲积地上，往往与常绿阔叶树组成森林，海拔 100~600 m。产于中国浙江、福建、江西、湖南、广东、广西、四川。

百日青（罗汉松属）大果竹柏、竹叶松、大叶竹柏松

***Podocarpus neriifolius* D. Don**

乔木，高达 25 m；树皮薄纤维质，成片状纵裂。叶螺旋状着生，披针形，厚革质，常微弯，长 7~15 cm，上面中脉隆起。雄球花穗状，单生或 2~3 个簇生，长 2.5~5 cm，总梗较短。种子卵圆球形，长 8~16 mm，顶端圆钝，熟时肉质假种皮紫红色，种托肉质橙红色，梗长 9~22 mm。花期 5 月，种子 10~11 月成熟。

生于山地林下，海拔 300~600 m。产于中国浙江、福建、台湾、江西、湖南、贵州、四川、西藏、云南、广西、广东。

G11 柏科 Cupressaceae

杉木（杉木属）沙木、沙树

***Cunninghamia lanceolata* (Lamb.) Hook.**

乔木，高达 30 m；树皮裂片长条状脱落，内皮淡红色；小枝近对生或轮生；冬芽近圆形。叶在主枝上辐射伸展，侧枝之叶基部扭转成二列状，披针形或线状披针形，扁平，微弯呈镰状，硬革质，长 2~6 cm，边缘有细缺齿，下面沿中脉两侧各有 1 条白粉气孔带。雄球花圆锥状，常簇生枝顶；雌球花单生或 2~4 个集生，绿色。球果卵圆球形，长 2.5~5 cm；苞鳞革质，棕黄色；种子扁平，两侧边缘有窄翅，长 7~8 mm。花期 4 月，球果 10 月下旬成熟。

生于山地林中，海拔 200~600 m。产于中国长江以南地区。

福建柏（福建柏属）

***Fokienia hodginsii* (Dunn) A. Henry & H. H. Thomas**

乔木，高达 20 m；树皮紫褐色，浅纵裂；生鳞叶的小枝扁平，排成一平面。鳞叶交叉对生，呈节状，通常长 4~7 mm，上面蓝绿色，下面中脉隆起，两侧具凹陷的白色气孔带；侧面的叶对折，近长椭圆形，较中央的叶长，通常长 5~10 mm，背有棱脊，背侧面具一凹陷的白色气孔带。雄球花近球形。球果近球形，熟时褐色，直径 2~2.5 cm；种鳞顶部多角形，表面皱缩，稍凹陷，中间有一小尖头突起；种子顶端尖，具 3~4 棱，上部有两个大小不等的翅。花期 3~4 月，果期翌年 10~11 月。

生于温暖湿润的山地森林中，海拔 100~700 m。产于中国浙江、福建、广东、江西、湖南、贵州、广西、四川、云南。

G12 红豆杉科 Taxaceae

穗花杉（穗花杉属）

***Amentotaxus argotaenia* (Hance) Pilg.**

灌木或小乔木，高达 7 m；树皮灰褐色或淡红褐色，裂成片状脱落。叶交互对生，基部扭转列成两列，条状披针形，直或微弯镰状，长 3~11 cm，先端尖或钝，基部楔形，叶背有 2 条明显的白色气孔带，与绿色边带等宽或较窄；萌生枝的叶较长，通常镰状，稀直伸，先端有渐尖的长尖头，气孔带较绿色边带要窄。叶内有树脂道。雄球花多数，组成穗状花序，2~6 个聚生于枝顶，长 5~6.5 cm。种子椭球形，成熟时假种皮鲜红色，长 2~2.5 cm，顶端有小尖头露出，梗长约 1.3 cm，扁四棱形。花期 4 月，种子 10 月成熟。

生于山地林或阴湿沟谷中，海拔 300~900 m。产于中国广东、广西、江西、福建、浙江、江苏、湖北、湖南、四川、西藏、甘肃。

三、被子植物

A7 五味子科 Schisandraceae

红花八角（八角属）

Illicium dunnianum **Tutch.**

灌木，高 1~3 m。嫩枝褐色，有皱纹，枝灰色。叶常密集在小枝近顶端，3~8 片假轮生，薄革质，线状披针形或狭倒披针形，长 5~11 cm，基部狭，下延至叶柄，中脉在叶面稍凹下，侧脉不明显；有叶柄，具狭翅。花粉红色或红色，单生于叶腋或 2~3 朵簇生在枝梢叶腋；花梗纤细，长 10~35 mm；花被片 12~20 片，最大的花被片椭圆形至近圆形，长 6~11 mm，宽 4~8 mm；雄蕊 19~31 枚（偶见 10 枚），通常排成 2~3 轮。聚合果直径约 2.7 cm，蓇葖通常 7~8 枚，偶见 13 枚。种子麦秆黄色。花期 4 ~7 月，果期 7~10 月。

生于山谷溪旁、河流两岸或山地密林阴湿处或岩石缝中，海拔 400~900 m。产于中国福建、广东、香港、广西、湖南、贵州。

大八角（八角属）匙叶八角、神仙果

Illicium majus **Hook. f. & Thomson**

乔木，高达 20 m。树皮和幼枝有明显皮孔。叶 3~6 片假轮生于枝的节上，近革质，长圆状披针形或倒披针形，长 10 ~20 cm，宽 2.5 ~7 cm，先端渐尖，基部楔形，中脉在叶面轻微凹陷，侧脉每边 6~9 条；叶柄粗壮，长 1~2.5 cm。花粉红色或红色，芳香，单生或 2~4 朵簇生；花被片 15~21 片，外层花被片常具透明腺点；雄蕊 12~21 枚，排成 1~2 轮，花丝肉质，舌状，花药凸起；心皮 11~14 枚。聚合果，蓇葖 10~14 枚，顶端具明显钻形尖头；种子淡棕色。花期 4 ~6 月，果期 7 ~10 月。

生于混交林、密林、灌丛或有林的石坡、溪流沿岸，海拔 300~900 m。产于中国湖南、广东、广西、贵州、云南。

黑老虎（南五味子属）臭饭团

Kadsura coccinea **(Lem.) A. C. Sm.**

常绿木质藤本。全株无毛。叶革质，长圆形至卵状披针形，基部宽楔形至圆形，全缘，侧脉 6~7 对，网脉不明显；叶柄长 1~2.5 cm。花单生于叶腋，雌雄异株。雄花：花被片红色，10~16 片，中轮最大，最内轮 3 片明显增厚，肉质；花托长圆锥形，长 7~10 mm，顶端具钻状附属体；雄蕊 14~48 枚，花丝顶端为两药室包围着；花梗长 1~4 cm。雌花：花柱短钻状，顶端无盾状柱头冠；心皮长圆柱形，50~80 枚，胚珠下垂。聚合果近球形，红色或暗紫色；小浆果倒卵球形，外果皮革质，不显出种子。种子心形或卵状心形。花期 4~7 月，果期 7~11 月。

生于林下、溪谷，海拔 200~900 m。产于中国江西、湖南、广东、香港、海南、广西、四川、贵州、云南。

异形南五味子（南五味子属）海风藤叶、大叶过山龙、过山龙藤、大风沙藤

Kadsura heteroclita **(Roxb.) Craib**

常绿木质大藤本。无毛。小枝褐色，具皮孔，干时黑褐色，老枝木栓层厚，块状纵裂。叶卵状椭圆形至阔椭圆形，全缘或上半部边缘有疏离的小锯齿，侧脉 7~11 对。花单生叶腋，雌雄异株，花被片白色或浅黄色，11~15 片。雄花：具数枚小苞片；花托顶端伸长圆柱状，突出于雄蕊群外；雄蕊群椭圆形，雄蕊 50~65 枚，长 0.8~1.8 mm。雌花：雌蕊群近球形，雌蕊 30~55 枚，子房长倒卵柱形，花柱顶端具盾状的柱头冠。聚合果近球形；干时不显出种子，种子长圆状肾形。花期 5~8 月，果期 8~12 月。

生于山谷、溪边、密林，海拔 400~900 m。产于中国福建、湖南、广东、海南、广西、贵州、云南、四川、陕西。

南五味子（南五味子属）
***Kadsura longipedunculata* Finet & Gagnep.**

藤本，各部无毛。叶长圆状披针形、倒卵状披针形或卵状长圆形，边有疏齿，侧脉5~7对，上面具淡褐色透明腺点。花单生于叶腋，雌雄异株。雄花：花被片白色或淡黄色，8~17片；花托椭圆形，顶端伸长圆柱状，不凸出雄蕊群外，雄蕊群具雄蕊30~70枚，花梗长0.7~4.5 cm。雌花：具雌蕊40~60枚；花柱具盾状心形的柱头冠，胚珠3~5个叠生于腹缝线上，花梗长3~13 cm。聚合果球形，直径1.5~3.5 cm；小浆果倒卵圆形，干时显出种子。种子2~3颗，肾形或肾状椭圆体形。花期6~9月，果期9~12月。

生于山坡、林中，海拔200~900 m。产于中国东南至西南各省区。

冷饭藤（南五味子属）
***Kadsura oblongifolia* Merr.**

藤本，无毛。叶长圆状披针形、长圆形或狭椭圆形，长6~10 cm，顶部圆或钝，基部阔楔形，边有疏齿；侧脉每边4~8条；叶柄长0.5~1.2 cm。花单生于叶腋，雌雄异株。雄花花被片黄色，12~13片，外面和里面的较小，中间的最大，椭圆形至倒卵状长圆形；雄蕊柱球形，顶端无附属物，雄蕊约25枚；花梗长10~15 mm。雌花花被片与雄花相似；花梗长15~40 mm。聚合果近球形或椭圆球形，直径1.2~2 cm；外果皮薄革质，干后露出种子；种子2~3颗，肾形或肾状椭圆球形。花期7~9月，果期10~11月。

生于疏林中，海拔100~900 m。产于中国广东、海南、广西。

A10 三白草科 Saururaceae

蕺菜（蕺菜属）鱼腥草
***Houttuynia cordata* Thunb.**

腥臭草本，高30~60 cm；茎下部伏地，节上轮生小根，上部直立。叶薄纸质，有腺点，背面尤甚，卵形或阔卵形，长4~10 cm，宽2.5~6 cm，基部心形，背面常呈紫红色；叶脉5~7条；叶柄长1~3.5 cm，无毛；托叶膜质，长1~2.5 cm，下部与叶柄合生成鞘，略抱茎。花聚集顶生，穗状花序，长约2 cm，宽5~6 mm；总花梗长1.5~3 cm，无毛；总苞片长圆形或倒卵形，长10~15 mm，宽5~7 mm，顶端钝圆；雄蕊长于子房，花丝长为花药的3倍。蒴果长2~3 mm，顶端有宿存的花柱。花期4 ~7月。

生于沟边、溪边或林下，海拔100~300 m。产于中国中部、东南至西南部各省区。

三白草（三白草属）塘边藕
***Saururus chinensis* (Lour.) Baill.**

湿生草本，高约1 m；茎粗壮，有纵长粗棱和沟槽，下部带白色。叶纸质，密生腺点，阔卵形至卵状披针形，长10~20 cm，宽5~10 cm，基部心形或斜心形，无毛，茎顶端的2~3片于花期常为白色，呈花瓣状；叶脉5~7条，均自基部发出，网状脉明显；叶柄长1~3 cm，基部与托叶合生成鞘状，略抱茎。总状花序，长12~20 cm；总花梗长3~4.5 cm，花序轴密被短柔毛；苞片近匙形，下部线形，被柔毛；雄蕊6枚，花药长圆形，纵裂，花丝比花药略长。果近球形，表面多疣状凸起。花期4~6月。

生于低湿沟边、塘边或溪旁，海拔100~400 m。产于中国河北、山东、河南和长江流域及其以南各省区。

A11 胡椒科 Piperaceae

草胡椒（草胡椒属）
Peperomia pellucida **(L.) Kunth**

一年生肉质草本，高20~40 cm，茎直立。叶互生，膜质，半透明，阔卵形或卵状三角形；叶脉5~7条，基出；叶柄长1~2 cm。穗状花序顶生和与叶对生，细弱，长2~6 cm，其与花序轴均无毛；花疏生；苞片近圆形，直径约0.5 mm；花药近圆形，有短花丝；子房椭圆形，柱头顶生，被短柔毛。浆果球形，顶端尖，直径约0.5 mm。花期4 ~7 月。

生于林下湿地、石缝中或宅舍墙脚下，逸生，海拔100~200 m。产于中国福建、广东、海南、广西、云南。

山蒟（胡椒属）上树风、石蒟
Piper hancei **Maxim.**

攀援藤本；茎、枝具细纵纹，节上生根。叶纸质或近革质，卵状披针形或椭圆形，少有披针形，长6~12 cm，宽2.5~4.5 cm；叶脉5~7条，最上1对互生，离基1~3 cm从中脉发出，网状脉通常明显；叶柄长5~12 mm；叶鞘长约为叶柄之半。花单性，雌雄异株，聚集成与叶对生的穗状花序。雄花序长6~10 cm；总花梗与叶柄等长或略长，花序轴被毛；苞片近圆形，直径约0.8 mm，近无柄或具短柄，盾状，向轴面和柄上被柔毛；雄蕊2枚，花丝短。雌花序长约3 cm，于果期延长；苞片与雄花序的相同，但柄略长；子房近球形，离生，柱头4枚。浆果球形，黄色，直径2.5~3 mm。花期3~8月。

生于山地溪涧边、林中，攀援于树上或石上，海拔100~900 m。产于中国长江流域以南。

华南胡椒（胡椒属）
Piper austrosinense **Y. C. Tseng**

木质藤本。叶革质，无明显腺点，卵形或上部的卵状披针形至披针形，长6~9.5 cm，宽5~6 cm，两侧通常相等，无毛；叶脉5条，基出或近基出，最内1对对生，中脉中上部发出的小脉横向平行，网状脉明显；叶柄无毛。花单性，雌雄异株。雄花序密花，丝状；总花梗与叶柄近等长，无毛；苞片盾状，边缘具浅齿，腹面与花序轴被茸毛；雄蕊2枚，花丝与花药近等长。雌花序白色，长1~1.5 cm；总花梗略长于叶柄。浆果近球形，红色，基部嵌生于花序轴中。花期4~6月。

生于密林或疏林中，攀援于树上或石上，海拔200~600 m。产于中国广东、海南、广西。

毛蒟（胡椒属）
Piper hongkongense **C. DC.**

攀援藤本；幼枝被柔软的短柔毛，老时毛脱落。叶硬纸质，卵形或卵状披针形，长5~11 cm，顶端短尖或渐尖，基部斜，浅心形或半心形，两侧常不等，两面被柔软的短柔毛，老时腹面近无毛，一部分毛分枝；叶脉5~7条，最内1对离基1.5~3 cm从中脉发出，余者均基出；叶柄长5~10 mm，密被短柔毛。花单性，雌雄异株；雄花序纤细，长约7 cm；总花梗比叶柄稍长，其与花序轴均被疏柔毛；苞片圆形，盾状，通常无毛。浆果球形，离生，直径约2 mm。花期3~5月。

生于疏林或密林中，攀援于树上或石上，海拔100~900 m。产于中国广东、香港、海南、广西。

假蒟（胡椒属）毕拨子、蛤药

***Piper sarmentosum* Roxb.**

多年生匍匐草本，逐节生根。长达 10 m；小枝近直立。叶近膜质有腺点，下部的阔卵形，长 7~14 cm，宽 6~13 cm；叶脉 7 条，叶背凸起，网脉明显；上部的叶小，卵形或卵状披针形；叶柄长 2~5cm，匍匐茎的叶柄长 7~10 cm；叶鞘长约为叶柄之半。花单性，雌雄异株，穗状花序与叶对生。雄花序长 1.5~2 cm；花序轴被毛；苞片扁圆形；雄蕊 2 枚。雌花序长 6~8 mm；苞片近圆形。浆果近球形，具四角棱。花期 4~11 月。

生于林下或村旁湿地上，海拔 400~800 m。产于中国南部和西南部各省区。

小叶爬崖香（胡椒属）

***Piper sintenense* Hatusima**

藤本，长达数米，茎、枝节上生根，幼时密被锈色粗毛。叶薄，膜质，匍匐枝的叶卵形，长 3.5~5 cm，宽 2~3 cm，两面被粗毛；叶柄基部具鞘；小枝的叶长椭圆形，长 7~11 cm，宽 3~4.5 cm，被毛与匍匐枝的叶相同。叶脉 5~7 条，最上 1 对互生或近对生，离基 1~2 cm 从中脉发出，余者均近基出，网状脉明显。花单性，雌雄异株，穗状花序与叶对生。雄花序纤细，长 5.5~13 cm；总花梗与花序轴均被毛；苞片圆形。浆果倒卵球形，离生，直径约 2 mm。花期 3~7 月。

生于疏林或山谷密林中，常攀援于树上或石上，海拔 100~600 m。产于中国东南至西南部各省区，东起台湾，西至西藏。

A12 马兜铃科 Aristolochiaceae

广防己（马兜铃属）

***Aristolochia fangchi* Y. C. Wu ex L. D. Chow & S. M. Hwang**

攀援木质藤本；块根圆柱形，长约 15 cm，灰黄色；茎长可达 4 m，下部有增厚纵裂的木栓层，上部分枝，嫩枝有褐色长柔毛。叶纸质或薄革质，长圆形或卵状长圆形，长 6~16 cm，宽 3.5~5.5 cm，基部圆形，全缘，上面近无毛，下面密被短柔毛；基出 3 脉，网脉两面明显。总状花序，生于老茎近基部；花梗长 5~7 cm，密生褐色茸毛；花被管中部急剧弯曲，下部长 4~5 cm，具纵脉 12 条；檐部盘状，近圆形，紫红色而有黄色斑点，有网纹，边缘 3 浅裂。蒴果圆柱状，长 5~10 cm，有 6 条棱。花期 3~4 月，果期 7~8 月。

生于山坡密林或灌木丛中，海拔 500~900 m 的地区。产于中国广东、广西、贵州。

通城虎（马兜铃属）

***Aristolochia fordiana* Hemsl.**

草质藤本。茎无毛。叶薄革质，卵状心形或卵状三角形，密布油点，揉之具芳香，全缘，下面粉绿色，仅网脉上密被茸毛；基出脉 5~7 条；叶柄长 2~4 cm。总状花序长达 4 cm，有花 3~4 朵，有时仅 1 朵，腋生；花梗长约 8 mm；花被管基部膨大呈球形，向上收狭成一长管，管口扩大呈漏斗状；檐部一侧极短，边缘有时向下翻，另一侧延伸成舌片；舌片卵状长圆形，长 1~1.5 cm，顶端钝而具凸尖，暗紫色；子房具 6 纵棱；合蕊柱粗厚，肉质，顶端 6 裂；向下延伸成 6 裂的圆环。蒴果，长圆球形或倒卵球形，长 3~4 cm；种子卵状三角形，背面平凸状，具小疣点，腹面凹入。花期 3~4 月，果期 5~7 月。

生于山谷林下、灌丛中、山地石隙中，海拔 500~700 m。产于中国广东、广西。

耳叶马兜铃（马兜铃属）

Aristolochia tagala **Champ.**

攀援草质藤本；块根圆柱状，长 1 m 以上，直径 3~5 cm；茎无毛，有浅沟纹。叶纸质，卵状心形或长圆状卵形，长 8~12(24) cm，宽 4~14(20) cm，基部耳形或心形，全缘，两面无毛；基出脉 5 条；叶柄长 2.5~4(8) cm。总状花序单个或两个腋生，长 4~8 cm，有花 2~3 朵；小苞片与花对生，卵状披针形；花长 4~6 cm，花被管基部收狭成柄状，其上膨大成球形，直径约 8 cm，舌片长 2~3 cm。蒴果长圆状倒卵球形至倒卵球形，长 3.5~5 cm，褐色，熟时由基部向上 6 瓣开裂；种子近心形。花期 5~8 月，果期 8~10 月。

生于阔叶林中、山坡上，海拔 100~900 m。产于中国广东、广西、云南、贵州、台湾。

金耳环（细辛属）

Asarum insigne **Diels**

多年生草本；根状茎匍匐，须根很多。有较浓的辛辣味。叶膜质，亦有辛辣味，对光透视可见许多小油点，卵状心形或卵状披针形，长 10~20 cm，宽 5~12 cm，顶端渐尖或短渐尖，基部心形，两面裂片耳形，向下渐尖，两面无毛或下面疏生短柔毛；叶柄长 12~20 cm。花单生叶腋，花梗长 2.5~9 cm；花被阔钟形，花被管长 3~3.5 cm，内面有纵皱纹，喉部缢缩并有一圆环，檐部 3 裂，裂片卵形或宽卵形，顶端短尖，紫红色，基部中央有一隆起的大白斑；花丝极短；花柱中部以下连合。蒴果长圆形。花期 3~4 月，果期 6~8 月。

生于林下阴湿地或土石山坡上，海拔 500~700 m。产于中国广东、广西、江西。

管花马兜铃（马兜铃属）

Aristolochia tubiflora **Dunn**

草质藤本。叶纸质或近膜质，卵状心形或卵状三角形，极少近肾形，长 3~15 cm，宽 3~16 cm，顶端钝而具凸尖，基部浅心形至深心形。花单生或 2 朵聚生于叶腋；花梗纤细，长 1~2 cm；花被全长 3~4 cm，宽 2~4 mm，管口扩大呈漏斗状；檐部一侧极短，另一侧渐延伸成舌片；舌片卵状狭长圆形，基部宽 5~8 mm，顶端钝，凹入或具短尖头，深紫色，具平行脉纹；花药卵形，贴生于合蕊柱近基部，并单个与其裂片对生；子房圆柱形，长约 5 mm，5~6 棱；合蕊柱顶端 6 裂，裂片顶端骤狭，向下延伸成波状的圆环。蒴果长圆柱形，长约 2.5 cm，直径约 1.5 cm。花期 4~8 月，果期 10~12 月。

产于中国河南、湖北、湖南、四川、贵州、广西、广东、江西、浙江、福建等省区。

鼎湖细辛（细辛属）

Asarum magnificum **Tsiang ex C. Y. Cheng et C. S. Yang var.** ***dinghuense*** **C. Y. Cheng et C. S. Yang**

多年生草本。叶片通常椭圆状卵形，叶面无云斑，长 6~13 cm，宽 5~12 cm，先端急尖，基部心状耳形，两侧裂片长 2~5 cm，宽 2.5~6 cm，外展，叶面中脉被短毛，两侧有白色云斑。花绿紫色；花梗长约 1.5 cm；花被管较短小，长约 1 cm，直径约 8 mm，喉部不缢缩，花被裂片三角状卵形，长约 3 cm，宽 2.5~3 cm，顶端及边缘紫绿色，中部以下紫色，基部有三角形乳突区，乳突扁平，向下延伸至管部成疏离的纵列，至花被管基部呈纵行脊状皱褶；药隔锥尖；子房下位，花柱离生，顶端 2 裂，柱头侧生。花期 3~5 月。

产于中国广东。

慈姑叶细辛（细辛属）山慈菇

***Asarum sagittarioides* C. F. Liang**

多年生草本。叶片长卵形、阔卵形或近三角状卵形，长15~25 cm，宽11~14 cm，先端渐尖，基部耳状心形或耳形，叶面深绿色，偶有云斑，叶背初具短毛，后毛逐渐脱落；叶柄长15~25 cm；芽苞叶卵形，边缘有密生睫毛。花单生，每花枝常具2朵花，紫绿色，直径2.5~3 cm，花梗长约1.5 cm，少为6 cm；花被管圆筒状，长1.5~2.5 cm，直径7~12 mm，喉部缢缩，膜环宽约2 mm，内壁有纵行脊皱，花被裂片卵状肾形，基部有乳突皱褶区；药隔伸出，锥尖或短舌状；子房半下位，花柱离生，顶端2裂，柱头侧生。果实卵圆柱状，直径10~15 mm。花期11月至翌年3月。

生于山坡林下或溪边阴湿地，海拔960~1200 m。产于中国广东、广西。

A14 木兰科 Magnoliaceae

桂南木莲（木莲属）

***Manglietia conifera* Dandy**

常绿乔木，高可达20 m，芽、嫩枝有红褐色短毛。叶革质，倒披针形或狭倒卵状椭圆形，长12~15 cm，上面无毛，深绿色有光泽，下面灰绿色，嫩叶被微硬毛或具白粉；侧脉每边12~14条；叶柄长2~3 cm，具狭沟。花蕾卵圆形，花梗细长，向下弯垂，具1环苞片痕；花被片9~11片。聚合果卵圆形，长4~5 cm；蓇葖果具疣点凸起，顶端具短喙。花期5~6月，果期9~10月。

生于砂页岩山地、山谷潮湿处，海拔700~900 m。产于中国广东、广西、云南、贵州、湖南。

木莲（木莲属）黄心树、黄心木莲

***Manglietia fordiana* Oliv.**

常绿乔木，高达20 m，嫩枝及芽有红褐短毛。干通直，树皮灰色，平滑。叶革质、狭倒卵形，长8~17 cm，宽2.5~5.5 cm，基部楔形，沿叶柄稍下延，下面疏生红褐色短毛，侧脉8~12对；叶柄长1~3 cm。总花梗长6~11 mm，具1环状苞片脱落痕，被红褐色短柔毛。花单生于枝顶，花被片纯白色，每轮3片，外轮长圆状椭圆形，长6~7 cm，宽3~4 cm，内2轮常肉质，倒卵形，长5~6 cm，宽2~3 cm；雄蕊长约1 cm，花药长约8 mm，药隔钝；雌蕊群具23~30枚心皮，平滑；胚珠8~10颗，2列。聚合果褐色，卵球形，长2~5 cm，蓇葖果露出面有粗点状凸起，先端具短喙；种子红色。花期3~5月，果期9~10月。

生于花岗岩、沙质岩山地丘陵，海拔300~900 m。产于中国安徽、江西、浙江、福建、广东、海南、广西、湖南、贵州、云南。

毛桃木莲（木莲属）垂果木莲

***Manglietia kwangtungensis* (Merr.) Dandy**

乔木，高达14 m；树皮深灰色，具皮孔；小枝、芽、幼叶、果柄、叶背和叶柄密被锈褐色茸毛。叶片革质，倒卵状椭圆形或倒披针形，长12~25 cm，宽4~8 cm，叶面无毛；侧脉每边10~15条；叶柄长2~4 cm，上具狭沟；托叶痕狭三角形。花柄长6~12 cm；花单生枝顶，芳香，花被片9片，乳白色，外轮3片近革质，长圆形，长6.5~7.5 cm，内两轮厚肉质，倒卵形，长6.5~7 cm，最内轮的较狭小；雄蕊群红色，雄蕊长11~13 mm，雌蕊群卵圆形，长约2 cm。聚合果卵形，长5~7 cm；蓇葖果背面有凸起的斑点，顶端具喙。花期5~6月，果期8~12月。

生于酸性山地黄壤上，海拔400~900 m。产于中国广东、广西、福建、湖南。

紫花含笑（含笑属）

***Michelia crassipes* Y. W. Law**

灌木或小乔木。芽、嫩枝、叶柄、花梗均密被红褐色或黄褐色长茸毛。叶革质，狭长圆形、倒卵形或狭倒卵形，长 7~13 cm，宽 2.5~4 cm，先端长尾状渐尖或急尖，基部楔形，脉上被长柔毛；叶柄长 2~4 mm；托叶痕达叶柄顶端。花梗粗而短；花极芳香，紫红色或深紫色；花被片 6 片，长椭圆形，长 18~20 mm，雄蕊长约 1 cm，花药长约 6 mm，药隔伸出短急尖；雌蕊群不超出雄蕊群，密被柔毛；花柱长 2 mm。聚合果长 2.5~5 cm，具蓇葖果 10 枚以上，果梗粗短，长 1~2 cm，粗 3~5 mm。花期 4~5 月，果期 8~9 月。

生于山谷密林中，海拔 300~900 m。产于中国广东、湖南、江西、广西。

醉香含笑（含笑属）

***Michelia macclurei* Dandy**

乔木，高达 20 m；树皮灰白色；芽、嫩枝、叶柄、托叶及花梗被平伏短茸毛。叶片革质，倒卵形或倒卵状椭圆形，长 7~14 cm，宽 3~7 cm，叶面初被短柔毛，后脱落无毛，叶背被灰色毛并杂有褐色平伏短茸毛，侧脉每边 10~15 条；叶柄长 2.5~4 cm，上面具狭纵沟。花梗长 1~1.3 cm，具苞片脱落痕；花被片白色，9~12 片，匙状倒卵形或倒披针形，长 3.5~4.5 cm；雄蕊长 2~2.5 cm；雌蕊群长 2~2.5 cm。聚合果长 3~7 cm；蓇葖果 2~10 个，沿腹背二瓣开裂；种子 1~3 颗，扁卵形。花期 3~4 月，果期 9~11 月。

生于海拔 500~900 m 的密林中。产于中国广东、海南、广西。湖南南部已引种栽培。

金叶含笑（含笑属）

***Michelia foveolata* Merr. ex Dandy**

乔木，高达 30 m；芽、幼枝、叶柄、叶背、花梗密被红褐色短茸毛。叶厚革质，长圆状椭圆形，长 17~23 cm，宽 6~11 cm，基部阔楔形，圆钝或近心形，通常两侧不对称，上面深绿色，有光泽，新叶尤其是叶背密被锈色茸毛；侧脉每边 16~26 条，至近叶缘开叉网结；叶柄无托叶痕。花梗具 3~4 苞片脱落痕；花被片 9~12 片，淡黄绿色，基部带紫色；花丝深紫色；雌蕊群柄被银灰色短茸毛；胚珠约 8 枚。聚合果长 7~20 cm；蓇葖果长圆状椭圆柱形，长 1~2.5 cm。种子开裂鲜红色。花期 3~5 月，果期 9~10 月。

生于阴湿林中，海拔 500~900 m。产于中国湖北、湖南、江西、浙江、福建、广东、海南、广西、贵州、云南。

深山含笑（含笑属）莫氏含笑、莫夫人含笑花

***Michelia maudiae* Dunn**

乔木，高达 20 m；树皮薄，浅灰色或灰褐色；各部均无毛；芽、幼枝梢、叶背、苞片均被白粉。叶革质，长圆状椭圆形，倒卵状椭圆形，长 7~18 cm，宽 3.5~8.5 cm，叶面深绿色有光泽，叶背灰绿色被白粉，侧脉每边 7~12 条，至近叶缘开叉网结；叶柄无托叶痕。花腋生，芳香，花被片 9 片，纯白色，基部稍呈淡红色，外轮的倒卵形，长 5~7 cm，内两轮则稍为狭小；雄蕊长 15~20(22) mm，花丝淡紫色；雌蕊群长 15~18 mm。聚合果长 10~12 cm；蓇葖果长圆形、倒卵柱形或卵柱形，在偏斜的顶端圆钝或具短凸尖；种子红色，斜卵形，稍扁。花期 2~3 月，果期 9~10 月。

生于密林中，海拔 600 ~900 m。产于中国安徽、浙江、福建、江西、湖南、广东、广西、贵州。

观光木（含笑属）香花木、香木楠

Michelia odora **(Chun) Noot. & B. L. Chen**

常绿乔木，高达25 m，树皮淡灰褐色，具深皱纹；小枝、芽、叶柄、叶背和花梗均被黄棕色糙伏毛。叶片纸质，倒卵状椭圆形，长8~17 cm，叶面绿色，有光泽；中脉凹陷且被小柔毛；叶柄长1.2~2.5 cm，基部膨大，托叶痕几达叶柄中部。花两性，单生叶腋，淡紫红色，花被片狭倒卵状椭圆形，外轮最大，长17~20 mm；雄蕊长7.5~8.5 mm，花丝具白色糙状毛；雌蕊群柄粗壮，长约2 mm。聚合果垂悬，长椭圆形，长约13 cm；外果皮榄绿色，有苍白色大皮孔，干时深棕色，具显著的黄色斑点；种子4~6颗，椭圆形或三角状倒卵形，具红色假种皮。花期3～4月，果期10～12月。

生于岩山地常绿阔叶林中，海拔100~900 m。产于中国江西、福建、广东、香港、海南、广西、云南。

野含笑（含笑属）

Michelia skinneriana **Dunn**

乔木，高可达15 m。芽、嫩枝、叶柄、叶背中脉及花梗均密被褐色长柔毛。叶革质，狭倒卵状椭圆形、倒披针形或狭椭圆形，长5~11 cm，先端长尾状渐尖，基部楔形，上面深绿色，有光泽，侧脉每边10~13条，网脉稀疏；叶柄长2~4 mm，托叶痕达叶柄顶端。花梗细长，花淡黄色，芳香；花被片6片，倒卵形，长16~20 mm。聚合果长4~7 cm，常弯曲，具细长的总梗；蓇葖果黑色，球形或长圆柱形，长1~1.5 cm，具短尖的喙。花期5~6月，果期8~9月。

生于山谷、山坡、溪边密林中，海拔100~900 m。产于中国浙江、江西、福建、湖南、广东、广西。

A18 番荔枝科 Annonaceae

香港鹰爪花（鹰爪花属）

Artabotrys hongkongensis **Hance**

攀援灌木，长达6 m，小枝被黄色粗毛。叶革质，椭圆形至长圆形，长12 cm，宽2.5~4 cm，顶端急尖或钝，基部近圆形或稍偏斜，两面无毛或仅在叶背中脉上被疏柔毛，叶面有光泽；侧脉每边8~10条，两面均有明显凸起；叶柄被疏柔毛。花单生，花梗稍长于钩状的总花梗，被疏柔毛，萼片三角形，长约3 mm，近无毛；花瓣卵状披针形，长10~18 mm，基部凹陷，外轮花瓣密被丝质柔毛，质厚。果实椭圆状，长2~3.5 cm，直径1.5~3 cm，干时黑色。花期4～7月，果期5～12月。

生于山地密林下或山谷阴湿处，海拔300~900 m。产于中国广东、海南、广西、湖南、贵州、云南等。

假鹰爪（假鹰爪属）酒饼叶、酒饼藤

Desmos chinensis **Lour.**

直立或攀援灌木；枝皮粗糙，有纵条纹，有灰白色凸起的皮孔。叶薄纸质，长圆形，长4~13 cm，宽2~5 cm，基部圆形或稍偏斜，上面有光泽，下面粉绿色。花黄白色，单朵与叶对生或互生；外轮花瓣长达9 cm，宽达2 cm，顶端钝，内轮花瓣长圆状披针形，长达7 cm，宽达1.5 cm。果实有柄，念珠状，长2~5 cm，内有种子1~7颗；种子球状，直径约5 mm。花期夏季至冬季，果期6月至翌年春季。

生于丘陵山坡上、林缘灌木丛中或低海拔旷地、荒野及山谷等处，海拔100~900 m。产于中国广东、海南、广西、云南、贵州。

斜脉异萼花（异萼花属）斜脉暗罗
***Disepalum plagioneurum* (Diels) D. M. Johnson**

乔木，高达 15 m；小枝被褐色丝毛，老渐无毛。叶纸质，长圆状倒披针形、长圆形至狭椭圆形，长 8~22 cm，宽 3~7.5 cm，叶面无毛，亮绿色，叶背几无毛或被极稀疏的褐色微柔毛；侧脉每边 8~11 条，弯拱上升，干时两面凸起。花大形，黄绿色，直径 5~10 cm；花梗 3~5 cm，被锈色丝毛；萼片大，卵圆形；内外轮花瓣略等大，长约 4 cm，两面均被短毡毛。果实卵状椭圆柱形，长 1~1.5 cm，无毛，内有种子 1 颗；果柄长 2~7 cm，顶端膨大，被短柔毛，后渐无毛；总果柄粗壮，长 4.5~10 cm。花期 3 ~ 8 月，果期 9 月至翌年春季。

生于山地密林中或疏林中，海拔 500~800 m。产于中国广东、海南、广西、贵州。

瓜馥木（瓜馥木属）小香花藤、藤龙眼
***Fissistigma oldhamii* (Hemsl.) Merr.**

攀援灌木，长约 8 m；小枝被黄褐色柔毛。叶革质，倒卵状椭圆形，长 6~12.5 cm，宽 2~5 cm，基部阔楔形或圆形，叶面无毛，叶背被短柔毛；叶柄长约 1 cm，被短柔毛。花 1~3 朵集成密伞花序；萼片 3 枚，宽三角形；花瓣 6 枚，2 轮，镊合状排列，外轮花瓣长 2.1 cm，宽 1.2 cm，内轮花瓣长 2 cm，宽 6 mm；雄蕊长圆形，长约 2 mm，药隔稍偏斜三角形；心皮被长绢质柔毛，柱头顶端 2 裂，每心皮有胚珠约 10 颗，2 排。果实圆球状，直径约 1.8 cm，密被黄棕色茸毛；种子圆形，直径约 8 mm；果柄长不及 2.5 cm。花期 4~9 月，果期 7 月至翌年 2 月。

生于低海拔山谷水旁灌木丛中，海拔 500~900 m。产于中国浙江、江西、福建、台湾、湖南、广东、海南、广西、云南。

白叶瓜馥木（瓜馥木属）
***Fissistigma glaucescens* (Hance) Merr.**

攀援灌木，长达 3 m；枝条无毛。叶近革质，长圆形，基部圆形或钝形，两面无毛，叶面干时淡黄色，叶背白绿色，干后苍白色；叶柄长约 1 cm。花数朵集成聚伞式的总状花序，花序顶生，长达 6 cm，被黄色茸毛；花瓣 6 枚，2 轮，镊合状排列，外轮花瓣阔卵圆形，长约 6 mm，内轮花瓣卵状长圆形，长约 5 mm；心皮约 15 个，被褐色柔毛，每心皮有胚珠 2 颗。果实圆球状，直径约 8 mm，无毛。花期 1~9 月，果期几乎全年。

生于山地林中、溪谷，海拔 100~800 m。产于中国广西、广东、海南、福建、台湾。

多花瓜馥木（瓜馥木属）黑风藤
***Fissistigma polyanthum* (Hook. f. & Thomson) Merr.**

攀援灌木，长达 8 m。根皮黑色，有强烈香气，枝条灰黑色或褐色，被短柔毛，渐无毛。叶近革质，长圆形或倒卵状长圆形，长 6~18 cm，宽 2~8 cm，叶面无毛，叶背被短柔毛，侧脉每边 13~18 条，斜升，上面扁平，下面凸起。花小，花蕾圆锥状，3~7 朵组成密伞花序，布小枝上，被黄色柔毛；萼片阔三角形；外轮花瓣卵状长圆形，长 1.2 cm，外面密被黄褐色短柔毛，内无毛，内轮花瓣长圆形，长 9 mm，顶端渐尖。果实圆球状，直径 1.5 cm，被黄色短柔毛；种子椭圆形，扁平、红褐色。花期几乎全年，果期 3~10 月。

常生于山谷和路旁林下，海拔 100~900 m。产于中国广东、海南、广西、云南、贵州、西藏。

凹叶瓜馥木（瓜馥木属）

Fissistigma retusum **(H. Lév.) Rehder**

攀援灌木；小枝被褐色茸毛。叶革质或近革质，广卵形或倒卵形，长 9~26 cm，顶端圆形或微凹，基部圆形至截平，有时呈浅心形；侧脉每边 15~20 条，在叶面凹陷，在叶背凸起，网脉明显，与侧脉近垂直网结。花多朵组成与叶对生的团伞花序；总花梗长 5~10 mm；萼片卵状披针形，花蕾时与花瓣等长，顶端渐尖，外面被短茸毛；外轮花瓣卵状长圆形，长约 1.5 cm，外面被短茸毛；内轮的花瓣比外轮的花瓣短，基部稍内凹，两面无毛。果实圆球状，直径约 3 cm；果柄长 1.5 cm，与果均被金黄色短茸毛。花期 5 ~ 11 月，果期 6 ~12 月。

生于山地密林中，海拔 700~900 m。产于中国广东、海南、广西、云南、贵州、西藏。

光叶紫玉盘（紫玉盘属）

Uvaria boniana **Finet & Gagnep.**

攀援灌木，除花外全株无毛。叶纸质，长圆形，长 4~15 cm，宽 1.8~5.5 cm，顶端渐尖或急尖，基部楔形或圆形；侧脉每边 8~10 条，纤细，两面稍凸起，网脉不明显；叶柄长 2~8 mm。花紫红色，1~2 朵；花梗长 2.5~5.5 cm；花瓣革质，外轮花瓣长和宽约 1 cm，内轮花瓣比外轮花瓣稍小；柱头马蹄形，顶端 2 裂，每心皮有胚珠 6~8 颗。果实球形或椭圆状卵圆球形，直径约 1.3 cm，成熟时紫红色，无毛；果柄细长，长 4~5.5 cm，无毛。花期 5~10 月，果期 6 月至翌年 4 月。

生于丘陵山地疏密林中较湿润的地方，海拔 100~800 m。产于中国广东、海南、广西、贵州、江西。

香港瓜馥木（瓜馥木属）角洛子藤、大酒饼子

Fissistigma uonicum **(Dunn) Merr.**

攀援灌木。除果实和叶背被稀疏柔毛外无毛。叶纸质，长圆形，长 4~20 cm，宽 1~5 cm，顶端急尖，基部圆形或宽楔形，叶背淡黄色，干后呈红黄色；侧脉在叶面稍凸起，在叶背凸起。花黄色，有香气，1~2 朵聚生于叶腋；花梗长约 2 cm；萼片卵圆形；外轮花瓣比内轮花瓣长，无毛，卵状三角形，长 2.4 cm，宽 1.4 cm，厚，顶端钝，内轮花瓣狭长，长 1.4 cm，宽 6 mm；药隔三角形；心皮被柔毛，柱头顶端全缘，每心皮有胚珠 9 颗。果实圆球状，直径约 4 cm，成熟时黑色，被短柔毛。花期 3 ~ 6 月，果期 6 ~ 12 月。

生于丘陵山地林中，海拔 100~800 m。产于中国广东、香港、海南、广西、湖南、福建。

山椒子（紫玉盘属）

Uvaria grandiflora **Roxb.**

攀援灌木，长 3 m；全株密被黄褐色星状柔毛至茸毛。叶纸质或近革质，长圆状倒卵形，长 7~30 cm，宽 3.5~12.5 cm，顶端急尖或短渐尖，有时有尾尖，基部浅心形；侧脉每边 10~17 条，在叶面扁平，在叶背凸起；叶柄粗壮，长 5~8 mm。花单朵，与叶对生，紫红色或深红色，直径达 9 cm。果实长圆柱状，长 4~6 cm，直径 1.5~2 cm，顶端有尖头；种子卵圆形，扁平，种脐圆形；果柄长 1.5~3 cm。花期 3~11 月，果期 5~12 月。

生于低海拔灌木丛中或丘陵山地疏林中。产于中国广东。

紫玉盘（紫玉盘属）油椎、酒饼木
Uvaria macrophylla **Roxb.**

直立灌木，高约 2 m，枝条蔓延性；幼枝、幼叶、叶柄、花梗、苞片、萼片、花瓣、心皮和果均被黄色星状柔毛，老渐无毛。叶革质，长倒卵形，长 10~23 cm，宽 5~11 cm，基部近心形或圆形，侧脉在叶面凹陷。花 1~2 朵，与叶对生，暗紫红色，直径 2.5~3.5 cm；花梗长 2 cm 以下；花瓣内外轮相似，卵圆形。果实卵圆锥形或短圆柱形，长 1~2 cm，直径 1 cm，暗紫褐色；种子圆球形，直径 6.5~7.5 mm。花期 3 ~ 8 月，果期 7 月至翌年 3 月。

生于山谷疏林中或山坡灌木丛中，海拔 400~900 m。产于中国广东、海南、广西、福建、台湾、云南。

红花青藤（青藤属）
Illigera rhodantha **Hance**

藤本。茎具沟棱，幼枝、花梗及叶柄被金黄褐色茸毛，指状复叶互生，有小叶 3 枚；叶柄长 4~10 cm。小叶纸质，卵形，长 6~11 cm，宽 3~7 cm，先端钝，基部圆形或近心形，全缘。聚伞花序组成的圆锥花序腋生，狭长；花瓣玫瑰红色；雄蕊 5 枚，被毛；附属物花瓣状；子房下部，花柱长 5 mm，被黄色茸毛，柱头波状扩大成鸡冠状。果实具 4 翅，长 2.5~3.5 cm。花期 9~11 月，果期 12 月至翌年 5 月。

生于海拔 200~500 m 的山谷密林中。产于中国广东、广西、云南。

A23 莲叶桐科 Hernandiaceae

小花青藤（青藤属）
Illigera parviflora **Dunn**

藤本。茎具沟棱；幼枝被微柔毛。指状复叶互生，具 3 枚小叶；叶柄长 4~8 cm，无毛。小叶纸质，椭圆状披针形，长 7~14 cm，先端渐尖，基部偏斜，两面无毛；小叶柄长 1.2~2.5 cm。聚伞状圆锥花序腋生，长 10~20 cm，密被灰褐色微柔毛。花绿白色；花萼管密被灰褐色微柔毛；萼片 5 枚；花瓣长 4 mm，外面被毛；子房下位，柱头波状扩大成鸡冠状。果实直径 7~9 cm，具 4 翅，大翅长 3~4 cm。花期 5~10 月，果期 11~12 月。

生于海拔 200~500 m 的山地或灌丛中。产于中国云南、贵州、广西、广东、福建。

A25 樟科 Lauraceae

广东琼楠（琼楠属）
Beilschmiedia fordii **Dunn**

乔木，高 6~18 m。树皮青绿色。顶芽卵状披针形，无毛。叶通常对生，革质，披针形、长椭圆形或阔椭圆形，长 (6)8~12 cm，宽 2~5 cm，基部楔形或阔楔形，上面深绿色，下面淡绿色，上面通常平滑；中脉上面下陷，下面凸起。叶柄长 1~2 cm。聚伞状圆锥花序腋生，长 1~3 cm，花密；花黄绿色；花梗长 3~5 mm；花被裂片卵形，长 1.5~2 mm，无毛。果实椭圆球形，长 1.4~1.8 cm，通常具瘤状小凸点；果梗粗 1.5~2 mm。花果期 6~12 月。

常生于湿润的山地中，海拔 300~600 m。产于中国广东、广西、四川、湖南、江西。

网脉琼楠（琼楠属）

***Beilschmiedia tsangii* Merr.**

乔木，高达 25 m。树皮灰褐色或灰黑色。顶芽小，长卵形，与嫩枝密被黄褐色茸毛或短柔毛。叶革质，互生或有时近对生，椭圆形至长椭圆形，长 6~9(14) cm，宽 1.5~4.5 cm，顶端短钝尖，基部急狭或近圆形，两面有光泽；侧脉每边 7~9 条；叶柄长 5~14 mm，密被褐色茸毛。聚伞花序有花少数，腋生，长 3~5 cm，微被短柔毛；花白色或黄绿色；花梗长 1~2 mm；花被裂片宽卵形，花被外面及花丝被短柔毛。果实椭圆球形，长 1.5~2 cm，有疣点，果梗直径 1.5~3.5 mm。花期 4 ~ 7 月，果期 7 ~ 12 月。

常生于山坡湿润混交林中，海拔 300~600 m。产于中国广东、海南、广西、云南、台湾。

无根藤（无根藤属）无头草、罗网藤

***Cassytha filiformis* L.**

寄生缠绕草本，借盘状吸根攀附于寄主植物上。茎线形，绿色或绿褐色，稍木质，幼嫩部分被锈色短柔毛。叶退化为微小的鳞片。穗状花序长 2~5 cm，密被锈色短柔毛。花小，白色，长不及 2 mm，无梗。花被裂片 6 枚，排成两轮。能育雄蕊 9 枚，第一轮雄蕊花丝近花瓣状，其余的为线状，第二轮雄蕊花丝基部有一对无柄腺体；退化雄蕊 3 枚，子房卵珠形，几无毛，花柱短，略具棱，柱头小，头状。果实小，卵球形，包藏于花后增大的肉质果托内，但彼此分离，顶端有宿存的花被片。花果期 5 ~ 12 月。

生于山坡灌木丛或疏林中，海拔 100~900 m。产于中国长江流域以南地区。

滇琼楠（琼楠属）

***Beilschmiedia yunnanensis* Hu**

乔木，高达 18 m。树皮灰黑色。小枝粗壮；顶芽小，密被锈褐色茸毛。叶互生，稀近对生或对生，椭圆形，稀椭圆状披针形，长 8~16(18) cm，宽 4~6(7.5) cm，顶端渐尖，微弯，基部宽楔形，常偏斜，微沿叶柄下延，两面无毛；侧脉每边 5~9 条，在两面明显凸起；叶柄长 1~2.5 cm，粗壮。聚伞花序顶生或腋生，长 2~6 cm，密被锈褐色茸毛；苞片宽卵形；花梗长 2~4 mm，密被锈褐色茸毛；花被裂片卵形或宽卵形，与花丝均密被短柔毛。果实黑色，宽椭圆球形或近圆球形，长 2~4 cm，果梗长 3~4 mm。花期 1~4 月，果期 5~12 月。

生于山地、溪旁密林中，海拔 800~900 m。产于中国广东、海南、广西、云南。

毛桂（桂属）三条筋

***Cinnamomum appelianum* Schewe**

落叶小乔木，高 4~6 m，极多分枝，分枝对生；树皮灰褐色或榄绿色。枝条略芳香，圆柱形，当年生枝密被污黄色硬毛状茸毛，老枝无毛，黄褐色或棕褐色，疏生有灰褐色长圆形皮孔。叶互生或近对生，椭圆形，基部楔形至近圆形，革质，下面密被皱波状污黄色疏柔毛，离基三出脉。圆锥花序生于当年生枝条基部叶腋内，各级序轴被黄褐色微硬毛状短柔毛或柔毛。花白色，长 3~5 mm。子房宽卵球形，长 1.2mm，无毛。未成熟果实椭圆球形，长约 6 mm，宽 4 mm，绿色；果托增大，漏斗状，长达 1 cm，顶端具齿裂。花期 4 ~ 6 月，果期 6 ~ 8 月。

生于山坡或谷地的灌丛和疏林中，海拔 300~900 m。产于中国湖南、江西、广东、广西、贵州、四川、云南。

华南桂（桂属）大叶樟、华南樟

***Cinnamomum austrosinense* H. T. Chang**

乔木，高 5~16 m。除树皮、老叶上面外，其余部位均被灰褐色微柔毛。树皮灰褐色。一年生枝条圆柱形，黑褐色，具纵向细条纹。叶薄革质或革质，近对生或互生，椭圆形，长 14~16 cm，宽 6~7.5(8) cm，顶端急尖，基部钝，上面绿色，色暗或略有光泽，背面色较淡；三出脉或近离基三出脉，上面稍凸起，背面凸起；叶柄长 1~1.5 mm。聚伞花序；总花梗长 3~7.5 cm，略压扁；花黄绿色；花梗长约 2 mm，花被管漏斗形，花被裂片卵圆形；能育雄蕊 9 枚，第三轮雄蕊花丝中部有一对无柄的近圆形腺体，退化雄蕊 3 枚。果实椭圆球形，果托浅波状，边缘具浅齿。花期 6 ~ 8 月，果期 8 ~ 10 月。

生于山坡上或溪边的常绿阔叶林中或灌丛中，海拔 600~700 m。产于中国广东、广西、贵州、福建、江西、浙江。

樟（樟属）香樟、芳樟

***Cinnamomum camphora* (L.) Presl**

常绿大乔木，高可达 30 m；枝、叶及木材均有樟脑气味；树皮黄褐色，有不规则的纵裂。叶互生，卵状椭圆形，长 6~12 cm，宽 2.5~5.5 cm，基部宽楔形至近圆形，边缘全缘，软骨质，有时呈微波状，两面无毛，具离基三出脉，侧脉及支脉脉腋下面有明显腺窝，窝内常被柔毛；叶柄纤细，长 2~3 cm。圆锥花序腋生，长 3.5~7 cm，总梗长 2.5~4.5 cm。花绿白或带黄色，长约 3 mm；花梗长 1~2 mm，无毛。浆果卵球形，直径 6~8 mm，紫黑色；果托杯状，长约 5 mm。花期 4 ~ 5 月，果期 8 ~ 11 月。

常生于山坡或沟谷中。产于中国南方、西南各省区。

阴香（樟属）

***Cinnamomum burmannii* (C. G. & Th. Nees) Bl.**

乔木。叶互生或近对生，稀对生，卵圆形、长圆形至披针形，长 5.5~10.5 cm，宽 2~5 cm，先端短渐尖，基部宽楔形，革质。少花，疏散，密被灰白微柔毛，最末分枝为 3 朵花的聚伞花序。花绿白色，长约 5 mm；花梗纤细，长 4~6 mm，被灰白微柔毛。花被内外两面密被灰白微柔毛，花被筒短小，倒锥形，长约 2 mm，花被裂片长圆状卵圆形。果实卵球形，长约 8 mm，宽 5 mm；果托长 4 mm，顶端宽 3 mm，具齿裂，齿顶端截平。花期主要在秋、冬季，果期主要在冬末及春季。

产于中国广东、广西、云南、福建。

野黄桂（樟属）稀花樟

***Cinnamomum jensenianum* Hand.–Mazz.**

小乔木，高不超过 6 m；树皮灰褐色，有桂皮香味。枝条曲折，二年生枝褐色，密布皮孔，一年生枝具棱角。叶常近对生，披针形，长 5~10(20) cm，宽 1.5~3(6) cm，基部宽楔形至近圆形，厚革质，叶下面被蜡粉，离基三出脉。花序伞房状，具 2~5 朵花，通常长 3~4 cm；苞片早落。花黄色或白色，长约 4(8) mm；花梗长 5~10(20) mm。果实卵球形，长 1 cm，直径达 6 mm；果托倒卵形，具齿裂。花期 4 ~ 6 月，果期 7 ~ 8 月。

生于山坡常绿阔叶林或竹林中，海拔 500~900 m。产于中国湖南、湖北、四川、江西、广东、福建。

黄樟（樟属）黄槁、假樟

Cinnamomum parthenoxylon **(Jack) Meisn.**

常绿乔木，树干通直，高 10~20 m；树皮暗灰褐色，深纵裂，小片剥落，具有樟脑气味。枝条粗壮，圆柱形，绿褐色，小枝具棱角。芽卵形，鳞片近圆形，被绢状毛。叶椭圆状卵形，长 6~12 cm，宽 3~6 cm，革质，叶下面腺窝具毛簇，羽状脉。圆锥花序于枝条上部腋生或近顶生。花小，绿带黄色；花梗纤细，长达 4 mm。果实球形，直径 6~8 mm，黑色；果托狭长倒锥形，红色，有纵长的条纹。花期 3 ~ 5 月，果期 4 ~ 10 月。

生于常绿阔叶林或灌木丛中，海拔 100~900 m。产于中国广东、广西、福建、江西、湖南、贵州、四川、云南。

香桂（樟属）

Cinnamomum subavenium **Miq.**

乔木，高达 20 m；树皮灰色，平滑。小枝纤细，叶柄、花梗、花被内外均密被黄色短柔毛。叶在幼枝上近对生，在老枝上互生，椭圆形、卵状椭圆形至披针形，长 4~13.5 cm，宽 2~6 cm，基部楔形至圆形，上面深绿色，光亮，下面黄绿色，幼时上下密被黄色短柔毛，后脱落；叶革质，三出脉或近离基三出脉；叶柄长 5~15 mm。花淡黄色，长 3~4 mm；花梗长 2~3 mm。花被筒倒锥形，短小，裂片 6 枚。果实椭圆球形，长约 7 mm，熟时蓝黑色；果托杯状，顶端全缘。花期 6 ~ 7 月，果期 8 ~ 10 月。

生于山坡或山谷的常绿阔叶林中，海拔 400~900 m。产于中国南部。

少花桂（樟属）

Cinnamomum pauciflorum **Nees**

乔木，高 3~14 m；树皮黄褐色，具白色皮孔，有香气。枝条具纵向细条纹，幼枝多少呈四棱形。叶互生，卵圆形，边缘内卷，厚革质，三出脉或离基三出脉，侧脉对生。圆锥花序腋生，3~5(7) 朵花，常呈伞房状，总梗长 1.5~4 cm；花黄白色，长 4~5 mm；花梗长 5~7 mm，被灰白微柔毛；能育雄蕊 9 枚，第三轮雄蕊花丝扁平，退化雄蕊 3 枚。果实椭圆球形，长 11 mm，直径 5~5.5 mm，成熟时紫黑色，具栓质斑点；果托浅杯状；果梗长达 9 mm，先端略增宽。花期 3~8 月，果期 9~10 月。

生于石灰岩或砂岩上的山地或山谷疏林或密林中，海拔 400~900 m。产于中国湖南、湖北、四川、云南、贵州、广西、广东。

粗脉桂（樟属）

Cinnamomum validinerve **Hance**

乔木。枝条具棱角，变黑色，无毛或向顶端被极细的短茸毛。叶椭圆形，长 4~9.5 cm，宽 2~3.5 cm，先端骤然渐狭成短而钝的尖头，基部楔形，硬革质，上面光亮，下面微红，苍白色，离基三出脉，脉在上面稍凹陷，下面十分凸起，侧脉向叶端消失，横脉在上面几不下面全然不明显；叶柄长达 1.3 cm。圆锥花序疏花，三歧状，与叶等长，分枝叉开，末端为 3 朵花的聚伞花序。花具极短梗，被灰白细绢毛，花被裂片卵圆形，先端稍钝。花期 7 月。

生于阔叶林中。产于中国广东、广西。

川桂（樟属）
***Cinnamomum wilsonii* Gamble**

乔木，高达 25 m。叶互生或近对生，卵圆形或卵圆状长圆形，长 8.5~18 cm，宽 3.2~5.3 cm，基部渐狭下延至叶柄，革质，上面光亮，无毛，下面晦暗，离基三出脉，两面凸起；叶柄长 10~15 mm。圆锥花序腋生，长 3~9 cm，少花，近总状或为 2~5 朵花的聚伞状，总梗纤细，长 1.5~6 cm。花白色；花梗丝状，被细微柔毛。花被内外两面被丝状微柔毛。能育雄蕊 9 枚，花丝被柔毛，第三轮雄蕊花丝中部有一对肾形腺体，退化雄蕊 3 枚。子房卵球形，花柱增粗，柱头宽大，头状。果托顶端截平，边缘具极短裂片。花期 4 ~ 5 月，果期 6 月以后。

生于山地林中，海拔 100~900 m。产于中国陕西、四川、湖北、湖南、江西、广东、广西。

硬壳桂（厚壳桂属）硬壳槁、仁昌厚壳桂
***Cryptocarya chingii* W. C. Cheng**

乔木，高达 12 m。老枝有稀疏长圆形的皮孔，具纵向条纹；幼枝密被灰黄色短柔毛。叶互生，长圆形，长 6~13 cm，宽 2.5~5 cm，先端骤然渐尖，基部楔形，两面有伏贴的灰黄色丝状短柔毛；中脉在上面凹陷，下面凸起，侧脉每边 5~6 条。圆锥花序腋生及顶生，长 (3) 3.5~6 cm，花序各部密被灰黄色丝状短柔毛。核果状浆果，幼时椭圆形，淡绿色，成熟时椭圆球形，长约 17 mm，瘀红色，有纵棱 12 条。花期 6 ~ 10 月，果期 9 月至翌年 3 月。

生于常绿阔叶林中，海拔 300~800 m。产于中国广东、海南、广西、江西、福建及浙江。越南北部也有分布。

厚壳桂（厚壳桂属）铜锣桂、华厚壳桂
***Cryptocarya chinensis* (Hance) Hemsl.**

乔木，高达 20 m；树皮暗灰色，粗糙。老枝多少具棱角，疏布皮孔；小枝圆柱形，具纵向细条纹。叶互生或对生，长椭圆形，长 7~11 cm，宽 (2) 3.5~5.5 cm，基部阔楔形，革质，上面光亮，下面苍白色，具离基三出脉。圆锥花序腋生及顶生，长 1.5~4 cm，具梗，被黄色小茸毛。花淡黄色，长约 3 mm，花被两侧密被黄褐色小绢毛；花梗极短。果实球形，长 7.5~9 mm，直径 9~12 mm，熟时紫黑色，有纵棱 12~ 15 条。花期 4 ~ 5 月，果期 8 ~12 月。

生于常绿阔叶林中，海拔 300~900 m。产于中国四川、广西、海南、广东、福建、台湾。

黄果厚壳桂（厚壳桂属）生虫树、香港厚壳桂、海南厚壳桂
***Cryptocarya concinna* Hance**

乔木，高达 18 m；树皮淡褐色。枝条多少有棱角，具纵向细条纹；幼枝纤细，有棱角及纵向细条纹，被黄褐色短茸毛。叶互生，长圆形，基部楔形，两侧常不相等，坚纸质，上面无毛，下面略被短柔毛，后变无毛，中脉在上面凹陷，下面凸起；叶柄被黄褐色短柔毛。圆锥花序腋生及顶生，被短柔毛。花长达 3.5 mm；花梗短柔毛。核果状浆果长椭圆柱形，长 1.5~2cm，有纵棱 12 条，熟时黑色或蓝黑色，纵棱有时不明显。花期 3 ~ 5 月，果期 6 ~ 12 月。

生于谷地或缓坡常绿阔叶林中，海拔 100~600 m。产于中国广东、海南、广西、贵州、江西、台湾。

丛花厚壳桂（厚壳桂属）

***Cryptocarya densiflora* Blume**

乔木，高 7~20 m。小枝有纵棱，淡褐色或深褐色，具细条纹，疏生皮孔，被锈色茸毛。叶革质，互生，长椭圆形至卵状椭圆形，长 10~15 cm，顶端短渐尖，基部楔形、钝或圆形，背面粉绿色，初时被锈色茸毛，后脱落；离基三出脉，上凹背凸起，横脉纤细；叶柄长 1~2 cm，初时被锈色茸毛，渐脱落。聚伞花序多花，密集，腋生及顶生，总花梗、花梗密被褐色短柔毛；花被白色，两面密被褐色短柔毛。果实黑色，扁球形，直径 1.5~2.5 cm，顶端有小尖头，有不明显的纵棱，有白粉。花期 4 ~ 6 月，果期 7 ~11 月。

生于山谷或常绿阔叶林中，海拔 600~900 m。产于中国广东、海南、广西、福建、云南。

鼎湖钓樟（山胡椒属）

***Lindera chunii* Merr.**

灌木或小乔木，高 6 m。幼枝条纤细，初被毛后渐脱落。叶互生，椭圆形，长 5~10 cm，宽 1.5~4 cm；先端尾状渐尖，基部楔形或急尖；纸质；幼时两面被白色或金黄色贴伏绢毛，三出脉，侧脉至先端。伞形花序数个生于叶腋短枝上；每伞形花序有花 4~6 朵。雄花序总梗长 5~7 mm，花梗长 2~3 mm，花被片长圆形。雌花序总梗长 3~4 mm，花梗约与总梗等长；花被管漏斗形，花被片条形。果实椭圆球形，长 8 ~10 mm，直径 6~7 mm，无毛。花期 2 ~3 月，果期 8~9 月。

生于向阳山坡灌丛中。产于中国广东、海南、广西。

乌药（山胡椒属）铜钱树、香叶子

***Lindera aggregata* (Sims) Kosterm.**

常绿灌木或小乔木，高可达 5 m；根有纺锤状或结节状膨胀。树皮灰褐色；幼枝青绿色，具纵向细条纹，密被金黄色绢毛，老时无毛。叶互生，卵形，长 2.7~5 cm，宽 1.5~4 cm，基部圆形，革质，上面绿色有光泽，下面苍白色，幼时密被棕褐色柔毛，三出脉。伞形花序腋生，无总梗，常 6~8 枚花序集生于 1~2 mm 长的短枝上，有花 7 朵；花被片 6 枚，黄色或黄绿色；子房椭圆形，长约 1.5 mm，被褐色短柔毛，柱头头状。浆果卵球形，长 0.6~1 cm，直径4~7 mm，熟时黑色。花期 3~4 月，果期 5~11 月。

生于向阳坡地、山谷或疏林灌丛中，海拔 200~900 m。产于中国浙江、江西、福建、安徽、湖南、广东、广西、台湾。

香叶树（山胡椒属）香果树、细叶假樟

***Lindera communis* Hemsl.**

常绿灌木或小乔木，高 1~5 m；树皮淡褐色。当年生枝条具纵条纹，被黄白色短柔毛，基部有密集芽鳞痕。叶互生，革质，下面被黄褐色柔毛，后渐脱落成疏柔毛或无毛，羽状脉。伞形花序具 5~8 朵花，总梗极短。雄花黄色；花被片 6 枚；雄蕊 9 枚，花丝与花药等长，第三轮基部有 2 个具角突的宽肾形腺体。雌花黄色或黄白色，花被片 6 枚，卵形。浆果卵形，长约 1 cm，宽 7~8 mm，成熟时红色；果梗长 4~7 mm，被黄褐色微柔毛。花期 3 ~ 4 月，果期 9 ~ 10 月。

常见于干燥砂质土壤，散生或混生于常绿阔叶林中。产于中国长江流域以南地区以及陕西、甘肃。

广东山胡椒（山胡椒属）

Lindera kwangtungensis (H. Liu) C. K. Allen

常绿乔木，高 6~30 m。树皮淡灰褐色。小枝绿色，干时黑褐色，具木栓质皮孔。叶纸质或近革质，互生，椭圆状披针形，顶端渐尖，基部楔形，长 6~12 cm，宽 1.5~3 cm，背面苍绿色，两面无毛；羽状脉，侧脉每边 4~6 条，中脉在叶背面明显凸起，侧脉极不明显。聚伞花序有花 4~9 朵，2~3 个生于叶腋内短枝上，先叶发出；总花梗长，被褐色微柔毛；总苞片被棕褐色微柔毛，花梗被棕色柔毛；花被裂片两面被棕黄色毛，有明显小腺点；雄花花丝被毛。果实球形，直径 5~6 mm，果梗长 4~6 mm。花期 3~6 月，果期 7~9 月。

生于山坡林中，海拔 100~900 m。产于中国广东、海南、广西、福建、江西、贵州、四川。

尖脉木姜子（木姜子属）

Litsea acutivena Hayata

乔木，高达 7 m。树皮褐色。嫩枝密被黄褐色长柔毛；芽鳞外被锈色柔毛。叶革质，互生或聚生枝顶，披针形、倒披针形或长圆状披针形，长 4~11 cm，宽 2~4 cm，顶端急尖或短渐尖，基部楔形，背面被黄褐色短柔毛，沿叶脉毛较密；羽状脉，侧脉每边 9~10 条，中脉、侧脉在上面下凹，在叶背凸起；叶柄长 0.6~1.2 cm，幼时密被黄褐色柔毛，后脱落。聚伞花序有花 5~6 朵，聚生于当年生枝上端；花梗密被柔毛；花被裂片 6 枚，花丝被毛。果实成熟时黑色，椭圆形，长 1~1.2 cm，果托杯状，果梗长 1 cm。花期 7~10 月，果期 11 月至翌年 2 月。

生于山地密林中，海拔 500~900 m。产于中国广东、海南、广西、江西、福建、台湾。

滇粤山胡椒（山胡椒属）山钓樟

Lindera metcalfiana C. K. Allen

落叶小乔木，高 2.5~12 m。树皮灰黑或淡褐色。枝纤细，圆柱形，幼时多少具棱，棕褐色或灰褐色，枝条、叶片初时略被黄褐色绢质微柔毛，后脱落。芽鳞外、叶柄、总花梗、花梗、花被内外均密被黄褐色绢状微柔毛。叶革质，互生，椭圆形或长椭圆形，长 5~13 cm，宽 2~4.5 cm，顶端渐尖或尾尖，常呈镰刀状，基部宽楔形，上面黄绿色，下面灰绿色；羽状脉，中脉在上面凸起，侧脉每边 6~10 条，小脉网状，在背面明显。花黄色，聚伞花序，生于叶腋内短枝上；花被裂片 6 枚。果实紫黑色，球形，果梗粗壮，略被黄褐色微柔毛。花期 3~5 月，果期 6~10 月。

生于山坡、林缘、路旁或常绿阔叶林中，海拔 700~900 m。产于中国云南、广东、广西、福建。

山鸡椒（木姜子属）山苍子、豆豉姜、木姜子

Litsea cubeba (Lour.) Pers.

落叶小乔木，高 8~10 m；幼树树皮黄绿色，光滑，老树树皮灰褐色。小枝细长，绿色，无毛，枝、叶具芳香味。叶互生，披针形或长圆形，长 4~11 cm，宽 1.1~2.4 cm，先端渐尖，基部楔形，纸质，上面深绿色，下面粉绿色，两面无毛，羽状脉，侧脉每边 6~10 条，纤细，在叶两面均凸起；叶柄长 6~20 mm，纤细，无毛。雌雄异株；伞形花序先叶而出，单生或簇生，总梗细长，长 6~10 mm；花序有花 4 ~ 6 朵，花被裂片 6 枚。果实近球形，直径约 5 mm，无毛，幼时绿色，成熟时黑色，果梗长 2~4 mm，先端稍增粗。花期 2 ~ 3 月，果期 7 ~ 8 月。

生于向阳丘陵和山地的灌丛或疏林中、路旁、水边，海拔 300~900 m 的地区。产于中国长江以南地区。

黄丹木姜子（木姜子属）毛丹公、山鸡椒、山胡椒

Litsea elongata **(Wall. ex Nees) Benth. & Hook. f.**

乔木，高达 12 m；树皮灰黄色或褐色。小枝密被褐色茸毛。叶互生，革质，上面无毛，下面被短柔毛，羽状脉；叶柄密被褐色茸毛。伞形花序单生，少簇生；总梗密被褐色茸毛；每一花序有花 4~5 朵；花被裂片 6 枚，卵形；雌花序较雄花序略小。浆果长圆形，长 11~13 mm，直径 7~ 8 mm，成熟时黑紫色；果托杯状；果梗长 2~3 mm。花期 5 ~ 11 月，果期 2 ~ 6 月。

生于山坡路旁、溪旁、杂木林下，海拔 500~900 m。产于中国广东、广西、湖南、湖北、四川、贵州、云南、西藏、安徽、浙江、江苏、江西、福建。

大果木姜子（木姜子属）

Litsea lancilimba **Merr.**

常绿乔木，高达 20 m。小枝红褐色，粗壮，具明显棱条。叶互生，披针形，长 10~20(50) cm，基部楔形，革质，上面深绿色，有光泽，下面粉绿，两面均无毛；羽状脉，侧脉每边 12~14 条，在两面均凸起；叶柄粗长，长 1.6~3.5 cm。伞形花序腋生，单独或 2~4 个簇生；总梗短粗；苞片外面具丝状短柔毛；每一花序有花 5 朵；花被裂片 6 枚，外面中肋疏生柔毛。果实长圆形，长 1.5~2.5 cm，直径 1~1.4 cm；果托盘状，直径约 1 cm，边缘常有不规则的浅裂或不裂；果梗粗壮。花期 6 月，果期 11~12 月。

生于密林中，海拔 900 m。产于中国广东、海南、广西、湖南、福建、云南。

华南木姜子（木姜子属）

Litsea greenmaniana **C. K. Allen**

乔木，高 6~8 m；树皮灰色，平滑。小枝红褐色，幼时被短柔毛，后脱落。叶互生，椭圆形或近倒披针形，长 4~13.5 cm，先端渐尖或镰刀状尖，基部楔形，薄革质，上面绿色，有光泽，下面粉绿色，两面均无毛；羽状脉，侧脉每边约 10 条，纤细，在上面不甚明显，下面凸起；叶柄长 0.7~1.3 cm，初时被短柔毛，后脱落。伞形花序 1~4 枚生于叶腋或枝侧的短枝上，有雄花 3~4 朵；花梗短，有短柔毛；花被裂片 6 枚，黄色，卵形或椭圆形，外面有柔毛，内面无毛。果实椭圆形，长 13 mm；果托杯状；果梗长 3 mm。花期 7 ~ 8 月，果期 12 月至翌年 3 月。

生于山谷杂木林、山坡密林中，海拔 100~900 m。产于中国广东、广西、福建、江西。

圆叶豺皮樟（木姜子属）

Litsea rotundifolia **Nees**

乔木，高可达 3 m，树皮灰色或灰褐色，常有褐色斑块。小枝灰褐色，纤细，无毛或近无毛。叶散生，宽卵圆形至近圆形，长 2.2~4.5 cm，基部近圆，薄革质，上面绿色，光亮，下面粉绿色；羽状脉，侧脉每边通常 3~4 条，中脉、侧脉在叶上面下陷，下面凸起；叶柄粗短，初时有柔毛，后脱落。伞形花序常 3 个簇生叶腋，几无总梗；一花序有花 3~4 朵，花小，近无梗；花被筒杯状，被柔毛；花被裂片 6 枚，倒卵状圆形，大小不等。浆果球形，直径约 6 mm，几无果梗，成熟时灰蓝黑色。花期 8 ~ 9 月，果期 9 ~ 11 月。

生于低海拔山地下部灌木林中或疏林中、山坡路边、河边，海拔 100~800 m。产于中国广东、海南、广西、湖南、江西、浙江、福建、台湾。

豺皮樟（木姜子属）

***Litsea rotundifolia* Nees var. *oblongifolia* (Nees) C. K. Allen**

常绿灌木或小乔木。叶小，散生，卵状长圆形，先端钝或短渐尖，基部楔形或钝，薄革质。伞形花序常3个簇生叶腋，几无总梗；每一花序有花3~4朵，花小，近于无梗；花被筒杯状，被柔毛；花被裂片6枚，倒卵状圆形，大小不等，能育雄蕊9枚，花丝有稀疏柔毛，腺体小，圆形。果实球形，直径约6 mm，几无果梗，成熟时灰蓝黑色。花期8～9月，果期9～11月。

产于中国广东、广西、湖南、江西、福建、台湾、浙江。

短序润楠（润楠属）短序桢楠、白皮槁

***Machilus breviflora* (Benth.) Hemsl.**

乔木，高约8 m；树皮灰褐色，具皮孔。小枝咖啡色，渐变灰褐色。叶略聚生于小枝先端，倒卵形至倒卵状披针形，长4~5 cm，极少长至9 cm，先端钝，基部渐狭，革质，两面无毛；中脉上面凹入，下面凸起，侧脉和网脉纤细；叶柄长3~5 mm或更短。圆锥花序3~5个，顶生，有长总梗，花枝萎缩，常呈复伞形花序状，长2~5 cm；花梗短，长3~5 mm；花绿白色，外轮花被裂片较小，结果时花被裂片宿存，有时脱落。果实球形，直径8~10 mm。花期7～8月，果期10～12月。

生于山地或山谷阔叶混交疏林中、溪边。产于中国广东、海南、广西。

桂北木姜子（木姜子属）

***Litsea subcoriacea* Yen C. Yang & P. H. Huang**

乔木，高6~7 m；树皮灰褐色。小枝红褐色，有显著棱角。叶互生，披针形，长5.5~20 cm，先端渐尖或呈微镰刀状弯曲，基部楔形，薄革质，上面深绿色，有光泽，下面粉绿色，无毛或幼时沿脉有疏柔毛。羽状脉，侧脉每边9~13条；叶柄长1.2~3 cm，有沟槽。伞形花序多个聚生于叶腋；花序梗短，有短柔毛；苞片4枚，外有柔毛；每一花序有花5朵；花梗有柔毛；花被裂片6枚，卵形。果实椭圆形，长约1.5 cm；果托杯状，边缘平截或常不规则粗裂；果梗较粗壮，有柔毛。花期8～9月，果期1～2月。

生于山谷疏林或密林中、路边，海拔400~900 m。产于中国广东、广西、贵州、湖南、浙江。

华润楠（润楠属）桢南、黄槁

***Machilus chinensis* (Champ. ex Benth.) Hemsl.**

乔木，高8~11 m。叶倒卵状长椭圆形，长5~8(10) cm，先端钝或短渐尖，基部狭，革质；羽状脉，中脉在上面凹下，下面凸起，侧脉不明显，每边约8条；叶柄长6~14 mm。圆锥花序顶生，2~4个聚集，长约3.5 cm，有花6~10朵，总梗约占全长的3/4；花白色；花被裂片长椭圆状披针形，外面有小柔毛，内面或内面基部有毛，外轮的较短，结果时通常完全脱落；雄蕊长3~3.5 mm。果实球形，直径8~10 mm；花被裂片通常脱落，间有宿存。花期11月，果期翌年2月。

生于山坡阔叶混交疏林或矮林中。产于中国广东、广西。

薄叶润楠（润楠属）华东楠

***Machilus leptophylla* Hand.–Mazz.**

乔木，高达 28 m；树皮灰褐色，枝暗褐色。叶互生或在当年生枝上轮生，倒卵状长圆形，长 14~32 cm，先端短渐尖，基部楔形，坚纸质，幼时下面全被贴伏银色绢毛，渐脱落；中脉在上面凹下，在下面显著凸起，侧脉每边 14~20 条，略红色；叶柄稍粗，长 1~3 cm。圆锥花序 6~10 个，聚生于嫩枝基部，长 8~12 cm，多花；花通常 3 朵生在一起，总梗、分枝和花梗略具微细灰色微柔毛；花白色；花被裂片几等长，有透明油腺，长圆状椭圆形，花后平展，外轮的稍宽。果实球形，直径约 1 cm，成熟时黑色。

生于阴坡谷地混交林中，海拔 400~900 m。产于中国广东、广西、湖南、福建、浙江、江苏、贵州。

红楠（润楠属）猪脚楠、楠仔木

***Machilus thunbergii* Sieb. & Zucc.**

常绿中等乔木，通常高 10~15(20) m；树皮黄褐色。枝条紫褐色，老枝粗糙，嫩枝紫红色，二三年生枝上有少数纵裂和唇状皮孔。叶倒卵形，长 4.5~9(13) cm，宽 1.7~4.2 cm，革质；叶柄和中脉一样带红色。圆锥花序顶生或在新枝上腋生，苞片有棕红色茸毛；多花，总梗带紫红色；子房球形，无毛；花梗长 8~15 mm。果实扁球形，直径 8~10 mm，初时绿色，后变黑紫色；果梗鲜红色。花期 2 月，果期 7 月。

生于山地阔叶混交林中，海拔 100~800 m。产于中国山东、江苏、安徽、浙江、台湾、福建、江西、湖南、广东、广西。

木姜润楠（润楠属）

***Machilus litseifolia* S. K. Lee**

乔木，高达 13 m；树皮黑色或棕褐色。枝无毛。叶常集生枝稍，革质，倒披针形或倒卵状披针形，长 6.5~12 cm，宽 2~4.4 cm，上面深绿色，下面粉绿色，嫩时下面密被贴伏小柔毛；中脉上面凹陷，下面明显凸起，侧脉 6~8 对；叶柄纤细。聚伞状圆锥花序长 4.5~8 cm，生于当年生枝的近基部或兼有近顶生，疏花；总梗红色，花梗纤细；花长约 5 mm；花被裂片近等长，长圆形。果实球形，幼果粉绿色，直径约 7 mm；花被裂片下部多少变厚，呈薄革质，果梗长约 5 mm。花期 3 ~ 5 月，果期 6 ~ 7 月。

生于山地阔叶混交林中，海拔 800~900 m。产于中国广东、广西、贵州、浙江。

绒毛润楠（润楠属）绒楠、香胶木

***Machilus velutina* Champ. ex Benth.**

乔木，高可达 18 m。枝、芽、叶下面和花序均密被锈色茸毛。叶狭倒卵形、椭圆形或狭卵形，长 5~11(18) cm，宽 2~5(5.5) cm，先端渐狭或短渐尖，基部楔形，革质，上面有光泽，侧脉 8~11 对，中脉上面稍凹下。花序单独顶生或数个密集在小枝顶端，近无总梗，分枝多而短，近似团伞花序；花黄绿色，有香味，被锈色茸毛，内轮花被裂片卵形；子房淡红色。果实球形，直径约 4 mm，紫红色。花期 10 ~ 12 月，果期翌年 2、3 月。

生于阔叶林中、林缘、沟谷，海拔 300~900 m。产于中国广东、海南、广西、贵州、福建、江西、浙江。

新木姜子（新木姜子属）
Neolitsea aurata (Hayata) Koidz.

乔木，高达14 m。树皮灰褐色。幼枝黄褐或红褐色，有锈色短柔毛。叶互生或于枝顶呈轮生状，长圆形至长圆状披针形，长8~14 cm，先端镰刀状渐尖或渐尖，基部楔形或近圆形，革质，离基三出脉，侧脉每边3~4条，上面无毛，下面密被金黄色绢毛，或棕红色绢状毛；叶柄、苞片外部、花梗、花被外部均被锈色短柔毛。伞形花序3~5个簇生于枝顶或节间；每一花序有花5朵；花被裂片4枚；能育雄蕊6枚。果实椭圆柱形；果托浅盘状；果梗先端略增粗，有稀疏柔毛。花期2~3月，果期9~10月。

生于山坡林缘或杂木林中，海拔500~900 m。产于中国长江以南地区。

锈叶新木姜子（新木姜子属）
Neolitsea cambodiana Lecomte

乔木，高8~12 m。小枝近轮生，幼时密被锈色茸毛。顶芽鳞片被锈色短柔毛。叶3~5片近轮生，长圆状披针形，长10~17 cm，宽3.5~6 cm，革质，羽状脉或近离基三出脉，侧脉4~5对，幼叶两面密被锈色茸毛；叶柄长1~1.5 cm，密被锈色茸毛。伞形花序多个簇生叶腋或枝侧，近无总梗；花梗长约2mm，密被锈色长柔毛，每花序有花4~5朵；雄花，花被卵形，密被长柔毛，能育雄蕊6枚；雌花，退化雄蕊基部有柔毛，柱头2裂。果实球形，直径8~10 mm；果托扁平盘状。花期10~12月，果期翌年7~8月。

生于山地混交林中、灌丛、路边，海拔100~900 m。产于中国广东、海南、广西、湖南、江西、福建。

云和新木姜子（新木姜子属）
Neolitsea aurata (Hayata) Koidz. var. _paraciculata_ (Nakai) Yen C. Yang & P. H. Huang

本变种与原变种的不同之处在于：幼枝、叶柄均无毛，叶片通常略较窄，下面疏生黄色丝状毛，易脱落，近于无毛，具白粉。

生于山地杂木林中，海拔500~900 m。产于中国浙江、江西、湖南、广东、广西。

鸭公树（新木姜子属）青胶木、大叶樟
Neolitsea chui Merr.

乔木，高8~18 m；树皮灰青色或灰褐色。小枝绿黄色，除花序外，其他各部均无毛。叶互生或聚生枝顶呈轮生状，椭圆形，长8~16 cm，宽2.7~9 cm，革质，离基三出脉，中脉与侧脉于两面凸起，叶背粉绿色，常被白粉。伞形花序腋生或侧生，多个密集；总梗极短或无；每一花序有花5~6朵；花梗长4~5 mm，被灰色柔毛。果实椭圆形或近球形，长约1 cm，直径约8 mm；果梗长约7 mm，略增粗。花期9~10月，果期12月。

生于山谷或丘陵地的疏林中，海拔500~900 m。产于中国广东、广西、湖南、江西、福建、云南。

广西新木姜子（新木姜子属）

Neolitsea kwangsiensis **H. Liu**

灌木或小乔木，高 5 m；树皮灰色，平滑。小枝黄褐色，粗壮。叶互生或聚生枝顶呈轮生状，宽卵形或卵状长圆形，长 11~19 cm，先端渐尖或钝，基部近圆或渐狭，革质，上面深绿色，略有光泽，下面粉绿色，离基三出脉，中脉与侧脉在叶两面凸起，横脉粗壮，近于平行，两面凸起；叶柄略扁平。苞片外面、花梗、花被内外、果梗均被短柔毛。伞形花序 5~8 个簇生于叶腋或枝侧；苞片 4 枚；每一花序有花 5 朵；花被裂片 4 枚；能育雄蕊 6 枚。果实球形。花期 12 月，果期翌年 8 月。

生于路旁、疏林或山谷密林中，海拔 500~900 m。产于中国广东、广西、福建。

显脉新木姜子（新木姜子属）

Neolitsea phanerophlebia **Merr.**

乔木，高达 10 m。树皮灰色或暗灰色。小枝黄褐或紫褐色，密被近锈色短柔毛。叶轮生或散生，长圆形至长圆状椭圆形，长 6 ~ 13 cm，先端渐尖，基部急尖或钝，纸质至薄革质，幼时脉上有短的近锈色柔毛，下面粉绿色，密贴伏柔毛；离基三出脉；叶柄长 1 ~ 2 cm，与苞片外部、花梗、花被外面与边缘、果梗同被短柔毛。伞形花序 2~4 个丛生于叶腋或生于叶痕的腋内；每一花序有花 5 ~ 6 朵；苞片 4 枚；花被裂片 4 枚；能育雄蕊 6 枚。果实近球形，直径 5 ~ 9 mm，成熟时紫黑色；果梗纤细。花期 10 ~11 月，果期 7 ~ 8 月。

生于山谷疏林中，海拔 100~900 m。产于中国广东、海南、广西、湖南、江西。

大叶新木姜子（新木姜子属）土玉桂、假玉桂

Neolitsea levinei **Merr.**

乔木，高达 22 m；树皮灰褐至深褐色，平滑。小枝圆锥形，幼时密被黄褐色柔毛。顶芽大。叶轮生，4 ~ 5 片一轮，长圆状披针形，长 15 ~ 31 cm，宽 4.5 ~ 9 cm，革质，离基三出脉；叶柄密被黄褐色柔毛。伞形花序数个生于枝侧，具总梗；每一花序有花 5 朵；花梗密被黄褐色柔毛；花被裂片黄白色。果实椭圆形或球形，长 1.2~1.8 cm，直径 0.8~1.5 cm，成熟时黑色；果梗密被柔毛。花期 3 ~ 4 月，果期 8 ~ 10 月。

生于山地路旁、水旁及山谷密林中，海拔 300~900 m。产于中国广东、广西、湖南、湖北、江西、福建、四川、贵州、云南。

美丽新木姜子（新木姜子属）

Neolitsea pulchella **(Meisn.) Merr.**

乔木，高 6~8 m。顶芽鳞片外面密生褐色短柔毛。叶互生或聚生枝端，椭圆形或长圆状椭圆形，长 4~6 cm，宽 2~3 cm，先端渐尖，基部楔形或狭尖，革质，上面光亮，下面粉绿色，离基三出脉，侧脉 2~3 对；叶柄长 6~8 mm，幼时密被褐色柔毛。伞形花序腋生，单独或 2~3 个簇生，近无梗，每一雄花序有花 4~5 朵；花梗密被长柔毛；花被裂片 4 枚，长 2.5 mm，外面中肋有长柔毛，内面基部有长柔毛，边缘中部有睫毛；能育雄蕊 6 枚，花丝长 2 mm，中下部有长柔毛，第三轮基部腺体小，圆形，有柄；退化雌蕊无。果实球形，直径 4~6 mm；果托浅盘状，直径约 2 mm；果梗长 5~6 mm，顶端略增粗。花期 10 ~ 11 月，果期 8 ~ 9 月。

生于混交林中或山谷中，海拔 400~900 m。产于中国广东、海南、广西、福建。

檫木（檫木属）檫树、鹅脚板、半风樟

Sassafras tzumu **(Hemsl.) Hemsl.**

落叶乔木，高可达 35 m；树皮灰褐色，呈不规则纵裂。顶芽大，长达 1.3 cm。枝条初时带红色。叶互生，聚集于枝顶，全缘或 2~3 浅裂，坚纸质，羽状脉或离基三出脉；叶柄纤细，鲜时常带红色。短圆锥花序顶生，先叶开放，多花，具梗，与序轴密被棕褐色柔毛。花黄色，雌雄异株。浆果状核果近球形，直径达 8 mm，成熟时蓝黑色而带有白蜡粉，着生于浅杯状的果托上，果梗无毛，与果托呈红色。花期 3 ~ 4 月，果期 5 ~ 9 月。

常生于疏林或密林中，海拔 100~900 m。产于中国浙江、江苏、安徽、江西、福建、广东、广西、湖南、湖北、四川、贵州、云南。

A26 金粟兰科 Chloranthaceae

草珊瑚（草珊瑚属）

Sarcandra glabra **(Thunb.) Nakai**

半灌木，高 50~120 cm；茎与枝均有膨大的节。叶革质，椭圆形卵状披针形，长 6~17 cm，顶端渐尖，基部尖或楔形，边缘具粗锐锯齿，齿尖有一腺体，两面均无毛；叶柄长 0.5~1.5 cm，基部合生成鞘状；托叶钻形。穗状花序顶生，通常分枝，多少呈圆锥花序状，连总花梗长 1.5~4 cm；苞片三角形；花黄绿色；雄蕊 1 枚，肉质，棒状至圆柱状。核果球形，直径 3~4 mm，熟时亮红色。花期 6 月，果期 8 ~ 10 月。

生于山坡、沟谷林下阴湿处，海拔 420~900 m。产于中国安徽、浙江、江西、福建、台湾、广东、广西、湖南、四川、贵州、云南。

A27 菖蒲科 Acoraceae

石菖蒲（菖蒲属）金钱蒲

Acorus gramineus **Soland.**

多年生草本，高 20~30 cm。根茎较短，长 5~10 cm，横走或斜伸，芳香，外皮淡黄色；根肉质，多数；须根密集。根茎上部多分枝，呈丛生状。叶基对折。叶片质地较厚，线形，绿色，长 20~30 cm，极狭，先端长渐尖，无中肋。花序柄长 2.5~9（15）cm。叶状佛焰苞短，为肉穗花序长的 1~2 倍。肉穗花序黄绿色，圆柱形，长 3~9.5 cm，粗 3 ~ 5 mm，果序粗达 1 cm，果实黄绿色。花期 5 ~ 6 月，果期 7 ~ 8 月。

生于水旁湿地、石上或密林中，海拔 100~900 m。广泛分布于中国。

A28 天南星科 Araceae

尖尾芋（海芋属）

Alocasia cucullata **(Lour.) Schott**

直立草本。地上茎黑褐色，具环形叶痕，通常由基部发出新枝，成丛生状。叶柄由中部至基部强烈扩大成宽鞘；叶片膜质至亚革质，先端骤狭具凸尖；中肋和 1 级侧脉均较粗。花序柄圆柱形，常单生，长 20~30 cm。佛焰苞近肉质。肉穗花序比佛焰苞短，长约 10 cm，雌花序长 1.5~2.5 cm，基部斜截形；不育雄花序长 2~3 cm；能育雄花序近纺锤形，长 3.5 cm，黄色；附属器黄绿色。浆果近球形，径 6~8 mm，通常有种子 1 颗。花期 5 月。

生于溪谷湿地或田边，海拔 100~900 m。产于中国长江流域以南地区。

海芋（海芋属）

Alocasia odora **(Roxb.) K. Koch**

大型草本，具匍匐根茎，有直立茎，多黏液，基部长出不定芽条。叶多数，聚生茎顶，盾状着生，叶柄螺旋状排列，长可达 1.5 m；叶片亚革质，草绿色，箭状卵形，边缘波状，长 50 ~ 90 cm。花序柄 2 ~ 3 枚丛生，圆柱形，长 12 ~ 60 cm。肉穗花序芳香，雌花序白色，长 2 ~ 4 cm，不育雄花序绿白色，能育雄花序淡黄色，长 3 ~ 7 cm；附属器淡绿色至乳黄色，圆锥状，长 3 ~ 5.5 cm。浆果红色，卵状，长 8 ~ 10 mm，种子 1 ~ 2 颗。花期四季。

生于湿地、田边、竹林或阔叶林中，海拔 100~900 m。产于中国长江流域以南地区。

天南星（鳞果星蕨属）蛇头蒜

Arisaema heterophyllum **Blume**

多年生宿根草本，块茎扁球形。鳞芽 4 ~ 5 个，膜质。叶常单一，叶柄圆柱形，粉绿色，下部 3/4 鞘筒状；叶片鸟足状分裂，裂片 13~19 枚，倒披针形、长圆形，全缘，暗绿色，背面淡绿色。花序柄长 30 ~ 55 cm。佛焰苞管部圆柱形，粉绿色，内面绿白色。肉穗花序两性和雄花序单性。两性花序：下部雌花序长 1 ~ 2.2 cm，上部雄花序长 1.5 ~ 3.2 cm。单性雄花序长 3 ~ 5 cm，各种花序附属器苍白色。雌花球形，雄花具柄。浆果黄红色、红色，圆柱形，种子黄色，具红色斑点。花期 4 ~ 5 月，果期 7 ~ 9 月。

生于林下、灌丛或草地，海拔 100 ~ 900 m。除西藏外遍布中国。

桂平魔芋（魔芋属）

Amorphophallus coaetaneus **S. Y. Liu & S. J. Wei**

块基扁球形，灰褐色，密生肉质根及纤维状分枝须根。叶柄榄绿色，有时饰以不规则、不明显的浅灰色斑纹，基部约 5 cm 具窄鞘；老叶柄末端及 1 次裂片柄末端常膨大形成小块茎。叶片 8 裂，二歧分叉。花序和叶同时存在，花序柄从叶柄鞘口抽出，颜色同叶柄。佛焰苞椭圆形或倒卵形，暗紫色或浅绿色，有时内面基部暗紫色。内穗花序长 3 ~ 10 cm，长度约为佛焰苞的 2 倍。子房扁球形，2 室，柱头宽盘状，边缘呈波状。浆果成熟时蓝色。花期 4 ~ 5 月，果期 7 ~ 8 月。

生于海拔 450 m 的沟谷林下或潮湿地方。产于中国广西、广东。

云台南星（鳞果星蕨属）鄂西南星

Arisaema silvestrii **Pamp.**

多年生宿根草本，块茎球形。鳞叶先端扩展，微缺，具小尖头，长 10~17 cm。叶 2 枚，叶柄长 20~29 cm，下部 10~17 cm 具鞘；叶片鸟足状分裂，裂片 9 枚，倒披针形，骤狭渐尖，全缘，基部渐狭，长 9~10 cm，中裂片具长 3~10 mm 的柄；侧裂片无柄，较小。花序柄与叶鞘等长或稍长。佛焰苞紫色，檐部内面具白色条纹，管部长 5~7.5 cm；檐部长 5~7.5 cm，长圆状椭圆形，短渐尖。肉穗花序长 2.5 cm；附属器长 8 cm，直立，棒状，基部具柄，散生反折的线形中性花，先端浑圆，粗 4~5 mm，下部纺锤形。花期 4 ~ 5 月。

生于竹林、常绿阔叶林、灌丛，海拔 100~900m。产于中国长江以南地区。

刺芋（刺芋属）

***Lasia spinosa* (L.) Thwaites**

多年生有刺常绿草本，高约 1 m。茎灰白色，圆柱形，横走，分节。叶柄长于叶片，长 20~50 cm。幼株上的叶片戟形，长 6 ~10 cm，至成年植株过渡为鸟足羽状深裂，长、宽 20~60 cm；侧裂片 2~3 枚，线状长圆形，最下部裂片再 3 裂，小裂片长 15~20 cm。花序柄长 20~35 cm，佛焰苞长 15~30 cm，管部长 3~5 cm，檐部长 25 cm，上部螺状旋转。肉穗花序圆柱形，长 2~4 cm，黄绿色。果序长 6~8 cm。浆果倒卵圆状，顶部四角形，先端通常密生小疣状突起。花期 9 月，果翌年 2 月成熟。

生于田边、沟旁、阴湿草丛和竹丛中，海拔 100~900 m。产于中国广东、海南、广西、台湾、云南、西藏。

半夏（半夏属）

***Pinellia ternata* (Thunb.) Ten. ex Breitenb.**

多年生宿根草本，块茎小圆球形。叶 2~5 枚，有时 1 枚。叶柄长 15~20 cm，基部具鞘，具珠芽。幼苗叶片卵状心形至戟形，长 2~3 cm；老株叶片 3 枚全裂，裂片长圆状椭圆形或披针形，中裂片长 3~10 cm；侧裂片稍短。花序柄长 25~35 cm。佛焰苞绿色或绿白色，管部狭圆柱形，长 1.5~2 cm；檐部长圆形，长 4~5 cm，绿色，有时边缘青紫色。雌花序长 2 cm，雄花序长 5~7 mm，其中间隔 3 mm；附属器绿色变青紫色，长 6~10 cm，直立或 “S” 形弯曲。浆果卵圆形，黄绿色，先端渐狭为明显的花柱。花期 5 ~ 7 月，果 8 月成熟。

生于草坡、荒地、田边或疏林下，海拔 100 ~ 900 m。除内蒙古、新疆、青海、西藏外全国广泛分布。

浮萍（石柑属）

***Lemna minor* L.**

飘浮植物。叶状体对称，表面绿色，背面浅黄色或绿白色或常为紫色，近圆形，倒卵形或倒卵状椭圆形，全缘，长 1.5~5 mm，宽 2~3 mm，上面稍凸起或沿中线隆起，脉 3 条，不明显，背面垂生丝状根 1 条，根白色，长 3~4 cm，根冠钝头，根鞘无翅。叶状体背面一侧具囊，新叶状体于囊内形成浮出，以极短的细柄与母体相连，随后脱落。雌花具弯生胚珠 1 枚，果实无翅，近陀螺状，种子具凸出的胚乳并具 12~15 条纵肋。

生于水田、池沼或其他静水水域。产于中国南北各省。

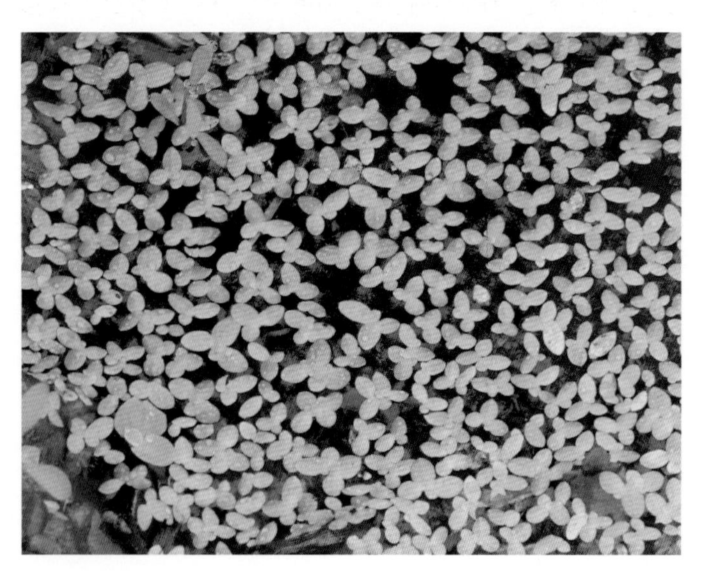

石柑子（石柑属）

***Pothos chinensis* (Raf.) Merr.**

附生藤本，长 0.4~6 m。茎亚木质，淡褐色，近圆柱形，具纵条纹，分节，节上常束生气生根；分枝，枝下部常具鳞叶 1 枚；鳞叶线形，长 4~8 cm。叶片纸质，椭圆形至披针状卵形，长 6~13 cm，先端常有芒状尖头；叶柄倒卵状长圆形或楔形，长 1~4 cm。花序腋生，基部具卵形苞片 4~5(6) 枚；花序柄长 0.8~2 cm；佛焰苞卵状；肉穗花序长 7~8(11) mm，椭圆形至近圆球形，淡绿色至淡黄色，花序梗长 3~5(8) mm。浆果黄绿色至红色，卵形或长圆形，长约 1 cm。花果期四季。

生于阴湿密林中，常匍匐于岩石上或附生于树干上，海拔 100~900 m。产于中国广东、海南、广西、湖南、湖北、四川、贵州、云南、西藏、台湾。

狮子尾（崖角藤属）

Rhaphidophora hongkongensis **Schott**

附生藤本。茎稍肉质，圆柱形，节间长 1~4 cm，生气生根。幼株茎纤细，匍匐面扁平，背面半圆，节间 6~8 cm。叶柄长 5~10 cm；叶片纸质或亚革质，通常镰状椭圆形，长 20~35 cm，侧脉多数，与中肋成 45 度锐角斜伸。幼株叶片斜椭圆形，长 4.5~9 cm，基部一侧狭楔形，另一侧圆形。花序顶生和腋生。花序柄长 4~5 cm。佛焰苞绿色至淡黄色，长 6~9 cm，开花时脱落。肉穗花序圆柱形，长 5~8 cm，粉绿色或淡黄色。子房顶部近六边形，柱头黑色。浆果黄绿色。花期 4 ~ 8 月，果翌年成熟。

常攀附于热带沟谷雨林内的树干上或石崖上，海拔 100~900 m。产于中国广东、海南、广西、福建、贵州、云南。

A30 泽泻科 Alismataceae

野慈姑（慈姑属）

Sagittaria trifolia **L.**

多年生水生或沼生草本。根状茎横走，较粗壮。挺水叶箭形，叶片长短、宽窄变异很大；叶柄基部渐宽，鞘状，边缘膜质。花莛直立，挺水，高 (15) 20~70 cm。花序总状或圆锥状，长 5~20 cm，具分枝 1~2 枚，具花多轮，每轮 2~3 朵花；苞片 3 枚，基部合生，先端尖。花单性；花被片反折，外轮花被片椭圆形或广卵形；内轮花被片白色或淡黄色，基部收缩，雌花通常 1~3 轮，雄花多轮。瘦果两侧压扁，具翅，背翅多少不整齐；果喙短，自腹侧斜上。种子褐色。花果期 5~10 月。

生于湖泊、池塘、沼泽、沟渠、水田等水域。除西藏外遍布中国。

A44 水玉簪科 Burmanniaceae

透明水玉簪（水玉簪属）

Burmannia cryptopetala **Makino**

一年生腐生草本。茎高 6~17 cm，纤细，通常不分枝，白色；无叶绿素；无基生叶。茎生叶退化呈鳞片状，紧贴或开展，披针形，长 3~4.5 mm。花 2~7 朵排成 2 歧聚伞花序或单朵，直立，具短梗或近无梗；翅白色；花被裂片黄色，外轮花被片卵形，锐尖，长约 1.5 mm，内轮花被片极小或无，花被管长 2~3 mm；药隔顶端凸起呈圆锥状，基部无距；子房卵形，长约 5 mm；翅狭，长 8 ~11 mm，宽约 1.5 mm；花柱粗线形，顶端分三叉，柱头圆球形。蒴果倒卵形，长约 6 mm，不规则开裂。花期 8 月。

产于中国广东、海南、浙江。

A45 薯蓣科 Dioscoreaceae

参薯（薯蓣属）

Dioscorea alata **L.**

缠绕草质藤本。野生的块茎多为长圆柱形，栽培的变异甚大。茎右旋，有 4 条狭翅。叶柄与叶片绿色或带紫红色，叶纸质，卵形至卵圆形，长 6~15 cm，顶端短渐尖或尾尖，基部心形至箭形，有时为戟形，两耳钝。叶腋内有珠芽。雌雄异株。穗状雄花序簇生或单生于花序轴上，排列成圆锥花序；花序轴呈“之”字状曲折。穗状雌花序 1~3 个着生于叶腋。蒴果三棱状扁圆形，有时为三棱状倒心形；种子着生于每室中轴中部，四周有膜质翅。花期 11 月至翌年 1 月，果期 12 月至翌年 1 月。

中国广东、湖北常有栽培。

大青薯（薯蓣属）小叶薯莨

***Dioscorea benthamii* Prain & Burkill**

缠绕草质藤本。茎较细弱，右旋。叶片纸质，通常对生，卵状披针形至长圆形，长 2~9 cm，顶端凸尖至渐尖，基部圆形，表面绿色，背面粉绿色，基出脉 3~5(7) 条；叶柄长 0.5~2 cm。雌雄异株。穗状雄花序长 2~3 cm，簇生或单生于叶腋，有时排列呈圆锥状；花序轴呈“之”字形；苞片三角状卵形，与花被片均有紫褐色斑纹。穗状雌花序长 3~10 cm，1~2 个着生于叶腋。蒴果不反折，三棱状扁圆形，长约 1.5 cm。花期 5 ~ 6 月，果期 7 ~ 9 月。

生于山地、山坡、山谷、水边、路旁的灌丛中，海拔 300~900 m。产于中国福建、台湾、广东、香港、广西。

薯莨（薯蓣属）薯良、血当归

***Dioscorea cirrhosa* Lour.**

藤本，长可达 20 m。块茎一般生长在表土层，为卵形、球形或葫芦状，外皮黑褐色，凹凸不平；断面新鲜时红色，干后紫黑色。茎绿色，右旋，下部有刺。单叶，在茎下部的互生，中部以上的对生；叶片革质或近革质，长椭圆状卵形至卵圆形，长 5~20 cm。雌雄异株。穗状雄花序顶生或腋生，长 2~10 cm，通常排列成圆锥花序。穗状雌花序单生于叶腋，长达 12 cm。蒴果不反折，近三棱状扁圆形；种子着生于每室中轴中部，四周有膜质翅。花期 4 ~ 6 月，果期 7 月至翌年 1 月。

生于山坡、路旁、河谷边的杂木林中、灌丛中或林边，海拔 100~900 m。产于中国长江流域以南地区。

黄独（薯蓣属）零余薯

***Dioscorea bulbifera* L.**

草质藤本。块茎卵圆形，直径 4~10 cm，外皮棕黑色，表面密生须根。茎左旋，浅绿色稍带红紫色。叶腋内有珠芽，表面有圆形斑点。叶互生；叶片卵状心形，长 15~26 cm，顶端尾状渐尖。雄花序穗状，常数个丛生于叶腋，有时分枝呈圆锥状；基部有卵形苞片 2 枚；花被片紫色。雌花序常数个丛生于叶腋，长 20~50 cm。蒴果反折下垂，三棱状长圆形，长 1.5~3 cm，成熟时草黄色，表面密被紫色小斑点；种子深褐色，扁卵形，常两个着生于每室中轴顶部，具栗褐色种翅。花期 7 ~ 10 月，果期 8 ~ 11 月。

生于混交林林缘、河岸、谷地等处，海拔 100~900 m。广泛分布于中国南部。

山薯（薯蓣属）

***Dioscorea fordii* Prain & Burkill**

缠绕草质藤本。块茎长圆柱形，垂直生长。茎右旋，基部有刺。单叶，在茎下部互生，中部以上的对生；叶纸质，宽披针形或长椭圆状卵形，长 4~17 cm，顶端渐尖或尾尖，基部变异大，近截形、圆形、心形、箭形或戟形。雌雄异株。穗状雄花序簇生或单生于花序轴上，呈圆锥花序，长可达 40 cm；花序轴呈“之”字形。穗状雌花序常单生于叶腋，结果时长 25 cm。蒴果不反折，三棱状扁圆形，种子着生于每室中轴中部，四周有膜质翅。花期 10 月至翌年 1 月，果期 12 月至翌年 1 月。

生于山坡、山凹、溪沟边或路旁的杂木林中，海拔 100~900 m。分布于中国浙江、福建、广东、广西、湖南。

日本薯蓣（薯蓣属）山蝴蝶

***Dioscorea japonica* Thunb.**

藤本。块茎长圆柱形，垂直生长。茎右旋，绿色或带淡紫红色。单叶，在茎下部的互生，中部以上的对生；叶纸质，变异大，常为三角状披针形，长椭圆状狭三角形至长卵形，有时茎上部的叶为线状披针形至披针形，下部的叶为宽卵心形，长 3~19 cm。具珠芽。雌雄异株。穗状雄花序着生于叶腋，长 2~8 cm；雄花绿白色或淡黄色，花被片有紫色斑纹。穗状雌花序 1~3 个着生于叶腋，长 6~20 cm。蒴果不反折，三棱状扁圆形；种子着生于每室中轴中部，四周有膜质翅。花期 5 ~ 10 月，果期 7 ~ 11 月。

生于向阳山坡、山谷、溪沟边、路旁的杂木林下或草丛中，海拔 500~900 m。产于中国南部。

褐苞薯蓣（薯蓣属）

***Dioscorea persimilis* Prain & Burkill**

藤本。块茎长圆柱形，垂直生长。茎右旋，有棱 4~8 条。单叶，在茎下部的互生，中部以上的对生；叶纸质，卵形、三角形至长椭圆状卵形，长 4~15 cm；基出脉 7~9 条，常带红褐色，网脉两面明显。有珠芽。雌雄异株。穗状雄花序 2~4 个簇生或单生于花序轴上呈圆锥花序，长可达 40 cm；花序轴呈“之”字形；苞片有紫褐色斑纹。穗状雌花序 1~2 个着生于叶腋。蒴果不反折，三棱状扁圆形；种子着生于每室中轴中部，四周有膜质翅。花期 7 月至翌年 1 月，果期 9 月至翌年 1 月。

生于山坡、路旁、山谷杂木林中或灌丛中，海拔 100~900 m。分布于中国广东、广西、福建、湖南、贵州、云南。

五叶薯蓣（薯蓣属）

***Dioscorea pentaphylla* L.**

藤本。块茎常为长卵形，表面密生须根。茎疏生短柔毛，后脱落，有皮刺。掌状复叶有 3~7 片小叶；小叶片常为倒卵状椭圆形，长 6.5~24 cm，表面疏生短柔毛至近无毛，背面疏生短柔毛。具珠芽。穗状雄花序排列成圆锥状，长可达 50 cm，花序轴密生棕褐色短柔毛。穗状雌花序单一或分枝；花序轴和子房密生棕褐色短柔毛。蒴果三棱状长椭圆形，薄革质，长 2~2.5 cm，成熟时黑色；种子通常两两着生于每室中轴顶部，种翅向蒴果基部延伸。花期 8 ~ 10 月，果期 11 月至翌年 2 月。

生于林边或灌丛中，海拔 500~900 m。产于中国广东、广西、江西、福建南部、台湾、湖南、云南、西藏。

裂果薯（裂果薯属）

***Schizocapsa plantaginea* Hance**

多年生草本，高达 30 cm。根状茎粗短，常弯曲。叶窄椭圆形或窄椭圆状披针形，长 10~25 cm，先端渐尖，基部下延，沿叶柄两侧成窄翅；叶柄长 5~16 cm，基部有鞘。花葶长 6~13 cm；总苞片 4 枚，卵形或三角状卵形，长 1~3 cm，内轮 2 片常较小；小苞片线形，长 5~20 cm；伞形花序有 8~20 朵花；花被裂片 6 枚，淡绿、青绿、淡紫或暗色，外轮 3 片披针形，内轮 3 片卵圆形，先端具小尖头。蒴果近倒卵圆形，3 瓣裂。种子多数，长约 2 mm，有条纹。花果期 5 ~ 8 月。

生于水边、沟边、山谷、林下、路边、田边潮湿地方，海拔 200~600 m。产于中国广东、广西、湖南、江西、贵州、云南。

箭根薯（蒟蒻薯属）
***Tacca chantrieri* André**

多年生草本。根状茎粗壮，近圆柱形。叶片长圆形或长圆状椭圆形，长 20~50(60) cm，顶端短尾尖，基部楔形或圆楔形，两侧稍不相等；叶柄长 10~30 cm，基部有鞘。花葶较长；总苞片 4 枚，暗紫色，外轮 2 枚卵状披针形，长 3~4(5) cm，内轮 2 枚阔卵形，长 2.5~4 (7) cm；小苞片线形，长约 10 cm。伞形花序有花 5~7 (18) 朵；花被裂片 6 枚，紫褐色。浆果肉质，椭圆形，具 6 棱，紫褐色，长约 3 cm，顶端有宿存的花被裂片；种子肾形，有条纹。花果期 4 ~ 11 月。

生于水边、林下、山谷阴湿处，海拔 200~900 m。产于中国湖南、广东、海南、广西、云南、贵州、西藏。

A46 霉草科 Triuridaceae

大柱霉草（霉草属）
***Sciaphila secundiflora* Thwaites ex Benth.**

腐生草本，淡红色，无毛。茎少有分枝者，直立或不规则地左右曲折，连同花序高 4~12 cm。叶少数，鳞片状。花雌雄同株；总状花序短而直立，疏松排列 3~9 朵花；雄花位于花序上部；雌花具多数堆集成球的倒卵形子房，呈乳突状；花柱棒状，超过子房很多。

产于中国广东、广西、香港、台湾。

A50 露兜树科 Pandanaceae

露兜草（露兜树属）
***Pandanus austrosinensis* T. L. Wu**

多年生常绿草本。地下茎横卧，分枝；地上茎短，不分枝。叶近革质，带状，长达 2 m，宽约 4 cm，先端渐尖成三棱形、具细齿的鞭状尾尖，基部折叠，边缘具向上的钩状锐刺，背面中脉隆起，疏生弯刺。花单性，雌雄异株；雄花序由若干穗状花序组成，长达 10 cm；子房上位，花柱短。聚花果椭圆状圆柱形或近圆球形，长约 10 cm，直径约 5 cm，由多达 250 余个核果组成，成熟核果的果皮变为纤维，核果倒圆锥状，5 ~ 6 棱，宿存柱头刺状，向上斜钩。花期 4 ~ 5 月。

生于林中、溪边或路旁。产于中国广东、海南、广西。

簕古子（露兜树属）
***Pandanus kaida* Kurz**

常绿灌木或小乔木，高 1~3 m。茎有分枝。叶带状，长约 1 m，也可达 3~4 m，宽 3~5 cm，先端逐渐变尖，顶端具长鞭尾，边缘具刺，向上而紧贴叶缘，叶背面横脉与纵脉常形成明显的方格，沿中脉具刺。雌雄异株；雄花序由若干穗状花序组成，穗状花序长约 10 cm，佛焰苞长达 45 cm；雄花白色，芳香；雌花序头状，圆锥形，长约 4 cm，佛焰苞多枚，长 14~20 cm。聚花果椭圆形，由 150 多个核果束组成；核果束倒圆锥形，上部突出部分五角形，宿存柱头 2 个。花期 5 ~ 6 月。

生于旷野、海边、林中，或引种做绿篱。产于中国广东南部、海南。

A53 黑药花科 Melanthiaceae

华重楼（重楼属）七叶一枝花、七叶楼

***Paris polyphylla* var. *chinensis* (Franch.) Hara**

多年生草本，株高 35~100 cm；根状茎粗厚，外面棕褐色，密生多数环节和许多须根。茎通常带紫红色，基部有灰白色干膜质的鞘 1~3 枚。叶 5~8 枚轮生，通常 7 枚，倒卵状披针形、矩圆状披针形或倒披针形，基部通常楔形；叶柄明显，带紫红色。外轮花被片绿色；内轮花被片狭条形，通常中部以上变宽，宽 1~1.5 mm，长 1.5~3.5 cm，长为外轮的 1/3 至近等长或稍超过；雄蕊 8~10 枚，花药长 1.2~1.5（2）cm，长为花丝的 3~4 倍，药隔突出部分长 1~1.5(2) mm。蒴果紫色，3 ~ 6 瓣裂。花期 5 ~ 7 月，果期 8 ~ 10 月。

生于山坡林下及灌丛、草丛阴湿处，海拔 600~900 m。产于中国长江流域以南地区。

A59 菝葜科 Smilacaceae

菝葜（菝葜属）金刚兜

***Smilax china* L.**

攀援灌木，根状茎粗厚，坚硬，不规则块状。茎长 1~3 m，疏生刺。叶薄革质或坚纸质，圆形，长 3~10 cm，下面常淡绿色，较少苍白色；叶柄长 5~15 mm，具鞘，几乎都有卷须，脱落点位于靠近卷须处。伞形花序生于叶尚幼嫩的小枝上，多花，常呈球形；总花梗长 1~2 cm；花序托稍膨大，近球形，具小苞片；花黄绿色，外花被片长 3.5~4.5 mm，内花被片稍狭；雄花中花药比花丝稍宽，常弯曲；雌花与雄花大小相似。浆果直径 6~15 mm，熟时红色，有粉霜。花期 2 ~ 5 月，果期 9 ~ 11 月。

生于林下、灌丛中、路旁、河谷或山坡上，海拔 100~900 m。产于中国南方和山东、辽宁。

筐条菝葜（菝葜属）粉叶菝葜、白背菝葜

***Smilax corbularia* Kunth**

攀援灌木。茎长 3~9 m，枝条有时稍带四棱形。叶革质，卵状矩圆形至狭椭圆形，长 5~14 cm，先端短渐尖，基部近圆形，边缘多少下弯，下面苍白色；主脉 5 条，上面网脉明显；叶柄长 8~14 mm，脱落点位于近顶端，枝条基部的叶柄一般有卷须，鞘占叶柄全长的一半，并向前延伸成一对耳。伞形花序腋生，具 10~20 朵花；总花梗长 4~15 mm；花序托膨大，具多数宿存的小苞片；花绿黄色，花被片直立；雄花外花被片舟状，内花被片稍短；雌花与雄花大小相似。浆果直径 6~7 mm，熟时暗红色。花期 5~7 月，果期 12 月。

生于林下或灌丛中，海拔 100~900 m。产于中国广东、海南、广西、云南。

土茯苓（菝葜属）

***Smilax glabra* Roxb.**

攀援灌木，根状茎粗厚。茎长 1~4 m。叶薄革质，狭椭圆状披针形，长 6~15 cm，先端渐尖；叶柄长 5~20 mm，具狭鞘，有卷须，脱落点位于近顶端。伞形花序具花 10 朵有余；总花梗长 1~8 mm；总花梗与叶柄之间有一芽；花序托连同多数宿存的小苞片呈莲座状；花绿白色，六棱状球形；雄花外花被片近扁圆形，背面中央具纵槽；内花被片边缘有不规则的齿；雌花外形与雄花相似，但内花被片边缘无齿。浆果直径 7~10 mm，熟时紫黑色，具粉霜。花期 7~11 月，果期 11 月至翌年 4 月。

生于海拔 1800 m 以下的林中、灌丛中、河岸或山谷中，也见于林缘与疏林中。产于中国甘肃、台湾、海南、云南等。

马甲菝葜（菝葜属）
***Smilax lanceifolia* Roxb.**

攀援灌木。茎长 1~2 m，枝条具细条纹。叶纸质，卵状矩圆形至狭椭圆形，长 6~17 cm，先端渐尖或骤凸，基部圆形或宽楔形，中脉在上面稍凹陷，其余主支脉浮凸；叶柄长 1~2.5 cm，具狭鞘，有卷须，脱落点位于近中部。伞形花序常单个生于叶腋，具多数小花，极少两个花序生于一总花梗上；总花梗近基部有一关节，有一枚先出叶；花序托近球形；花黄绿色；雌花比雄花小一半。浆果直径 6~7 mm，有 1~2 颗种子。种子无沟或有 1~3 道纵沟。花期 10 月至翌年 3 月，果期 10 月。

生于林下、灌丛中或山坡阴处，海拔 100~900 m。产于中国长江流域以南地区。

穿鞘菝葜（菝葜属）
***Smilax perfoliata* Lour.**

攀援灌木。茎长可达 7 m，通常疏生刺。叶革质，卵形或椭圆形，长 9~20 cm，先端短渐尖，基部宽楔形至浅心形，下面淡绿色；叶柄长 2~3.5 cm，基部两侧具耳状的鞘，有卷须，脱落点位于近中部；鞘外折或近直立，作穿茎状抱茎。圆锥花序长 5~17 cm，通常具 10~30 个伞形花序，花序轴常呈迴折状；伞形花序每 2~3 个簇生或近轮生于轴上；雄花内花被片披针形，基部比上部宽得多；雄蕊完全离生，长约 5 mm，花药条形，长约 2 mm；浆果直径 4~6 mm。花期 4 月，果期 10 月。

生于林中或灌丛中，海拔 100~900 m。产于中国云南、海南、台湾。

大果菝葜（菝葜属）
***Smilax megacarpa* A. DC.**

攀援灌木。茎长可达 10 m，枝条通常无刺，小枝多少具细条纹。叶纸质，干后有时变淡黑色，卵形或椭圆形，长（5）10~20 cm，宽 3~12 cm，先端近微凸，基部圆形至截形，上面稍有光泽，下面淡绿色。圆锥花序长 3~6（10）cm，着生点上方有 1 枚与叶柄相对的鳞片（先出叶），通常具 2 个伞形花序，较少具 3 个或仅单个的；伞形花序总花梗长 1.5~3.5 cm；花序托稍膨大；雄花绿黄色。浆果直径 1.2~2 cm，熟时深红色。花期 10 ~ 12 月，果期 5 ~ 6 月。

产于中国广东、广西、云南。

A60 百合科 Liliaceae

野百合（百合属）
***Lilium brownii* F. E. Brown ex Miellez**

多年生宿根草本。鳞茎球形，直径 2~4.5 cm；鳞片披针形，白色。茎高 0.7~2 m，有的具紫色条纹，有的下部有小乳头状突起。叶散生，自下向上渐小，披针形至条形，长 7~15 cm。花单生或几朵排成近伞形；花梗长 3~10 cm；花喇叭形，有香气，乳白色，外面稍带紫色，长 13~18 cm；蜜腺两边具小乳头状突起；雄蕊向上弯，花丝长 10~13 cm，中部以下密被柔毛；花药细圆柱形，长 1.1~1.6 cm；子房圆柱形，长 3.2~3.6 cm，花柱长 8.5~11 cm，柱头 3 裂。蒴果矩圆形，长 4.5~6 cm，有棱，具多数种子。花期 5 ~ 6 月，果期 9 ~ 10 月。

生于山坡上、灌木林下、路边、溪旁或石缝中，海拔 100~900 m。产于中国长江流域以南地区。

A61 兰科 Orchidaceae

香港安兰（安兰属）

Ania hongkongensis **(Rolfe) Tang & F. T. Wang**

假鳞茎卵球形，粗 1~2 cm，幼时被鞘，顶生 1 枚叶。叶长椭圆形，长约 26 cm，中部宽 3~4 cm，先端渐尖，基部渐狭为柄，具折扇状脉；叶柄纤细，长 13~16 cm，粗 2~3 mm。花葶出自假鳞茎的基部，直立，不分枝；总状花序长达 15 cm，疏生数朵花；花黄绿色带紫褐色斑点和条纹；萼片相似。花期 4 ~ 5 月。

产于中国福建、广东、香港。

无叶兰（无叶兰属）

Aphyllorchis montana **Rchb. f.**

植株高 43~70 cm，具直生的、多节的根状茎。无绿叶，下部具多枚长 0.5~2 cm 抱茎的鞘，上部具数枚鳞片状的不育苞片。总状花序长 10~20 cm，疏生数朵小花；花黄色或黄褐色，近平展，后期下垂；中萼片舟状，具 3 脉；中脉在背面近顶端处粗糙；侧萼片稍短；花瓣较短而质薄，近长圆形；唇瓣长 7~9 mm，在下部接近基部处缢缩而形成上下唇；下唇稍凹陷，内有不规则突起，两侧具三角形或三角状披针形的耳；上唇卵形，多 3 裂，边缘稍波浪状；蕊柱稍弯曲，顶端略扩大。花期 7 ~ 9 月。

生于林下，海拔 700~900 m。产于中国广东、香港、海南、广西、贵州、云南、台湾。

金线兰（开唇兰属）花叶开唇兰

Anoectochilus roxburghii **(Wall.) Lindl.**

多年生草本，植株高 8~18 cm。根状茎匍匐伸展，肉质，具节，节上生根。茎具 2~4 枚叶。叶片卵圆形，长 1.3~3.5 cm，宽 0.8~3 cm，上面暗紫色，具金红色带有绢丝光泽的网脉，背面淡紫红色；叶柄长 4~10 mm，基部扩大成抱茎的鞘。总状花序具 2~6 朵花；花序轴淡红色，和花序梗均被柔毛；花白色或淡红色；萼片背面被柔毛，中萼片卵形，与花瓣结合呈兜状；花瓣近镰刀状；唇瓣长约 12 mm，呈"Y"形，先端钝，其两侧各具 6~8 条流苏状细裂条；柱头 2 个，离生，位于蕊喙基部两侧。花期 8 ~ 12 月。

生于常绿阔叶林下或沟谷阴湿处，海拔 100~900 m。产于中国长江流域以南地区。

拟兰（拟兰属）

Apostasia odorata **Blume**

植株高 15~40 cm；茎直立或下部匍伏，不分枝或偶见 1 个分枝，下部具数枚圆筒状的鞘，鞘上方具多枚叶。叶片披针形或线状披针形，先端具芒尖。花序顶生，常弯垂，圆锥状，通常有 10 余朵花；花苞片卵形或卵状披针形，无毛；花淡黄色；花瓣与萼片相似，但中脉较粗厚；翅近方形，中央有纵沟；能育雄蕊的花丝长约 1 mm；花药近线形，基部戟形，顶端具细尖，两药室不等长；退化雄蕊近圆柱形，略短于花柱；花柱略高出花药之上，顶端具稍膨大的柱头。蒴果圆筒形；果梗长 2~3 mm。花果期 5 ~ 7 月。

产于中国广东、海南、广西、云南。

竹叶兰（竹叶兰属）

Arundina graminifolia (D. Don) Hochr.

植株高可达 1 m；地下根状茎貌似假鳞茎。茎直立，常数个丛生，圆柱形，细竹秆状。叶线状披针形，薄革质，叶鞘抱茎。花序总状或基部有 1~2 个分枝而成圆锥状，具 2~10 朵花，但每次仅开 1 朵花；花粉红色或略带紫色或白色；花瓣椭圆形或卵状椭圆形；唇瓣轮廓近长圆状卵形，3 裂；侧裂片钝，内弯，围抱蕊柱；中裂片近方形。蒴果近长圆形，长约 3 cm，宽 8~10 mm。花果期主要为 9 ~ 11 月，偶见 1 ~ 4 月。

生于草坡上、溪谷旁、灌丛下或林中，海拔 400~900 m。产于中国长江流域以南地区。

广东石豆兰（石豆兰属）

Bulbophyllum kwangtungense Schltr.

根状茎具假鳞茎。假鳞茎直立，圆柱状，顶生 1 枚叶，幼时被膜质鞘。叶革质，长圆形，长约 2.5 cm，基部具长 1~2 mm 的柄。花葶从假鳞茎基部或根状茎节上发出，直立，纤细，远高出叶外，总状花序缩短呈伞状，具 2~4 (7) 朵花；花淡黄色；萼片离生，狭披针形，具 3 条脉；侧萼片比中萼片稍长；花瓣狭卵状披针形；唇瓣肉质，狭披针形，上面具 2~3 条小的龙骨脊；蕊柱长约 0.5 mm；药帽上面密生细乳突。花期 5~8 月。

生于山坡林下岩石上，海拔 800~900 m。产于中国浙江、福建、江西、湖北、湖南、广东、香港、广西、贵州、云南。

短距苞叶兰（苞叶兰属）

Brachycorythis galeandra (Rchb. f.) Summerh.

植株高 8~24 cm。块茎长圆形，长 1.5~2 cm。茎直立，密生 4~6 枚叶，基部具 2~3 枚圆筒状鞘。叶直立伸展，叶片椭圆形或卵形，长 2~4.5 cm，先端急尖；总状花序疏散，具 3~10 朵花；花苞片叶状，和叶等大或稍小；子房圆柱状，扭转，上部稍弓曲，连花梗长达 1.5 cm；花较小，粉红色、淡紫色或蓝紫色；中萼片线状披针形，直立，具 3 条脉；侧萼片宽披针形，具 3 条脉；花瓣斜卵形，具 3 条脉；唇瓣近圆状倒卵形，先端常微缺，长 0.7~1.2 cm；距圆锥状，长 3~4(6) mm。花期 5 ~ 7 月。

生于山坡灌丛下、山顶草丛中或沟边阴湿处，海拔 400~900 m。产于中国广东、广西、云南、贵州、四川、湖南、台湾。

齿瓣石豆兰（石豆兰属）

Bulbophyllum levinei Schltr.

根状茎纤细，匍匐生根。假鳞茎聚生，顶生 1 枚叶。叶薄革质，边缘稍波状，上面中肋常凹陷。花葶从假鳞茎基部发出，纤细，直立，光滑无毛，高出叶外；总状花序缩短呈伞状，常具 2~6 朵花；花膜质，白色带紫；中萼片卵状披针形；侧萼片斜卵状披针形；花瓣靠合于萼片，卵状披针形，边缘具细齿，具 1 条脉，先端长急尖；唇瓣近肉质，全缘；蕊柱长约 1.2 mm；蕊柱齿很短，丝状；药帽半球形，上面中央具 1 条密生细乳突的龙骨背。花期 5 ~ 8 月。

生于山地林中树干上或沟谷岩石上，海拔约 800 m。产于中国浙江、福建、江西、湖南、广东、香港、广西、云南。

棒距虾脊兰（虾脊兰属）

Calanthe clavata Lindl.

根状茎粗壮，被鳞片状鞘。假鳞茎完全为叶鞘所包。假茎长约13 cm，具3枚鞘和2~3枚折扇状的叶。叶狭椭圆形，长达65 cm；叶柄长7~13 cm。花葶1~2个，直立，长达40 cm；总状花序圆柱形；花苞片早落；花黄色；中萼片椭圆形；侧萼片近长圆形；花瓣倒卵状椭圆形至椭圆形；唇瓣基部近截形，与整个蕊柱翅合生，3裂；距棒状，劲直；蕊柱上部扩大；蕊喙三角形；药帽前端收狭，先端截形；花粉团近棒状或狭倒卵球形，近等大，具短柄；粘盘厚，近心形。花期11～12月。

生于山地密林下或山谷岩边，海拔800~900 m。产于中国福建、广东、海南、广西、云南、西藏。

钩距虾脊兰（虾脊兰属）细花根节兰

Calanthe graciliflora Hayata

根状茎不明显。假鳞茎短，近卵球形，具3~4枚鞘和3~4枚叶。叶在花期尚未完全展开，先端急尖或锐尖，基部收狭为长达10 cm的柄，两面无毛。花葶长达70 cm，密被短毛；总状花序疏生多数花，无毛；花张开；萼片和花瓣在背面褐色，内面淡黄色；中萼片近椭圆形；侧萼片近似于中萼片；花瓣倒卵状披针形，基部具短爪，具3~4条脉，无毛；唇瓣浅白色，3裂；距圆筒形，长10~13 mm，常钩曲，末端变狭，外面疏被短毛。花期3～5月。

生于山谷溪边、林下等阴湿处，海拔600~900 m。产于中国长江流域以南地区。

密花虾脊兰（虾脊兰属）

Calanthe densiflora Lindl.

根状茎匍匐，长而粗壮，被鳞片状鞘。植株高达60 cm，具短茎。假茎细长，长10~16 cm，具3枚鞘和3枚折扇状叶。叶披针形或狭椭圆形，长达40 cm；叶柄细，长5~10 cm，具5~7条两面隆起的脉。花葶1~2个，直立，长约20 cm，疏生3~5枚筒状鞘；总状花序呈球状，由许多放射状排列的花所组成；花苞片早落；花梗和子房长2 cm；花淡黄色；花瓣近匙形；唇瓣3裂；唇盘上具2条褶片；距圆筒形，劲直；蕊柱细长；蕊喙宽卵状三角形；药帽呈喙状；花粉团倒卵球形，具短柄。蒴果椭圆状球形，近悬垂。花期8～9月，果期10月。

生于混交林下和山谷溪边，海拔900 m。产于中国台湾、广东、海南、广西、云南、四川、西藏。

乐昌虾脊兰（虾脊兰属）

Calanthe lechangensis Z. H. Tsi & T. Tang

根状茎不明显。假鳞茎粗短，具3枚鞘和1枚叶。假茎9~20 cm。叶在花期尚未展开，宽椭圆形，长20~30 cm，边缘稍波状；叶柄细长，长14~32 cm。花葶从叶腋发出，直立，长达35 cm，各部均被短柔毛；总状花序长3~4 cm，疏生4~5朵花；苞片宿存；花梗和子房长1.2 cm；花浅红色；中萼片卵状披针形，具5条脉；侧萼片长圆形，具5条脉；花瓣长圆状披针形，具3条脉；唇瓣倒卵状圆形，基部具爪，3裂；花粉团棒状；粘盘近长圆形，长0.8 mm。花期3～4月。

生于山谷林下阴湿处。产于中国广东。

长距虾脊兰（虾脊兰属）

Calanthe sylvatica **(Thou.) Lindl.**

无明显根状茎。假鳞茎具3~6枚叶，无明显的假茎。叶在花期全部展开，基部收狭为柄，背面密被短柔毛；叶柄长11~23 cm。花葶长45~75 cm；总状花序疏生数朵花；花淡紫色，唇瓣常变成橘黄色；中萼片椭圆形；侧萼片长圆形；花瓣倒卵形或宽长圆形，基部具短爪，具5条脉；唇瓣3裂；距圆筒状，长2.5~5 cm，伸直或稍弧曲。花期4 ~ 9月。

生于山坡林下或山谷河边等阴湿处，海拔800~900 m。产于中国台湾、广东、香港、广西、湖南、云南、西藏。

流苏贝母兰（贝母兰属）

Coelogyne fimbriata **Lindl.**

根状茎细长，匍匐。假鳞茎顶端生2枚叶，基部具2~3枚鞘。叶纸质。花葶长5~10 cm，基部具鞘；总状花序通常具1~2朵花，但每次只有1朵开放；花苞片早落；花淡黄色或近白色，仅唇瓣上有红色斑纹；花瓣丝状或狭线形；唇瓣卵形，3裂；侧裂片近卵形，顶端多少具流苏；中裂片近椭圆形，边缘具流苏。蒴果倒卵形，长1.8~2 cm；果梗长6~7 mm。花期8 ~ 10月，果期翌年4 ~ 8月。

生于溪旁岩石上或林中、林缘树干上，海拔500~900 m。产于中国江西、福建、广东、海南、广西、云南、西藏。

大序隔距兰（隔距兰属）

Cleisostoma paniculatum **(Ker Gawl.) Garay**

茎直立，扁圆柱形，长20 cm有余，具鞘，有时分枝。叶革质，紧靠、二列互生，狭长圆形或带状，长10~25 cm，先端钝且不等侧2裂，有时在两裂片之间具1枚短突。花序生于叶腋，远比叶长，多分枝；圆锥花序具多数花；花开展，萼片和花瓣在背面黄绿色，内面紫褐色，边缘和中肋黄色；萼片近长圆形，基部贴生于蕊柱足；花瓣比萼片稍小；唇瓣黄色，3裂；距黄色，圆筒状，具隔膜，内面背壁上方具长方形的胼胝体；粘盘柄宽短，近基部屈膝状折叠；粘盘大，新月状或马鞍形。花期5~9月。

附生于常绿阔叶林中树干上或沟谷林下岩石上，海拔200~900 m。产于中国台湾、福建、江西、广东、海南、广西、四川、西藏。

建兰（兰属）四季兰

Cymbidium ensifolium **(L.) Sw.**

假鳞茎卵球形，长1.5~2.5 cm。叶2~6枚，带形，有光泽，长30~60 cm。花葶从假鳞茎基部发出，长20~35 cm，一般短于叶；总状花序具3~13朵花；最下面的1枚苞片长可达1.5~2 cm，其余苞片长5~8 mm；花有香气，色泽变化较大，通常为浅黄绿色而具紫斑；萼片近狭长圆形或狭椭圆形，长2.3~2.8 cm；侧萼片常向下斜展；花瓣狭椭圆形或狭卵状椭圆形，长1.5~2.4 cm，近平展；唇瓣近卵形，略3裂；侧裂片直立，中裂片较大，边缘波状，上面具小乳突。蒴果狭椭圆形，长5 ~ 6 cm。花期通常为6 ~ 10月。

生于疏林下、灌丛中、山谷旁或草丛中，海拔600~900 m。产于中国长江流域以南地区。

兔耳兰（兰属）

Cymbidium lancifolium **Hook.**

半附生植物；假鳞茎近扁圆柱形或狭梭形，长2~7 (15) cm，分节，顶端聚生2~4枚叶。叶倒披针状长圆形至狭椭圆形，长6~17 cm，上部边缘有细齿；叶柄长3~18 cm。花葶从假鳞茎下部侧面节上发出，长8~20 cm；花序具2~6朵花；花苞片披针形，长1~1.5 cm；花通常白色至淡绿色，花瓣上有紫栗色中脉，唇瓣上有紫栗色斑；萼片倒披针状长圆形，长2.2~3 cm；花瓣近长圆形，长1.5~2.3 cm；唇瓣近卵状长圆形，稍3裂；侧裂片直立；中裂片外弯。蒴果狭椭圆形，长约5 cm。花期5～8月。

生于疏林下、竹林下、林缘、阔叶林下或溪谷旁的岩石上、树上或地上，海拔300~900 m。产于中国长江流域以南地区。

半柱毛兰（毛兰属）

Eria corneri **Rchb. f.**

植物体无毛；假鳞茎密集着生，顶端具2~3枚叶。叶长15~45 cm，宽1.5~6 cm，基部收狭成长2~3 cm的柄。花序1个，具10余朵花，有时可多达60余朵花；花白色或略带黄色；花瓣线状披针形，唇瓣卵形，3裂；花粉团黄色，倒卵形；蕊柱半圆柱形。蒴果倒卵状圆柱状，长约1.5 cm，粗5~6 mm；果柄长约3 mm。花期8～9月，果期10～12月，翌年3～4月蒴果开裂。

附生于林中树上或林下岩石上，海拔500~900 m。产于中国福建、台湾、海南、广东、香港、广西、贵州、云南。

墨兰（兰属）

Cymbidium sinense **(Jack. ex Andr.) Willd.**

地生植物；假鳞茎包藏于叶基之内。叶3~5枚，带形，近薄革质，长45~80(110) cm，宽1.5~3 cm。花葶一般略长于叶；总状花序具10~20朵或更多的花；花通常为暗紫色或紫褐色而具浅色唇瓣，一般有较浓的香气；花瓣近狭卵形，长2~2.7 cm，宽6~10 mm；唇瓣不明显3裂；蕊柱稍向前弯曲，两侧有狭翅。蒴果狭椭圆形，长6~7 cm，宽1.5~2 cm。花期10月至翌年3月。

生于林下、灌木林中或溪谷旁湿润但排水良好的荫蔽处，海拔300~900 m。产于中国长江流域以南地区。

钳唇兰（钳唇兰属）

Erythrodes blumei **(Lindl.) Schltr.**

植株高18~60 cm。下部具3~6枚叶。叶片卵形、椭圆形或卵状披针形，有时稍歪斜，长4.5~10 cm，宽2~6 cm。花茎被短柔毛，长12~40 cm，具3~6枚鞘状苞片；总状花序顶生，具多数密生的花，长5~10 cm；花苞片披针形，带红褐色，长10~12 mm，宽约4 mm，先端渐尖，背面被短柔毛；花较小，萼片带红褐色或褐绿色，背面被短柔毛，中萼片直立，凹陷，长椭圆形，长4~6 mm，宽1.5~2.5 mm，先端稍钝。花期4～5月。

产于中国台湾、广东、广西、云南。

黄花美冠兰（美冠兰属）
Eulophia flava **(Lindl.) Hook. f.**

假鳞茎近圆柱状，直立，稍绿色，长 4~5 cm，分节。叶通常 2 枚，生于假鳞茎顶端，长圆状披针形，纸质，长 25~35 cm，基部收狭成柄；叶柄长 16 cm。花叶同时。花葶侧生，粗壮，高可达 1 m，中部以下具数枚鞘；鞘长 4~8 cm。总状花序直立，长 28~32 cm，疏生 10 余朵花；花苞片披针形，长 1.5~2.5 cm；花黄色，直径达 4 cm 以上；萼片披针形，长 3~3.2 cm；花瓣倒卵状椭圆形，长 2.3~2.5 cm；唇瓣近宽卵形，3 裂，基部凹陷成囊状；侧裂片半卵形，中裂片近扁圆形，有 3 条具纵脊。花期 4 ~ 6 月。

生于溪边岩石缝中或开旷草坡上，海拔 100 ~ 400 m。产于中国广东、香港、海南、广西。

多叶斑叶兰（斑叶兰属）
Goodyera foliosa **(Lindl.) Benth. ex C.B. Clarke**

植株高 15~25 cm。具 4~6 枚叶。叶疏生于茎上或集生于茎的上半部，叶片卵形至长圆形，偏斜。花茎直立，长 6~8 cm，被毛；总状花序具几朵至多朵密生而常偏向一侧的花，花序梗极短或长；花中等大，半张开，白带粉红色、白带淡绿色或近白色；萼片狭卵形，凹陷，长 5~8 mm，宽 3.5~4 mm，先端钝，具 1 脉，背面被毛。花期 7~9 月。

产于中国福建、台湾、广东、广西、四川、云南西部至东南部、西藏东南部。

大花斑叶兰（斑叶兰属）
Goodyera biflora **(Lindl.) Hook. f.**

植株高 5~15 cm。根状茎匍匐，具节。茎直立，具 4~5 枚叶。叶片卵形或椭圆形，长 2~4 cm，上面绿色，具白色均匀细脉连接成的网状脉纹，背面淡绿色或带紫红色；叶柄长 1~2.5 cm。花茎被短柔毛；总状花序通常具 2 朵花，常偏向一侧；花苞片披针形，背面被短柔毛；花大，长管状，白色或带粉红色，萼片线状披针形，背面被短柔毛；中萼片与花瓣结合呈兜状；花瓣白色，稍斜菱状线形；唇瓣白色，线状披针形，基部凹陷呈囊状，内面具多数腺毛，前部伸长。花期 2 ~ 7 月。

生于林下阴湿处，海拔 500~900 m。产于中国长江流域及其以南地区。

高斑叶兰（斑叶兰属）
Goodyera procera **(Ker Gawl.) Hook.**

植株高 22~80 cm。根状茎短而粗，具节。茎直立，具 6~8 枚叶。叶片长圆形或狭椭圆形，长 7~15 cm，宽 2~5.5 cm，上面绿色，背面淡绿色，叶柄基部扩大成鞘。花茎长 12~50 cm；总状花序具多数密生的小花，似穗状，花序轴被毛；花小，白色带淡绿，芳香，不偏向一侧；花瓣匙形，白色，长 3~3.5 mm，上部宽 1~1.2 mm，具 1 脉，无毛，与中萼片结合呈兜状；唇瓣宽卵形；蕊喙直立，2 裂；柱头 1 个，横椭圆形。花期 4 ~ 5 月。

生于林下，海拔 200~900 m。产于中国长江流域以南地区。

绒叶斑叶兰（斑叶兰属）

***Goodyera velutina* Maxim.**

植株高 8~16 cm。根状茎匍匐，具节。茎直立，暗红褐色，具 3~5 枚叶。叶片卵形至椭圆形，长 2~5 cm，上面深绿色或暗紫绿色，天鹅绒状，沿中肋具 1 条白色带，背面紫红色。花茎长 4~8 cm，被柔毛，具 2~3 枚鞘状苞片；总状花序具 6~15 朵偏向一侧的花；花苞片披针形，红褐色；萼片淡红褐色或白色，背面被柔毛；中萼片长圆形，与花瓣结合呈兜状；侧萼片斜卵状椭圆形；花瓣斜长圆状菱形，上半部具 1 个红褐斑，具 1 脉；唇瓣基部凹陷呈囊状，内面有腺毛，前部舟形，先端向下弯。花期 9 ~ 10 月。

生于林下阴湿处，海拔 700~900 m。产于中国长江以南地区。

全唇盂兰（盂兰属）

***Lecanorchis nigricans* Honda**

植株高 25~40 cm，具坚硬的根状茎。茎直立，常分枝，无绿叶，具数枚鞘。总状花序顶生，具数朵花；花苞片卵状三角形，长 2~4 mm；花梗和子房长约 1 cm，紫褐色；花淡紫色；花被下方的浅杯状物（副萼）很小；萼片狭倒披针形，长 1~1.6 cm，宽 1.5~2.5 mm，先端急尖；侧萼片略斜歪；花瓣倒披针状线形，与萼片大小相近；唇瓣亦为狭倒披针形，不与蕊柱合生，不分裂，与萼片近等长，上面多少具毛；蕊柱细长，白色，长 6~10 mm。花期不定，主要见于夏、秋季。

生于林下阴湿处，海拔 600~900 m。产于中国福建、台湾。

橙黄玉凤花（玉凤花属）橙红玉凤花、红唇玉凤花

***Habenaria rhodocheila* Hance**

植株高 8~35 cm。茎粗壮，直立，下部具 4~6 枚叶，向上具 1~3 枚苞片状小叶。叶片线状披针形，长 10~15 cm，基部抱茎。总状花序长 3~8 cm，花茎无毛；萼片和花瓣绿色，唇瓣橙黄色、橙红色或红色；中萼片凹陷，长约 9 mm，与花瓣靠合呈兜状；侧萼片反折；花瓣直立，匙状线形；唇瓣长 1.8~2 cm，4 裂，基部具短爪，侧裂片开展；中裂片 2 裂；污黄色，长 2~3 cm。蒴果纺锤形，长约 1.5 cm。花期 7 ~ 8 月，果期 10 ~ 11 月。

生于山坡上或沟谷林下荫蔽处或岩石上覆土中，海拔 300~900 m。产于中国福建、江西、湖南、广东、香港、海南、广西、贵州。

镰翅羊耳蒜（羊耳蒜属）

***Liparis bootanensis* Griff.**

附生草本。假鳞茎密集，顶端生 1 叶。叶纸质或坚纸质，长 (5) 8~22 cm，宽 (5) 11~33 mm，基部收狭成柄，有关节。花葶长 7~24 cm；花序柄两侧具狭翅，下部无不育苞片；总状花序外弯或下垂，长 5~12 cm，具数朵至 20 余朵花；花通常黄绿色；花瓣狭线形，长 3.5~6 mm，宽 0.4~0.7 mm；唇瓣近宽长圆状倒卵形，通常整个前缘有不规则细齿；蒴果倒卵状椭圆球形，长 8~10 mm，宽 5~6 mm。花期 8 ~ 10 月，果期 3 ~ 5 月。

生于林缘、林中或岩壁上，海拔 400~900 m。产于中国长江流域以南地区。

广东羊耳蒜（羊耳蒜属）

***Liparis nervosa* (Thunb.) Lindl.**

附生草本，较矮小。假鳞茎近卵形或卵圆形，长 5~7 mm，直径 3~5 mm，顶端具 1 叶。叶近椭圆形或长圆形，纸质，先端渐尖，基部收狭成明显的柄，有关节。花葶长 3~5.5 cm；花序柄略压扁；花绿黄色，很小；萼片宽线形，先端钝；侧萼片比中萼片略短而宽；花瓣狭线形，长 3.5~4 mm，宽约 0.5 mm；唇瓣倒卵状长圆形，长 4~4.5 mm，上部宽约 2 mm，先端近截形并具不规则细齿，中央有短尖，基部具 1 个胼胝体，较少胼胝体仅略肥厚而不甚明显；蕊柱长 2.5~3 mm，稍向前弯曲，上部具翅。蒴果倒卵球形，长 4~5 mm，宽 3~4 mm；果梗长 3~4 mm。花期 10 月，果期不详。

产于中国福建西部、广东南部至东部。

毛唇芋兰（芋兰属）

***Nervilia fordii* (Hance) Schltr.**

块茎圆球形，直径 10~15 mm。叶 1 枚，花凋谢后长出，心状卵形，长 5 cm，先端急尖，基部心形，边缘波状，具约 20 条两面隆起的粗脉；叶柄长约 7 cm。花葶高 15~30 cm，下部具 3~6 枚筒状鞘；总状花序具 3~5 朵花；花苞片线形，反折；子房椭圆形，棱上具狭翅；花半张开；萼片和花瓣淡绿色，具紫色脉，长 10~17 mm，线状长圆形；唇瓣白色，具紫色脉，倒卵形，凹陷，内面密生长柔毛，基部楔形，前部 3 裂；侧裂片三角形，直立，围抱蕊柱；中裂片横椭圆形。花期 5 月。

生于山坡或沟谷林下阴湿处，海拔 200~900 m。产于中国广东、香港、广西、云南、四川。

见血青（羊耳蒜属）

***Liparis nervosa* (Thunb. ex A. Murray) Lindl.**

地生草本。茎（或假鳞茎）圆柱状，肉质，有数节，通常包藏于叶鞘之内。叶（2）3~5 枚，膜质或草质，全缘，基部收狭成柄，无关节。花葶长 10~20 (25) cm；总状花序通常具数朵至 10 余朵花；花紫色，中萼片线形或宽线形，花瓣丝状，长 7~8 mm，宽约 0.5 mm，具 3 脉，唇瓣长圆状倒卵形；蕊柱上部两侧有狭翅。蒴果倒卵状长圆柱形，长约 1.5 cm；果梗长 4~7 mm。花期 2 ~ 7 月，果期 10 月。

生于林下、溪谷旁、草丛阴处或岩石覆土上，海拔 100~900 m。产于中国长江流域以南地区。

毛叶芋兰（芋兰属）

***Nervilia plicata* (Andr.) Schltr.**

块茎圆球形，直径 5~10 mm。叶 1 枚，花凋谢后长出，上面暗绿色或带紫绿色，背面绿色或暗红色，质地较厚，带圆的心形，长 7.5~11 cm，基部心形，边缘全缘，具 20~30 条两面隆起的粗脉，两面的脉上、脉间和边缘均有粗毛。花葶高 12~20 cm，下部具 2~3 枚紫红色的筒状鞘；总状花序具 2~3 朵花；子房具棱；花常下垂，半张开；萼片和花瓣棕黄色或淡红色，具紫红色脉，线状长圆形；唇瓣带白色或淡红色，具紫红色脉，凹陷，3 浅裂；中裂片明显较侧裂片大，近四方形或卵形。花期 5 ~ 6 月。

生于林下或沟谷阴湿处，海拔 200~900 m。产于中国甘肃东南部、四川、云南、广西、广东、香港、福建、台湾。

三蕊兰（三蕊兰属）

***Neuwiedia singapureana* (Baker) Rolfe**

植株高 40~50 cm；根状茎向下垂直生长，长约 10 cm，具节，节上生根。叶多枚，近簇生；叶片披针形至长圆状披针形，长 25~40 cm，基部收狭成柄；叶柄长 5~10 cm，边缘膜质，基部稍扩大而抱茎，背面的脉明显凸出。总状花序长 6~8 cm，具 10 余朵花，各部有腺毛；花绿白色，微张开；萼片长圆形或狭椭圆形，长 1.5~1.8 cm，先端具芒尖，中萼片略小于侧萼片；花瓣倒卵形或宽楔状倒卵形，先端具短尖；中央花瓣与侧生花瓣相似，但中脉较粗厚。果实未成熟，椭圆柱形。花期 5 ~ 6 月。

生于林下，海拔约 500 m。产于中国香港、海南、云南。

鹤顶兰（鹤顶兰属 ）

***Phaius tancarvilleae* (L'Hé r.) Blume**

植物体高大。假鳞茎被鞘。叶 2~6 枚，长达 70 cm，宽达 10 cm，基部收狭为柄。花葶直立，长达 1 m；总状花序具多数花；花大，美丽，背面白色，内面暗赭色或棕色；唇瓣背面白色带茄紫色的前端，内面茄紫色带白色条纹，中部以上浅 3 裂；距细圆柱形，长约 1 cm；蕊柱白色，正面两侧多少具短柔毛。花期 3 ~ 6 月。

生于海拔 200~600 m 的林缘、沟谷或溪边阴湿处。产于中国台湾、福建、广东、香港、海南、广西、云南、西藏。

黄花鹤顶兰（鹤顶兰属）

***Phaius flavus* (Blume) Lindl.**

假鳞茎长 5~6 cm，粗 2.5~4 cm，被鞘。叶 4~6 枚，通常具黄色斑块，长 25 cm 以上，宽 5~10 cm，基部收狭为长柄，具 5~7 条在背面隆起的脉。花葶 1~2 个，直立，粗壮，长达 75 cm；总状花序长达 20 cm，具数朵至 20 朵花；花柠檬黄色，不甚张开，干后变靛蓝色；花瓣长圆状倒披针形，具 7 条脉；唇瓣倒卵形，前端 3 裂；距白色，长 7~8 mm，末端钝；蕊柱白色，正面两侧密被白色长柔毛。花期 4 ~ 10 月。

生于山坡林下阴湿处，海拔 300~900 m。产于中国福建、台湾、广东、香港、海南、广西、湖南、贵州、四川、云南、西藏。

石仙桃（石仙桃属）

***Pholidota chinensis* Lindl.**

根状茎较粗壮；假鳞茎狭卵状长圆形，大小变化甚大。叶 2 枚，长 5~22 cm，宽 2~6 cm；叶柄长 1~5 cm。花葶长 12~38 cm；总状花序具数朵至 20 余朵花；花序轴稍左右曲折；花白色或带浅黄色；花瓣披针形，长 9~10 mm，宽 1.5~2 mm；唇瓣 3 裂；蕊柱中部以上具翅；蒴果倒卵状椭圆球形，长 1.5~3 cm，有 6 棱，3 个棱上有狭翅；果梗长 4~6 mm。花期 4 ~ 5 月，果期 9 月至翌年 1 月。

附生于林中或林缘树上、岩壁上或岩石上，海拔约 900 m。产于中国浙江、福建、广东、海南、广西、贵州、云南、西藏。

密花舌唇兰（舌唇兰属）

Platanthera hologlottis **Maxim.**

植株高达 35~85 cm。根状茎匍匐，细圆柱形；茎细长，下部具 4~6 片大叶，长 7~20 cm，向上呈苞片状，长 1.5~3 cm。叶线状披针形或宽线形，基部短鞘状抱茎。花序长 5~20 cm，花密生；苞片披针形或线状披针形；子房稍弧曲，连花梗长 1~1.3 cm；花白色，芳香；中萼片直立，舟状，卵形或椭圆形；侧萼片反折，斜椭圆状卵形；花瓣直立，斜卵形，长 4~5 mm，与中萼片靠合呈兜状；唇瓣舌形或舌状披针形，稍肉质，先端钝圆；距下垂，圆筒状，长 1~2 cm，距口的突起显著。花期 6 ~ 7 月。

生于山坡林下或山沟潮湿草地上，海拔 300~900 m。除西北外遍布中国。

独蒜兰（独蒜兰属）

Pleione bulbocodioides **(Franch.) Rolfe**

半附生草本。假鳞茎卵形或卵状圆锥形，上端有颈，顶端 1 片叶。叶窄椭圆状披针形或近倒披针形，纸质，长 10~25 cm；叶柄长 2~6.5 cm。花葶生于无叶假鳞茎基部，下部包在圆筒状鞘内，顶端具 1~2 朵花；苞片长于花梗和子房；花粉红至淡紫色，唇瓣有深色斑；中萼片近倒披针形，侧萼片与中萼片等长；花瓣倒披针形，稍斜歪，唇瓣倒卵形，3 微裂，基部楔形，稍贴生于蕊柱。蒴果近长圆柱形，长 2.7~3.5 cm。花期 4~6 月。

生于常绿阔叶林下或灌木林缘腐殖质丰富的土壤上或苔藓覆盖的岩石上，海拔 900 m。产于中国南部。

小舌唇兰（舌唇兰属）

Platanthera minor **(Miq.) Rchb. F.**

植株高 20~60 cm。叶互生，最下面的 1 枚最大，叶片椭圆形、卵状椭圆形或长圆状披针形，先端急尖或圆钝，基部鞘状抱茎。总状花序具多数疏生的花；花苞片卵状披针形；花黄绿色；花瓣直立，斜卵形，先端钝，基部的前侧扩大，有基出 2 脉及 1 支脉，与中萼片靠合呈兜状；唇瓣舌状，肉质，下垂，长 5~7 mm，先端钝；距细圆筒状，下垂，稍向前弧曲；蕊柱短；柱头 1 个，大，凹陷，位于蕊喙之下。花期 5 ~ 7 月。

产于中国江苏、安徽、浙江、江西、福建、台湾、河南、湖北、湖南、广东、香港、海南、广西、四川、贵州、云南。

白肋菱兰（独蒜兰属）

Rhomboda tokioi **(Fukuy) Ormer**

植株高 10~25 cm。根状茎匍匐，具节。茎暗红褐色。叶卵形或卵状披针形，长 3~9 cm，沿中肋具 1 条白色条纹或不显著。花茎直立，长 5~15 cm，具 1~3 枚鞘状苞片；总状花序具 3~15 朵疏生小花；苞片卵状披针形，褐红色，边缘撕裂状；花红褐色，半张开；萼片红褐色，中萼片宽卵形，与花瓣粘合呈兜状；侧萼片偏斜的卵形；花瓣偏斜，卵形，白色，极不等侧，具 1 脉；唇瓣位于上方，兜状卵形，基部浅囊状，内面具 2 枚角状的胼胝体，唇盘上具细肉突或具 2 条纵向隆起。花期 9 ~ 10 月。

生于山坡林下。产于中国香港、台湾。

寄树兰（寄树兰属）

***Robiquetia succisa* (Lindl.) Seidenf. & Garay**

茎坚硬，圆柱形，长达 1 m，直径 5 mm；下部节上生出长而分枝的根。叶长圆形，长 6~12 cm，先端平截，具缺刻。花序与叶对生，较叶长，常分枝；花梗和子房长约 1 cm；花不开展，萼片和花瓣淡黄或黄绿色：中萼片宽卵形，长约 5 mm，侧萼片斜卵形；花瓣较萼片小，宽倒卵形，唇瓣白色，侧裂片耳状，长约 4 mm，中裂片窄长圆形，两侧扁，长约 4 mm；距长 4 mm，中部缢缩，下部呈拳卷状；蕊柱长 3 mm，蕊喙 2 裂呈马鞍形；药帽前端尾状。花期 6 ~ 9 月，果期 7 ~ 11 月。

附生于疏林中树干上或山崖石壁上，海拔 500~900 m。产于中国福建、广东、香港、海南、广西、云南。

心叶带唇兰（带唇兰属）

***Tainia cordifolia* Hook. f.**

假鳞茎叶柄状，长约 8 cm，径 3~4 mm，从基部向上渐细，常被 2 枚筒状鞘；叶肉质，卵状心形，长 7~15 cm，先端尖，基部心形，上面灰绿色带深绿色斑块，下面具灰白色条纹，无柄；花葶长达 25 cm，花序具 3~5 朵花；萼片和花瓣褐色带深褐色脉纹；萼片披针形，长约 2.2 cm，宽 4~5 mm，萼囊宽钝花瓣披针形，长约 2 cm，宽约 6 mm，基部约 1/2 贴生蕊柱足；唇瓣近卵形，长 2.5~3 cm，侧裂片白色带紫红色斑点，近半卵形，中裂片黄色，近三角形、反折，先端尖，唇盘具 3 条黄色褶片，侧生褶片弧形。花期 5 ~ 7 月。

生于山谷湿润地方，海拔 500~900 m。产于中国台湾、福建、广东、广西、云南。

苞舌兰（苞舌兰属）苞舌草、黄花独蒜

***Spathoglottis pubescens* Lindl.**

假鳞茎扁球形，被革质鳞片状鞘，顶生 1~3 枚叶。叶带状，两面无毛。花葶密布柔毛，下部被数枚紧抱于花序柄的筒状鞘；总状花序，疏生 2~8 朵花；花黄色；萼片椭圆形，先端稍钝或锐尖，具 7 条脉，背面被柔毛；花瓣宽长圆形，具 5~6 条主脉，外侧的主脉分枝，两面无毛；唇瓣 3 裂，侧裂片直立，镰刀状长圆形，两侧裂片之间凹陷而呈囊状；中裂片倒卵状楔形，基部具爪；爪短而宽，上面具一对半圆形的、肥厚的附属物，基部两侧有时各具 1 枚稍凸起的钝齿；唇盘上具 3 条纵向的龙骨脊，其中央 1 条隆起而成肉质的褶片；蕊柱长 8~10mm；蕊喙近圆形。花期 7 ~ 10 月。

生于山坡草丛中或疏林下，海拔 300~900 m。产于中国浙江、江西、福建、湖南、广东、香港、广西、四川、贵州、云南。

短穗竹茎兰（竹茎兰属）

***Tropidia curculigoides* Lindl.**

茎常数个丛生，上部为叶鞘所包；叶常 10 枚以上，疏生于茎，窄椭圆状披针形或窄披针形，纸质或坚纸质，基鞘抱茎；花序具 10 余朵花；花绿白色，密集；萼片披针形或长圆状披针形，长 0.7~1 cm，侧萼片基部合生；花瓣长圆状披针形，唇瓣卵状披针形或长圆状披针形，长 6~8 mm，基部凹入，舟状，先端渐尖；蕊柱长约 3 mm，花药卵形，长约 1.5 mm，蕊喙直立，倒卵形，先端 2 尖裂；蒴果近长圆柱形。花期 6~8 月，果期 10 月。

生于山谷湿润地方，海拔 200~900 m。产于中国台湾、广东、香港、海南、广西、云南、西藏。

深圳香荚兰（香荚兰属）

***Vanilla shenzhenica* Z. J. Liu & S. C. Chen**

草质攀援藤本，茎具分枝，散生多数叶。叶为深绿色，呈椭圆形、肉质，先端突尖，基部收狭。总状花序从叶腋中抽出，水平伸展，具4~5朵花。花苞片大，呈卵圆形，肉质；子房和花梗为淡绿色；花不完全开放，呈淡黄绿色，唇瓣为紫红色并具白色附属物，具香味，中萼片呈近卵状披针形，侧萼片呈椭圆形，先端急尖；花瓣呈椭圆形，先端渐尖，中肋呈龙骨状突起，唇瓣呈管状，展开呈宽椭圆形，近基部3/4长度与蕊合生，边缘呈强烈波状。花期2～3月。

生于山地林中树上或悬崖上。产于中国广东、福建。

A66 仙茅科 Hypoxidaceae

大叶仙茅（仙茅属）

***Curculigo capitulata* (Lour.) Kuntze**

粗壮草本，高达1 m多。根状茎粗厚，具细长的走茎。叶通常4~7枚，长圆状披针形，长40~90 cm，宽5~14 cm，纸质，全缘，具折扇状脉；叶柄长30~80 cm，侧背面均密被短柔毛。花茎长15~30 cm，被褐色长柔毛；总状花序强烈缩短呈头状，俯垂，长2.5~5 cm，具多数排列密集的花；花黄色，具长约7 mm的花梗；花被裂片卵状长圆形，长约8 mm。浆果近球形，白色，直径约4~5 mm。花期5～6月，果期8～9月。

生于林下阴湿的地方，海拔300~900 m。产于中国台湾、福建、广东、海南、广西、云南、四川、西藏。

仙茅（仙茅属）地棕

***Curculigo orchioides* Gaertn.**

根状茎近圆柱状，粗厚，直生，长可达10 cm。叶大小变化甚大，基部渐狭成短柄，两面散生疏柔毛或无毛。花茎长6~7 cm，大部分藏于鞘状叶柄基部之内，亦被毛；总状花序多少呈伞房状，通常具4~6朵花；花黄色；花梗长约2 mm；花被裂片长圆状披针形，长8~12mm，宽2.5~3 mm，外轮的背面有时散生长柔毛。浆果近纺锤状，长1.2~1.5 cm，宽约6 mm，顶端有长喙。种子表面具纵凸纹。花果期4～9月。

生于林下、开阔山坡上，海拔100~900 m。产于中国浙江、台湾、福建、江西、湖南、广东、广西、四川。

小金梅草（小金梅草属）野萱花

***Hypoxis aurea* Lour.**

多年生矮小草本。根状茎肉质，球形或长圆形，内面白色。叶基生，4~12枚，狭线形，长7~30 cm，宽2~6 mm，顶端长尖，基部膜质，有黄褐色疏长毛。花茎纤细，高2.5~10 cm或更高；花序有花1~2朵，有淡褐色疏长毛；苞片小，2枚，刚毛状；花黄色；无花被管，花被片6枚，长圆形，长6~8 mm，宿存，有褐色疏长毛；雄蕊6枚，着生于花被片基部，花丝短；子房下位，3室，长3~6 mm，有疏长毛，花柱短，柱头3裂，直立。蒴果棒状，长6~12 mm，熟时3瓣开裂；种子多数，近球形，表面具瘤状突起。

生于林缘、湿润草坡上，海拔100~900 m。产于中国长江以南地区。

A70 鸢尾科 Iridaceae

射干（射干属）

Belamcanda chinensis **(L.) Redouté**

多年生草本。根状茎块状，黄色。茎实心。叶互生，嵌迭状排列，剑形，基部鞘状抱茎，无中脉。花序顶生，叉状分枝，每分枝有花数朵；花梗细；苞片膜质；花橙红色，散生紫褐色斑点，直径 4~5 cm；花被裂片 6 枚，2 轮排列，外轮花被裂片倒卵形或长椭圆形，内轮较短而狭；雄蕊 3 枚，长 1.8~2 cm，着生于外花被裂片的基部，花药外向开裂，花丝基部稍扁而宽；花柱顶端 3 裂，裂片边缘略向外卷，有短毛，子房下位，倒卵形，3 室，中轴胎座，胚珠多数。蒴果倒卵形或长椭圆柱形，直径 1.5~2.5 cm，室背开裂；种子黑紫色。花期 6 ~ 8 月，果期 7 ~ 9 月。

生于林缘或山坡草地上，海拔 100~900 m。除新疆外遍布中国。

萱草（萱草属）

Hemerocallis fulva **(L.) L.**

多年生草本；根近肉质，中下部常纺锤状膨大；叶宽剑形，长 40~80 cm，宽 1.3~3.5 cm；花葶粗壮，圆锥花序具 6~12 朵花，花早上开晚上凋谢，无香味，橘红色至橘黄色，花被管较粗短，长 2~3 cm；内花被裂片宽 2~3 cm，下部一般有彩斑；苞片卵状披针形。蒴果长圆柱形。花果期 5 ~ 7 月。

生于林下、灌丛中、草地上、溪旁，海拔 300~900 m。除新疆、内蒙古、东北地区外遍布中国。

A72 阿福花科 Asphodelaceae

山菅兰（山菅兰属）山菅、山交剪

Dianella ensifolia **(L.) DC.**

多年生草本，植株高可达 1~2 m。根状茎圆柱状，横走。叶狭条状披针形，长 30~80 cm，宽 1~2.5 cm，基部收狭成鞘，套迭或抱茎，边缘和背面中脉具锯齿。顶端圆锥花序长 10~40 cm，分枝疏散；花常多朵生于侧枝上端；花被片条状披针形，长 6~7 mm，绿白色、淡黄色至青紫色，5 脉；花药条形，比花丝略长或近等长，花丝上部膨大。浆果近球形，深蓝色，直径约 6 mm，具 5~6 颗种子。花果期 3 ~ 8 月。

生于林下、山坡上或草丛中，海拔 100~900 m。产于中国长江流域以南地区。

A74 天门冬科 Asparagaceae

天门冬（天门冬属）

Asparagus cochinchinensis **(Lour.) Merr.**

攀援植物。茎平滑，常弯曲或扭曲，长可达 1~2 m，分枝具棱或狭翅。叶状枝通常每 3 枚成簇，扁平或由于中脉龙骨状而略呈锐三棱形，长 0.5~8 cm，宽 1~2 mm；茎上的鳞片状叶基部延伸为长 2.5~3.5 mm 的硬刺，在分枝上的刺较短或不明显。花通常每 2 朵腋生，淡绿色；花梗长 2~6 mm，关节一般位于中部；雄花花被长 2.5~3 mm；雌花大小和雄花相似。浆果直径 6~7 mm，熟时红色，有 1 颗种子。花期 5 ~ 6 月，果期 8 ~ 10 月。

生于山坡上、路旁、疏林下、山谷中或荒地上，海拔 100~900 m。从中国河北、山西、陕西、甘肃等省的南部至华东、华中、华南、西南地区都有分布。

蜘蛛抱蛋（蜘蛛抱蛋属）
Aspidistra elatior **Blume**

多年生草本。根状茎近圆柱形，具节和鳞片。叶单生，矩圆状披针形、披针形至近椭圆形，长 22~46 cm，宽 8~11 cm，边缘波状，两面有白色斑点或条纹；叶柄粗壮，长 5~35 cm。总花梗长 0.5~2 cm；苞片 3~4 枚，宽卵形，有紫色细点；花被钟状，直径 10~15 mm，外面带紫色，上部 6~8 裂；花被筒长 10~12 mm，裂片近三角形，长 6~8 mm，紫红色；雄蕊 6~8 枚，低于柱头，花丝短；雌蕊高约 8 mm，花柱无关节；柱头盾状膨大，圆形，紫红色，上面具 3~4 深裂，边缘常向上反卷。

生于山谷林下、溪边，海拔 100~900 m。中国广泛栽培。

九龙盘（蜘蛛抱蛋属）
Aspidistra lurida **Ker Gawl.**

多年生草本。根状茎圆柱形，具节和鳞片。叶单生，矩圆状披针形、披针形、矩圆状倒披针形或带形，长 13~46 cm，宽 2.5~11 cm，两面具黄白色斑点；叶柄明显，长 10~30 cm。总花梗长 2.5~5 cm；苞片 3~6 枚，宽卵形，向上渐大，有时带褐紫色；花被近钟状，直径 10~15 mm；花被筒长 5~8 mm，内面褐紫色，上部 6~9 裂，裂片矩圆状三角形，内面淡橙绿色或带紫色，具 2~4 条脊状隆起和多数小乳突；雄蕊 6~9 枚，花丝不明显；花药卵形，长 2 mm；雌蕊长 9 mm，高于雄蕊；子房基部膨大；柱头盾状膨大，边缘波状浅裂，裂片边缘不向上反卷。

生于石灰岩石缝中，海拔 300 m。产于中国广东、广西、贵州。

流苏蜘蛛抱蛋（蜘蛛抱蛋属）
Aspidistra fimbriata **F. T. Wang & K. Y. Lang**

草本。叶单生，相距 2~3 cm 或更近；叶长圆状披针形，先端渐尖，基部楔形，有时具细锯齿；叶柄长 26~35 cm；花序梗单生，长 0.3~1 cm，具 4~5 苞片；花单生；花被钟状，长 1.3~1.5 cm，8 或 10 裂，裂片卵状三角形，张开，长 6~8 mm，先端尖，外侧具紫色细点，内侧有 4 条肉质流苏状脊形隆起，花被筒长 7~9 mm，雄蕊 8 或 10 枚，着生花被筒下部 1/4 处，花丝不明显，花药宽卵圆形，先端钝；雌蕊长 4 mm，花柱短，柱头盾状圆形，直径 0.7~1 cm，紫色，中央凸出，上面具 4 对放射状棱形突起，每对棱形突起间具深沟，边缘 4 裂，裂片先端凹缺，边缘向上反卷。花期 11 ~ 12 月。

生于山谷密林下的岩石上，海拔 400~500 m。产于中国福建、广东、海南。

小花蜘蛛抱蛋（蜘蛛抱蛋属）
Aspidistra minutiflora **Stapf**

多年生草本。根状茎近圆柱状，密生节和鳞片。叶 2~3 枚簇生，带形或带状倒披针形，长 26~65 cm，宽 1~2.5 cm，近先端边缘有细锯齿。总花梗纤细，长 1~2.5 cm；苞片 2~4 枚，宽卵形，长 3.5~4.5 mm，宽 3.5~6 mm，先端钝或微凹，有时带紫褐色；花小，花被坛状，长 4.5~5 mm，直径 4~6 mm，青带紫色，具紫色细点，上部具 4~6 裂；裂片小，三角状卵形；雄蕊 4~6 枚，生于花被筒底部，低于柱头，花丝极短，花药长 1.2~1.5 mm；雌蕊长 2.5~3 mm，子房不膨大，花柱粗短，无关节，柱头稍膨大，边缘具 4~6 枚圆齿。花期 7 ~ 10 月。

生于山坡、悬崖阴湿处，海拔 400 m。产于中国广东、香港、海南、广西、贵州、湖南。

开口箭（开口箭属）

Campylandra chinensis **(Baker) M. N. Tamura, S. Y. Liang & Turland**

多年生草本。根状茎长圆柱形，多节。叶基生，4~10枚，近革质或纸质，倒披针形、条状披针形、条形或矩圆状披针形，长15~65 cm，宽1.5~9.5 cm，先端渐尖，基部渐狭；鞘叶2枚，披针形或矩圆形，长2.5~10 cm。穗状花序直立，密生多花，长2.5~9 cm；总花梗短，长1~6 cm；苞片卵状披针形至披针形，每朵花具一枚苞片，花序顶端聚生有无花的苞片；花短钟状，长5~7 mm；花被筒长2~2.5 mm；裂片卵形，肉质，黄色或黄绿色；花丝基部扩大，上部分离，长1~2 mm，内弯，花药卵形；子房近球形，花柱不明显，柱头钝三棱形，顶端3裂。浆果球形，紫红色。花期4～6月，果期9～11月。

生于林下阴湿处、溪谷中，海拔600~900 m。产于中国南部。

山麦冬（山麦冬属）

Liriope spicata **(Thunb.) Lour.**

植株有时丛生；根稍粗，近末端处常膨大成肉质小块根；根状茎短，木质，具地下走茎。叶长25~60 cm，宽4~7 mm，先端急尖或钝，基部常包以褐色的叶鞘。花葶通常长于叶；总状花序长6~18 cm；花通常2~5朵簇生于苞片腋内；花梗长约4 mm，关节位于中部以上或近顶端；花被片长4~5 mm，先端钝圆，淡紫蓝色；子房近球形，花柱长约2 mm。种子近球形，直径约5 mm。花期5~7月，果期8～10月。

生于山坡上、山谷林下、路旁或湿地处，海拔100~900 m。除东北地区、内蒙古、青海、新疆、西藏外广泛分布于中国。

阔叶山麦冬（山麦冬属）

Liriope muscari **(Decne.) L. H. Bailey**

多年生草本。根细长，局部膨大成纺锤形的小块根；根状茎短，木质。叶密集成丛，革质，长25~65 cm，宽1~3.5 cm，先端急尖或钝，基部渐狭，具9~11条脉。花葶通常长于叶，长45~100 cm；总状花序长25~40 cm，具许多花；花4~8朵簇生于苞片腋内；苞片小，长3~4 mm；小苞片卵形，干膜质；花梗长4~5 mm，关节位于中部或中部偏上；花被片矩圆状披针形或近矩圆形，长约3.5 mm，先端钝，紫色或红紫色；花丝长约1.5 mm；花药近矩圆状披针形，长1.5~2 mm；子房近球形，花柱长约2 mm，柱头3齿裂。种子球形，直径6~7 mm，成熟时黑紫色。花期7~8月，果期9~11月。

生于林下、竹林中、灌丛中、河谷阴湿处，海拔100~900 m。产于中国南方。

宽叶沿阶草（沿阶草属）

Ophiopogon platyphyllus **Merr. & Chun**

多年生草本。根粗壮，木质。茎基部节上残存叶鞘，成根状茎，粗6~12 mm，无匍匐茎。叶密集成丛，线状披针形，长30~45 cm，宽18~25 mm，顶钝或急尖，基部渐狭成短柄，干时上面淡绿色，背面棕黄色，纵脉11~13条。花葶粗壮，腋生，长12~20 cm；总状花序长6~8 cm，花白色，2~24朵生于苞片腋，苞片干膜质，卵状披针形，基部的长约8 mm，上部的较小，花梗长7~10 mm，下部具关节；花被片6枚，狭长圆形，长约6 mm，雄蕊6枚，花丝极短，花药长3~4 mm；花柱细，长约5 mm，顶3裂。种子长椭圆形或球形，长约10 mm。花期5～6月，果期8～9月。

生于林下、山坡上、溪岸边，海拔600~900 m。产于中国广东、海南、广西。

广东沿阶草（沿阶草属）

***Ophiopogon reversus* C. C. Huang**

无走茎。茎很短。叶基生成丛，禾叶状，长 18~50 cm，宽 5~10 mm，先端急尖或钝。花葶较短于叶，长 20~25 cm，总状花序长 2~6 cm，具几朵至十几朵花；花一般单生，下部的常成对着生于苞片腋内；苞片钻形，下面的苞片长达 1.3 cm，向上部渐短；花梗长约 5 mm，关节位于中部或中部以上；花被片披针形或狭披针形，先端渐尖，长约 6 mm，淡紫色带白绿色；花药条形，长 3.5~4 mm；花柱基部稍宽阔，向上渐细，长几与花被片相等。种子球形或近椭圆形，直径 6~7 mm。花期 9 ~ 10 月，果期 12 月至翌年 3 月。

产于中国广东、广西、海南。

狭叶沿阶草（沿阶草属）

***Ophiopogon stenophyllus* (Merr.) L. Rodr.**

根粗，木质，密被白色根毛；茎似根状；叶丛生，禾叶状，草质，长 25~60 cm，宽 0.7~1.3 cm，先端渐尖，基部具灰白色膜质鞘，下面淡绿色；叶柄不明显；花葶长 10~32 cm；总状花序长 4~41 cm，具 10~40 朵花，花 1~2 朵生于苞片腋内，苞片披针形，最下面的长 0.8~1.5 cm；花梗长 1~1.4 cm，关节生于中部或中部以下；花被片卵形或披针形，长约 6 mm，内轮 3 片较外轮 3 片宽，白或淡紫色；花丝长约 1 mm，花药卵圆形，多少连合或后分离，长约 3 mm；花柱细，长约 5 mm；种子椭圆形，长约 1 cm。花期 7~9 月，果期 10~11 月。

生于密林，海拔 900 m。产于中国广东、海南、广西、云南、江西。

多花黄精（黄精属）黄精、长叶黄精

***Polygonatum cyrtonema* Hua**

多年生宿根草本。根状茎肥厚，连珠状或结节成块，直径 1~2 cm。茎高 50~100 cm，具 10~15 枚叶。叶互生，椭圆形、卵状披针形至矩圆状披针形，长 10~18 cm，宽 2~7 cm。伞形花序，具 1~14 朵花，总花梗长 1~6 cm，花梗长 0.5~3 cm；苞片微小，位于花梗中部以下，或不存在；花被黄绿色，全长 18~25 mm，裂片长约 3 mm；花丝长 3~4 mm，两侧扁，具乳头状突起至具短绵毛，顶端稍膨大乃至具囊状突起，花药长 3.5~4 mm；子房长 3~6 mm，花柱长 12~15 mm。浆果黑色，直径约 1 cm，具 3~9 颗种子。花期 5 ~ 6 月，果期 8 ~ 10 月。

生于林下、灌丛中或山坡阴蔽处，海拔 500~900 m。产于中国南方。

A76 棕榈科 Arecaceae

杖藤（省藤属）华南省藤、手杖藤

***Calamus rhabdocladus* Burret**

攀援藤本。丛生，带叶鞘茎粗 3~4 cm。叶羽状全裂，长 1.2 ~ 1.8 m，顶端不具纤鞭；羽片长 45~50 cm，宽 1~2 cm，两面具刚毛状刺；叶轴三棱形，嫩时被灰棕色鳞秕，背面具直刺或单生的爪；叶柄长 25~35 cm，被黑褐色鳞秕和长黑刺；叶鞘上密被褐色鳞秕和刺。肉穗花序长。雄花序长鞭状，三回分枝，长达 8 m；雌花序二回分枝，长 7~8 m。浆果椭圆形，长 10~12 mm，顶端有喙状尖头，鳞片草黄色，边缘具流苏状鳞毛。种子宽椭圆形，长 8 mm。花果期 4 ~ 6 月。

生于低地或山地雨林，海拔 100~900 m。产于中国华南、西南地区以及福建。

鱼尾葵（鱼尾葵属）青棕、假桄榔

Caryota maxima **Blume ex Mart.**

乔木状，单干直立。茎绿色，被白色的毡状茸毛，具环状叶痕。叶长，幼叶近革质，老叶厚革质，二回羽状全裂，大而粗壮，先端下垂，羽片厚而硬，形似鱼尾；羽片互生，罕见顶部的近对生，最上部的 1 羽片大，楔形，先端 2~3 裂，侧边的羽片小，菱形，外缘笔直，内缘上半部或1/4以上成不规则的齿缺，且延伸成短尖或尾尖。圆锥花序多分枝，悬垂。花 3 朵聚生，黄色。浆果球形，成熟后淡红色。种子 1 颗，罕为 2 颗，胚乳嚼烂状。花期 5 ~ 7 月，果实 1 ~ 2 年后成熟，果期 8~11 月。

生于低地到山地雨林或干扰迹地，常种植或归化，海拔 100~900 m。产于中国华南地区、云南。

变色山槟榔（山槟榔属）

Pinanga baviensis **Becc.**

丛生灌木，株高 2~4 m，密被深褐色头屑状斑纹；茎密被深褐色头屑状斑点，间有浅色斑纹；叶鞘、叶柄及叶轴均被褐色鳞秕；叶片羽状，有 7~10 对对生羽片，顶端 1 对或 2 对羽片较宽，先端平截，具不等锐齿裂，9~10 脉，下部的羽片微"S"形弯曲，向上镰刀状渐尖，4~5 脉，上面深绿色，下面灰白色，脉间及叶脉均具苍白色鳞毛、褐色点状鳞片和淡褐色的线状鳞片；花序 2~4 次分枝，下弯；序轴曲折；花 2 列；果近纺锤形，有纵纹；胚乳嚼烂状。果期 10 月。

生于低地雨林，海拔 200~900 m。产于中国云南、广西、海南、广东、福建。

美丽蒲葵（蒲葵属）

Livistona jenkinsiana **Griff.**

花黄绿色，花药近圆形；果倒卵形；乔木，粗壮，叶大，叶片外观为 3/4 圆形或近圆形，叶面深绿色，背面稍苍白，有一个大的不分裂的中心部分，周围分裂成多数向先端渐狭的裂片。花序腋生，粗壮，长达 1.3 m，具 4~6 个分枝花序，每分枝花序从各自的佛焰苞口伸出，具 2~3 次分枝，花 5~6 朵（花枝下部）或 2~3 朵（上部）聚生，黄绿色，未开放时为阔卵形，急尖。果实倒卵球形，顶部圆形，基部变狭。

生于林下或开阔地或干扰迹地，常种植，海拔 100~900 m。产于中国海南、云南。

A78 鸭跖草科 Commelinaceae

穿鞘花（穿鞘花属）

Amischotolype hispida **(A. Rich.) D. Y. Hong**

多年生粗大草本，根状茎长，节上生根，无毛。茎直立，根状茎和茎总长可达 1 m。叶鞘长达 4 cm，密生褐黄色细长硬毛；叶长 15~50 cm，宽 5~10.5 cm，基部渐狭成柄，边缘及叶下面主脉密生褐黄色细长硬毛。头状花序有花数十朵，果期直径达 4~6 cm；萼片舟状，在花期长约 5 mm，在果期长 13 mm；花瓣长圆形。蒴果卵球状三棱形，长约 7 mm。种子长约 3 mm，多皱。花期 7 ~ 8 月，果期 9 月以后。

生于林下或溪边，海拔 100~900 m。产于中国福建、台湾、广东、海南、广西、贵州、云南、西藏。

饭包草（鸭跖草属）圆叶鸭跖草

Commelina benghalensis **L.**

多年生披散草本。茎大部分匍匐，节上生根，上部斜升，长可达 70 cm，被疏柔毛。叶有柄；叶片卵形，长 3~7 cm，宽 1.5~3.5 cm；叶鞘具睫毛。总苞片与叶对生，常数个集于枝顶，长 8~12 mm，被疏毛；花序下面一枝具细长梗，具 1~3 朵不孕花，伸出佛焰苞，上面一枝有花数朵，结实，不伸出佛焰苞；萼片膜质，长 2 mm；花瓣蓝色，长 3~5 mm；内面 2 枚具长爪。蒴果椭圆柱状，长 4~6 mm。种子长近 2 mm，黑色，具网纹。花期夏、秋季。

生于阴湿处，海拔 100~900 m。产于中国华北、华中、华东、华南、西南地区和陕西。

竹节菜（鸭跖草属）

Commelina diffusa **F. Burm.**

一年生披散草本。叶披针形或在分枝下部的为长圆形，长 3~12 cm，宽 0.8~3 cm，顶端通常渐尖，少急尖的，无毛或被刚毛。花梗长约 3 mm，果期伸长达 5 cm，粗壮而弯曲；萼片椭圆形，浅舟状，长 3~4 mm，宿存，无毛；花瓣蓝色。蒴果矩圆状三棱形，长约 5 mm，3 室，其中腹面 2 室每室具 2 颗种子，开裂，背面 1 室仅含 1 颗种子，不裂。种子黑色，卵状长圆形，长 2 mm，具粗网状纹饰，在粗网纹中又有细网纹。花果期 5 ~ 11 月。

产于中国西藏、云南、贵州、广西、广东、台湾、海南。

鸭跖草（鸭跖草属）

Commelina communis **L.**

一年生披散草本。茎匍匐生根，多分枝，长可达 1 m，上部被短毛。叶披针形至卵状披针形，长 3~9 cm，宽 1.5~2 cm。总苞片佛焰苞状，与叶对生，基部心形，边缘常有硬毛；聚伞花序，下面一枝仅有花 1 朵，具长 8 mm 的梗，不孕；上面一枝具花 3~4 朵，具短梗，几乎不伸出佛焰苞。花梗花期长仅 3 mm，果期长不过 6 mm；萼片膜质，长约 5 mm；花瓣深蓝色；内面 2 枚具爪，长近 1 cm。蒴果椭圆柱形，长 5~7 mm。种子长 2~3 mm，棕黄色。

生于阴湿处，海拔 100~900 m。中国除了青海、新疆、西藏都有分布。

大苞鸭跖草（鸭跖草属）

Commelina paludosa **Blume**

多年生粗壮大草本。叶无柄；叶片披针形或卵状披针形，长 7~20 cm，宽 2~7 cm。花梗长约 7 mm，折曲；萼片膜质，长 3~6 mm，披针形；花瓣蓝色，匙形或倒卵状圆形，长 5~8 mm，宽 4 mm，内面 2 枚具爪。蒴果卵球状三棱形，3 室，3 片裂，每室 1 种子，长 4 mm。种子椭圆状，黑褐色，腹面稍扁，长约 3.5 mm，具细网纹。花期 8 ~ 10 月，果期 10 月至翌年 4 月。

产于中国台湾、福建、江西、湖南、广东、香港、海南、广西、贵州、四川、云南、西藏。

聚花草（聚花草属）

***Floscopa scandens* Lour.**

植株具极长的根状茎，根状茎节上密生须根。植株全体或仅叶鞘及花序各部分被多细胞腺毛，但有时叶鞘仅一侧被毛。茎高20~70 cm，不分枝。叶无柄或有带翅的短柄；叶片椭圆形至披针形，长4~12 cm，宽1~3 cm，上面有鳞片状突起。圆锥花序多个，顶生并兼有腋生，组成长达8 cm的扫帚状复圆锥花序，下部总苞片叶状，与叶同形，同大，上部的比叶小得多。花梗极短；苞片鳞片状；萼片长2~3 mm，浅舟状；花瓣蓝色或紫色，少白色，倒卵形，略比萼片长；花丝长而无毛。蒴果卵圆状，长、宽2 mm，侧扁。种子半椭圆状，灰蓝色，有从胚盖发出的辐射纹；胚盖白色，位于背面。花果期7 ~ 11月。

生于草沟、林下水边等，海拔100~900 m。产于中国长江流域以南地区。

牛轭草（水竹叶属）

***Murdannia loriformis* (Hassk.) Rolla Rao & Kammathy**

多年生草本；根须状；主茎叶密集，呈莲座状、禾叶状或剑形，下部边缘有睫毛；可育茎的叶较短，叶鞘沿口部，侧有硬睫毛；主茎不发育，有莲座状叶丛，多条可育茎生叶丛中，披散或上升，下部节生根，无毛，或一侧有短毛；花梗稍弯曲；萼片草质，卵状椭圆形，浅舟状；花瓣紫红或蓝色，倒卵圆形；能育雄蕊2枚；蒴果卵圆状三棱形；种子黄棕色，具辐射条纹及细网纹；花果期5 ~ 10月。

生于山谷溪边林下、山坡草地上。产于中国长江流域以南地区。

狭叶水竹叶（水竹叶属）

***Murdannia kainantensis* (Masam.) D. Y. Hong**

多年生草本。根须状，稍粗壮，密被长茸毛。主茎不发育，仅有多枚成丛的基生叶；可育茎由主茎基部发出，通常数支，长20~60 cm，近于直立或上升，仅个别基部着地而节上生根，密生细刚毛或近无毛。基生叶狭长，长10~20 cm，茎生叶短得多，长不超过8 cm，全部叶近无毛或边缘及中脉上生有长硬毛。叶鞘全面被细硬毛或仅沿口部一侧有硬毛。蝎尾状聚伞花序在每支茎上有2~3个，花期头状，密生数朵花，果期稍疏散，有时仅一朵花结出果实；总苞叶状但短得多，上部的常仅具鞘而无片状体部分；苞片卵形，长3~4 mm，早落；花梗花期短，果期长4~6 mm，伸直；萼片椭圆形，舟状，长3.5~4 mm，宿存。蒴果长4~5 mm，宽椭圆状三棱形。种子褐灰色，有由胚盖向外辐射的条纹。花果期4~5月。

生于林下。产于中国福建、广东、海南、广西。

裸花水竹叶（水竹叶属）

***Murdannia nudiflora* (L.) Brenan**

多年生草本；根须状，茎多条生基部，披散，下部节生根；叶几全茎生，叶鞘被长刚毛；叶片禾叶状或披针形，两面无毛或疏生刚毛，长2.5~10 cm，宽0.5~1 cm；花梗细而伸直，长3~5 mm；萼片草质，卵状椭圆形，浅舟状，长约3 mm；花瓣紫色，长约3 mm；能育雄蕊2枚，不育雄蕊2~4枚，花丝下部有须毛；蒴果卵圆状三棱形，长3~4 mm；每室2种子。花果期8 ~ 9月。

生于低海拔阴湿处，海拔100~500 m。产于中国长江流域及其以南地区和山东。

细竹篙草（水竹叶属）
Murdannia simplex **(Vahl) Brenan**

多年生草本，全株近无毛；根须状，密被长茸毛；主茎不育，短缩，有丛生而长的叶，可育茎生主茎基部，单支或2~4支，直立或上升，主茎的叶丛生，禾叶状；可育茎的叶2~3枚；蝎尾状聚伞花序数个，组成窄圆锥聚伞花序；总苞片膜质，早落，卵状披针形，长不及1 cm；花序梗长达1 cm；花在花蕾时下垂，开花后上升；萼片浅舟状，花瓣紫色；能育雄蕊2枚，退化雄蕊3枚，花丝被长须毛。蒴果卵圆状三棱形；种子褐黑色，具多数白色瘤点，瘤点辐射状排列。花期4~9月。

生于林下、沼地或湿润的草地上、水田边，海拔100~900 m。产于中国广东、海南、广西、贵州、四川、云南。

矮水竹叶（水竹叶属）
Murdannia spirata **(L.) Bruckn**

多年生草本。根状茎细长横走，节有短鞘，密生1列棕黄色硬毛；叶鞘沿口部一侧密生1列硬毛；叶片长卵形或披针形，基部稍抱茎，边缘皱波状，两面无毛。蝎尾状聚伞花序1~4个，在茎顶集成疏散的顶生圆锥花序，最上一枚总苞片红色，膜质，鞘状，下部1~2枚与叶同形，如果花序仅2个聚伞花序，则一般无叶状总苞片，如只有单个顶生聚伞花序，则花序梗中部靠上有一个不孕的总苞片（膜质），聚伞花序极纤细而长，长达7 cm，细如发丝，花序各部分无毛；苞片极小；花梗细长，果期长约7 mm；萼片椭圆形，舟状；花瓣淡蓝色或几乎白色，倒卵圆形，大于萼片。蒴果长圆状三棱形，顶端有宿存的花柱留下的突尖，萼片宿存。种子每室3~7颗，单列垒置，灰白色，有瘤点。全年开花结果。

生于林下、湿地或溪边沙地上，海拔100~900 m。产于中国福建、台湾、广东、海南、云南。

A80 雨久花科 Pontederiaceae

凤眼莲（凤眼莲属）
Eichhornia crassipes **(Mart.) Solms**

浮水草本。须根发达，具长匍匐枝。叶莲座状，5~10片；叶片圆形、宽卵形或宽菱形，全缘，具弧形脉，质地厚实；叶柄中部膨大呈囊状或纺锤形；叶柄基部有鞘状苞片，黄绿色，薄而半透明。花葶从鞘状苞片腋内伸出，长34~46 cm，多棱；穗状花序长17~20 cm；花被裂片6枚，花瓣状，紫蓝色，花冠四周淡紫红色，中间蓝色，在蓝色的中央有1黄色圆斑，花被片基部有腺毛；雄蕊6枚，3长3短，长的伸出花被筒喉部，长的雄蕊1.6~2 cm，短的雄蕊生于近喉部，长3~5 mm；花丝上有腺毛；花药箭形，基着，蓝灰色，2室，纵裂；子房上位，长梨形，3室，中轴胎座，胚珠多数；花柱上部及柱头上密生腺毛。蒴果卵球形。花期7~10月，果期8~11月。

生于池塘、沟渠和水稻田边，海拔200~500 m。归化于中国南方和华北地区。

鸭舌草（雨久花属）
Monochoria vaginalis **(Burm. f.) C. Presl ex Kunth**

水生草本。根状茎极短，具柔软须根。茎直立或斜上，高8~45 cm，全株无毛。叶形变化较大，由心状宽卵形至披针形，长2~7 cm，宽0.8~5 cm，全缘，具弧状脉；叶柄长10~20 cm，基部扩大成开裂的鞘，顶端有舌状体，长7~10 mm。总状花序从叶柄中部抽出；花序梗长1~1.5 cm；花序在花期直立，果期下弯；花通常3~5朵，蓝色；花被片长10~15 mm；花梗长不及1 cm。蒴果卵球形至长圆球形，长约1 cm。种子多数，椭圆形，长约1 mm，灰褐色。花期8~9月，果期9~10月。

生于池塘、沟渠、水稻田、湿地，海拔100~900 m。广泛分布于中国。

A85 芭蕉科 Musaceae

野蕉（芭蕉属）

Musa balbisiana **Colla**

假茎丛生，高约 6 m，黄绿色，有大块黑斑，具匍匐茎。叶片卵状长圆形，长约 2.9 m，宽约 90 cm，基部耳形，两侧不对称，叶面绿色，微被蜡粉；叶柄长约 75 cm，叶翼张开长约 2 cm，但幼时常闭合。花序长 2.5 m，雌花的苞片脱落，中性花及雄花的苞片宿存，苞片卵形至披针形，外面暗紫红色，被白粉，内面紫红色，开放后反卷；合生花被片具条纹，外面淡紫白色，内面淡紫色；离生花被片乳白色，透明，倒卵形，基部圆形，先端内凹，在凹陷处有一小尖头。果丛共 8 段，每段有果 2 列，15~16 个。浆果倒卵形，长约 13 cm，直径 4 cm，灰绿色，棱角明显，柱状体长约 2 cm，基部渐狭成长 2.5 cm 的柄，果内具多数种子；种子扁球形，褐色，具疣。

产于中国云南、广西、广东。

A87 竹芋科 Marantaceae

柊叶（柊叶属）

Phrynium rheedei **Suresh & Nicolson**

植株高达 1 m，根状茎块状；叶基生，长圆形或长圆状披针形，长 30~50 cm；头状花序近球形，直径 5 cm，无梗，自叶鞘内生出；苞片长圆状披针形，紫红色；每苞片内有花 3 对，无梗；萼片线形，被绢毛；花冠管较萼短，花冠裂片长圆状倒卵形，紫色或深红色；外轮退化雄蕊倒卵形，内轮较短；子房被绢毛；蒴果梨状，具 3 棱，栗色，光亮，外果皮硬；种子 2 ~ 3 颗。花期 5 ~ 7 月，果期 8 ~ 12 月。

生于山谷、密林阴湿处，海拔 100~900 m。产于中国福建、广东、广西、云南。

A89 姜科 Zingiberaceae

山姜（山姜属）

Alpinia japonica **(Thunb.) Miq.**

株高 35~70 cm。叶片通常 2~5 片，叶片披针形，倒披针形或狭长椭圆形，长 25~40 cm，宽 4~7 cm。花序轴密生茸毛；总苞片披针形，长约 9 cm，开花时脱落；小苞片极小，早落；花通常 2 朵聚生，在 2 朵花之间常有退化的小花残迹可见；小花梗长约 2 mm；花萼棒状，长 1~1.2 cm。种子多角形，长约 5 mm，直径约 3 mm，有樟脑味。花期 4 ~ 8 月，果期 7 ~ 12 月。

产于中国东南部、南部至西南部各省区。

箭杆风（山姜属）

Alpinia jianganfeng **T. L. Wu**

植株高约 1 m。叶披针形或线状披针形，长 20~30 cm，宽 2~4(6) cm，先端细尾尖，基部渐窄，顶部边缘具小刺毛，余无毛；叶柄长可达 4 cm，叶舌长约 2 mm，2 裂，具缘毛。穗状花序直立，长 10~20 cm，花常成簇生，花序轴被柔毛。小苞片极小；花萼筒状，被柔毛；花冠管与萼管等长或稍长，裂片长圆形，长 0.8~1 cm，被长柔毛；侧生退化雄蕊线形，长约 2 mm；唇瓣倒卵形，长 0.7~1.3 cm，边缘皱波状，先端 2 裂；雄蕊长于唇瓣，花药长 4 mm；子房被毛。蒴果球形，直径 7~8 mm，被柔毛，顶端有宿存萼管；种子 5~6 颗。花期 4 ~ 6 月，果期 6 ~ 11 月。

多生于林下阴湿处。产于中国江西、湖南、广东、香港、广西、贵州、四川、云南。

假益智（山姜属）

Alpinia maclurei **Merr.**

植株高1~2 m；叶片披针形，长30~45(80) cm，先端尾尖，基部渐窄，叶背被短柔毛；叶柄长1~5 cm，叶舌2裂，长1~2 cm，被柔毛；圆锥花序直立，多花，被灰色柔毛，3~5朵花聚生分枝顶端；花梗极短；小苞片长圆形，兜状，被柔毛，早落；花萼管状，被柔毛；侧生退化雄蕊长5 mm；唇瓣长圆状卵形，反折；花丝长约1.4 cm，花药长3~4 mm；子房卵形，被毛；蒴果球形，无毛，果皮易碎；花期3~7月，果期4~10月。

生于山地林中。产于中国广东、海南、广西、云南。

疣果豆蔻（豆蔻属）

Amomum muricarpum **Elm.**

植株高大，根茎粗壮。叶片披针形或长圆状披针形，长26~36 cm，宽6~8 cm，顶端尾状渐尖，基部楔形，两面均无毛。穗状花序卵形，长6~8 cm；总花梗长5~7 cm，基部被覆瓦状排列的鳞片，下面的鳞片较小，向上渐渐变大；花序轴密被黄色茸毛；花冠管与萼管近等长，裂片长2~3 cm，杏黄色，有显著的红色脉纹；唇瓣倒卵形，长2.5~3 cm，杏黄色。蒴果椭圆形或球形，直径约2.5 cm，红色，被黄色茸毛及分枝的柔刺，刺长3~6 mm。花期5~9月，果期6~12月。

产于中国广东、广西。

华山姜（山姜属）

Alpinia oblongifolia **Hayata**

植株高约1 m；叶披针形或卵状披针形，先端渐尖或尾尖，基部渐窄，两面无毛；叶柄长约5 mm，叶舌膜质，2裂，具缘毛；窄圆锥花序长15~30 cm，分枝长0.3~1 cm，每分枝上有2~4朵花；花白色；花萼管状，顶端具3枚齿；花冠管稍超出花萼，裂片长圆形，后方1枚较大，兜状；唇瓣卵形，先端微凹，侧生退化雄蕊2枚，钻状；花丝长约5 mm，花药长约3 mm；子房无毛。蒴果球形。花期5~7月，果期6~12月。

生于林下，海拔100~900 m。产于中国东南至西南部地区。

匙苞姜（姜属）

Zingiber cochleariforme **D. Fang**

根茎肥厚，块状，淡黄色，具辛辣味，常有块根；叶片椭圆状披针形，稀近长圆形，顶端渐尖，基部楔形至圆楔形，叶面无毛，密被紫褐色腺点，叶背疏被贴伏的长柔毛和腺点；被长柔毛。穗状花序卵形至倒卵形，柔弱，被长柔毛；苞片紫色或白色，楔状匙形至长圆形，顶端截平或圆形，外被柔毛；小苞片一侧开裂至基部；花无梗；花萼淡黄色，一侧浅裂；裂片披针形，黄白色；唇瓣黄白色，长约2.5 cm，中裂片倒披针形，顶端紫色或红色，通常具3枚小齿，两侧裂片近长圆形，喉部有短毛，附属体通常紫色或红色，淡黄色；子房密被贴伏的长柔毛。蒴果成熟时红色，卵状椭圆形，具钝三棱，被疏毛；种子红色，外被白色假种皮。花期8~10月，果期10~11月。

产于中国广东、广西。

蘘荷（姜属）

Zingiber mioga **(Thunb.) Roscoe**

多年生草本，株高0.5~1 m；根茎淡黄色；叶片披针状椭圆形，先端尾尖；叶舌膜质，2裂；穗状花序椭圆形，花序梗被长圆形鳞片状鞘；苞片覆瓦状排列，椭圆形，红绿色，具紫脉；花萼管顶端一侧开裂；花冠裂片披针形，淡黄色；唇瓣卵形，3裂，中部黄色，边缘白色；果倒卵形，熟时裂成3瓣，果皮里面鲜红色；种子黑色，被白色假种皮；花期8 ~ 10月。

生于山谷阴湿处。栽培于中国安徽、江苏、浙江、江西、广东、广西、湖南、贵州、云南。

红球姜（姜属）

Zingiber zerumbet **(L.) Roscoe ex Sm.**

植株高达2 m，根茎块状，内部淡黄色；叶披针形，无毛或下面被疏长柔毛；无柄或具短柄，叶舌长1.5~2 cm；花序梗被5~7鳞片状鞘；苞片覆瓦状排列，近圆形，初淡绿色，后红色，边缘膜质，被柔毛，内常有黏液；花萼膜质，萼管顶端一侧开裂；花冠纤细，裂片披针形，淡黄色，唇瓣淡黄色，中裂片近圆形或近倒卵形，先端2裂，侧裂片倒卵形；雄蕊长1 cm，药隔附属体喙状；蒴果椭圆形，长0.8~1.2 cm；种子黑色；花期7 ~ 9月，果期10月。

生于林下湿润处，产于中国广东、广西、台湾、云南。

阳荷（姜属）

Zingiber striolatum **Diels**

多年生草本，株高达1.5 m。根茎白色，微有芳香味。叶片披针形，长25~35 cm，宽3~6 cm，顶端具尾尖，基部渐狭；叶柄长0.8~1.2 cm；叶舌2裂，具褐色条纹。总花梗长1~5 cm；花序近卵形，苞片红色，宽卵形，长3.5~5 cm，被疏柔毛；花萼长5 cm，膜质；花冠管白色，长4~6 cm，裂片长圆状披针形，白色或稍带黄色，有紫褐色条纹；唇瓣倒卵形，长3 cm，浅紫色。蒴果长3.5 cm，3瓣开裂，内果皮红色。种子黑色，被白色假种皮。花期7 ~ 9月；果期9 ~ 11月。

生于林荫下、溪边，海拔300~900 m。产于中国广东、海南、广西、贵州、四川、湖北、湖南、江西。

A94 谷精草科 Eriocaulaceae

谷精草（谷精草属）

Eriocaulon buergerianum **Körn.**

草本。叶线形，丛生，具横格，中部宽2~5 mm，脉7~12条。花葶多数，扭转，具4~5棱；鞘状苞片长3~5 cm，口部斜裂；花序熟时近球形；总苞片倒卵形至近圆形，禾秆色；总花托常有密柔毛；苞片背面上部及顶端有白短毛；雄花：花萼佛焰苞状，外侧裂开，3浅裂，长1.8~2.5 mm，花冠裂片3枚，近顶处各有1黑色腺体，雄蕊6枚，花药黑色；雌花：萼合生，外侧开裂，顶端3浅裂，长1.8~2.5 mm，花瓣3枚，离生，扁棒形，肉质，顶端各具1黑色腺体及若干白短毛，内面常有长柔毛，子房3室。种子矩圆状，表面具横格及“T”形突起。花果期7 ~ 12月。

生于水稻田、沼泽边，海拔500~900 m。产于中国南方。

华南谷精草（谷精草属）

***Eriocaulon sexangulare* L.**

大型草本。叶丛生，线形，长 10~37 cm，宽 4~13 mm，先端钝，叶质较厚，对光能见横格，脉 15~37 条。花葶 5~20 枚，长可达 60 cm；花序熟时近球形，灰白色，直径 6.5 mm；总苞片倒卵形，禾秆色，平展，硬膜质，背面有白短毛。雄花：花萼合生，佛焰苞状，近轴处深裂至半裂；花冠 3 裂，裂片条形；雄蕊 6 枚；花药黑色。雌花：萼片 3 枚，无毛；花瓣 3 枚，膜质，线形；子房 3 室，花柱分枝 3 回，花柱扁。种子卵形，长 0.58~0.7 mm，表面具横格及“T”形毛。花果期夏、秋至冬季。

生于水稻田、水塘边，海拔 100~800 m。产于中国华南地区以及福建、台湾。

A97 灯芯草科 Juncaceae

灯芯草（灯芯草属）

***Juncus effusus* L.**

多年生草本，高 27~91 cm；根状茎粗壮横走。茎丛生，直立。叶呈鞘状或鳞片状，包围在茎的基部，长 1~22 cm；叶片退化为刺芒状。聚伞花序假侧生；总苞片圆柱形，长 5~28 cm；小苞片 2 枚；花淡绿色；花被片线状披针形，长 2~12.7 mm；花柱极短；柱头 3 分叉。蒴果长圆球形，长约 2.8 mm，黄褐色。种子卵状长圆形。花期 4 ~ 7 月，果期 6 ~ 9 月。

生于林缘、湿地、水池、河岸、水稻田等处，海拔 200~900 m。除西北地区外广泛分布中国。

笄石菖（灯芯草属）江南灯芯草

***Juncus prismatocarpus* R. Br.**

多年生草本，高 10~65 cm。茎丛生，叶基生和茎生，茎生叶线形，长 10~25 cm，叶鞘边缘膜质，叶耳稍钝。花序由 5~30 个头状花序组成，排列成顶生复聚伞花序，花序常分枝；头状花序有 8~20 朵花；叶状总苞片 1 枚，线形，苞片多枚，膜质，背部中央有 1 脉；花具短梗；花被片线状披针形至狭披针形，长 3.5~4 mm，宽约 1 mm，绿色或淡红褐色；雄蕊 3 枚，花药线形，长 0.9~1 mm；花丝长 1.2~1.4 mm；花柱甚短；柱头 3 分叉，常弯曲。蒴果三棱状圆锥形，1 室。种子表面具纵条纹及细微横纹。花期 3 ~ 6 月，果期 7 ~ 8 月。

生于田地、溪边、路旁沟边、疏林草地以及山坡湿地处，海拔 500~900 m。产于中国南方地区以及山东。

圆柱叶灯芯草（灯芯草属）

***Juncuspris matocarpus* R. Br. subsp. *teretifolius* K. F. Wu**

多年生草本，高 17~65 cm，具根状茎和多数黄褐色须根。茎丛生，直立或斜上，有时平卧，圆柱形或稍扁，直径 1~3 mm，下部节上有时生不定根。叶基生和茎生，短于花序；基生叶少；茎生叶 2~4 枚；叶片线形通常扁平，顶端渐尖，具不完全横隔，绿色；叶鞘边缘膜质，长 2~10 cm，有时带红褐色；叶耳稍钝。头状花序半球形至近圆球形，直径 7~10 mm；叶状总苞片常 1 枚，线形，短于花序；苞片多枚，宽卵形或卵状披针形，长 2~2.5 mm，顶端锐尖或尾尖，膜质，背部中央有 1 脉；花具短梗；花被片线状披针形至狭披针形，长 3.5~4 mm，宽约 1 mm。蒴果三棱状圆锥形。花期 3 ~ 6 月，果期 7 ~ 8 月。

生于田地、溪边、路旁沟边、疏林草地以及山坡湿地上，海拔 500~900 m。产于中国江苏、浙江、广东、云南、西藏。

A98 莎草科 Cyperaceae

球柱草（球柱草属）

***Bulbostylis barbata* (Rottb.) C. b. Clarke**

一年生草本，无根状茎。秆丛生，高 6~25 cm。叶纸质，极细，线形，长 4~8 cm，宽 0.4~0.8 mm，全缘，背面叶脉间疏被微柔毛；叶鞘薄膜质，边缘具白色柔毛。苞片 2~3 枚，线形，边缘外卷，背面疏被微柔毛；长侧枝聚伞花序头状；小穗披针形，长 3~6.5 mm；鳞片膜质，棕色或黄绿色。小坚果倒卵状，三棱形，长 0.8 mm，白色或淡黄色。花果期 4 ~ 10 月。

生于沙地上，有时亦生长于田边、沙田中的湿地上，海拔 100~900 m。产于中国华北、华中、华东、华南地区和辽宁。

广东薹草（薹草属）

***Carex adrienii* E. G. Camus**

根状茎近木质。秆丛生，高 30~50 cm，三棱形，密被短粗毛。基生叶长 25~35 cm，宽 2~3 cm，基部下延至叶柄，全缘，下面密被短粗毛，上面无毛；叶柄长 5~15 cm；秆生叶退化呈佛焰苞状，下部绿色，上部淡褐色，密生褐色斑点和短线。圆锥花序复出，具 2~6 个支花序；支花序柄纤细，长 2~4 cm。果囊椭圆形，三棱形，长约 3 mm，褐白色，密生褐色斑点和短线。小坚果卵状三棱形，长约 1.5 mm，成熟时褐色。花果期 5 ~ 6 月。

生于常绿阔叶林中、水边、沙地上，海拔 500~900 m。产于中国福建、广东、广西、湖南、四川、云南。

浆果薹草（薹草属）

***Carex baccans* Nees**

根状茎木质。秆直立而粗壮，高 80~150 cm，三棱形，无毛，中部以下生叶。叶长于秆，平张，宽 8~12 mm，下面光滑，上面粗糙，基部具红褐色网状叶鞘。苞片叶状，长于花序，基部具长鞘。圆锥花序复出，长 10~35 cm；支花序 3~8 个，长 5~6 cm，宽 3~4 cm。花序轴钝三棱柱形，几无毛；小穗多数。果囊近球形，肿胀，长 3.5~4.5 mm，近革质，成熟时鲜红色或紫红色，有光泽，具多数纵脉。小坚果椭圆状，三棱形，长 3~3.5 mm，成熟时褐色。花果期 8 ~ 12 月。

生于林缘、河边及村边，海拔 200~900 m。产于中国华南、西南地区及台湾、福建。

滨海薹草（薹草属）

***Carex bodinieri* Franch.**

秆丛生或疏丛生，高 0.35~1 m，较细，三棱形，平滑，基部老叶鞘多少裂成纤维状；基生叶质坚挺，粗糙，叶鞘短，常开裂至基部；下部的苞叶叶状，上部的苞叶线形，下部的苞鞘较长，上部的苞鞘较短，上端褐绿色；小穗多数，常 1~3 个生于苞鞘内，下部一个苞鞘内具 1~3 个由几个小穗排成的总状花序，两性，雄雌顺序，雄花部分较雌花部分短，稀顶生小穗雄性，具柄；雌花鳞片宽卵形，先端急尖，膜质，棕色，或中间部分色较淡并有棕色条纹，3 脉绿色；果囊近直立，宽椭圆形，扁平凸状，膜质，红棕色，细脉 9 条，中部以上边缘具疏缘毛，具短柄，喙中等长，喙口具 2 个短齿；小坚果紧包果囊中，椭圆柱形，扁平凸状，淡黄色。花果期 3~10 月。

生于山坡草丛中、林下或山谷阴湿处。产于中国安徽、江苏、浙江、福建、广东、湖南。

褐果薹草（薹草属）栗褐苔草

Carex brunnea **Thunb.**

根状茎短，无地下匍匐茎。秆密丛生，细长，高 40~70 cm，锐三棱形，平滑。叶长于或短于秆，宽 2~3 mm，下部对折，向上渐成平展，具鞘。小穗几个至十几个，排列稀疏，全部为雄雌顺序，雄花部分较雌花部分短很多，圆柱形。果囊近于直立，椭圆形或近圆形，扁平凸状，长 3~3.5 mm，膜质，褐色。小坚果紧包于果囊内，近圆形，扁双凸状，黄褐色，基部无柄；花柱基部稍增粗，柱头 2 个。

生于山坡上、山谷的疏密林下或灌木丛中、河边、路边的阴处或水边的阳处，海拔 200~900 m。产于中国南方。

十字薹草（薹草属）

Carex cruciata **Wahlenb.**

根状茎粗壮，木质，具匍匐枝。秆丛生，高 40~90 cm，三棱形，平滑。叶长于秆，宽 4~13 mm，边缘具短刺毛，基部具纤维状叶鞘。圆锥花序复出，长 20~40 cm；支圆锥花序数个，通常单生，长 4~15 cm，宽 3~6 cm。小穗极多数，横展，长 5~12 mm；果囊椭圆形，肿胀三棱形，长 3~3.2 mm，淡褐白色，具棕褐色斑点和短线，基部几无柄，上部渐狭成中等长的喙。小坚果卵状椭圆形，三棱形，长约 1.5 mm，成熟时暗褐色。花果期 5 ~ 11 月。

生于林缘、草地上、路边，海拔 300~900 m。产于中国长江流域以南地区。

中华薹草（薹草属）

Carex chinensis **Retz.**

根状茎短，斜生，木质。秆丛生，高 20~55 cm，纤细，钝三棱形，基部具褐棕色纤维状老叶鞘。叶长于秆，宽 3~9 mm，边缘粗糙，淡绿色，革质。小穗 4~5 个，远离，顶生 1 个雄性小穗，柄长 2.5~3.5 cm；侧生雌性小穗，柄直立，纤细。果囊长于鳞片，斜展，近膨胀三棱形，长 3~4 mm，膜质，黄绿色。小坚果紧包于果囊中，菱形，三棱形，棱面凹陷。花果期 4 ~ 6 月。

生于山谷阴处、溪边岩石上和草丛中，海拔 200~900 m。产于中国浙江、福建、江西、广东、湖南、贵州、云南、四川、陕西。

隐穗薹草（薹草属）

Carex cryptostachys **Brongn.**

根状茎长，木质，外被纤维状老叶鞘。秆侧生，高 12~30 cm，扁三棱形，柔弱。叶长于杆，宽 6~15 mm，革质。小穗 6~10 个，长圆形，长 8~25 mm，花疏生，雄花部分短，长 3~5 mm；小穗柄长 7~25 mm。果囊长于鳞片，长圆状菱形，微三棱状，长 4~5 mm，膜质，黄绿色，上部密被短柔毛，边缘具纤毛。小坚果三棱状菱形，长 2.5~3 mm，棱的中部凹缢；花柱基部宿存，弯曲；柱头 3 个。冬季开花，翌年春季结果。

生于密林阴湿处，海拔 100~900 m。产于中国福建、台湾、广东、广西、海南。

签草（薹草属）

Carex doniana Spreng.

根状茎短。叶稍长或近等长于秆，宽5~12 mm，平张，质较柔软，上面具两条明显的侧脉，向上部边缘粗糙，具鞘，老叶鞘有时裂成纤维状。苞片叶状，向上部的渐狭呈线形，长于小穗，不具鞘。小穗3~6个，下面的1~2个小穗间距稍长，上面的较密集生于秆的上端，顶生小穗为雄小穗，线状圆柱形，长3~7.5 cm，具柄；侧生小穗为雌小穗，有时顶端具少数雄花，长圆柱形，长3~7 cm，密生多数花。小坚果稍松地包于果囊内，倒卵形，三棱形，长约1.8 mm，深黄色，顶端具小短尖；花柱基部不增粗，柱头3个，细长，果期不脱落。花果期4 ~ 10月。

产于中国陕西、江苏、浙江、福建、台湾、湖北、广东、广西、四川、云南。

穹隆薹草（薹草属）

Carex gibba Wahlenb.

根状茎短。叶长于或等长于秆，宽3~4 mm，平张，柔软。苞片叶状，长于花序。雌花鳞片圆卵形或倒卵状圆形，长1.8~2 mm，两侧白色膜质，中间绿色，具3脉，向顶端延伸成芒，芒长0.7~1 mm。果囊长于鳞片，宽卵形或倒卵形，平凸状，长3.2~3.5 mm，宽约2 mm，膜质，淡绿色，平滑，无脉，边缘具翅，上部边缘具不规则的细齿，基部收缩成楔形，顶端急缩成短喙，喙扁，喙口具2齿。小坚果紧包于果囊中，圆卵形，平凸状，长约2.2 mm，宽约1.5 mm，淡绿色；花柱基部增粗，呈圆锥状，柱头3个。花果期4 ~ 8月。

产于中国辽宁、山西、陕西、甘肃、江苏、安徽、浙江、江西、福建、河南、湖北、湖南、广东、广西、四川、贵州。

蕨状薹草（薹草属）

Carex filicina Nees

根状茎粗壮，木质。秆密丛生，叶平张，边缘密生短刺毛，基部具紫红色或紫褐色、分裂呈纤维状的宿存叶鞘。苞片叶状，长于支花序，具长鞘。圆锥花序复出；支圆锥花序4~8个，单生，稀双生；支花序轴锐三棱形，被短粗毛；花两性，雄雌顺序；雄花部分短于雌花部分，鳞片披针形，膜质，具3~7朵花；雌花部分具2~16朵花，鳞片卵形或披针形，有红褐色的斑点和短线，无毛，有1条中脉。果囊椭圆形或狭椭圆形，三棱形，下部黄白色，上部褐色或红褐色，或全部为淡褐色而有红褐色的斑点和短线，腹面具2条侧脉及数条细脉，上部具长喙，喙长为果囊的1/2。小坚果椭圆柱形，成熟时黄褐色。花果期5 ~ 11月。

生于林下、草地上，海拔500~927 m。产于中国长江流域以南地区。

长囊薹草（薹草属）

Carex harlandii Boott

根状茎粗短，木质；秆侧生，三棱形，坚挺，平滑；小穗疏离，顶端1个雄性，线状圆柱形，具柄；侧生小穗大部为雌花，顶端有少数雄花，雌花鳞片卵状长圆形或长圆形，淡绿色，3脉绿色，具芒；不育叶长于秆，基部对折，上部边缘粗糙，先端渐尖，革质；苞片叶状，长于花序，具鞘；果囊斜展，椭圆状菱形，纸质，黄绿或绿色；花果期4 ~ 7月。

生于林下、灌丛中、溪边湿地或岩石上，以及山坡草地上。产于中国湖北、安徽、江西、浙江、福建、广东、香港、海南、广西。

舌叶薹草（薹草属）

Carex ligulata **Nees**

根状茎粗短，木质，具地下匍匐茎。秆三棱形，上部粗糙，基部具黄褐色撕裂成纤维状的老叶鞘。叶坚挺，下部常折合，上部平张，两侧脉明显，脉和边缘均粗糙。苞片下面的叶状，上面的呈刚毛状，无鞘。小穗5~8个，顶生小穗为雄小穗，线形，其余小穗为雌小穗，长圆柱形，密生多数花。雄花鳞片披针形，顶端具芒，芒常粗糙，膜质，边缘稍内卷；雌花鳞片狭披针形，顶端具粗糙芒，具1~3条脉。果囊后期向外张开，卵形或宽卵形，基部宽楔形，顶端急缩成长喙，喙向外弯，喙口斜截形。小坚果较松地包于果囊内，宽倒卵形或近椭圆形，三棱形，长约1.8mm，淡棕黄色；柱头3个。花果期9 ~ 12月。

生于山坡林下、山谷沟边或河边湿地上，海拔600~900 m。产于中国南方地区和山西。

条穗薹草（薹草属）

Carex nemostachys **Steud.**

根状茎粗短，木质，具地下匍匐茎。秆高40~90 cm，粗壮，三棱形，上部粗糙，基部具黄褐色撕裂成纤维状的老叶鞘。叶长于秆，宽6~8 mm，较坚挺，下部常折合，上部平张，两侧脉明显，脉和边缘均粗糙。小穗5~8个，顶生小穗为雄小穗，线形，长5~10 cm，近于无柄；其余小穗为雌小穗，长圆柱形，长4~12 cm，密生多数花，近于无柄。雄花鳞片披针形，长约5 mm，顶端具芒，芒常粗糙，膜质，边缘稍内卷；雌花鳞片狭披针形，长3~4 mm，顶端具芒，芒粗糙，具1~3条脉。果囊后期向外张开，卵形或宽卵形，疏被短硬毛，基部宽楔形，顶端急缩成长喙，喙向外弯，喙口斜截形。小坚果较松地包于果囊内，宽倒卵形或近椭圆形，三棱状，长约1.8 mm，淡棕黄色；柱头3个。花果期9 ~ 12月。

生于小溪旁、沼泽地、林下阴湿处，海拔300~900 m。产于中国江苏、浙江、安徽、江西、福建、广东、湖北、湖南、贵州、云南。

密苞叶薹草（薹草属）

Carex phyllocephala **T. Koyama**

根状茎粗短，木质，无地下匍匐茎。秆高20~60 cm，钝三棱形，下部具红褐色无叶片的鞘。叶排列紧密，长于秆，宽8~15 mm，边缘向下面卷。苞片叶状，密集于秆的顶端。小穗6~10枚，密集生于秆的上端，顶生小穗为雄小穗，线状圆柱形；其余小穗为雌小穗。果囊斜展，长于鳞片，宽倒卵形，膜质，草绿色。小坚果倒卵形，长约2 mm，基部无柄；花柱短，基部稍增粗，柱头3个。花果期6 ~ 9月。

生于林下、路旁、沟谷等潮湿地。海拔500~900 m。产于中国福建。

花莛薹草（薹草属）

Carex scaposa **C. B. Clarke**

根状茎匍匐，粗壮，木质。秆侧生，高20~80 cm，三棱形，基部具鞘。基生叶数枚丛生，长于或短于秆，长10~35 cm，宽2~5 cm，有时具隔节；秆生叶退化呈佛焰苞状。圆锥花序复出，具3至数枚支花序；支花序长2~3.5 cm，宽1.5~3 cm。小穗10 ~ 20个。果囊椭圆形，三棱形，长3~4 mm，纸质，淡黄绿色。小坚果椭圆形，三棱形，长1.5~2.2 mm，成熟时褐色。花果期5~11月。

生于常绿阔叶林林下、水旁、山坡阴处或石灰岩山坡峭壁上，海拔400~900 m。产于中国江西、浙江、福建、广东、广西、湖南、贵州、四川、云南。

柄果薹草（薹草属）

***Carex stipitinux* C. B. Clarke ex Franch**

秆丛生，稍粗，三棱形，平滑，下部叶鞘深褐色无叶片，叶坚挺，背面中脉和边缘均粗糙，鞘膜质部分后期裂成网状纤维；苞片最下部的叶状，上部的针状或刚毛状，短于小穗；小穗多数，最顶端1个为雄小穗，余为两性，雄雌顺序，小穗线状圆柱形，具细柄；雌花鳞片宽卵形，先端钝或急尖，膜质，黄棕色，先端常白色透明，中脉绿色；果囊近直立，密生，椭圆形，平凸状，绿黄色，膜质，细脉9~11条，上部被白色短硬毛，具短柄，喙短，喙口具2枚短齿；小坚果紧包于果囊中，椭圆柱形，扁双凸状，褐色，无柄；花柱基部稍膨大，柱头2个，较长。花果期6～9月。

生于山坡上、山谷的疏密林下或灌木丛中或路旁阴处，海拔200~900 m。产于中国甘肃、陕西、湖北、湖南、江西、浙江、安徽、广西、贵州、四川。

芒尖鳞薹草（薹草属）

***Carex tenebrosa* Boott**

根状茎粗壮。叶长于秆，宽5~8 mm，平张，基部对折，向上渐狭，边缘粗糙。小穗3~4个，顶生1个雄性，窄圆柱形，长6~8 cm；小穗具长柄；侧生小穗2~3个为雄雌顺序。果囊长于鳞片，菱形，长9~9.5 mm，近革质，棕橄榄色，边缘被稀硬毛，具多条脉，基部楔形，先端渐狭成长喙，近圆筒形，边缘具小刺，喙口具2长齿。小坚果紧包于果囊中，菱形，三棱形，长5 mm（连喙），中部缢缩，下部棱面凹陷，上部收缩成长喙，喙圆柱形，长2 mm，顶端稍膨大；花柱基部稍粗，柱头3个，较长。果期3月。

生于林下、沼泽地或草丛中。产于中国广东。

长柱头薹草（薹草属）

***Carex teinogyna* Boott**

秆密丛生，三棱形，稍粗糙，基部具少数无叶片的鞘；叶稍下部折合，向上渐平展，边缘和脉常粗糙，小穗多数，1~3个生于苞鞘内，线形，雄雌顺序，雄花部分较雌花部分短，花疏生，具细柄；雌花鳞片长圆状卵形，先端急尖，具芒或短尖，膜质，褐黄或淡褐黄色，3脉绿色；果囊近直立，长圆形，平凸状，膜质，暗棕色，被短硬毛，多脉，具短柄，喙长，喙口具2枚短齿；小坚果紧包于果囊中，椭圆形，扁双凸状，淡黄色，无柄；花柱基部稍膨大，宿存。花果期9～12月。

生于山谷疏林下、溪旁、水沟边潮湿处或岩石或沙地上，海拔500~900 m。产于中国安徽、浙江、江西、广东、广西、湖南、云南。

三念薹草（薹草属）

***Carex tsiangii* F. T. Wang & Tang**

根状茎木质。叶基生和秆生；基生叶长于秆，数枚1束，形成较高的分蘖枝；叶片禾叶状，平张，宽5~7 mm，两面光滑。雌花部分具3~9朵花。雄花鳞片披针形，长3~3.5 mm，顶端渐尖，淡绿色，密生褐色斑点和短线，具1条中脉；雌花鳞片卵状披针形，长2.5~3 mm，顶端急尖，无短尖，膜质，淡褐色，密生褐色斑点和短线，疏被短柔毛，后近无毛，边缘疏生纤毛，有1条中脉。果囊椭圆形或宽椭圆形，钝三棱形，长3.5~4 mm，纸质，褐色，无毛，具数条细脉，上部收缩成长喙，喙与囊体近等长，喙口微具2枚齿。小坚果椭圆形或宽椭圆形，长1.5~2 mm；花柱基部增粗，柱头3个。果期4月。

产于中国广东。

扁穗莎草（莎草属）

Cyperus compressus **L.**

丛生草本；根为须根。秆稍纤细，高 5~25 cm，锐三棱形，基部具较多叶。叶短于秆，宽 1.5~3 mm，灰绿色；叶鞘紫褐色。苞片叶状，长于花序；长侧枝聚伞花序简单，具 1~7 个辐射枝；穗状花序近于头状；花序轴很短，具 3~10 个小穗；小穗排列紧密，长 8~17 mm。小坚果倒卵形或三棱形，侧面凹陷，长约为鳞片的 1/3，深棕色。花果期 7 ~ 12 月。

生于草地、海岸、路边、湖滨、林下、石壁、湿润沙质河岸、荒野等地，海拔 100~900 m。除新疆、宁夏外广泛分布于中国。

异型莎草（莎草属）

Cyperus difformis **L.**

一年生草本，根为须根。秆丛生，高 2~65 cm，扁三棱形，平滑。叶短于秆，宽 2~6 mm；叶鞘褐色。苞片叶状，长于花序；长侧枝聚伞花序简单，具 3~9 个长短不等的辐射枝，或有时近于无花梗；头状花序球形，具极多数小穗，直径 5~15 mm；小穗密聚，披针形或线形，长 2~8 mm；鳞片排列稍松，膜质，近于扁圆形，顶端圆，中间淡黄色，两侧深红紫色或栗色边缘具白色透明的边；花柱极短。小坚果倒卵状椭圆形，三棱形，几与鳞片等长，淡黄色。花果期 7 ~ 10 月。

生于稻田中或水边潮湿处。广泛分布于中国。

砖子苗（莎草属）

Cyperus cyperoides **(L.) Kuntze**

根状茎短。秆粗壮；长侧枝聚伞花序近于复出；辐射枝较长，最长达 14 cm，每辐射枝具 1~5 个穗状花序，部分穗状花序基部具小苞片，顶生穗状花序一般长于侧生穗状花序；穗状花序狭，宽常不及 5 mm，无总花梗或具很短总花梗；小穗较小，长约 3 mm；鳞片黄绿色；小坚果狭长圆形或三棱形，表面具微突起细点。花果期 5 ~ 6 月。

生于山坡阳处、路旁草地上、溪边以及松林下，海拔 200~900 m。产于中国南方。

畦畔莎草（莎草属）

Cyperus haspan **L.**

多年生草本，根状茎短缩。秆稍细弱，高 2~100 cm，扁三棱形，平滑。叶短于秆，宽 2~3 mm，或有时仅剩叶鞘而无叶片。长侧枝聚伞花序复出或简单，第一次辐射枝最长达 17 cm；小穗通常 3~6 个呈指状排列，线形或线状披针形，长 2~12 mm。鳞片密复瓦状排列，长圆状卵形，长约 1.5 mm，两侧紫红色或苍白色，具三条脉。小坚果宽倒卵形或三棱形，长约为鳞片的 1/3，淡黄色，具疣状小突起。花果期很长，随地区而改变。

生于水田或浅水塘等多水的地方，山坡上亦能见到，海拔 100~900 m。产于中国南方。

碎米莎草（莎草属）

***Cyperus iria* L.**

一年生草本，无根状茎。秆丛生，高 8~85 cm，扁三棱形，叶短于秆，宽 2~5 mm，叶鞘红棕色。长侧枝聚伞花序复出，具 4~9 个辐射枝，辐射枝最长达 12 cm，每个辐射枝具 5~10 个穗状花序；穗状花序长 1~4 cm，具 5~22 个小穗；小穗排列松散，压扁，长 4~10 mm；鳞片排列疏松，有 3~5 条脉，两侧呈黄色或麦秆黄色。小坚果倒卵形或椭圆形，三棱形，与鳞片等长，褐色，具密的微突点。花果期 6 ~ 10 月。

生于田间、山坡、路旁阴湿处，海拔 100~900 m。广泛分布于中国。

苏里南莎草（莎草属）

***Cyperus surinamensis* Rottb.**

一年生植物。秆丛生，35~80 cm 高，3 角，具倒转皮刺的穗状花序。叶短于秆。花序球形头状花序，直径 1~2 cm。小穗 (6)15~40(65) 个，线状到线状长圆形。雄蕊 1 枚；花药约 0.5 mm。小坚果稍具柄，棕色到红棕色，狭椭圆形，长 0.7~0.9 mm，3 面，具乳突或不明显网状到具皱纹，先端具细尖。花果期 3~9 月。

中国多地归化。

毛轴莎草（莎草属）

***Cyperus pilosus* Vahl**

匍匐根状茎细长。秆散生，粗壮，高 25~80 cm，锐三棱形。叶短于秆，平张，边缘粗糙；叶鞘短，淡褐色。复出长侧枝聚伞花序具 3~10 个第一次辐射枝，最长达 14 cm，每个第一次辐射枝具 3~7 个第二次辐射枝，聚成宽"金字塔"形的轮廓；穗状花序卵形或长圆形，长 2~3 cm，宽 10~21 mm，近于无总花梗，具较多小穗；穗状花序轴上被较密的黄色粗硬毛；小穗两列，线状披针形或线形，稍肿胀，长 5~14 mm，宽 1.5~2.5 mm，具 8~24 朵花；小穗轴上具很狭的白色透明的边；鳞片排列稍松，宽卵形，长 2 mm，脉 5~7 条，两侧褐色或红褐色，边缘具白色透明的边；雄蕊 3 枚，花药短，线状长圆形，红色，药隔突出于花药顶端；花柱短，白色，具棕色斑点，柱头 3 枚。小坚果宽椭圆形或倒卵形，三棱状，顶端具短尖，成熟时黑色。花果期 8~11 月。

裂颖茅（裂颖茅属）

***Diplacrum caricinum* R. Br.**

无根状茎。秆丛生，三棱形，高 10~40 cm，细弱，无毛。叶长 1~4 cm，宽 1.5~3 mm，纸质，柔弱，无毛；叶鞘三棱形，具狭翅，向上部渐宽大，长 3~8 mm，无毛，鞘口截形，无叶舌。秆每节有 1~2 个小头状聚伞花序，直径 3~5 mm；小穗全部单性，雄小穗长约 1.5 mm；鳞片长 1.5 mm，白色透明，有一条脉；雌小穗生于分枝的顶部，椭圆形；鳞片长约 1.8 mm，有 5~12 条隆起的脉。小坚果球形，直径 0.8~1 mm。花果期 9 ~ 10 月。

生于田边、旷野水边和阴坡上，海拔 100~800 m。产于中国江苏、浙江、福建、台湾、广东、广西、海南。

龙师草（荸荠属）

Eleocharis tetraquetra **Nees**

多年生草本，匍匐根状茎。秆多数，丛生，锐四稜柱状，直，无毛，高 25~90 cm。叶缺如，秆基部有 2~3 个叶鞘。小穗稍斜生；鳞片长近 3 mm，有 1 条脉，两侧近锈色；下位刚毛 6 条，长或多或少等于小坚果；柱头 3 枚。小坚果倒卵形或宽倒卵形，长 1.2 mm，宽约 9 mm，淡褐色；花柱基圆锥形，顶端渐尖，扁三棱形，有少数乳头状突起。花果期 9 ~ 11 月。

生于水边草丛中，海拔 100~900 m。产于中国安徽、福建、广东、广西、贵州、海南、黑龙江、河南、湖南、江苏、江西、辽宁、四川、台湾、云南、浙江。

复序飘拂草（飘拂草属）

Fimbristylis bisumbellata **(Forssk.) Bubani**

秆密丛生，较细弱，高 4~20 cm，扁三棱形，平滑，基部具少数叶；叶短于秆，平展，顶端边缘具小刺，叶鞘短，黄绿色，具锈色斑纹，被白色长柔毛；苞片叶状，近直立，线形；小穗长圆状卵形，花 10~20 朵；鳞片稍密，呈螺旋状排列，膜质，宽卵形，棕色，龙骨状突起绿色，3 脉；雄蕊 1~2 枚，花药长网状披针形，药隔稍突出；花柱长而扁，无毛，具缘毛；小坚果宽倒卵形，双凸状，黄白色，柄极短，具横长圆形网纹。花果期 7 ~ 9 月。

生长在河边、沟旁、山溪边、沙地或沼地上，以及山坡上潮湿地方，海拔 100~900 m。除西藏外广泛分布于中国。

夏飘拂草（飘拂草属）

Fimbristylis aestivalis **(Retz.) Vahl.**

无根状茎。秆密丛生，纤细，高 3~12 cm，扁三棱形，平滑。叶短于秆，宽 0.5~1 mm，丝状；叶鞘短，外面被长柔毛。长侧枝聚伞花序复出，疏散，具 3~7 个辐射枝，最长达 3 cm；小穗单生于辐射枝顶端，长 2.5~6 mm；鳞片红棕色，长约 1 mm，有 3 条脉。小坚果倒卵形，双凸状，长约 0.6 mm，黄色，表面近于平滑，有时具不明显的六角形网纹。花期 5 ~ 8 月。

生长于荒草地、沼地以及稻田中，海拔 400~900 m。产于中国南方。

扁鞘飘拂草（飘拂草属）

Fimbristylis complanata **(Retz.) Link**

秆丛生，扁三棱形或四棱形；株高 50~70 cm，具槽，粗壮，花序以下有时具翅，基部多叶；根状茎直伸；叶短于秆，平展，厚纸质，上部边缘具细齿，鞘两侧扁，背部具龙骨状突起，前面锈色，膜质，鞘口斜裂，具缘毛；鳞片卵形，褐色，龙骨状突起黄绿色，1 脉延伸成短尖；雄蕊 3 枚，花药长圆形，顶端尖，花柱三棱形，无毛，基部圆锥状；小坚果倒卵形或宽倒卵形，钝三棱形，白或黄白色，有横长圆形网纹；花果期 7 ~ 10 月。

生长在山谷潮湿处、草地、山径旁和小溪旁，海拔 100~900 m。产于中国长江以南地区。

两歧飘拂草（飘拂草属）

***Fimbristylis dichotoma* (L.) Vahl**

秆丛生，高 15~50 cm，无毛或被疏柔毛。叶线形，略短于秆或与秆等长，宽 1~2.5 mm；鞘革质，上端近于截形，膜质部分较宽而呈浅棕色。长侧枝聚伞花序复出；小穗单生于辐射枝顶端，卵形、椭圆形或长圆形，长 4~12 mm，宽约 2.5 mm；鳞片长 2~2.5 mm，褐色，有光泽，脉 3~5 条。小坚果宽倒卵形，双凸状，长约 1 mm，具 7~9 条显著纵肋，网纹近似横长圆形，无疣状突起，具褐色的柄。花果期 7 ~ 10 月。

生于稻田或空旷草地上，海拔 100~900 m。广泛分布于中国。

水虱草（飘拂草属）

***Fimbristylis littoralis* Gamdich**

无根状茎。秆丛生，高 8~60 cm，扁四棱形，具纵槽，基部具鞘，鞘口斜裂，有时呈刚毛状。叶侧扁，套褶，剑状，向顶端渐狭呈刚毛状，宽 1~2 mm；鞘口斜裂，无叶舌。长侧枝聚伞花序复出；辐射枝 3~6 个，长 0.8~5 cm；小穗单生于辐射枝顶端，近球形，长 1.5~5 mm，宽 1.5~2 mm；鳞片长 1 mm，栗色，具白色狭边，具有 3 条脉。小坚果倒卵形，钝三棱形，长 1 mm，麦秆黄色。

生于草地、田野、山坡，海拔 100~900 m。产于中国黄河以南地区。

暗褐飘拂草（飘拂草属）

***Fimbristylis fusca* (Nees) C. B. Clarke**

秆丛生，高 20~40 cm，具根生叶；叶线形，两面被毛；小穗单生于辐射枝顶，长圆状披针形，上端渐窄，最下部的 2~3 枚鳞片无花；有花鳞片厚纸质，卵状披针形，先端有硬尖，被粗糙短毛，棕色或近黑棕色，白色，中脉稍隆起；雄蕊 3 枚；小坚果倒卵形或三棱形，几无柄，长约 0.9 mm，淡棕或白色，有疣状突起。花果期 6~9 月。

生长在山顶、草坡、草地、田中，海拔 100~900 m。产于中国长江以南地区。

少穗飘拂草（飘拂草属）

***Fimbristylis schoenoides* (Retz.) Vahl**

秆丛生，细长；株高 5~40 cm，稍扁，平滑，具纵槽，基部具叶；根状茎极短，具须根；叶短于秆，两边常内卷，上部边缘具小刺；长侧枝聚伞花序减退，仅具 1~2 枚小穗；小穗无柄或具柄，宽卵形，具多数花；鳞片排列紧密，膜质，宽圆卵形，很凹，顶端圆，黄白色，具棕色短条纹，背面无龙骨状突起，具多数脉；雄蕊 3 枚，花药线形，药隔白色，突出于顶端呈短尖；花柱长而扁平，基部扩大，中部以上具缘毛；小坚果圆倒卵形，双凸状，具短柄，黄白色，表面具六角形网纹；花期 8 ~ 9 月，果期 10 ~ 11 月。

生长在溪旁、荒地、沟边、路旁、水田边等低洼潮湿处，海拔 300~800 m。产于中国长江流域以南地区。

西南飘拂草（飘拂草属）
Fimbristylis thomsonii Boeckeler

根状茎短；秆丛生，扁钝三棱形。叶短于秆，平展，坚硬，边缘有细齿，鞘褐色，前面膜质，铁锈色，顶端平截；叶状苞片 2~3 枚，较花序短；小穗单生，长圆状卵形，有 7~10 朵花；鳞边缘膜质，色较淡，5~7 条脉，中肋绿色，延伸成硬尖；雄蕊 3 枚，花药窄长圆形，顶端尖，药隔不突出；子房近似三棱状长圆形，花柱三棱形，无缘毛，基部长圆状圆锥形；小坚果长圆状倒卵形，钝三棱形，黄白或黄色，具横长圆形网纹或横长圆形疣状突起。花果期 5 ~ 6 月。

生于草坡，海拔 100~900 m。产于中国广东、广西、海南、台湾、云南。

散穗黑莎草（黑莎草属）
Gahnia baniensis Benl

秆圆柱状，高约 90 cm，粗壮，坚硬；叶纸质或近革质，先端渐尖，边缘内卷，叶缘、叶背及中脉具细齿，叶鞘闭合；具顶生和数个侧生圆锥花序，分枝外倾或下弯，小苞片刚毛状或鳞片状，边缘具细齿，先端具短芒或凸尖，黑色；小穗长圆形；鳞片近黑色，下部的 5~6 片无花，卵状椭圆形，具短尖，上部 2 片卵状椭圆形，最上 1 片具两性花，其下 1 片具雄花或兼具不发育雌蕊；雄蕊 3 枚，花丝宿存；小坚果窄椭圆形，三棱形，平滑，红褐色，花丝宿存，迟落。

生于湿润山坡，海拔 800~900 m。产于中国福建、广东、广西、海南。

芙兰草（芙兰草属）
Fuirena umbellata Rottb.

秆近丛生，近五棱形，具槽，上部被疏柔毛；株高 60~120 cm，基部膨大成长圆状卵形的球茎；球茎黄绿色，具多条脉，外被老叶鞘；秆生叶平张，向顶端狭窄，有 5 条脉，在叶背面脉明显地隆起，叶面被短硬毛，下部叶较短；圆锥花序狭长，由顶生和侧生的长侧枝聚伞花序所组成；长侧枝聚伞花序梗被白茸毛，伸出鞘外；小穗 6~15 个聚生成簇；簇 4~20 个；小穗卵形或长圆形；鳞片背部有 3 条脉，在近顶端处脉会合且延伸成芒；小坚果倒卵形或三棱形，成熟时褐色，具柄，连柄长 1 mm。花果期 6 ~ 11 月。

生于湿润草地上、河边，海拔 100~900 m。产于中国广东、广西、海南、福建、台湾、云南。

黑莎草（黑莎草属）
Gahnia tristis Nees

丛生，须根粗，具根状茎。秆粗壮，高 0.5~1.5 m，圆柱状，有节。叶具红棕色鞘，长 10~20 cm，叶片狭长，极硬，长 40~60 cm，宽 0.7~1.2 cm，边缘及背面具刺状细齿。圆锥花序紧缩成穗状，长 14~35 cm；鳞片螺旋状排列，初期为黄棕色，后期为暗褐色，具 1 条脉，坚硬。小坚果倒卵状长圆形或三棱形，长约 4 mm，平滑，具光泽，骨质，成熟时为黑色。花果期 3 ~ 12 月。

生长于干燥的荒山坡或山脚灌木丛中，海拔 100~900 m。产于中国长江以南地区。

割鸡芒（割鸡芒属）

Hypolytrum nemorum **(Vahl.) Spreng.**

秆坚韧，直立，三棱形；株高 30~90 cm，具基生叶并常具 1 片秆生叶，稍细，三棱状；叶线形，向顶端渐狭，近革质，平张，向基部近对折，无毛，基部呈鞘状，近对折，淡褐色，边缘厚膜质，不闭合，在基生叶以下仅具少数鞘，鞘无叶片；穗状花序单生或 2~3 簇生分枝顶，排成伞房状圆锥花序；鳞片状小苞片倒卵形，具短尖，褐色，具中脉；雄蕊花药窄长圆形；小坚果圆卵形，双凸状，长 2~2.5 mm，褐色，具少数隆起纵皱纹，喙圆锥状；花果期 4 ~ 8 月。

生于林下、灌丛阴湿地，海拔 100~900 m。产于中国福建、广东、广西、海南、台湾、云南。

单穗水蜈蚣（水蜈蚣属）

Kyllinga nemoralis **(J. R. & G. Forster) Dandy ex Hutch.**

多年生草本。叶通常短于秆，平张，柔弱，边缘具疏锯齿；叶鞘短，褐色。小穗近于倒卵形或披针状长圆形，顶端渐尖，压扁，长 2.5~3 mm，具 1 朵花；鳞片膜质，舟状，长同于小穗，苍白色或麦秆黄色，具锈色斑点，两侧各具 3~4 条脉，背面龙骨状突起具翅，翅的下部狭，从中部至顶端较宽，且延伸出鳞片顶端呈稍外弯的短尖，翅边缘具缘毛状细刺；雄蕊 3 枚；花柱长，柱头 2 枚。小坚果长圆形或倒卵状长圆形，较扁，长约为鳞片的 1/2，棕色，具密的细点，顶端具短尖。花果期 5 ~ 8 月。

产于中国广东、广西、海南、云南。

短叶水蜈蚣（水蜈蚣属）

Kyllinga brevifolia **Rottb**

根状茎长而匍匐，外被鳞片，具多数节间，每一节上长一秆。秆散生，细弱，高 7~20 cm，扁三棱形，平滑，具 4~5 个圆筒状叶鞘。叶柔弱，宽 2~4 mm，上部边缘和背面中肋上具细刺。穗状花序常单个，球形，长 5~11 mm。小穗披针形，压扁，长约 3 mm，宽 0.8~1 mm，具 1 朵花；鳞片长 2.8~3 mm，白色，具锈斑。小坚果倒卵状长圆形，扁双凸状，长约为鳞片的 1/2，表面具密的细点。花果期 5 ~ 9 月。

生于阴湿地，海拔 100~900 m。除新疆外遍布中国。

水蜈蚣（水蜈蚣属）

Kyllinga polyphylla **Kunth**

多年生草本，丛生。全株光滑无毛。根状茎柔弱，匍匐平卧于地下；形似蜈蚣。秆高 7 ~ 20 cm，扁三棱形。叶窄线形，宽 2 ~ 4 mm，基部鞘状抱茎，最下 2 个叶鞘呈干膜质。叶状苞片 3 枚；穗状花序单个，偶见 2 或 3 个，球形或卵球形，长 5~11 mm，宽 4.5~10 mm，具极多数密生的小穗。小穗长圆状披针形或披针形，压扁，长约 3 mm，宽 0.8~1 mm，具 1 朵花。花果期 5 ~ 9 月。

生于田边沟旁、旷野湿地。分布于中国华南、华东、西南、华中地区。

华湖瓜草（湖瓜草属）

Lipocarpha chinensis **(Osbeck) Kern**

丛生矮小草本，无根状茎。秆纤细，高 10~20 cm，扁，具槽，被微柔毛。叶基生；叶片纸质，狭线形，长为秆长的 1/4 或 1/2，宽 0.7~1.5 mm，上端呈尾状渐尖，两面无毛，中脉不明显；鞘管状，不具叶舌。穗状花序 2~4 个簇生，卵形，长 3~5 mm，具极多数鳞片和小穗；鳞片倒披针形，顶端尾状细尖；小鳞片膜质透明，具数条粗的脉。小坚果小，长圆状倒卵形，三棱形，微弯，顶端具微小短尖，长约 1 mm，麦秆色，具光泽。花果期 6 ~ 10 月。

生于湿地、路边、山坡，海拔 100~900 m。产于中国长江以南地区。

单穗擂鼓荔（擂鼓艻属）

Mapania wallichii **C. B. Clarke**

匍匐根状茎木质，长 27 cm 或更长。秆生于叶丛外（侧生），近三棱形，具槽，长 30~70 cm，基部具鳞片和鞘，从基部而上鳞片渐大而成叶鞘。叶带形，长约 120 cm 或更长，宽 2~3.5 cm，薄革质，边缘和叶背中脉上具小锯齿。苞片 3 枚，鳞片状，等长于花序，长 1.8~2.6 cm；穗状花序单一，具多数鳞片和小穗；鳞片螺旋状覆瓦式排列；小穗具 6 片小鳞片和 4 朵单性花。小坚果近三棱形或倒卵形，长约 7.5 mm，深褐色，喙圆锥状，长约 2 mm。

生于溪边。产于中国广西、广东、海南。

湖瓜草（湖瓜草属）

Lipocarpha microcephala **(R. Br.) Kunth**

一年生草本；秆高 40 cm，被微柔毛。叶基生，短于秆，长 1.5~2.5 cm，无毛。叶状苞片 2~3 枚，较花序长。穗状花序 2~4 个簇生于秆顶端，无柄，卵形，长 3~5 mm。小坚果窄长圆形，长约 1 mm。

产于中国安徽、福建、广东、广西、贵州、海南、河北、河南、湖北、湖南、江苏、江西、辽宁、山东、四川、台湾、云南、浙江。

球穗扁莎（扁莎属）

Pycreus flavidus **(Retz.) T. Koyama**

根状茎短，具须根。秆丛生，细弱，高 7~50 cm，钝三棱形，一面具沟。叶少，短于秆，宽 1~2 mm；叶鞘长，下部红棕色。苞片 2~4 枚，细长，长于花序；简单长侧枝聚伞花序具 1~6 个辐射枝，有时极短缩成头状；每一辐射枝具 2~20 个小穗；小穗密聚呈球形，极压扁，长 6~18 mm，具 12~45 朵花；小穗轴近四棱形。小坚果倒卵形，顶端有短尖，双凸状，褐色，具白色透明有光泽的细胞层和微突起的细点。花果期 6 ~ 11 月。

生于河边湿地、田野，海拔 100~900 m。遍布中国。

矮扁莎（扁莎属）

Pycreus pumilus **(L.) Nees**

一年生草本，具须根。秆丛生，高 1~15 cm，稍纤细，扁三棱形，平滑。叶少，宽约 2mm。长侧枝聚伞花序具 3~5 个辐射枝，有时紧缩成头状，辐射枝长达 2 cm；小穗长圆形，长 3~11 mm，宽 1.5~2 mm，压扁；小穗轴无翅；鳞片长 1.2 mm，绿色，具 3~5 条脉。小坚果倒卵形或长圆形，双凸状，长为鳞片的 1/3~2/5，顶端具小短尖，灰褐色。花果期 8 ~ 11 月。

生于水边、湿地，海拔 100~500 m。产于中国长江流域以南地区。

红鳞扁莎（扁莎属）

Pycreus sanguinolentus **(Vahl) Nees**

根为须根。秆密丛生，高 7~40 cm，扁三棱形，平滑。叶稍多，常短于秆，平张，边缘具白色透明的细刺。苞片 3~4 枚，叶状，近于平向展开，长于花序；简单长侧枝聚伞花序具 3~5 个辐射枝；辐射枝由 4~12 个或更多的小穗密聚成短的穗状花序；小穗辐射展开，长圆形、线状长圆形或长圆状披针形，具 6~24 朵花；小穗轴直，四棱形，无翅；鳞片稍疏松，覆瓦状排列，顶端钝，具 3~5 条脉，两侧具较宽的槽，褐黄色，边缘暗血红色或暗褐红色；雄蕊 3 枚，偶见 2 枚，花药线形；花柱长，柱头 2 枚，细长，伸出于鳞片之外。小坚果圆倒卵形或长圆状倒卵形，双凸状，稍肿胀，成熟时黑色。花果期 7 ~ 12 月。

生于疏林林缘、山坡草地上、水边，海拔 100~900 m。遍布中国。

华刺子莞（刺子莞属）

Rhynchospora chinensis **Nees & C. A.Mey**

根状茎极短。叶基生和秆生，狭线形，长不超过花序，向顶端渐狭，顶端渐尖。小穗通常 2~9 个簇生成头状，披针形或卵状披针形，长约 7 mm，褐色，基部稍钝，顶端急尖，具鳞片 7~8 片，有 2~3 朵两性花，仅最下面一朵结实；最下部 2~3 片鳞片中空无花；雄蕊 3 枚，花丝略长于小坚果和花柱基，花药线形，顶端药隔突出；子房倒卵形，花柱基部膨大，柱头 2 枚，较花柱短。小坚果宽椭圆状倒卵形，双凸状，栗色，表面具皱纹；宿存花柱基较小坚果长，狭圆锥状，基部较小坚果狭，顶端稍细尖。花果期 5 ~ 10 月。

产于中国山东、江苏、安徽、江西、福建、台湾、广东、广西。

刺子莞（刺子莞属）

Rhynchospora rubra **(Lour.) Makino**

根状茎极短。秆丛生，直立，圆柱状，高 30~65cm，平滑，基部不具无叶片的鞘。叶基生，叶片狭长，钻状线形，三棱形，长达秆的 1/2 或 2/3，宽 1.5~3.5 mm，纸质，三棱形，稍粗糙。头状花序顶生，直径 15~17 mm，棕色；小穗钻状披针形，长约 8 mm，有光泽；鳞片棕色；下位刚毛 4~6 条。小坚果倒卵形，长 1.5~1.8 mm，双凸状，近顶端被短柔毛，成熟后为黑褐色，表面具细点；宿存花柱基短小，三角形。花果期 5 ~ 11 月。

能生长在各种环境条件下，海拔 100~900 m。广泛分布于中国长江流域以南地区。

萤蔺（水葱属）

Schoenoplectus juncoides **(Roxb.) Palla**

丛生，根状茎短。秆稍坚挺，近圆柱状，平滑，基部具2~3个鞘；鞘的开口处为斜截形，顶端急尖或圆形，边缘为干膜质，无叶片。小穗2~6个聚成头状，假侧生，卵形，长8~17 mm，宽3.5~4 mm，棕色；鳞片长3.5~4 mm，背面绿色，具1条中肋；下位刚毛5~6条。小坚果倒卵形，平凸状，长约2 mm，稍皱缩，成熟时黑褐色，具光泽。花果期8～11月。

生长在路旁、荒地潮湿处，或水田边、池塘边、溪旁、沼泽中，海拔300~600 m。除内蒙古、甘肃、西藏外遍布中国。

猪毛草（水葱属）

Schoenoplectus wallichii **(Nees)**

秆丛生，细弱，高10~40 cm，圆柱状，平滑，基部具2~3鞘，鞘管状，近膜质，上端开口斜截，口部边缘干膜质，无叶片；苞片1枚，为秆的延长，基部稍扩大；小穗单生或2~3枚成簇，长圆状卵形，淡绿或淡棕绿色，10多朵至多花；鳞片长圆状卵形，先端渐尖，近革质，背面较宽部分绿色，具中脉，先端短尖，两侧淡棕、淡棕绿色或近白色半透明，具深棕色短条纹；花药长圆形，药隔稍突出；小坚果宽椭圆形，平凸状，黑褐色，有不明显皱纹；花果期9～11月。

生于湿地、河边，海拔800~900 m。产于中国长江以南地区。

水毛花（水葱属）

Schoenoplectus mucronatus **(L.) Palla subsp. *robustus* (Miq.) T. Koyama**

秆丛生，稍粗壮，高50~120 cm，锐三棱形，基部具2个叶鞘，鞘棕色，长7~23 cm，顶端呈斜截形，无叶片。小穗聚集成头状，假侧生，卵形、长圆状卵形、圆筒形或披针形，顶端钝圆或近于急尖，长8~16 mm，宽4~6 mm，具多数花；鳞片卵形或长圆状卵形，顶端急缩成短尖，近于革质，长4~4.5 mm，淡棕色，具红棕色短条纹，背面具1条脉；下位刚毛6条，有倒刺，较小坚果长一半或与之等长或较小坚果稍短；雄蕊3枚，花药线形，长2 mm或更长些，药隔稍突出；花柱长，柱头3枚。小坚果倒卵形或宽倒卵形，扁三棱形，长2~2.5 mm，成熟时暗棕色，具光泽，稍有皱纹。花果期5～8月。

除新疆、西藏外，广泛分布于中国各地。

百球藨草（藨草属）

Scirpus rosthornii **Diels**

根状茎短。秆粗壮，坚硬，三棱形，有节，节间长，具秆生叶。叶较坚挺，秆上部的叶高出花序，宽6~15 mm，叶片边缘和下面中肋上粗糙；叶鞘长3~12 cm，具突起的横脉。叶状苞片3~5枚，常长于花序；多次复出长侧枝聚伞花序大，顶生，具6~7个第一次辐射枝，辐射枝稍粗壮，长可达12 cm，各次辐射枝均粗糙；4~15个小穗聚合成头状着生于辐射枝顶端；小穗无柄，卵形或椭圆形，长2~3 mm，宽约1.5 mm，具多数很小的花；鳞片宽卵形，顶端钝，长约1 mm，具3条脉；下位刚毛2~3条，较小坚果稍长，直，中部以上有顺刺；柱头2枚。小坚果椭圆形或近于圆形，双凸状，长0.6~0.7 mm，黄色。花果期5～9月。

生于林下、林缘、湿地，海拔300~900 m。产于中国秦岭南坡以南地区和山东。

二花珍珠茅（珍珠茅属）

Scleria biflora **Roxb.**

秆丛生，纤细，三棱状；叶秆生，线形，无毛，叶鞘几无翅，被短柔毛；苞片叶状，具鞘，鞘口被棕色短柔毛；小苞片刚毛状，无鞘，长于小穗；圆锥花序具顶生和1~2个侧生分枝，分枝疏离，具多数小穗；小穗披针形，多为单性；雌小穗具4~5枚鳞片和1朵雌花；雄花具2~3枚雄蕊；子房倒卵形，密被柔毛，有细微网纹；小坚果近球形，白或淡黄色，微被褐色疏柔毛，具近方格状网纹，顶端具黑紫色短尖；裂片披针形，先端渐尖，黄褐色；花果期8 ~ 9月。

生于草地、湿地、田野，海拔600~900 m。产于中国福建、广东、广西、海南、江苏、台湾、云南。

黑鳞珍珠茅（珍珠茅属）

Scleria hookeriana **Boeckeler**

匍匐根状茎短，木质，密被紫红色鳞片。秆直立，三棱形，高60~100 cm，稍粗糙。叶线形，长4~35 cm，宽4~8 mm，纸质，稍粗糙；叶鞘纸质，长1~10 cm，在秆中部的鞘绿色，很少具狭翅；叶舌被紫色髯毛。圆锥花序顶生，长4~7 cm，宽2~4 cm；小穗常2~4个紧密排列，长约3 mm，多数为单性；雄小穗长圆状卵形；雌小穗通常生于分枝的基部，披针形或窄卵形，具较少鳞片。小坚果卵珠形，钝三棱形，顶端具短尖，直径2 mm，白色，表面有不明显的四至六角形网纹。花果期5 ~ 7月。

生于阳坡、山谷、路边、草地，海拔900 m。产于中国长江以南地区。

圆秆珍珠茅（珍珠茅属）

Scleria harlandii **Hance**

多年生草本；无毛，有光泽；秆近圆柱状或略钝三棱状；叶线形，向顶端渐狭，顶端呈尾状，薄革质，无毛，稍粗糙；叶鞘紧抱秆，薄革质，金黄色具紫色条纹，无翅，在近秆上部的鞘常互相重叠；圆锥花序具顶生和7~8个相距稍远的侧生分枝；小苞片刚毛状，基部有耳，耳具髯毛；小穗浅锈色或紫色，多为单性；小坚果近球形，钝三棱形，顶端具短尖，白色，平滑，顶部疏被微硬毛；花果期3 ~ 9月。

生于山坡、山谷，海拔100~400 m。产于中国福建、广东、广西、海南、云南。

毛果珍珠茅（珍珠茅属）

Scleria levis **Retz.**

匍匐根状茎木质，被紫色的鳞片。秆疏丛生或散生，三棱形，高70~90 cm，被微柔毛，粗糙。叶线形，粗糙；叶鞘具1~3 mm宽的翅。圆锥花序由顶生和1~2个相距稍远的侧生枝圆锥花序组成；小穗单生或2个生在一起，无柄，全部单性；雄小穗窄卵形，顶端斜截形；雌小穗通常生于分枝的基部，披针形或窄卵状披针形，顶端渐尖；小坚果球形或卵形，钝三棱形，顶端具短尖。花果期6 ~ 10月。

生长在干燥处、山坡草地上、密林下、潮湿灌木丛中，海拔100~900 m。产于中国长江以南地区。

小型珍珠茅（珍珠茅属）

***Scleria parvula* Steud.**

多年生草本。秆丛生，三棱柱形，高 40~60 cm。叶秆生，条形，疏被短硬毛；秆基部叶鞘无毛、无翅、无叶片，中部以上叶鞘被长柔毛，具狭翅。苞片叶状，具苞鞘；圆锥花序有 2~4 个相互远离的支花序；支花序柄具狭翅；小穗披针形，长 4~5 mm，单性；雌小穗具 4~5 枚鳞片和 1 朵雌花；雄小穗具 7~9 枚鳞片和数朵雄花；雄花具 2 枚雄蕊；雌花子房近球形。小坚果球形，长 2.5~3 mm，有白色短尖，表面有白色方格。

生于山坡、山谷，海拔 700~900 m。产于中国长江以南地区和山东。

高秆珍珠茅（珍珠茅属）

***Scleria terrestris* (L.) Fassett**

秆三棱形，无毛；叶片基部叶鞘无翅，中部具宽 1~3 mm 的翅，叶舌半圆形，被紫色髯毛；圆锥花序的分枝相距稍远；小穗通常生于分枝基部，鳞片宽卵形或卵状披针形；小坚果球形或近卵形，直径 2.5 mm，有时呈三棱形，顶端具短尖，白或淡褐色，具网纹，横纹断续被微硬毛；下位盘直径 1.8 mm，3 浅裂或几不裂，裂片半圆形，先端圆钝，边缘反折，黄色；花果期 5 ~ 10 月。

生于山谷、山坡、林中、草地或路边，海拔 100~900 m。产于中国长江流域以南地区。

玉山针蔺（针蔺属）

***Trichophorum subcapitatum* (Thwaites & Hook.) D. A. Simpson**

根状茎短，密丛生。秆细长，高 20~90 cm，近于圆柱形，平滑，少数在秆的上端粗糙，无秆生叶，基部具 5~6 个叶鞘，鞘棕黄色，裂口处薄膜质，棕色，愈向上鞘愈长，顶端具很短的、贴状的叶片，最长的叶片达 2 cm，边缘粗糙。苞片鳞片状，卵形或长圆形，顶端具较长的短尖；蝎尾状聚伞花序小，具 2~4 个小穗；小穗卵形或披针形，具几朵至十几朵花；鳞片排列疏松，卵形或长圆状卵形，顶端急尖或钝，皮纸质，麦秆黄色或棕色，背面具一条绿色的脉；下位刚毛 6 条，较小坚果长约 1 倍，幼时较子房长 2 倍，上部具顺向短刺；雄蕊 3 枚，花丝长，花药线形；花柱短，细长，被乳头状小突起。小坚果长圆形或长圆状倒卵形，三棱形，棱明显隆起，黄褐色。花果期 3 ~ 6 月。

生于林缘湿地、溪边、山坡路旁湿地上或灌木丛中，海拔 700~900 m。产于中国长江以南地区。

A103 禾本科 Poaceae

小叶酸竹（酸竹属）

***Acidosasa breviclavata* W. T. Lin**

秆长 1~1.5 m，直径 5~6 mm；节间无毛。竿箨落叶，背面短刚毛和有斑点；舌状短；叶片披针形，约 5 mm。每末级分枝叶 4 或 5 枚；鞘无毛；耳廓和口生刚毛通常无；舌瓣约 1.5 mm，先端下弯；叶片长 12~18 cm，宽 1.8~2.5 cm，无毛，次脉 6 对，基部狭窄，边缘有细锯齿，先端尾状。花序不完全已知。小穗长 5.5~6.5 cm，宽 0.6~0.7 cm；小花约 6 朵；花梗长 1.5~2 cm。

产于中国广东。

看麦娘（看麦娘属）

***Alopecurus aequalis* Sobol.**

一年生。秆少数丛生，细瘦，光滑，节处常膝曲，高15~40 cm。叶鞘光滑，短于节间；叶舌膜质，长2~5 mm；叶片扁平，长3~10 cm，宽2~6 mm。圆锥花序圆柱状，灰绿色，长2~7 cm，宽3~6 mm；小穗椭圆形或卵状长圆形，长2~3 mm；颖膜质，基部互相连合，具3脉，脊上有细纤毛，侧脉下部有短毛；外稃膜质，先端钝，等大或稍长于颖，下部边缘互相连合，芒长1.5~3.5 mm，于稃体下部1/4处伸出，隐藏或稍外露；花药橙黄色，长0.5~0.8 mm。颖果长约1 mm。花果期4~8月。

生于海拔较低之田边及潮湿之地。产于中国大部分省区。

楔颖草（楔颖草属）

***Apocopis paleacea* (Trin.) Hochr.**

多年生草本；秆高30~60 cm；单生或少有分枝，具3~7节，节上无毛；叶片线状披针形，基部稍收窄近圆形，顶生者可退化，主脉在下部明显且延伸至叶鞘而隆起成脊，两面及下部边缘均疏生柔毛；总状花序2~3枚在秆顶互相紧贴呈圆筒形；总状花序轴节间扁平；小穗具黄色长纤毛，其下半部与无柄小穗第一颖的基部相愈合；无柄小穗基部具黄色的髯毛；第一颖革质，栗褐色，先端有黄棕色的宽带而广截平，并具不规则的钝齿，齿缘具纤毛，通常有7脉，主脉及两边脉与其邻近的脉在顶端以下汇合后而多少伸出颖外；第二颖栗枣色，膜质，但基部近于纸质，具3脉，先端变窄而截平且具微齿，齿缘具短纤毛，中部粗糙至具微毛，向两侧渐变无毛。

生于阳地、旷野、林缘。产于中国广东、广西、云南。

水蔗草（水蔗草属）

***Apluda mutica* L.**

多年生草本；具坚硬根头及根茎，须根粗壮。秆高50~300 cm，质硬，直径可达3 mm，基部常斜卧并生不定根；节间上段常有白粉，无毛。叶鞘具纤毛或否；叶舌膜质，长1~2 mm，上缘微齿裂；叶片扁平，长10~35 cm，宽3~15 mm，两面无毛或沿侧脉疏生白色糙毛；先端长渐尖，基部渐狭成柄状。总状花序长6.5~8 mm，基部以0.5 mm的细柄着生在总苞腋内；总状花序轴膨胀成陀螺形，长约1 mm，2有柄小穗从两侧以扁平的小穗柄夹持无柄小穗，与总状花序轴直接连生而无关节；小穗柄长3~5 mm，宽1~1.5 mm，常具3脉，坚韧而不脱落。花果期夏、秋季。

产于中国西南、华南地区。

荩草（荩草属）

***Arthraxon hispidus* (Thunb.) Makino**

一年生。秆细弱，无毛，基部倾斜，高30~60 cm，具多节，常分枝。叶鞘生短硬疣毛；叶舌长0.5~1 mm，边缘具纤毛；叶片卵状披针形，长2~4 cm，宽0.8~1.5 cm，基部抱茎，下部边缘生疣基毛。总状花序细弱，长1.5~4 cm，指状排列或簇生于秆顶。无柄小穗卵状披针形，长3~5 mm，灰绿色或带紫；第一颖草质；第二颖近膜质，与第一颖等长；第一外稃与第二外稃等长，透明膜质，芒长6~9 mm，下几不扭转；雄蕊2枚；花药黄色或带紫色。颖果长圆形，与稃体等长。有柄小穗退化仅到针状刺。花果期9~11月。

生于路边、溪旁湿地。产于中国南部。

毛秆野古草（野古草属）

Arundinella hirta **(Thunb.) Tanaka**

多年生草本，根茎较粗壮。秆直立，高 90~150 cm，被白色疣毛及疏长柔毛，后变无毛。叶鞘被疣毛，边缘具纤毛；叶舌长约 0.2 mm，上缘截平，具长纤毛；叶片长 15~40 cm，宽约 10 mm，两面被疣毛。圆锥花序长 15~40 cm，花序柄、主轴及分枝均被疣毛；孪生小穗柄分别长 1.5 mm 和 4 mm，具疏长柔毛；小穗长 3~4.2 mm，无毛。花果期 8 ~ 10 月。

刺芒野古草（野古草属）

Arundinella setosa **Trin.**

多年生草本。秆单生或丛生，高 35~160 cm，质较硬，无毛；节淡褐色。叶鞘无毛至具长刺毛，边缘具短纤毛；叶片基部圆形，先端长渐尖。圆锥花序排列疏展，分枝细长而互生，主轴及分枝均有粗糙的纵棱，孪生小穗柄分别长 2 mm 及 5 mm，顶端着生数枚白色长刺毛；小穗长 5.5~7 mm，第一颖具 3~5 脉，脉上粗糙；第二颖具 5 脉；第一小花中性或雄性，外稃具 3~5 脉；第二小花披针形至卵状披针形，成熟时棕黄色；芒宿存，黄棕色，芒针长 4~6 mm，侧刺长 1.4~2.8 mm，白色劲直，基盘毛长 0.6~0.8 mm；花药紫色，长约 1.5 mm。颖果褐色，长卵形，长约 1 mm。花果期 8 ~ 12 月。

石芒草（野古草属）

Arundinella nepalensis **Trin.**

多年生草本，无毛；节淡灰色，被柔毛，节间上部常具白粉；根茎具鳞片；叶鞘边缘具脱落性纤毛，叶线状披针形，基部圆；圆锥花序疏散或稍收缩，主轴具纵棱，无毛；分枝细长，近轮生；小穗灰绿至紫黑色；颖无毛，第一颖卵状披针形，3~5 脉，沿脊稍粗糙，先端渐尖；第二颖等长于小穗，5 脉，先端长渐尖；第一小花雄性，外稃具不明显 5 脉，先端钝；第二小花两性，成熟时外稃棕褐色，薄革质，无毛或微粗糙，芒宿存，芒柱棕黄色；颖果成熟时棕褐色，长卵圆形，长约 1 mm，宽约 0.3 mm，顶端平截。花果期 9 ~ 11 月。

芦竹（芦竹属）

Arundo donax **L.**

多年生草本; 秆高 3~6 m, 坚韧, 多节, 常生分枝; 叶鞘长于节间，无毛或颈部具长柔毛；叶片扁平，上面与边缘微粗糙，基部白色，抱茎；圆锥花序，分枝稠密，斜升；具 2~4 朵小花；外稃中脉延伸为长 1~2 mm 的芒，背面中部以下密生长柔毛，毛长 5~7 mm，基盘长为 0.5 mm，两侧上部具柔毛，第一外稃长约 1cm；内稃长为外稃之半；颖果细小，黑色。花果期 9 ~ 12 月。

生于旷野、林缘、灌丛中。广泛分布于中国各地。

箪竹（簕竹属）单竹

***Bambusa cerosissima* McClure**

秆高 3~7 m，径约 5 cm，顶端下垂甚长，秆表面幼时密被白粉，节间长 30~60 cm。每节分枝多数且近相等。鞘坚硬，鲜时绿黄色，被白粉，背面遍生淡色细短毛；有一圈较宽的木栓质环；耳长而狭窄；叶反转，卵状披针形，近基部有刺毛。每小枝有叶 4~8 枚，叶片线状披针形，长 20 cm，宽 2 cm，质地较薄，背面无毛或疏生微毛。

米筛竹（簕竹属）

***Bambusa pachinensis* Hayata**

秆高 3~8 m，直径 1~4.5 cm，尾梢稍下垂，下部挺直；节间长 30~70 cm，幼时薄被白色蜡粉，并疏被淡色或棕色贴生小刺毛；叶片线形至线状披针形，长 8~18 cm，宽 1~2 cm，上表面无毛，下表面密生长柔毛，先端渐尖具钻状尖头，基部近圆形或楔形。假小穗单生或以数枚簇生于花枝各节，披针形至线状披针形，长 2~3.5 cm，宽 4~5 mm；先出叶长 2.5 mm，具 2 脊，脊上被短的纤毛；具芽苞片 2~3 片，宽卵形，长达 7 mm，无毛，具 19 脉，先端圆钝具短尖头；小穗含小花 4~6 朵，中间小花为两性；小穗轴节间形扁，长 2.5~3 mm，无毛，顶端膨大；花柱长 0.5 mm，被长硬毛，柱头 3 枚，长 5 mm，羽毛状。成熟颖果未见。

产于中国江西、福建、台湾、广东、广西。

粉单竹（簕竹属）

***Bambusa chungii* McClure**

秆直立，顶端微弯曲；节间幼时被白色蜡粉，无毛，长可达 1 m；秆环平坦；箨环稍隆起。捧鞘早落，质薄而硬；箨耳呈窄带形，边缘生淡色毛，后者长而纤细，有光泽；叶片质地较厚，披针形乃至线状披针形，大小有变化，上表面沿中脉基部渐粗糙，下表面起初被微毛，以后渐变为无毛，先端渐尖，基部的两侧不对称，次脉 5~6 对。花枝极细长，无叶，通常每节仅生 1~2 枚假小穗，后者宽卵形，长可达 2 cm，无毛，先端渐尖，含 4~5 朵小花。未成熟果实的果皮在上部变硬，干后呈三角形，成熟颖果呈卵形，深棕色，腹面有沟槽。

产于中国广东。

撑篙竹（簕竹属）

***Bambusa pervariabilis* McClure**

秆高 7~10 m，直径 4~5.5 cm；分枝常自秆基部第一节开始，坚挺，以数枝乃至多枝簇生，中央 3 枝较为粗长。箨鞘早落，薄革质，背面无毛或有时被糙硬毛，先端向外侧一边下斜而呈不对称的拱形；叶片线状披针形，上表面无毛，下表面密生短柔毛，先端渐尖具粗糙的钻状尖头，基部近圆形或宽楔形。假小穗以数枚簇生于花枝各节，线形；小穗含小花 5~10 朵，基部具芽苞片 2~3 片；小穗轴节间长约 4 mm；颖仅 1 片，长圆形，长 6 mm，无毛，具 9 脉，先端急尖。颖果幼时宽卵球状，长 1.5 mm，顶端被短硬毛。

产于中国华南地区。

青皮竹（簕竹属）

Bambusa pervariabilis McClure

秆高 8~10 m。小穗含小花 5~8 朵，顶生小花不孕；小穗轴节间为半圆柱形或扁形，长约 4 mm，顶端膨大；颖仅 1 片，宽卵形，长 6 mm，无毛，具 21 脉，先端急尖具短尖头；外稃椭圆形，长 11~14 mm，无毛，具 25 脉，先端亦急尖具短尖头；内稃披针形，长 12~14 mm，常稍长于其外稃，具 2 脊，脊上无毛，脊间 10 脉，脊外每边各 4 脉；鳞被不相等，边缘被长纤毛，前方 2 片近匙形，长 3 mm，后方 1 片倒卵状椭圆形，长 2 mm；花丝细长，花药黄色，长 5 mm；子房宽卵球形，直径 2 mm，顶端增粗而被短硬毛，基部具子房柄，花柱长 0.7 mm，被短硬毛，柱头 3 枚，长 6~7 mm，羽毛状。

产于中国广东、广西。

硬秆子草（细柄草属）

Capillipedium assimile (Steud.) A. Camus

多年生草本；秆高 1.8~3.5 m，坚硬似小竹，多分枝，分枝常向外开展而将叶鞘撑破；叶片线状披针形，顶端刺状渐尖，基部渐窄，无毛或被糙毛；圆锥花序，分枝簇生，疏散而开展，枝腋内有柔毛，小枝顶端有 2~5 节总状花序，总状花序轴节间易断落，边缘变厚，被纤毛；无柄小穗长圆形，背腹压扁，具芒，淡绿色至淡紫色，有被毛的基盘；第一颖顶端窄而截平，背部粗糙乃至疏被小糙毛，具 2 脊，脊上被硬纤毛，脊间有不明显的 2~4 脉；第二颖与第一颖等长，顶端钝或尖，具 3 脉；第一外稃长圆形，顶端钝，长为颖的 2/3；芒弯曲扭转；花果期 8 ~ 12 月。

毛臂形草（臂形草属）

Brachiaria villosa (Lam.) A. Camus

一年生草本。基部倾斜，全体密被柔毛。叶鞘被柔毛，尤以鞘口及边缘更密；叶舌小，叶片卵状披针形，两面密被柔毛，先端急尖，边缘呈波状皱褶，基部钝圆。圆锥花序由 4~8 枚总状花序组成；主轴与穗轴密生柔毛；小穗卵形，常被短柔毛或无毛，通常单生；内稃膜质，狭窄；第二外稃革质，稍包卷同质内稃，具横细皱纹，膜质，折叠，花柱基分离。花果期 7 ~ 10 月。

细柄草（细柄草属）

Capillipedium parviflorum (R. Br.) Stapf

多年生，簇生草本。秆直立或基部稍倾斜，高 50~100 cm。叶片线形，顶端长渐尖，基部收窄，近圆形，两面无毛或被糙毛。圆锥花序长圆形，长 7~10 cm，近基部宽 2~5 cm，分枝簇生，可具 1~2 回小枝，纤细光滑无毛，枝腋间具细柔毛，小枝为具 1~3 节的总状花序，总状花序轴节间与小穗柄长为无柄小穗之半，边缘具纤毛。无柄小穗，基部具髯毛；第一颖背腹扁，先端钝，背面稍下凹，被短糙毛，具 4 脉，边缘狭窄，内折成脊，脊上部具糙毛；第二颖舟形，与第一颖等长，先端尖，具 3 脉，脊上稍粗糙，上部边缘具纤毛，第一外稃长为颖的 1/4~1/3，先端钝或呈钝齿状；第二外稃线形，先端具一膝曲的芒，芒长 12~15 mm。有柄小穗中性或雄性，等长或短于无柄小穗，无芒，二颖均背腹扁，第一颖具 7 脉，背部稍粗糙；第二颖具 3 脉，较光滑。花果期 8 ~ 12 月。

假淡竹叶（假淡竹叶属）

Centotheca lappacea **(L.) Desv.**

多年生草本，具短根状茎，具4~7节；叶鞘平滑，一侧边缘具纤毛；叶片长椭圆状披针形，具横脉，上面疏生硬毛，顶端渐尖，基部渐窄，成短柄状或抱茎；圆锥花序，分枝斜升或开展，微粗糙；小穗柄生微毛，含2~3朵小花；颖披针形，具3~5脉，脊粗糙，第一颖长2~2.5 mm，第二颖长3~3.5 mm；第一外稃长约4 mm，具7脉，顶端具小尖头，第二与第三外稃长3~3.5 mm，两侧边缘贴生硬毛，成熟后其毛伸展、反折或形成倒刺；内稃长约3 mm，狭窄，脊具纤毛。颖果椭圆形，长1~1.2 mm；胚长为果体的1/3。花果期6 ~ 10月。

青香茅（香茅属）

Cymbopogon mekongensis **A. Camus**

多年生草本；株高30~80 cm，具多数节，常被白粉；叶鞘无毛，短于其节间；叶片线形，基部窄圆形，边缘粗糙，顶端长渐尖；伪圆锥花序狭窄，分枝单纯；佛焰苞黄色或成熟时带红棕色；总状花序边缘具白色柔毛；下部总状花序基部与小穗柄稍肿大增厚；第一颖卵状披针形，脊上部具稍宽的翼，顶端钝，脊间无脉或有不明显的2脉，中部以下具一纵深沟；第二外稃长约1 mm，中下部弯曲，芒针长约9 mm；雄蕊3枚，花药长约2 mm。花果期7 ~ 9月。

竹节草（金须茅属）

Chrysopogon aciculatus **(Retz.) Trin.**

多年生，具根茎和匍匐茎；秆的基部常膝曲；叶鞘多聚集跨覆状生于匍匐茎和秆的基部，秆生者稀疏且短于节间；叶片披针形，基部圆形，先端钝，边缘具小刺毛而粗糙，秆生叶短小；圆锥花序直立，长圆形，紫褐色；分枝细弱，直立或斜升；无柄小穗圆筒状披针形，中部以上渐狭，先端钝，具一尖锐而下延的基盘，基盘顶端被锈色柔毛；颖革质，约与小穗等长；第一颖披针形，具7脉，上部具2脊，其上具小刺毛，下部背面圆形，无毛；第二颖舟形，背面及脊的上部具小刺毛，先端渐尖至具小刺芒，边缘膜质，具纤毛；第一外稃稍短于颖；第二外稃窄于第一外稃，先端全缘。花果期6 ~ 10月。

狗牙根（狗牙根属）

Cynodon dactylon **(L.) Persoon**

低矮草本，具根茎。秆细而坚韧，下部匍匐地面蔓延甚长，节上常生不定根，秆壁厚，光滑无毛，有时两侧压扁。叶鞘微具脊，无毛或有疏柔毛，鞘口常具柔毛；叶舌仅为一轮纤毛；叶片线形，长1~12 cm，宽1~3 mm，通常两面无毛。小穗灰绿色或带紫色，长2~2.5 mm，仅含1朵小花，第二颖稍长，均具1脉，背部成脊而边缘膜质；外稃舟形，具3脉，背部明显成脊，脊上被柔毛；内稃与外稃近等长，具2脉。鳞被上缘近截平；花药淡紫色；子房无毛，柱头紫红色。颖果长圆柱形。花果期5 ~ 10月。

广泛分布于中国黄河以南各省。

弓果黍（弓果黍属）

Cyrtococcum patens **(L.) A. Camus**

一年生。秆较纤细，花枝高 15~30 cm。叶鞘常短于节间，边缘及鞘口被疣基毛或仅见疣基，脉间亦散生疣基毛；叶舌膜质，长 0.5~1 mm，顶端圆形，叶片线状披针形或披针形，长 3~8 cm，宽 3~10 mm，顶端长渐尖，基部稍收狭或近圆形，两面贴生短毛，老时渐脱落，边缘稍粗糙，近基部边缘具疣基纤毛。圆锥花序由上部秆顶抽出，长 5~15 cm；分枝纤细，腋内无毛；小穗柄长于小穗；小穗长 1.5~1.8 mm，被细毛或无毛，颖具 3 脉；第一颖卵形，长为小穗的 1/2，顶端尖头；第二颖舟形，长约为小穗的 2/3，顶端钝；第一外稃约与小穗等长，具 5 脉，顶端钝，边缘具纤毛；第二外稃长约 1.5 mm，背部弓状隆起，顶端具鸡冠状小瘤体；第二内稃长椭圆形，包于外稃中；雄蕊 3 枚，花药长 0.8 mm。花果期 9 月至翌年 2 月。

产于中国江西、广东、广西、福建、台湾、云南等。

麻竹（牡竹属）

Dendrocalamus latiflorus **Munro**

秆高 20~25 m；节间长 45~60 cm，幼时被白粉，无毛；秆每节分多枝。箨鞘易早落；箨耳小长 5 mm；箨片外翻，长 6~15 cm。末级小枝具 7~13 叶；叶耳无；叶舌突起，高 1~2 mm；叶片长椭圆状披针形，长 15~45 cm；叶柄无毛，长 5~8 mm。花枝大型，密被黄褐色细柔毛；小穗卵形，甚扁，长 1.2~1.5 cm，成熟时为红紫或暗紫色。果实为囊果状，卵球形，长 8~12 mm。

散穗弓果黍（弓果黍属）

Cyrtococcum patens **var.** ***latifolium*** **(Honda) Ohwi**

叶舌长 1~1.2 mm，顶端近圆形，无毛；叶片常宽大而薄，线状椭圆形或披针形，长 7~15 cm，宽 1~2 cm，两面近无毛，脉间具小横脉，近基部边缘被疣基长纤毛；圆锥花序大而开展，长可达 30 cm，宽达 15 cm，分枝纤细；小穗柄远长于小穗。

升马唐（马唐属）

Digitaria ciliaris **(Retz.) Koeler**

秆基部横卧地面，节处生根和分枝；株高 30~90 cm；叶鞘常短于其节间；叶片线形或披针形，上面散生柔毛，边缘稍厚，微粗糙；总状花序 5~8 枚，呈指状排列于茎顶；穗轴宽约 1 mm，边缘粗糙；小穗披针形，生于穗轴之一侧；小穗柄微粗糙，顶端截平；第一颖小，三角形；第二颖披针形，长约为小穗的 2/3，具 3 脉，脉间及边缘生柔毛；第一外稃等长于小穗，具 7 脉，脉平滑，中脉两侧的脉间较宽而无毛，其他脉间贴生柔毛，边缘具长柔毛；第二外稃椭圆状披针形，革质，黄绿色或带铅色，顶端渐尖；花果期 5 ~ 10 月。

马唐（马唐属）

***Digitaria sanguinalis* (L.) Scop.**

一年生。秆直立或下部倾斜，弯曲上升，高 10~80 cm，直径 2~3 mm，无毛或节生柔毛。叶鞘短于节间，无毛或散生疣基柔毛；叶舌长 1~3 mm；叶片线状披针形，长 5~15 cm，宽 4~12 mm，基部圆形，边缘较厚，微粗糙，具柔毛或无毛。总状花序长 5~18 cm，4~12 枚呈指状着生于长 1~2 cm 的主轴上；穗轴直伸或开展，两侧具宽翼，边缘粗糙；小穗椭圆状披针形，长 3~3.5 mm。花果期 6 ~ 9 月。

产于中国西藏、四川、新疆、陕西、甘肃、山西、河北、河南、安徽。

牛筋草（䅟属）

***Eleusine indica* (L.) Gaertn.**

秆丛生；高 10~90 cm，基部倾斜；鞘两侧扁而具脊，根系发达；叶松散，线形，无毛或上面被疣基柔毛；穗状花序 2~7 个指状着生秆顶，稀单生；小穗具 3~6 朵小花；颖披针形，脊粗糙，第一颖长 1.5~2 mm，第二颖长 2~3 mm；第一外稃长 3~4 mm，卵形，膜质，脊带窄翼；内稃短于外稃，具 2 脊，脊具窄翼；鳞被 2 枚，折叠，5 脉；囊果卵圆柱形，长约 1.5 mm，基部下凹，具波状皱纹。

海南马唐（马唐属）

***Digitaria setigera* Roth**

一年生草本，具多数节，无毛；叶鞘短于节间；叶片宽线形，顶端渐尖，边缘及两面粗糙；秆高 30~100 cm，下部匍匐地面，节上生根或具分枝；叶鞘具脊，短于其节间，无毛或基部生疣基糙毛；叶片线状披针形，顶端渐尖，基部近圆形，具疣毛，两面无毛，边缘粗糙；总状花序，5~12 枚着生于长 1~4 cm 的主轴上，腋间具长刚毛；穗轴具翼，边缘粗糙；下部散生长刚毛；小穗椭圆形，第一颖缺；第二颖具 1~3 脉，先端具柔毛；第一外稃与小穗等长，具 7 脉，或间脉不明显；边脉彼此接近，边缘被柔毛。花果期 10 月至翌年 3 月。

鼠妇草（画眉草属）

***Eragrostis atrovirens* (Desf.) Trin. ex Steud.**

多年生。根系粗壮。秆直立，疏丛生，基部稍膝曲，具 5~6 节，第二、三节处常有分枝。叶鞘除基部外，均较节间短，光滑，鞘口有毛；叶片扁平或内卷，下面光滑，上面粗糙，近基部疏生长毛。圆锥花序开展，每节有 1 个分枝，穗轴下部往往有 1/3 左右裸露，腋间无毛；小穗窄矩形，深灰色或灰绿色，含 8~20 朵小花，小穗轴宿存；颖具 1 脉，第一颖长约 1.2 mm，卵圆形，先端尖；第二颖长约 2 mm，长卵圆形，先端渐尖；第一外稃长约 22 mm，广卵形，先端尖，具 3 脉，侧脉明显；内稃长约 1.8 mm，脊上有疏纤毛，与外稃同时脱落；花药长约 0.8 mm。颖果长约 1 mm。夏、秋季抽穗。

产于中国广东、广西、四川、贵州、云南。

秋画眉草（画眉草属）

Eragrostis autumnalis **Keng**

一年生草本；秆高15~45 cm，3~4节，基部数节常有分枝；叶鞘扁，无毛，鞘口有脱落性长柔毛，叶舌为一圈纤毛；叶多内卷或对折；圆锥花序；分枝簇生、轮生或单生，腋间无毛；小穗灰绿色，有3~10朵小花；颖披针形，1脉，第一颖长约1.5 mm，第二颖长约2 mm；外稃宽卵形，先端尖，第一外稃长约2 mm；内稃长约1.5 mm，脊有纤毛，迟落或宿存；颖果红褐色，椭圆柱形，长约1 mm。花果期7 ~ 11月。

大画眉草（画眉草属）

Eragrostis cilianensis **(All.) Vignolo – Lutati ex Janch.**

一年生。秆粗壮，高30~90 cm，直立丛生，基部常膝曲，具3~5节，节下有一圈明显的腺体。叶鞘疏松裹茎，脉上有腺体，鞘口具长柔毛；叶舌为一圈成束的短毛；叶片线形扁平，伸展，无毛，叶脉上与叶缘均有腺体。圆锥花序长圆形或尖塔形，分枝粗壮，单生，上举，腋间具柔毛，小枝和刁穗柄上均有腺体；小穗长圆形或卵状长圆形，墨绿色带淡绿色或黄褐色，扁压并弯曲，有10~40朵小花，小穗除单生外，常密集簇生；颖近等长，颖具1脉或第二颖具3脉，脊上均有腺体；外稃呈广卵形，先端钝，第一外稃侧脉明显，主脉有腺体，暗绿色而有光泽；内稃宿存，稍短于外稃，脊上具短纤毛。雄蕊3枚。颖果近圆柱形。花果期7 ~ 10月。

长画眉草（画眉草属）

Eragrostis brownii **(Kunth) Nees**

多年生草本。秆高15~50 cm，3~5节；叶鞘短于或等于节间，无毛，鞘口有长柔毛；叶常集生基部，线形，内卷或平展；圆锥花序，分枝较粗短，单生，基部密生小穗；小穗铅绿或暗棕色，长椭圆形，具7朵小花，小穗柄极短或近无柄；颖卵状披针形，第一颖长约1.2 mm，1脉，第二颖长约1.8 mm，1脉；外稃卵圆形，先端锐尖；内稃稍短于外稃，脊有纤毛，先端微凹；颖果黄褐色，长约0.5 mm。花果期春夏之交。

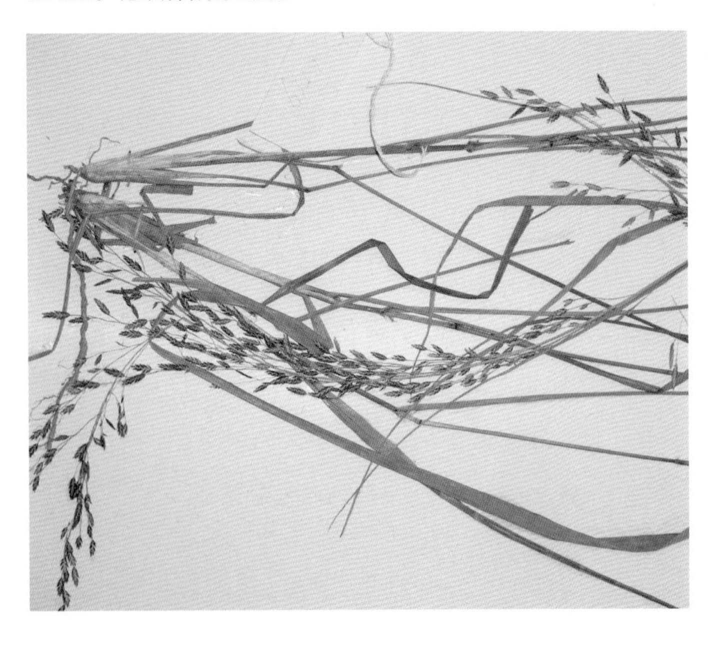

华南画眉草（画眉草属）

Eragrostis nevinii **Hance**

多年生草本。秆高20~50 cm，5~6节；叶鞘具长柔毛，叶舌为一圈短毛；叶线形，多内卷，两面被毛；圆锥花序穗状，分枝长1.5~2.5 cm，腋间无毛或有短毛；小穗长圆形或线状长圆形，有4~14朵小花，黄或稍带紫色；颖披针形，1脉，第一颖长约1.5 mm，第二颖长约2 mm；外稃卵圆形，先端尖，侧脉明显，第一外稃长约2.5 mm；内稃宿存，长约2 mm，弯曲，沿脊有翼，先端有齿；颖果长圆形，稍扁，长约1 mm。花果期4 ~ 10月。

宿根画眉草（画眉草属）

Eragrostis perennans **Keng**

多年生草本；秆 2~3 节；叶鞘质较硬，鞘口密生长柔毛，叶舌常为一圈纤毛；叶平展，质硬，无毛，上面较粗糙；圆锥花序开展，分枝常单生或基部具数分枝；小穗黄带紫色，有 7~24 朵小花，颖宽披针形；颖果棕褐色，椭圆柱形，微扁，长约 0.8 mm。花果期夏、秋季。

鲫鱼草（画眉草属）

Eragrostis tenella **(L.) P. Beauv. ex Roemer & Schult.**

秆纤细，直立或基部弯曲或匍匐状，3~4 节；叶鞘短于节间，鞘口及边缘疏生长柔毛；叶扁平，下面无毛，上面粗糙；圆锥花序开展；分枝单生或簇生，腋间有长柔毛；小枝和小穗柄具腺点；小穗卵圆形或长圆状卵圆形，有 4~10 朵小花，成熟后自上而下逐节断落；颖膜质，1 脉，第一颖长约 0.8 mm，第二颖长约 1 mm；外稃有紧靠边缘的侧脉，先端钝，第一外稃长约 1 mm；内稃沿脊被长纤毛；颖果深红色，长圆柱形，长约 0.5 mm。花果期 4 ~ 8 月。

画眉草（画眉草属）

Eragrostis pilosa **(L.) P. Beauv.**

一年生。秆丛生，高 15~60 cm，通常具 4 节，光滑。叶鞘松裹茎，扁压，鞘口有长柔毛；叶舌为一圈纤毛；叶片扁平或卷缩，长 6~20 cm，宽 2~3 mm，无毛。圆锥花序长 10~25 cm，宽 2~10 cm，分枝多直立向上，腋间有长柔毛，小穗具柄，长 3~10 mm；颖为膜质，披针形。第一颖长约 1 mm，无脉，第二颖长约 1.5 mm，具 1 脉；第一外稃长约 1.8 mm；内稃长约 1.5 mm。颖果长圆形，长约 0.8 mm。花果期 8 ~ 11 月。

牛虱草（画眉草属）

Eragrostis unioloides **(Retz.) Nees. ex Steud.**

秆具匍匐枝，3~5 节；叶鞘无毛，鞘口具长毛；叶线状披针形，下面平滑，上面粗糙，疏生长毛；圆锥花序长圆形，开展；分枝单生，腋间无毛；小穗卵状长圆形，两侧极扁，成熟时紫色，有 10~20 朵小花；小穗轴宿存；颖披针形，具 1 脉，第一颖长 1.5~2 mm，第二颖长 2~2.5 mm；外稃宽卵形，密生细点，侧脉隆起，先端尖，第一外稃长约 2 mm；内稃成熟时与外稃同落，脊有纤毛；雄蕊 2 枚，花药紫色；颖果椭圆柱形。花果期 8 ~ 10 月。

金茅（黄金茅属）

Eulalia speciosa **(Debeaux) Kuntze**

小乔木，高达 5 m；新梢淡绿色，略呈两侧压扁状；叶有小叶 5 片，长圆形，顶部钝尖或短渐尖，基部短尖至阔楔形，硬纸质，叶缘有疏离而裂的锯齿状裂齿，中脉在叶面至少下半段明显凹陷呈细沟状，侧脉每边 12~22 条；花序轴、小叶柄及花萼裂片初时被褐锈色微柔毛；圆锥花序腋生及顶生，多花，花蕾圆球形；萼裂片阔卵形；花瓣早落，白或淡黄色，油点多，花蕾期在背面被锈色微柔毛；雄蕊 10 枚，近等长，花丝上部果近圆球形，果皮多油点，淡红色。花期 7 ~ 10 月，果期翌年 1 ~ 3 月。

无芒耳稃草（耳稃草属）

Garnotia patula **var.** ***mutica*** **(Munro) Rendle**

多年生草本，高 30~100 cm，无毛或节具微毛；叶鞘无毛，均长于节间，鞘颈被毛；叶片线形，扁平，上面被疣基长柔毛；圆锥花序稀疏开展，基部者簇生，接近顶端者孪生或单生；小穗狭披针形，基部具 1 圈短毛；两颖等长或第一颖稍长，先端渐尖，脉上稍粗糙，无芒或第一颖具芒尖；外稃先端渐尖，无芒，光滑，基部呈柄状，具 3 脉；内稃较短于外稃，近基部边缘具耳，耳以上至顶具软柔毛；颖果纺锤形，一面扁平，一面微凸。花果期 9 ~ 10 月。

耳稃草（耳稃草属）

Garnotia patula **(Munro) Benth.**

耳多年生。秆丛生，高 60~130 cm，无毛，节具短毛。叶鞘多聚集于基部，无毛或疏生柔毛，鞘颈密生短毛；叶舌膜质，长 0.2~0.5 mm；叶片扁平，两面均生疣基长柔毛或下面无毛。圆锥花序长 15~40 cm，主轴具棱，粗糙，分枝硬直，长达 12 cm；小穗狭披针形，长 4~4.5 mm；两颖近等长；外稃与颖等长，质较厚，成熟时呈棕黑色，芒长 7~10 mm；内稃膜质，稍短于外稃。花果期 8 ~ 12 月。

大距花黍（距花黍属）距花黍

Ichnanthus pallens **var.** ***major*** **(Nees) Stieber**

秆匍匐地面，自节生根，向上抽出花枝；高 15~50 cm，叶鞘被毛或仅边缘具纤毛；叶片卵状披针形至卵形，顶端尖或渐尖，基部斜心形，脉间有小横脉；圆锥花序顶生或腋生，分枝脉间具柔毛；小穗披针形，微两侧压扁；颖革质，顶端尖，两颖间有明显的节相隔，第一颖具 3 脉；第二颖与第一颖近等长，具 5 脉；第一外稃草质，顶端略钝；第一内稃椭圆形，膜质，狭小；第二外稃革质，长圆形，顶端钝，基部两侧贴生膜质附属物，干枯时成两缢痕；鳞被 2 枚，折叠，纸质，具 5 脉；花柱分离；种脐点状。花果期 8 ~ 11 月。

白茅（白茅属）

***Imperata cylindrica* (L.) P. Beauv.**

多年生，具横走多节被鳞片的长根状茎。秆直立，高 25~90 cm，具 2~4 节，节被白柔毛。叶鞘无毛或上部及边缘具柔毛，鞘常集于秆基，老时破碎呈纤维状；叶舌干膜质，顶端具细纤毛；叶片线形或线状披针形，顶端渐尖，中脉在下面明显隆起并渐向基部增粗或成柄，边缘粗糙，上面被细柔毛；顶生叶短小圆锥花序穗状，分枝短缩而密集；小穗柄顶端膨大成棒状；小穗披针形，基部密生丝状柔毛，顶端渐尖，具 5 脉，中脉延伸至上部，背部脉间疏生丝状柔毛，边缘稍具纤毛；第一外稃卵状长圆形，顶端尖，具齿裂及少数纤毛；雄蕊 2 枚，花药黄色，先于雌蕊成熟；柱头 2 枚，紫黑色，自小穗顶端伸出。颖果椭圆形。花果期 5 ~ 8 月。

箬竹（箬竹属）

***Indocalamus tessellatus* (Munro) Keng f.**

秆高 0.75~2 m；节间长约 25 cm，圆筒形，在分枝一侧的基部微扁。箨鞘长于节间，具纵肋；箨耳无；箨舌厚膜质，截形；箨片大小多变化，易落。小枝具 2~4 枚叶；叶鞘紧密抱秆；无叶耳；叶舌高 1~4 mm，截形；叶片宽披针形，长 20~46 cm，叶缘生有细锯齿。圆锥花序长 10~14 cm，花序主轴和分枝均密被棕色短柔毛；小穗绿色带紫，长 2.3~2.5 cm，呈圆柱形；小穗轴节间长 1~2 mm，被白色茸毛。笋期 4 ~ 5 月，花期 6 ~ 7 月。

箬叶竹（箬竹属）

***Indocalamus longiauritus* Hand.-Mazz.**

秆高 2~3 m，中部节间长 20~40 cm；新秆深绿色，无毛，有白粉，节下具淡棕色贴生毛环，秆环较平，箨环木栓质隆起；秆箨短于节间，绿色，被棕褐色疣基刺毛，边缘具棕褐色纤毛；箨耳镰形，缝毛放射状；箨舌极短，微弧形；箨叶卵状披针形，抱茎，绿色，直立；每小枝 2~7 枚叶；叶鞘形扁，具白粉，叶耳镰状，放射状，后脱落；叶宽带状披针形，下面淡绿色，无毛，侧脉 7~13 对；叶柄长 0.5~1 cm。笋期 4 月。

大节竹（大节竹属）

***Indosasa crassiflora* McClure**

秆箨脱落性，短于节间，干时褐色，有深褐色纵条纹，具不明显斑点，上部两侧边缘常枯焦状，密被深褐色长粗毛，基部尤密，一侧或两侧近无毛，箨顶两侧不对称，一侧肿胀，中部密被刺毛；无箨耳，有少数卷曲缝毛；箨舌近平截；箨叶窄三角状披针形，窄于箨鞘顶部，反曲，微皱缩，两面被短刺毛；秆高 5 m，直径 4 cm，秆壁厚，基部近实心，中空小，髓薄；新秆绿色，节间被白粉，节下白粉较厚，无毛；秆环甚隆起，屈膝状，节内长 1 cm，秆中部每节分 3 枝，枝叶稀疏，枝环甚隆起，屈膝状；每小枝 4~6 片叶；叶鞘无毛，叶耳不发育，缝毛少数，直伸或脱落，叶舌高不及 1 mm；叶带状披针形，两面无毛，下面有白粉，一边有锯齿，侧脉 5~8 对。花期 6 月。

白花柳叶箬（柳叶箬属）

Isachne albens **Trin.**

多年生；秆坚硬，直立或基部倾斜，节生根，高 0.5~1 m，无毛；叶鞘常短于节间，具缘毛，叶舌纤毛状，叶披针形，质较硬，边缘软骨质；圆锥花序椭圆形或倒卵状椭圆形，开展，分枝单生；小穗灰白色，椭圆状球形，颖草质；两小花同质同形，第一小花两性，第二小花常雌性；颖果椭圆形。花果期夏、秋季。

海南柳叶箬（柳叶箬属）

Isachne hainanensis **P. C. Keng**

海南一年生；秆纤细柔弱，匍匐地面，节易生根；叶鞘短于节间，疏生白色细疣基毛，鞘口及边缘具较密茸毛，无叶舌；叶卵状椭圆形，质薄柔软，先端短尖，基部圆，两面疏生白细毛或无毛，叶缘不增厚，常疏生疣基长毛，基部较密；圆锥花序卵形，每节具 1~2 个分枝，分枝细弱，斜升，无腺体；小穗淡绿或带紫色；颖长椭圆形，3~5 脉，无毛；第一小花雄性，长圆形，稃体质薄而软，淡绿色；花药淡棕色；第二小花两性，半球形，长约为第一小花之半，稃体软骨质，黄白色，密生细毛茸；基部有小花轴；鳞被膜质，几方形，先端浅裂；颖果椭圆形。花果期 10 ~ 12 月。

柳叶箬（柳叶箬属）

Isachne globosa **(Thunb.) Kuntze**

多年生。秆丛生，高 30~60 cm，节上无毛。叶鞘无毛，但一侧边缘具疣基毛；叶舌纤毛状；叶片长 3~10 cm，宽 3~8 mm，基部钝圆或微心形，两面均具微细毛，边缘质地增厚，软骨质，全缘。圆锥花序长 3~11 cm，分枝和小穗柄均具黄色腺斑；小穗椭圆状球形，长 2~2.5 mm，淡绿色，或成熟后带紫褐色；第一小花通常雄性；第二小花雌性，近球形，外稃边缘和背部常有微毛。颖果近球形。花果期夏、秋季。

细毛鸭嘴草（鸭嘴草属）

Ischaemum indicum **(Houtt.) Merr.**

多年生草本；秆直立或基部平卧至斜升，节上密被白色髯毛；叶鞘疏生疣毛；叶舌膜质，长约 1 mm，上缘撕裂状；叶片线形，两面被疏毛；总状花序 2 枚生于秆顶，开花时常互相分离；总状花序轴节间和小穗柄的棱上均有长纤毛；无柄小穗倒卵状矩圆形，第一颖革质，先端具 2 枚齿，两侧上部有阔翅，边缘有短纤毛，背面上部具 5~7 脉，下部光滑无毛；第二颖较薄，舟形，等长于第一颖，下部光滑，上部具脊和窄翅，先端渐尖，边缘有纤毛；第一小花雄性，外稃纸质，脉不明显，先端渐尖；第二小花两性，外稃较短，先端 2 深裂至中部，裂齿间着生芒；芒在中部膝曲；子房无毛，柱头紫色。花果期夏、秋季。

淡竹叶（淡竹叶属）
Lophatherum gracile **Brongn.**

多年生，具木质根头。须根中部膨大呈小块根。秆直立，疏丛生，高 40~80 cm，具 5~6 节。叶鞘平滑或外侧边缘具纤毛；叶舌质硬，长 0.5~1 mm，褐色；叶片长 6~20 cm，宽 1.5~2.5 cm，具横脉，基部收窄成柄状。圆锥花序长 12~25 cm，分枝长 5~10 cm；小穗线状披针形，长 7~12 mm，具极短柄；第一颖长 3~4.5 mm，第二颖长 4.5~5 mm；第一外稃长 5~6.5 mm，内稃较短；不育外稃互相密集包卷，顶端具长约 1.5 mm 的短芒。颖果长椭圆形。花果期 6 ~ 10 月。

蔓生莠竹（莠竹属）
Microstegium fasciculatum **(L.) Henrard**

多年生草本。秆高达 1 m。叶片长 12~15 cm，宽 5~8 mm，不具柄，两面无毛。总状花序 3~5 枚，带紫色，长约 6 cm；总状花序轴节间呈棒状；无柄小穗长圆形，长 3.5~4 mm；第一小花雄性；第二外稃长约 0.5 mm，2 裂，芒从裂齿间伸出，长 8~10 mm。有柄小穗与其无柄小穗相似。花果期 8 ~ 10 月。

刚莠竹（莠竹属）
Microstegium ciliatum **(Trin.) A. Camus**

多年生蔓生草本；高 30~80 cm，光滑无毛；秆高 1 m 以上，较粗壮，下部节上生根，具分枝，花序以下和节均被柔毛；分枝平滑无毛；叶鞘背部具柔毛或无毛；叶片披针形，两面具柔毛或无毛，或近基部有疣基柔毛，顶端渐尖或成尖头，中脉白色；颖果长圆形，长 1.5~2 mm，胚长为果体的 1/3~1/2。花果期 9 ~ 12 月。

莠竹（莠竹属）
Microstegium vimineum **(Trin.) A. Camus**

蔓生草本。高达 1 m，多分枝，无毛；秆高 80~120 cm，节无毛，下部横卧地面于节处生根，向上抽出开花分枝；叶鞘短于其节间，鞘口具柔毛；叶舌截形，长约 0.5 mm，背面生毛；叶片长 4~8 cm，宽 5~8 mm，边缘粗糙，顶端渐尖，基部狭窄，中脉白色；花有柄小穗相似于无柄小穗或稍短，小穗柄短于穗轴节间；颖果长圆形，长约 2.5 mm。

五节芒（芒属）
Miscanthus floridulus **(Labill.) Warburg ex K. Schumann**

多年生草本，具发达根状茎。秆高大似竹，高 2~4 m，无毛，节下具白粉，叶鞘无毛；叶舌长 1~2 mm，顶端具纤毛；叶片披针状线形，长 25~60 cm，宽 1.5~3 cm，中脉粗壮隆起，两面无毛，边缘粗糙。圆锥花序稠密，长 30~50 cm，主轴无毛；分枝较细弱，长 15~20 cm，具 2~3 回小枝；小穗卵状披针形，长 3~3.5 mm，黄色；雄蕊 3 枚，花药橘黄色；花柱极短，柱头紫黑色。花果期 5 ~ 10 月。

毛俭草（毛俭草属）
Mnesithea mollicoma **(Hance) A. Camus**

多年生草本；株高可达 1.5 m，全体被柔毛；叶鞘在秆基部者略压扁；叶片扁平，线状披针形，先端渐尖，基部楔形，两面密被毛；总状花序圆柱形，单生于秆顶，序轴节间长约 3 mm，顶端凹陷，基部周围生短柔毛，外侧有数条纵纹延伸至节间 2/3 处；每节间的凹穴中并生 2 个无柄、1 个有柄小穗；无柄小穗第一颖背面布满长方格形凹穴和细毛，脊的外侧有极窄的翅；第二颖厚膜质，5 脉，先端亦具极窄之翅；第一小花常退化，外稃膜质，3 脉，内稃短小；第二小花两性，内、外稃等长，花药红棕色。花果期秋季。

芒（芒属）
Miscanthus sinensis **Andersson**

多年生苇状草本。秆高 1~2 m。叶鞘无毛，长于其节间；叶舌膜质，长 1~3 mm，顶端及其后面具纤毛；叶片线形，长 20~50 cm，宽 6~10 mm，下面疏生柔毛及被白粉，边缘粗糙。圆锥花序直立，长 15~40 cm，主轴无毛；分枝较粗硬，直立，长 10~30 cm；小穗披针形，长 4.5~5 mm，黄色有光泽；雄蕊 3 枚，花药稃褐色，先雌蕊而成熟；柱头羽状，长约 2 mm，紫褐色。颖果长圆形，暗紫色。花果期 7 ~ 12 月。

类芦（类芦属）
Neyraudia reynaudiana **(Kunth) Keng ex Hitchc.**

多年生，具木质根状茎。秆直立，高 2~3 m，通常节具分枝，节间被白粉；叶鞘无毛，仅沿颈部具柔毛；叶舌密生柔毛；叶片长 30~60 cm，宽 5~10 mm。圆锥花序长 30~60 cm，分枝细长；小穗长 6~8 mm，第一外稃不孕，无毛；颖片长 2~3 mm；外稃长约 4 mm，边脉生有长约 2 mm 的柔毛，顶端具长 1~2 mm 向外反曲的短芒；内稃短于外稃。花果期 8 ~ 12 月。

竹叶草（求米草属）

Oplismenus compositus **(L.) P. Beauv.**

秆较纤细，基部平卧地面，节着地生根，秆高 20~80 cm。叶鞘近无毛；叶片长 3~8 cm，宽 5~20 mm，基部多少包茎而不对称，近无毛，具横脉。圆锥花序长 5~15 cm，主轴近无毛；分枝长 2~6 cm；小穗孪生，长约 3 mm；颖草质，第一颖先端芒长 0.7~2 cm；第二颖芒长 1~2 mm；第一小花中性，外稃革质，先端具芒尖，内稃膜质，狭小或缺；第二外稃革质，平滑，光亮，长约 2.5 mm，边缘内卷，包着同质的内稃；花柱基部分离。花果期 9 ~ 11 月。

求米草（求米草属）

Oplismenus undulatifolius **(Ard.) Roemer & Schult.**

秆纤细，基部平卧地面，上升部分高 20~50 cm。叶鞘密被疣基毛；叶舌膜质，短小，长约 1 mm；叶片扁平，披针形，长 2~8 cm，宽 5~18 mm，基部稍不对称，通常具细毛。圆锥花序长 2~10 cm，主轴密被疣基长刺柔毛；分枝短缩；小穗卵圆形，被硬刺毛，长 3~4 mm；雄蕊 3 枚；花柱基分离。花果期 7 ~ 11 月。

疏穗竹叶草（求米草属）

Oplismenus patens **Honda**

秆纤细，基部平卧地面，节上生根，上升部分高 30~60 cm，节无毛。叶鞘无毛，边缘被纤毛；叶片质地稍厚，长圆状披针形至卵状披针形，两面无毛。圆锥花序主轴及穗轴三棱形，无毛或被微毛；5~8 回分枝，互生而疏离；小穗单生，卵状披针形；第一颖顶端的芒长 1~1.4 cm，具 3~5 脉；第二颖的芒长约为第一颖的一半；第一外稃与小穗近等长，背部疏生短毛，边缘被纤毛，顶端具短芒，芒长 2~2.5 mm，具 7~9 脉，内稃缺；第二外稃厚纸质或革质，稍短于第一外稃，光滑，顶端具长 0.5~1 mm 的芒，边缘包着同质的内稃，先端稍露出。花果期 9 ~ 11 月。

露籽草（露籽草属）

Ottochloa nodosa **(Kunth) Dandy**

多年生蔓生草本。秆下部横卧地面并于节上生根，上部倾斜直立。叶鞘边缘仅一侧具纤毛；叶片披针形，质较薄，顶端渐尖，基部圆形至近心形，两面近平滑，边缘稍粗糙。圆锥花序多少开展，分枝上举，纤细，疏离，互生或下部近轮生，分枝粗糙具棱，小穗有短柄，椭圆形；颖草质，第一颖长约为小穗的 1/2，具 5 脉，第二颖长为小穗的 1/2~2/3，具 5~7 脉；第一外稃草质，约与小穗等长，有 7 脉，第一内稃缺；第二外稃骨质，与小穗近等长，平滑，顶端两侧压扁，呈极小的鸡冠状。花果期 7 ~ 9 月。

糠稷（黍属）

Panicum bisulcatum **Thunb.**

一年生草本。秆纤细，较坚硬，高 0.5~1 m。叶鞘边缘被纤毛；叶舌长约 0.5 mm，顶端具纤毛；叶片质薄，长 5~20 cm，宽 3~15 mm，几无毛。圆锥花序长 15~30 cm，分枝纤细；小穗椭圆形，长 2~2.5 mm，绿色或带紫色，具细柄；第一颖近三角形，长约为小穗的 1/2；第二颖与第一外稃同形等长；第一内稃缺；第二外稃椭圆形，长约 1.8 mm，成熟时黑褐色。鳞被长约 0.26 mm，宽约 0.19 mm，具 3 脉，折叠。花果期 9 ~ 11 月。

藤竹草（黍属）

Panicum incomtum **Trin.**

多年生草本；叶鞘松弛，被毛，老时渐脱落；叶舌长 0.5~1 mm，顶端被纤毛；叶片披针形至线状披针形，顶端渐尖，基部圆形，两面被柔毛，老时渐脱落；秆木质，攀援或蔓生，多分枝，长达数米至 10 余米，无毛或常在花序下部被柔毛；花果期 7 月至翌年 3 月。

短叶黍（黍属）

Panicum brevifolium **L.**

一年生草本。秆基部常伏卧地面，节上生根，花枝高 10~50 cm。叶鞘被柔毛或边缘被纤毛；叶舌长约 0.2 mm，顶端被纤毛；叶片长 2~6 cm，宽 1~2 cm，基部心形包秆，两面疏被粗毛，边缘粗糙或基部具疣基纤毛。圆锥花序开展，长 5~15 cm，主轴直立，常被柔毛；小穗长 1.5~2 mm，具蜿蜒的长柄；颖背部被疏刺毛。花果期 5 ~ 12 月。

心叶稷（黍属）

Panicum notatum **Retz.**

多年生草本。秆坚硬，直立或基部倾斜，具分枝，高 60~120 cm。叶鞘质硬，短于节间，边缘被纤毛；叶片披针形，顶端渐尖，基部心形，无毛或疏生柔毛，边缘粗糙，近基部常具疣基毛，脉间具横脉；圆锥花序开展，分枝纤细，下部裸露，上部疏生小穗；小穗椭圆形，绿色，后变淡紫色，无毛或贴生微毛，具长柄；第一颖阔卵形至卵状椭圆形，具 5 脉，顶端尖；第一外稃与第二颖同形，具 5 脉，其内稃缺；第二外稃革质，平滑、光亮，具脊，椭圆形，顶端尖略短于小穗，灰绿色至褐色。鳞被具 5 脉，局部折叠，透明。花果期 5 ~ 11 月。

铺地黍（黍属）

***Panicum repens* L.**

多年生草本；株高 50~100 cm；根茎粗壮发达；叶鞘光滑，边缘被纤毛；叶片质硬，线形，干时常内卷，呈锥形，顶端渐尖，上表皮粗糙或被毛，下表皮光滑；叶舌极短，膜质，顶端具长纤毛；圆锥花序开展，分枝斜上，粗糙，具棱槽；小穗长圆形，无毛，顶端尖；第一颖薄膜质，基部包卷小穗，顶端截平或圆钝，脉常不明显；第二颖约与小穗近等长，顶端喙尖，具 7 脉；第一小花雄性，其外稃与第二颖等长；雄蕊 3 枚，其花丝极短，暗褐色；第二小花结实，长圆形，平滑光亮，顶端尖；鳞被脉不清晰；花果期 6 ~ 11 月。

长叶雀稗（雀稗属）

***Paspalum longifolium* Roxb.**

多年生草本；株高 80~120 cm，粗壮，多节；叶鞘较长于其节间，背部具脊，边缘生疣基长柔毛；叶片无毛；总状花序，6~20 枚着生于伸长的主轴上；小穗柄孪生，微粗糙；小穗呈 4 行排列于穗轴一侧，宽倒卵形；第二颖与第一外稃被卷曲的细毛，具 3 脉，顶端稍尖；第二外稃黄绿色，后变硬；花果期 7 ~ 10 月。

两耳草（雀稗属）

***Paspalum conjugatum* Bergius**

多年生草本；植株具长达 1 m 的匍匐茎，秆直立部分高 30~60 cm；叶鞘具脊，无毛或上部边缘及鞘口具柔毛；叶片披针状线形，质薄，无毛或边缘具疣柔毛；总状花序 2 枚，纤细；小穗卵形，顶端稍尖，覆瓦状排列成两行；第二颖与第一外稃质地较薄，无脉，第二颖边缘具长丝状柔毛，毛长与小穗近等；第二外稃变硬，背面略隆起，卵形，包卷同质的内稃；颖果长约 1.2 mm，胚长为颖果的 1/3；花果期 5 ~ 9 月。

圆果雀稗（雀稗属）

***Paspalum scrobiculatum* L. var. *orbiculare* (G. Forst.) Hack.**

多年生草本。秆直立，丛生，高 30~90 cm。叶鞘长于其节间，无毛，鞘口有少数长柔毛；叶舌长约 1.5 mm；叶片长披针形至线形，长 10~20 cm，宽 5~10 mm，大多无毛。总状花序长 3~8 cm，分枝腋间有长柔毛；小穗椭圆形或倒卵形，长 2~2.3 mm，单生于穗轴一侧，覆瓦状排列成二行；小穗柄微粗糙，长约 0.5 mm。花果期 6 ~ 11 月。

狼尾草（狼尾草属）

Pennisetum alopecuroides **(L.) Spreng.**

多年生。秆丛生，高 30~120 cm。叶鞘光滑，两侧压扁，长于节间；叶舌具长约 2.5 mm 的纤毛；叶片长 10~80 cm，宽 3~8 mm。圆锥花序直立，长 5~25 cm，宽 1.5~3.5 cm；主轴密生柔毛；总梗长 2~4 mm；刚毛粗糙，淡绿色或紫色，长 1.5~3 cm；小穗通常单生，线状披针形，长 5~8 mm；第一颖微小或缺；第二颖具 3~5 脉，长约为小穗 1/3~2/3；第一外稃与小穗等长；第二外稃与小穗等长。颖果长圆形，长约 3.5 mm。花果期夏、秋季。

毛竹（刚竹属）

Phyllostachys edulis **(Carrière) J. Houz.**

高达 20 余米，粗 20 余厘米。叶片较小较薄，披针形，长 4~11 cm，宽 0.5~1.2 cm。花枝穗状，长 5~7 cm，基部托以 4~6 片逐渐增大的微小鳞片状苞片，有时花枝下方尚有 1~3 片近于正常发达的叶，此时花枝呈顶生状；佛焰苞通常在 10 片以上，常偏于一侧，呈整齐的覆瓦状排列；柱头 3 枚，羽毛状。颖果长椭圆形，长 4.5 ~ 6 mm，直径 1.5~1.8 mm，顶端有宿存的花柱基部。笋期 4 月，花期 5 ~ 8 月。

分布于中国秦岭、汉水流域至长江流域以南地区和台湾，黄河流域也有多处栽培。

芦苇（芦苇属）

Phragmites australis **(Cav.) Trin. ex Steud.**

多年生，根状茎十分发达。秆直立，高 1~3 (8) m，直径 1~4 cm，具 20 多节，基部和上部的节间较短，最长节间位于下部第 4~6 节，长 20~25 (40) cm，节下被腊粉。叶鞘下部者短于上部者，长于其节间；叶舌边缘密生一圈长约 1 mm 的短纤毛，两侧缘毛长 3~5 mm，易脱落；叶片披针状线形，长 30 cm，宽 2 cm，无毛，顶端渐尖，呈丝形。圆锥花序大型，长 20~40 cm，宽约 10 cm，分枝多数，长 5~20 cm，着生稠密下垂的小穗；小穗柄长 2~4 mm，无毛；小穗长约 12 mm，含 4 朵花；颖具 3 脉。颖果长约 1.5 mm。

生于江河湖泽、池塘沟渠沿岸和低湿地。产于中国各地。

金丝草（金发草属）

Pogonatherum crinitum **(Thunb.) Kunth**

秆丛生，高 10~30cm，通常 3~7 节，节上被白色髯毛，少分枝。叶鞘稍不抱茎，几无毛；叶舌纤毛状；叶片长 1.5~5 cm，宽 1~4 mm，两面均被微毛。穗形总状花序单生，长 1.5~3 cm，细弱，乳黄色；无柄小穗长不及 2 mm；第一颖长约 1.5 mm，具流苏状纤毛；第二颖稍长于第一颖，具 1 脉，脉延伸成弯曲的金黄色芒，长 15~18 mm；柱头帚刷状。颖果卵状长圆形，长约 0.8 mm。花果期 5 ~ 9 月。

金发草（金发草属）

***Pogonatherum paniceum* (Lam.) Hack.**

秆硬似小竹。叶片线形，扁平或内卷，质较硬，先端渐尖，基部收缩，宽约为鞘顶的1/3，两面均甚粗糙。第一小花雄性，外稃长圆状披针形，透明膜质，稍短于第一颖，无芒，具1脉，内稃长圆形，透明膜质，等长或稍短于外稃，具2脉，顶端平或稍凹，先端具短纤毛；雄蕊2枚，花药黄色；第二小花两性，外稃透明膜质，先端2裂，芒长15~18 mm；内稃与外稃等长，透明膜质；雄蕊2枚，花药黄色，长约1.8 mm；子房细小，卵状长圆形，无毛；花柱2枚，自基部分离。花果期4~10月。

产于中国湖北、湖南、广东、广西、贵州、云南、四川。

托竹（矢竹属）篱竹

***Pseudosasa cantorii* (Munro) Keng f. ex S. L. Chen et al.**

竹鞭的节间呈圆筒形，长2~3 cm，每节上包有宿存的箨鞘状苞片，并生根3条。秆高2~4 m。箨鞘迟落，边缘密生金黄色纤毛；箨片狭卵状披针形，先端长渐尖，无毛。具叶小枝长10~20 cm，具5~10枚叶；叶鞘长约4 cm；叶片披针形，长12~28 cm；叶柄长约4 mm。圆锥状或总状花序；小穗柄长5~15 mm；小穗灰绿色带深红色，长3~4 cm。果实未见。笋期3月，花期3~4月或7~8月。

茶竿竹（矢竹属）

***Pseudosasa amabilis* (McClure) Keng f. ex S. L. Chen et al.**

乔木状植物。秆直立，高5~13 m，粗2~6 cm；圆筒形，橄榄绿色，具一层薄灰色蜡粉，秆壁较厚，坚硬，有韧性，髓白色或枯草黄色，中空；秆环微隆起；秆每节分1~3枝，其枝贴秆上举。叶鞘质厚而脆，鞘口两边稍高，边缘密生短睫毛；叶片厚而坚韧，长披针形，上表面深绿色，下表面灰绿色，无毛，嫩叶有锯齿，次脉7~9对；圆锥花序；小穗有微毛，含5~16朵小花，披针形；颖2枚，背面上部密生纤毛，边缘有较长纤毛，第一颖披针形，第二颖长圆状披针形；外稃卵状披针形，背面密生微毛；内稃广披针形，下部无毛，脊上具微毛；颖果成熟后呈浅棕色，具腹沟。笋期3月至5月下旬，花期5~11月。

斑茅（甘蔗属）

***Saccharum arundinaceum* Retz.**

多年生高大丛生草本。秆粗壮，高2~5 m，具多数节，无毛。叶鞘长于其节间；叶舌膜质，长1~2 mm；叶片宽大，长1~2 m，宽2~5 cm，上面基部生柔毛，边缘锯齿状粗糙。圆锥花序大型，稠密，长30~80 cm，宽5~10 cm，主轴无毛；小穗狭披针形，长3.5~4 mm，黄绿色或带紫色；两颖近等长；外稃稍短于颖；第二内稃长约为其外稃之半。颖果长圆形，长约3 mm，胚长为颖果之半。花果期8~12月。

囊颖草（囊颖草属）

***Sacciolepis indica* (L.) Chase**

株高 20~100 cm；叶鞘具棱脊，短于节间，常松弛；叶片线形，基部较窄，无毛或被毛；圆锥花序紧缩成圆筒状，向两端渐狭或下部渐狭，主轴无毛，具棱，分枝短；小穗卵状披针形，向顶渐尖而弯曲，无毛或被疣基毛；第一颖为小穗长的 1/3~2/3，基部包裹小穗，第二颖背部囊状，与小穗等长，具 7~11 条明显的脉；第一外稃等长于第二颖；第一内稃退化或短小，透明膜质；第二外稃平滑而光亮，边缘包着较其小而同质的内稃；颖果椭圆形。花果期 7 ~ 11 月。

棕叶狗尾草（狗尾草属）

***Setaria palmifolia* (J. Koenig) Stapf**

多年生草本。具根茎。秆直立或基部稍膝曲，高 0.75~2 m。叶鞘松弛，具密或疏疣毛；叶舌长约 1 mm，具长 2~3 mm 的纤毛；叶片纺锤状宽披针形，长 20~59 cm，宽 2~7 cm，具纵深皱褶，两面具疣毛或无毛。圆锥花序主轴延伸甚长，长 20~60 cm，宽 2~10 cm，主轴具棱角，分枝排列疏松；小穗卵状披针形，长 2.5~4 mm。颖果卵状披针形，成熟时往往不带着颖片脱落。花果期 8 ~ 12 月。

鼠尾囊颖草（囊颖草属）

***Sacciolepis myosuroides* (R. Br.) Chase ex E. G. Camus**

一年生草本。秆簇生，高 30~100 cm，直立，纤细，基部稍倾斜，下部节上常生根。叶鞘光滑；叶片线形，顶端渐尖。圆锥花序窄圆柱形，主轴无毛，具棱，分枝很短，小穗通常紫色，卵状椭圆形，稍弯曲，顶端尖或近钝，无毛或疏生微毛；第一颖长为小穗的 1/2~2/3，具 3~5 脉；第二颖与小穗等长，具 7~9 脉；第一外稃与第二颖等长，具 7~9 脉；第一内稃极小，透明膜质；第二外稃略短于小穗，平滑光亮，边缘包着同质而较小的内稃。花果期 2 ~ 10 月。

幽狗尾草（狗尾草属）

***Setaria parviflora* (Poir.) Kerguélen**

多年生草本。秆通常瘦弱，直立或基部倾斜，高 45~130 cm，无毛或疏生毛。叶鞘背脉常呈脊状，密或疏生较细疣毛或短毛；叶舌边缘密生长 1~2 mm 纤毛；叶片质薄，披针形，具较浅的纵向皱褶，两面或一面具疏疣毛。圆锥花序狭长圆形或线形，主轴具棱角；小穗着生小枝一侧，卵状披针状，绿色或微紫色，长 3~4 mm。颖果狭长卵形，先端具硬而小的尖头。花果期 6 ~ 10 月。

皱叶狗尾草（狗尾草属）

Setaria plicata **(Lam.) T. Cooke**

多年生草本。秆通常瘦弱，直立或基部倾斜，高 45~130 cm，无毛或疏生毛。叶鞘背脉常呈脊，密或疏生较细疣毛或短毛；叶舌边缘密生纤毛长 1~2 mm；叶片质薄，披针形，具较浅的纵向皱褶，两面或一面具疏疣毛。圆锥花序狭长圆形或线形，主轴具棱角；小穗着生小枝一侧，卵状披针状，绿色或微紫色，长 3~4 mm。颖果狭长卵形，先端具硬而小的尖头。花果期 6 ~ 10 月。

满山爆竹（唐竹属）

Sinobambusa tootsik **var.** ***laeta*** **(McClure) T. H. Wen**

直立，幼秆深绿色，无毛，被白粉，尤以在下方更为显著；叶耳不明显，偶见有呈卵状而开展者；鞘口繸毛波曲长达 15 mm，略呈放射状，脱落性；叶舌短，先端截形或近圆形；叶片呈披针形或狭披针形，先端渐尖，具锐尖头，基部钝圆形或楔形，下表面略带灰白色并具细柔毛，次脉 4~8 对，小横脉存在，呈宽的长方形，边缘多具锯齿。假小穗 1~3(5) 枚，着生在同一花枝上，侧生假小穗无柄，假小穗线状细长，基部托以 2 至数枚苞片，向上逐渐增大而与外稃相似；子房圆柱形，无毛，花柱极短，柱头 3 颗，具多数屈曲丝状毛。笋期 4 ~ 5 月。

狗尾草（狗尾草属）

Setaria viridis **(L.) P. Beauv.**

一年生。秆高 10~100 cm。叶鞘近无毛，边缘具密绵毛状纤毛；叶舌极短；叶片长 4~30 cm，宽 2~18 mm，通常无毛。圆锥花序圆柱状或基部稍疏离，直立或稍弯垂，主轴被较长柔毛，长 2~15 cm，宽 4~13 mm（除刚毛外），刚毛长 4~12 mm，绿色或褐黄到紫红色；小穗长 2~2.5 mm，铅绿色；第一颖具 3 脉；第二颖具 5~7 脉；花柱基分离。颖果灰白色。花果期 5 ~ 10 月。

光高粱（高粱属）

Sorghum nitidum **(Vahl) Pers.**

多年生草本；须根较细而坚韧。直立，高 60~150 cm，基部具芽鳞，节上密被灰白色毛环。叶鞘紧密抱茎；叶片线形，两面具粉屑状柔毛，边缘具向上的小刺毛。圆锥花序松散，长圆形；分枝近轮生，纤细，微曲折，基部裸露；总状花序着生于分枝的顶端；无柄小穗卵状披针形，基盘钝圆，具棕褐色髯毛；颖革质，成熟后变黑褐色，第一颖背部略扁平，先端渐尖而钝，第二颖略呈舟形；第一外稃膜质，上部具细短毛，边缘内折；第二外稃透明膜质；雌蕊花柱分离，柱头棕褐色，帚状。颖果长卵形，棕褐色，成熟时不裸露于颖之外。有柄小穗为雄性，颖革质，但下部不变硬，黑棕色。花果期夏、秋季。

稗荩（稗荩属）

Sphaerocaryum malaccense **(Trin.) Pilg.**

一年生。秆下部卧伏地面，上部稍斜升，具多节，高 10~30 cm。叶鞘被柔毛；叶舌短小；叶片卵状心形，基部抱茎，长 1~1.5 cm，宽 6~10 mm，边缘疏生硬毛。圆锥花序长 2~3 cm，宽 1~2 cm，秆上部的 1、2 叶鞘内常有花序，小穗柄长 1~3 mm；颖透明膜质，无毛；外稃与小穗等长，内稃与外稃同质等长；雄蕊 3 枚，花药黄色，长约 0.3 mm；花柱 2 枚，柱头帚状。颖果卵圆形，棕褐色，长约 0.7 mm。花果期秋季。

苞子草（菅属）

Themeda caudata **(Nees) A. Camus**

多年生草本；株高 1~3 m，下部直径 0.5~1 cm 或更粗，扁圆形或圆形而有棱，黄绿色或红褐色，光滑，有光泽；叶鞘在秆基套叠，平滑，具脊；叶片线形，中脉明显，背面疏生柔毛，基部近圆形，顶端渐尖，边缘粗糙；大型伪圆锥花序，多回复出，由带佛焰苞的总状花序组成；总状花序由 9~11 枚小穗组成，总苞状 2 对小穗不着生在同一水平面，总苞状小穗线状披针形；颖果长圆形，坚硬，长约 5 mm。花果期 7 ~ 12 月。

鼠尾粟（鼠尾粟属）

Sporobolus fertilis **(Steud.) Clayton**

多年生草本。秆直立，丛生，高 25~120 cm，质较坚硬，平滑无毛。叶鞘平滑无毛或其边缘稀具极短的纤毛；叶舌纤毛状；叶片质较硬，平滑无毛，通常内卷，少数扁平，长 15~65 cm，宽 2~5 mm。圆锥花序较紧缩呈线形，常间断，或稠密近穗形，长 7~44 cm，宽 0.5~1.2 cm，分枝稍坚硬，直立，与主轴贴生或倾斜，通常长 1~2.5 cm；小穗灰绿色且略带紫色，长 1.7~2 mm。囊果成熟后红褐色，长 1~1.2 mm。花果期 3 ~ 12 月。

菅（菅属）

Themeda villosa **(Poir.) A. Camus**

多年生草本。秆多簇生，高 1~2 m，下部直径 1~2 cm。两侧压扁或具棱，通常黄白色或褐色，平滑无毛，实心，髓白色。叶鞘光滑无毛；叶舌顶端具短纤毛；叶片长可达 1 m，宽 0.7~ 1.5 cm。多回复出的伪圆锥花序长可达 1 m；总状花序长 2~3 cm；每总状花序由 9~11 枚小穗组成；颖草质。无柄小穗长 7~8 mm，第一小花不孕；第二小花两性，短芒不伸出或略伸出颖外。颖果成熟时栗褐色。有柄小穗似总苞状小穗。花果期 8 月至翌年 1 月。

粽叶芦（粽叶芦属）

Thysanolaena latifolia **(Roxb. ex Hornem.) Honda**

多年生，丛生草本。秆高 2~3 m，具白色髓部，不分枝。叶鞘无毛；叶片披针形，长 20~50 cm，宽 3~8 cm，具横脉，基部心形，具柄。圆锥花序稠密，柔软，长达 50 cm，分枝多，斜向上升；小穗长 1.5~1.8 mm，小穗柄长约 2 mm，具关节。颖果长圆形，长约 0.5 mm。一年有两次花果期（春夏季或秋季）。

A108 木通科 Lardizabalaceae

五月瓜藤（八月瓜属）

Holboellia angustifolia **Wall.**

常绿木质藤本。茎与枝圆柱形，灰褐色，具线纹。掌状复叶有小叶 5~7 片；小叶近革质或革质，线状长圆形至倒披针形，下面苍白色密布极微小的乳凸；中脉在上面凹陷，在下面凸起，侧脉每边 6~10 条，与基出 2 脉均至近叶缘处弯拱网结；网脉和侧脉在两面均明显凸起；小叶柄长 5~25 mm。花雌雄同株，数朵组成伞房式的短总状花序；总花梗短，多个簇生于叶腋，基部为阔卵形的芽鳞片所包。雄花外轮萼片线状长圆形，顶端钝，内轮萼片较小；花瓣极小，近圆形；雄蕊直，退化心皮小，锥尖。雌花紫红色；花梗外轮萼片倒卵状圆形，内轮的较小；花瓣小，卵状三角形；退化雄蕊无花丝；心皮棍棒状，柱头头状。果紫色，长圆柱形，顶端圆而具凸头；种子椭圆球形，种皮褐黑色，有光泽。花期 4 ~ 5 月，果期 7 ~ 8 月。

生于山坡杂木林及沟谷林中，海拔 500~900 m。产于中国西藏、云南、四川、贵州、湖南、湖北、陕西、安徽、福建、广东、广西。

大血藤（大血藤属）血藤、红皮藤

Sargentodoxa cuneata **(Oliv.) Rehd. & E. H. Wilson**

落叶木质藤本。全株无毛。当年枝条暗红色。三出复叶，或兼具单叶；叶柄长 3~12 cm；小叶革质，顶生小叶近棱状倒卵圆形，长 4~12.5 cm，宽 3~9 cm，先端急尖，基部渐狭成短柄，全缘，侧生小叶斜卵形，无小叶柄。总状花序长 6~12 cm，雌雄同序或异序；花梗细，长 2~5 cm；萼片 6 枚，花瓣状；花瓣 6 枚，长约 1 mm。浆果近球形，直径约 1 cm，黑蓝色，小果柄长 0.6~1.2 cm。种子卵球形，种皮黑色；种脐显著。花期 3~7 月，果期 6~10 月。

生于山坡灌丛、疏林、林缘，海拔 200~700 m。产于中国秦岭南坡以南地区。

野木瓜（野木瓜属）七叶莲

Stauntonia chinensis **DC.**

木质藤本。老茎皮厚，纵裂。掌状复叶，小叶 5~7 片；小叶革质，长圆形、椭圆形或长圆状披针形；小叶柄长 6~25 mm。花雌雄同株，3~4 朵组成伞房花序式的总状花序；花梗长 2~3 cm；苞片和小苞片线状披针形。雄花萼片外面淡黄色或乳白色，内面紫红色，外轮的披针形，内轮的线状披针形；蜜腺状花瓣 6 枚，舌状，长约 1.5 mm；花丝合生为管状，长约 4 mm，花药长约 3.5 mm，退化心皮小，锥尖。雌花：退化雄蕊长约 1 mm；心皮卵状棒形，柱头偏斜的头状。果长圆柱形；种子近三角形，长约 1 cm，压扁，种皮深褐色至近黑色，有光泽。花期 3 ~ 4 月，果期 6 ~ 10 月。

生于山地密林、山腰灌丛、山谷溪边，海拔 500~900 m。产于中国广东、广西、香港、湖南、贵州、云南、安徽、浙江、江西、福建。

牛藤果（野木瓜属）
Stauntonia elliptica **Hemsl.**

木质藤本，全株无毛。叶具羽状 3 小叶；叶柄长 10~17 cm；小叶纸质，椭圆形、长圆形、卵状长圆形或倒卵形，长 3~11 cm，宽 2~5 cm；侧脉 4~5 对。总状花序，簇生叶腋，长 4~6 cm，多花；总花梗纤细；苞片阔卵形；小苞片锥尖，长均不及 1 mm；花雌雄同株，淡绿色至近白色。雄花：花梗长 10~12 mm，外轮萼片卵形，长约 8 mm，急尖；内轮萼片披针形；花瓣卵状披针形；花丝合生为管，顶部分离。雌花：花梗长 18~20 mm；外轮萼片狭披针形，长约 15 mm，宽 3~4 mm，内轮萼片线状披针形，心皮卵形，花瓣披针形，长约 1 mm。果长圆球形或近球形，直径 2~4 cm，灰褐色；种子近三角形，略扁，种皮黑色，有光泽。花期 7 ~ 10 月。

生于林下、林缘、沟谷，海拔 300~900 m。产于中国广东、广西、湖南、湖北、江西、四川、贵州、云南。

倒卵叶野木瓜（野木瓜属）
Stauntonia obovata **Hemsl.**

木质藤本，全体无毛。掌状复叶，小叶 3~6 片；叶柄长 2~6 cm；小叶薄革质，常倒卵形，有时为长圆形、阔椭圆形或倒披针形，边缘略背卷，上面有光泽，下面粉白绿色；侧脉 4~7 对；小叶柄长 8~30 mm。总状花序，2~3 个簇生叶腋，长 4~5 cm；小苞片小，早落；花雌雄同株，白带淡黄色。雄花：外轮萼片卵状披针形，长 9~10 mm，宽 3.5~4 mm，内轮萼片线状披针形；无花瓣；雄蕊长 3.5~4 mm，花丝合生几达顶部，花药分离；退化心皮极小，藏于花丝管内。雌花：心皮 3 枚；柱头小，退化雄蕊 6 枚，鳞片状。果椭圆球形或卵球形，长 4~5 cm，密布小疣点；种子卵形、肾形至近三角形，长 8~10 mm，宽 5~6 mm，有光泽。花期 2 ~ 4 月，果期 9 ~ 11 月。

生于林中、溪谷，海拔 300~900 m。产于中国福建、台湾、广东、广西、香港、江西、湖南、四川。

斑叶野木瓜（野木瓜属）
Stauntonia maculata **Merr.**

木质藤本；茎皮绿带紫色；掌状复叶，小叶 5 ~ 7 片，革质，长圆状披针形，先端长渐尖，边缘加厚，略背卷，上面深绿色，无光泽，下面淡绿色，密布更明显的淡绿色斑点；中脉在上面凹入，与侧脉及网脉在上面不显著，于下面凸起；总状花序数个簇生于叶腋，下垂，少花；总花梗和花梗纤细；花雌雄同株，浅黄绿色；花瓣开展，长圆形；花丝合生为管，花药直，具与其等长的附属体；果椭圆柱状或长圆柱状；种子近三角形略扁，干时褐色。花期 3 ~ 4 月，果期 8 ~ 10 月。

生于山地疏林或山谷溪旁向阳处，海拔 600 ~ 900 m。产于中国广东、福建。

三脉野木瓜（野木瓜属）
Stauntonia trinervia **Merr.**

木质藤本，枝干时近紫色。掌状复叶有小叶 3~5 片；小叶革质，长圆形、倒卵状长圆形或椭圆形，先端急尖，具凸头或圆而具小凸尖，基部圆或微呈心形，边缘加厚，背卷，干时两面均呈褐色而杂以黄绿色斑点；基脉 3 条，侧脉每边 7 条，与疏离的网脉同于两面略凸起。总状花序腋生，少花。雄花：暗黄色；萼片厚，稍肉质；花药离生。雌花：萼片与雄花的相似但稍大，外轮萼片长 18~25 mm；心皮 3 枚，卵状披针形，柱头偏斜。果长圆形，长约 9 cm，直径约 4.5 cm，未熟时绿色，外被白粉并密布小疣点；种子略呈扁三角形。花期 4 月，果期 10 月。

生于山地沟谷旁的疏林中，海拔 400~900 m。产于中国广东。

A109 防己科 Menispermaceae

木防己（木防己属）土防己、青藤根
***Cocculus orbiculatus* (L.) DC.**

木质藤本；小枝被茸毛至疏柔毛，有条纹。叶片近革质，形状变异极大，边全缘或3裂，有时掌状5裂，长通常3~8 cm，宽不等，两面被柔毛至近无毛；掌状脉常3条；叶柄长1~3 cm，被稍密的白色柔毛。聚伞花序或狭窄聚伞圆锥花序，长可达10 cm，被柔毛。雄花：小苞片紧贴花萼，被柔毛；萼片6枚，两轮；花瓣6枚，长1~2 mm，下部边缘内折，顶端2裂；雄蕊6枚，比花瓣短。雌花：萼片和花瓣与雄花相同；退化雄蕊6枚；心皮6枚，无毛。核果近球形，红色至紫红色，长7~8 mm，果核背部有2行小横肋。花期春末和夏初，果期秋季。

生于灌丛中、村边、林缘，海拔300~900 m。产于中国秦岭南坡以南地区和山东。

粉叶轮环藤（轮环藤属）
***Cyclea hypoglauca* (Schauer) Diels**

藤本；老茎木质。叶盾状，纸质，阔卵状三角形至卵形，长2.5~7 cm，宽1.5~4.5 cm，基部截平至圆，边全缘而稍反卷；掌状脉5~7条；叶柄长1.5~4 cm。花序腋生，雄花序为间断的穗状花序状，纤细而无毛；苞片小，披针形。雄花：萼片4或5枚，分离，倒卵形或倒卵状楔形，长1~1.2 mm；花瓣4~5枚，合生成杯状；聚药雄蕊长1~1.2 mm，稍伸出。雌花序总状，花序轴曲折，长达10 cm。雌花：萼片2枚，近圆形，直径约0.8 mm；花瓣2枚，不等大；子房无毛。核果红色，无毛；果核长约3.5 mm，背部中肋两侧各有3列小瘤状凸起。

生于林缘、山地灌丛中。产于中国湖南、江西、福建、云南、广西、广东、海南。

毛叶轮环藤（轮环藤属）
***Cyclea barbata* Miers**

草质藤本，嫩枝被开展或倒向的糙硬毛。叶盾状着生，薄纸质近膜质，三角状阔卵形，顶端渐尖，基部微凹或近截平，两面被糙硬毛，缘毛密，长而扩展；掌状脉9~10条。花序腋生，雄花序通常圆锥花序式，被柔毛；雄花萼筒杯状，被糙硬毛；花冠筒浅杯状；雄蕊稍伸出；雄花序下垂；雌花萼片2枚，近圆形，被硬毛；子房密被硬毛，柱头裂片锐尖。核果斜倒卵圆形至近圆球形，红色，初被硬毛，成熟时近无毛，内果皮背部各有2列疣状小凸起，胎座迹近基部开口。花期秋季，果期冬季。

常缠绕于林中、林缘和村边的灌木上，海拔100~300 m。产于中国海南、广东。

轮环藤（轮环藤属）
***Cyclea racemosa* Oliv.**

藤本。枝有条纹，被柔毛或近无毛。叶盾状或近盾状，纸质，长4~9 cm，宽3.5~8 cm，全缘，上面近无毛，下面通常密被柔毛；掌状脉9~11条；叶柄与叶片近等长，被柔毛。聚伞圆锥花序呈总状花序状，密花，长3~10 cm，花序轴密被柔毛。雄花：萼钟形，4深裂，长2.5~4 mm；花冠全缘或2~6深裂；聚药雄蕊长约1.5 mm。雌花：萼片1~2枚，基部囊状，中部缢缩，长1.8~2.2 mm；花瓣1~2枚，直径约0.6 mm；子房密被刚毛，柱头3裂。核果扁球形，疏被刚毛，果核直径3.5~4 mm。花期4~5月，果期8月。

生于林下、林缘、灌丛中。产于中国湖北、湖南、江西、浙江、福建、云南、贵州、四川、广西、广东、海南。

秤钩风（秤钩风属）

***Diploclisia affinis* (Oliv.) Diels**

木质藤本，长可达 7~8 m；老枝有许多纵裂的皮孔；腋芽 2 个，叠生。叶革质，三角状扁圆形或菱状扁圆形，长 3.5~9 cm，基部近截平至浅心形，边缘波状；掌状脉 5 条；叶柄与叶片近等长，在叶片的基部或紧靠基部着生。聚伞花序腋生，有花 3 至多朵，总梗直，长 2~4 cm。雄花：萼片椭圆形至阔卵圆形，长 2.5~3 mm，外轮宽约 1.5 mm，内轮宽 2~2.5 mm；花瓣卵状菱形，长 1.5~2 mm，基部两侧反折呈耳状，抱着花丝；雄蕊长 2~2.5 mm。雌花未见。核果红色，倒卵圆柱形，长 8~10 mm，宽约 7 mm。花期 4 ~ 5 月，果期 7 ~ 9 月。

生于林缘、疏林，海拔 300~400 m。产于中国湖北、四川、贵州、云南、广西、广东、湖南、江西、福建、浙江。

天仙藤（天仙藤属）

***Fibraurea recisa* Pierre**

木质藤本，长可达 6 m，全株无毛；根粗壮，曲折，黄色；小枝圆柱状，有直纹。叶革质，卵形至阔卵形，顶端短尖或骤尖，钝头，基部近圆形，很少浅心形；离基三出脉粗大，侧生的一对常伸至叶片中部；叶柄长 5~12 cm，两端肿胀，基部明显弯曲。花序生于无叶老枝上；雄蕊 3 枚，雌花未见。果序阔大，果梗粗壮，顶端肿胀，核果成熟时黄色。花期夏季，果期秋季。

生于林下。产于中国广东、广西、云南。

苍白秤钩风（秤钩风属）

***Diploclisia glaucescens* (Blume) Diels**

木质藤本；茎长可达 20 m，粗达 10 cm；嫩枝草黄色，老枝褐色，皮孔纵裂，均无毛。叶柄自基生至盾状着生，比叶片长很多，叶片厚革质，下面常有白霜。圆锥花序狭长，常簇生于老茎和老枝上，长 10~30 cm；花淡黄色。雄花：萼片长 2~2.5 mm，两轮，均有黑色网状斑纹；花瓣长 1~1.5 mm；雄蕊长约 2 mm。雌花：雄花相似，但花瓣顶端明显 2 裂；心皮长 1.5~2 mm。核果黄红色，狭倒卵长圆柱形，下部微弯，长 1.3~2.5 cm。花期 4 月，果期 8 月。

生于林下。产于中国广东、广西、海南、云南。

夜花藤（夜花藤属）

***Hypserpa nitida* Miers**

木质藤本，老枝灰褐色，无毛，嫩枝常曲折，被柔毛。叶近革质，长圆状卵形，顶端短尖至渐尖，基部钝或圆，基出 3 脉，侧脉和网脉均纤细而明显；雄花序聚伞状或总状，有花 3~5 朵，被短柔毛；萼片小的近卵形，大的阔卵形，花瓣 4~5 片，椭圆状倒卵形，雄蕊 5~6 枚，花丝顶端稍膨大，雌花序仅存 1 朵花，常单个腋生；心皮 2 片，柱头舌状。核果近球状，成熟时黄色或橙红色，内果皮背部两侧略凹凸不平。花果期夏季。

常生于林中或林缘。产于中国福建、广东、广西、海南、云南。

粉绿藤（粉绿藤属）

Pachygone sinica **Diels**

木质藤本，长达 7 m。枝和小枝均具皱纹状条纹，小枝被柔毛。叶薄革质，卵形，较少披针形，长 5~9 cm，宽 2~5 cm，两面无毛；掌状脉 3~5 条，两面凸起；叶柄长 1.5~4 cm，顶端稍膨大而扭曲。总状花序或圆锥花序，花序轴被柔毛，长 1~10 cm，不分枝或分枝短小；小苞片 2 枚。雄花：萼片 2 轮，每轮 3 片；花瓣 6 枚，肉质，披针形，长 1.6~1.7 mm，基部两侧耳状内折，抱着花丝；雄蕊 6 枚，长 1.3~1.6 mm，花药大。雌花：萼片和花瓣与雄花的相似，但通常较小；心皮 3（4）片。核果扁球形。花期 9 ~ 10 月，果期 2 月。

血散薯（千金藤属）

Stephania dielsiana **Y. C. Wu**

草质、落叶藤本，植物体含红色液汁，块根硕大，露于地面，褐色，表面有皮孔状凸点；枝稍肥壮，常紫色，无毛。叶纸质，三角状近圆形，顶端有凸尖，基部微圆至近截平，两面无毛；掌状脉 8~9 条，网脉纤细，均紫色。花序聚于腋生；雄花序有一至三回伞形状分枝，小聚伞花序数个簇生于分枝的顶端；雄花萼片 6 枚，内轮的稍阔，均有紫色条纹，花瓣 3 枚，肉质，贝壳状，橙黄色；雌花序不分枝，多个小聚伞花序密集于总花梗的顶端，呈头状。核果红色，核阔倒卵形，甚扁，内果皮背部两侧各有 2 列钩状小刺，每列 18~20 枚，胎座迹穿孔。花期夏初。

生于林下、林缘、溪边石上。产于中国湖南、贵州、广西、广东。

细圆藤（细圆藤属）广藤

Pericampylus glaucus **(Lam.) Merr.**

攀援木质藤本，长达 10 余米，小枝常被灰黄色茸毛，有条纹，老枝无毛。叶纸质至薄革质，长 3.5 ~8 cm，顶端钝或圆，有小凸尖，基部近截平至心形，很少阔楔尖，边缘近全缘，两面被茸毛至近无毛；掌状脉 5 条，偶见 3 条；叶柄长 3~7 cm，被茸毛，通常生于叶片基部，极少盾状着生。花单性，雌雄异株；聚伞花序伞房状，长 2 ~10 cm，被茸毛。雄花：萼片 3 轮；花瓣 6，长 0.5~0.7 mm，边缘内卷；雄蕊 6 枚，花丝长 0.75 mm。雌花萼片和花瓣与雄花相似；子房长 0.5~0.7 mm，柱头 2 裂。核果红色或紫色，果核直径 5~6 mm，两侧压扁。花期 4 ~ 6 月，果期 9 ~ 10 月。

生于密林中、林缘、灌丛，海拔 300~700 m。产于中国长江流域以南地区。

粪箕笃（千金藤属）

Stephania longa **Lour.**

草质藤本，长 1~4 m，除花序外全株无毛；枝有条纹。叶纸质，三角状卵形，长 3~9 cm，宽 2~6 cm，顶端钝，基部近截平，很少微凹；掌状脉 10~11 条，向下的常纤细；叶柄长 1~4.5 cm，基部常扭曲。复伞形聚伞花序腋生，总梗长 1~4 cm，雄花序被短硬毛。雄花：萼片 8 枚，偶有 6 枚，2 轮，长 1 mm 左右，背面被乳头状短毛；花瓣 4 或 3 枚，绿黄色，近圆形，长约 0.4 mm；聚药雄蕊长约 0.6 mm。雌花：萼片和花瓣均 4 枚，偶见 3 枚，长约 0.6 mm。子房无毛，柱头裂片平叉。核果红色，长 5~6 mm；果核背部有 2 行小横肋。花期春末夏初，果期秋季。

生于灌丛、林缘。产于中国福建、广东、广西、海南、台湾、云南。

粉防己（千金藤属）
***Stephania tetrandra* S. Moore**

草质藤本，高 1~3 m；主根肉质，柱状；小枝有直线纹。叶纸质，长 4~7 cm，宽 5~8.5 cm，基部微凹或近截平，两面或仅下面被贴伏短柔毛；掌状脉 9~10 条，网脉甚密，很明显；叶柄长 3~7 cm。花序头状，于腋生枝条上呈总状式排列，苞片小。雄花：萼片 4~5 枚；花瓣 5 枚，肉质，长 0.6 mm，边缘内折；聚药雄蕊长约 0.8 mm。雌花：萼片和花瓣与雄花的相似。核果成熟时近球形，红色；果核直径约 5.5 mm。花期夏季，果期秋季。

生于村边、旷野、路旁灌丛中。产于中国浙江、安徽、福建、台湾、湖南、江西、广西、广东、海南。

中华青牛胆（青牛胆属）
***Tinospora sinensis* (Lour.) Merr.**

藤本，长可达20 m以上；枝稍肉质，嫩枝有条纹，被柔毛，老枝肥壮，皮孔凸起。叶纸质，阔卵状近圆形，长 7~14 cm，宽 5~13 cm，顶端骤尖，基部心形，两面被短柔毛；掌状脉 5 条；叶柄被短柔毛，长 6~13 cm。总状花序先叶抽出，雄花序长 1~4 cm，单生或簇生。雄花：萼片 6 枚，排成 2 轮；花瓣 6 枚，爪长约 1 mm，瓣片长约 2 mm；雄蕊 6 枚，花丝长约 4 mm。雌花序单生。雌花：萼片和花瓣与雄花同；心皮 3。核果红色，近球形，果核长达 10 mm。花期 4 月，果期 5 ~ 6 月。

生于林下，或栽培。产于中国广东、广西、云南。

A110 小檗科 Berberidaceae

八角莲（鬼臼属）
***Dysosma versipellis* (Hance) M. Cheng ex T. S. Ying**

多年生草本，植株高 40~150 cm。根茎粗壮；茎直立，不分枝，无毛。茎生叶 2 枚，薄纸质，互生，盾状，近圆形，直径达 30 cm，4~9 掌状浅裂，裂片阔三角形，卵形或卵状长圆形，背面被柔毛，边缘具细齿；下部叶的柄长 12~25 cm，上部叶柄长 1~3 cm。花深红色，5~8 朵簇生于离叶基部不远处，下垂；萼片 6 枚，长圆状椭圆形，花瓣 6 枚，勺状倒卵形；雄蕊 6 枚，花丝短于花药；花柱短，柱头盾状。浆果椭圆球形，直径约 3.5 cm。种子多数。花期 3 ~ 6 月，果期 5 ~ 9 月。

生于山坡林下、灌丛中、溪旁阴湿处、竹林下，海拔 300~800 m。大多产于中国秦岭南坡以南地区。

沈氏十大功劳（十大功劳属）
***Mahonia shenii* Chun**

灌木，高 0.6~2 m。叶卵状椭圆形，长 23~40 cm，具 1~6 对小叶；小叶无柄，基部一对小叶较小，狭至阔椭圆形，长 6~13 cm，宽 1~5 cm，基部阔楔形，边缘增厚，全缘或近先端具 1~3 枚不明显锯齿，顶生小叶倒卵形，长 10~15 cm，宽 3~6 cm，柄长 1.5~6.5 cm。总状花序 6~10 个簇生，长约 10 cm；花黄色；花瓣倒卵状长圆形，长约 3.6 mm，宽 1.6~2 mm。浆果近球形，直径 6~7 mm，蓝色，被白粉。花期 4 ~ 9 月，果期 10 ~ 12 月。

生于常绿落叶阔叶混交林中、灌丛中、岩坡上，海拔 400~900 m。产于中国广东、广西、贵州、湖南、福建。

A111 毛茛科 Ranunculaceae

小木通（铁线莲属）

***Clematis armandii* Franch.**

木质藤本，高达 6 m。茎有纵条纹，小枝有棱，有白色短柔毛。三出复叶；小叶片革质，卵状披针形至卵形，长 4~15 cm，宽 2~7 cm，全缘，两面无毛。聚伞花序或圆锥状聚伞花序与叶近等长；宿存芽鳞长 0.8~3.5 cm；萼片 4~5 枚，开展，白色，偶带淡红色，大小变异极大，长 1~4 cm，宽 0.3~2 cm，外面边缘具短茸毛，雄蕊无毛。瘦果扁，卵形至椭圆形，长 4~7 mm，疏生柔毛，宿存花柱长达 5 cm，有白色长柔毛。花期 3 ~ 4 月，果期 4 ~ 7 月。

生于林缘、沟谷、路边灌丛中，海拔 100~900 m。产于中国秦岭南坡以南地区。

厚叶铁线莲（铁线莲属）

***Clematis crassifolia* Benth.**

藤本，全株除心皮及萼片外，其余无毛。茎带紫红色，圆柱形，有纵条纹。三出复叶；小叶片革质，长椭圆形，长 5~12 cm，宽 2.5~6.5 cm，全缘。圆锥状聚伞花序长而舒展；花直径 2.5~4 cm；萼片 4 枚，开展，白色或略带水红色，披针形或倒披针形，长 1.2~2 cm，边缘密生短茸毛，内面有较密短柔毛；雄蕊无毛，花药长 1~2 mm，花丝比花药长。瘦果镰刀状狭卵形，有柔毛，长 4~6 mm。花期 12 月至翌年 1 月，果期 2 月。

生于山地、溪边和路旁的密林或疏林中，海拔 300~900 m。产于中国广西、广东、海南、湖南、福建、台湾。

威灵仙（铁线莲属）

***Clematis chinensis* Osbeck**

木质藤本。茎、小枝近无毛。一回羽状复叶，小叶常 5 片，偶尔基部一对以至第二对 2~3 裂至 2~3 小叶；小叶片纸质，长 1.5~10 cm，宽 1~7 cm，全缘，两面近无毛。常为圆锥状聚伞花序；花直径 1~2 cm；萼片 4（5）枚，开展，白色，长 0.5~1.5 cm，顶端常凸尖，外面边缘密生茸毛或中间有短柔毛，雄蕊无毛。瘦果扁，3~7 个，卵形至宽椭圆形，长 5~7 mm，有柔毛，宿存花柱长 2~5 cm。花期 6 ~ 9 月，果期 8 ~ 11 月。

生于山坡、山谷灌丛、沟边、路旁草丛，海拔 100~900 m。产于中国长江流域及其以南地区。

丝铁线莲（铁线莲属）

***Clematis loureiroana* DC.**

木质藤本；茎粗壮，圆柱形，上面光滑，无毛，有明显的纵纹；单叶，厚革质，宽卵圆形或心形，顶端钝圆或钝尖，基部常呈盾状心形，两面无毛，全缘，基出脉有 5~7 条，上面微凸，下面显著隆起，侧脉不明显；圆锥花序，腋生，花序轴上每花相间 4~5 cm；花梗密生锈色茸毛；花大，直径 3 cm；萼片蓝紫色，长圆形，花后反卷，内面无毛，外面密生锈色茸毛；雄蕊外轮与萼片近等长，内轮较短，花丝线形，无毛，药隔延长；瘦果狭卵形，有黄色短柔毛，丝状，有开展的长柔毛。花期 11~12 月，果期 12 月至翌年 1 月。

生于林下、灌丛、溪边，海拔 100~900 m。产于中国广东、广西、海南。

毛柱铁线莲（铁线莲属）

***Clematis meyeniana* Walp.**

木质藤本。老枝圆柱形，有纵条纹，小枝有棱。三出复叶；小叶片近革质，卵形或卵状长圆形，有时为宽卵形，长 3~12 cm，宽 2~7 cm，顶端锐尖、渐尖或钝急尖，基部圆形、浅心形或宽楔形，全缘，两面无毛。圆锥状聚伞花序，多花，腋生或顶生，比叶长或近等长；常无宿存芽鳞；苞片小，钻形；萼片 4 枚，开展，白色，长椭圆形或披针形，顶端钝、凸尖有时微凹，长 0.7~1.2 cm，外面边缘有茸毛，内面无毛；雄蕊无毛。瘦果镰刀状狭卵形或狭倒卵形，长约 4.5 mm，有柔毛，宿存花柱长达 2.5 cm。花期 6 ~ 8 月，果期 8 ~ 10 月。

生于山坡疏林、溪谷、路旁灌丛，海拔 100~600 m。产于中国云南、四川、贵州、广西、海南、广东、湖南、湖北、福建、台湾、江西、浙江。

柱果铁线莲（铁线莲属）钩铁线莲

***Clematis uncinata* Champ. ex Benth.**

藤本。茎圆柱形，有纵条纹。一至二回羽状复叶，有 5~15 片小叶，基部 2 对常为 2~3 片小叶，茎基部为单叶或三出叶；小叶片纸质或薄革质，卵形至披针形，长 3~13 cm，宽 1.5~7 cm，全缘，上面亮绿，下面灰绿色。圆锥状聚伞花序具多花；萼片 4 枚，开展，白色，线状披针形至倒披针形，长 1~1.5 cm；雄蕊无毛。瘦果圆柱状，长 5~8 mm，宿存花柱长 1~2 cm。花期 6 ~ 7 月，果期 7 ~ 9 月。

生于林下、林缘、路旁溪边，海拔 100~900 m。产于中国秦岭南坡以南地区。

鼎湖铁线莲（铁线莲属）

***Clematis tinghuensis* C. T. Ting**

藤本；枝有棱，小枝疏生短柔毛，后变无毛；三出复叶，小叶片纸质或薄革质，卵形或长卵形至披针状卵形，顶端渐尖或短渐尖，基部圆形或浅心形，全缘，上面深绿色，沿叶脉稍有短柔毛，下面淡绿色，疏生贴伏柔毛；聚伞花序或圆锥状聚伞花序，3 至数朵花，腋生或顶生；花梗密生；萼片 4 枚，开展，白色，近长圆形，外面边缘密生茸毛，中间疏生绢状毛，内面无毛；雄蕊无毛；子房有柔毛；花期 6 ~7 月。

生于林下、林缘，海拔 200~400 m。产于中国广东。

短萼黄连（黄莲属）

***Coptis chinensis* Franch. var. *brevisepala* W. T. Wang & P. G. Xiao**

原变种黄连。根状茎黄色，常分枝，密生多数须根。叶有长柄；叶片稍带革质，卵状三角形，三全裂，中央全裂片卵状菱形，顶端急尖，3 或 5 对羽状深裂，在下面分裂最深，边缘生具细刺尖的锐锯齿，斜卵形，比中央全裂片短，不等 2 深裂，两面的叶脉隆起，除表面沿脉被短柔毛外，其余无毛。花葶 1~2 条，高 12~25 cm；二歧或多歧聚伞花序有 3~8 朵花；花瓣线形或线状披针形，顶端渐尖，中央有蜜槽；雄蕊约 20 枚；花柱微外弯。蓇葖长 6~8 mm，柄约与之等长；种子 7~8 粒，长椭圆形，长约 2 mm，宽约 0.8 mm，褐色。花期 2~3 月，果期 4~6 月。

两广锡兰莲（锡兰莲属）
***Naravelia pilulifera* Hance**

本质藤本。茎圆柱形，有细的纵沟槽，近无毛。小叶片卵圆形，顶端钝尖，基部心形、圆形或楔形，全缘，上面无毛；基出 5 脉，表面平坦，背面隆起；侧生小叶柄有细沟槽。圆锥花序顶生或腋生；花开展；萼片 4 枚，椭圆形，边缘密被柔毛；花瓣 8~12 枚，顶端膨大成球形；花梗、总花梗和幼嫩花轴被紧贴的短柔毛；雄蕊线形，药隔凸起，无毛；心皮线形，被绢毛。瘦果窄纺锤形，被疏柔毛，干后常扭曲，宿存花柱羽毛状。花期 7 ~ 9 月，果期 10 ~ 12 月。

生于山坡、山谷灌丛、林下，海拔 300~900 m。产于中国广东、海南、广西、云南。

毛茛（毛茛属）老虎脚迹
***Ranunculus japonicus* Thunb.**

多年生草本。茎高 30~70 cm，中空，有槽，具柔毛。基生叶长及宽为 3~10 cm，通常 3 深裂不达基部，中裂片 3 浅裂，侧裂片 2 裂，两面贴生柔毛；叶柄长 15 cm，具柔毛。下部叶较基生叶小，3 深裂；最上部叶线形，无柄。聚伞花序疏散；花直径 1.5~2.2 cm；花梗长 8 cm，贴生柔毛；萼片长 4~6 mm，生白柔毛；花瓣 5 枚，长 6~11 mm，宽 4~8 mm；花托无毛。聚合果近球形，直径 6~8 mm；瘦果扁平，长 2~2.5 mm，无毛，喙长约 0.5 mm。花果期 4 ~ 9 月。

生于田沟旁、林缘路边的湿草地上，海拔 100~900 m。除西藏外遍布中国。

禺毛茛（毛茛属）
***Ranunculus cantoniensis* DC.**

多年生草本。叶为 3 出复叶，基生叶和下部叶有长达 15 cm 的叶柄；叶片宽卵形至肾圆形，长 3 ~ 6 cm，宽 3~9 cm。花直径 1~1.2 cm，生茎顶和分枝顶端；萼片卵形，长 3 mm，开展；花瓣 5 枚，椭圆形，长 5~6 mm，约为宽的 2 倍，基部狭窄成爪，蜜槽上有倒卵形小鳞片；花药长约 1 mm；花托长圆形，生白色短毛。聚合果近球形，直径约 1 cm；瘦果扁平，长约 3 mm，宽约 2 mm，为厚的 5 倍以上，无毛，边缘有宽约 0.3 mm 的棱翼，喙基部宽扁，顶端弯钩状，长约 1 mm。花果期 4 ~ 7 月。

分布于中国云南、四川、贵州、广西、广东、福建、台湾、浙江、江西、湖南、湖北、江苏、浙江。

石龙芮（毛茛属）
***Ranunculus sceleratus* L.**

一年生草本，高 10~50 cm，无毛或疏生柔毛。基生叶长 1~4 cm，宽 1.5~5 cm，3 深裂不达基部，裂片不等地 2~3 裂，无毛；叶柄长 3~15 cm。茎下部叶与基生叶相似；上部叶较小，3 全裂，无毛，膜质叶鞘抱茎。聚伞花序；花直径 4~8 mm；花梗长 1~2 cm，无毛；萼片长 2~3.5 mm，外面有短柔毛；花瓣 5 枚，与花萼近等长；雄蕊十多枚；花托生短柔毛。聚合果长圆形，长 8~12 mm；瘦果近百枚，倒卵球形，长 1~1.2 mm，无毛，喙近无。花果期 5 ~ 8 月。

生于河沟边、平原湿地，海拔 100~900 m。中国各地广泛分布。

尖叶唐松草（唐松草属）

***Thalictrum acutifolium* (Hand.-Mazz.) B. Boivin**

多年生草本。根肉质，胡萝卜形，长约 5 cm。全株近无毛。茎高 25~65 cm。基生叶 2~3 片，有长柄，为二回三出复叶，长 7~18 cm；小叶草质，顶生小叶卵形，长 2.3~5 cm，宽 1~3 cm，具疏牙齿；叶柄长 10~20 cm。茎生叶较小。花序稀疏；花梗长 3~8 mm；萼片 4 枚，白色或带粉红色，早落；雄蕊多数，长达 5 mm；心皮 6~12 枚，花柱短。瘦果扁，狭长圆形，稍不对称，有时稍镰状弯曲，长 3~4 mm，宽 0.6~1 mm。花期 4 ~ 7 月。

生于山地谷中、坡地、林边湿润处，海拔 600~900 m。产于中国长江以南地区。

A112 清风藤科 Sabiaceae

香皮树（泡花树属）钝叶泡花树

***Meliosma fordii* Hemsl.**

常绿乔木，高达 10 m，小枝、叶柄、叶背及花序被褐色平伏柔毛。叶近革质，倒披针形或披针形，长 9~22 cm，宽 2.5~7 cm，基部下延，近全缘，侧脉每边 11~20 条，叶柄长 1.5~3.5 cm。圆锥花序顶生或近顶生，3 或 4 (5) 回分枝；花直径 1~1.5 mm，花梗长 1~1.5 mm，萼片 4 (5) 枚；外面 3 片花瓣近圆形，直径约 1.5 mm，内面 2 片花瓣长约 0.5 mm，2 裂达中部；雄蕊长约 0.7 mm；雌蕊长约 0.8 mm，子房无毛。核果近球形或压扁的球形，直径 3~5 mm。花期 5 ~ 7 月，果期 8 ~ 10 月。

生于热带亚热带常绿林中，海拔 100~900 m。产于中国云南、贵州、广西、海南、广东、湖南、江西、福建。

狭序泡花树（泡花树属）

***Meliosma paupera* Hand.-Mazz.**

乔木，高达 9 m；小枝纤细，被平伏细毛；二年生枝无毛。单叶、薄革质，长 5.5~14 cm，宽 1~3 cm，基部下延，全缘或上部疏具刺锯齿，叶面近无毛，叶背具平伏细毛；叶柄长 7~13 mm，被细毛。圆锥花序顶生，长 7~14 cm，3 (4) 次分枝，被稀疏细柔毛；花梗近无，花直径约 1 mm；萼片 5 枚，长约 0.7 mm；外面 3 片花瓣近圆形，宽约 1 mm；内面 2 片长约 0.6 mm，先端浅 2 裂；雄蕊长约 0.7 mm；子房无毛。果球形，直径 4~5 mm。花期夏季，果期 8 ~ 10 月。

生于山谷、溪边、林间或丛林间，海拔 200~900 m。产于中国云南、贵州、广西、广东、江西。

笔罗子（泡花树属）野枇杷、笔罗泡花

***Meliosma rigida* Sieb. & Zucc.**

常绿乔木，高达 7 m；芽、幼枝、叶背中脉、花序均被绣色茸毛，老枝残留有毛。单叶，革质，倒披针形至倒卵形，长 8~25 cm，宽 2.5~4.5 cm，先端渐尖，全缘或中部以上有数个尖锯齿，叶面近无毛，叶背被锈色柔毛，侧脉每边 9~18 条，中脉凹下；叶柄长 1.5~4 cm。圆锥花序顶生，花直径 3~4 mm；萼片 4~5 枚，长 1~1.5 mm；外面 3 片花瓣白色，近圆形，直径 2~2.5 mm，内面 2 片花瓣 2 裂达中部；雄蕊长 1.2~1.5 mm；子房无毛。核果球形，直径 5~8 mm。花期夏季，果期 9 ~ 10 月。

生于常绿阔叶林、山坡林中，海拔 100~900 m。产于中国长江流域以南地区。

毡毛泡花树（泡花树属）

***Meliosma rigida* Sieb. & Zucc. var. *pannosa* (Hand.–Mazz.) Y. W. Law**

乔木，高达 7 m；枝、叶背、叶柄及花序密被长柔毛或交织长茸毛。单叶，革质，倒披针形或狭倒卵形，长 8~25 cm，宽 2.5~4.5 cm，先端渐尖或尾状渐尖，1/3 或 1/2 以下渐狭楔形，全缘或中部以上有数个尖锯齿；侧脉 9~18 对；叶柄长 1.5~4 cm。圆锥花序顶生，具 3 次分枝，花密生于第三次分枝上，外面 3 片花瓣白色，近圆形，直径 2~2.5 mm，内面 2 片花瓣长约为花丝之半，2 裂达中部。核果球形，直径 5~8 mm。花期 5 ~ 6 月，果期 8 ~ 9 月。

生于山地林间，海拔 100~800 m。产于中国福建、浙江、江西、湖北、湖南、广东、广西、贵州。

山檨叶泡花树（泡花树属）

***Meliosma thorelii* Lecomte**

乔木，高 6~14 m；单叶，革质、倒披针状椭圆形或倒披针形。花芳香，直径 2~25 mm，具短梗；萼片卵形，长 0.6~0.8 mm，先端钝，有缘毛；外面 3 片花瓣白色，近圆形，宽约 2 mm，内面 2 片花瓣狭披针形，不分裂，比外面的稍短；发育雄蕊长约 1.3 mm；雌蕊长约 1.6 mm，子房被柔毛，花柱长约 1 mm。核果球形，顶基稍扁而稍偏斜，直径 6~9 mm，核近球形，壁厚，有稍凸起的网纹，中肋钝凸起，腹孔小，不张开。花期夏季，果期 10 ~ 11 月。

产于中国福建南部和东部、广东、广西、贵州、云南。

樟叶泡花树（泡花树属）绿樟、秤先树

***Meliosma squamulata* Hance**

乔木，高可达 15 m；幼枝及芽被褐色短柔毛，老枝无毛。单叶，叶柄纤细，长 2.5~8 cm，叶片薄革质，椭圆形，长 5~12 cm，宽 1.5~5 cm，先端尾状渐尖，基部楔形，稍下延，全缘，叶面无毛，有光泽，叶背密被黄褐色、极微小的鱼鳞片。圆锥花序单生或聚生，长 7~20 cm，密被褐色柔毛；花白色，直径约 3 mm；萼片 5 枚；外面 3 片花瓣宽约 2.5 mm，内面 2 片花瓣 2 裂至中部以下；雌蕊长约 2 mm，子房无毛。核果球形，直径 4~6 mm。花期夏季，果期 9 ~ 10 月。

生于常绿阔叶林中，海拔 100~900 m。产于中国贵州、湖南、广西、海南、广东、江西、浙江、福建、台湾。

灰背清风藤（清风藤属）白背清风藤

***Sabia discolor* Dunn**

常绿攀援木质藤本；嫩枝具纵条纹，无毛，老枝深褐色，具白蜡层。芽鳞阔卵形。叶纸质，卵形至椭圆形，长 4~7 cm，宽 2~4 cm，两面无毛，叶背苍白色；侧脉每边 3~5 条；叶柄长 7~1.5 cm。聚伞花序无毛，有花 4~5 朵，长 2~3 cm，总梗长 1~1.5 cm，花梗长 4~7 mm；萼片 5 枚；花瓣 5 片，卵形或椭圆状卵形，长 2~3 mm，有脉纹；雄蕊 5 枚，长 2~2.5 mm；花盘杯状；子房无毛。分果爿红色，倒卵状圆形或倒卵球形，长约 5 mm。花期 3 ~ 4 月，果期 5 ~ 8 月。

生于山地、林缘，海拔 100~900 m。产于中国浙江、福建、湖南、江西、广东、广西。

清风藤（清风藤属）

***Sabia japonica* Maxim.**

落叶攀援木质藤本；嫩枝被细柔毛，老枝紫褐色，具白蜡层，常留有木质化成单刺状或双刺状的叶柄基部。叶近纸质，近卵形，长 3.5~9 cm，宽 2~4.5 cm，中脉有稀疏毛，叶背带白色；叶柄长 2~5 mm，被柔毛。花先叶开放，单生于叶腋，基部有苞片 4 枚；花梗长 2~4 mm，果时增长至 2~2.5 cm；萼片 5 枚；花瓣 5 片，淡黄绿色，长 3~4 mm；雄蕊 5 枚；花盘杯状，有 5 裂齿；子房被细毛。分果爿近圆球形或肾形，直径约 5 mm。花期 2 ~ 3 月，果期 4 ~ 7 月。

生于山谷、林缘、路旁灌丛，海拔 100~800 m。多产于中国长江以南地区。

尖叶清风藤（清风藤属）

***Sabia swinhoei* Hemsl**

常绿攀援木质藤本；小枝纤细，被长柔毛。叶纸质，椭圆形、卵状椭圆形、卵形或宽卵形，长 5~12 cm，宽 2~5 cm，先端渐尖或尾状尖，叶面近无毛，叶背被短柔毛；侧脉 4~6 对；叶柄长 3~5 mm，被柔毛。聚伞花序被疏长柔毛，长 1.5~2.5 cm；总梗长 0.7~1.5 cm，花梗长 2~4 mm；萼片 5 枚；花瓣 5 片，浅绿色，长 3.5~4.5 mm；雄蕊 5 枚；花盘浅杯状；子房无毛。分果爿深蓝色，近圆形或倒卵球形，基部偏斜，长 8~9 mm，宽 6~7 mm。花期 3 ~ 4 月，果期 7 ~ 9 月。

生于山谷林间，海拔 300~900 m。产于中国长江以南地区。

柠檬清风藤（清风藤属）毛萼清风藤

***Sabia limoniacea* Wall. ex Hook. f. & Thomson**

常绿攀援木质藤本；嫩枝绿色，老枝褐色，具白蜡层；叶革质，椭圆形，两面均无毛；侧脉每边 6~7 条，网脉稀疏，叶背明显凸起；聚伞花序有花 2~4 朵，排成狭长的圆锥花序；花淡绿色、黄绿色或淡红色；萼片 5 枚，卵形或长圆状卵形，背面无毛，有缘毛；花瓣 5 片，倒卵形或椭圆状卵形，顶端圆，有 5~7 条脉纹；雄蕊 5 枚，花丝扁平，花药内向开裂；花盘杯状，有 5 浅裂；子房无毛；分果爿近圆球形或近肾形，红色；核中肋不明显，两边各有 4~5 行蜂窝状凹穴，两侧面平凹，腹部稍尖；花期 8 ~ 11 月，果期翌年 1 ~ 5 月。

生于密林，海拔 800~900 m。产于中国福建、广东、海南、四川、云南。

A115 山龙眼科 Proteaceae

小果山龙眼（山龙眼属）越南山龙眼、红叶树

***Helicia cochinchinensis* Lour.**

乔木，高 4~20 m。树皮灰褐色或暗褐色；枝叶均无毛。叶薄革质或纸质，长圆形，长 5~14 cm，宽 2.5~5 cm，顶端短渐尖，基部稍下延，全缘或上半部叶缘具疏生浅锯齿；叶柄长 0.5~1.5 cm。总状花序腋生，长 8~18 cm，无毛；花梗常双生，长 3~4 mm；花被管长 10~12 mm，白色或淡黄色；子房无毛。核果较小，椭圆状，长 1~1.5 cm，直径 0.8~1 cm，果皮干后薄革质，蓝黑色或黑色。花期 6 ~ 10 月，果期 11 月至翌年 3 月。

生于丘陵或山地湿润常绿阔叶林中，海拔 100~900 m。产于中国广东、广西、海南、云南。

网脉山龙眼（山龙眼属）
***Helicia reticulata* W. T. Wang**

乔木或灌木，高 3~10 m；树皮灰色；芽被褐色或锈色短毛，小枝和叶均无毛。叶革质，长圆形，长 6~27 cm，宽 3~10 cm，基部楔形，边缘具疏生锯齿或细齿；中脉和侧脉在两面均隆起，网脉两面明显；叶柄长 0.5~3 cm。总状花序腋生，长 10~15 cm，初被短毛；花梗常双生，长 3~5 mm；花被管长 13~16 mm，白色或浅黄色。果椭圆状，长 1.5~1.8 cm，直径约 1.5 cm，顶端具短尖，果皮干后革质，黑色。花期 5 ~ 7 月，果期 10 ~ 12 月。

生于山地湿润常绿阔叶林中，海拔 300~900 m。产于中国云南、贵州、广西、广东、湖南、江西、福建。

A117 黄杨科 Buxaceae

雀舌黄杨（黄杨属）
***Buxus bodinieri* H. L é v.**

灌木，高 3~4 m。小枝有 4 棱，被短柔毛，老枝近圆柱形，无毛。叶近革质，常匙形，顶端钝或圆，常微凹，基部渐狭至阔楔尖，上面光亮；中脉和侧脉两面均明显，或侧脉在下面仅隐约可见。花序头状，有花约 10 朵，腋生，长 5~6 mm，苞片卵形，无毛或背面被疏毛。雄花：萼片圆卵形，长约 2.5 mm，雄蕊长约 6 mm；不育雌蕊有柄，与萼片近等长或稍长。雌花：外轮萼片长约 2 mm，内轮萼片长约 2.5 mm，子房长约 2 mm，柱头比子房稍短。蒴果卵球形，长 5 mm，宿存花柱比果实稍短。花期初春，果期初夏。

产于中国甘肃、广东、广西、贵州、河南、湖北、江西、陕西南部、四川、云南、浙江。

大叶黄杨（黄杨属）
***Buxus megistophylla* H. L é v.**

小乔木，高 0.6~2 m；小枝四棱形，光滑无毛。叶革质或薄革质，卵形、椭圆状或长圆状披针形以至披针形，长 4~8 cm，宽 1.5~3 cm，基部楔形或急尖，边缘下曲，中脉凸起，侧脉多条；叶柄长 2~3 mm。花序腋生，花序轴长 5~7 mm；苞片阔卵形，先端急尖，背面基部被毛，边缘狭干膜质。雄花：8~10 朵，花梗长约 0.8 mm，外萼片阔卵形，长约 2 mm，内萼片圆形，长 2~2.5 mm，雄蕊连花药长约 6 mm，不育雌蕊高约 1 mm。雌花：萼片卵状椭圆形，长约 3 mm，无毛；子房长 2~2.5 mm，花柱直立，长约 2.5 mm，先端微弯曲，柱头倒心形，下延达花柱的 1/3 处。蒴果近球形，长 6~7 mm，宿存花柱长约 5 mm，斜向挺出。花期 3 ~ 4 月，果期 6 ~ 7 月。

生于山地林下、溪谷，海拔 500~900 m。产于中国贵州、广西、广东、湖南、江西。

A120 五桠果科 Dilleniaceae

锡叶藤（锡叶藤属）锡叶、涩藤
***Tetracera sarmentosa* (L.) Vahl.**

常绿木质藤本，长 3~5 m。多分枝；枝稍粗糙，被糙伏毛。叶革质，长圆状倒卵形，顶端急尖或钝，基部圆形或渐狭，边缘有波状小锯齿或全缘，两面均粗糙，侧脉在背面极凸起，每边 7~16 条。圆锥花序顶生及腋生，花序轴常为“之”字形屈曲，疏散；花多数，白色，极香，花梗长 1~5 mm；萼片 5 片，近圆形，革质，仅边缘具缘毛，内面的 3 片较大，宿存；花瓣 3 片，卵形，膜质，无毛；雄蕊多数，花丝丝状，中部以上扩大；心皮无毛，具 10~12 颗胚珠。蓇葖果卵球形，褐黄色而光亮，具长 2~5 mm 的喙；种子黑色，卵形，具边缘呈流苏状、长 5 mm 的黄白色假种皮。花期 5 ~ 11 月；果期 7 ~ 12 月。

生于灌丛或疏林中。产于中国广东、广西、海南、云南。

A123 阿丁枫科 Altingiaceae

蕈树（蕈树属）阿丁枫、半边枫

Altingia chinensis **(Champ. ex Benth.) Oliv. ex Hance**

常绿乔木，高 20 m；树皮灰色，稍粗糙。枝叶有橄榄香味。叶革质，倒卵状长圆形，先端骤短尖或稍钝，基部楔形，上面深绿色，侧脉 6~7 对，具钝锯齿；短穗状雄花序，多个排成圆锥花序，花序梗被短柔毛，雄蕊多数，近无花丝，花药倒卵圆形；雄花序具花 15~26 朵，基部具 4~5 枚苞片，萼筒藏于花序轴内，萼齿小瘤状，子房下位，花柱长 3~4 mm，外曲；果序近球形，直径 1.7~2.8 cm，无宿存花柱；种子多数，褐色，有光泽。

生于亚热带常绿林中，海拔 600~900 m。产于中国广东、海南、广西、贵州、云南、湖南、福建、江西、浙江。

枫香树（枫香树属）白胶香、百日材

Liquidambar formosana **Hance**

落叶乔木，高达 30 m，树皮方块状剥落。枝叶有橄榄香味。叶薄革质，阔卵形，掌状 3 裂，中央裂片较长，先端尾状渐尖；基部心形；脉腋间有毛；掌状脉 3~5 条；边缘有腺状锯齿；叶柄长达 11 cm；托叶线形，长 1~1.4 cm，红褐色，早落。雄性：短穗状花序，排成总状，雄蕊多数，花丝不等长。雌性：头状花序，花 24~43 朵，花序柄长 3~6 cm；萼齿 4~7 个，花柱长 6~10 mm，宿存。头状果序圆球形，木质，直径 3~4 cm。花期 3 ~ 6 月，果期 7 ~ 9 月。

生于林缘、路旁，海拔 200~800 m。产于中国秦岭及淮河以南地区。

半枫荷（半枫荷属）半边枫、半荷枫

Semiliquidambar cathayensis **H. T. Chang**

常绿乔木，高达 17 m。老枝有皮孔。枝叶有橄榄香味。叶簇生于枝顶，革质，异型，不分裂的叶片卵状椭圆形，长 8~13 cm；先端尾长 1~1.5 cm；基部阔楔形或近圆形；或为掌状 3 裂，中央裂片长 3~5 cm，两侧裂片卵状三角形，有时为单侧叉状分裂；边缘有具腺锯齿；掌状脉 3 条；叶柄长 3~4 cm，上部有槽。雄花：短穗状花序，排成总状，长 6 cm，花被全缺，雄蕊多数。雌花：头状花序单生，花序柄长 4.5 cm。头状果序直径 2.5 cm，有蒴果 22 ~ 28 个。花期 3 ~ 6 月，果期 7 ~ 9 月。

生于林下，海拔 900 m。产于中国福建、江西、广西、贵州、广东、海南。

A124 金缕梅科 Hamamelidaceae

瑞木（蜡瓣花属）大果蜡瓣花

Corylopsis multiflora **Hance**

落叶或半常绿灌木；嫩枝及芽体有灰白色茸毛。叶薄革质，倒卵形或倒卵状椭圆形，长 7~15 cm，宽 4~8 cm，基部心形；下面有星毛；边缘有锯齿；侧脉 7~9 对，叶柄长 1~1.5 cm；托叶矩圆形，长 2 cm，有茸毛，早落。总状花序，长 2~4 cm；总苞状鳞片卵形，被柔毛；苞片卵形；小苞片 1 片；花序轴及花序柄均被毛；花梗长约 1 mm；萼筒无毛，萼齿卵形；花瓣倒披针形；雄蕊突出花冠外；退化雄蕊不分裂；子房半下位，无毛。果序长 5~6 cm；蒴果硬木质，长 1.2~2 cm，宽 8~14 mm，果皮厚，有短柄。种子黑色，长达 1 cm。花期 4 ~ 6 月，果期 6 ~ 9 月。

生于山地灌丛、林缘、路边，海拔 900 m。产于中国福建、台湾、广东、广西、贵州、湖南、湖北、云南。

假蚊母（假蚊母属）尖叶水丝梨

Distyliopsis dunnii **(Hemsl.) P. K. Endress**

灌木；顶芽裸露，被鳞毛；幼枝被鳞毛；叶长圆形或披针状卵形，长 6~9 cm，先端尖或渐尖，基部楔形，下面初被鳞毛，后脱落，侧脉 6~7 对，全缘；雄花及两性花组成穗状或总状花序，苞片长圆形，雄花位于花序下部，无梗，萼筒短，萼齿尖，雄蕊 4~10 枚，无退化雌蕊；两性花生于花序上部，具短梗，萼筒长 3 mm，萼齿 5~6 枚，雄蕊 4~8 枚，子房被丝毛，反卷；蒴果长 1~1.3 cm，被灰褐色长丝毛，宿存萼筒长 4 mm，被鳞毛，不规则开裂。

生于山地常绿阔叶林，海拔 800~900 m。产于中国福建、江西、广东、广西、湖南、贵州、云南。

蚊母树（蚊母树属）莠柱花

Distylium racemosum **Sieb. & Zucc.**

常绿灌木；嫩枝有鳞秕；芽体无鳞苞，外有鳞秕。叶革质，椭圆形或倒卵形，先端略钝，基部阔楔形，无毛，侧脉 5~6 对，网脉不明显，全缘；总状花序长约 2 cm，无毛；雌雄花同在一个花序上，雌花位于花序顶端；萼齿大小不等；雄蕊 5~6 枚，花丝长约 2 mm，花药长 3.5 mm；子房有星状毛，花柱长 6~7 mm．蒴果卵圆球形，长 1~1.3 cm；种子长 4~5 mm，种脐白色。花期 4 ~ 5 月。

生于林下，海拔 100~900 m。产于中国福建、海南、台湾、浙江。

秀柱花（秀柱花属）

Eustigma oblongifolium **Gardn. & Champ.**

灌木，嫩枝有鳞毛。叶长圆形或长圆状披针形，先端渐尖，基部钝或楔形，无毛，侧脉 6~8 对，全缘或近先端有数个齿突；托叶线形。花序长 2~3 cm；总苞片卵形，长 1 cm；苞片及小苞片均为卵形，与花梗等长；萼筒有星状毛；萼齿圆形，长 3 mm，脱落性；花瓣倒卵形，先端 2 浅裂，比萼齿稍短，雄蕊插生于萼齿基部且对生，花丝极短；子房无毛，花柱长 8~12 mm。蒴果长 2 cm，无毛；种子长 8~9 mm。花期 1 ~ 2 月。

生于林下，海拔 100~200 m。产于中国江西、福建、台湾、广东、海南、广西、贵州。

大果马蹄荷（马蹄荷属）东京白克木

Exbucklandia tonkinensis **(Lecomte) H. T. Chang**

常绿乔木，高达 30 m，嫩枝有褐色柔毛，节膨大，有环状托叶痕。叶革质，阔卵形，长 8~13 cm，宽 5~9 cm，基部阔楔形，全缘或掌状 3 浅裂，上面深绿色，发亮，下面有细小瘤状突起，掌状脉 3~5 条，在上面很显著，在下面隆起；叶柄长 3~5 cm；托叶狭矩圆形，稍弯曲，长 2~4 cm，宽 8~13 mm，被柔毛，早落。头状花序单生，或数个排成总状花序，有花 7~9 朵，花序柄长 1~1.5 cm，被褐色茸毛。花两性，稀单性，萼齿鳞片状；无花瓣；雄蕊约 13 枚，长约 8 mm；子房有黄褐色柔毛，花柱长 4~5 mm。头状果序宽 3~4 cm，有蒴果 7~9 颗；蒴果卵圆球形，长 1~1.5 cm，宽 8~10 mm，表面有小瘤状突起；种子 6 颗，下部 2 颗种子有翅，长 8~10 mm。花期 5 ~ 7 月，果期 8 ~ 9 月。

生于山地常绿林中，海拔 800~900 m。产于中国福建、江西、湖南、广东、海南、广西、云南。

檵木（檵木属）白花檵木

***Loropetalum chinense* (R. Br.) Oliv.**

灌木或小乔木，全株有星毛。叶革质，卵形，长2~5 cm，宽1.5~2.5 cm，下面被星毛，侧脉约5对，全缘；叶柄长2~5 mm；托叶膜质，三角状披针形，早落。花3~8朵簇生，有短花梗，白色，花序柄长约1 cm；苞片线形，长3 mm；萼筒杯状；花瓣4片，带状，长1~2 cm，先端圆或钝；雄蕊4枚；退化雄蕊4枚，子房下位；胚珠1个，垂生于心皮内上角。蒴果卵圆球形，长7~8 mm，被褐色星状茸毛。种子长4~5 mm，黑色。花期3~4月，果期5~7月。

生于丘陵、山地林下，海拔100~900 m。产于中国长江以南地区。

壳菜果（壳菜果属）米老排

***Mytilaria laosensis* Lecomte**

常绿大乔木；小枝无毛，节膨大，有环状托叶痕，芽长锥形。叶革质，阔卵形，全缘，或幼叶先端3浅裂，先端短尖，基部心形，无毛，掌状脉5条；叶柄圆筒形。肉质穗状花序长2 cm；花多数，螺旋排列；萼筒下藏，萼齿卵圆形，长1.5 mm，外面有毛；花瓣长约1 cm，白色；雄蕊10~13枚，与萼齿等长；子房2室，每室有胚珠6个，花柱长2~3 mm。蒴果长1.5~2 cm，外果皮厚，黄褐色；种子长1 cm，种脐白色。花期5月，果期9~10月。

生于林下，海拔900 m。产于中国云南、广西、广东。

A126 虎皮楠科 Daphniphyllaceae

牛耳枫（虎皮楠属）南岭虎皮楠

***Daphniphyllum calycinum* Benth.**

灌木。小枝灰褐色，具稀疏皮孔。叶纸质，阔椭圆形或倒卵形，长12~16 cm，宽4~9 cm，先端钝，具短尖头，基部阔楔形，全缘，略反卷，叶背被白粉，具细小乳突体，侧脉8~11对；叶柄长4~8 cm。总状花序腋生，长2~3 cm；花白色；雄花花梗长8~10 mm；花萼盘状，3~4浅裂；雄蕊9~10枚，长约3 mm，花药侧向压扁，花丝极短；雌花花梗长5~6 mm；子房椭圆形，花柱短，柱头2枚。果卵圆球形，长约7 mm，被白粉，具小疣状突起，具宿萼。花期4~6月，果期8~11月。

生于林下、灌丛，海拔100~700 m。产于中国福建、广东、广西、湖南、江西。

交让木（虎皮楠属）山黄树、豆腐头

***Daphniphyllum macropodum* Miq.**

乔木；小枝粗壮，暗褐色，顶端常具大而圆形的叶痕和皮孔，具纵皱纹。叶革质，长圆状披针形，顶端急尖，基部楔形，边全缘；侧脉每边12~18条，纤细而密，近平行排列，两面均明显，网脉近边缘较明显；叶柄粗壮，紫红色，上面具槽。花红色。雄花序长6~7 cm；花萼缺；雄蕊8~10枚，花药长方形，药隔不突出。雌花序长6~9 cm；花萼缺；子房卵形，花柱极短，柱头2枚，开叉。果椭圆球形，顶端具宿存柱头，暗褐色，具疣状突起，无宿萼，果梗纤细。花期3~5月，果期8~10月。

生于阔叶林中，海拔600~900 m。产于中国长江以南地区。

虎皮楠（虎皮楠属）四川虎皮楠、南宁虎皮楠
Daphniphyllum oldhami **(Hemsl.) K. Rosenth.**

乔木，高 5~10 m；小枝暗褐色，具不规则纵条纹，具皮孔。叶革质，椭圆状披针形，最宽处常在叶的上部，顶端急渐尖或短尾尖，基部阔楔形，边全缘，稍背卷，上面干后黑褐色或黄绿色，具光泽，下面明显有白粉及细小乳突体；侧脉每边 8~15 条，两面均隆起，网脉在上面凸起；叶柄纤细，上面具槽。花雌雄异株，花序总状，腋生；雄花序较短；雌花序序轴及总梗纤细，柱头 2 枚，叉开，向外卷。果椭圆球形或倒卵球形，暗褐色至黑色，不明显疣状突起，顶端具宿存柱头，基部无宿存或残存萼片。花期 3 ~ 5 月，果期 8 ~ 11 月。

生于阔叶林中，海拔 100~900 m。产于中国长江流域以南地区。

脉叶虎皮楠（虎皮楠属）
Daphniphyllum paxianum **K. Rosenth.**

灌木，高 3~12 m；小枝暗褐色，表皮具不规则纵皱纹和小皮孔。叶纸质至薄革质，椭圆形、长椭圆形或椭圆状披针形，顶端短渐尖，基部楔形，边全缘，干时下面褐色或暗褐色，两面有光泽；侧脉每边 10~13 条，面稍突起，网脉明显，花萼盘状，边缘 3~5 浅裂，裂片三角形，雄蕊 8~9 枚，花药长圆形，药隔不突起；花萼裂片 3~4 枚，三角形；子房长椭圆形，花柱短，开叉外卷。果实椭圆球形，干后稍具瘤状突起，基部具宿存花萼裂片。花期 3~4 月，果期 8~11 月。

生于山坡林中或沟谷，海拔 400~900 m。产于中国海南、广西、贵州、四川、云南。

A127 鼠刺科 Iteaceae

鼠刺（鼠刺属）老鼠刺
Itea chinensis **Hook. & Arn.**

小乔木。树皮黑褐色，全株秃净。幼枝黄绿色；老枝棕褐色，具纵棱条。叶薄革质，倒卵形或卵状椭圆形，长 5~12 cm，宽 3~6 cm，基部楔形，上部具圆齿状小锯齿，侧脉 4~5 对，斜出，小脉多而平行且与中脉近垂直；叶柄长 1~2 cm，有浅槽沟。总状花序腋生，短于叶，单生或 2~3 束生，直立；花序轴及花梗被短柔毛；花 2~3 个簇生；花梗长约 2 mm；苞片线状，长 1~2 mm；花瓣白色，披针形，长 2.5~3 mm；雄蕊与花瓣近等长；子房上位，被密长柔毛；柱头头状。蒴果细小，长圆状披针形，具纵条纹。花期 3 ~ 5 月，果期 5 ~ 12 月。

生于山地、山谷、疏林、路边、溪边，海拔 200~900 m。产于中国福建、湖南、广东、广西、云南、西藏。

A130 景天科 Crassulaceae

珠芽景天（景天属）
Sedum bulbiferum **Makino**

多年生草本。根须状。茎高 7~22 cm，茎下部常横卧。叶腋常有圆球形、肉质、小形珠芽着生。基部叶对生，上部的互生，下部叶卵状匙形，上部叶匙状倒披针形，长 10~15 mm，宽 2~4 mm，先端钝，基部渐狭。花序聚伞状，三回分枝，常二歧分枝；萼片 5 枚，披针形至倒披针形，长 3~4 mm，有短距；花瓣 5 枚，黄色，披针形，长 4~5 mm；雄蕊 10 枚，长 3 mm；心皮 5 枚。花期 4 ~ 5 月。

生于林缘、沟边、水旁，海拔 100~900 m。产于中国广西、广东、福建、四川、湖北、湖南、江西、安徽、浙江、江苏。

禾叶景天（景天属）

Sedum grammophyllum **Fröd.**

不育枝小。花茎弱，斜上，下部生根，高 14~20 cm。中下部的叶有长距，轮生，线形或倒披针形，长 2~3 cm，宽 3~4 mm，先端钝，有微乳头状突起。花序疏蝎尾状，花少数；苞片长 10~15 mm；萼片 5 枚，宽披针形，长 4~5 mm，不等长，宽 1 mm，先端近急尖；花瓣 5 枚，黄色，披针形，长 6 mm，宽 1.2 mm，渐尖，有长的短尖；雄蕊 10 枚，长 4~5 mm，对瓣的雄蕊在基部以上 1.5~2 mm 处着生；鳞片 5 枚，近匙状四方形，长、宽各 0.5 mm，稍凹；心皮 5 枚，近星芒状排列，花柱长 1 mm，全长 4.5~5.5 mm。种子小，卵形，长 0.4 mm。花期 5 月。

产于中国广东、广西。

日本景天（景天属）

Sedum japonicum **Sieb. ex Miq.**

多年生草本，全株无毛，茎下部匍匐状。上部细弱，不分枝或多分枝，弯曲向上。叶互生，线形或狭倒披针形，常稍扁，顶端钝，有短距，无叶柄。聚伞花序三歧分枝；萼片 5 枚，不等长，离生，线状长圆形或近三角形，顶端钝，基部有短距；花瓣 5 枚，黄色，长圆状披针形，顶端渐尖；雄蕊 10 枚，2 轮，内轮着生于花瓣近基部，较花瓣稍短；蓇葖水平展开，有种子多颗。花期 4 ~ 6 月；果期 7 ~ 8 月。

生于山坡阴湿处，海拔 100~900 m。产于中国广东、湖南、江西、安徽、浙江、台湾。

A134 小二仙草科 Haloragaceae

黄花小二仙草（小二仙草属）

Gonocarpus chinensis **(Lour.) Orchard**

多年生草本。茎四棱形，被倒粗毛。叶对生，近无柄，呈条状披针形至矩圆形，长 10~28 mm，宽 1~9 mm，边缘具小锯齿，两面被粗毛；茎上部的叶逐渐缩小成苞片。圆锥花序顶生。花两性，极小，近无柄，基部具 1 苞片；萼筒 4 深裂，具棱，裂片披针状三角形；花瓣 4 枚，黄色；雄蕊 8 枚，花药纵裂；子房下位，4 室，每室 1 胚珠。坚果近球形，长约 1 mm，具 8 纵棱及瘤状物。花期 3 ~ 10 月，果期 6 ~ 11 月。

生于潮湿的荒山草丛中，海拔 100~800 m。产于中国长江以南地区。

小二仙草（小二仙草属）

Gonocarpus micranthus **Thunb.**

多年生陆生草本，高 5~45 cm；茎下部平卧，具纵槽，多分枝，带赤褐色。叶对生，卵形或卵圆形，长 6~17 mm，宽 4~8 mm，基部圆形，边缘具稀疏锯齿，两面无毛，背面带紫褐色，具短柄；茎上部的叶逐渐缩小而变为苞片。圆锥花序，顶生；花两性，极小，直径约 1 mm，基部具 1~2 枚小苞片；萼筒长 0.8 mm，4 深裂，宿存，绿色，裂片较短，三角形，长 0.5 mm；花瓣 4 枚，淡红色，比萼片长 2 倍；雄蕊 8 枚，花丝短，长 0.2 mm，花药线状椭圆形，长 0.3~0.7 mm；子房下位，2~4 室。坚果近球形，长 0.9~1 mm，宽 0.7~0.9 mm，有 8 纵钝棱，无毛。花期 4~8 月，果期 5~10 月。

生于荒山草丛中、湿地上，海拔 100~900 m。产于中国燕山以南地区，西到云南。

A136 葡萄科 Vitaceae

广东蛇葡萄（蛇葡萄属）田浦茶、粤蛇葡萄

***Ampelopsis cantoniensis* (Hook. & Arn.) Planch.**

木质藤本。卷须2叉分枝，相隔2节间断与叶对生。二回羽状复叶，基部一对小叶为3小叶，小叶常卵形、卵椭圆形或长椭圆形，长3~11 cm，宽1.5~6 cm；侧脉4~7对，叶柄长2~8 cm，顶生小叶柄长1~3 cm。伞房状多歧聚伞花序，顶生或与叶对生；花序梗长2~4 cm；花梗长1~3 mm；萼碟形；花瓣5枚，高1.7~2.7 mm；雄蕊5枚；花盘发达，边缘浅裂。果实近球形，种子2~4颗，种子表面有肋纹突起。花期4~7月，果期8~11月。

生于山谷林中、山坡灌丛，海拔300~900 m。产于中国长江以南地区。

蛇葡萄（蛇葡萄属）

***Ampelopsis glandulosa* (Wall.) Momiy.**

本变种与原变种的区别在于：小枝、叶柄、叶下面和花轴被锈色长柔毛，花梗、花萼和花瓣被锈色短柔毛。花期6~8月，果期9月至翌年1月。

生于山谷林中、山坡灌丛荫处，海拔100~900 m。产于中国安徽、浙江、江西、河北、河南、福建、广东、广西、四川、贵州、云南。

羽叶蛇葡萄（蛇葡萄属）

***Ampelopsis chaffanjonii* (H. L é v.) Rehder**

木质藤本。叶为一回羽状复叶，小叶长椭圆形或卵椭圆形，顶端急尖或渐尖，基部圆形或阔楔形。花序为伞房状多歧聚伞花序，顶生或与叶对生；花蕾卵圆形，顶端圆形，萼碟形，萼片阔三角形，无毛；花瓣5枚，卵椭圆形，无毛；雄蕊5枚，花药卵椭圆形，长甚于宽。果实近球形；种子倒卵形，顶端圆形，基部喙短尖，种脐在种子背面中部呈椭圆形，两侧有突出的钝肋纹，背部棱脊突出，腹部中棱脊突出，两侧洼穴呈沟状，向上略为扩大至种子上部，周围有钝肋纹突出。花期5~7月，果期7~9月。

生于山坡疏林或沟谷灌丛，海拔500~900 m。产于中国安徽、江西、湖北、湖南、广西、四川、贵州、云南。模式标本采自贵州贵阳。

显齿蛇葡萄（蛇葡萄属）

***Ampelopsis grossedentata* (Hand.-Mazz.) W. T. Wang**

木质藤本。小枝有显著纵棱纹，全株无毛。卷须2叉分枝，相隔2节间断与叶对生。叶为1~2回羽状复叶，小叶卵圆形、卵椭圆形或长椭圆形，长2~5 cm，边缘每侧有2~5个锯齿；侧脉3~5对；叶柄长1~2 cm；托叶早落。伞房状多歧聚伞花序，与叶对生；花序梗长1.5~3.5 cm；花梗长1.5~2 mm；萼碟形；花瓣5枚，高1.2~1.7 mm，雄蕊5枚。果实近球形，直径0.6~1 cm，种子2~4颗，有钝肋纹突起。花期5~8月，果期8~12月。

生于沟谷林中、山坡灌丛，海拔200~900 m。产于中国江西、福建、湖北、湖南、广东、广西、贵州、云南。

角花乌蔹莓（乌蔹莓属）

***Causonis corniculata* (Benth.) Gagnep.**

草质藤本，无毛；卷须2叉分枝，鸟足状5小叶复叶，中央小叶长椭圆披针形，先端渐尖，基部楔形，侧生小叶卵状椭圆形，先端急尖或钝，基部楔形或圆，每边有5~7个锯齿或细齿，两面无毛；复二歧聚伞花序腋生，花序梗长3~3.5 cm；花萼碟形，全缘或三角状浅裂，花瓣三角状宽卵形，先端有小尖，外展，疏被乳突状毛；花盘发达，4浅裂；果实近球形；种子倒卵状椭圆形，腹面两侧洼穴从基部向上达种子上部1/3处；花期4～5月，果期7～9月。

生于山谷溪边疏林或山坡灌丛，海拔200~600 m。产于中国福建、广东、海南、台湾。

苦郎藤（白粉藤属）风叶藤

***Cissus assamica* (M. A. Lawson) Craib**

木质藤本。小枝伏生丁字毛。卷须2叉分枝，相隔2节间断与叶对生。叶阔心形或心状卵圆形，长5~7 cm，宽4~14 cm，边缘有尖锐锯齿，下面脉上伏生丁字毛；基出脉5条；叶柄长2~9 cm；托叶草质，卵圆形。伞形花序与叶对生；花序梗长2~2.5 cm；花梗长约2.5 mm；萼碟形；花瓣4枚，长1.5~2 mm；雄蕊4枚；花盘4裂。果实倒卵圆形，紫黑色，宽0.6~0.7 cm，种子1颗，椭圆形，表面有尖锐棱纹。花期5～6月，果期7～10月。

生于山谷溪边林中、林缘或山坡灌丛，海拔200~900 m。产于中国江西、福建、湖南、广东、海南、广西、四川、贵州、云南、西藏。

乌蔹莓（乌蔹莓属）

***Causonis japonica* (Thunb.) Raf.**

草质藤本。卷须2~3叉分枝，相隔2节间断与叶对生。鸟足状5小叶，中央小叶长椭圆形或椭圆披针形，长2.5~4.5 cm，宽1.5~4.5 cm，边缘有锯齿，下面微被毛；侧脉5~9对；叶柄长1.5~10 cm，中央小叶柄长0.5~2.5 cm；托叶早落。复二歧聚伞花序，腋生；花序梗长1~13 cm；花梗长1~2mm；萼碟形；花瓣4枚，外面被乳突状毛；雄蕊4枚，花盘4浅裂。果实近球形，直径约1 cm，种子2~4颗，三角状倒卵形。花期3～8月，果期8～11月。

生于山谷林中、山坡灌丛，海拔300~900 m。除西北、东北地区以及西藏外遍布中国。

翅茎白粉藤（白粉藤属）

***Cissus hexangularis* Thorel ex Planch.**

木质藤本；小枝近圆柱形，具6翅棱，翅棱间有纵棱纹，常皱褶，节部干时收缩，无毛；卷须不分枝；叶卵状三角形，先端骤尾尖，基部截形，每边有5~8个细牙齿或齿不明显，两面无毛，基出脉3条；复二歧聚伞花序顶生；花梗被乳头状腺毛；花萼碟形，全缘；花瓣竺角状长圆形；花盘显著，4浅裂；果实近球形，直径0.8~1.2 cm；种子倒卵圆形，平滑，腹面两侧洼穴，种子基部极短；花期10月，果期10～12月。

生于河边林下，海拔100~400 m。产于中国福建、广东、广西。

翼茎白粉藤（崖爬藤属）

***Cissus pteroclada* Hayata**

草质藤本。叶卵圆形或长卵圆形，长 5~12 cm，宽 4~9 cm，顶端短尾尖或急尖，基部心形，基缺张开呈钝角。花序顶生或与叶对生，集生成伞形花序；花序梗长 1~2 cm，萼杯形，边缘全缘，无毛；花瓣 4 枚，花药卵圆形，长宽近相等，花盘明显，4 裂；子房下部与花盘合生，花柱短，钻形，柱头微扩大。果实倒卵椭圆形，长 1~1.5 cm，宽 0.8~1.4 cm，有种子 1~2 颗；种子倒卵长椭圆形，顶端圆形，基部喙显著，表面棱纹尖锐，种脐在种子背面下部，外形与种脊无异，种脊突出，腹部中棱脊突出，两侧洼穴倒卵长圆形，从基部向上达种子上部或近中部。花期 6 ~ 8 月，果期 8 ~ 12 月。

产于中国台湾、福建、广东、广西、海南、云南。

三叶地锦（地锦属）

***Parthenocissus semicordata* (Wall.) Planch.**

木质藤本。叶为 3 小叶，着生在短枝上，中央小叶倒卵椭圆形或倒卵圆形，顶端骤尾尖，基部楔形，最宽处在上部，侧生小叶卵椭圆形或长椭圆形，顶端短尾尖，基部不对称，近圆形，上面绿色，下面浅绿色，下面中脉和侧脉上被短柔毛；侧脉 4~7 对；疏生短柔毛，小叶几无柄。多歧聚伞花序着生在短枝上，花序基部分枝，主轴不明显，无毛或被疏柔毛；花蕾椭圆形，顶端圆形；花瓣 5 枚，卵椭圆形，无毛；雄蕊 5 枚，花药卵椭圆形；花盘不明显；子房扁球形，花柱短，柱头不扩大。果实近球形；种子倒卵形，顶端圆形，基部急尖成短喙，种脐在背面中部呈圆形，腹部中棱脊突出，两侧洼穴呈沟状，从基部向上斜展达种子顶端。花期 5 ~ 7 月，果期 9 ~ 10 月。

产于中国甘肃、陕西、湖北、四川、贵州、云南、西藏。

尾叶崖爬藤（崖爬藤属）

***Tetrastigma caudatum* Merr. & Chun**

木质藤本。小枝有纵棱纹。卷须不分枝。3 枚小叶，或 5 枚鸟足状小叶，小叶披针形、椭圆披针形，长 6~14 cm，顶端尾状渐尖，侧小叶基部不对称，边缘具牙齿；侧脉 4~6 对；叶柄长 2.5~7 cm。二歧状花序伞形腋生，长 2.5~3 cm，被短柔毛；花序梗长 1~3.5 cm；花梗长 2~4 mm；萼碟形，具齿；花瓣 4 枚，顶端有小角；雄蕊 4 枚；花盘 4 浅裂；柱头显著 4 裂。果实椭圆形，长 1~1.2 cm，种子 1 颗。花期 5 ~ 7 月，果期 9 月至翌年 4 月。

生于山谷林下、山间灌丛，海拔 200~700 m。产于中国福建、广东、广西、海南。

三叶崖爬藤（崖爬藤属）蛇附子、三叶青

***Tetrastigma hemsleyanum* Diels & Gilg**

草质藤本。小枝纤细，有纵棱纹。卷须不分枝，相隔 2 节间断与叶对生。3 小叶，小叶披针形、长椭圆披针形或卵披针形，长 3~10 cm，宽 1.5~3 cm，侧生小叶基部不对称，边缘具 4~6 个锯齿；侧脉 5~6 对；叶柄长 2~7.5 cm。二歧状伞形花序腋生，长 1~5 cm；花序梗长 1.2~2.5 cm，花梗长 1~2.5 mm，均被短柔毛；萼碟形，具细小萼齿；花瓣 4 枚，高 1.3~1.8 mm；雄蕊 4 枚；花盘 4 浅裂；柱头 4 裂。果实近球形或倒卵球形，种子 1 颗。花期 4 ~ 6 月，果期 8 ~ 11 月。

生于山坡灌丛、山谷、溪边林下、岩石缝中，海拔 300~900 m。产于中国长江以南地区。

厚叶崖爬藤（崖爬藤属）

***Tetrastigma pachyphyllum* (Hemsl.) Chun**

木质藤本；茎扁平，多瘤状突起；小枝疏生瘤状突起，无毛；卷须不分枝；鸟足状5小叶复叶或3小叶复叶，小叶倒卵状长椭圆形，先端骤尖，基部楔形，每边有4~5个疏锯齿，两面无毛；复二歧聚伞花序腋生，下部有节，节上有苞片；花序梗密被短柔毛；花萼碟形，萼齿不明显，外面被乳突状毛；花瓣卵状椭圆形，外面被乳突状毛；子房长圆锥形，花柱不明显，柱头4裂；果实球形；种子椭圆形，腹面两侧洼穴从中部斜伸达种子顶端；花期4～7月，果期5～10月。

生于林下、灌丛。产于中国广东、海南。

毛脉崖爬藤（崖爬藤属）

***Tetrastigma pubinerve* Merr. & Chun**

木质藤本；小枝干时有横皱纹，枝被短柔毛，后脱落；卷须不分枝；鸟足状5小叶复叶，中央小叶椭圆形，侧生小叶卵状披针形，先端急尖，基部楔形，每边有4~8个锯齿，上面有光泽，网脉在下面突起；花序腋生，下部有节，节上有苞片，二级分枝4个；聚伞花序三级分枝呈二歧状，花序被短柔毛；花萼浅碟形，萼齿不明显，外被乳突状毛；花瓣椭圆形，先端有小角，外展，外被乳突状毛；花盘环状；子房锥形，花柱不明显；果实近球形，种子倒卵圆形，腹面两侧洼穴从中部向上达种子顶端；花期6～7月，果期8～10月。

生于山谷林下、山间灌丛，海拔300~600 m。产于中国广东、广西、海南。

扁担藤（崖爬藤属）

***Tetrastigma planicaule* (Hook. f.) Gagnep.**

木质大藤本，茎扁压，深褐色。卷须不分枝，相隔2节间断与叶对生。掌状5小叶，小叶长圆披针形、披针形、卵披针形，长6~16 cm，基部楔形，边缘具5~9个细锯齿；侧脉5~6对，网脉突出；叶柄长3~11 cm。伞形花序腋生，长15~17 cm；花序梗长3~4 cm；花梗长3~10 mm；萼浅碟形，外面被乳突状毛；花瓣4枚，卵状三角形；雄蕊4枚；花盘4浅裂，子房基部被扁平乳突状毛，柱头4裂。果实近球形，直径2~3 cm，种子1~3颗。花期4~6月，果期8~12月。

生于山谷林下、岩石上，海拔100~900 m。产于中国福建、广东、广西、贵州、西藏、云南。

绵毛葡萄（葡萄属）

***Vitis retordii* Rom. Caill. ex Planch.**

木质藤本；小枝圆柱形，有纵棱纹，密被褐色长茸毛；叶卵圆形，边缘每侧有19~43个尖锐锯齿，上面绿色，密生短柔毛，下面为褐色绵毛状长茸毛所覆盖；基生脉5出，中脉有侧脉4~5对，上面突出，被短柔毛，下面为茸毛所覆盖，网脉在上面突出，下面常被茸毛，脱落时可见突起；花杂性异株，圆锥花序疏散，花序常被褐色茸毛；花梗无毛；萼碟形；花瓣呈帽状粘合脱落；花药黄色，长椭圆形，在雌花内雄蕊显著短而败育；果实球形；种子倒卵椭圆形，种脐在种子背面中部呈卵椭圆形，每侧有3~4条横肋纹，腹面中棱脊突起，两侧洼穴狭窄呈条形；花期5月，果期6～7月。

生于山谷林下、山间灌丛，海拔200~900 m。产于中国广东、广西、贵州、海南。

狭叶葡萄（葡萄属）

Vitis tsoi **Merr.**

木质藤本。小枝密被短柔毛。卷须不分枝。叶卵披针形或三角状长卵形，长 3.5~9 cm，边缘具锯齿，基出 5 脉，叶脉被短柔毛；叶柄长 1~2 mm，密被短柔毛；托叶长 1~2 mm。花杂性异株；圆锥花序狭窄，长 2~6 cm，与叶对生；花梗长 1.5~2.5 mm；萼碟形；花瓣 5 枚，呈帽状粘合脱落；雄蕊 5 枚；花盘 5 裂；雌蕊 1 枚。果实圆球形，紫黑色，直径 0.5~0.8 cm；种子倒卵椭圆形。花期 4~5 月，果期 6~9 月。

生于林下、灌丛，海拔 300~700 m。产于中国福建、广东、广西。

A140 豆科 Fabaceae

毛相思子（相思子属）

Abrus pulchellus **subsp.** ***mollis*** **(Hance) Verdc.**

缠绕藤本，茎和枝柔弱，疏被黄色长柔毛。偶数羽状复叶有小叶 10~16 对，叶柄与叶轴均被黄色长柔毛；托叶钻状；小叶膜质，长圆形，最上部 1 对常为倒卵形，先端截平，具细尖，基部圆形，两面被长柔毛，上面的毛较稀疏，下面的毛密而呈白色；小托叶微小。总状花序腋生，被淡黄色长柔毛，花 4~6 朵聚生于花序轴的短枝上；花萼钟状，密被灰色长柔毛；花冠粉红色或淡紫色。荚果长圆柱形，扁平，密被白色长柔毛，先端具喙，开裂，有种子 4~9 颗；种子卵形，扁平，黑褐色或黑色，长约 5 mm，宽约 3.5 mm，厚约 2 mm，光亮，种脐小，周围绕以环状种阜。花期 1~8 月，果期 6~11 月。

生于路边或山谷林下，海拔 200~900 m。产于中国福建、广东、广西、海南。

藤金合欢（金合欢属）

Acacia concinna **(Willd.) DC.**

攀援藤本；小枝、叶轴被灰色短茸毛，有散生、多而小的倒刺。二回羽状复叶，羽片 6~10 对，总叶柄近基部及顶 1~2 对羽片之间有 1 个腺体；小叶 15~25 对，线状长圆形，上面淡绿色，下面粉白色，两面被粗毛或变无毛，具缘毛，中脉偏于上缘；托叶卵状心形，早落。头状花序球形，再排成圆锥花序式，花序分枝被茸毛；花白色或淡黄色，芳香；花萼漏斗状；花冠稍突出。荚果带形，边缘直或微波状，干时褐色，有种子 6~10 颗。花期 4 ~ 6 月；果期 7 ~ 12 月。

生于疏林或灌丛中，海拔 200~900 m。产于中国福建、广东、广西、贵州、海南、湖南、江西、云南。

台湾相思（金合欢属）相思树、台湾柳

Acacia confusa **Merr.**

常绿乔木，高 6~15 m，无毛，枝灰色或褐色，无刺，小枝纤细。苗期第一片真叶为羽状复叶，长大后小叶退化，叶柄变为叶状柄，叶状柄革质，披针形，两端渐狭，先端略钝，两面无毛，有纵向的平行脉 3~5 条。头状花序球形，单生或 2~3 个簇生于叶腋，总花梗纤弱，花金黄色，有微香；花萼长约为花冠的 1/2；花瓣淡绿色；雄蕊多数，明显超出花冠之外，子房被黄褐色柔毛；荚果扁平，干时深褐色，有光泽，于种子间微缢缩，顶端钝而有凸尖，基部楔形；种子 2~8 颗，椭圆形，压扁。花期 3~10 月，果期 8~12 月。

广泛栽培于中国福建、广东、广西、海南、江西、四川、台湾、云南、浙江。

羽叶金合欢（金合欢属）

***Acacia pennata* (L.) Willd.**

攀援、多刺藤本，小枝和叶轴均被锈色短柔毛。羽片8~22对，总叶柄基部及叶轴上部羽片着生处稍下均有突起的腺体1个；小叶30~54对，线形，彼此紧靠，先端稍钝，基部截平，具缘毛，中脉靠近上边缘。头状花序圆球形，单生或2~3个聚生，排成腋生或顶生的圆锥花序式，被暗褐色柔毛；花萼近钟状，5齿裂；子房被微柔毛。果实带状，无毛或幼时有极细柔毛，边缘稍隆起，呈浅波状，种子8~12颗，长椭圆形而扁。花期3~10月，果期7月至翌年4月。

生于疏林、灌丛。产于中国福建、广东、广西、海南、云南。

合萌（合萌属）

***Aeschynomene indica* L.**

一年生草本，茎直立，高0.3~1 m，多分枝，无毛，具小凸点而稍粗糙。叶具20~30对小叶，托叶膜质，卵形至披针形；小叶近无柄，薄纸质，线状长圆形，上面密布腺点，下面稍带白粉，先端钝圆或微凹，具细刺尖头，基部歪斜，全缘。总状花序腋生；花冠淡黄色，具紫色的纵脉纹，易脱落，旗瓣大，近圆形，基部具极短的瓣柄，翼瓣长圆形，具长柄；雄蕊二体；子房扁平，线形。荚果线状长圆形，腹缝直，背缝多少呈波状，平滑或中央有小疣突，不开裂，熟时逐节脱落，种子黑棕色，肾形。花期7~8月，果期8~10月。

生于林缘、路旁、村边，海拔100~300 m。产于中国各地。

海红豆（海红豆属）

***Adenanthera microsperma* Teijsm. & Binn.**

落叶乔木，高5~20 m；嫩枝被微柔毛。二回羽状复叶，叶柄和叶轴被微毛，羽片3~5对，小叶4~7对，互生，长圆形，两面均被微柔毛，具短柄。总状花序单生于叶腋或在枝顶排成圆锥花序式，被短柔毛；花小，白色或黄色，有香味，具短梗；花萼与花梗间被金黄色柔毛；花瓣披针形，无毛，基部稍合生；雄蕊10枚，与花冠等长或稍长。荚果狭长圆形，两侧扁压，直或稍弯，开裂后果瓣旋卷；种子鲜红色，有光泽。花期4~7月，果期7~10月。

生于溪边沟谷、林下，海拔100~900 m。产于中国福建、广东、广西、贵州、海南、台湾、云南。

天香藤（合欢属）刺藤

***Albizia corniculata* (Lour.) Druce**

攀援灌木或藤本，长约20 m；幼枝稍被柔毛，在叶柄下常有1枚下弯的粗短刺。二回羽状复叶，羽片2~6对，总叶柄近基部有压扁的腺体1枚，小叶4~10对，长圆形或倒卵形，顶端极钝或有时微缺，或具硬细尖，基部偏斜，上部无毛，下面疏被微柔毛，中脉居中；托叶小，脱落。头状花序有花6~12朵，再排成顶生或腋生的圆锥花序；总花梗柔弱，疏被短柔毛；花无梗；花冠白色。荚果带状，扁平无毛，种子7~11颗，长圆形，褐色。花期4~7月，果期8~11月。

生于旷野或山地疏林中，常攀附于树上，海拔100~900 m。产于中国福建、广东、广西、海南。

链荚豆（链荚豆属）

***Alysicarpus vaginalis* (L.) DC.**

多年生草本，簇生或基部多分枝；茎平卧或上部直立，高30~90 cm，无毛或稍被短茸毛。叶为单小叶，托叶线状披针形，干膜质，具条纹；小叶形状及大小变化大，茎上部小叶通常为卵状长圆形、长圆状披针形至线状披针形，下部小叶为心形，下面稍被短柔毛，边全缘，侧脉每边4~5条。总状花序顶生或腋生，有花6~12朵，成对排列于节上；花冠紫蓝色，旗瓣宽，倒卵形；子房被短柔毛，有胚珠4~7颗。荚果扁圆柱形，被短柔毛，有不明显的皱纹，荚节4~7个，其分界处有略隆起的线环。花期9月，果期9~11月。

生于草坡、路边、沙滩上，海拔100~700 m。产于中国福建、广东、广西、海南、台湾、云南。

亮叶猴耳环（猴耳环属）

***Archidendron lucidum* (Benth.) I. C. Nielsen**

乔木，高2~10 m；小枝无刺，近圆柱形或具不明显的条棱，嫩枝、叶柄和花序均被褐色短茸毛。二回羽状复叶，羽片1~2对；总叶柄近基部、叶轴上均有圆形腺体，下部羽片通常具2~3对小叶，上部羽片具4~5对小叶；小叶斜卵形，长5~10 cm，宽2~4.5 cm，顶生的一对最大，基部略偏斜，近不等四边形，两面无毛。头状花序球形，有花10~20朵，排成圆锥花序；花瓣白色，长4~5 mm。荚果条形，旋卷成环状，宽2~3 cm。花期4~6月，果期7~12月。

生于山坡、路旁或河旁的密林、灌丛中，海拔100~900 m。产于中国福建、广东、广西、海南、四川、台湾、云南、浙江。

猴耳环（猴耳环属）围涎树

***Archidendron clypearia* (Jack.) I. C. Nielsen**

常绿乔木，高可达10 m；小枝无刺，有明显的棱角，密被黄褐色茸毛。托叶早落；二回羽状复叶；羽片3~12对；总叶柄具4条棱，密被黄褐色柔毛，叶轴上及叶柄近基部处有腺体；小叶革质，斜菱形，长1~7 cm，宽0.7~3 cm，两面稍被褐色短柔毛，基部极不等侧，近无柄。花具数朵聚成小头状花序，再排成顶生和腋生的圆锥花序；花冠白色或淡黄色，长4~5 mm。荚果条形，旋卷呈环状，宽1~1.5 cm，边缘在种子间溢缩。花期2~6月；果期4~8月。

生于森林中、山坡平坦处、路旁及河旁，海拔500~900 m。产于中国福建、广东、广西、海南、台湾、云南、浙江。

薄叶猴耳环（猴耳环属）薄叶围涎树、两广围涎树

***Archidendron utile* (Chun & How) I. C. Nielsen**

灌木，高1~2 m；小枝被棕色短柔毛。羽片2~3对，长10~18 cm，总叶柄和顶端1~2对小叶着生处稍下的叶轴上有腺体；小叶膜质，4~7对，对生，菱形，长2~9 cm，宽1.5~4 cm，顶部的较大，往下渐小，上面无毛，下面被短柔毛，具短柄。头状花序排成近顶生、疏散的圆锥花序；花无梗，白色，芳香。荚果红褐色，弯卷或镰刀状，长6~10 cm，宽10~13 mm；种子近圆形，长约10 mm，黑色，光亮。花期3~8月，果期4~12月。

生于密林中，海拔100~800 m。产于中国浙江、福建、广东、广西、海南。

阔裂叶羊蹄甲（羊蹄甲属）

Bauhinia apertilobata **Merr. & F. P. Metcalf**

藤本，具卷须；全株被短柔毛。叶纸质，卵形、阔椭圆形或近圆形，长 5~10 cm，宽 4~9 cm，基部阔圆形、截形或心形，先端浅裂为 2 片短而阔的裂片，嫩叶先端常不分裂而呈截形；基出脉 7~9 条。伞房式总状花序，长 4~8 cm；花梗长 18~22 mm；花瓣白色或淡绿白色，具瓣柄，近匙形；能育雄蕊 3 枚，花丝无毛；子房具柄。荚果倒披针形或长圆形，扁平，长 7~10 cm；种子 2~3 颗。花期 5 ~ 7 月，果期 8 ~ 11 月。

生于山谷、疏林、灌丛中，海拔 300~600 m。产于中国福建、广东、广西、贵州、江西。

鄂羊蹄甲（羊蹄甲属）

Bauhinia glauca **(Wall. ex Benth.) Benth. subsp. *hupehana*** **(Craib) T. Chen**

本亚种与原种的区别在于：叶 2 分裂，仅达叶长的 1/4~1/3，裂片阔圆，罅口阔；花瓣玫瑰红色。花期 4 ~ 5 月，果期 6 ~10 月。

产于中国广东、广西、贵州、湖北、湖南、陕西、云南。

粉叶羊蹄甲（羊蹄甲属）

Bauhinia glauca **(Wall. ex Benth.) Benth.**

木质藤本；花序稍被锈色短柔毛；卷须略扁，旋卷。叶纸质，近圆形，长 5~7(9) cm，2 裂达中部或更深裂，罅口狭窄，先端圆钝，基部阔，心形至截平，下面疏被柔毛；基出脉 9~11 条。伞房式总状花序顶生或与叶对生，具密集的花；总花梗长 2.5~6 cm，被疏柔毛，渐变无毛；苞片与小苞片线形，锥尖；花序下部的花梗长可达 2 cm；萼片卵形，外被锈色茸毛；花瓣白色，倒卵形，各瓣近相等；能育雄蕊 3 枚。荚果无毛，不开裂，长 15~20 cm；种子 10~20 颗。花期 4 ~ 6 月，果期 7 ~ 9 月。

生于山坡疏林中、山谷灌丛中，海拔 400~900 m。产于中国广东、广西、贵州、湖北、湖南、陕西、云南。

藤槐（藤槐属）包令豆、放屁藤

Bowringia callicarpa **Champ. ex Benth.**

木质藤本。叶为单小叶，互生，近革质，长卵形至长椭圆形，先端渐尖，基部圆形，两面均无毛；侧脉 5~6 对，与中脉在两面均突起，小脉明显；叶柄两端稍膨大；托叶小，卵状三角形，具脉纹。总状花序排成伞房状，有 3~5 朵疏生的花；总花梗纤细，疏生短柔毛；花冠白色，旗瓣微凹；雄蕊不等长，花丝分离，花药长圆形，基着；子房被短柔毛。荚果卵形或近球形，先端具细尖喙，有种子 1~2 颗，果瓣表面有突起的网纹，无毛；种子椭圆形，略扁，褐黑色。花期 4 ~ 6 月，果期 7 ~ 11 月。

产于中国华南地区。

刺果苏木（云实属）

Caesalpinia bonduc (L.) Roxb.

有刺藤本，各部均被黄色柔毛；刺直或弯曲。叶长 30~45 cm；叶轴有钩刺；羽片 6~9 对，对生；羽片柄极短，基部有刺 1 枚；托叶大，叶状。总状花序腋生，具长梗，上部稠密，下部稀疏；花梗长 3~5 mm。荚果革质，长圆形，长 5~7 cm，宽 4~5 cm，顶端有喙，膨胀，外面具细长针刺；种子 2~3 颗，近球形，铅灰色，有光泽。花期 8 ~ 10 月，果期 10 月至翌年 3 月。

产于中国广东、广西、台湾。

云实（云实属）

Caesalpinia decapetala (Roth) O. Deg.

藤本。枝、叶和花序均被柔毛和钩刺。二回羽状复叶，长 20~30 cm；羽片 3~10 对；小叶 8~12 对，膜质，长圆形，长 10~25 mm，宽 6~12 mm；托叶早落。总状花序顶生，直立，长 15~30 cm；花梗长 3~4 cm，在花萼下具关节，花易脱落；萼片 5 枚；花瓣黄色，圆形或倒卵形，长 10~12 mm，花丝下部被绵毛；子房无毛。荚果长圆状舌形，长 6~12 cm，沿腹缝线开裂；种子 6~9 颗。花果期 4~10 月。

生于山坡灌丛中，丘陵、河旁等地，海拔 100~900 m。除西北、东北、西藏外广泛分布于中国。

华南云实（云实属）假老虎簕

Caesalpinia crista L.

木质藤本。树皮黑色，枝具倒钩刺。二回羽状复叶，长 20~30 cm；叶轴上有倒钩刺；羽片 2~4 对，小叶 4~6 对，革质，卵形或椭圆形，长 3~6 cm，两面无毛。总状花序排列成圆锥花序，长 10~20 cm；花芳香；花梗长 5~15 mm；萼片 5 枚，长约 6 mm；花瓣 5 枚，4 枚黄色，卵形，上面 1 片具红色斑纹，向瓣柄渐狭，内面中部有毛；花丝基部膨大，被毛；胚珠 2 颗。荚果斜阔卵形，长 3~4 cm，肿胀；种子 1 颗。花期 4 ~ 7 月，果期 7 ~ 12 月。

生于山地林中，海拔 400~900 m。产于中国长江流域以南地区。

大叶云实（云实属）

Caesalpinia magnifoliolata F. P. Metcalf

有刺藤本；小枝被锈色短茸毛，二回羽状复叶，羽片 2~3 对；小叶 4~6 对，革质，长圆形，两端圆钝，上面无毛，有光泽，下面有短茸毛；叶柄与小叶柄均被短柔毛。总状花序腋生或圆锥花序顶生；花黄色，花梗长 9~10 mm；花托凹陷；萼裂片 5 枚；花瓣 5 枚，具短柄；雄蕊 10 枚，花丝下部被短柔毛；荚果近圆形而扁，背缝线向两侧扩张成龙骨状的狭翅，果瓣木质，棕色，表面有粗网脉；种子 1 颗，近圆形，极扁，棕黑色。花期 4 月，果期 5 ~ 6 月。

生于林下，海拔 400~900 m。产于中国广东、广西、贵州、云南。

喙荚云实（云实属）
Caesalpinia minax Hance

有刺藤本。各部被短柔毛。二回羽状复叶，长可达 45 cm；托叶锥状而硬；羽片 5~8 对；小叶 6~12 对，椭圆形或长圆形，长 2~4 cm，宽 1.1~1.7 cm。总状花序或圆锥花序顶生；萼片 5 枚，密生黄色茸毛；花瓣 5 枚，白色，有紫色斑点，倒卵形，长约 18 mm；雄蕊 10 枚，花丝下部密被长柔毛；子房密生细刺，花柱无毛。荚果长圆柱形，长 7.5~13 cm，喙长 5~25 mm，果瓣表面密生针状刺；种子 4~8 颗。花期 4 ~ 5 月，果期 7 月。

生于山坡、溪边，海拔 100~900 m。产于中国福建、广东、广西、贵州、四川、台湾、云南。

蔓草虫豆（木豆属）
Cajanus scarabaeoides (L.) Graham ex Wall

缠绕状草质藤本；茎纤弱，具细纵棱，被红褐色或灰褐色短柔毛。叶具 3 枚羽状小叶；小叶纸质或近革质，下面有腺状斑点，顶生小叶椭圆形，侧生小叶稍小，斜椭圆形，两面薄被褐色长柔毛，但下面较密；基出脉 3 条，在下面脉明显突起；总状花序腋生，有花 1~5 朵；总花梗与花序轴同被红褐色至灰褐色柔毛；花冠黄色，开花后脱落，旗瓣倒卵形，有暗紫色条纹；雄蕊二体，花药一式；子房密被丝质长柔毛，有胚珠数颗。荚果长圆柱形，密被红褐色或灰黄色长毛，果瓣革质，种子间有横线；种子 3~7 颗，椭圆形，种皮黑褐色，有凸起的种阜。花期 9 ~ 10 月，果期 11 ~ 12 月。

生于田野、草坡、海边，海拔 100~900 m。产于中国福建、广东、广西、贵州、海南、四川、台湾、云南。

鸡嘴簕（云实属）
Caesalpinia sinensis (Hemsl.) J. E. Vidal

藤本；主干和小枝具分散、粗大的倒钩刺；嫩枝上或多或少具锈色柔毛，老枝无毛或近无毛。二回羽状复叶；叶轴上有刺；羽片 2~3 对，长 30 cm；小叶 2 对，革质，长圆形至卵形，先端渐尖、急尖或钝，基部圆形，或多或少不等侧；小叶柄短。圆锥花序腋生或顶生；花瓣 5 枚，黄色，长约 7 mm，瓣柄长约 3 mm；雄蕊 10 枚，花丝长约 1 cm，下部被锈色柔毛；雌蕊稍长于雄蕊，子房近无柄，被柔毛或近无毛，有胚珠 1~2（4）颗。荚果革质，压扁，近圆球形或半圆球形，长约 4.5 cm，宽约 3.5 cm。花期 4 ~ 5 月，果期 7 ~ 8 月。

产于中国广东、广西、云南、贵州、四川、湖北。

香花鸡血藤（鸡血藤属）香花崖豆藤、山鸡血藤
Callerya dielsiana (Harms) P. K. Lôc ex Z. Wei & Pedley

攀援灌木。茎皮剥裂。一回奇数羽状复叶，长 15~30 cm，小叶 2 对，纸质，披针形、长圆形至狭长圆形，长 5~15 cm，侧脉 6~9 对，近边缘环结；叶柄长 5~12 cm；小托叶长 3~5 mm。圆锥花序顶生，长达 40 cm，生花枝伸展，长 6~15 cm，被黄褐色柔毛；花长 1.2~2.4 cm；花萼阔钟状；花冠紫红色，旗瓣密被锈色或银色绢毛；雄蕊二体；胚珠 8~9 粒。荚果线形至长圆柱形，长 7~12 cm，密被灰色茸毛，种子 3~5 颗。花期 5 ~ 9 月，果期 6 ~ 11 月。

生于杂木林、灌丛、溪沟和路旁，海拔 400~900 m。产于中国秦岭南坡以南地区。

广东鸡血藤（鸡血藤属）广东崖豆藤

Callerya fordii **(Dunn) Schot**

藤本；茎细，深褐色，圆柱形，粗糙，嫩梢被黄色柔毛，旋秃净，除花序外，余均无毛；羽状复叶复叶，叶轴被疏柔毛，上面有狭沟；小叶 3 对，间隔 1.2~2 cm，纸质，顶生小叶较大，线状披针形，两面稍光亮，干后变黑褐色，中脉在上面凹陷，侧脉 5~8 对；总状花序常腋生，偶聚集枝梢成带叶的圆锥花序，花序轴被茸毛；花单生；荚果线形，扁平，密被黄褐色茸毛，瓣裂，有种子 4~8 颗；种子褐色，卵形，光滑。花期 9 ~ 10 月，果期 11 月。

生于山坡疏林，海拔 500 m。产于中国广东、广西。

美丽鸡血藤（鸡血藤属）

Callerya speciosa **(Champ. ex Benth.) Schot**

藤本。羽状复叶长 15~25 cm；叶柄长 3~4 cm。圆锥花序腋生，常聚集枝梢成带叶的大型花序，长达 30 cm，密被黄褐色茸毛，花 1~2 朵并生或单生密集于花序轴上部呈长尾状。荚果线状，伸长，长 10~15，宽 1~2 cm，扁平，顶端狭尖，具喙，基部具短颈，密被褐色茸毛，果瓣木质，开裂，有种子 4~6 颗；种子卵形。花期 7 ~ 10 月，果期翌年 2 月。

生于灌丛、疏林和旷野，海拔 1500 m 以下。产于中国福建、湖南、广东、香港、海南、广西、贵州、云南。模式标本采自中国香港。

亮叶鸡血藤（鸡血藤属）亮叶崖豆藤

Callerya nitida **(Benth.) R. Geesink**

攀援灌木。茎皮锈褐色，粗糙。羽状复叶，长 15~20 cm；小叶 2 对，硬纸质，卵状披针形或长圆形，长 5~9 cm，宽 3~4 cm，先端钝尖，上面光亮，侧脉 5~6 对；叶柄长 3~6 cm。圆锥花序顶生，长 10~20 cm，密被锈褐色茸毛，生花枝通直，长 6~10 cm；苞片早落；花长 1.6~2.4 cm；花梗长 4~8 mm；花萼钟状，密被茸毛；花冠青紫色，旗瓣密被绢毛；雄蕊二体。荚果线状长圆形，长 10~14 cm，密被黄褐色茸毛；种子 4~5 颗。花期 5 ~ 9 月，果期 7 ~ 11 月。

生于灌丛或山地疏林中，海拔 100~900 m。产于中国长江以南地区。

喙果鸡血藤（鸡血藤属）喙果崖豆藤

Callerya tsui **(Gagnep.) Schot**

藤本，长 3~10 m；茎皮黑褐色，小枝劲直，初时密被褐色茸毛，后渐秃净；羽状复叶；小叶 3~5 枚，革质，宽椭圆形，两面无毛，有光泽，侧脉 6~7 对，网脉两面隆起，无小托叶；圆锥花序顶生，分枝长而伸展，密被褐色茸毛；花密集，单生；花冠淡黄色，带淡红或淡紫色晕斑，旗瓣背面被绢毛；子房密被绢毛，具柄，胚珠 4~7 颗；荚果肿胀，椭圆形或窄长圆柱形，被褐色茸毛，后无毛，先端有坚硬钩状喙；种子近球形或稍扁。花期 7 ~ 9 月，果期 10 ~ 12 月。

生于灌丛、山谷林地，海拔 200~900 m。产于中国广东、广西、贵州、海南、湖南、云南。

山扁豆（山扁豆属）

Chamaecrista mimosoides **(L.) E. Greene**

一年生或多年生亚灌木状草本，多分枝；枝条纤细，被微柔毛。叶长 4~8 cm，在叶柄的上端、最下一对小叶的下方有圆盘状腺体 1 枚；小叶 20~50 对，线状镰形。花序腋生，1 或数朵聚生不等，总花梗顶端有 2 枚小苞片，长约 3 mm；萼长 6~8 mm，顶端急尖，外被疏柔毛；花瓣黄色，不等大，具短柄，略长于萼片；雄蕊 10 枚，5 长 5 短相间而生。荚果镰形，扁平；种子 10~16 颗。花果期 8 ~ 10 月。

分布于中国东南和西南地区。

响铃豆（猪屎豆属）

Crotalaria albida **B. Heyne ex Roth**

多年生直立草本。枝被紧贴的短柔毛。单叶，倒卵形、长圆状椭圆形或倒披针形，长 1~2.5 cm，宽 0.5~1.2 cm，先端钝或圆；叶近无柄。总状花序，长达 20 cm，有花 20~30 朵，苞片丝状，长约 1 mm；花梗长 3~5 mm；花萼二唇形，长 6~8 mm，深裂；花冠淡黄色，旗瓣椭圆形，长 6~8 mm，先端具束状柔毛，基部胼胝体可见，龙骨瓣弯曲，几达 90°。荚果短圆柱形，长约 10 mm；种子 6~12 颗。花果期 5 ~ 12 月。

生于林下、路边，海拔 200~800 m。产于中国长江以南地区。

首冠藤（首冠藤属）

Cheniella corymbosa **(Roxb.) R. Clark & Mackinder**

木质藤本。叶纸质，近圆形，长和宽 2~3(4) cm，宽度略超于长度，自先端深裂达叶长的 3/4，裂片先端圆，基部近截平或浅心形，两面无毛或下面基部和脉上被红棕色小粗毛；基出脉 7 条；叶柄纤细，长 1~2 cm。花瓣白色，有粉红色脉纹，阔匙形或近圆形，长 8~11 mm，宽 6~8 mm，外面中部被丝质长柔毛，边缘皱曲，具短瓣柄；能育雄蕊 3 枚，花丝淡红色，长约 1 cm；退化雄蕊 2~5 枚；子房具柄，无毛，柱头阔，截形。荚果带状长圆形，扁平，直或弯曲，长 10~16(25) cm，宽 1.5~2.5 cm，具果颈，果瓣厚革质；种子 10 余颗，长圆柱形，长 8 mm，褐色。花期 4 ~ 6 月，果期 9 ~ 12 月。

产于中国广东、海南。

大猪屎豆（猪屎豆属）

Crotalaria assamica **Benth.**

直立高大草本，高达 1.5 m；茎枝粗壮，圆柱形，被锈色柔毛。托叶细小，线形，贴伏于叶柄两旁，叶为单叶，叶片倒披针形，先端钝圆，具细小短尖，基部楔形，上面无毛，下面被锈色短柔毛。总状花序顶生或腋生，有花 20~30 朵；花冠黄色，旗瓣圆形或椭圆形，先端微凹或圆；子房无毛。荚果长圆柱形，果颈长约 5 mm；种子 20~30 颗。花果期 5 ~ 12 月。

生于草地、路边，海拔 100~900 m。产于中国广东、广西、贵州、海南、台湾、云南。

假地蓝（猪屎豆属）大响铃豆

Crotalaria ferruginea **Graham**

草本，基部常木质，高 60~120 cm。茎被棕黄色长柔毛。托叶长 5~8 mm；单叶，叶片椭圆形，长 2~6 cm，宽 1~3 cm，两面被毛，基部略楔形，侧脉隐见。总状花序，有花 2~6 朵；苞片披针形，长 2~4 mm；花梗长 3~5 mm；花萼二唇形，长 10~12 mm，密被粗糙的长柔毛，深裂；花冠黄色；子房无柄。荚果长圆柱形，无毛，长 2~3 cm；种子 20~30 颗。花果期 6 ~ 12 月。

生于山坡疏林及荒山草地，海拔 400~900 m。产于中国长江以南地区。

猪屎豆（猪屎豆属）猪屎青、野黄豆

Crotalaria pallida **Aiton**

半灌木状草本；茎、枝具沟纹，密被紧贴的短柔毛。托叶极小，早落；三出复叶，柄长 2~4 cm；中间小叶宽卵圆形或倒卵形，长 3~6 cm，上面无毛，下面略被短柔毛；小叶柄长 1~2 mm。总状花序顶生，长达 25 cm；花梗长 3~5 mm；花萼近钟形，长 4~6 mm，五裂，萼齿三角形，密被短柔毛；花冠黄色，旗瓣椭圆形，直径约 10 mm，冀瓣长圆形，长约 8 mm，龙骨瓣长约 12 mm。荚果长圆柱形，长 3~4 cm，幼时被毛，下垂。花果期 9 ~ 12 月。

生于草地上，海拔 100~900 m。产于中国福建、广东、广西、海南、湖南、山东、四川、台湾、云南、浙江。

秧青（黄檀属）南岭黄檀

Dalbergia assamica **Benth.**

乔木；高 6~15 m；树皮棕黑色；羽状复叶；托叶披针形；小叶 6~7 对，长圆形，下面有微柔毛；叶轴及叶柄被短柔毛；圆锥花序腋生；花序梗、分枝和花序轴疏被锈色短柔毛；花冠白色，花瓣具瓣柄，旗瓣圆形，翼瓣倒卵形，龙骨瓣近半月形；子房具柄，密被短柔毛，胚珠 3 颗；荚果舌状或长圆形，具 1 颗种子，果瓣对种子部分有明显网纹。花期 6 月。

藤黄檀（黄檀属）

Dalbergia hancei **Benth.**

乔木，高达 20 m。树皮暗灰色，呈薄片状剥落。羽状复叶，长 15~25 cm；小叶 3~5 对，近革质，椭圆形至长圆状椭圆形，长 3.5~6 cm，宽 2.5~4 cm。圆锥花序，连总花梗长 15~20 cm，疏被锈色短柔毛；花梗长约 5 mm；花萼钟状，长 2~3 mm，萼齿 5 枚，最下 1 枚细长披针形；花冠白色或淡紫色，具柄；雄蕊 10 枚，胚珠 2~3 颗。荚果长圆形或阔舌状，长 4~7 cm，果瓣的种子部分有网纹，种子 1~3 颗，肾形。花期 5 ~ 7 月。

香港黄檀（黄檀属）

Dalbergia millettii **Benth.**

木质藤本；枝无毛，干时褐黑色。奇数羽状复叶长 4~5 cm，有小叶 25~35 枚，叶柄无毛；托叶披针形，长 2~3 mm，脱落；小叶排列紧密，线形或狭长圆形，长 6~2.5 cm，宽 2~7 mm，先端截平，有时微凹，基部圆或钝，两侧近对称，顶生小叶常为倒卵形或倒卵状长圆形，基部楔形，边缘反卷，两面无毛；小叶柄无毛。圆锥花序腋生；花冠白色，各瓣均具短柄。荚果长圆形或带状，扁平，长 4~6 cm，宽 1.2~1.8 cm，无毛，先端钝圆，基部阔楔形，果颈短，果瓣具网纹，有种子 1 颗，偶见 2 颗；种子扁，肾形，长 8~12 mm，宽约 6 mm。花期 3 ~ 5 月，果期 8 ~ 10 月。

生于山谷疏林或密林中。产于中国广西、香港、湖南、浙江。

假地豆（山蚂蟥属）异果山绿豆、稗豆

Desmodium heterocarpon **(L.) DC.**

小灌木或亚灌木。嫩枝有疏长柔毛。羽状三出复叶；小叶纸质，顶生小叶椭圆形，长椭圆形或宽倒卵形，长 2.5~6 cm，宽 1.3~3 cm，先端微凹，下面被贴伏白色短柔毛，全缘，侧脉 5~10 条；托叶宿存，披针形，长 5~15 mm；叶柄长 1~2 cm。总状花序腋生，长 2.5~7 cm，花极密，总花梗密被钩状毛，花梗长 3~4 mm；花萼钟形，4 裂；花冠紫红色、紫色或白色，长约 5 mm；雄蕊二体。荚果密集，狭长圆形，长 12~20 mm。花期 7 ~ 10 月，果期 10 ~ 11 月。

生于山坡草地、水旁、灌丛或林中，海拔 300~900 m。产于中国长江以南地区。

大叶山蚂蟥（山蚂蟥属）

Desmodium gangeticum **(L.) DC.**

直立或近直立亚灌木，高达 1 m；茎柔弱，多分枝，稍具棱，被稀疏柔毛。叶仅具单小叶；托叶狭三角形或狭卵形，长约 1 cm，宽 1~3 mm；叶柄长 1~2 cm；小叶纸质，长椭圆状卵形，有时为卵形或披针形，长 3~13 cm，宽 2~7 cm，先端急尖，基部圆形，上面除中脉外，其余无毛，下面薄被灰色长柔毛，侧脉每边 6~10 条，边全缘，小托叶钻形，长 2~5 mm；小叶柄长约 3 mm。总状花序顶生或腋生，有时顶生花序为圆锥花序。荚果略弯曲，密集，长 1.2~2 cm，宽约 2.5 mm，腹缝稍直，背缝深波状，有 6~8 个荚节，荚节近圆形或宽长圆形，长 2~3 mm，被钩状短茸毛。花期 4 ~ 8 月，果期 8 ~ 9 月。

生于荒野草丛或次生林中，海拔 300~900 m。产于中国台湾、广西、云南。

异叶山蚂蟥（山蚂蟥属）

Desmodium heterophyllum **(Willd.) DC.**

草本，高 10~70 cm。羽状三出复叶，小叶 3 枚；托叶卵形，长 3~6 mm；叶柄长 5~15 mm，疏生长柔毛；小叶纸质，顶生小叶宽椭圆形，长 1~3 cm，侧生小叶较小，全缘；小叶柄长 2~5 mm，疏生长柔毛。花单生或成对生于腋内，2~3 朵散生于总梗上；花萼被长柔毛和小钩状毛，5 深裂；花冠紫红色至白色，长约 5 mm。荚果长 12~18 mm，宽约 3 mm，窄长圆形。花果期 7 ~ 10 月。

生于河边、田边、路旁、草地，海拔 200~500 m。产于中国安徽、江西、福建、台湾、广东、海南、广西、云南。

大叶拿身草（山蚂蟥属）

***Desmodium laxiflorum* DC.**

直立或平卧灌木或亚灌木，高 30~120 cm；茎具不明显的棱，被紧贴伏毛和小钩状毛。叶为羽状三出复叶，托叶狭三角形，长 7~10 mm，宽 2~3 mm，被柔毛和小钩状毛；叶柄长 1.5~4 cm，被柔毛和小钩状毛，顶生小叶卵形或椭圆形、长 4.5~10(15) cm，宽 3~6(8) cm，侧生小叶略小，下面密被淡黄色丝状毛；小托叶钻形，被柔毛和小钩状毛，小叶柄长约 2 mm，被柔毛和小钩状毛。总状花序腋生或顶生，顶生时具少数分枝成圆锥花序状；花冠紫罗兰色或白色，长 4~7 mm。荚果长 2~6 cm，背腹两缝线于荚节处稍溢缩，具 4~12 个荚节，荚节长圆形，长 4~5 mm，宽 1.5~2 mm，密被小钩状毛。花期 8~10 月，果期 10~11 月。

生于山地林缘、灌丛或草坡，海拔 200~900 m。产于中国湖北、湖南、江西、福建、台湾、广东、广西、贵州、四川、云南。

长波叶山蚂蟥（山蚂蟥属）

***Desmodium sequax* Wall.**

直立灌木，高 1~2 m，多分枝；分枝和叶柄同被褐色短柔毛。叶为羽状三出复叶；托叶线形，长 4~5 mm，密被柔毛及缘毛；叶柄长 2~3.5 cm；小叶纸质，顶生小叶长 4~10 cm，宽 4~6 cm，侧生小叶略小，先端急尖，基部楔形至钝，下面被贴伏柔毛并混有小钩状毛，侧脉每边 4~7 条，网脉隆起；小托叶丝状，长 1~4 mm；小叶柄长约 2 mm，被褐色柔毛。总状花序顶生和腋生，顶生者常分枝成圆锥花序，长达 12 cm；总花梗密被开展或向上的硬毛和小茸毛；花冠紫色，长约 8 mm；雄蕊单体。荚果缝线溢缩呈念珠状，长 3~4.5 cm，宽 3 mm，荚节近方形，密被开展褐色小钩状毛。花期 7 ~ 9 月，果期 9 ~ 11 月。

生于山地草坡或林缘，海拔 500~900 m。产于中国台湾、广东、广西、贵州、湖南、湖北、四川、云南、西藏。

显脉山绿豆（山蚂蟥属）狭叶假地豆、显脉山蚂蟥

***Desmodium reticulatum* Champ. ex Benth.**

直立亚灌木。羽状三出复叶；小叶厚纸质，顶生小叶狭卵形、卵状椭圆形至长椭圆形，长 3~5 cm，宽 1~2 cm，上面有光泽，全缘，侧脉 5~7 条；托叶宿存，长约 10 mm；叶柄长 1.5~3 cm，顶生小叶柄长约 1 cm。总状花序顶生，长 10~15 cm，密被钩状毛；花双生，疏离；花梗长约 3 mm；花萼钟形，4 裂；花冠粉红色，后变蓝色，翼瓣与龙骨瓣明显弯曲；雄蕊二体。荚果长圆柱形，长 10~20 mm。花期 6 ~ 8 月，果期 9 ~ 10 月。

生于山地灌丛中或草坡上，海拔 200~900 m。产于中国广东、海南、广西、云南。

三点金（山蚂蟥属）

***Desmodium triflorum* (L.) DC.**

多年生平卧草本，高 10~50 cm。茎被开展柔毛。羽状三出复叶，小叶纸质，顶生小叶倒心形，倒三角形或倒卵形，长为 2.5~10 mm，先端微凹入，叶脉 4~5 条；膜质托叶披针形；叶柄长约 5 mm，小叶柄长 0.5~2 mm，被柔毛。花单生或 2~3 朵簇生叶腋；花梗长 3~8 mm，果时延长；花萼密被白色长柔毛，5 深裂；花冠紫红色；雄蕊二体；雌蕊长约 4 mm。荚果扁平，狭长圆形，略呈镰刀状，长 5~12 mm。花果期 6 ~ 10 月。

生于旷野草地、路旁、溪边沙土上，海拔 200~600 m。产于中国浙江、福建、江西、广东、海南、广西、云南、台湾。

山黑豆（山黑豆属）

Dumasia truncata **Sieb. & Zucc.**

草质藤本；茎纤细，缠绕，长 1~3 m，无毛，具细条纹。羽状复叶有小叶 3 片；叶柄纤细，长 3~9 cm，无毛；托叶线状披针形，长 2~4 mm，具 3 脉；小叶膜质，顶生小叶长 3~7.5 cm，宽 2.3~4.2 cm，具小凸尖，两面无毛，上面绿色，下面灰白色，中脉在两面突起，侧脉 5~7 对，纤细，两面明显。总状花序腋生，纤细，长可达 10 cm，无毛；总花梗长 5~6 cm，与花梗均无毛；花萼膜质，圆筒状，长 6~10 mm，口部斜截平，无毛；花冠黄色或淡黄色；雄蕊二体。荚果长约 4 cm，宽约 9 mm，先端圆钝，具短粗喙，基部有短果颈和宿存花萼；种子 3~5 颗，扁球形，直径约 6 mm，黑褐色。花期 8 ~ 9 月，果期 10 ~ 11 月。

生于山坡林中或山谷阴湿处，海拔 300~900 m。产于中国陕西、河南、湖北、安徽、浙江、江西、福建、广东。

圆叶野扁豆（野扁豆属）

Dunbaria rotundifolia **(Lour.) Merr.**

多年生缠绕藤本，茎纤细，柔弱，微被短柔毛。羽状复叶具 3 枚小叶；托叶小，披针形，常早落；叶柄长 0.8~2.5 cm；小叶纸质，顶生小叶圆菱形，长 1.5~2.7(4) cm，宽常稍大于长，先端钝或圆形，基部圆形，两面微被极短柔毛或近无毛，被黑褐色小腺点，尤以下面较密，侧生小叶稍小，偏斜；基出脉 3 条，小脉略密，网状，干后灰绿色，叶缘波状，略背卷。花 1~2 朵腋生；花萼密被红色腺点和短柔毛；花冠黄色。荚果线状长椭圆形，扁平，略弯，长 3~5 cm，宽约 8 mm，被极短柔毛或近无毛，先端具针状喙，无果颈；种子 6~8 颗，近圆形，直径约 3 mm，黑褐色。果期 9 ~ 10 月。

生于山坡灌丛中和旷野草地上，海拔 600 m。产于中国江苏、江西、福建、台湾、广东、海南、香港、广西、贵州、四川。

长柄野扁豆（野扁豆属）

Dunbaria podocarpa **Kurz**

多年生缠绕藤本；茎密被灰色短柔毛。羽状复叶具 3 枚小叶；托叶小，早落；叶柄长 1.5~4 cm，密被短柔毛；顶生小叶菱形，长、宽 3~4 cm，侧生小叶较小，斜卵形，两面均密被灰色短柔毛，下面有红色腺点；小托叶常缺。短总状花序腋生；总花梗长 0.5~1 cm；花梗长 2~6 mm，均密被灰色短柔毛；花萼有橙黄色腺点，花冠黄色。荚果线状长圆形，长 5~8 cm，宽 0.9~1.1 cm，密被灰色短柔毛和橙黄色细小腺点，先端具长喙；种子扁平，黑色。花果期 6 ~ 11 月。

生于山坡路旁灌丛中或旷野上，海拔 100~800 m。产于中国广西、香港、福建。

鸡头薯（鸡头薯属）

Eriosema chinense **Vogel**

多年生直立草本。密被棕色长短柔毛；块根纺锤形，肉质。单小叶，披针形，长 3~7 cm，宽 0.5~1.5 cm，基部圆形或微心形，被长柔毛和短茸毛；近无柄。总状花序腋生，花 1~2 朵；花萼钟状，5 裂；花冠淡黄色，旗瓣背面略被丝质毛，基部具 2 枚下垂、长圆形的耳；雄蕊二体；子房密被白色长硬毛，花柱内弯，无毛。荚果菱状椭圆形，长 8~10 mm，黑色，被褐色长硬毛；种子 2 颗，肾形，黑色。花期 5 ~ 6 月，果期 7 ~ 10 月。

生于山间草坡上，海拔 300~900 m。产于中国广东、海南、广西、湖南、江西、贵州、云南。

格木（格木属）赤叶木

Erythrophleum fordii **Oliv.**

乔木，高可达 30 m。嫩枝和幼芽被铁锈色短柔毛。叶互生，二回羽状复叶，羽片 3 对，对生或近对生，长 20~30 cm；小叶 4~6 对，互生，卵形或卵状椭圆形，长 5~8 cm，基部不对称，全缘；小叶柄长 2.5~3 mm。穗状花序排成圆锥花序，长 15~20 cm；总花梗上被铁锈色柔毛；萼钟状；花瓣 5 枚，淡黄绿色；雄蕊 10 枚；子房具柄，密被柔毛，胚珠 10~12 颗。荚果长圆形，扁平，厚革质，长 10~18 cm；种子长圆形，长 2~2.5 cm，种皮黑褐色。花期 5 ~ 6 月，果期 8 ~ 10 月。

生于山地疏密林中。产于中国广西、广东、福建、台湾、浙江。

千斤拔（千斤拔属）

Flemingia prostrata **Roxb.**

亚灌木。幼枝三棱柱状，密被灰褐色短柔毛。掌状叶具 3 枚小叶；托叶线状披针形，长 0.6~1 cm，被毛，宿存；叶柄长 2~2.5 cm；小叶厚纸质，长椭圆形，长 4~8 cm，宽 1.7~3 cm，上面被疏短柔毛，背面密被灰褐色柔毛；小叶柄极短，密被短柔毛。总状花序腋生，长 2~2.5 cm，各部密被灰褐色至灰白色柔毛；萼裂片披针形，被灰白色长伏毛；花冠紫红色，约与花萼等长。荚果椭圆状，长 7~8 mm，被短柔毛。花果期夏秋季。

常生于平地旷野或山坡路旁草地上，海拔 100~300 m。产于中国云南、四川、贵州、湖北、湖南、广西、广东、海南、江西、福建、台湾。

大叶千斤拔（千斤拔属）

Flemingia macrophylla **(Willd.) Kuntze ex Merr.**

直立灌木。幼枝具棱，密被紧贴丝质柔毛。掌状叶具 3 枚小叶，托叶长可达 2 cm，早落；小叶纸质或薄革质，顶生小叶宽披针形至椭圆形，长 8~15 cm，宽 4~7 cm，下面具小腺点，基出 3 脉；侧生小叶基部偏斜；叶柄长 3~6 cm，具狭翅，被毛。总状花序腋生，长 3~8 cm，密被柔毛，花梗极短；花萼钟状，长 6~8 mm，齿裂线状披针形；花冠紫红色，旗瓣长椭圆形，具短瓣柄及 2 耳；雄蕊二体。荚果椭圆形，长 1~1.6 cm；球形种子 1~2 颗，亮黑色。花期 6 ~ 9 月，果期 10 ~ 12 月。

生于林缘、灌丛中、草地上，海拔 200~900 m。产于中国云南、贵州、四川、江西、福建、台湾、广东、海南、广西。

干花豆（干花豆属）

Fordia cauliflora **Hemsl.**

直立灌木，高约 2 m。茎粗壮，当年生枝密被锈色茸毛，后脱落，老茎赤褐色，表皮纵裂，散生皮孔；芽着生于叶腋上方，具多数钻状芽苞片；叶柄长约 10 cm；托叶钻形，长 2~2.5 cm，稍弯曲，宿存；小叶全缘，上面无毛，下面密被白色平伏细毛，侧脉 8~10 对；小托叶宿存。总状花序长 15~40 cm，着生于侧枝基部或老茎上，生花的节球形，簇生 3~6(10) 朵花；萼齿浅三角形；花冠粉红色至紫红色。荚果扁平，长 7~10 cm，宽 2~2.5 cm，革质，顶端具尖喙，基部渐狭，被平伏柔毛，后渐秃净，有种子 1~2 颗；种子圆形，扁平，宽约 1 cm，棕褐色，光滑，种阜膜质。花期 5 ~ 9 月，果期 6 ~ 11 月。

生于山地灌木林中，海拔 100~500 m。产于中国广东、香港、广西、贵州。

小果皂荚（皂荚属）

Gleditsia australis F. B. Forbes & Hemsl.

乔木。枝具褐紫色分枝粗刺，长 3~5 cm。一回或二回羽状复叶，羽片 2~6 对，小叶 5~9 对，纸质至薄革质，斜椭圆形至菱状长圆形，长 2.5~4 cm，边缘具钝齿。花杂性，浅绿色或绿白色；花梗长 1~2.5 mm。雄花：聚伞花序组成总状花序，再复合呈圆锥花序，长可达 28 cm；萼片 5 枚；花瓣 5 枚。两性花：萼管长约 2 mm，裂片 5~6 枚，被柔毛；花瓣 5~6 枚，雄蕊 5 枚，不伸出。荚果带状长圆形，长 6~12 cm，种子 5~12 颗。花期 6 ~ 10 月，果期 11 月至翌年 4 月。

生于山谷林中、路旁、水边。产于中国广东、广西。

细长柄山蚂蟥（长柄山蚂蟥属）

Hylodesmum leptopus (A. Gray ex Benth.) H. Ohashi & R. R. Mill

直立亚灌木，高 30~70 cm，茎幼时被柔毛，老时渐变无毛。叶为羽状三出复叶，簇生或散生，小叶 3 枚；托叶披针形，长 8~13 mm，基部宽 2.5 mm；叶柄长 5~10 cm，具沟槽，无毛或被疏柔毛；小叶薄纸质，长 10~15 cm，宽 3.5~6 cm，先端长渐尖，基部楔形或圆形；小托叶针状，脱落或宿存；小叶柄被糙伏毛。总状花序或具少数分枝的圆锥花序顶生，有时从茎基部抽出，花序轴略被钩状毛和疏长茸毛，花稀疏；花冠粉红色。荚果扁平，稍弯曲，长 3~4.5 cm，腹缝线直，背缝线于荚节间深凹入而接近腹缝线，荚节斜三角形，被小钩状毛。花果期 8 ~ 9 月。

生于山谷林下及溪边荫蔽处，海拔 700~900 m。产于中国台湾、福建、江西、湖南、广西、云南、四川。

疏花长柄山蚂蟥（长柄山蚂蟥属）

Hylodesmum laxum (DC.) H. Ohashi & R. R. Mill

直立草本，高 30~100 cm。茎基部木质，从基部开始分枝或单一，下部被疏毛，上部毛较密。叶为羽状三出复叶，通常簇生于枝顶部；托叶三角状披针形；小叶纸质，顶生小叶卵形，长 5~12 cm，宽 5~5.5 cm，先端渐尖，基部圆形，全缘，网脉明显，侧生小叶略小，偏斜；小托叶丝状，被柔毛；小叶柄被柔毛。总状花序；总花梗被钩状毛和小柔毛，疏花，2~3 朵簇生于每节上；花冠粉红色。荚果通常有 2~4 枚荚节，背缝线于节间凹入几达腹缝线而成一深缺口，荚节略呈宽卵形，长 9~10 mm，宽约 4 mm，先端凹入，基部斜楔形，被钩状毛；果梗长 4~10 mm；果颈长约 10 mm。花果期 8 ~ 10 月。

生于山坡阔叶林中，海拔 700~900 m。产于中国福建、江西、广东、广西、贵州、湖南、湖北、云南、西藏。

宽卵叶长柄山蚂蟥（长柄山蚂蟥属）

Hylodesmum podocarpum (DC.) H. Ohashi & R. R. Mill subsp. _fallax_ (Schindl.) H. Ohashi & R. R. Mill

直立草本，高 50~100 cm。根茎稍木质；茎具条纹，疏被伸展短柔毛。叶为羽状三出复叶，小叶 3 片；叶柄疏被伸展短柔毛；小叶纸质，顶生小叶宽卵形或卵形，长 3.5~12 cm，宽 2.5~8 cm，先端渐尖或急尖，基部阔楔形或圆，全缘，两面疏被短柔毛或几无毛，侧脉每边约 4 条，直达叶缘，侧生小叶斜卵形，较小，偏斜，小托叶丝状。总状花序或圆锥花序，长 20~30 cm，结果时长 40 cm；总花梗被柔毛和钩状毛；花萼钟形，被小钩状毛；花冠紫红色。荚果通常有 2 枚荚节，背缝线弯曲，节间深凹入达腹缝线；荚节被钩状毛和小直毛，稍有网纹。果期 8 ~ 9 月。

生于山坡路旁，灌丛、疏林中，海拔 300~900 m。产于中国东北、华北、西北地区以南各省。

尖叶长柄山蚂蟥（长柄山蚂蟥属）

***Hylodesmum podocarpum* (DC.) H. Ohashi & R. R. Mill subsp. *oxyphyllum* (DC.) H. Ohashi & R. R. Mill**

直立草本。根茎稍木质；茎具条纹，疏被伸展短柔毛。叶为羽状三出复叶，小叶3枚；托叶外面与边缘被毛；叶柄长2~12 cm，着生茎上部的叶柄较短，茎下部的叶柄较长，疏被伸展短柔毛；小叶纸质，顶生小叶菱形，长4~8 cm，宽2~3 cm，先端渐尖，尖头钝，基部楔形，全缘，两面疏被短柔毛或几无毛，侧脉每边约4条，直达叶缘，侧生小叶斜卵形，较小，偏斜；小叶柄被伸展短柔毛。总状花序或圆锥花序；总花梗被柔毛和钩状毛；苞片早落，被柔毛；花萼钟形，被小钩状毛；花冠紫红色。荚果荚节被钩状毛和小直毛，稍有网纹。花果期8～9月。

生于山坡路旁、沟旁、林缘或阔叶林中，海拔400~900 m。产于中国秦岭淮河以南各省区。

胡枝子（胡枝子属）

***Lespedeza bicolor* Turcz.**

直立灌木，高1~3 m，多分枝。小枝有条棱，被疏短毛。羽状复叶具3枚小叶；托叶2枚，线状披针形；叶柄长2~7 cm；小叶质薄，卵形、倒卵形或卵状长圆形，长1.5~6 cm，宽1~3.5 cm，先端钝圆或微凹。总状花序构成圆锥花序腋生，比叶长；总花梗长4~10 cm；小苞片2枚，卵形；花梗长约2 mm，密被毛；花萼5浅裂；花冠红紫色，旗瓣倒卵形，先端微凹；子房被毛。荚果斜倒卵形，长约10 mm，密被短柔毛。花期7～9月，果期9～10月。

生于林缘、路旁、灌丛，海拔100~900 m。产于中国西北、东北、华北、华东、华中、华南地区。

鸡眼草（鸡眼草属）

***Kummerowia striata* (Thunb.) Schindl.**

一年生草本，披散或平卧，被倒生的白色细毛。三出羽状复叶；托叶卵状长圆形，比叶柄长，长3~4 mm；叶柄极短；小叶纸质，倒卵形、长倒卵形或长圆形，长6~22 mm，全缘；脉上被密毛。单生或2~3朵簇生叶腋；花萼钟状，带紫色，5裂；花冠粉红色或紫色，长5~6 mm，旗瓣椭圆形，下部渐狭成瓣柄，具耳。荚果圆形或倒卵形，长3.5~5 mm，被小柔毛。花期7～9月，果期8～10月。

生于路旁、田边、溪旁、山坡、草地上，海拔100~500 m。产于中国东北、华北、华东、中南、西南地区。

中华胡枝子（胡枝子属）

***Lespedeza chinensis* G. Don**

小灌木，高达1 m。羽状复叶具3枚小叶，小叶倒卵状长圆形、长圆形、卵形或倒卵形，长1.5~4 cm，宽1~1.5 cm。总状花序腋生，不超出叶，少花；总花梗极短；花梗长1~2 mm；苞片及小苞片披针形，小苞片2枚，长2 mm，被伏毛；花萼长为花冠之半，5深裂，裂片狭披针形，长约3 mm，被伏毛，边具缘毛；花冠白色或黄色。花期8～9月，果期10～11月。

产于中国江苏、安徽、浙江、江西、福建、台湾、湖北、湖南、广东、四川。

截叶铁扫帚（胡枝子属）截叶胡枝子

***Lespedeza cuneata* (Dum.–Cours.) G. Don**

小灌木，高达 1 m。茎被毛，上部分枝。叶密集，柄短；小叶楔形或线状楔形，长 1~3 cm，宽 2~5 mm，先端截形成近截形，具小刺尖，基部楔形，下面密被伏毛。总状花序腋生，具 2~4 朵花；总花梗极短；花萼狭钟形，密被伏毛，5 深裂，裂片披针形；花冠淡黄色或白色，旗瓣基部有紫斑；闭锁花簇生于叶腋。荚果宽卵形或近球形，被伏毛，长 2.5~3.5 mm。花期 7 ~ 8 月，果期 9 ~ 10 月。

生于山坡路旁，海拔 100~900 m。产于中国陕西、甘肃、山东、台湾、河南、湖北、湖南、广东、四川、云南、西藏。

美丽胡枝子（胡枝子属）

***Lespedeza thunbergii* (DC.) Nakai subsp. *formosa* (Vogel) H. Ohashi**

直立落叶灌木，高 1~2 m。多分枝，枝有细纵棱，被疏柔毛。托叶常宿存，长 4~9 mm；叶柄长 1~5 cm；被短柔毛；三出复叶，小叶椭圆形、长圆状椭圆形或卵形，两端稍尖或稍钝，长 2.5~6 cm，宽 1~3 cm，两面被短柔毛。总状花序单一，腋生，比叶长；总花梗长可达 10 cm；苞片密被茸毛；花萼钟状，5 深裂；花冠红紫色，长 10~15 mm，龙骨瓣比旗瓣稍长，基部有耳和细长瓣柄。荚果倒卵形或倒卵状长圆柱形，长 8 mm。花期 7 ~ 9 月，果期 9 ~ 10 月。

生于林缘、灌丛、路旁，海拔 100~900 m。产于中国江苏、浙江、江西、台湾、福建、广东、广西。

多花胡枝子（胡枝子属）

***Lespedeza floribunda* Bunge**

小灌木，高 30~60(100) cm。茎常近基部分枝；枝有条棱，被灰白色茸毛。托叶线形，长 4~5 mm；羽状复叶具 3 枚小叶；小叶具柄，倒卵形，宽倒卵形或长圆形，长 1~1.5 cm，宽 6~9 mm，先端微凹、钝圆或近截形，两面被白色伏柔毛；侧生小叶较小。总状花序腋生；总花梗细长，显著超出叶；花多数；花萼长 4~5 mm，5 裂；花冠紫色、紫红色或蓝紫色。荚果宽卵柱形，长约 7 mm。花期 6 ~ 9 月，果期 9 ~ 10 月。

生于石质山坡，海拔 100~900 m。产于中国辽宁、河北、山西、陕西、宁夏、甘肃、青海、山东、江苏、安徽、江西、福建、河南、湖北、广东、四川。

银合欢（银合欢属）

***Leucaena leucocephala* (Lam.) de Wit**

灌木或小乔木，高 2~6 m；幼枝被短柔毛，老枝无毛，具褐色皮孔，无刺。托叶三角形，小；羽片 4~8 对，长 5~9(16) cm，叶轴被柔毛，在最下一对羽片着生处有黑色腺体 1 个；小叶 5~15 对，线状长圆形，长 7~13 mm，宽 1.5~3 mm，先端急尖，基部楔形，边缘被短柔毛，中脉偏向小叶上缘，两侧不等宽。头状花序通常 1~2 个腋生，直径 2~3 cm；苞片紧贴，被毛，早落。荚果带状，长 10~15 cm，宽 1.4~2 cm，顶端突尖，基部有柄，纵裂，被微柔毛；种子 6~25 颗，卵形，长约 7.5 mm，褐色，扁平，光亮。花期 4~7 月，果期 8~10 月。

生于低海拔的荒地或疏林中。栽培并归化于中国福建、台湾、广东、海南、广西、贵州、云南。

印度崖豆（崖豆藤属）
Millettia pulchra **(Benth.) Kurz**

灌木或小乔木，高 3~8 m。枝、叶轴、花序均被灰黄色柔毛，后渐脱落。羽状复叶长 8~20 cm；叶柄长 3~4 cm；托叶披针形，长约 2 mm，密被黄色柔毛；小叶 6~9 对，纸质，披针形，长 2~6 cm，宽 7~15 mm；小叶柄长约 2 mm，被毛。总状圆锥花序腋生，长 6~15 cm；花 3~4 朵着生节上；花长 0.9~1.2 cm；花梗细，长 3~4 mm；花萼钟状，长约 4 mm，密被柔毛；花冠淡红色至紫红色。荚果线形，长 5~10 cm，宽 1~1.5 cm，扁平，初被灰黄色柔毛，后渐脱落。花期 4 ~ 8 月，果期 6 ~ 10 月。

生于山地、旷野或杂木林缘，海拔 100~900 m。产于中国海南、广西、贵州、云南。

巴西含羞草（含羞草属）
Mimosa diplotricha **C. Wright**

亚灌木状草本，茎攀援或平卧，长达 60 cm，五棱柱状，沿棱上密生钩刺，其余被疏长毛，老时毛脱落。二回羽状复叶，叶长 10~15 cm，总叶柄及叶轴有钩刺 4~5 列；羽片 7~8 对，长 2~4 cm；小叶 (12) 20~30 对，线状长圆形，长 3~5 mm，宽约 1 mm，被白色长柔毛。头状花序花时连花丝直径约 1 cm，1~2 个生于叶腋，总花梗长 5~10 mm；花紫红色，花萼极小，4 齿裂；花冠钟状，长 2.5 mm，中部以上 4 瓣裂，外面稍被毛；雄蕊 8 枚，花丝长为花冠的数倍；子房圆柱状，花柱细长。荚果长圆柱形，长 2~2.5 cm，宽 4~5 mm，边缘及荚节有刺毛。花果期 3 ~ 9 月。

栽培或逸生于旷野、荒地。中国福建、广东、海南、台湾、云南等省区有归化。

光荚含羞草（含羞草属）簕仔树
Mimosa bimucronata **(DC.) Kuntze**

落叶灌木，高 3~6 m；小枝无刺，密被黄色茸毛。二回羽状复叶，互生，羽片 6~7 对，长 2~6 cm，叶轴无刺，被短柔毛；小叶 12~16 对，线状矩圆形，长 5~7 mm，宽 1~1.5 mm，革质，先端具小尖头，除边缘疏具缘毛外，其余无毛，中脉略偏上缘。头状花序球形，花白色；花萼杯状，极小；花瓣长圆形，长约 2 mm，仅基部连合；雄蕊 8 枚，花丝长 4~5 mm，荚果带状，长 3.5~4.5 cm，宽约 6 mm，无刺毛，褐色，通常有 5~7 个荚节，成熟时荚节脱落而残留荚缘。

生于疏林下林缘或旷野灌丛中。中国福建、广东、香港、澳门、海南、广西等省区有归化。

含羞草（含羞草属）
Mimosa pudica **L.**

披散、亚灌木状草本，高可达 1 m；茎圆柱状，具分枝，有散生、下弯的钩刺及倒生刺毛。托叶披针形，长 5~10 mm，有刚毛。羽片和小叶触之即闭合而下垂；羽片通常 2 对，指状排列于总叶柄之顶端，长 3~8 cm；小叶 10~20 对，线状长圆形，长 8~13 mm，宽 1.5~2.5 mm，先端急尖，边缘具刚毛。头状花序圆球形，直径约 1 cm，具长总花梗，单生或 2~3 个生于叶腋；花小，淡红色，多数，苞片线形；花萼极小；花冠钟状，裂片 4 枚，外面被短柔毛。荚果长圆形，长 1~2 cm，宽约 5 mm，扁平，稍弯曲，荚缘波状，具刺毛，成熟时荚节脱落，荚缘宿存；种子卵形，长 3.5 mm。花期 3 ~ 10 月，果期 5 ~ 11 月。

生于旷野荒地或灌木丛中，海拔 100~900 m。中国江苏、浙江、福建、台湾、广东、广西、海南、云南等省区有归化。

小槐花（小槐花属）粘人麻、黏草子、山扁豆

Ohwia caudata **(Thunb.) H. Ohashi**

亚灌木，高1~2 m。分枝多，上部分枝略被柔毛。羽状三出复叶，小叶3对；托叶宿存，叶柄长1.5~4 cm，多少被柔毛，两侧具极窄的翅；小叶近革质，顶生小叶披针形，长5~9 cm，侧生小叶较小，全缘，下面疏被贴伏短柔毛；总状花序腋生，长5~30 cm，花序轴密被柔毛；花萼被贴伏柔毛和钩状毛；花冠绿白或黄白色，长约5 mm，具明显脉纹。荚果线形，扁平，长5~7cm，被伸展的钩状毛，有4~8枚荚节。花期7~9月，果期9~11月。

生于山坡、路旁、沟边、林缘或林下，海拔100~900 m。产于中国长江以南地区。

光叶红豆（红豆属）

Ormosia glaberrima **Y. C. Wu**

常绿乔木，高可达20 m。树皮平滑，小枝、芽被锈褐色毛。奇数羽状复叶，长12.5~19.7 cm；小叶2~3对，革质或薄革质，卵形或椭圆状披针形，长4~9.5 cm，宽1.4~3.6 cm，两面均无毛，侧脉9~10对，叶柄长2.5~3.7 cm。圆锥花序，长9~12 cm，花梗及花梗密被锈色贴伏毛；花长约1 cm；花萼5中裂；雄蕊10枚，不等长，胚珠5粒。荚果扁平，椭圆形或长椭圆形，长3.5~5 cm，有厚隔膜。种子1~4颗；种皮鲜红色，有光泽。花期5~6月，果期9~12月。

肥荚红豆（红豆属）

Ormosia fordiana **Oliv.**

乔木，高15~17 m，胸径约20 cm；树皮深灰色，浅裂，幼枝、嫩叶密被锈色柔毛，老时渐变无毛。奇数羽状复叶长19~40 cm，有小叶7~9片，偶见5或11片；叶柄长3.5~7 cm，小叶膜质或纸质，倒卵状椭圆形至长椭圆形，长6~20 cm，宽1.5~7 cm，顶生小叶较大，先端急尖或尾尖，基部楔形或钝，上面无毛，下面疏被锈色平贴柔毛；中脉在上面凹入，下面突起；侧脉约11对，两面不明显，小叶柄长6~8 mm，上面有沟槽及毛，后变无毛。圆锥花序顶生，花序、小苞片及花萼均密被锈色柔毛；花冠紫红色。荚果扁，椭圆形或近圆形，近无毛，果瓣近木质，内壁无横隔膜；种子1~4颗，鲜红色，大，种脐平坦。花期6~7月，果期11月。

生于山谷溪边疏林或山坡路旁灌木林中，海拔100~900 m。产于中国广东、广西、海南、云南。

花榈木（红豆属）亨氏红豆、红豆树、臭桶柴

Ormosia henryi **Prain**

常绿乔木，高16 m。树皮灰绿色，平滑。小枝、叶轴、花序密被茸毛。奇数羽状复叶，长13~35 cm；小叶2~3对，革质，椭圆形或长圆状椭圆形，长4~17 cm，侧脉6~11对。圆锥花序顶生，花长2 cm；花梗长7~12 mm；花萼钟形，5深裂；花冠中央淡绿色，边缘微带淡紫，翼瓣长约1.4 cm，雄蕊10枚，不等长，花药淡灰紫色；胚珠9~10粒，荚果扁平，长椭圆形，长5~12 cm，种子4~8颗，种皮鲜红色。花期7~8月，果期10~11月。

生于山坡、溪谷两旁杂木林内，海拔100~900 m。产于中国安徽、浙江、江西、湖北、湖南、广东、四川、贵州、云南。

云开红豆（红豆属）

Ormosia merrilliana H. Y. Chen

乔木，高 6~20 m；树皮灰褐色，微具纵裂纹，全体密被黄褐色茸毛。奇数羽状复叶长 20~25 cm，有小叶 5~9 片，叶轴于顶端一对小叶处不延伸；叶柄长 4~5 cm，托叶三角形，密被黄褐色茸毛；小叶革质，椭圆状倒披针形至倒披针形，先端短急尖，上面绿色，无毛，下面密被或薄被黄褐色茸毛；小叶柄密被黄褐色短柔毛；小托叶披针形，被毛。圆锥花序顶生，与花萼密被锈色茸毛；花冠白色。荚果肿胀，倒卵圆形，密被柔毛；种子 1 颗，暗栗色，有光泽，近圆形或阔倒卵形，略扁，长 1.5~2.4 cm，宽 1~2.1 cm，种脐小，椭圆形，长 1~1.5 mm。花期 6 ~ 7 月，果期 10 ~ 11 月。

生于山谷水旁密林、山坡疏林中或林缘，海拔 100~900 m。产于中国广东、广西、云南。

软荚红豆（红豆属）

Ormosia semicastrata Hance

常绿乔木，高达 12 m。树皮褐色至灰白色，具皮孔，小枝具黄色柔毛。奇数羽状复叶，长 18.5~24.5 cm；小叶 3~9 片，革质，卵状长椭圆形或椭圆形，长 4~14.2 cm，宽 2~5.7 cm，中脉被柔毛，侧脉 10~11 对。圆锥花序顶生，总花梗、花梗均密被黄褐色柔毛；花小，长约 7 mm，花萼钟状；花冠白色，旗瓣近圆形，连柄长约 4 mm；雄蕊 10 枚，5 枚发育，5 枚短小退化；胚珠 2 粒。荚果小，近圆柱形，革质，光亮，长 1.5~2 cm，种子 1 颗；种子鲜红色。花期 4 ~ 5 月，果期 5 ~ 12 月。

生于溪旁、山谷、山坡杂木林中，海拔 100~900 m。产于中国福建、江西、广东、海南、广西、贵州、湖南。

茸荚红豆（红豆属）毛红豆、青皮婆

Ormosia pachycarpa Champ. ex Benth.

乔木，高 12~15 m，胸径约 20 cm；树皮灰绿色；小枝、叶柄、叶片、花序、花萼及荚果均密被灰白色毡毛，后变灰色。奇数羽状复叶长 18~30 cm，有小叶 5~7 片，叶轴于顶部一对小叶处不延伸；叶柄长 3~6.2 cm；托叶阔三角形，密被白色绵毛；小叶革质，倒卵状长圆形，长 6~12 cm，宽 2.5~5 cm，先端浑圆而具突尖，基部渐狭，上面无毛，侧脉 12~13 对，上面凹入，下面凸起，小叶柄长 4~9 mm。圆锥花序顶生，长达 20 cm，花近无梗；花萼钟形，长 8~9 mm，萼齿 5 枚；花冠白色。荚果椭圆形，肿胀，无果颈，果瓣革质，厚约 2 mm，毡毛厚达 4 mm，种子间无隔膜，褐红色，光亮，种脐小。花期 6 ~ 7 月，果期 11 ~ 12 月。

生于山坡、山谷、溪边杂木林中。产于中国广东、香港。

木荚红豆（红豆属）

Ormosia xylocarpa Chun ex Merr. & H. Y. Chen

常绿乔木，高 12~20 m，胸径 40~150 cm；树皮灰色或棕褐色，平滑。枝密被紧贴的褐黄色短柔毛。奇数羽状复叶，长（8）11~24.5 cm；叶柄及叶轴被黄色短柔毛或疏毛；小叶（1）2~3 对，厚革质，边缘微向下反卷，上面无毛，中脉两侧较密；小叶柄上面有沟槽，密被短毛。圆锥花序顶生，长 8~14 cm，被短柔毛；花大，长 2~2.5 cm，有芳香；花冠白色或粉红色，各瓣近等长。荚果扁，着种子处微隆起，果瓣厚木质，腹缝边缘向外反卷，外面密被黄褐色短绢毛，内壁有隔膜，有种子 1~5 颗；种子横椭圆形或近圆形，种皮红色，光亮，种脐小，位于短轴稍偏。花期 6 ~ 7 月，果期 10 ~ 11 月。

生于山坡、山谷、路旁、溪边林内，海拔 200~900 m。产于中国江西、福建、湖南、广东、海南、广西、贵州。

火索藤（龙须藤属）红绒毛羊蹄甲
Bauhinia aurea **H. Lév.**

木质藤本；枝密被褐色茸毛；嫩枝具棱；卷须初时被毛，渐变无毛；叶近圆形，裂片先端圆钝，基部心形，下面被黄褐色茸毛；基出脉9~13条；叶柄密被毛；伞房花序顶生或侧生，有花10余朵，密被褐色丝质茸毛；花托短；萼片披针形，开花时反折，外面被毛；花瓣白色，匙形，具瓣柄，外面中部被丝质长柔毛；能育雄蕊3枚，花丝无毛；子房密被褐色长柔毛，花柱上半部无毛，柱头大，盘状；荚果带状，外面密被褐色茸毛，果瓣硬木质；种子6~11颗，椭圆形，扁平。花期4~5月，果期7~12月。

毛排钱树（排钱树属）毛排钱草、连里尾树
Phyllodium elegans **(Lour.) Desv.**

灌木，高0.5~1.5 m；茎、枝和叶柄均密被黄色茸毛。羽状三出复叶；托叶宽三角形，长3~5 mm，外面被茸毛；叶柄长约5 mm，小叶厚革质，侧生小叶斜卵形，长为顶生小叶的一半，两面密被茸毛，下面更密，侧脉每边9~10条，直达叶缘，边缘呈浅波状；小托叶针状，密被黄色茸毛。伞形花序有花4~9朵，生于叶状苞片内，排成总状圆锥花序，顶生或侧生；苞片与总轴均密被黄色茸毛，基部偏斜；花梗密被开展柔毛；花萼钟状，被灰白色短柔毛；花冠白色或淡绿色。荚果通常长1~1.2 cm，宽3~4 mm，密被银灰色茸毛，腹缝线直或浅波状，背缝线被状，有3~4枚荚节。花期7~8月，果期10~11月。

生于平原、丘陵荒草地或山坡草地、疏林或灌丛中，海拔100~900 m。产于中国福建、广东、海南、广西、云南、贵州。

龙须藤（龙须藤属）英德羊蹄甲
Bauhinia championii **(Benth.) Benth.**

藤本，有卷须；嫩枝和花序薄被紧贴的小柔毛。叶纸质，卵形或心形，长3~10 cm，宽2.5~6.5(~9) cm，先端锐渐尖、圆钝、微凹，1~2裂，裂片长度不一，基部截形、微凹或心形，上面无毛，下面被紧贴的短柔毛，渐变无毛或近无毛，干时粉白褐色；基出脉5~7条；叶柄长1~2.5 cm，纤细，略被毛。总状花序狭长，腋生，有时与叶对生或数个聚生于枝顶而成复总状花序，长7~20 cm，被灰褐色小柔毛；苞片与小苞片小，锥尖；花蕾椭圆形，长2.5~3 mm，具凸头，与萼及花梗同被灰褐色短柔毛；花直径约8 mm；花梗纤细，长10~15 mm；花托漏斗形，长约2 mm；萼片披针形，长约3 mm；花瓣白色，具瓣柄，瓣片匙形，长约4 mm，外面中部疏被丝毛；能育雄蕊3枚，花丝长约6 mm，无毛；退化雄蕊2枚；子房具短柄，仅沿两缝线被毛，花柱短，柱头小。荚果倒卵状长圆形或带状，扁平，长7~12 cm，宽2.5~3 cm，无毛，果瓣革质；种子2~5颗，圆形，扁平，直径约12 mm。花期6~10月，果期7~12月。

排钱树（排钱树属）龙鳞草、排钱草
Phyllodium pulchellum **(L.) Desv.**

灌木。小枝被短柔毛。托叶三角形，叶柄长5~7 mm，密被灰黄色柔毛；小叶革质，顶生小叶卵形、椭圆形或倒卵形，长6~10 cm，侧生小叶较小，基部偏斜，侧脉6~10条；小托叶钻形，密被黄色柔毛。伞形花序，花5~6朵，藏于叶状苞片内，叶状苞片排列成总状圆锥花序状；叶状苞片圆形，直径1~1.5 cm；花梗长2~3 mm，花萼长约2 mm，被短柔毛；花冠白色或淡黄色，花柱长4.5~5.5 mm，近基部处有柔毛。荚果长6mm，有2枚荚节。花期7~9月，果期10~11月。

生于山坡疏林、路旁，海拔200~900 m。产于中国台湾、福建、江西、广东、海南、广西、贵州、云南。

葛（葛属）山野葛、野葛、葛麻姆

***Pueraria montana* (Lour.) Merr.**

粗壮藤本。全体被黄色长硬毛，块状根粗厚。羽状复叶具3枚小叶；托叶背着；小叶三裂，顶生小叶宽卵形或斜卵形，长7~15 cm，宽5~12 cm，侧生小叶斜卵形，叶基歪斜。总状花序腋生，长15~30 cm；花2~3朵生于节上；花萼钟形，长8~10 mm，被黄褐色柔毛；花冠长10~12 mm，紫色，旗瓣倒卵形，基部有两耳及一黄色硬痂状附属体；子房被毛。荚果长椭圆形，长5~9 cm，被褐色长硬毛。花期9～10月，果期11～12月。

生于山地疏密林中、路旁、村边。除新疆、青海、西藏外，分布几遍中国。

三裂叶野葛（葛属）葛麻、葛藤

***Pueraria phaseoloides* (Roxb.) Benth.**

草质藤本。全株被长硬毛。羽状复叶具3枚小叶；托叶基着，卵状披针形；小叶宽卵形、菱形或卵状菱形，顶生小叶较宽，长6~10 cm，宽4.5~9 cm，侧生小叶偏斜，全缘或3裂。总状花序单生，中部以上有花；花具短梗，聚生于节上；萼钟状；花冠浅蓝色或淡紫色，旗瓣近圆形，长8~12 mm，基部有附属体及2枚内弯的耳。荚果近圆柱状，长5~8 cm；种子长椭圆形，两端近截平，长4 mm。花期8～9月，果期10～11月。

生于山地林缘、灌丛中。产于中国浙江、广东、海南、广西、云南。

中华鹿藿（鹿藿属）

***Rhynchosia chinensis* H. T. Chang ex Y. T. Wei & S. K. Lee**

缠绕或攀援状草本；茎密被灰色短柔毛或有时混生疏长柔毛。叶具羽状3枚小叶，托叶小，卵形，长约4 mm，微被短柔毛，早落；叶柄长4~10 cm，略具纵棱，密被短柔毛；小叶薄革质，顶生小叶边缘微波状，两面疏被短柔毛，下面具黄褐色腺点，干后上面黑褐色，下面灰褐色，基出脉3条，侧生小叶较小，斜卵形；小托叶刚毛状；小叶柄长约3 mm，均密被短柔毛。花常为复总状花序，腋生；花萼5齿裂，裂片三角形；花冠黄色，各瓣近等长。荚果长圆柱形，长约1.5 cm，宽约1 cm，扁平，红紫色，无毛或近无毛，种子间略缢缩；种子近圆形。花果期夏、秋季。

常生于山坡路旁草丛中，海拔约600 m。产于中国江西、广东、广西、贵州。

菱叶鹿藿（鹿藿属）

***Rhynchosia dielsii* Harms**

缠绕草本；茎纤细，通常密被黄褐色长柔毛或有时混生短柔毛。叶具羽状3枚小叶；托叶小，披针形，长3~7 mm；叶柄长3.5~8 cm，被短柔毛，顶生小叶卵形、卵状披针形、宽椭圆形或菱状卵形，长5~9 cm，宽2.5~5 cm，先端渐尖或尾状渐尖，基部圆形，两面密被短柔毛，下面有松脂状腺点，基出脉3条，侧生小叶稍小，斜卵形；小托叶刚毛状，长约2 mm；小叶柄长1~2 mm，均被短茸毛。总状花序腋生；花疏生，黄色，长8~10 mm；花萼5裂，裂片三角形，下面一裂片较长，密被短柔毛；花冠各瓣均具瓣柄。荚果扁平，成熟时红紫色，被短茸毛；种子近圆形。花期6~7月，果期8~11月。

生于山坡、路旁灌丛中，海拔600~900 m。产于中国广东、广西、贵州、四川、湖南、湖北、河南、陕西。

鹿藿（鹿藿属）老鼠眼

***Rhynchosia volubilis* Lour.**

缠绕草质藤本。全株被柔毛。羽状复叶具3枚小叶；托叶披针形，长 3~5 mm，被短柔毛；小叶纸质，顶生小叶菱形或倒卵状菱形，长 3~8 cm，宽 3~5.5 cm，下面被黄褐色腺点；基出 3 脉；侧生小叶较小，常偏斜，叶柄长 2~5.5 cm；小叶柄长 2~4 mm。总状花序，长 1.5~4 cm；花梗长约 2 mm；花萼钟状，外面被短柔毛及腺点；花冠黄色；雄蕊二体。荚果长圆柱形，红紫色，长 1~1.5 cm；种子 2 颗，黑色，光亮。花期 5 ~ 8 月，果期 9 ~ 12 月。

生于山坡路旁、草丛中，海拔 200~900 m。产于中国广东、海南、台湾。

决明（决明属）

***Senna tora* (L.) Roxb.**

一年生亚灌木状草本。羽状复叶，长 4~8 cm；叶轴上每对小叶间有棒状的腺体 1 枚；小叶 3 对，膜质，倒卵形或倒卵状长椭圆形，长 2~6 cm，宽 1.5~2.5 cm，基部渐狭，偏斜，两面被柔毛；小叶柄长 1.5~2 mm。单花腋生；总花梗长 6~10 mm；花梗长 1~1.5 cm；花瓣黄色，长 12~15 mm；能育雄蕊 7 枚，花药四方形，顶孔开裂。荚果纤细，长达 15 cm，宽 3~4 mm，种子约 25 颗，菱形，光亮。花果期 8 ~ 11 月。

生于山坡、旷野、河滩沙地上。产于中国长江以南地区。

望江南（决明属）

***Senna occidentalis* (L.) Link**

直立亚灌木。全株无毛。羽状复叶，长约 20 cm；叶柄近基部有大而带褐色、圆锥形的腺体 1 枚；小叶 4~5 对，膜质，卵形至卵状披针形，长 4~9 cm，宽 2~3.5 cm；小叶柄长 1~1.5 mm，揉之有腐败气味。伞房状总状花序，长约 5 cm；花长约 2 cm；萼片不等大；花瓣黄色；雄蕊 7 枚发育，3 枚不育，无花药。荚果带状镰形，长 10~13 cm，种子 30~40 颗，种子间有薄隔膜。花期 4 ~ 8 月，果期 6 ~ 10 月。

生于河边滩地、旷野、路旁。产于中国南部。

葫芦茶（葫芦茶属）百劳舌、牛虫草

***Tadehagi triquetrum* (L.) Ohashi**

亚灌木，高 1~2 m。幼枝三棱形。叶仅具单小叶；托叶披针形，长 1.3~2 cm；叶柄长 1~3 cm，两侧有宽翅，翅宽 4~8 mm；小叶纸质，狭披针形至卵状披针形，长 5.8~13 cm，基部圆形或浅心形，侧脉 8~14 条。总状花序，长 15~30 cm，被贴伏丝状毛和小钩状毛；花梗长 2~6 mm，果时伸长；花萼宽钟形，长约 3 mm；花冠淡紫色或蓝紫色；雄蕊二体；胚珠 5~8 颗。荚果长 2~5 cm，密被糙伏毛；种子长 2~3 mm。花期 6 ~ 10 月，果期 10 ~ 12 月。

生于荒地、山地林缘、路旁，海拔 100~900 m。产于中国台湾、福建、江西、广东、海南、广西、贵州、云南。

猫尾草（狸尾豆属）兔尾草

Uraria crinita **(L.) Desv. ex DC.**

亚灌木；茎直立，高 1~1.5 m。全株被灰色短毛。一回奇数羽状复叶，茎下部小叶常为 3 枚，上部为 5 枚；托叶长三角形，长 6~10 mm；叶柄长 5.5~15 cm；小叶近革质，长椭圆形、卵状披针形或卵形，顶端小叶长 6~15 cm，宽 3~8 cm，侧生小叶略小，基部圆形至微心形，侧脉 6~9 条。总状花序顶生，长 15~30 cm，密被长硬毛；花萼 5 裂，花冠紫色，长 6 mm。荚果略被短柔毛；2 ~ 4 枚荚节，椭圆形，具网脉。花果期 4 ~ 9 月。

生于旷野坡地、路旁、灌丛中，海拔 100~900 m。产于中国台湾、福建、江西、广东、海南、广西、云南。

狸尾豆（狸尾豆属）

Uraria lagopodioides **(L.) Desv. ex DC.**

平卧或开展草本，茎和分枝长达 60 cm；花枝直立或斜举，被短柔毛。叶通常为三出羽状复叶，偶见单小叶，托叶三角形，先端尾尖，被灰黄色长柔毛和缘毛；叶柄有沟槽：小叶纸质，顶生小叶基部圆形或心形，侧生小叶较小，上面略粗糙，下面被灰黄色短柔毛，两面突起，网脉在下面明显；小托叶刚毛状，密被灰黄色短柔毛。总状花序顶生，花排列紧密；苞片密被灰色丝毛和缘毛，开花时脱落；花梗疏被白色长柔毛；花萼被白色长茸毛；花冠淡紫色。荚果小，包藏于萼内，荚节椭圆球形，黑褐色，膨胀，无毛，略有光泽。花果期 8 ~ 10 月。

多见于旷野坡地及路旁灌丛中，海拔 100~900 m。产于中国台湾、福建、江西、广东、海南、广西、湖南、贵州、云南。

丁癸草（丁癸属）

Zornia gibbosa **Span.**

多年生、纤弱多分枝草本，高 20~50 cm。无毛，有时有粗厚的根状茎。托叶披针形，长 1 mm，无毛，有明显的脉纹，基部具长耳。小叶 2 枚，卵状长圆形、倒卵形至披针形，长 0.8~1.5 cm，有时长达 2.5 cm，先端急尖而具短尖头，基部偏斜，两面无毛，背面有褐色或黑色腺点。总状花序腋生，长 2~6 cm，花 2~6(10) 朵疏生于花序轴上；苞片 2 枚，卵形，长 6~7(10) mm，盾状着生，具缘毛，有明显的纵脉纹 5~6 条；花萼长 3 mm，花冠黄色，旗瓣有纵脉，翼瓣和龙骨瓣均较小，具瓣柄。荚果通常长于苞片，少有短于苞片，有荚节 2~6 枚，荚节近圆柱形，长与宽 2~4 mm，表面具明显网脉及针刺。花期 4 ~ 7 月，果期 7 ~ 9 月。

生于田边、村边稍干旱的旷野草地上，海拔 100~900 m。产于中国长江以南地区。

A142 远志科 Polygalaceae

华南远志（远志属）金不换

Polygala chinensis **L.**

一年生直立草本。主根粗壮，枝被短柔毛。叶互生，纸质，倒卵形、椭圆形或披针形，长 2.6~10 cm，基部楔形，全缘，疏被短柔毛，主脉上面凹入；叶柄长约 1 mm，被柔毛。总状花序腋上生，长仅 1 cm，花少而密集；花长约 4.5 mm；萼片 5 枚，里面 2 枚花瓣状；花瓣 3 枚，淡黄色或白带淡红色；雄蕊 8 枚，花药顶孔开裂。蒴果圆柱形，径约 2 mm，种子卵形，黑色，密被白色柔毛。花期 4 ~ 10 月，果期 5 ~ 11 月。

生于山坡草地、灌丛中，海拔 500~900 m。产于中国福建、广东、海南、广西、云南。

黄花倒水莲（远志属）黄花远志、倒吊黄

Polygala fallax **Hemsl.**

灌木，高 1~3 m。根粗壮，淡黄色。全株被短柔毛。单叶互生，膜质，披针形至椭圆状披针形，长 8~17 cm，宽 4~6.5 cm，基部楔形至钝圆，全缘，侧脉 8~9 对；叶柄长 9~14 mm。总状花序顶生或腋生，长 10~15 cm，直立，花后下垂；萼片 5 枚，早落；花瓣黄色，3 枚，龙骨瓣盔状，长约 12 mm，鸡冠状附属物流苏状，花柱先端 2 浅裂。蒴果阔倒心形至圆形，绿黄色，具短柄。种子圆形，直径约 4 mm，棕黑色至黑色。花期 5 ~ 8 月，果期 8 ~ 10 月。

生于山谷林下、溪边，海拔 400~900 m。产于中国福建、江西、湖南、广东、广西、云南、贵州。

大叶金牛（远志属）岩生远志

Polygala latouchei **Franch.**

矮小亚灌木，高 10~20 cm；茎、枝圆柱形，被短柔毛，中下部具圆形突起的黄褐色叶痕。单叶密集于枝的上部，叶片纸质，先端急尖，具骨质短尖头，基部近圆形，偏斜不等侧，叶面绿色，疏被或密被白色小刚毛，背面淡红色或暗紫色，无毛；叶柄具狭翅，被短柔毛。总状花序顶生或生于枝顶的数个叶腋内，被短柔毛，具密集的花；花小；萼片花后脱落，内萼片花瓣状，先端钝。蒴果近圆形，具翅，顶端具缺刻及短尖头；种子具乳突，疏被白色柔毛，种阜翅状，黄褐色，与种子等长或稍长。花期 3 ~ 4 月，果期 4 ~ 5 月。

生于林下岩石上或山坡草地，海拔 700~900 m。产于中国江西、浙江、福建、广东、广西。

香港远志（远志属）

Polygala hongkongensis **Hemsl.**

直立草本，高 15~50 cm；茎枝细，被卷曲短柔毛。单叶互生，叶片纸质，茎下部叶小，卵形，上部叶披针形，长 4~6 cm，宽 2~2.2 cm，先端渐尖，基部圆形，全缘，无毛；叶柄长约 2 mm，被短柔毛。总状花序顶生，长 3~6 cm，花序轴及花梗被短柔毛，具疏松排列的花 7~18 朵；花长 7~9 mm，花梗长 1~2 mm；萼片 5 枚，宿存，具缘毛；花瓣 3 枚，白色或紫色，侧瓣长 3~5 mm，深波状，龙骨瓣盔状，长约 5 mm，顶端具广泛流苏状鸡冠状附属物。蒴果近圆形，直径约 4 mm，具阔翅。花期 5 ~ 6 月，果期 6 ~ 7 月。

生于沟谷林下或灌丛中，海拔 200~500 m。产于中国江苏、安徽、江西、浙江、福建、广东、广西、湖南、贵州、四川、新疆。

长毛籽远志（远志属）细叶远志

Polygala wattersii **Hance**

灌木或小乔木，高 1~4 m；小枝圆柱形，具纵棱槽，幼时被腺毛状短柔毛。叶密集地排于小枝顶部，叶片近革质，全缘，波状，叶面绿色，背面淡绿色，两面无毛；叶柄长 6~10 mm，上面具槽。总状花序，被白色腺毛状短细毛；花疏松地排列于花序上；萼片早落，先端钝，具缘毛，内萼片花瓣状；花瓣黄色，稀白色或紫红色。蒴果倒卵形或楔形，先端微缺，具短尖头，基部渐狭，边缘具由下而上逐渐加宽的狭翅，翅具横脉。种子卵形，棕黑色，被长达 7 mm 的棕色或白色长毛，无种阜。花期 4 ~ 6 月，果期 5 ~ 7 月。

生于石山阔叶林中或灌丛中，海拔 700~900 m。产于中国河南、湖北、湖南、江西、广东、广西、贵州、四川、西藏、云南。

齿果草（齿果草属）莎萝莽

***Salomonia cantoniensis* Lour.**

一年生直立草木，高 5~25 cm。根芳香。全株无毛，茎具狭翅。单叶互生，叶片膜质，卵状心形，长 5~16 mm，宽 5~12 mm，基出 3 脉；叶柄长 1.5~2 mm。穗状花序顶生，多花，长 1~6 cm。花长 2~3 mm，无梗；萼片 5 枚，线状钻形；花瓣 3 枚，淡红色，无鸡冠状附属物；雄蕊 4 枚；子房肾形，2 室，每室具 1 颗胚珠；柱头微裂。蒴果肾形，果皮具蜂窝状网纹，种子 2 颗，亮黑色，无毛，无种阜。花期 7 ~ 8 月，果期 8 ~ 10 月。

生于山坡林下、灌丛、草地，海拔 600~900 m。产于中国浙江、福建、广东、广西、贵州、云南。

蝉翼藤（蝉翼藤属）

***Securidaca inappendiculata* Hassk.**

攀援灌木；小枝被柔毛。叶薄革质或纸质，长圆形或倒卵状长圆形，长 5~12 cm，宽 2.5~5.5 cm，顶端急尖，基部圆形或钝，全缘，上面无毛，下面被白色紧贴短柔毛，干后灰绿色，叶脉在下面明显隆起，侧脉每边 10~12 条；叶柄长 5~10 mm，被短柔毛。圆锥花序顶生或腋生，长 10~15 cm，被短柔毛；苞片钻形，被短柔毛，早落；花玫瑰红色。翅果扁球形，翅革质，具多数弧形脉纹，果皮厚，坚硬，有凸起的皱纹。花期 5 ~ 6 月，果期 8 ~ 10 月。

生于山谷密林中，海拔 500~900 m。产于中国广东、广西、海南、云南。

椭圆叶齿果草（齿果草属）缘毛齿果草

***Salomonia ciliata* (L.) DC.**

一年生直立草本，高 10~20 cm；茎纤细，单一或分枝，具纵棱槽，无毛。单叶互生，叶片膜质至薄纸质，椭圆形或卵状披针形，长 4~8 mm，宽 1~2.5 mm，先端急尖或渐尖，基部近圆形，全缘，稀顶部具 1~2 根缘毛，绿色，无毛，基出 3 脉，明显或不明显，无柄。穗状花序顶生，具密集的花；萼片基部合生，宿存，披针状卵形；花瓣红紫色，龙骨瓣较侧瓣长。蒴果肾形，果片平滑，无网纹；种子卵球形，黑色，光亮，无种阜。花期 7 ~ 8 月，果期 8 ~ 9 月。

生于山坡空旷潮湿的草地上，海拔 600~900 m。产于中国长江以南地区。

黄叶树（黄叶树属）

***Xanthophyllum hainanense* Hu**

乔木，高 5~20 m；小枝纤弱，蜿蜒状，无毛。叶革质，卵状椭圆形或披针形，长 4~15 cm，宽 1.5~4.5(6) cm，顶端长而渐尖，基部阔楔形或急尖，全缘，有黄色而厚的边缘，两面均无毛，干时黄绿色；中脉在两面明显隆起，侧脉每边 6~8 条，网脉在下面明显凸起；叶柄长 6~10 mm。总状花序或小型圆锥花序顶生和腋生，少花，花序轴和花梗密被短柔毛；花被黄色或白色，芳香，花瓣 5 枚。核果球形，淡黄色；种子扁球形。花期 4 ~ 5 月，果期 8 ~ 9 月。

生于山地林中，海拔 100~600 m。产于中国广东、海南、广西。

A143 蔷薇科 Rosaceae

小花龙牙草（龙芽草属）

***Agrimonia nipponica* Koidz. var. *occidentalis* Skalick**

多年生草本。主根粗短，常呈块状，周围生多数纤细侧根，根茎稍长，基部常有地下芽。茎高 30~90 cm，上部密被短柔毛，下部密被黄色长硬毛。叶为间断奇数羽状复叶，下部叶通常有小叶 3 对，偶见 2 对；小叶片最宽处常在叶片中部或近中部，边缘有圆齿，上面伏生疏柔毛，下面沿脉上横生稀疏长硬毛，被稀疏腺体或不明显；托叶镰形或半圆形，稀长圆形，边缘有急尖锯齿，茎下部托叶常全缘。花序通常分枝；花小，直径 4~5 mm；萼筒钟状，半球形，外面有 10 条肋，被疏柔毛，顶端具数层钩刺，开展，连钩刺长 4~5 mm，最宽处直径 2~2.5 mm。花果期 8 ~ 11 月。

生于山坡草地、山谷溪边、灌丛、林缘及疏林下，海拔 200~900 m。产于中国安徽、浙江、江西、广东、广西、贵州。

龙牙草（龙芽草属）

***Agrimonia pilosa* Ledeb.**

多年生草本，茎高 30~120 cm。根多呈块茎状，全株被疏柔毛。间断奇数羽状复叶，小叶常 3~4 对，小叶倒卵形，倒卵椭圆形或倒卵披针形，长 1.5~5 cm，宽 1~2.5 cm，边缘有急尖至圆钝锯齿，下面有显著腺点；托叶草质，绿色，镰形。穗状总状花序顶生，花梗长 1~5 mm，苞片深 3 裂；萼片 5 枚，花瓣黄色，雄蕊 5 至多枚；花柱 2 枚。果实倒卵圆锥形，外面有 10 条肋，顶端有数层钩刺，连钩刺长 7~8 mm。花果期 5 ~ 12 月。

生于溪边、路旁、草地、灌丛中，海拔 100~900 m。广泛分布中国。

桃（桃属）

***Amygdalus persica* L.**

乔木，高 3~8 m；树皮暗红褐色，老时粗糙呈鳞片状；小枝无毛，有光泽，具大量小皮孔；冬芽常 2~3 个簇生。叶片长 7~15 cm，宽 2~3.5 cm，两面近无毛，叶边具锯齿；叶柄长 1~2 cm，常具腺体。花单生，先于叶开放，直径 2.5~3.5 cm；花梗几无；萼筒绿色而具红色斑点；花瓣粉红色，罕为白色；花药绯红色。果实形态有变异，直径 4~12 cm，外面密被短柔毛，稀无毛，腹缝明显；核大，椭圆形，两侧扁平。花期 3 ~ 4 月，果期 8 ~ 9 月。

原产于中国，各省区广泛栽培，并逸生于甘肃、河北、陕西。

钟花樱桃（樱属）福建山樱花

***Cerasus campanulata* (Maxim.) A. N. Vassiljeva**

小乔木，高 3~8 m。冬芽卵形，无毛。叶片薄革质，长 4~7 cm，宽 2~3.5 cm，先端渐尖，基部圆形，边有急尖锯齿，常稍不整齐；叶柄长 8~13 mm，无毛，顶端常有腺体 2 个；托叶早落。伞形花序，有花 2~4 朵，先叶开放，花直径 1.5~2 cm；花梗长 1~1.3 cm；萼筒钟状，长约 6 mm，近无毛，基部略膨大；花瓣倒卵状长圆形，粉红色，先端下凹，稀全缘。核果卵球形，纵长约 1 cm，顶端尖；果梗长 1.5~2.5 cm，先端稍膨大并有萼片宿存。花期 2 ~ 3 月，果期 4 ~ 5 月。

生于山谷林中及林缘，海拔 100~900 m。产于中国浙江、福建、台湾、广东、海南、广西、湖南。

山樱花（樱属）
Cerasus serrulata (Lindl.) Loudon

乔木，高 3~8 m，树皮灰褐色或灰黑色。小枝灰白色或淡褐色，无毛。冬芽卵圆形，无毛。叶片卵状椭圆形或倒卵椭圆形，长 5~9 cm，宽 2.5~5 cm，先端渐尖，基部圆形，边有渐尖单锯齿及重锯齿，齿尖有小腺体，上面深绿色，无毛，下面淡绿色，无毛，有侧脉 6~8 对；叶柄长 1~1.5 cm，无毛，先端有 1~3 个圆形腺体；托叶线形，长 5~8 mm，边有腺齿，早落。花序伞房总状或近伞形；总苞片褐红色，内面被长柔毛；苞片褐色或淡绿褐色；边全缘；花瓣白色，稀粉红色，倒卵形，先端下凹。核果球形或卵球形，紫黑色，直径 8~10 mm。花期 4 ~ 5 月，果期 6 ~ 7 月。

生于山谷林中，海拔 500~900 m。产于中国黑龙江、辽宁、河北、山西、陕西、河南、山东、江苏、浙江、安徽、江西、湖南、贵州。

香花枇杷（枇杷属）山枇杷
Eriobotrya fragrans Champ. ex Benth.

常绿小乔木，高可达 10 m；小枝粗壮，幼时密被茸毛，后脱落。叶片革质，略聚生枝顶，长椭圆形，长 7~15 cm，宽 2.5~5 cm，顶端急尖或短渐尖，基部楔形或渐狭，边缘在中部以上具疏锯齿，幼时两面密被短茸毛，不久脱落，中脉在两面均隆起，侧脉 9~11 对；叶柄长 1.5~3 cm，幼时被棕色短茸毛，老时无毛。圆锥花序顶生，长 7~9 cm；总花梗和花梗均密被棕色茸毛，花白色；萼管杯状，外面被棕色茸毛，萼裂片外面被棕色茸毛，花瓣椭圆形，基部被棕色茸毛。梨果球形，具颗粒状突起，被茸毛，具宿存萼裂片。花期 4 ~ 5 月，果期 7 ~ 11 月。

生于山坡丛林中，海拔 300 ~900 m。产于中国广东、香港、广西、西藏。

蛇莓（蛇莓属）
Duchesnea indica (Andrews) Focke

多年生草本；匍匐茎多数，长 30~100 cm，有柔毛。小叶片长 2~5 cm，宽 1~3 cm，边缘有钝锯齿，两面有柔毛，具小叶柄；叶柄长 1~5 cm；托叶长 5~8 mm。花单生于叶腋；直径 1.5~2.5 cm；花梗长 3~6 cm，有柔毛；萼片外面有散生柔毛；副萼片比萼片长；花瓣倒卵形，长 5~10 mm，黄色，先端圆钝；花托在果期膨大，海绵质，鲜红色，有光泽，直径 10~20 mm，外面有长柔毛。瘦果卵形，长约 1.5 mm，鲜时有光泽。花期 6 ~ 8 月，果期 8 ~ 10 月。

生于山坡、河岸、草地等潮湿的地方，海拔 100~900 m。产于中国辽宁以南各省区。

枇杷（枇杷属）
Eriobotrya japonica (Thunb.) Lindl.

常绿小乔木；小枝密生锈色茸毛。叶片革质，长 12~30 cm，宽 3~9 cm，基部渐狭成柄，叶柄短或几无柄，上部具疏锯齿，基部全缘，上面光亮，下面密生灰棕色茸毛，侧脉 11~21 对；托叶钻形，长 1~1.5 cm。圆锥花序顶生，长 10~19 cm；花梗密生锈色茸毛；花直径 12~20 mm；萼筒及萼片外面有锈色茸毛；花瓣白色，被锈色茸毛。果实近球形，直径 2~5 cm，黄色，被锈色柔毛，不久脱落。花期 10 ~ 12 月，果期 5 ~ 6 月。

原产于中国重庆南川、湖北宜昌，各地广泛栽培。

腺叶桂樱（桂樱属）腺叶野樱、腺叶稠李

Laurocerasus phaeosticta **(Hance) C. K. Schneid.**

常绿小乔木，高 4~12 m；小枝暗紫褐色，具稀疏皮孔，无毛。叶片近革质，先端长尾尖，基部楔形，叶边全缘，有时在幼苗或萌蘖枝上的叶具锐锯齿，两面无毛，下面散生黑色小腺点，基部近叶缘常有 2 枚较大扁平基腺，侧脉 6 ~ 10 对；叶柄无腺体；托叶早落。总状花序单生于叶腋，无毛，生于小枝下部叶腋的花序，其腋外叶早落，生于小枝上部的花序，其腋外叶宿存；苞片早落；花萼外面无毛；萼筒杯形；萼片卵状三角形，长 1~2 mm，先端钝，有缘毛或具小齿；花瓣近圆形，白色。核果紫黑色，无毛；核壁薄而平滑。花期 4 ~ 5 月，果期 7 ~ 10 月。

生于疏密林内、山谷、溪旁或路边，海拔 300~900 m。产于中国长江以南地区。

台湾林檎（苹果属）尖嘴林檎

Malus doumeri **(Bois) A. Chev.**

乔木，高达 15 m；小枝圆柱形，嫩枝被长柔毛，老枝暗灰褐色或紫褐色，无毛，具稀疏纵裂皮孔；冬芽卵形，先端急尖，被柔毛或仅在鳞片边缘有柔毛，红紫色。叶片先端渐尖，基部圆形或楔形，边缘有不整齐尖锐锯齿，嫩时两面有白色茸毛，成熟时脱落；叶柄嫩时被茸毛，以后脱落无毛；托叶膜质，先端渐尖，全缘，早落。花序近似伞形，有花 4~5 朵，花梗有白色茸毛；苞片膜质，线状披针形；萼筒倒钟形，外面有茸毛；花瓣卵形，基部有短爪，黄白色。果实球形，黄红色。宿萼有短筒，萼片反折，先端隆起，果心分离，外面有点。

生于林中沟谷，海拔 300~800 m。产于中国江西、浙江、台湾、广东、广西、湖南、贵州、云南。

尖叶桂樱（桂樱属）

Laurocerasus undulata **(Buch.–Ham. ex D. Don) M. Roem.**

常绿小乔木，高 5~16 m；小枝灰褐色至紫褐色，具不明显小皮孔，无毛。叶片草质或薄革质，椭圆形至长圆状披针形，长 6~15 cm，宽 3~5 cm，先端渐尖，基部宽楔形至近圆形，叶边全缘，在中部以上有少数锯齿，两面无毛，上面光亮，下面近基部常有 1 对扁平小基腺，沿中脉常有与中脉平行的扁平小腺体，尤其在叶片下半部更为明显，侧脉 6~9 对，在下面稍突起，网脉不明显；托叶早落。总状花序，在同一花序中发现有雄花和两性花；花瓣浅黄白色。果实紫黑色，无毛；核壁较薄，光滑。花期 8 ~ 10 月，果期冬季至翌年春季。

生于山坡混交林或常绿林中，海拔 500~900 m。产于中国湖南、江西、广东、广西、四川、贵州、云南、西藏、四川、陕西。

光叶石楠（石楠属）光凿树

Photinia glabra **(Thunb.) Maxim.**

常绿乔木，高 3~6 m；老枝灰黑色，皮孔棕黑色。叶片革质，幼时及老时皆呈红色，长 5~9 cm，宽 2~4 cm，边缘疏生浅钝锯齿，两面无毛；叶柄长 1~1.5 cm。顶生复伞房花序，直径 5~10 cm；总梗和花梗均无毛；花直径 7~8 mm；萼筒无毛；萼片三角形，外面无毛，内面有柔毛；花瓣白色，反卷，长约 3 mm，先端圆钝。果实卵形，长约 5 mm，红色，无毛。花期 4 ~ 5 月，果期 9 ~ 10 月。

生于山坡杂木林中，海拔 500~800 m。产于中国安徽、江苏、浙江、福建、江西、广东、广西、四川、云南、贵州、湖南、湖北。

陷脉石楠（石楠属）

Photinia impressivena **Hayata**

灌木或小乔木，高 2~6 m；老枝无毛，小枝有疏毛，有近圆形皮孔。叶片薄革质，常聚生于枝顶，长圆状倒卵形或长圆状倒披针形，长 5~12 cm，宽 1.5~3.5 cm，顶端渐尖，基部楔形，边缘有小锯齿，两面无毛，侧脉 6~9 对，在上面凹陷，在下面凸起；叶柄长 1~2 mm，无毛。伞房花序顶生，少花，长约 2 cm，宽 3~4 cm；总花梗和花梗无毛或有疏柔毛；花白色；花瓣卵形，长 3~5 mm，无毛；雄蕊 20 枚，长于花瓣；花柱 2 枚。果实卵球形，有宿存萼裂片，红色，无毛，具 1 颗种子；果柄具疣点。花期 3~4 月，果期 6~11 月。

生于山谷林中，海拔 400~900 m。产于中国福建、广东、广西、海南。

桃叶石楠（石楠属）假山杠木、樱叶石楠

Photinia prunifolia **(Hook. & Arn.) Lindl.**

常绿乔木，高 10~20 m；小枝无毛，灰黑色，具黄褐色皮孔。叶片革质，长圆形，长 7~13 cm，宽 3~5 cm，边缘密生具腺的细锯齿，先端渐尖，上面光亮，下面满布黑色腺点，两面无毛，侧脉 13 ~ 15 对；叶柄长 10~25 mm，无毛，具多数锯齿状腺体。顶生复伞房花序，直径 12~16 cm，总梗和花梗微有长柔毛；花直径 7~8 mm；萼筒有柔毛；萼片三角形，内面微有茸毛；花瓣白色，倒卵形，长约 4 mm。梨果椭圆形，长 7~9 mm，直径 3~4 mm，红色。花期 3~4 月，果期 10~11 月。

生于疏林、溪边、路旁竹林中，海拔 100~900 m。产于中国广东、广西、福建、浙江、江西、湖南、贵州、云南。

小叶石楠（石楠属）小毛叶石楠

Photinia parvifolia **(E. Pritz.) C. K. Schneid.**

落叶灌木，高 1~3 m；枝纤细，小枝红褐色，无毛，有黄色散生皮孔；冬芽卵形，长 3~4 mm。叶片草质，椭圆形，长 4~8 cm，宽 1~3.5 cm，先端渐尖或尾尖，基部宽楔形，边缘有具腺尖锐锯齿；叶柄长 1~2 mm。花 2~9 朵，成伞形花序，生于侧枝顶端，无总梗；苞片早落；花梗细，长 1~2.5 cm，有疣点；花直径 0.5~1.5 cm；萼筒杯状，直径约 3 mm，无毛；花瓣白色，圆形，直径 4~5 mm。果实椭圆形，长 9~12 mm，橘红色或紫色，有直立宿存萼片。花期 4 ~ 5 月，果期 7 ~8 月。

生于林下、灌丛、石坡、山谷中，海拔 300~900 m。产于中国河南、江苏、安徽、浙江、福建、江西、湖南、湖北、四川、贵州、广西、广东。

石楠（石楠属）

Photinia serratifolia **(Desf.) Kalkman**

常绿小乔木，高 4~10 m；枝无毛；冬芽无毛。叶片革质，长 9~22 cm，宽 3~6.5 cm，先端尾尖，边缘有疏生具腺细锯齿，上面光亮，成熟后两面皆无毛；叶柄长 2~4 cm。复伞房花序顶生，直径 10~16 cm；总梗和花梗无毛，花梗长 3~5 mm；花密生，直径 6~8 mm；萼筒无毛；萼片无毛；花瓣白色，近圆形，直径 3~4 mm。果实球形，直径 5~6 mm，红色，后成褐紫色。花期 4 ~ 5 月，果期 10 月。

生于杂木林、路边、山区、海岸上，海拔 100~900 m。产于中国黄河以南地区。

臀果木（臀果木属）臀形果、木虱罗、荷包李

***Pygeum topengii* Merr.**

乔木，高达 25 m。小枝具皮孔。叶片革质，卵状椭圆形或椭圆形，长 6~12 cm，宽 3~5.5 cm，基部宽楔形，两边不等，全缘，下面被平铺褐色柔毛，近基部有 2 枚黑色腺体，侧脉 5~8 对；叶柄长 5~8 mm；托叶早落。总状花序，单生或簇生叶腋，总花梗、花梗和花萼均密被褐色柔毛；花梗长 1~3 mm；花直径 2~3 mm；花被片 10~12 枚；子房无毛。核果肾形，长 8~10 mm，顶端凹陷；种子外面被细短柔毛。花期 6 ~ 9 月，果期 10 ~ 12 月。

生于山谷疏密林内、溪旁、林缘，海拔 100~900 m。产于中国福建、广东、海南、广西、云南、贵州、湖南。

细圆齿火棘（火棘属）

***Pyracantha fortuneana* (Maxim.) Li**

常绿灌木或小乔木。高达 5 m；有时具枝刺，幼枝有被锈色柔毛，老枝无毛，暗褐色；叶长圆形或倒披针形，稀卵状披针形，长 2~7 cm，宽 8~1.8 cm，先端尖或圆钝，有时具小尖头，基部宽楔形或稍圆，边缘有细圆锯齿或疏锯齿，两面无毛；叶柄短，幼时有黄褐色柔毛，老时无毛；复伞房花序生于主枝和侧枝顶端，径 2~5 cm，幼时花序梗基部有褐色柔毛；花梗长 0.4~1 cm，无毛；花径 6~9 mm；被丝托钟状，外面无毛，萼片三角形，微具柔毛；花瓣白色，圆形，长 4~5 mm，基部有短爪；雄蕊 20 枚，花药黄色；子房上部密被白色柔毛，花柱 5 枚，离生，与雄蕊近等长；梨果近球形，直径 3~8 mm，熟时橘黄或橘红色。花期 3 ~ 5 月，果期 9 ~ 12 月。

豆梨（梨属）鹿梨、赤梨

***Pyrus calleryana* Decne.**

乔木，高达 8 m。小枝粗壮，圆柱形，常有枝刺，有长短枝之分；嫩枝有茸毛；冬芽三角卵形。叶片宽卵形至卵形，稀长椭卵形，长 4~8 cm，宽 3.5~6 cm，先端渐尖，基部圆形至宽楔形，边缘有钝锯齿，两面无毛；叶柄细长，长 2~4 cm；托叶线状披针形，长 4~7 mm。伞形总状花序，具花 6~12 朵，直径 4~6 mm，花梗长 1.5~3 cm；苞片内面具茸毛；花直径 2~2.5 cm；花瓣白色，卵形，长约 13 mm，具短爪；雄蕊 20 枚。梨果球形，直径约 1 cm，黑褐色，有斑点。花期 4 月，果期 8 ~ 9 月。

生于山坡、山谷杂木林中，海拔 100~900 m。产于中国山东、河南、江苏、浙江、江西、安徽、湖北、湖南、福建、广东、广西。

楔叶豆梨（梨属）

***Pyrus calleryana* Decne. var. *koehnei* (C. K. Schneid.) T. T. Yu**

本变种和原种不同之处是：叶片卵形或菱形，顶端急尖或渐尖，基部宽楔形；子房 3~4 室。花期 2 ~ 5 月，果期 4 ~ 11 月。

生于山地林中，海拔 100~900 m。产于中国浙江、福建、广东、广西。

沙梨（梨属）梨

Pyrus pyrifolia **(Burm. f.) Nakai**

乔木，高 7~15 m；小枝嫩时具黄褐色长柔毛或茸毛，不久脱落，二年生枝紫褐色或暗褐色，具稀疏皮孔；冬芽长卵形，先端圆钝，鳞片边缘和先端稍具长茸毛。叶片先端长尖，基部圆形或近心形，稀宽楔形，边缘有刺芒锯齿。微向内合拢，上下两面无毛或嫩时有褐色绵毛。伞形总状花序；总花梗和花梗幼时微具柔毛；外面无毛，内面密被褐色茸毛；花瓣卵形，长 15~17 mm，先端啮齿状，基部具短爪，白色。梨果近球形，浅褐色，有浅色斑点，先端微向下陷，萼片脱落；种子深褐色。花期 4 月，果期 8 月。

生于山谷、林缘，喜温暖、多雨环境，海拔 100~900 m。产于中国安徽、江苏、浙江、福建、江西、湖北、湖南、广东、广西、贵州、四川、云南。

齿叶锈毛石斑木（石斑木属）

Rhaphiolepis ferruginea **F. P. Metcalf var.** ***serrata*** **F. P. Metcalf**

常绿乔木或灌木。叶片椭圆形或宽披针形，先端急尖或短渐尖，基部楔形，边缘向下方反卷，边缘中部以上有显明的锯齿，上面幼时被茸毛，以后无毛。圆锥状花序顶生，长 3~5.5 cm，直径约 5.5 cm；花梗长 2~4 mm，总花梗和花梗均密被锈色茸毛，花直径 8~10 mm；萼筒外面密被锈色茸毛，长约 4 mm；萼片卵形，长约 3 mm；花瓣白色，卵状长圆形，长约 4 mm，先端圆钝；雄蕊 15 枚，长短不等；花柱 2 枚，基部连合，无毛，约与雄蕊等长。果实球形，直径 5~8 mm，黑色，幼时被黄色茸毛，成熟后近于无毛或仅在顶端散生少数锈色茸毛。果梗粗短，长 4~7 mm，密被锈色茸毛。花期 4 ~ 6 月，果期 10 月。

产于中国广东、福建、广西。

锈毛石斑木（石斑木属）

Rhaphiolepis ferruginea **F. P. Metcalf**

灌木或乔木，高 6~10 m；小枝密被锈色茸毛。叶革质，椭圆形或长圆状披针形，长 6~15 cm，宽 2~5.5 cm，顶端急尖或短渐尖，基部楔形，边全缘，干时背卷，上面幼时被茸毛，后无毛，下面密被锈色茸毛，侧脉纤细，7~10 对，在上面平，在下面稍凸起；叶柄长 1~2.5 cm，初时被短茸毛，后无毛。圆锥花序顶生，长 3~7 cm，宽约 5.5 cm；总花梗和花梗均密被锈色茸毛，花白色，直径 0.8~1 cm；花梗长 2~4 mm；萼管外面密被锈色茸毛。果实球形，直径 5~8 mm，黑色，幼时密被黄色茸毛，成熟后无毛或在顶端被疏茸毛，无宿萼，果柄长 4~7 mm，密被锈色茸毛。花期 3~6 月，果期 10 月。

生于山地林中或灌丛，海拔 300~600 m。产于中国福建、广东、广西、海南。

石斑木（石斑木属）春花、车轮梅

Rhaphiolepis indica **(L.) Lindl. ex Ker Gawl.**

常绿灌木。叶片集生于枝顶，卵形、长圆形，稀倒卵形或长圆披针形，长 4~8cm，宽 1.5~4 cm，先端圆钝，急尖、渐尖或长尾尖，基部渐狭连于叶柄，边缘具细钝锯齿，上面光亮，背面网脉明显；叶柄长 5~18 mm。顶生圆锥花序或总状花序顶生，总花梗和花梗被锈色茸毛，花梗长 5~15 mm；花直径 1~1.3 cm；萼筒筒状，长 4~5 mm，萼片 5 枚；花瓣 5 枚，白色或淡红色；雄蕊 15 枚；花柱 2~3 枚。梨果球形，紫黑色，径约 5 mm。花期 4 月，果期 7 ~ 8 月。

生于山坡灌丛、路边、溪边，海拔 150~600 m。产于中国安徽、浙江、江西、福建、台湾、广东、海南、广西、湖南、贵州、云南。

柳叶石斑木（石斑木属）广西车轮梅、柳叶车轮梅

***Rhaphiolepis salicifolia* Lindl.**

常绿灌木或小乔木，高 2.5~6 m；小枝带红色，被短柔毛。叶片披针形、长圆状披针形，稀倒卵状长圆形，长 6~9 cm，宽 1.5~2.5 cm，顶端渐尖，稀急尖，基部狭楔形，边缘具疏而不齐的钝齿，有时中部以下近全缘，中脉在两面凸起：叶柄长 5~10 mm，无毛。圆锥花序顶生，多或少花；总花梗和花梗均被短柔毛，花梗长 3~5 mm；花白色，直径约 1 cm；萼管筒状，外面被短柔毛，萼裂片三角状披针形或椭圆状披针形，内面被柔毛；花瓣椭圆形或倒卵状椭圆形；雄蕊 20 枚，短于花瓣；花柱 2 枚，几与雄蕊等长或稍长。花期 4 月。

生于低海拔至中海拔的山地林中。产于中国广西、广东、福建。

金樱子（蔷薇属）刺梨子、山鸡头子

***Rosa laevigata* Michx.**

常绿攀援灌木。小枝散生扁弯皮刺。三出复叶或羽状复叶，连叶柄长 5~10 cm；小叶革质，椭圆状卵形、倒卵形或披针状卵形，长 2~6 cm，宽 1.2~3.5 cm，边缘有锐锯齿，小叶柄和叶轴有皮刺和腺毛；托叶披针形，早落。单花腋生，直径 5~7 cm；花梗长 1.8~2.5 cm，花梗和萼筒密被腺毛；萼片有刺毛和腺毛，内面密被柔毛；花瓣白色；雄蕊多数。果实梨形、倒卵形，紫褐色，外面密被刺毛，果梗长约 3 cm，萼片宿存。花期 4 ~ 6 月，果期 7 ~ 11 月。

生于山野、田边、溪畔灌丛中，海拔 200~900 m。产于中国南方地区。

软条七蔷薇（蔷薇属）亨氏蔷薇

***Rosa henryi* Boulenger**

灌木。有长匍枝；小枝弯曲皮刺。小叶常 5 枚，连叶柄长 9~14 cm；小叶片长圆形、卵形、椭圆形，长 3.5~9 cm，宽 1.5~5 cm，先端长渐尖或尾尖，边缘有锐锯齿，两面无毛；小叶柄和叶轴有散生小皮刺；托叶贴生于叶柄，部分离生，全缘。伞形房状花序；花直径 3~4 cm；萼片披针形，内面有长柔毛；花瓣白色，宽倒卵形；花柱结合成柱，被柔毛。果实近球形，直径 8~10 mm，褐红色，有光泽，果梗有腺点。花期 4 ~ 7 月，果期 7 ~ 9 月。

生于山谷、林边、灌丛中，海拔 500~900 m。产于中国陕西、河南、安徽、江苏、浙江、江西、福建、广东、广西、湖北、湖南、四川、云南、贵州。

粗叶悬钩子（悬钩子属）流苏莓、羽萼悬钩子

***Rubus alceifolius* Poir.**

攀援灌木。全株被黄灰色至锈色柔毛，有稀疏皮刺。单叶，近圆形或宽卵形，长 6~16 cm，宽 5~14 cm，顶端圆钝，基部心形，上面有囊泡状小突起，边缘 3~7 浅裂，有不整齐粗锯齿，基出 5 脉；叶柄长 3~4.5 cm；托叶大，长 1~1.5 cm，羽状深裂。狭圆锥花序、近总状花序，或腋生头状花束；苞片羽状至掌状，或梳齿状深裂；花直径 1~1.6 cm；花瓣白色。聚合核果近球形，直径达 1.8 cm，肉质，红色；核有皱纹。花期 7 ~ 9 月，果期 10 ~ 11 月。

生于山坡、山谷杂木林内、路旁，海拔 500~900 m。产于中国长江流域以南地区。

周毛悬钩子（悬钩子属）

Rubus amphidasys **Focke ex Diels**

蔓性小灌木，高 0.3~1 m；枝红褐色，密被红褐色长腺毛、软刺毛和淡黄色长柔毛，常无皮刺。单叶，宽长卵形，顶端短渐尖或急尖，基部心形，两面均被长柔毛，边缘 3~5 浅裂，裂片圆钝，顶生裂片比侧生者大数倍，有不整齐尖锐锯齿；叶柄被红褐色长腺毛、软刺毛和淡黄色长柔毛；托叶离生，羽状深条裂，裂片条形或披针形，被长腺毛和长柔毛。花 5~12 朵，成近总状花序，3~5 朵簇生；总花梗、花梗和花萼均密被红褐色长腺毛、软刺毛和淡黄色长柔毛；花瓣宽卵形至长圆形，白色。果实扁球形，直径约 1 cm，暗红色，无毛。包藏在宿萼内。花期 5 ~ 6 月，果期 7 ~ 8 月。

生于林下、林缘、山坡路旁，海拔 400~900 m。产于中国长江流域以南地区。

闽粤悬钩子（悬钩子属）

Rubus dunnii **F. P. Metcalf**

攀援灌木；枝被疏小刺，幼时被黄褐色茸毛。单叶，革质，宽卵形，长 5~10 cm，宽 3~6 cm，顶端渐尖，基部心形，上面无毛，绿褐色，下面密被黄褐色至铁锈色茸毛，边缘具钝粗齿，侧脉 7~9 对；叶柄长 1~2 cm，疏生小刺，有时具茸毛；托叶卵状披针形至狭椭圆形，早落。总状花序顶生和腋生，具少数花；总花梗、花梗和花萼均被黄白色柔毛、腺毛和疏刺，腺毛长 1.5~2.5 mm；苞片上面稍有毛，下面被柔毛和腺毛，全缘或浅裂；花红色。果实近球形，直径达 1.5 cm，红色，无毛；核较平滑或稍有皱纹。花期 3~4 月，果期 6~7 月。

生于山谷林中、灌丛中、路边。产于中国福建、广东。

山莓（悬钩子属）树莓、三月泡

Rubus corchorifolius **L. f.**

直立灌木，高 1~3 m。枝具皮刺，幼时被柔毛。单叶，卵形至卵状披针形，长 5~12 cm，宽 2.5~5 cm，基部微心形，有时近圆形，边缘不分裂或 3 裂，具不规则锐锯齿或重锯齿，下面沿中脉疏生小皮刺，基出 3 脉；叶柄长 1~2 cm；托叶线状披针形。花常单生；花梗长 0.6~2 cm；花直径可达 3 cm；花萼外密被细柔毛，无刺；花瓣白色，长 9~12 mm。果实近球形，直径 1~1.2 cm，红色；核具皱纹。花期 2 ~ 3 月，果期 4 ~ 6 月。

生于向阳山坡、溪边、山谷、灌丛，海拔 200~900 m。除东北地区、甘肃、青海、新疆、西藏外，中国均有分布。

华南悬钩子（悬钩子属）

Rubus hanceanus **Kuntze**

藤状或攀援小灌木，高约 1 m；枝密被灰白色茸毛，老时渐脱落，疏生小钩刺或有腺毛。单叶，心状宽卵形，顶端渐尖，基部深心形，上面深褐色，仅叶脉具柔毛，下面密被灰白色或浅黄灰色茸毛，边缘浅裂，有不整齐锐锯齿，侧脉 5~7 对；叶柄幼时具灰白色茸毛，后渐脱落，疏生小刺；托叶早落。顶生总状花序较长大，有少数花；总花梗、花梗和花萼均密被腺毛和长柔毛，并有疏刺；花红色，直径 1~1.5 cm；花梗长 1.5~2.5 cm；花瓣宽椭圆形，短于萼裂片，具柔毛，有短爪。果实近球形，黑色，无毛；小核果半圆形或近肾形；核稍具皱纹。花期 3 ~ 5 月，果期 6 ~ 7 月。

生于山谷混交林、竹林中。产于中国福建、广东、广西、湖南。

白花悬钩子（悬钩子属）白钩簕藤、南蛇簕

Rubus leucanthus **Hance**

攀援灌木。枝疏生钩状皮刺。羽状复叶具3枚小叶，小叶革质，卵形或椭圆形，顶生小叶比侧生者稍大，长4~8 cm，宽2~4 cm，顶端渐尖或尾尖，两面无毛，侧脉5~8对，边缘有粗锯齿；叶柄长2~6 cm，具钩状小皮刺；托叶钻形。伞房状花序，或单花腋生；花梗长0.8~1.5 cm；花直径1~1.5 cm；内萼片边缘微被茸毛；花瓣白色，具爪；雌蕊70~90枚。果实近球形，直径1~1.5 cm，红色；核具凹穴。花期4~5月，果期6~7月。

生于疏林、路旁灌丛、旷野上，海拔200~700 m。产于中国湖南、福建、广东、广西、贵州、云南。

梨叶悬钩子（悬钩子属）

Rubus pirifolius **Sm.**

攀援灌木；枝被粗伏毛和扁平的钩刺。单叶，近革质，卵形、卵状长圆形或椭圆状长圆形，长6~11 cm，宽3.5~5.5 cm，边缘具不整齐的钝锯齿，两面沿叶脉有柔毛，后渐脱落至近无毛，侧脉5~8对，在叶上面平，在叶下面凸起；叶柄长6~15 mm，密被糙伏毛，有疏刺。圆锥花序顶生或生于上部叶腋，多花；总花梗、花梗和花萼密被灰黄色短柔毛，无刺或有小钩刺；苞片和小苞片条裂成3~4枚线状裂片，有柔毛，脱落；花白色，直径1~1.5 cm；萼管浅杯状。果实红色，无毛；小核果较大，有皱纹。花期4~9月，果期8~12月。

生于低海拔至中海拔的山地、丘陵林中或灌丛中，海拔100~900 m。产于中国浙江、福建、台湾、广东、海南、广西、贵州、四川、云南。

茅莓（悬钩子属）小叶悬钩子、蛇泡簕

Rubus parvifolius **L.**

灌木。枝呈弓形弯曲，全株被柔毛和稀疏钩状皮刺；小叶3枚，菱状圆形或倒卵形，长2.5~6 cm，宽2~6 cm，顶端急尖，下面密被灰白色茸毛，边缘有粗锯齿，或缺刻状粗重锯齿，基部具浅裂片；叶柄长2.5~5 cm，顶生小叶柄长1~2 cm；托叶线形，长5~7 mm。伞房花序；花梗长0.5~1.5 cm；花直径约1 cm；萼片卵状披针形；花瓣粉红至紫红色，具爪；子房具柔毛。果实卵球形，直径1~1.5 cm，红色；核有浅皱纹。花期5~6月，果期7~8月。

生于山坡杂木林下、路旁、荒野上，海拔100~900 m。除新疆、西藏等地外，中国广泛分布。

大乌泡（悬钩子属）

Rubus pluribracteatus **L. T. Lu & Boufford**

灌木，高达3 m；茎有黄色柔毛和疏钩刺。单叶，近圆形，宽7~16 cm，顶端钝圆或急尖，基部心形，上面有柔毛和密集的小凸起，下面密被黄色茸毛，边缘掌状7~9浅裂，顶部裂片不明显3裂，有粗锯齿，基部具掌状5出脉，网脉明显；叶柄长3~6 cm，密被黄色柔毛和有疏小刺。花序顶生的为狭圆锥花序或总状花序，腋生的为总状花序或花团；总花梗、花梗和花萼密被黄色长柔毛；苞片宽大，掌状条裂；花白色，直径1.5~2.5 cm；花梗长1~1.5 cm。果实红色；核有明显皱纹。花期4~9月，果期8~10月。

生于中海拔的山地灌丛或林中，海拔300~900 m。产于中国广东、广西、贵州、云南。

锈毛莓（悬钩子属）蛇包簕、大叶蛇簕

Rubus reflexus **Ker Gawl.**

攀援灌木。全株被锈色茸毛状毛，有稀疏小皮刺。单叶，心状长卵形，长 7~14 cm，宽 5~11 cm，上面有明显皱纹，下面密被锈色茸毛，边缘 3~5 裂，有粗锯齿，顶生裂片披针形或卵状披针形，比侧生裂片长很多；叶柄长 2.5~5 cm；托叶宽倒卵形，梳齿状。花数朵集生叶腋，或总状花序顶生；花梗长 3~6 mm；花直径 1~1.5 cm；外萼片顶端常掌状分裂；花瓣白色。果实近球形，深红色；核有皱纹。花期 6～7 月，果期 8～9 月。

生于山坡灌丛、山谷疏林、路旁，海拔 300~900 m。产于中国浙江、江西、福建、台湾、广东、广西、湖南、贵州、云南。

深裂锈毛莓（悬钩子属）红泡刺

Rubus reflexus **Ker Gawl. var. *lanceolobus* F. P. Metcalf**

本变种叶片心状宽卵形或近圆形，边缘 5~7 深裂，裂片披针形或长圆披针形。

生于低海拔的山谷或水沟边疏林中。产于中国湖南、福建、广东、广西。

浅裂锈毛莓（悬钩子属）

Rubus reflexus **Ker Gawl. var. *hui* (Diels ex Hu) F. P. Metcalf**

攀援灌木。单叶，心状长卵形，长 7~14 cm，宽 5~11 cm，上面无毛或沿叶脉疏生柔毛，有明显皱纹，下面密被锈色茸毛，沿叶脉有长柔毛，边缘 3~5 裂，有不整齐的粗锯齿或重锯齿，基部心形，顶生裂片长大，披针形或卵状披针形，比侧生裂片长很多，裂片顶端钝或近急尖；叶柄长 2.5~5 cm，被茸毛并有稀疏小皮刺。花直径 1~1.5 cm；花萼外密被锈色长柔毛和茸毛；萼片卵圆形，外萼片顶端常掌状分裂，裂片披针形，内萼片常全缘；花瓣长圆形至近圆形，白色，与萼片近等长；雄蕊短，花丝宽扁，花药无毛或顶端有毛；雌蕊无毛。果实近球形，深红色；核有皱纹。花期 6～7 月，果期 8～9 月。

空心泡（悬钩子属）蔷薇莓

Rubus rosifolius **Sm.**

直立或攀援灌木。全株有浅黄色腺点，疏生直立皮刺。奇数羽状复叶，小叶 5~7 枚，卵状披针形或披针形，长 3~5 cm，宽 1.5~2 cm，基部圆形，边缘有缺刻状重锯齿，沿中脉有皮刺，两面均有腺点，侧脉 8 ~ 10 对；叶柄长 2~3 cm，顶生小叶柄长 0.8~1.5 cm；托叶卵状披针形，具柔毛。花常 1~2 朵，生于叶腋；花梗长 2~3.5 cm；花直径 2~3 cm；萼片披针形，顶端长尾尖；花瓣长 1~1.5 cm，白色，具爪；花托具短柄。聚合果长圆状卵圆形，长 1~1.5 cm，红色；核有深凹孔。花期 3～5 月，果期 6～7 月。

生于山地杂木林内、草坡、路旁，海拔 100~900 m。产于中国长江流域以南地区。

红腺悬钩子（悬钩子属）
Rubus sumatranus **Miq.**

直立或攀援灌木；小枝、叶轴、叶柄、花梗和花序均被紫红色腺毛、柔毛和皮刺；腺毛长短不等，长者达 4~5 mm，短者 1~2 mm。小叶 5~7 枚，偶见 3 枚，卵状披针形至披针形，长 3~8 cm，宽 1.5~3 cm，顶端渐尖，基部圆形，两面疏生柔毛，沿中脉较密，下面沿中脉有小皮刺，边缘具不整齐的尖锐锯齿；托叶披针形或线状披针形，有柔毛和腺毛。花 3 朵或数朵成伞房状花序，稀单生；花萼被腺毛和柔毛；萼片在果期反折；花瓣长倒卵形或匙状，白色，基部具爪；花丝线形；雌蕊数可达 400 枚，花柱和子房均无毛。果实长圆形，长 1.2~1.8 cm，橘红色，无毛。花期 4 ~ 6 月，果期 7 ~ 8 月。

生于林内、林缘、灌丛、竹林下及草丛中，海拔 700~900 m。产于中国湖北、湖南、江西、安徽、浙江、福建、台湾、广东、广西、四川、贵州、云南、西藏。

水榆花楸（花楸属）
Sorbus alnifolia **(Sieb. & Zucc.) K. Koch**

乔木，高达 20 m；小枝圆柱形，具灰白色皮孔，幼时微具柔毛，二年生枝暗红褐色，老枝暗灰褐色，无毛；冬芽卵形，先端急尖，外具数枚暗红褐色无毛鳞片。叶片卵形至椭圆卵形，长 5~10 cm，宽 3~6 cm，边缘有不整齐的尖锐重锯齿。复伞房花序较疏松，总花梗和花梗具稀疏柔毛；花梗长 6~12 mm；花直径 10~14 (18) mm；萼筒钟状，外面无毛，内面近无毛；萼片三角形，先端急尖，外面无毛，内面密被白色茸毛；花瓣白色。果实椭圆形或卵形，红色或黄色，不具斑点或具极少数细小斑点，萼片脱落后果实先端残留圆斑。花期 5 月，果期 8 ~ 9 月。

生于混交林或灌木丛中，海拔 500~900 m。产于中国黑龙江、吉林、辽宁、河北、山西、河南、陕西、甘肃、山东、江苏、安徽、江西、浙江、福建、台湾、四川、湖北、湖南。

东南悬钩子（悬钩子属）
Rubus tsangiorum **Hand.–Mazz.**

藤状小灌木，高 0.3~1.5 m；枝具长柔毛和长短不等的紫红色腺毛及刺毛，有时有稀疏针刺。单叶，近圆形或宽卵形，直径 6~14 cm，上面具柔毛，沿主脉有疏腺毛，下面被薄层茸毛，沿叶脉并有长柔毛和疏腺毛，成长时茸毛逐渐脱落；叶柄长 4~8 cm，有长柔毛和长短不等的紫红色腺毛；托叶离生，长达 1 cm，掌状深裂，有长柔毛和腺毛。花常 5~20 朵成顶生和腋生近总状花序；总花梗、花梗及花萼均被长柔毛和紫红色腺毛；花直径 1~2 cm；花瓣白色；子房无毛。果实近球形，红色，无毛；核具明显皱纹。花期 5 ~ 7 月，果期 8 ~ 9 月。

生于山地疏密林下或灌丛中，海拔 200~900 m。产于中国江西、安徽、浙江、福建、广东、广西、湖南。

美脉花楸（花楸属）
Sorbus caloneura **(Stapf) Rehder**

乔木或灌木。小枝具不显明皮孔。叶片长椭圆形、长椭卵形至长椭倒卵形，长 7~12 cm，宽 3~5.5 cm，基部宽楔形至圆形，边缘有圆钝锯齿，下面脉上有稀疏柔毛，侧脉 10~18 对，直达齿尖；叶柄长 1~2 cm。复伞房花序，疏被黄色柔毛；花梗长 5~8 mm；花直径 6~10 mm；萼筒钟状；萼片三角卵形；花瓣长 3~4 mm，白色；雄蕊 20 枚；花柱 4~5 枚，中部以下合生。果实球形，直径约 1 cm，外被显著斑点，顶部有圆斑。花期 4 月，果期 8 ~ 10 月。

生于山坡杂木林内、河谷地，海拔 600~900 m。产于中国江西、广东、广西、湖南、湖北、四川、贵州、云南。

疣果花楸（花楸属）
Sorbus corymbifera **(Miq.) Khep & Yakovlev**

乔木，高达 18 m。小枝具皮孔，全株被脱落性锈褐色茸毛。叶片卵形或椭圆卵形，长 9~13 cm，宽 4.5~6 cm，基部圆形，边缘有浅钝锯齿，侧脉 7~11 对，不达齿尖；叶柄长 2.5~3 cm。复伞房花序；花梗长 3~4 mm；花直径 6~7 mm；萼筒钟状；萼片三角卵形。花瓣卵形，长约 3 mm，白色；雄蕊 20 枚；花柱 2~4 枚，近基部合生。果实球形至卵球形，直径约 1.5 cm，红褐色，外被多数锈色疣点，3~4 室，先端有圆穴。花期 1 ~ 2 月，果期 8 ~ 9 月。

生于混交林中、山坡岩边、溪边沟谷，有时附生于其他大树上，海拔 1200~3400 m。产于中国广东、海南、广西、云南、贵州、湖南。

A146 胡颓子科 Elaeagnaceae

密花胡颓子（胡颓子属）
Elaeagnus conferta **Roxb.**

藤本，无刺；嫩枝黄绿色或棕黄色，密被棕色鳞片，老枝呈深棕色或黑色。叶纸质，椭圆形或狭椭圆形，长 6~10 cm，宽 3.5~4.5 cm，全缘，叶面干时棕绿色，初生时被鳞片，后脱落变光滑，背面淡黄白色，密被银白色和散被棕色鳞片。花单生叶腋或多花在腋生短枝上排成伞状短总状花序；花萼筒短钟状，外面银黄白色，密被银白色和散被棕色鳞片；雄蕊 4 枚，花丝与花药近等长，花药长圆形，长约 1 mm；子房灰黄色，花枝外露，被星状柔毛，柱头弯向一侧。果实大，椭圆形，长 2~4 cm，熟时黄色至红色，具较厚果肉，果核具纵棱。花期 10 ~ 12 月，果期 2 ~ 3 月。

生于灌丛或林下，海拔 100~900 m。产于中国广东、广西、云南。

蔓胡颓子（胡颓子属）抱君子
Elaeagnus glabra **Thunb.**

常绿蔓生或攀援灌木。稀具刺；幼枝密被锈色鳞片。叶革质，卵形或卵状椭圆形，长 4~12 cm，宽 2.5~5 cm，顶端渐尖或长渐尖，上面幼时具褐色鳞片，后脱落，深绿色，下面灰绿色或铜绿色，被褐色鳞片，侧脉 6~8 对，下面凸起；叶柄长 5~8 mm。伞形总状花序，花淡白色，下垂，密被银白色和散生少数褐色鳞片；花梗长 2~4 mm；萼筒漏斗形，内面具白色星状柔毛。果实矩圆形，长 14~19 mm，红色。花期 9 ~ 11 月，果期翌年 4 ~ 5 月。

生于阔叶林中、林缘，海拔 100~900 m。产于中国江苏、浙江、福建、台湾、安徽、江西、湖北、湖南、四川、贵州、广东、广西。

角花胡颓子（胡颓子属）多花胡颓子
Elaeagnus gonyanthes **Benth.**

常绿攀援灌木。无刺；幼枝纤细伸长。叶革质，椭圆形或矩圆状椭圆形，长 5~9 cm，宽 1.2~5 cm，顶端钝形，上面幼时被锈色鳞片，后脱落，下面棕红色，具锈色或灰色鳞片，侧脉 7~10 对，两面凸起；叶柄长 4~8 mm。花单生或簇生，花白色，单生新枝基部叶腋，被银白色和散生褐色鳞片，花梗长 3~6mm；萼筒四角形或短钟形，长 4~6 mm，裂片卵状三角形，长 3.5~4.5 mm；雄蕊 4 枚。果实阔椭圆形，长 15~22 mm，黄红色。花期 10 ~ 11 月，果期翌年 2 ~ 3 月。

生于阔叶林、溪谷中，海拔 100~900 m。产于中国湖南、广东、广西、云南。

鸡柏紫藤（胡颓子属）
Elaeagnus loureiroi **Champ.**

直立蔓生灌木（在阳处或疏阴处）或为藤本（林内阴处），无刺；嫩枝密被深锈色鳞片，老枝黑色，无鳞片。叶纸质，椭圆形、卵状椭圆形、倒卵状长圆形或线状长圆形，长 4~13.5 cm，宽 2~3.5 cm，叶面干时灰绿色，有细孔，无鳞片，嫩叶背银灰色，初生时密被银白色后变锈色的鳞片，老叶背锈色；叶柄长 8~12 mm。花单生叶腋或 2 朵生于腋生短枝上；萼筒在子房顶以上扩大成钟形，深锈色；雄蕊 4 枚；子房长圆形，长约 2 mm，与萼筒同色，花柱无毛，内藏，柱头长约 3 mm，弯向一侧。果实椭圆形，熟时橙色，外面被棕色鳞片；果梗长达 1 cm，下弯。花期 8~12 月，果期 3~4 月。

生于丘陵及山地的林下、坑边、路旁等阴湿处，海拔 500~900 m。产于中国江西、广东、香港、广西、云南。

A147 鼠李科 Rhamnaceae

越南勾儿茶（勾儿茶属）
Berchemia annamensis **Pit.**

攀援灌木或木质藤本，长可达 18 m；枝光滑无毛，灰色，嫩枝无毛。叶纸质，互生，卵形至卵状长圆形，长 6.5~10(14) cm，宽 3.5~6(8) cm，两面无毛，侧脉每边 8~11 条，两面凸起。圆锥花序生于枝顶，长 5~26 cm；花黄绿色，2~5 朵组成具长 1~9 mm 总梗的小聚伞花序或簇生；花梗长 1~3 mm，无毛；花萼阔钟形，长约 3 mm，5 深裂至近基部，裂片三角形，顶端渐尖，花瓣 5 片，长约 2 mm，侧向内卷成舟状包围雄蕊；雄蕊内藏于花瓣内或稍伸出，花盘盘状，花柱粗短，不裂。核果倒卵形，熟时黑色，长 7~12 mm，宽 5~7 mm，基部具宿存花盘；果梗长 3~4 mm，无毛。花期 7 ~ 8 月，果期翌年 4 ~ 7 月。

生于密林中，有时生于灌丛中，海拔 600~900 m。产于中国广东、广西。

多花勾儿茶（勾儿茶属）牛儿藤、勾儿茶
Berchemia floribunda **(Wall.) Brongn.**

藤状或直立灌木。幼枝黄绿色，光滑无毛。叶纸质，上部叶较小，下部叶较大，椭圆形至矩圆形，长达 11 cm，宽达 6.5 cm，顶端钝或圆形，基部圆形，稀心形，侧脉 9~12 对；叶柄长 1~2 cm；托叶狭披针形，宿存。聚伞圆锥花序，花多数，长可达 15 cm；花梗长 1~2 mm；萼三角形；花瓣倒卵形。核果圆柱状椭圆形，直径 4~5 mm，基部有宿存花盘。花期 7 ~ 10 月，果期翌时年 4 ~ 7 月。

生于阔叶林中、林缘、路旁灌丛中，海拔 100~900 m。产于中国黄河以南地区。

光枝钩儿茶（勾儿茶属）
Berchemia polyphylla **Wall. ex Laws. var.** ***leioclada*** **Hand.–Mazz.**

攀援灌木，长 2~5 m；小枝深棕色，无毛。叶互生，卵形、卵状椭圆形、椭圆形或长圆形，长 2~4 cm，宽达 2.5 cm，顶端圆或钝，具短芒尖，基部圆，边全缘，两面无毛，侧脉每边 7~9 条；叶柄长 3~6 mm，上面被疏柔毛或无毛；托叶披针状钻形，宿存。花序顶生，长达 7 cm，具花 2~10 朵，排成总状聚伞花序或具短分枝的聚伞圆锥花序，花序轴无毛；总花梗短；花梗长 3~4 mm，无毛；花瓣长圆状匙形，白色，长约 4 mm，舟状包围花丝；雄蕊略长于花瓣。核果椭圆球形或柱状长圆球形，长 7~9 mm，宽 3~5 mm，熟时紫黑色，顶部尖，基部具宿存花盘和萼筒。花期 5 ~ 7 月，果期 10 ~ 12 月。

生于山地路旁，沟旁或林缘，海拔 100~900 m。产于中国湖南、湖北、陕西、四川、云南、贵州、广西、广东、福建。

长叶冻绿（鼠李属）黄药、山绿篱

Rhamnus crenata **Sieb. & Zucc.**

落叶灌木或小乔木。小枝被疏柔毛。叶纸质，倒卵状椭圆形、椭圆形或倒卵形，稀倒披针状椭圆形，长 4~14 cm，宽 2~5 cm，顶端渐尖或骤缩成短尖，边缘具齿，下面被柔毛，侧脉每边 7~12 条；叶柄长 4~10 mm。聚伞花序腋生，总花梗长 4~10 mm，花梗长 2~4 mm，被短柔毛；花瓣顶端 2 裂；子房 3 室，花柱不分裂。核果球形或倒卵状球形，紫黑色，直径 6~7 mm，具 3 枚分核，种子无沟。花期 5 ~ 8 月，果期 8 ~ 10 月。

生于山地林下、灌丛，海拔 100~900 m。产于中国南方地区。

北枳椇（枳椇属）

Hovenia dulcis **Thunb.**

高大乔木。小枝褐色或黑紫色。叶纸质或厚膜质，卵圆形、宽矩圆形或椭圆状卵形，长 7~17 cm，宽 4~11 cm，顶端短渐尖或渐尖，基部截形，少有心形或近圆形，边缘有锯齿，无毛或仅下面沿脉被疏短柔毛；叶柄长 2~4.5 cm。聚伞圆锥花序，无毛，花黄绿色；萼片卵状三角形，长 2.2~2.5 mm；花瓣倒卵状匙形，长 2.4~2.6 mm，花柱 3 浅裂。浆果状核果近球形，无毛，黑色；花序轴结果时稍膨大。花期 5 ~ 7 月，果期 8 ~ 10 月。

生于次生林中、路旁，海拔 200~900 m。产于中国山西、河北、山东、山西、河南、陕西、甘肃、四川、湖北、安徽、江苏、江西。

枳椇（枳椇属）拐枣

Hovenia acerba **Lindl.**

落叶乔木，高达 25 m。小枝具白色皮孔。叶互生，厚纸质至纸质，宽卵形、椭圆状卵形或心形，长 8~17 cm，宽 6~12 cm，边缘具细锯齿，稀近全缘，下面沿脉常被短柔毛；叶柄长 2~5cm。二歧式聚伞圆锥花序顶生或腋生，对称，被棕色短柔毛；花两性；萼片长 1.9~2.2 mm；花瓣椭圆状匙形，长 2~2.2 mm，具短爪；花盘被柔毛。浆果状核果近球形，直径 5~6.5 mm，黄褐色；果序轴明显膨大成肉质，可食；种子黑紫色。花期 5 ~ 7 月，果期 8 ~ 10 月。

生于阔叶林中、林缘、路旁，海拔 100~900 m。产于中国南方地区。

铜钱树（马甲子属）

Paliurus hemsleyanus **Rehder**

具刺小乔木或灌木，高达 13 m；小枝无毛。叶互生，菱形或卵形，长 4~12 cm，宽 3~9 cm，顶端渐尖，基部偏斜，宽楔形，边缘具细锯齿，两面无毛，具 3 基出脉，无侧脉；叶柄长达 2 cm，无毛或上面被短柔毛，基部两侧各具直刺 1 枚，刺长达 1.5 cm。聚伞花序顶生或腋生，常有 2~3 分枝，无毛，花萼星形，直径约 6 mm，5 中裂，裂片卵形，顶端渐尖；花瓣匙形或扇形，长达 3 mm，宽约 2 mm，侧向内卷包围花丝；花盘五边形，5 浅裂，子房上位，长圆形。核果草帽状，无毛，翅环较宽，棕红色，直径约 3 cm，果柄长达 1.5 cm。花期 5~6 月，果期 8~9 月。

生于石山、河堤、路旁，海拔 100~900 m。产于中国长江流域及其以南各地。

马甲子（马甲子属）铜钱树

Paliurus ramosissimus **(Lour.) Poir.**

灌木。小枝被短柔毛。叶互生，纸质，宽卵形、卵状椭圆形或近圆形，长 3~7 cm，宽 2.2~5 cm，边缘具钝细锯齿，两面沿脉被细短柔毛，基出 3 脉，叶柄长 5~9 mm，被毛，基部有 2 个紫红色斜向直立的针刺托叶，长 0.4~1.7 cm。聚伞花序腋生，被黄色茸毛；萼片长 2 mm；花瓣匙形，长 1.5~1.6 mm；子房 3 室，每室具 1 颗胚珠，花柱 3 深裂。核果杯状，被黄褐色或棕褐色茸毛，周围具窄翅，直径 1~1.7 cm；种子紫红色。花期 5 ~ 8 月，果期 9 ~ 10 月。

生于山地林缘、路旁，海拔 100~900 m。产于中国江苏、浙江、安徽、江西、福建、台湾、广东、广西、云南、贵州、四川、湖南、湖北。

钩刺雀梅藤（雀梅藤属）

Sageretia hamosa **(Wall.) Brongn.**

常绿藤状灌木。小枝具钩状下弯的粗刺。叶革质，互生，矩圆形或长椭圆形，稀卵状椭圆形，长 9~15 cm，宽 4~6 cm，顶端尾状渐尖、渐尖，基部圆形，边缘具细锯齿，下面仅脉腋具髯毛，侧脉 7~10 对；叶柄长 8~17 mm。穗状圆锥花序，长可达 15 cm，被茸毛或短柔毛；花无毛；子房 2 室。核果近球形，直径 5~7 mm，紫黑色，2 颗分核，常被白粉。种子 2 颗，扁平，棕色，两端凹入，不对称。花期 7 ~ 8 月，果期 8 ~ 10 月。

生于山坡灌丛、阔叶林中，海拔 100~900 m。产于中国浙江、江西、福建、湖南、湖北、广东、广西、贵州、云南、四川、西藏。

山绿柴（鼠李属）

Rhamnus brachypoda **C. Y. Wu ex Y. L. Chen**

多刺灌木，高 1.5~3 m。小枝枝端具针刺。叶纸质，互生或在短枝上簇生，矩圆形、卵状矩圆形或倒卵形，长 3~10 cm，宽 1.5~4.5 cm，边缘有钩状锯齿，上面被疏微毛，侧脉 3~5 对；叶柄长 4~9 mm。花单性，雌雄异株，黄绿色，4 基数，1~3 个腋生或顶生；雌花萼筒钟状，萼片披针形，长 2~2.5 mm；花柱 3 裂；花梗长 2~3 mm，被疏微毛。核果倒卵状圆球形，黑色，种子背面有纵沟。花期 5 ~ 6 月，果期 7 ~ 11 月。

生于山谷疏林、路旁灌丛中，海拔 500~900 m。产于中国江西、浙江、福建、广东、湖南、广西、贵州。

亮叶雀梅藤（雀梅藤属）

Sageretia lucida **Merr.**

攀援灌木或木质藤本，有时为直立灌木或小乔木。叶干后棕红色，互生，长圆形或长圆状披针形，长 6~12 cm，宽 2.5~4 cm，基部圆，两面无毛或有时下面脉腋有 1 圈短毛，侧脉每边 5~6 条，上面平，下面凸起，边缘具疏锯齿。穗状花序腋生或顶生，不分枝或有时分枝成圆锥花序；穗状花序轴长 2~3 cm，无毛或仅节上被疏短毛；花萼钟状，长 2~3 mm，淡绿色，5 中裂，裂片卵状三角形，内面具凸起的中脉，花瓣藏于萼内，白色，长 1.5~2 mm，兜状包围雄蕊。核果椭圆状卵形，长 10~12 mm，宽 5~7 mm，熟时紫红色。花期 4 ~ 7 月，果期 11 ~ 12 月。

生于山谷疏林下，海拔 300~800 m。产于中国江西、浙江、福建、广东、海南、广西、云南。

雀梅藤（雀梅藤属）刺冻绿、酸色子

***Sageretia thea* (Osbeck) M. C. Johnst.**

藤状或直立灌木。小枝具刺，被短柔毛。叶纸质，近对生，椭圆形，矩圆形或卵状椭圆形，长 1~4.5 cm，宽 0.7~2.5 cm，基部圆形或近心形，边缘具细锯齿，侧脉 3~5 对；叶柄长 2~7 mm，被短柔毛。圆锥状穗状花序，花序轴长 2~5 cm，被茸毛或密短柔毛；花无梗，黄色，有芳香；花瓣匙形，顶端 2 浅裂，柱头 3 浅裂，子房 3 室，每室具 1 颗胚珠。核果近圆球形，紫黑色，1~3 颗分核。花期 7 ~ 11 月，果期翌年 3 ~ 5 月。

生于山地林下、路旁灌丛中，海拔 100~900 m。产于中国长江以南地区。

翼核果（翼核果属）血风根、光果翼核木

***Ventilago leiocarpa* Benth.**

藤状灌木。幼枝被短柔毛。叶薄革质，卵状矩圆形或卵状椭圆形，长 4~8 cm，宽 1.5~3.2 cm，顶端渐尖，具不明显的疏细锯齿，侧脉 4~6 对；叶柄长 3~5 mm，上面被疏短柔毛。花簇生或聚伞圆锥花序，花小，两性，5 基数，绿白色；花梗长 1~2 mm；萼片三角形；花瓣倒卵形，顶端微凹；花盘厚，五边形；子房 2 室，每室具 1 颗胚珠，花柱 2 半裂。核果长 3~6 cm，核直径 4~5 mm，顶端有圆形的翅，翅宽 7~9 mm。花期 3 ~ 5 月，果期 4 ~ 7 月。

生于疏林下、灌丛中，海拔 100~900 m。产于中国台湾、福建、广东、广西、湖南、贵州、云南。

A148 榆科 Ulmaceae

朴树（朴属）黄果朴、紫荆朴

***Celtis sinensis* Pers.**

落叶乔木。树皮平滑，灰色；一年生枝被密毛。叶互生，革质，宽卵形至狭卵形，先端急尖至渐尖，基部偏斜，中部以上有浅锯齿，基出 3 脉，上面无毛，下面沿脉及脉腋疏被毛。花杂性，生当年生叶腋。果序 1~3 果，果柄较叶柄近等长，核果近球形，直径约 8 mm，黄色至橙黄色；核果近球形，直径约 5 mm，红褐色，具 4 条肋，表面有网孔状凹陷。花期 3 ~ 4 月，果期 9 ~ 10 月。

生于路旁、山坡、林缘，海拔 100~900 m。产于中国长江流域及其以南地区以及山东。

假玉桂（朴属）香粉木、樟叶朴

***Celtis timorensis* Span.**

常绿乔木，高达 20 m。嫩枝有金褐色短毛，老枝具短条形皮孔。叶革质，卵状椭圆形或卵状长圆形，长 5~13 cm，宽 2.5~6.5 cm，先端渐尖至尾尖，基部稍不对称，基部一对侧脉延伸达 3/4 以上，中部以上具浅钝齿；叶柄长 3~12 mm。小聚伞圆锥花序，具 10 朵花，幼时被金褐色毛，两性花多生于花序分枝先端。果序常 3~6 个核果，果宽卵状，长 8~9 mm，黄色、橙红色；核椭圆状球形，具 4 条肋及网孔状凹陷。

生于阔叶林中、山坡灌丛、路旁，海拔 100~200 m。产于中国西藏、云南、四川、贵州、广西、广东、海南、福建。

西川朴（朴属）四川朴

***Celtis vandervoetiana* C. K. Schneid.**

落叶乔木，高达 20 m，树皮灰色至褐灰色；当年生小枝、叶柄和果梗褐棕色，无毛，有散生狭椭圆形至椭圆形皮孔；冬芽的内部鳞片具棕色柔毛。叶厚纸质，卵状椭圆形至卵状长圆形，长 8~13 cm，宽 3.5~7.5 cm，基部稍不对称，近圆形，一边稍高，一边稍低，先端渐尖至短尾尖，自下部 2/3 以上具锯齿或钝齿，仅叶背中脉和侧脉间有簇毛；叶柄较粗壮，长 10~20 mm。果实单生叶腋，果梗粗壮，长 17~35 mm，果实球形或球状椭圆形，成熟时黄色，长 15~17 mm；果核乳白色至淡黄色，近球形至宽倒卵形，直径 8~9 mm，具 4 条纵肋，表面有网孔状凹陷。花期 4 月，果期 9 ~ 10 月。

生于山谷阴湿处、林中，海拔 600~900 m。产于中国广西、广东、福建、浙江、江西、湖北、湖南、贵州、四川、云南。

狭叶山黄麻（山黄麻属）

***Trema angustifolia* (Planch.) Blume**

灌木或小乔木。全株密被细粗毛。小枝纤细，紫红色。叶纸质，卵状披针形，长 3~7 cm，宽 0.8~2 cm，先端渐尖或尾状渐尖，基部圆，稀浅心形，边缘有细锯齿，叶面粗糙，叶背密被灰短毡毛，脉上有锈色腺毛，基出 3 脉，侧生的 2 脉伸达叶片中部；叶柄长 2~5 mm。花单性，雌雄异株或同株，聚伞花序。雄花小，直径约 1 mm，几无梗，花被片 5 枚，宿存。核果宽卵状，直径 2~2.5 mm，橘红色，有宿存的花被。花期 4 ~ 6 月，果期 8 ~ 11 月。

生于山坡灌丛、疏林中，海拔 100~900 m。产于中国广东、广西、海南、云南。

白颜树（白颜树属）

***Gironniera subaequalis* Planch.**

乔木，高 10~20 m，稀达 30 m，胸径 25~50 cm，稀达 100 cm；树皮灰或深灰色，较平滑；小枝黄绿色，疏生黄褐色长粗毛。叶革质，椭圆形或椭圆状矩圆形。雌雄异株，聚伞花序成对腋生，序梗上疏生长糙伏毛，雄花序多分枝，雌花序分枝较少，成总状；雄花直径约 2 mm，花被片 5 枚，宽椭圆形，中央部分增厚，边缘膜质，外面被糙毛，花药外面被细糙毛。核果具短梗，阔卵状或阔椭圆状，直径 4~5 mm，侧向压扁，被糙毛，内果皮骨质，两侧具 2 条钝棱，熟时橘红色，具宿存的花柱及花被。花期 2 ~ 4 月，果期 7 ~ 11 月。

产于中国广东、海南、广西、云南。

光叶山黄麻（山黄麻属）

***Trema cannabina* Lour.**

灌木或小乔木。叶近膜质，卵形或卵状矩圆形，长 4~9 cm，宽 1.5~4 cm，先端尾状渐尖或渐尖，基部圆或浅心形，边缘具圆齿，叶面近光滑，叶背仅脉上疏生柔毛，基出 3 脉；其侧生 2 脉伸达中上部；叶柄长 4~8 mm，被柔毛。花单性，雌雄同株或雌雄同序，聚伞花序，短于叶柄；雄花具梗，花被片 5 枚。核果近球形，直径 2~3 mm，橘红色，有宿存花被。花期 3 ~ 6 月，果期 9 ~ 10 月。

生于河边、山坡疏林、灌丛中，海拔 100~600 m。产于中国浙江、江西、福建、台湾、广东、海南、广西、湖南、贵州、四川。

山油麻（山黄麻属）野丝棉、山野麻

***Trema cannabina* Lour. var. *dielsiana* (Hand.-Mazz.) C. J. Chen**

灌木或小乔木。小枝紫红色，后渐变棕色，密被斜伸的粗毛。叶薄纸质，叶面被糙毛，粗糙，有乳头状突起，叶背密被柔毛，在脉上有粗毛，具3出脉，侧脉3～4对，边缘有细锯齿；叶柄被伸展的粗毛。雄聚伞花序长过叶柄；雄花被片卵形，外面被细糙毛和多少明显的紫色斑点。核果卵圆形或近球形。花期3～6月，果期9～10月。

生于向阳山坡灌丛中，海拔100~900 m。产于中国江苏、安徽、浙江、福建、江西、湖北、湖南、广东、广西、四川、贵州、云南。

山黄麻（山黄麻属）麻桐树、山麻

***Trema tomentosa* (Roxb.) H. Hara**

小乔木，高达10 m，或灌木；树皮灰褐色，平滑或细龟裂；小枝灰褐至棕褐色，密被直立或斜展的灰褐色或灰色短茸毛。叶纸质，宽卵形，基部心形，明显偏斜，边缘有细锯齿，两面近于同色，干时常灰褐色至棕褐色，叶面极粗糙，有直立的基部膨大的硬毛，叶背灰褐色或灰色短茸毛，基出脉3条；托叶条状披针形；叶柄长7~18 mm，毛被同幼枝。雄花序长2~4.5 cm，毛被同幼枝；雌花序长1~2 cm；雌花具短梗，在果时增长，在中肋上密生短粗毛，子房无毛。核果宽卵珠状，直径2~3 mm，褐黑色或紫黑色，表面无毛，成熟时具不规则的蜂窝状皱纹，具宿存的花被。种子阔卵珠状，两侧有棱。花期3～6月，果期9～11月，在热带地区几乎四季开花。

生于湿润的河谷和山坡混交林中，海拔100~900 m。产于中国福建、台湾、广东、海南、广西、四川、贵州、云南、西藏。

银毛叶山黄麻（山黄麻属）

***Trema nitida* C. J. Chen**

小乔木，高5~10 m；小枝紫褐色或灰褐色，被贴生灰白色柔毛。叶薄纸质，披针形至狭披针形，长7~15 cm，宽1.5~4.5 cm，先端尾状渐尖至长尾状，基部对称或稍偏斜，近圆形，稀浅心形，向着叶柄突然变窄，边缘有细锯齿，叶面深绿，疏生粗毛，后脱落变光滑，叶背贴生一层银灰色或黄灰色有光泽的绢状茸毛。花单性，雌雄异株或同株；聚伞花序长不过叶柄，序梗上被贴生的短柔毛；雄花直径约1 mm，花被片5枚；雌花具短梗，花被片5枚，三角状卵形。核果近球状或阔卵圆形，无毛，成熟时紫黑色。花期4～7月，果期8～11月。

生于石灰岩山坡较湿润的疏林中，海拔600~900 m。产于中国云南南部、广西、贵州、四川。

A150 桑科 Moraceae

白桂木（波罗蜜属）胭脂木

***Artocarpus hypargyreus* Hance ex Benth.**

大乔木，高达25 m。树皮深紫色，片状剥落；全株被柔毛。枝叶有白色乳汁。叶互生，革质，椭圆形至倒卵形，长8~15 cm，宽4~7 cm，基部楔形，全缘，幼叶羽状浅裂，侧脉6~7对，背面突起，网脉很明显，干时背面灰白色；托叶线形，早落；叶柄长1.5~2 cm。肉穗花序单生叶腋。雄花序椭圆形至倒卵圆形，长1.5~2 cm，总柄长2~4.5 cm；雄花花被片4裂，裂片匙形，雄蕊1枚。聚花果近球形，浅黄色至橙黄色。花期3～8月。

生于常绿阔叶林中，海拔100~900 m。产于中国湖南、江西、福建、广东、海南、广西、云南。

二色波罗蜜（波罗蜜属）奶浆果、木皮、小叶胭脂

***Artocarpus styracifolius* Pierre**

乔木，高达 20 m。树皮暗灰色，粗糙；全株被白色短柔毛。枝有白色乳汁。叶互生，排为 2 列，纸质，长圆形或倒卵状披针形，长 4~8 cm，宽 2.5~3 cm，先端渐尖为尾状，基部略下延至叶柄，全缘，背面被苍白色粉末状毛，侧脉 4~7 对；叶柄长 8~14 mm。花雌雄同株，肉穗花序单生叶腋。雄花序椭圆形，花序轴长约 1.5 cm；总花梗长 6~12 mm，雌花花被片先端 2~3 裂。聚花果球形，直径约 4 cm，黄色，干时红褐色；核果球形。花期 9 ~ 10 月，果期 11 ~ 12 月。

生于阔叶林中，海拔 200~900 m。产于中国湖南、广东、海南、广西、云南。

藤构（构属）

***Broussonetia kaempferi* Sieb.**

蔓生藤状灌木；树皮黑褐色；小枝显著伸长，幼时被浅褐色柔毛，成长脱落。叶互生，螺旋状排列，近对称的卵状椭圆形，长 3.5~8 cm，宽 2~3 cm，先端渐尖至尾尖，基部心形或截形，边缘锯齿细，齿尖具腺体，不裂，稀为 2~3 裂，表面无毛，稍粗糙；叶柄长 8~10 mm，被毛。花雌雄异株，雄花序短穗状，长 1.5~2.5 cm，花序轴约 1 cm；雄花花被片 3~4 枚；雌花集生为球形头状花序。聚花果直径 1 cm，花柱线形，延长。花期 4 ~ 6 月，果期 5 ~ 7 月。

产于中国浙江、湖北、湖南、安徽、江西、福建、广东、广西、云南、四川、贵州、台湾。

胭脂（波罗蜜属）

***Artocarpus tonkinensis* A. Chev. ex Gagnep.**

乔木，高达 14~16 m；树皮褐色，粗糙。叶革质，椭圆形，倒卵形或长圆形。花序单生叶腋，雄花序倒卵圆形或椭圆形，长 1~1.5 cm，直径 0.8~1.5 cm，总花梗短于花序；雄花花被 2~3 裂，边缘具纤毛，雄蕊 1 枚，花药椭圆形，苞片有柄，顶部盾状；雌花序球形，花柱伸出于盾形苞片外，花被片完全融合。聚花果近球形，直径达 6.5 cm，成熟时黄色，干后红褐色，果柄长 3~4 cm；核果椭圆形，长 12~15 mm，直径 9~12 mm。花期夏秋，果秋冬季。

产于中国广东、海南、广西、云南、贵州。

楮构（构属）

***Broussonetia × kazinoki* Sieb.**

高大灌木。高达 4 m；幼枝被毛，后脱落；叶卵形或斜卵形，先端渐尖至尾尖，基部近圆或微心形，具三角齿，不裂或 3 裂；花雌雄同株，头状；雄花花被 3~4 裂，雄蕊 3~4 枚；雌花花被筒状，顶端齿裂；聚花果球形，直径 0.8~1 cm；瘦果扁球形，果皮壳质，具小瘤；花期 4 ~ 5 月，果期 5 ~ 6 月。

产于中国台湾以及华中、华南、西南地区。

构树（构属）构、楮桃

Broussonetia papyrifera **(L.) L'H é r. ex Vent.**

乔木，高达 20 m。树皮暗灰色。小枝密生柔毛。叶螺旋状排列，广卵形至长椭圆状卵形，长 6~18 cm，宽 5~9 cm，先端渐尖，基部心形，两侧不等，边缘具粗锯齿，不分裂或 3~5 裂，背面密被茸毛，基出 3 脉，中脉侧脉 6~7 对；叶柄长 2.5~8 cm；托叶卵形，长 1.5~2 cm。花雌雄异株。雄花：柔荑花序，长 3~8 cm，花被 4 裂，雄蕊 4 枚。雌花：球形头状花序，苞片棍棒状，顶端被毛，花被管状。聚花果橙红色，直径 1.5~3 cm；瘦果表面有小瘤。花期 4 ~ 5 月，果期 6 ~ 7 月。

生于路旁、林缘，海拔 100~900 m。产于中国南北各地。

雅榕（榕属）

Ficus concinna **(Miq.) Miq.**

乔木，高 10~15 m；各部无毛 . 叶互生，薄革质，倒卵状长圆形或椭圆形，长 4.5~10 cm，宽 2~5.5 cm，顶端具钝的短尖头，基部楔形或圆形，与叶柄交界处具关节，全缘，稍有光泽，倒脉 7~10 对，纤细而较密，斜上升，网脉在两面均明显；叶柄长 1~4 cm，腹面具纵沟；托叶卵状披针形。花序成对，腋生或生于叶痕处，常聚生，圆球形，无毛，顶端常稍凹陷，成熟时平滑，淡蓝紫色，有时具黄色斑点，直径 5~8 mm，基部的苞片阔三角形，总花梗长 1~5 mm。花果期 5~10 月。

生于山地密林中。产于中国江西、浙江、福建、广东、广西、贵州、云南、西藏。

石榕树（榕属）

Ficus abelii **Miq.**

灌木。小枝、叶柄密生灰白色粗短毛。叶纸质，窄椭圆形至倒披针形，长 4~9 cm，宽 1~2 cm，基部楔形，全缘，背面密生短毛和柔毛，侧脉 7~9 对，在表面下陷；叶柄长 4~10 mm；托叶长约 4 mm。榕果单生叶腋，近梨形，直径 1.5~2 cm，紫黑色或褐红色，密生白色短硬毛，总梗长 7~10 mm。雄花：散生于榕果内壁，近无柄，花被片 3 枚。瘿花生于同一榕果内，花被合生，先端有 3~4 齿裂。瘦果肾形。花期 5 ~ 7 月。

生于山坡灌丛、路旁、溪边，海拔 300~900 m。分布于中国湖南、江西、福建、广东、广西、云南、贵州、四川。

矮小天仙果（榕属）天仙果

Ficus erecta **Thunb.**

落叶小乔木或灌木。枝叶富含乳汁。小枝密生硬毛。叶厚纸质，倒卵状椭圆形，长 7~20 cm，宽 3~9 cm，基部圆形至浅心形，两面被柔毛，侧脉 5~7 对；叶柄长 1~4 cm，密被短硬毛。榕果单生叶腋，总梗长 1~2 cm，球形或梨形，直径 1.2~2 cm，黄红至紫黑色；雄花和瘿花生于同一榕果内壁，雌花生于另一植株的榕果中。雄花花被片 2~4 枚，雄蕊 2~3 枚；瘿花花被片 3~5 枚，柱头 2 裂；雌花花被片 4~6 枚，宽匙形，柱头 2 裂。花果期 5 ~ 6 月。

生于山坡林下、溪边。产于中国湖北、湖南、江西、江苏、浙江、福建、台湾、广东、广西、贵州、云南。

黄毛榕（榕属）猫卵子

Ficus esquiroliana **H. Lév.**

常绿小乔木或灌木。树皮灰褐色，具纵棱。幼枝中空，被褐黄色硬长毛。枝叶富含乳汁。叶互生，纸质，广卵形，长 17~27 cm，宽 12~20 cm，急渐尖，尾长约 1 cm，基部浅心形，表面疏生糙伏毛，背面被长毛及绵毛，边缘有细锯齿；叶柄长 5~11 cm；托叶披针形，长 1~1.5 cm，早落。榕果腋生，圆锥状椭圆形，径 20~25 mm，表面被长毛；雄花生榕果内壁口部，具柄，花被片 4 枚，顶端全缘，雄蕊 2 枚。雌花花被片 4 枚。瘦果表面有瘤体。花期 5 ~ 7 月，果期 7 月。

生于次生林林缘、路旁，海拔 100~400 m。产于中国福建、台湾、广东、海南、广西、贵州、四川、云南、西藏。

台湾榕（榕属）小银茶匙、牛奶果

Ficus formosana **Maxim.**

灌木。小枝，叶柄，叶脉幼时疏被短柔毛。叶膜质，倒披针形，长 4~11 cm，宽 1.5~3.5 cm，中部以下渐窄，至基部成狭楔形，全缘或在中部以上有疏钝齿裂。榕果单生叶腋，卵状球形，直径 6~9 mm，绿带红色，总梗长 2~3 mm。雄花散生榕果内壁，花被片 3~4 枚，卵形，雄蕊 2 枚；瘿花花被片 4~5 枚，舟状，子房球形，有柄；雌花花被片 4 枚，花柱长，柱头漏斗形。瘦果球形，光滑。花期 4 ~ 7 月。

生于溪沟旁湿润处。产于中国湖南、江西、浙江、福建、台湾、广东、海南、广西、贵州、云南。

水同木（榕属）哈氏榕

Ficus fistulosa **Reinw. ex Blume**

常绿小乔木。叶互生，纸质，倒卵形至长圆形，长 10~20 cm，宽 4~7 cm，先端具短尖，背面被柔毛或黄色小突体；侧脉 6~9 对；叶柄长 1.5~4 cm；托叶卵状披针形，长约 1.7 cm。榕果簇生树干的瘤状枝上，近球形，直径 1.5~2 cm，橘红色，总梗长 8~24mm，雄花和瘿花生于同一榕果内壁。雄花生于榕果近口部，少数，具短柄，花被片 3~4 枚；瘿花，具柄，柱头膨大；雌花，生于另一植株榕果内，花被管状。瘦果近斜方形，表面有小瘤体。花期 5 ~ 7 月。

生于溪边岩石上、阔叶林中，海拔 200~600 m。产于中国福建、台湾、广东、香港、海南、广西、云南。

粗叶榕（榕属）佛掌榕、掌叶榕、五指毛桃

Ficus hirta **Vahl**

灌木或小乔木。嫩枝中空，小枝，叶和榕果均被金黄色开展的长硬毛。叶互生，纸质，多型，长椭圆状披针形或广卵形，长 10~25 cm，边缘具细锯齿，全缘或 3~5 深裂，基部圆形，浅心形或宽楔形，背面被绵毛，基生 3~5 脉；托叶卵状披针形，膜质，红色；叶柄长 2~8 cm。榕果成对腋生，球形或椭圆球形，近无梗。雄花生于榕果内壁近口部，有柄，花被片 4 枚，红色，雄蕊 2~3 枚；瘿花柱头漏斗形；雌花生雌株榕果内，花被片 4 枚。瘦果椭圆球形，表面光滑。花期 4 ~ 6 月。

生于村边旷地、山坡林边、林下，海拔 100~400 m。产于中国湖南、江西、浙江、福建、广东、海南、广西、贵州、云南。

对叶榕（榕属）牛奶子

***Ficus hispida* L. f.**

灌木或小乔木。叶常对生，厚纸质，卵状长椭圆形或倒卵状矩圆形，长10~25 cm，宽5~10 cm，全缘或有钝齿，基部圆形或近楔形，表面粗糙，两面被短粗毛，侧脉6~9对；叶柄长1~4 cm；托叶2枚，卵状披针形。榕果腋生，或生于老茎发出的下垂枝上，陀螺形，黄色，直径1.5~2.5 cm，散生粗毛。雄花生于榕果内壁口部，多数，花被片3枚，雄蕊1枚；瘿花无花被；雌花无花被，柱头被毛。花果期6 ~ 7月。

生于沟谷林中，海拔700~900 m。产于中国广东、海南、广西、云南、贵州。

榕树（榕属）细叶榕、万年青

***Ficus microcarpa* L. f.**

大乔木，高达25 m。老树常有锈褐色气根。叶薄革质，狭椭圆形，长4~8 cm，宽3~4 cm，先端钝尖，基部楔形，全缘，基出脉3条，侧脉3~10对；叶柄长5~10 mm；托叶披针形。榕果成对腋生，黄或微红色，扁球形，直径6~8 mm，无总梗，基生苞片3枚，广卵形，宿存。雄花、雌花、瘿花同生于一榕果内，花间有少许短刚毛；雄花散生内壁，花丝与花药等长；雌花与瘿花相似，花被片3枚，宽卵形，花柱近侧生。瘦果卵圆形。花期5 ~ 6月。

生于山地、林缘、路旁，海拔100~900 m。产于中国台湾、浙江、福建、广东、海南、广西、贵州、云南。

青藤公（榕属）

***Ficus langkokensis* Drake**

乔木，高6~15 m，小枝细，被锈色糠屑状毛。叶互生，纸质，椭圆状披针形，长7~19 cm，宽2~6 cm，顶端尾状渐尖，基部阔楔形，全缘，两面无毛，叶背红褐色，叶基三出脉；叶柄长1~4cm；托叶披针形，长7~10 mm。榕果生于叶腋，球形，径5~12 mm，被锈色糠屑状毛。雄花具柄，被片3~4枚，雄蕊1~2枚；雌花花被片4枚，倒卵形，暗红色，花柱侧生。

生于山谷林中或沟边，海拔100~900 m。产于中国福建、广东、海南、广西、云南、四川、湖南。

九丁榕（榕属）大叶九重树、九丁树

***Ficus nervosa* B. Heyne ex Roth**

乔木，幼时被微柔毛，成长脱落，小枝干后具槽纹。叶薄革质，先端短渐尖，有钝头，基部圆形至楔形，全缘，微反卷，表面深绿色，干后茶褐色，有光泽，背面颜色深，散生细小乳突状瘤点，基生侧脉短，脉腋有腺体，侧脉7~11对，在背面突起；叶柄长1~2 cm。榕果单生或成对腋生，球形或近球形，幼时表面有瘤体，直径1~1.2 cm，基部缢缩成柄，无总梗，基生苞片3枚，卵圆形，被柔毛；雄花、瘿花和雌花同生于一榕果内；雄花具梗，生于内壁近口部；瘿花有梗或无梗，花被片3枚，延长，顶部渐尖，花柱侧生，较瘦果长2倍，柱头棒状。花期1 ~ 8月。

生于山地林中，海拔400~900 m。产于中国台湾、福建、广东、海南、广西、云南、四川、贵州。

琴叶榕（榕属）茶叶牛奶子

Ficus pandurata **Hance**

小灌木。小枝、嫩叶被白色柔毛。叶纸质，提琴形或倒卵形，长 4~8 cm，基部圆形至宽楔形，中部缢缩，表面无毛，背面叶脉有疏毛和小瘤点，侧脉 3~5 对；叶柄疏被糙毛，长 3~5 mm；托叶披针形，迟落。榕果单生叶腋，鲜红色，椭圆形或球形，直径 6~10 mm，顶部脐状突起，基生苞片 3 枚，总梗长 4~5 mm。雄花有柄，生榕果内壁口部，花被片 4 枚，雄蕊 3 枚；瘿花花被片 3~4 枚；雌花花被片 3~4，柱头漏斗形。花期 6 ~ 8 月。

生于山地林下、路旁灌丛中，海拔 100~300 m。产于中国长江流域以南地区。

舶梨榕（榕属）梨状牛奶子

Ficus pyriformis **Hook. & Arn.**

灌木。小枝被糙毛。叶纸质，倒披针形至倒卵状披针形，长 4~11 cm，宽 2~4 cm，先端渐尖或尾状，基部楔形至近圆形，全缘稍背卷，背面有柔毛和疣点，侧脉 5~9 对，基生侧脉短；叶柄被毛，长 1~1.5 cm；托叶披针形，红色，无毛，长约 1 cm。榕果单生叶腋，梨形，直径 2~3 cm，无毛，有白斑。雄花生内壁口部，花被片 3~4 枚，雄蕊 2 枚；瘿花花被片 4 枚；雌花生于另一植株榕果内壁。瘦果表面有瘤体。花期 12 月至翌年 6 月。

生于溪边林下潮湿地带。产于中国福建、广东、海南、广西、湖南。

薜荔（榕属）凉粉果、木馒头

Ficus pumila **L.**

攀援或匍匐灌木。叶二型，不结果枝节上生不定根，叶卵状心形，长约 2.5 cm，薄革质，基部稍不对称；结果枝上无不定根，叶革质，卵状椭圆形，长 5~10 cm，宽 2~3.5 cm，基部圆形至浅心形，全缘，背面被黄褐色柔毛，侧脉 3~4 对，网脉呈蜂窝状；叶柄长 5~10 mm；托叶 2 枚，披针形。榕果单生叶腋，长 4~8 cm，直径 3~5 cm，顶部截平，黄绿色或微红；总梗粗短。瘦果近球形，有黏液。花果期 5 ~ 8 月。

生于沟谷林下、溪边石上，常攀援于树上，海拔 100~300 m。产于中国陕西以南地区。

珍珠莲（榕属）

Ficus sarmentosa **Buch.-Ham. ex Sm. var. *henryi* (King ex D. Oliv.) Corner**

木质攀援匍匐藤状灌木，幼枝密被褐色长柔毛，叶革质，卵状椭圆形，长 8~10 cm，宽 3~4 cm，先端渐尖，基部圆形至楔形，表面无毛，背面密被褐色柔毛或长柔毛，基生侧脉延长，侧脉 5~7 对，小脉网结成蜂窝状；叶柄长 5~10 mm，被毛。榕果成对腋生，圆锥形，直径 1~1.5 cm，表面密被褐色长柔毛，成长后脱落，顶生苞片直立，长约 3 mm，基生苞片卵状披针形，长 3~6 mm。榕果无总梗或具短梗。

爬藤榕（榕属）纽榕

Ficus sarmentosa **Buch.-Ham. ex Sm. var.** ***impressa*** **(Champ.) Corner**

藤状匍匐灌木。叶革质，披针形，长 4~7 cm，宽 1~2 cm，先端渐尖，基部钝，背面白色至浅灰褐色，侧脉 6~8 对，网脉明显；叶柄长 5~10 mm。榕果成对腋生或生于落叶枝叶腋，球形，直径 7~10 mm，幼时被柔毛。花期 4 ~ 5 月，果期 6 ~ 7 月。

攀援在岩石斜坡树上或墙壁上。产于中国河南、陕西、甘肃以及华东、华南、西南地区。

笔管榕（榕属）笔管树、雀榕

Ficus subpisocarpa **Gagnep.**

常绿或落叶乔木。树皮呈暗赭色，稍平滑。叶互生或簇生，近纸质，无毛，椭圆形至长圆形，长 10~15cm，宽 4~6cm，先端短渐尖，基部圆形，边缘全缘，基出 3 脉，侧脉 7~9 对；叶柄长约 3~7cm，近无毛；托叶膜质，长约 2cm，早落。隐头花序，花序托球形。榕果单生、成对生或簇生，扁球形，直径 5~8mm，紫黑色，顶部微下陷，总梗长 3~4mm。雄花、瘿花、雌花生于同一榕果内；雄花很少，生内壁近口部，无梗，花被片 3 枚。花期 4 ~ 6 月。

生于山坡林中、路旁，海拔 100~900 m。产于中国浙江、台湾、福建、广东、海南、广西、云南。

竹叶榕（榕属）

Ficus stenophylla **Hemsl.**

小灌木。小枝散生灰白色硬毛，节间短。叶纸质，线状披针形，长 5~13 cm，基部楔形至近圆形，背面有小瘤体，全缘背卷，侧脉 7~17 对；托叶披针形，红色，无毛，长约 8 mm；叶柄长 3~7 mm。榕果椭圆状球形，被柔毛，直径 7~8 mm，深红色，总梗长 20~40 mm。雄花和瘿花同生于雄株榕果中，雌花生于另一植株榕果中。瘦果透镜状，顶部具棱骨。花果期 5 ~ 7 月。

生于沟旁堤岸边。产于中国江西、浙江、福建、台湾、广东、海南、广西、云南、贵州、湖南、湖北。

杂色榕（榕属）青果榕、变色榕

Ficus variegata **Blume**

灌木或乔木。叶互生，纸质或薄革质，阔卵形或长圆状卵形，长 7.5~15 cm，宽 6~12.5 cm，顶端短尖，基部圆形、微凹或心形，边缘浅波状或有疏离的锯齿，背面有疏毛或无毛，基出脉 5 条，侧脉 4~6 对，和网脉均在背面明显；叶柄长 2~8.5 cm；托叶长约 1 cm。花序簇生于由树干和大枝发出的瘤状短枝上，梨形或球形，直径 2.2~3 cm，基部有时收狭成短柄，成熟时红色，平滑，有白色条纹和斑点；总花梗长 2~5 cm；基部的苞片早落而遗留环伏的疤痕。榕果通常绿色，簇生于老茎发出的瘤状短枝上，梨形或球形，具梗，熟时黄色。花果期 5 ~ 12 月。

生于山谷林中，海拔 100~600 m。产于中国台湾、福建、广东、海南、广西、云南。

变叶榕（榕属）牛乳树、赌博赖

Ficus variolosa **Lindl. ex Benth.**

灌木或小乔木。树皮灰褐色，秆上不着生榕果。叶薄革质，狭椭圆形至椭圆状披针形，长 5~12 cm，宽 1.5~4 cm，多型，先端钝或钝尖，基部楔形，全缘，侧脉 7~15 对，与中脉略成直角展出；叶柄长 6~10 mm；托叶长三角形，长约 8 mm。榕果成对或单生叶腋，球形，直径 10~12 mm，表面有瘤体，总梗长 8~12 mm。瘿花子房球形，花柱短，侧生；雌花生另一植株榕果内壁，花被片 3~4 枚。榕果成对或单生叶腋，球形，黑色。花期 12 月至翌年 6 月。

生于溪边林下潮湿处。产于中国浙江、江西、福建、广东、海南、广西、湖南、贵州、云南。

黄葛树（榕属）

Ficus virens **Aiton**

落叶或半落叶乔木。有板根或支柱根，幼时附生。叶薄革质或皮纸质，卵状披针形至椭圆状卵形，长 10~15 cm，宽 4~7 cm，先端短渐尖，基部钝圆或浅心形，全缘，侧脉 7~10 对，背面突起；叶柄长 2~5 cm；托叶披针状卵形，长可达 10 cm。榕果单生、成对生或簇生，球形，直径 7~12 mm，紫红色，有总梗。雄花、瘿花、雌花生于同一榕果内；雄花无柄，少数，花被片 4~5 枚。瘦果表面有皱纹。花期 5 ~ 8 月。

生于沟谷林中、路旁，海拔 300~900 m。产于中国台湾、浙江、福建、广东、海南、广西、贵州、云南、西藏、四川、重庆、贵州、湖南、湖北、陕西。

白肉榕（榕属）

Ficus vasculosa **Wall. ex Miq.**

常绿乔木，高 10~15 m，各部无毛；小枝干后灰白色或褐色。叶互生，革质，椭圆形或倒卵状长圆形，长 3.5~13 cm，宽 1.5~5 cm，顶端钝或钝渐尖，基部阔尖或钝，全缘或少有不规则分裂，有光泽，干后榄绿色或黄褐色，测脉细而密，在叶片两面凸起，在近叶缘处连接，网脉明显，叶柄长 0.8~2.5 cm；托叶锥形，长 6 mm，早落。花序腋生，单生或成对，球形，直径 0.8~2 cm，成熟时黄色或黄带红色，基部通常骤狭成短柄；基部的苞片小，脱落；总花梗纤细，长 0.8~1.2 cm。花果期 2 ~ 12 月。

生于山谷沟边林中，海拔 100~800 m。产于中国广东、海南、广西、贵州、云南。

构棘（柘属）莨芝、饭团树

Maclura cochinchinensis **(Lour.) Corner**

直立或攀援状灌木。枝具粗壮弯曲的腋生刺，刺长约 1 cm。叶革质，椭圆状披针形或长圆形，长 3~8 cm，宽 2~2.5 cm，全缘，侧脉 7~10 对；叶柄长约 1 cm。花雌雄异株，均为具苞片的球形头状花序，每花具 2~4 枚苞片，苞片锥形，内具 2 个黄色腺体。雄花：花被片 4 枚，不相等，雄蕊 4 枚。雌花序微被毛。聚花果肉质，直径 2~5 cm，橙红色，核果卵圆形，光滑。花期 4~5 月，果期 6~7 月。

生于村庄附近、荒野上。产于中国东南至西南地区。

柘（柘属）

Maclura tricuspidata **Carrière**

落叶灌木或小乔木。树皮灰褐色，小枝无毛，有棘刺，刺长5~20 mm。叶卵形或菱状卵形，偶为三裂，长5~14 cm，宽3~6 cm，基部楔形至圆形，背面绿白色，侧脉4~6对；叶柄长1~2 cm，被微柔毛。雌雄异株，均为球形头状花序，单生或成对腋生，具短总花梗。雄花：有苞片2枚，花被片4枚，内有黄色腺体2个，雄蕊4枚。雌花序直径1~1.5 cm。聚花果近球形，直径约2.5 cm，橘红色。花期5～6月，果期6～7月。

生于向阳山地灌丛、林缘，海拔500~900 m。产于中国陕西、甘肃以及华北、华东、华中、华南、西南地区。

鸡桑（桑属）

Morus australis **Poir.**

灌木或小乔木，树皮灰褐色，冬芽大，圆锥状卵圆形。叶卵形，长5~14 cm，宽3.5~12 cm，先端急尖或尾状，基部楔形或心形，边缘具粗锯齿，不分裂或3~5裂，表面密生短刺毛，背面疏被粗毛；叶柄长1~1.5 cm，被毛；托叶线状披针形，早落。雄花序长1~1.5 cm，被柔毛，雄花绿色，具短梗，花被片卵形，花药黄色；雌花序球形，长约1 cm，密被白色柔毛，雌花花被片长圆形，暗绿色，花柱很长，柱头2裂，内面被柔毛。聚花果短椭圆形，直径约1 cm，红色或暗紫色。花期3～4月，果期4～5月。

生于山地林中、林缘、路旁荒地，海拔500~900 m。产于中国辽宁以南地区。

A151 荨麻科 Urticaceae

舌柱麻（苎麻属）

Archiboehmeria atrata **(Gagnep.) C. J. Chen**

灌木或半灌木。叶膜质或近膜质，卵形至披针形，先端尾状渐尖，全缘，基部圆形、或突然收缩呈宽楔形，稀近截形或浅心形，边缘除基部全缘外有粗牙齿或钝牙齿。雌花序生上部叶腋，4~6回二歧聚伞状分枝，花序梗疏生短毛，苞片狭卵形。花单性，稀杂性，两性花生于雌雄花混生的花序中；雄花具长梗或短梗，在芽时扁圆球形，直径约2 mm；花被片4~5枚，合生至中部，卵状椭圆形。瘦果卵形，外果皮壳质，淡绿色，有疣状突起。花期6～8月，果期8~10月。

产于中国广西、海南、广东、湖南。

苎麻（苎麻属）野麻、野苎麻

Boehmeria nivea **(L.) Gaudich.**

亚灌木或灌木，高0.5~1.5 m。茎上部与叶柄均密被长硬毛和短糙毛。叶互生，草质，圆卵形或宽卵形，长6~15 cm，宽4~11 cm，顶端骤尖，基部近截形或宽楔形，边缘具牙齿，下面密被雪白色毡毛，侧脉约3对；叶柄长2.5~9.5 cm；托叶分生，钻状披针形。圆锥花序腋生，雌雄同株，植株上部的花序为雌性，其下的花序为雄性，或同一植株的花序全为雌性，长2~9 cm。雄花：花被片4枚，外面有疏柔毛；雄蕊4枚，长约2 mm。雌花：花被顶端有2~3小齿。瘦果近球形，长约0.6 mm，光滑。花期8～10月。

生于山谷林边、路旁草坡，海拔200~900 m。产于中国南方地区。

青叶苎麻（苎麻属）

Boehmeria nivea **(L.) Gaudich. var.** ***tenacissima*** **(Gaudich.) Miq.**

亚灌木或灌木，高 0.5~1.5 m；茎和叶柄密或疏被短伏毛。叶互生；叶片草质，叶片多为卵形或椭圆状卵形，顶端长渐尖，下面疏被短伏毛，绿色，或有薄层白色毡毛；托叶基部合生。圆锥花序腋生，或植株上部的为雌性，其下的为雄性，或同一植株的全为雌性；雄团伞花序直径 1~3 mm，有少数雄花；雌团伞花序直径 0.5~2 mm，有多数密集的雌花。雄花：花被片 4 枚，狭椭圆形，长约 1.5 mm，合生至中部，顶端急尖，外面有疏柔毛。雌花：花被椭圆形，长 0.6~1 mm，顶端有 2~3 枚小齿，外面有短柔毛，果期菱状倒披针形，长 0.8~1.2 mm。瘦果近球形，长约 0.6 mm，光滑，基部突缩成细柄。花期 8 ~ 10 月。

生于沿溪潮湿的林缘或灌丛中，偶有栽培。产于中国长江以南地区。

楼梯草（楼梯草属）

Elatostema involucratum **Franch. & Sav.**

多年生草本。茎肉质，高 25~60 cm。叶片草质，斜倒披针状长圆形或斜长圆形，有时稍镰状弯曲，长 4.5~16 cm，宽 2.2~4.5 cm，顶端骤尖，基部在狭侧楔形，在宽侧圆形或浅心形，边缘有较多牙齿，下面钟乳体明显，侧脉 5~8 对；叶近无柄；托叶狭条形或狭三角形。花序雌雄同株或异株。雄花序有梗，花序托不明显。雄花有梗：花被片 5 枚；雄蕊 5 枚。雌花序具极短梗。瘦果卵球形，长约 0.8 mm。花期 5 ~ 10 月。

生于山谷沟边石上、林中、灌丛，海拔 200~900 m。常见于中国南方地区。

鳞片水麻（水麻属）

Debregeasia squamata **King ex Hook. f.**

灌木或亚灌木，高 1~2 m。小枝具棕红色软皮刺和短柔毛。叶互生，纸质，宽卵形或近心形，顶端渐尖或急尖，基部圆形或心形，长 7~14 cm，宽 6~12 cm，边缘具疏锯齿，上面疏被伏毛，下面脉上被短柔毛，脉间被交织贴生的白色绵毛；三基出脉；托叶腋内合生，顶端 2 裂，早落。花单性同株，先排成球形、宽约 3 mm 的团伞花序，再排成腋生二歧聚伞花序，长 1~2 cm；雄花具短梗，花被片 3~4 枚，基部合生，卵形；雌花花被合生，倒卵形，长约 0.6 mm；子房倒卵形，内藏，花柱圆锥状，外密被直毛，柱头略呈画笔状，宿存。瘦果藏于宿存花被内，椭圆形。花期 8 ~ 9 月，果期 10 ~ 12 月。

生于山地溪旁、山谷湿地灌丛中，海拔 100~900 m。产于中国福建、广东、广西、贵州、云南。

狭叶楼梯草（楼梯草属）

Elatostema lineolatum **Wight**

亚灌木。茎高 50~200 cm，多分枝；小枝密被贴伏或开展的短糙毛。叶片草质或纸质，斜倒卵状长圆形或斜长圆形，长 3~8 cm，宽 1.2~3 cm，顶端骤尖，骤尖头全缘，基部斜楔形，边缘有小齿，两面被毛，钟乳体密，长 0.2~0.3 mm，侧脉 4~8 对；叶柄长约 1 mm。花序雌雄同株，无梗。雄花：花梗长达 2 mm；花被片 4 枚；雄蕊 4 枚。雌花花序较小，直径 2~4 mm。瘦果椭圆球形，长约 0.6 mm，约有 7 条纵肋。花期 1 ~ 5 月。

生于山地沟边、林缘、灌丛中，海拔 200~900 m。产于中国福建、台湾、广东、广西、云南、西藏。

糯米团（糯米团属）糯米草、糯米莲

Gonostegia hirta (Blume) Miq.

多年生草本。茎蔓生、铺地或渐升。叶对生，纸质，宽披针形至狭披针形、狭卵形，长 2~10 cm，宽 1~3 cm，基部浅心形或圆形，全缘，基出 3~5 脉；叶柄长 1~4 mm；托叶钻形，长约 2.5 mm。团伞花序腋生，雌雄异株，直径 2~9 mm。雄花：花梗长 1~4 mm；花被片 5 枚，分生，长 2~2.5 mm；雄蕊 5 枚。雌花：花被菱状狭卵形，长约 1 mm，顶端有 2 枚小齿，有 10 条纵肋；柱头密被毛。瘦果卵球形，长约 1.5 mm，有光泽。花期 5 ~ 9 月。

生于阔叶林中、溪边灌丛、路旁沟边，海拔 100~900 m。产于中国西藏、云南、陕西、河南以及华南地区。

倒卵叶紫麻（紫麻属）

Oreocnide obovata (C. H. Wright) Merr.

直立或攀援状灌木，高 1.5~3 m。嫩枝被短柔毛。叶互生，倒卵状椭圆形或狭倒卵形，长 5~19 cm，宽 2~8 cm，顶端具尖头，基部宽楔形，边缘除基部无齿外，其余疏具钝锯齿，上面无毛，下面被白色绵毛，脉上被短粗毛；基出 3 脉；叶柄长 0.5~5 cm，被短柔毛；托叶钻状，长 6~8 mm。花单性异株，数花排成头状团伞花序，复组成 2~3 回二歧分枝的聚伞花序，长 8~15 mm；雄花花被片 3 枚，卵形，长约 1 mm，雄蕊 3 枚，退化雌蕊棒状，被绵毛；雌花花被合生呈卵形，长约 1 mm，子房藏于花被内，柱头盘状。瘦果卵形，长约 1.2 mm，基部具盘状肉质花托。花期 12 月至翌年 2 月，果期 5~8 月。

生于山地溪边、山谷林下阴湿处，海拔 200~900 m。产于中国湖南、广东、广西、云南。

紫麻（紫麻属）

Oreocnide frutescens (Thunb.) Miq.

落叶灌木。小枝和叶柄紫褐色；小枝上部被毛，渐脱落。叶草质，卵形、狭卵形、稀倒卵形，长 3~15 cm，宽 1.5~6 cm，先端渐尖或尾状渐尖，边缘有粗牙齿，下面被灰白色毡毛，渐脱落，基出 3 脉；叶柄长 1~7 cm，被粗毛。团伞花序簇生，雌雄异株。雄花：花被片 3 枚，雄蕊 3 枚；退化雌蕊被白色绵毛。雌花无梗，长 1 mm。瘦果卵球状，长约 1.2 mm；内果皮表面有多数细洼点；肉质花托浅盘状，熟时呈壳斗状，包围着果的大部分。花期 3~5 月，果期 6~10 月。

生于山谷林下、林缘、溪边，海拔 300~900 m。产于中国南方地区。

赤车（赤车属）

Pellionia radicans (Sieb. & Zucc.) Wedd.

多年生草本。茎下部卧地，上部渐升，在节处生根，长 20~60 cm。叶片草质，斜狭菱状卵形或披针形，长 2.4~5 cm，宽 0.9~2 cm，顶端短渐尖至长渐尖，基部在狭侧钝，在宽侧耳形，边缘自基部之上有小牙齿，半离基 3 出脉；叶柄长 1~4 mm；托叶钻形。雌雄异株。雄花：聚伞花序，花序梗长 4~35 mm；花被片 5 枚，雄蕊 5 枚。雌花：花序有短梗，花被片 5 枚。瘦果近椭圆球形，有小瘤状突起。花期 5 ~ 10 月。

生于阔叶林下、灌丛、溪边，海拔 200~900 m。产于中国南方地区。

波缘冷水花（冷水花属）
Pilea cavaleriei H. Lév.

草本。根状茎匍匐，地上茎高 5~30 cm，密布杆状钟乳体。叶对生，集生枝顶，同对的不等大，宽卵形、菱状卵形或近圆形，长 8~20 mm，宽 6~18 mm，先端钝，边缘波状，下面呈蜂巢状，钟乳体在叶上面边缘整齐排列一圈，基出脉 3 条；叶柄纤细，长 5~20 mm。雌雄同株；聚伞花序成近头状。雄花序梗纤细，长 1~2 cm，雌花序梗长 0.2~1 cm。雄花：淡黄色；花被片 4 枚，雄蕊 4 枚。雌花：花被片 3 枚，不等大。瘦果卵形，长约 0.7 mm，光滑。花期 5 ~ 8 月，果期 8 ~ 10 月。

生于林下石上湿处，海拔 200~900 m。产于中国浙江、福建、江西、广东、广西、贵州、四川、湖南、湖北。

矮冷水花（冷水花属）齿叶矮冷水花
Pilea peploides (Gaudich.) Hook. et Arn.

多年生草本。茎肉质，带红色，高 5~30 cm；叶菱状扁圆形、菱状圆形、有时近圆形或扇形，长 10~21 mm，宽 11~23 mm，先端圆形或钝，基部钝或近圆形，中部以上有浅牙齿，稀波状或全缘，两面生紫褐色斑点，尤其在下面更明显，钟乳体条形，二级脉在背面较明显。花序几乎无梗，呈簇生状，或花序梗较短，呈伞房状；雌花被片 2 枚。瘦果深褐色，表面有稀疏的细刺状突起。花期 4 ~ 5 月，果期 5 ~ 7 月。

生于山坡路边湿处、林下阴湿处石上，海拔 100~900 m。产于中国辽宁以南地区。

小叶冷水花（冷水花属）
Pilea microphylla (L.) Liebm.

纤细小草本。茎肉质，多分枝，高 3~17 cm，密布条形钟乳体。叶对生，同对的不等大，倒卵形至匙形，长 3~7 mm，宽 1.5~3 mm，边缘全缘，叶脉羽状，叶柄长 1~4 mm。雌雄同株，聚伞花序密集成近头状。雄花：有花梗，花被片 4 枚，先端有短角状突起；雄蕊 4 枚。雌花更小；花被片 3 枚。瘦果卵形，长约 0.4 mm，光滑。花期 6~9 月，果期 8~10 月。

生于路边石缝、墙上阴湿处。归化于中国浙江、江西、福建、台湾、广东、广西、江西。

粗齿冷水花（冷水花属）紫绿草
Pilea sinofasciata C. J. Chen

多年生草本。茎常不分枝。叶纸质，同对近等大，椭圆形、卵形、椭圆状或长圆状披针形，长 4~17 cm，宽 2~7 cm，先端长尾状渐尖，基部楔形或钝圆形，基部以上有粗大牙齿；下部的叶常渐变小，上面沿着中脉常有 2 条白斑带；基出 3 脉；叶柄长 1~5 cm。花雌雄异株或同株；聚伞圆锥状花序，具短梗，长不过叶柄。雄花：具短梗；花被片 4 枚；雄蕊 4 枚。雌花：长约 0.5 mm；花被片 3 枚。瘦果圆卵形，有细疣点。花期 6~7 月，果期 8~10 月。

生于山坡林下阴湿处，海拔 700~900 m。产于中国安徽、浙江、江西、广东、广西、贵州、四川、湖南、湖北。

三角形冷水花（冷水花属）

Pilea swinglei **Merr.**

草本，全株无毛。茎肉质，高 7~30 cm。叶近膜质，卵形，长 1~5.5 cm，宽 0.8~3 cm，先端锐尖，边缘有锯齿，下部的叶显著变小，干时呈细蜂窝状，常密布细的紫色斑点，钟乳体在上面，基出脉 3 条；叶柄长 0.5~3 cm；托叶小，三角形，后脱落。花雌雄同株；团伞花簇呈头状；雄花序长过叶或稍短于叶，雌花序较短；苞片长圆状披针形。雄花淡绿黄色，近无梗；花被片 4 枚，倒卵状长圆形，外面近先端有 2 个短角状突起；雄蕊 4 枚，花丝基部贴生于花被片。雌花有短梗；花被片 2 枚，极不等大，稍短于果。瘦果宽卵形，熟时淡黄色，光滑。花期 6~8 月，果期 8~11 月。

生于山谷溪边和石上阴湿处，海拔 400~900 m。产于中国安徽、浙江、福建、江西、广东、广西、贵州、湖南、湖北。

多枝雾水葛（雾水葛属）

Pouzolzia zeylanica **(L.) Benn. & R. Br. var. *microphylla*** **(Wedd.) W. T. Wang**

多年生草本或亚灌木，常铺地，长 40~100 (200) cm，多分枝，末回小枝常多数，互生，长 2~10 cm，生有很小的叶子（长约 5 mm）；茎下部叶对生，上部叶互生，分枝的叶通常全部互生或下部的对生，叶形变化较大，卵形、狭卵形至披针形。

雾水葛（雾水葛属）

Pouzolzia zeylanica **(L.) Benn. & R. Br.**

多年生草本；茎高 12~40 cm，不分枝，有短伏毛。叶全部对生；叶片草质，卵形，长 1.2~3.8 cm，宽 0.8~2.6 cm，顶端短渐尖或微钝，基部圆形，边缘全缘，两面有疏伏毛，侧脉 1 对；叶柄长 0.3~1.6 cm。团伞花序通常两性，直径 1~2.5 mm；苞片三角形，顶端骤尖，背面有毛。雄花有短梗：花被片 4 枚，狭长圆形，基部稍合生，外面有疏毛；雄蕊 4 枚，长约 1.8 mm。雌花：花被椭圆形，顶端有 2 枚小齿，外面密被柔毛；柱头长 1.2~2 mm。瘦果卵球形，淡黄白色，上部褐色，有光泽。花期秋季。

生于田边、灌丛、疏林中、沟边，海拔 300~800 m。产于中国安徽、浙江、福建、台湾、江西、广东、广西、云南、四川、湖南、湖北、甘肃。

藤麻（藤麻属）

Procris crenata **C . B. Rob.**

多年生草本。茎肉质，高 30~80 cm。叶无毛；叶片两侧稍不对称，长椭圆形，长 6~20 cm，宽 2~4.5 cm，边缘中部以上有少数浅齿或波状；叶柄长 1.5~12 mm。退化叶狭长圆形或椭圆形，长 5~17 mm，宽 1.5~7 mm。雄花序通常生于雌花序之下，簇生。雄花五基数。雌花序簇生，有短而粗的花序梗，有多数花。雌花无梗；花被片约 4 枚，长约 3.5 mm，无毛。瘦果褐色，狭卵形，扁，长 0.6~0.8 mm。

生于山地林中石上，有时附生于大树上。海拔 300~900 m。产于中国福建、台湾、广东、海南、广西、贵州、四川、云南、西藏。

A153 壳斗科 Fagaceae

板栗（栗属）栗、风栗

Castanea mollissima **Blume**

落叶乔木，托叶长圆形，长 10~15 mm，被疏长毛及鳞腺。叶椭圆至长圆形，长 11~17 cm，宽稀达 7 cm，顶部短至渐尖，基部截平或圆，或两侧稍偏斜而不对称，叶背面被茸毛或无毛；叶柄长 1~2 cm。葇荑花序。雄花序长 10~20 cm，花序轴被毛；花 3~5 朵簇生，雌花 1~3 (5) 朵发育结实，花柱下部被毛。成熟壳斗具锐刺，壳斗连刺直径长 4.5~6.5 cm；坚果高 1.5~3 cm，宽 1.8~3.5 cm。花期 4 ~ 6 月，果期 8 ~ 10 月。

生于平地至山地，海拔 100~900 m。除宁夏、新疆、海南外，广泛分布于中国南北。

甜槠（锥属）甜锥、锥子

Castanopsis eyrei **(Champ. ex Benth.) Tutcher**

乔木，高达 20 m，树皮纵深裂，块状剥落，枝、叶均无毛。叶革质，长 5~13 cm，宽 1.5~5.5 cm，顶部长渐尖，常向一侧弯斜，基部不对称，全缘或在顶部有少数浅裂齿，中脉稍凸起，侧脉纤细，叶背常银灰色；叶柄长 7~10 mm。雄花序穗状或圆锥状，花序轴无毛；雌花的花柱 2~3 枚。果序轴径 2~5 mm；壳斗有 1 颗坚果，连刺径长 20~30 mm，2~4 瓣开裂，壳斗被微茸毛；坚果阔圆锥形，无毛。花期 4 ~ 6 月，果翌年 9 ~ 11 月成熟。

生于丘陵或山地林中，海拔 300~900 m。产于中国长江以南地区，但海南、云南不产。

米槠（锥属）米锥、小叶槠

Castanopsis carlesii **(Hemsl.) Hayata**

乔木，高达 20 m。新生枝及花序轴有稀少的红褐色片状蜡鳞，老枝黑褐色，皮孔甚多，细小。叶披针形，叶全缘，先端尾尖或长渐尖，嫩叶叶背有红褐色或棕黄色稍紧贴的细片状蜡鳞层，成长叶呈银灰色；叶柄长不到 10 mm，基部增粗呈枕状。雄圆锥花序近顶生，雌花的花柱 2~3 枚。壳斗近圆球形或阔卵形，长 10~15 mm，顶部短狭尖或圆，基部圆或近于平坦，外壁有疣状体，或甚短的钻尖状，或部分横向连生成脊肋状，有时位于顶部，为长 1~2 mm 的短刺，被棕黄或锈褐色毡毛状微柔毛及蜡鳞；坚果顶端短狭尖，顶部近花柱四周及近基部被疏伏毛。花期 3 ~ 6 月，果翌年 9 ~ 11 月成熟。

生于阔叶混交林中，海拔 100~900 m。产于中国长江以南地区。

罗浮锥（锥属）罗浮栲、狗牙锥

Castanopsis fabri **Hance**

乔木，高 8~20 m，叶革质，长 8~18 cm，宽 2.5~5 cm，叶缘有裂齿，中脉明显凹陷，无毛，且被红棕色或棕黄色蜡鳞，叶背面常灰白色；叶柄长达 1.5 cm。雄花序单穗腋生或多穗排成圆锥花序，花序轴通常被稀疏短毛，雄蕊 12~10 枚；每壳斗有雌花 2~3 朵，花柱 3 枚，有时 2 枚。果序长 8~17 cm；壳斗有坚果 2 个，直径 20~30 mm，不规则瓣裂，刺很少，较短；坚果圆锥形，无毛，直径 8~12 mm。花期 4 ~ 5 月，果翌年 9 ~ 11 月成熟。

生于林中，海拔 100~900 m。产于中国长江以南地区。

栲（锥属）川鄂栲、红叶栲、红背槠、红栲

***Castanopsis fargesii* Franch.**

乔木，高达 30 m。树皮浅纵裂，芽鳞、嫩枝顶部及嫩叶叶柄均被红锈色细片状蜡鳞，枝、叶均无毛。叶长椭圆形，叶背的蜡鳞层颇厚且呈粉末状，嫩叶为红褐色，成长叶为黄棕色；叶柄长 1~2 cm。雄花穗状或圆锥花序，花单朵密生于花序轴上，雄蕊 10 枚；雌花序轴通常无毛，亦无蜡鳞，雌花单朵散生，花序轴长可达 30 cm，花柱长约 0.5 mm。壳斗通常圆球形或宽卵形，连刺径 25~30 mm，不规则瓣裂，基部合生，每壳斗有 1 颗坚果；坚果圆锥形，无毛，果脐在坚果底部。花期 4 ~ 6 月，或 8 ~ 10 月开花，果期翌年 8 ~ 9 月。

生于坡地杂木林中，海拔 200~900 m。产于中国长江以南地区。

毛锥（锥属）南岭栲、毛栲、毛槠

***Castanopsis fordii* Hance**

乔木，通常高 8~15 m，芽鳞、一年生枝、叶柄、叶背及花序轴均密被棕色或红褐色稍粗糙的长茸毛。托叶宽卵形，宽达 7 mm。叶革质，长椭圆形，长 9~18 cm，宽 3~6 cm，基部心形或浅耳垂状，全缘，叶背红棕色（嫩叶），棕灰色或灰白色（成长叶）；叶柄粗而短。雄穗状花序常多穗排成圆锥花序。果序长 6~12 cm；壳斗密聚于果序轴上，连刺径 50~60 mm；坚果扁圆锥形，高 12~15 mm，密被伏毛。花期 3 ~ 4 月，果翌年 9 ~ 10 月成熟。

生于山地灌木或乔木林中，海拔 100~900 m。产于中国浙江、江西、福建、湖南、广东、广西、湖南。

黧蒴锥（锥属）黧蒴、大叶锥

***Castanopsis fissa* (Champ. ex Benth.) Rehder & E. H. Wilson**

乔木，高 10~20 m。芽鳞、新生枝顶段及嫩叶背面均被红锈色细片状腊鳞及棕黄色微柔毛，嫩枝红紫色，纵沟棱明显。叶厚纸质，矩圆形至倒卵状椭圆形，较大，叶缘基部到中部常波浪状并有圆齿。雄花圆锥花序，花序轴无毛。果序长 8~18 cm。壳斗被暗红褐色粉末状蜡鳞，成熟壳斗圆球形或宽椭圆形，不规则的 2~3 (4) 瓣裂，裂瓣常卷曲；坚果圆球形或椭圆形，高 13~18 mm，顶部四周有棕红色细伏毛。花期 4 ~ 6 月，果期 10 ~ 12 月。

生于山地疏林中，海拔 100~900 m。产于中国福建、江西、湖南、广东、香港、海南、广西、贵州、云南。

红锥（锥属）刺锥栗、锥丝栗

***Castanopsis hystrix* Hook. f. & Thomson ex A. DC.**

乔木，高达 25 m。老年大树的树干有明显的板状根。当年生枝被蜡鳞，二年生枝无毛及蜡鳞。叶纸质，披针形，长 4~9 cm，宽 1.5~4 cm，全缘或有少数浅裂齿，中脉在叶面凹陷，嫩叶背面被红棕色或棕黄色腊鳞层；叶柄长很少达 1 cm。雄花序圆锥状或穗状；雌花序单穗腋生，花柱 2~3 枚，斜展，长 1~1.5 mm，被微柔毛，果序长达 15 cm；壳斗有坚果 1 个，整齐的 4 瓣开裂，坚果宽圆锥形，高 10~15 mm，无毛。花期 4 ~ 6 月，果翌年 8 ~ 11 月成熟。

生于缓坡及山地常绿阔叶林中，海拔 100~900 m。产于中国福建、广东、海南、广西、贵州、云南、西藏、湖南。

吊皮锥（锥属）川上氏槠、格氏栲

Castanopsis kawakamii Hayata

乔木，高 15~28 m。老年大树有板根。树皮纵向带浅裂，老树皮脱落前如蓑衣状吊在树干上，新生小枝暗红褐色，散生皮孔，枝、叶均无毛。叶革质，卵形或披针形，长 6~12 cm，宽 2~5 cm，全缘，侧脉每边 9 ~ 12 条，网状叶脉明显；叶柄长 1~2.5 cm。雄花序圆锥状，花序轴有毛，雄蕊 10~12 枚；雌花序无毛，长 5~10 cm，花柱 2~3 枚。果序短，壳斗有坚果 1 个，圆球形，成熟时 4~5 瓣开裂；坚果扁圆形，密被黄棕色伏毛。花期 3 ~ 4 月，果翌年 8 ~ 10 月成熟。

生于山地疏或密林中，海拔 100~900 m。产于中国台湾、福建、江西、广东、广西。

黑叶锥（锥属）

Castanopsis nigrescens Chun & C. C. Huang

乔木，高 8~15 m，当年生枝干后暗褐黑色，二三年生枝有多数黄棕色微凸起的皮孔，枝、叶均无毛。叶革质，卵形、卵状椭圆形，稀披针形，新生嫩叶背面有黄棕色较紧贴的蜡鳞，以中脉两侧的较明显，成长叶叶背有紧实而淡薄的灰白色蜡鳞层，叶面干后暗黑褐或褐黑色；叶柄长 10~20 mm。雄花序穗状或圆锥花序，雌、雄花序轴均被灰白色微柔毛。成熟壳斗聚生于顶部，壳斗近圆球形，连刺径 40~45 mm，刺颇密生，外壁及被灰白色或黄灰色短毛，内壁被棕色长茸毛，坚果宽卵形，密被短伏毛，果脐约占坚果面积的 1/3。花期 5 ~ 6 月，果翌年 9 ~ 10 月成熟。

生于山地山谷或山坡杂木林中，海拔 200~900 m。产于中国福建、江西、湖南、广东、广西。

鹿角锥（锥属）臭栲、箐板栗

Castanopsis lamontii Hance

乔木，高 8~15 m，树皮粗糙，网状交互纵裂。叶革质，椭圆形，嫩叶两面同色，成长叶背面带苍灰色；叶柄长 1.5~3 cm。雄穗状花序生于叶腋间，假复穗状花序；雄蕊 12 枚；雌花序生于叶腋间，每壳斗有雌花 3、5、7 朵，花柱 2~3 枚，长约 1 mm。果序长 10~20 cm；壳斗坚果 2~3 个，圆球形，刺粗壮长短不一；坚果阔圆锥形，密被短伏毛，果脐占坚果面积约一半。花期 3 ~ 5 月，果翌年 9 ~ 11 月成熟。

生于山地疏或密林中，海拔 100~900 m。产于中国福建、江西、广东、广西、湖南、贵州、云南。

槟榔青冈（青冈属）

Cyclobalanopsis bella (Chun & Tsiang) Chun ex Y. C. Hsu & H. W. Jen

常绿乔木，高达 30 m，树皮灰褐色。小枝有细棱。叶薄革质，长椭圆状披针形，长 8~15 cm，宽 2~3.5 cm，顶端渐尖，基部楔形，略偏斜，叶缘有锯齿，灰绿色；叶柄长 1~2 cm，无毛。雌花序 1~2 cm，花 2~3 朵，花柱 4 枚，长 1~1.5 mm，被毛。壳斗盘形，包着坚果基部，直径 2.5~3 cm，高约 5 mm；小苞片合生成 6~8 条同心环带。坚果扁球形，果脐略内凹，直径 1~1.4 cm。花期 2 ~ 4 月，果期 10 ~ 12 月。

生于山地和丘陵，喜湿润环境，海拔 200~700 m。产于中国广东、海南、广西。

栎子青冈（青冈属）

Cyclobalanopsis blakei **(Skan) Schottky**

常绿乔木，高达 35 m，树皮灰黑色，平滑。小枝无毛，二年生枝密生皮孔。冬芽小，近球形，芽鳞近无毛。叶片薄革质，大小不一，叶缘 1/3 以上有锯齿，中脉在叶面突起，幼时两面被红色长茸毛，不久即脱落；叶柄纤细，长 1.5~3 cm，无毛。雄花序轴被疏毛；壳斗单生或两个对生，盘形或浅碗形，包着坚果基部，外壁被暗褐色短茸毛，内壁被红棕色长伏毛；小苞片合生成 6~7 条同心环带，环带全缘或有裂齿。坚果椭圆形或卵形，柱座凸起，基部被稀疏黄色柔毛，后渐脱落；果脐扁平或微凹陷，直径 7~11 mm。花期 3 月，果期 10 ~12 月。

生于山谷密林中，海拔 100~900 m。产于中国广东、海南、香港、广西、贵州。

福建青冈（青冈属）

Cyclobalanopsis chungii **(F. P. Metcalf) Y. C. Hsu & H. W. Jen ex Q. F. Zhang**

常绿乔木，高达 15 m。小枝密被褐色短茸毛。叶薄革质，椭圆形，长 6~12 cm，宽 1.5~4 cm，顶端突尖或短尾状，基部宽楔形，顶端有浅锯齿，叶背中脉、侧脉凸起，叶密生短茸毛；叶柄长 0.5~2 cm，被短茸毛。雌花序长 1.5~2 cm，花 2~6 朵，花序轴及苞片均密被茸毛。果序长 1.5~3 cm。壳斗盘形，被灰褐色茸毛；小苞片合生 6~7 条同心环带，除下部 2 环具裂齿外均全缘。坚果扁球形，微有细茸毛，果脐平坦或微凹陷，直径约 1 cm。

生于山坡、山谷疏或密林中，海拔 200~800 m。产于中国福建、广东、广西、湖南、江西。

岭南青冈（青冈属）岭南椆

Cyclobalanopsis championii **(Benth.) Oerst.**

常绿乔木，高达 20 m，树皮暗灰色，薄片状开裂。小枝有沟槽，密被灰褐色星状茸毛。叶片厚革质，聚生于近枝顶端，倒卵形或长椭圆形，全缘，稀近顶端有数对波状浅齿，叶缘反曲，中脉、侧脉在叶面凹陷，叶面深绿色，无毛，叶背密生星状茸毛，星状毛有 15 个以上分叉，中央呈一鳞片状，覆以黄色粉状物，毛初为黄色，后变为灰白色；叶柄长 0.8~1.5 cm，密被褐色茸毛。雄花序全体被褐色茸毛；雌花序被褐色短茸毛。壳斗碗形，包着约 1/3 坚果，内壁密被苍黄色茸毛，外壁被褐色或灰褐色短茸毛。坚果宽卵形或扁球形，幼时有毛，老时无毛，果脐平，直径 4~5 mm。花期 12 月至翌年 3 月，果期 11~12 月。

生于山地常绿阔叶林里，海拔 100~900 m。产于中国福建、台湾、广东、海南、广西、云南。

饭甑青冈（青冈属）

Cyclobalanopsis fleuryi **(Hickel & A. Camus) Chun ex Q. F. Zheng**

常绿乔木，高达 25 m，树皮灰白色，平滑。芽大，卵形，具 6 条棱，芽鳞被茸毛。叶片革质，长椭圆形，长 14~27 cm，宽 4~9 cm，叶背粉白色，中脉微凸起；叶柄 2~6 cm。雄花序 10~15 cm，被褐色茸毛；雌花序 2.5~3.5 cm，花 4~5 朵，花序轴被黄色茸毛，花柱 4~8 枚，柱头略 2 裂。壳斗圆筒形，包着约 2/3 坚果，内外壁被长茸毛；小苞片合生 10~13 条同心环带，环带近全缘。坚果柱状长椭圆形，密被黄棕色茸毛；果脐凸起。花期 3 ~ 4 月，果期 10 ~ 12 月。

生于山地密林中，海拔 500~900 m。产于中国湖南、江西、福建、广东、海南、广西、贵州、云南。

青冈（青冈属）青冈栎、铁椆

Cyclobalanopsis glauca **(Thunb.) Oerst.**

常绿乔木，高达 20 m。叶革质，椭圆形，长 6~13 cm，宽 2~5.5 cm，叶缘中部以上有疏锯齿，常有白色鳞秕，叶背支脉明显，叶背有毛，老脱落；叶柄 1~3 cm。雄花序长 5~6 cm，花序轴被苍色茸毛。果序长 1.5~3 cm，着生果 2~3 个。壳斗碗形，包着 1/3~1/2 坚果，被薄毛；小苞片合生 5~6 条同心环带，环带全缘或有细缺刻。坚果长卵形，高 1~1.6 cm，几无毛。花期 4 ~ 5 月，果期 10 月。

生于山坡或沟谷，组成常绿阔叶林或常绿阔叶与落叶阔叶混交林，海拔 100~900 m。产于中国陕西、甘肃以及华中、华东、华南、西南地区。

小叶青冈（青冈属）杨梅叶青冈

Cyclobalanopsis myrsinifolia **(Blume) Oerst.**

常绿乔木，高 20 m。小枝无毛，被淡褐色长圆形皮孔。叶披针形，顶端长渐尖或短尾状，基部楔形或近圆形，叶缘中部以上有细锯齿，侧脉 9~14 对，不达叶缘，叶面绿色，叶背粉白色，叶柄长 1~2.5 cm。雄花序 4~6 cm；雌花序 1.5~3 cm。壳斗杯形，包着 1/3~1/2 坚果，直径 1~1.8 cm，高 5~8 mm，内壁无毛，外壁被灰白色细柔毛；小苞片合生成 6~9 条同心环带，环带全缘。坚果卵形或椭圆形，无毛，顶端圆，柱座明显，有 5~6 条环纹；果脐平坦。花期 6 月，果期 10 月。

生于山谷、阴坡杂木林中，海拔 200~900 m。产于中国江苏、安徽、浙江、江西、福建、台湾、广东、广西、贵州、云南、四川、湖南、河南、陕西。

雷公青冈（青冈属）

Cyclobalanopsis hui **(Chun) Chun ex Y. C. Hsu & H. W. Jen**

常绿乔木，高 10~15 m，有时可达 20 m。幼时密被黄色卷曲茸毛，后渐无毛，有细小皮孔。叶薄革质，叶缘反曲，叶背中脉侧脉凸起，叶背初被毛后脱落；叶柄长 1~1.4 cm，幼时有毛。雄花序簇生，长 5~9 cm，被黄棕色茸毛；雌花序长 1~2 cm，花 2~5 朵，聚生于花序轴顶端，花柱 5~6 枚，长约 8 mm。果序长约 1 cm，有果 1~2 个。壳斗浅碗形至深盘形，包着坚果基部，密被黄褐色茸毛。坚果扁球形，直柱座凸起，果脐凹陷。花期 4 ~ 5 月，果期 10 ~ 12 月。

生于山地杂木林或湿润密林中，海拔 300~900 m。产于中国广东、广西、湖南。

毛果青冈（青冈属）

Cyclobalanopsis pachyloma **(Seemen) Schottky**

常绿乔木，高达 17 m。幼枝被黄色蜷曲星状茸毛。叶片革质，倒卵状长椭圆形至披针形，长 7~14 cm，宽 2~5 cm，顶端渐尖或尾尖，基部楔形，叶缘中部以上有疏锯齿，侧脉每边 8~11 条，幼时被黄色卷曲毛，老时无毛；叶柄长 1.5~2 cm。雄花序长 8 cm，花序轴及苞片被棕色茸毛；雌花序长 1.5~3 cm，着生花 2~5 朵，全体密被棕色茸毛。壳斗半球形或钟形，包着 1/2~2/3 坚果，密被黄褐色茸毛，直径 1.5~3 cm，高 2~3 cm；小苞片合生成 7~8 条同心环带，环带全缘。坚果长椭圆形至倒卵形，直径 1.2~1.6 cm，幼时密生黄褐色茸毛，老时渐脱落，顶端圆，柱座凸起，果脐微凸起，直径 5~7 mm。花期 3 月，果期 9 ~ 10 月。

生于湿润山地、山谷森林中，海拔 200~900 m。产于中国江西、福建、台湾、广东、广西、贵州、云南、湖南。

愉柯（柯属）

Lithocarpus amoenus Chun & C. C. Huang

乔木，高 10~15 m，芽鳞被棕黄色丝光质长毛。嫩叶叶柄、叶背及花序轴均密被泥黄色或灰棕色长茸毛，嫩叶叶面亦被茸毛及易抹落的粉末状鳞秕，干后叶面常有油润光泽。叶厚革质，椭圆形或卵状椭圆形，背面有稍疏松的鳞片状腊鳞层，成长叶变苍灰色，侧脉在叶缘附近急弯向上，彼此不连接；雄穗状花序单穗腋生或集成圆锥状花序；壳斗圆球形，通常全包坚果，直径 20~25 mm，壳斗幼嫩时的鳞片呈粗线状，略向内弯卷，被灰色微柔毛，坚果成熟时，鳞片多退化而仅具痕迹，但壳斗上部的鳞片仍为短线状；坚果近球形，密被灰黄色细伏毛，果脐凸起，位于坚果的下部，约占坚果面积的 1/4，有时四周边缘微凹陷。花期 5 ~ 6 月，果翌年 8 ~ 10 月成熟。

生于山地杂木林中，海拔 300~900 m。产于中国福建、广东、贵州、湖南。

美叶柯（柯属）

Lithocarpus calophyllus Chun ex C. C. Huang & Y. T. Chang

乔木，高达 28 m。叶硬革质，椭圆形，顶部尾尖，基部近于圆或浅耳垂状，侧脉每边 7~11 条；叶柄长 2.5~5 cm；壳斗厚木质，高 5~10 mm，宽 15~25 mm；坚果高 15~20 mm，宽 18~26 mm，顶部平坦，中央微凹陷。花期 6 ~ 7 月，果翌年 8 ~ 9 月成熟。

生于山地常绿阔叶林中，海拔 500~900 m。产于中国江西、福建、湖南、广东、广西、贵州。

烟斗柯（柯属）烟斗石栎、石锥

Lithocarpus corneus (Lour.) Rehder

乔木，高达 15 m，小枝淡黄灰色，无毛或被短柔毛，散生微凸起的皮孔。叶常聚生于枝顶部，纸质或革质，椭圆形，倒卵状长椭圆形或卵形，侧脉直达齿端，支脉纤细，彼此近于平行。壳斗碗状或半圆形，果序较长且有成熟壳斗多达 16 个，包着坚果约一半至大部分，小苞片三角形或斜四边菱形；坚果半圆形或宽陀螺形，果脐占坚果面积一半至大部分，其上部的边缘檐状，子叶饱满，4~8 浅裂。花期几乎全年，盛花期 5 ~ 7 月，果翌年 5 ~ 7 月成熟。

生于山地常绿阔叶林中，海拔 100~900 m。产于中国台湾、福建、湖南、广东、海南、广西、贵州、云南。

泥柯（柯属）

Lithocarpus fenestratus (Roxb.) Rehder

乔木，高达 25 m，芽鳞无毛，当年生枝被甚短的柔毛。叶纸质，长披针形或卵状长椭圆形，顶部渐狭长尖，基部狭楔尖，沿叶柄下延，全缘，中脉在叶面凸起，叶背有紧实的蜡鳞层，干后微带灰色，新叶的叶柄长约 5 mm，成长叶的叶柄长约 10 mm，粗壮，沿叶柄及叶背中脉两侧被棕色长直柔毛。雄穗状花序通常多穗排成圆锥花序；果序轴粗达 6 mm，无毛，3 个果一簇，其中 1~2 个发育结实；壳斗扁圆形，包着坚果绝大部分，小苞片三角形，紧贴壳壁，覆瓦状排列，被稀少微柔毛及棕色蜡鳞；坚果扁圆形或宽圆锥状，果脐凹陷，直径 12~15 mm，深约 1 mm。花期 8 ~ 10 月，果翌年 8 ~ 10 月成熟。

生于山地常绿阔叶林中，海拔 100~900 m。产于中国广东、海南、广西、云南、西藏。

柯（柯属）石栎、椆子
Lithocarpus glaber **(Thunb.) Nakai**

乔木，高 15 m，叶革质，倒卵状椭圆形，叶缘有 2~4 个浅裂齿或全缘，中脉微凸起，侧叶背面几无毛，有较厚的蜡鳞层；叶柄长 1~2 cm，雄穗状花序多排成圆锥花序或单穗腋生；雌花序着生少数雄花，雌花 3~5 朵一簇，花柱 1~1.5 mm。果序轴被短柔毛；壳斗碟状或浅碗状，小苞片三角形，覆瓦状排列或连生成圆环，密被灰色微柔毛；坚果椭圆形，顶端尖，或长卵形，有淡薄的白色粉霜，暗栗褐色。花期 7 ~ 11 月，果翌年同期成熟。

生于山坡杂木林中，阳坡较常见，海拔 100~900 m。产于中国秦岭南坡以南地区，但海南和云南未见。

庵耳柯（柯属）
Lithocarpus haipinii **Chun**

乔木，高达 30 m，当年生枝、叶柄、叶背及花序轴均密被灰白或灰黄色长柔毛，二年生枝的毛较稀疏且变污黑色。叶厚硬且质脆，宽椭圆形，卵形，倒卵形或倒卵状椭圆形，叶缘背卷；叶柄长 2~3.5 cm。雄穗状花序多穗排成圆锥花序；雌花序较短，通常生于枝顶部。幼嫩壳斗全包幼小的坚果，苞片短线状，成熟壳斗碟状或盆状，高 3~6 mm，宽 15~25 mm，壳壁增厚，近木质，小苞片稍增长的短线状，向下弯垂，顶端弯勾；坚果近圆球形而略扁，底部平坦，栗褐色，嫩时被灰白色粉霜，柱座短突起，透熟时有纵裂缝，果脐凹陷，深 2~4 mm，直径 8~14 mm。花期 7 ~ 8 月，果翌年 7 ~ 8 月成熟。

生于山地杂木林中，海拔 100~900 m。产于中国湖南、广东、香港、广西、贵州。

粉绿柯（柯属）
Lithocarpus glaucus **Chun & C. C. Huang ex H. G. Ye**

乔木，高 15 m。叶硬革质，卵形或椭圆形，顶部渐尖，基部楔形，全缘，两面同色，叶柄长 3~5 cm。穗状花序排成圆锥花序，花序轴无毛。壳斗浅碟状，包着坚果基部；坚果近圆球形，顶端尖，无毛。花期 4~6 月，果期翌年 9~12 月。

生于山地常绿阔叶林中。产于中国广东。

硬壳柯（柯属）
Lithocarpus hancei **(Benth.) Rehder**

乔木，高小于 15 m，花序轴及壳斗被灰色短柔毛。小枝淡黄灰色或灰色，常有很薄的透明蜡层。叶薄纸质至硬革质，基部通常沿叶柄下延，全缘，或叶缘略背卷，中脉在叶面至少下半段明显凸起，侧脉纤细而密，方格状网脉，叶柄长 0.5~4 cm。雄穗状圆锥花序，壳斗浅碗状至近于平展的浅碟状，包着不足 1/3 的坚果，小苞片鳞片状三角形覆瓦状排列或连生成数个圆环，壳斗 3~5 个一簇；坚果扁圆形，近圆球形。花期 4 ~ 6 月，果翌年 9 ~ 12 月成熟。

生于海拔 600 m 以下的多种生境中。产于中国秦岭南坡以南各地区。

木姜叶柯（柯属）

***Lithocarpus litseifolius* (Hance) Chun**

乔木，高达 20 m，小枝、叶柄及叶面干后有淡薄的白色粉霜。叶纸质至近革质，椭圆形或卵形，长 8~18 cm，宽 3~8 cm，顶部渐尖或短突尖，基部楔形至宽楔形，全缘，侧脉 8~11 条，中脉在叶面凸起，有紧实鳞秕层；叶柄长 1.5~2.5 cm。雄穗状花序多穗排成圆锥花序；有时雌雄同序，2~6 穗聚生于枝顶部，花序轴常被短毛；雌花 3~5 朵一簇。壳斗浅碟状或短漏斗状，小苞片三角形，坚果为顶端锥尖的宽圆锥形或近圆球形，栗褐色或红褐色，有淡薄的白粉。花期 5 ~ 9 月，果翌年 6 ~ 10 月成熟。

生于常绿阔叶林中、密林中，喜阳光，耐旱。产于中国长江以南地区。

粉叶柯（柯属）

***Lithocarpus macilentus* Chun & C. C. Huang**

乔木，高 7~12 m，一年生。枝、叶柄、叶背及花序轴均被棕或黄灰色短茸毛，二年生枝及成长叶背面的毛伏贴且交织成蜘蛛网状，三年生枝暗褐黑色，皮孔不明显。叶薄革质，披针形，很少倒披针形，中脉有时及侧脉细沟状凹陷，侧脉每边 6~9 条，支脉不明显，新生嫩叶两面均被甚纤细、易抹落的卷丛毛，叶背兼被鳞秕；叶柄长不过 1 cm。雄穗状花序多穗排成圆锥花序；成熟壳斗浅碗状，高 6~8 mm，宽 15~20 mm，包着坚果下部，壳壁稍薄，基部略增厚；坚果宽圆锥形或扁圆形，无毛，暗栗褐色，高 13~15 mm，宽 15~17 mm，果脐稍凹陷，口径 7~8 mm。花期 7 ~ 8 月，果翌年 10 ~ 11 月成熟。

生于溪谷两岸常绿阔叶林中，海拔 100~400 m。产于中国广东、广西、香港。

龙眼柯（柯属）

***Lithocarpus longanoides* C. C. Huang & Y. T. Chang**

乔木，高 8~18 m，嫩枝及嫩叶背面密被很早脱落的黄棕色甚纤细的短卷曲柔毛，二年生枝有甚多细小的皮孔，小枝干后乌黑色。叶略硬纸质，卵形或披针形，全缘，或有少数叶的顶部边缘浅波浪状，中脉在叶面稍凸起，干后叶面及叶背侧脉均红棕色或暗褐色，叶背有灰白色细圆点状鳞腺；叶柄长 1~1.5 cm。雄穗状花序长 8~15 cm，多穗排成圆锥花序，花序轴密被棕黄色微柔毛；雌花序轴的顶段常着生雄花；雌壳斗圆球形或略扁，通常全包坚果，干后脆壳质，小苞片三角形，仅顶端长约 1 mm 的钻尖部分与壳壁离生；坚果扁圆形或近圆球形，栗褐色，无毛。花期 7 ~ 10 月，果翌年同期成熟。

生于山坡或山谷常阔叶林中，海拔 500~900 m。产于中国广东、广西、云南。

水仙柯（柯属）

***Lithocarpus naiadarum* (Hance) Chun**

乔木，高 4~10 m，胸径 10~20 cm。叶硬纸质，狭长椭圆形或长披针形，宽 1~3 cm，长通常为其宽度的 5~10 倍。雄穗状花序多穗排成圆锥花序，花序轴密被灰黄色短柔毛；雌花序长达 20 cm；雌花每 3 朵一簇，壳斗浅碟状，通常平展，宽 12~18 mm，包着坚果底部，小苞片三角形，紧贴，稍增厚，通常连生成圆环状，但位于壳斗上部的常为覆瓦状排列，被灰色微柔毛；坚果宽圆锥形，高 10~20 mm，宽 15~25 mm，稀近圆球形，顶部锥尖或平缓，栗褐色，未完全成熟时有淡薄的白粉，果脐深 1~2 mm。花期 7 ~ 8 月，果翌年 8 ~ 9 月成熟。

产于中国海南、广东。

榄叶柯（柯属）

***Lithocarpus oleifolius* A. Camus**

乔木，高 8~15 m。叶硬纸质，呈狭长椭圆形或披针形，长 8 ~ 16 cm，宽 2 ~ 4 cm，顶部长渐尖，基部楔形，全缘，侧脉每边 11 ~ 14 条，支脉不显，叶背被柔毛兼蜡鳞；叶柄长 1 ~ 1.5 cm。雄穗状花序三数穗排成圆锥花序；雌花每 3 朵一簇，壳斗圆球形或扁圆形，直径 26 ~ 32 mm，全包坚果或兼有包着坚果的 3/4；坚果扁圆形或近圆球形，直径 20 ~ 25 mm，栗褐色，无毛，无白粉，果脐深约 1 mm。花期 8 ~ 9 月，果翌年 10 ~ 11 月成熟。

生于山地杂木林中，海拔 500~900m。产于中国江西、福建、广东、广西、湖南、贵州。

薄叶柯（柯属）

***Lithocarpus tenuilimbus* H. T. Chang**

乔木，高达 25 m。芽鳞无毛，嫩枝顶部及嫩叶叶柄被稀疏早脱落的长柔毛，二年生枝散生明显凸起的皮孔。叶硬纸质，长椭圆形或椭圆状披针形，中脉近于基部的一段中央呈裂沟状凹陷，在嫩叶期尚有细短毛，嫩叶叶背中脉在下半部常被甚稀少的长柔毛，成长叶干后叶背略带苍灰色，有紧实的细片状蜡鳞层；叶柄长 1~2 cm。雄穗状花序单穗腋生或多穗排成圆锥花序，花序轴密被灰黄色微柔毛；果序轴有皮孔；壳斗陀螺状，顶部最宽且平坦，基部甚窄，呈柄状，通常包着坚果绝大部分，但尚未透熟的壳斗通常全包坚果；坚果近圆球形，顶部略平坦且被细伏毛。花期 5 ~ 6 月，果翌年 9 ~ 10 月成熟。

生于山地常绿阔叶林中，海拔 700~900 m。产于中国广东、广西、云南。

滑皮柯（柯属）

***Lithocarpus skanianus* (Dunn) Rehder**

乔木，高达 20 m，胸径 50 cm，芽鳞、当年生枝、叶柄及花序轴均密被黄棕色茸毛，二年生枝的毛较疏且短，常呈污黑色。叶厚纸质，倒卵状椭圆形或倒披针形。雄圆锥花序生于枝顶部，少有单穗状花序腋生，长达 25 cm；雌花每 3 朵一簇，花柱长约 1 mm。壳斗扁圆至近圆球形，坚果扁圆形或宽圆锥形，高 12~18 mm，宽 14~22 mm，无毛，果脐口径 11~13 mm，深不到 1 mm。花期 9~10 月，果翌年同期成熟。

生于山地杂木林中，海拔 500~900m。产于中国江西、福建、广东、广西、湖南、贵州。

紫玉盘柯（柯属）桐叶柯、马驿树

***Lithocarpus uvariifolius* (Hance) Rehder**

乔木，高 10~15 m。小枝粗壮，幼时与芽均密生黄色或锈色长茸毛。叶革质，倒卵形、倒卵状椭圆形，顶部短突尖或短尾状，基部近于圆形，叶缘有齿少全缘，中脉及侧脉凹陷，支脉近于平行，叶背被毛；叶柄长 1~3.5 cm。花序轴粗壮，果序有成熟壳斗 1~4 个；壳斗深碗状或半圆形，包着坚果一半以上，壳壁厚 2~5 mm，被微柔毛，及糠秕状鳞秕，苞片大，老时呈菱状隆起，坚果成熟时多呈菱形或多边形具肋状凸起的纹网，坚果半圆形，密被细伏毛，果脐占坚果面积一半以上，具檐状边缘。花期 5 ~ 7 月，果翌年 10 ~ 12 月成熟。

生于山地常绿阔叶林中，海拔 200~900 m。产于中国福建、广东、广西。

麻栎（栎属）栎、橡碗树

Quercus acutissima **Carruth.**

落叶乔木，高达 30 m，树皮深纵裂。幼枝被灰黄色柔毛，后渐脱落，通常为长椭圆状披针形，长 8~19 cm，宽 2~6 cm，顶端长渐尖，基部圆形或宽楔形，叶缘有刺芒状锯齿，侧脉 13 ~ 18 对，叶片、叶柄幼时被柔毛，后渐脱落。雄花序常数个集生于当年生枝下部叶腋，有花 1~3 朵，花柱 30 枚。壳斗杯形，包着坚果约 1/2，连小苞片直径 2~4 cm，高约 1.5 cm；小苞片钻形或扁条形，向外反曲，被灰白色茸毛。坚果卵形或椭圆形，直径 1.5~2 cm，顶端圆形，果脐突起。花期 3 ~ 4 月，果期翌年 9 ~ 10 月。

生于山地阳坡上，海拔 100~900 m。产于中国辽宁以南广大地区。

乌冈栎（栎属）

Quercus phillyreoides **A. Gray**

常绿灌木或小乔木，高达 10 m。小枝纤细，灰褐色，幼时有短茸毛，后渐无毛。叶革质，倒卵形，顶端钝尖或短渐尖，基部圆形或近心形，叶缘具疏锯齿，老叶两面无毛或仅叶背中脉被疏柔毛；叶柄被疏柔毛。雄花序长 2.5~4 cm，花序轴被毛；柱头 2~5 裂。壳斗杯形，内壁有灰色丝质茸毛，包着坚果 1/2~2/3；小苞片三角形，长约 1 mm，呈覆瓦状排列紧密，除顶端外被灰白色柔毛，果长椭圆形，果脐平坦或微突起，直径 3~4 mm。花期 3 ~ 4 月，果期 9 ~ 10 月。

生于山坡、山顶和山谷密林中，常生于山地岩石上，海拔 300~900 m。产于中国南方。

A154 杨梅科 Myricaceae

毛杨梅（杨梅属）

Myrica esculenta **Buch.-Ham. ex D. Don**

常绿乔木，高 2.5~7 m；小枝密生茸毛，皮孔密而明显。叶薄革质，长椭圆形至倒披针形，顶端钝或圆，基部渐狭。全缘或偶在中部以上有疏齿，除近基部的中脉外，两面无毛；叶柄 5~10 mm，被茸毛。雄穗状花序分枝呈圆锥花序状。核果椭圆形，直径约 1 cm。略压扁，熟时红色，表面有乳头状凸起，外果皮多汁液及树脂，味酸甜。果期 3 ~ 4 月。

生于山坡开阔混交林中，海拔 300~900 m。产于中国广东、广西、贵州、四川、云南。

杨梅（杨梅属）山杨梅、树梅

Myrica rubra **(Lour.) Sieb. & Zucc.**

常绿乔木，高可达 15 m 以上。小枝幼嫩时着生的腺体。叶革质，多生于萌发条上者为长椭圆状或楔状披针形，长达 16 cm 以上，顶端渐尖或急尖，边缘具锯齿，基部楔形；仅被有稀疏的金黄色腺体，干燥后中脉及侧脉在上下两面均显著，在下面更为隆起；叶柄长 2~10 mm。花雌雄异株。雄花序圆柱状，4~6 枚雄蕊；雌花序短于雄花序短。核果球状，外果皮肉质，成熟时深红色或紫红色。花期 4 月，果期 6~7 月。

生于山坡或山谷林中，海拔 100~900 m。产于中国江苏、浙江、江西、福建、台湾、广东、海南、广西、贵州、云南、四川、湖南。

A155 胡桃科 Juglandaceae

少叶黄杞（黄杞属）白皮黄杞

***Engelhardia fenzlii* Merr.**

小乔木，高 3~18 m，全体无毛。枝条灰白色，被有圆形腺体。偶数羽状复叶；小叶 1~2 对，叶片椭圆形，全缘。大部分雌雄同株。雌雄花序时常生于枝顶端的圆锥状或伞形状花序束，顶端 1 条为雌花序，下方数条为雄花序，或雌雄花序分开则雌花序单独顶生而雄花序数条形成花序束，均为葇荑状。果序长 7~12 cm。果实球形，密被腺体；苞片 3 裂托于果实。花期 7 月，果期 9 ~ 10 月。

生于林中或山谷中，海拔 400~900 m。产于中国广东、福建、浙江、江西、湖南、广西。

黄杞（黄杞属）黑油换、黄泡木

***Engelhardia roxburghiana* Wall.**

半常绿乔木，高达 10 余米，被有橙黄色腺体。小叶 3~5 对，叶片革质，全缘，顶端渐尖或短渐尖，基部歪斜。雌雄同株，常由雌花序 1 条及雄花序数条形成顶生圆锥花序束，或雌花序单生，花序顶生下垂。雄花花被片 4 枚，兜状。雌花苞片 3 裂而不贴于子房，花被片 4 枚，贴生于子房。果序长 15~25 cm。果实坚果状，球形，外果皮膜质，内果皮骨质，3 裂的苞片托于果实基部。花期 5 ~ 6 月，果期 8 ~ 9 月。

生于林中，海拔 200~900 m。产于中国浙江、江西、福建、台湾、广东、海南、广西、贵州、云南、四川、湖南、湖北。

圆果化香树（化香树属）

***Platycarya longipes* Y. C. Wu**

小乔木，高可达 9 m，小枝圆柱状，紫褐色，有长圆形白色皮孔。叶互生，奇数羽状复叶；小叶 3~5 片，顶生叶椭圆状披针形，侧生叶阔披针形至镰刀形，上面干后呈暗橄绿色，下面干后稍带苍白色，两面均无毛，或仅在下面脉腋的基部有铁锈色柔毛；侧脉两面均明显，但下面则明显凸起，边缘有锯齿，雄花序 2~6 条；雄蕊 8 枚，花丝极短，花药阔卵形；雌花序顶生，总花梗短，被微柔毛；苞片长圆形，硬革质，顶端短而渐尖，基部近圆形，覆瓦状排列，成熟后展开。果序近球形，长与宽约为 1.5 cm。小坚果倒心形。花期 3 ~ 4 月，果期 9 ~ 10 月。

喜生长于石灰岩地区的灌木林或疏林中，海拔 400~800 m。产于中国贵州、四川、湖北、湖南、广西、广东。

A158 桦木科 Betulaceae

亮叶桦（桦木属）光皮桦

***Betula luminifera* H. J. P. Winkl.**

乔木，高可达 20 m。树皮红褐色；枝条有蜡质白粉；小枝黄褐色，密被短柔毛，疏生树脂腺体。叶矩圆形，顶端骤尖，基部圆形，边缘具不规则的重锯齿，叶上面仅幼时密被短柔毛，下面密生树脂腺点，沿脉疏生长柔毛；叶柄密被短柔毛及腺点。雄花序 2~5 枚，簇生于小枝顶端或单生于小枝上部叶腋；序梗密生树脂腺体；苞鳞背面无毛，边缘具短纤毛。果序大部单生，长圆柱形。小坚果倒卵形，背面疏被短柔毛。花期 5 ~ 6 月，果期 6 ~ 8 月。

生于阳坡杂木林内，海拔 200~900 m。产于中国江苏、安徽、浙江、江西、福建、广东、广西、贵州、云南、四川、湖南、湖北、河南、陕西、甘肃。

A163 葫芦科 Cucurbitaceae

绞股蓝（绞股蓝属）七叶胆、五叶参

Gynostemma pentaphyllum **(Thunb.) Makino**

草质攀援植物。茎具分枝，具纵棱及槽，疏被短柔毛。叶膜质或纸质，鸟足状，通常 5~7 小叶；小叶片卵状长圆形，中央小叶长 3~12 cm，宽 1.5~4 cm，两面疏被毛，侧脉 6~8 对，卷须 2 歧。花雌雄异株。雄花圆锥花序，花序轴长 10~30 cm；花梗长 1~4 mm；花萼筒 5 裂；花冠淡绿色或白色，5 深裂；雄蕊 5 枚，花丝联合成柱。雌花圆锥花序短小；子房 2~3 室，花柱 3 枚，柱头 2 裂。果实肉质，球形，直径 5~6 mm，黑色，种子 2 颗，具乳突状凸起。花期 3 ~ 11 月，果期 4 ~ 12 月。

生于山谷、山坡疏林、灌丛中或路旁草丛中，海拔 300~900 m。产于中国河南、山东及其以南地区。

大苞赤瓟（赤瓟属）

Thladiantha cordifolia **(Blume) Cogn.**

草质藤本。茎有纵槽，被疏柔毛；卷须不分枝，被微柔毛。叶纸质或膜质，心状卵形，边缘有小齿，腹面被疏刚毛，有白色小凸点，稍粗糙，背面被短柔毛；雄花序腋生，为密集的总状花序，有长 4~8 cm 的总花梗，苞片阔卵形或近于折扇形，覆瓦状排列，长达 2 cm，锐裂，被微柔毛，萼管阔钟状，有柔毛，裂片线形，长 8~10 mm，有微柔毛；花瓣黄色，长约 15 mm，宽 8~10 mm，稍被短柔毛；雌花单生，具纤细的花梗，花梗长约 2 cm，有长柔毛；子房长圆形，有长柔毛。浆果椭圆状，有绿斑或黑斑；种子卵形，灰色或黄色，长 4.5~7 mm，宽 3~6 mm，厚 2~3 mm，两面有浅皱纹。花期 4 ~ 11 月，果期 7 ~ 12 月。

生于山地灌丛或沟谷林中，海拔 800~900 m。产于中国广东、广西、云南、四川。

茅瓜（茅瓜属）

Solena heterophylla **Lour.**

攀援草本。块根纺锤状，茎、枝无毛，具沟纹。叶片薄革质，裂片长圆状披针形、披针形或三角形，上面脉上有微柔毛，近全缘。卷须纤细，不分歧。雌雄异株。雄花：伞房状花序，花序梗长 2~5 mm；花萼筒钟状，基部圆，长 5 mm，径 3 mm，外面无毛，裂片长 0.2~0.3 mm；花冠黄色，外面被短柔毛；雄蕊 3 枚，分离，着生在花萼筒基部，花药近圆形，长 1.3 mm，药室具毛。雌花：单生于叶腋；花梗长 5~10 mm，被微柔毛；子房卵形，长 2.5~3.5 mm。果实红褐色，近球形，表面近平滑。种子灰白色，长 5~7 mm，光滑无毛。花期 5 ~ 8 月，果期 8 ~ 11 月。

生路旁、林下或灌丛中，海拔 600~900 m。产于中国台湾、福建、江西、广东、广西、云南、贵州、四川、西藏。

王瓜（栝楼属）

Trichosanthes cucumeroides **(Ser.) Maxim.**

多年生攀援藤本。叶片纸质，轮廓阔卵形或圆形，常 3~5 浅裂至深裂，或有时不分裂，裂片三角形、卵形至倒卵状椭圆形，先端钝或渐尖，边缘具细齿或波状齿，叶基深心形，弯缺深 2~5 cm，上面深绿色，被短茸毛及疏散短刚毛，背面淡绿色，密被短茸毛；。花雌雄异株。雄花组成总状花序，或 1 朵单花与之并生，总花梗长 5~10 cm，具纵条纹，被短茸毛；花梗短，长约 5 mm，被短茸毛；小苞片线状披针形，长 2~3 mm，全缘，被短柔毛，偶见无小苞片。果实卵圆形、卵状椭圆形或球形。种子横长圆形。花期 5 ~ 8 月，果期 8 ~ 11 月。

产于中国华东、华中、华南、西南地区。

全缘栝楼（栝楼属）

Trichosanthes pilosa **Lour.**

茎细弱，具纵棱及槽，被短柔毛。叶纸质，边缘具疏细齿或具波状齿，中间裂片卵形，侧裂片较小，两侧不等，上面深绿色，被短柔毛及疏短硬毛，背面淡绿色，密被短茸毛；叶柄长 4~12 cm，具纵条纹，密被短柔毛。卷须被短柔毛。花雌雄异株。雄花组成总状花序，总花梗长 10~26 cm，具纵条纹，密被短柔毛；小苞片披针形，长约 16 mm，宽 5~6 mm，边缘具三角状齿，两面被短柔毛；花冠白色，裂片狭长圆形，具丝状流苏；花药柱长 4~5.5 mm，径约 2.5 mm；雌花单生，花梗长 1~3.5 cm，具纵条纹，密被短柔毛；子房长卵形，被短柔毛。果实卵圆形，长 5~7 cm，径 2.5~4 cm。花期 5 ~ 9 月，果期 9 ~ 12 月。

生于林中、灌丛或林缘，海拔 700~900 m。产于中国广东、广西、贵州、云南。

中华栝楼（栝楼属）

Trichosanthes rosthornii **Harms**

攀援藤本；块根条状，具突起。茎具纵棱及槽。叶片纸质，上表面深绿色，疏被短硬毛，背面淡绿色，无毛，密具突起，脉被短柔毛；叶柄具纵条纹。卷须 2~3 歧。花雌雄异株。雄花总花梗长 8~10 cm；小苞片菱状倒卵形，长 6~14 mm，宽 5~11 mm，先端渐尖，中部以上具不规则的钝齿，基部被微柔毛；花萼筒被短柔毛；花冠白色，裂片被短柔毛；花药柱长圆形，花丝长 2 mm，被柔毛。雌花单生，花梗长 5~8 cm，被微柔毛；花萼筒圆筒形，被微柔毛；子房椭圆形，长 1~2 cm，径 5~10 mm，被微柔毛。果实椭圆形，长 8~11 cm，无毛；果梗长 4.5~8 cm。种子卵状椭圆形，扁平，长 15~18 mm，宽 8~9 mm，褐色。花期 6 ~ 8 月，果期 8 ~ 10 月。

生于密林、灌丛、草丛中，海拔 400~900 m。产于中国安徽、江西、广东、广西、贵州、四川、云南。

两广栝楼（栝楼属）

Trichosanthes reticulinervis **C. Y. Wu ex S. K. Chen**

草质藤本。茎具 5 条棱，有微柔毛；卷须 5 分枝。单叶互生，革质，卵状心形，腹面沿脉上有短柔毛或近无毛，背面有短柔毛，沿脉上较密，有时近无毛。雌雄异株，雄花组成总状花序或狭圆锥花序，密被铁锈色柔毛；苞片披针形，长约 15 mm；萼管狭钟形，萼裂片 5 枚，三角状卵形；花冠白色，裂片 5 枚，扇形，边缘流苏状；雌花单生，密被铁锈色柔毛；花梗长 1~2 cm，等管圆柱形，裂片披针形；花冠白色，裂片 5 枚，扇形，边缘流苏状；子房卵形，柱头 3 枚。果卵形，直径 4.5~5.5 cm，密被铁锈色长柔毛；种子卵形，扁，长约 11 mm，宽约 7 mm，厚约 3 mm。花果期夏、秋季。

生于山谷沟边林中或灌丛中，海拔 200~400 m。产于中国广东、广西。

马㼎儿（马㼎儿属）马交儿

Zehneria japonica **(Thunb.) H. Y. Liu**

攀援或平卧草本；叶柄细，长 2.5~3.5 cm；叶膜质，长 3~5 cm，宽 2~4 cm，脉掌状。雌雄同株。雄花花序梗短；花梗丝状；花萼宽钟；花冠淡黄色；雄蕊 3 枚，2 枚 2 室，1 枚 1 室花丝短，长 0.5 mm，花药卵状长圆形或长圆形，有毛，长 1 mm。雌花花梗丝状，花冠阔钟形；子房狭卵形疣状凸起，花柱短，柱头 3 裂。果梗纤细；果实长圆形或狭卵形，橘红色。种子灰白色，卵形。花期 4 ~ 7 月，果期 7 ~ 10 月。

生于林中阴湿处、路旁及灌丛中，海拔 500~900 m。产于中国四川、湖北、安徽、江苏、浙江、福建、江西、湖南、广东、广西、贵州、云南。

A166 秋海棠科 Begoniaceae

食用秋海棠（秋海棠属）

Begonia edulis **H. Lév.**

多年生草本，高 40~60 cm。叶片两侧略不相等，轮廓近圆形或扁圆形，长 16~20 cm，宽 15~21 cm。雄花：粉红色，常 4~6 朵，呈 2~3 回二歧聚伞状，花序梗长 4~10 cm，一次分枝长 8~10 mm，均有沟棱，无毛；花梗长 1~2 cm，密被褐色茸毛，以后脱落减少；花被片 4 枚，外面 2 枚卵状三角形。蒴果下垂，果葶高 16~26 cm，有纵棱，近无毛或无毛；果 4~6 个。花期 6 ~ 9 月，果期 8 月。

生于山坡水沟边岩石上、山谷潮湿处，混交林下岩石上和山坡沟边。产于中国贵州、云南、广西、广东。

香花秋海棠（秋海棠属）

Begonia handelii **Irmsch.**

多年生草本。茎无毛。叶互生，斜卵形；先端短渐尖，基部斜心形，外侧耳片半圆形，长 2~3 cm，内侧耳片极短，边缘具不整齐的疏锯齿，上面无毛或被极稀疏的小刺毛，下面沿叶脉多少被锈色小柔毛，托叶长圆状卵形至披针形，长 9~11 mm，宽 4~5 mm，先端急尖，宿存。聚伞花序腋生或顶生，少花；总花梗极短或长达 4 cm；花梗长 2.5~11 cm，多少被锈色短粗毛；花淡红色；雄花：花被片 4 枚，雄蕊多数；雌花：花被片 4 枚，外层 2 枚卵形，长 3~4.5 cm，宽 2.2~3.5 cm，内层 2 枚长椭圆形，长约 3.6 cm，宽约 0.6 cm；子房 4 室。蒴果纺锤形，长 1.5~2 cm，无翅。花期 3 ~ 7 月。

生于林下阴湿地，海拔 100~900 m。产于中国广东、广西、海南、云南。

紫背天葵（秋海棠属）天葵、天葵秋海棠

Begonia fimbristipula **Hance**

多年生无茎草本。根状茎球状，直径 7~8 mm，具多数纤维状之根。叶均基生，具长柄；叶卵形，长 6~13 cm，宽 4.8~8.5 cm，叶片两侧略不相等，边缘有大小不等三角形重锯齿。花葶高 6~18 cm；花粉红色，2~3 回二歧聚伞状花序；雄花梗长 1.5~2 cm；花被片 4 枚；雄蕊多数，花药卵长圆形；雌花梗长 1~1.5 cm，花被片 3 枚，子房 3 室，每室胎座具 2 枚裂片；花柱 3 枚，长 2.8~3 mm，近离生或 1/2，无毛，柱头增厚，外向扭曲呈环状。蒴果下垂，无毛，具不等 3 翅。种子多，淡褐色，光滑。花期 5 月，果期 6 月。

生于山地山顶疏林下石上、悬崖石缝中、山顶林下潮湿岩石上和山坡林下，海拔 700~900 m。产于中国浙江、福建、江西、湖南、广西、广东、海南、香港。

粗喙秋海棠（秋海棠属）

Begonia longifolia **Blume**

多年生草本。根状茎块状；叶互生，有长柄；叶片两侧极不相等，轮廓斜长圆卵形至卵状披针形，先端渐尖，基部心形，窄侧呈圆形至截形，宽侧向下延伸长，呈耳锤状，边缘有疏而浅之小齿，上面褐绿色，两面均无毛，掌状脉 6~7 条，窄侧 2~3 条，宽侧 4 条；花白色，3~5 朵，聚伞状；花梗无毛；苞片膜质，披针形，边有腺毛，早落；雄花：花被片 4 枚，近等长；雄蕊多数，花丝离生，花药长圆形，先端尖。雌花：花被片 4~6 枚；子房顶端扁的球形，无毛，3 室，每室胎座有 2 裂片；花柱 3 枚，离生，柱头螺旋状扭曲，并带刺状乳头。蒴果无翅；种子极多数，小，淡褐色，平滑。花期 5 ~ 9 月。

生于杂木林下阴湿环境，海拔 200~900 m。产于中国江西、福建、台湾、广东、海南、广西、贵州、云南、湖南。

裂叶秋海棠（秋海棠属）红天葵、红莲

Begonia palmata **D. Don**

多年生具茎草本，高 20~50 cm。根状茎长圆柱状。茎直立，有明显沟纹，被褐色交织绵状茸毛。基生叶未见。茎生叶具柄；叶片两侧不相等，轮廓斜卵形，长 12~20 cm，宽 10~16 cm，先端渐尖，基部心形，边缘有三角齿，齿尖常有短芒，掌状 5~7 裂，裂片形状和长短均变化较大，通常又再浅裂，上面散生短小硬毛，下面被短小之毛，沿脉较密。叶柄被褐色长毛。聚伞花序腋生；花玫瑰色、白色至粉红色，4 至数朵，呈 2~3 回二歧聚伞状花序，密被褐色交织茸毛；雄花：花梗长 1~2 cm，被褐色毛；花被片 4 枚。雌花：花被片 4~5 枚；花柱基部合生，柱头 2 裂。蒴果下垂，具不等 3 翅。花期 8 月，果期 9 月。

生于河边、岩壁上、山坡常绿阔叶林下，海拔 100~900 m。产于中国湖南、江西、福建、台湾、广东、海南、广西、贵州、云南、四川、西藏。

红孩儿（秋海棠属）

Begonia palmata **var.** ***bowringiana*** **(Champ. ex Benth.) Golding & Kareg.**

多年生具茎草本，高 20~50 cm。根状茎长圆柱状，节膨大。茎和叶柄均密被或被锈褐色交织的茸毛。基生叶未见。茎生叶互生，具柄；叶片轮廓斜卵形，长 5~16 cm，基部斜心形，边缘有齿，掌状 3~7 浅至中裂，裂片三角形，通常又再浅裂，上面散生短小硬毛，掌状 5~7 条脉。花玫瑰色或白色，呈 2~3 回二歧聚伞状花序；雄花：花被片 4 枚；雌花：花被片 4~5 枚。蒴果倒卵球形，长约 1.5 cm，具不等 3 翅。花期 6 月，果期 7 月。

生于河边阴处湿地、山谷阴处岩石上，海拔 100~900 m。产于中国湖南、江西、福建、台湾、广东、海南、广西、贵州、云南、四川、西藏。

A168 卫矛科 Celastraceae

过山枫（南蛇藤属）

Celastrus aculeatus **Merr.**

藤状灌木。小枝幼时被棕褐色短毛；冬芽圆锥状，长 2~3 mm，基部芽鳞宿存。叶多椭圆形或长方形，边缘上部具疏浅细锯齿，下部多为全缘，干时叶背常呈淡棕色，两面光滑无毛，或脉上被有棕色短毛；聚伞花序短，腋生或侧生，通常 3 朵花，花序梗长 2~5 mm，小花梗长 2~3 mm，均被棕色短毛，关节在上部；萼片三角卵形，长达 2.5 mm；花瓣长方披针形，长约 4 mm，花盘稍肉质，全缘，雄蕊具细长花丝，长 3~4 mm，具乳突，在雌花中退化长仅 1.5 mm，子房球状，在雄花中退化，长 2 mm 以下。蒴果近球状，直径 7~8 mm，宿萼明显增大；种子新月状或弯成半环状，长约 5 mm，表面密布小疣点。

生于山地灌丛或路边疏林中，海拔 100~900 m。产于中国浙江、福建、江西、广东、广西、云南。

青江藤（南蛇藤属）夜茶藤、厚叶南蛇藤

Celastrus hindsii **Benth.**

常绿藤本；小枝紫色。叶纸质或革质，长方窄椭圆形，长 7~14 cm，宽 3~6 cm，基部楔形或圆形，边缘具疏锯齿，侧脉 5~7 对，侧脉呈横格状，两面均突起；叶柄长 6~10 mm。顶生聚伞圆锥花序。花淡绿色，小花梗长 4~5 mm；花萼裂片近半圆形，覆瓦状排列，长约 1 mm；花瓣长方形，长约 2.5 mm，边缘具细短缘毛；花盘杯状；雄蕊着生花盘边缘，花丝锥状，花药卵圆状；雌蕊瓶状，子房近球状，花柱长约 1 mm。果实近球状，种子 1 颗，近球状。花期 5 ~ 7 月，果期 7 ~ 10 月。

生于海拔 300~600 m 以下的灌丛或山地林中。产于中国湖南、湖北、江西、福建、台湾、广东、海南、广西、贵州、云南、四川、西藏。

独子藤（南蛇藤属）

Celastrus monospermus Roxb.

常绿藤本。小枝有细纵棱，干时紫褐色，皮孔稀疏。叶片近革质，长方阔椭圆形至窄椭圆形，稀倒卵椭圆形，边缘具细锯齿或疏散细锯齿，侧脉5~7对。二歧聚花序排成聚伞圆锥花序，雄花序的小聚伞常成密伞状，花序梗长1~2.5 cm；花黄绿色或近白色；雄花花萼三角半圆形；花瓣长方形或长方椭圆形，盛开时向外反卷；花盘肉质，垫状，5浅裂，裂片顶端近平截；雄蕊5枚，花丝锥状；雌蕊近瓶状，柱头3裂，反曲。蒴果阔椭圆状，稀近球状，长10~18 mm，裂瓣椭圆形，干时反卷，边缘皱缩成波状；种子1颗，椭圆状，光滑；假种皮紫褐色。花期3~6月，果期6~10月。

生于山坡密林中或灌丛湿地上，海拔300~900 m。产于中国福建、广东、海南、广西、贵州、云南。

卫矛（卫矛属）

Euonymus alatus (Thunb.) Sieb.

灌木，高1~3 m；小枝常具2~4列宽阔木栓翅；冬芽圆形，长2 mm左右，芽鳞边缘具不整齐细坚齿。叶椭圆形，长2~8 cm，宽1~3 cm，边缘具细锯齿；叶柄长1~3 mm。聚伞花序1~3朵花；花序梗长约1 cm，小花梗长5 mm；花4数，白绿色，直径约8 mm；萼片半圆形；花瓣近圆形；雄蕊着生花盘边缘处，花丝短，花药宽阔长方形，2室顶裂。蒴果1~4裂；种子椭圆状，长5~6 mm，种皮褐色或浅棕色，假种皮橙红色，全包种子。花期5~6月，果期7~10月。

生于山坡、沟地边沿，海拔100~900 m。除新疆、青海、西藏外，广泛分布于中国。

南蛇藤（南蛇藤属）香龙草

Celastrus orbiculatus Thunb.

小枝光滑无毛，灰棕色或棕褐色，具皮孔；腋芽小，卵状或卵圆状，长1~3 mm。叶阔倒卵形，长5~13 cm，宽3~9 cm，边缘具齿，侧脉3~5对；叶柄细长1~2 cm。聚伞花序，花序长1~3 cm，小花1~3朵；雄花萼片钝三角形；花瓣倒卵椭圆形，长3~4 cm，宽2~2.5 mm；花盘浅杯状；雄蕊长2~3 mm；雌花花冠较雄花窄小，花盘稍深厚；子房近球状，花柱长约1.5 mm，柱头3深裂。蒴果；种子椭圆状稍扁，赤褐色。花期5~6月，果期7~10月。

生于山坡混交林、林缘、灌丛中，海拔400~900 m。产于中国黑龙江、吉林、辽宁、内蒙古、河北、山东、山西、河南、陕西、甘肃、江苏、安徽、浙江、江西、湖北、四川。

百齿卫矛（卫矛属）

Euonymus centidens H. Lév.

灌木，高达6 m；小枝方棱状，常有窄翅棱。叶纸质，长3~10 cm，宽1.5~4 cm，先端长渐尖，叶缘具密而深的尖锯齿，齿端常具黑色腺点；近无柄。聚伞花序1~3朵花，稀较多；花序梗四棱状，长达1 cm；花4数，直径约6 mm，淡黄色；花瓣长约3 mm，宽约2 mm；雄蕊无花丝；子房四棱方锥状，无花柱，柱头细小头状。蒴果4深裂；种子长圆状，长约5 mm，假种皮黄红色。花期6月，果期9~10月。

生于山坡或密林中，海拔200~900 m。产于中国江苏、安徽、浙江、江西、福建、广东、广西、贵州、云南、西藏、四川、湖南、湖北、河南。

扶芳藤（卫矛属）

***Euonymus fortunei* (Turcz.) Hand.–Mazz.**

常绿木质藤本，高 1 至数 m；小枝方棱不明显。叶薄革质，长 3.5~8 cm，宽 1.5~4 cm，先端钝或急尖，基部楔形；叶柄长 3~6 mm。聚伞花序 3~4 次分枝；花序梗长 1.5~3 cm，花 4~7 朵；花 4 朵，白绿色，直径约 6 mm；花盘方形，直径约 2.5 mm；花丝细长，长 2~3 mm，花药圆心形；子房三角锥状，花柱长约 1 mm。蒴果粉红色，光滑近球状，直径 6~12 mm；种子长方椭圆状，棕褐色，假种皮鲜红色。花期 6 月，果期 10 月。

生于山坡丛林中，海拔 100~900 m。产于中国江苏、浙江、安徽、江西、湖北、湖南、四川、陕西。

疏花卫矛（卫矛属）五稔子、佛手仔

***Euonymus laxiflorus* Champ. ex Benth.**

落叶灌木，高达 4 m。小枝灰绿色，圆柱形，嫩枝绿色。叶纸质，椭圆形，长 5~12 cm，宽 2~6 cm，先端钝渐尖，基部阔楔形或稍圆；叶柄长 3~5 mm。聚伞花序，5~9 朵花；花序梗长约 1 cm；花 5 朵，紫色，直径约 8 mm；萼片边缘常具紫色短睫毛；花瓣长圆形；花盘 5 裂；雄蕊无花丝，花药顶裂；子房无花柱，柱头圆。蒴果紫红色，倒圆锥状，长 7~9 mm，直径约 9 mm；种子长圆状，长 5~9 mm，直径 3~5 mm，种皮枣红色，假种皮橙红色，成浅杯状包围种子基部。花期 3 ~ 6 月，果期 7 ~11 月。

生长于山上、山腰及路旁密林中，海拔 300~900 m。产于中国长江以南地区。

流苏卫矛（卫矛属）

***Euonymus gibber* Hance**

灌木，直立或微呈依附状。叶革质或厚革质，对生或 3 叶轮生，窄长椭圆形或长倒卵形，近全缘常稍外卷；叶柄长 5~7 mm。聚伞花序长大而开展，2~3 次分枝；花序梗长 3~5 cm；小花梗长约 5 mm，中央花小花梗与两侧花等长；苞片及小苞片均细小，脱落；花 5 数，稀 4 数；萼片边缘啮蚀状；花瓣近圆形，顶端呈流苏状，基部窄缩成短爪；花盘微 5 裂；雄蕊着生花盘角上突起处，花丝扁，基部扩大呈锥状，子房大部与花盘合生，有短花柱。蒴果近倒卵状，上部 5 裂，裂片常深浅大小不等，果序梗长，有 4 条棱，长 5~7 cm；小果梗长 5~8 mm；种子基部有浅杯状假种皮。

生于林下，海拔 100~900 m。产于中国台湾、广东、海南、香港、云南。

中华卫矛（卫矛属）亮叶卫矛、华卫矛

***Euonymus nitidus* Benth.**

常绿灌木或小乔木，高 1~5 m。嫩枝绿色或黄绿色，具细槽。叶革质，长 4~13 cm，宽 2~5.5 cm，先端有长 8 mm 渐尖头，近全缘；叶柄较粗壮。聚伞花序 1~3 分枝，3~15 花，花序梗及分枝均较细长，小花梗长 8~10 mm；花白色或黄绿色，4 数，直径 5~8 mm；花瓣基部窄缩成短爪；花盘较小，4 浅裂；雄蕊无花丝。蒴果三角卵圆状，4 裂较深或成圆阔的 4 棱；果序梗长 1~3 cm；小果梗长约 1 cm；种子阔椭圆状，棕红色，假种皮橙黄色，全包，上部两侧开裂。花期 3 ~ 5 月，果期 6 ~ 10 月。

生于林内、山坡上、路旁等较湿润处，海拔 100~900 m。产于中国长江以南地区。

狭叶卫矛（卫矛属）长叶卫矛

Euonymus tsoi **Merr.**

小灌木；叶近革质，有光泽，长披针形，长 8~14 cm，宽 1.5~3 cm，先端渐窄渐尖，边缘有极浅疏锯齿或近全缘，侧脉 5~7 条，细弱不显，在边缘处常结成疏网，小脉不显；叶柄长 5~8 mm；聚伞花序 1~2 枚腋生，短小，3 至数朵花；花序梗长 2~12 mm；花淡绿色，直径约 7 mm；5 数；萼片重瓦排列，在内 2 片较大，边缘常有细浅深色齿缘；花瓣近圆形，长约 3 mm；花盘 5 浅裂；雄蕊无花丝；子房无花柱，柱头平贴，微 5 裂；蒴果熟时带红色，倒三角心状，5 浅裂，裂片顶端宽，稍外展，基部稍窄，最宽处约 1 cm（未熟果）。

生于低海拔山坡、山谷丛林中阴湿处。产于中国广东、香港。

密花假卫矛（假卫矛属）

Microtropis gracilipes **Merr. & F. P. Metcalf**

灌木，高 2~5 m；小枝略具棱角。叶近革质，长 5~11 cm，宽 1.5~3.5 cm；叶柄长 3~9 mm。密伞花序或团伞花序腋生或侧生；花序梗长 1~2.5 cm；小花无梗，密集近头状；花 5 数；花瓣略肉质，长方阔椭圆形或上部稍宽，长约 4 mm；花盘环形；雄蕊长约 1.5 mm，花丝显著；子房近圆球状或阔卵圆状，花柱长而粗壮，柱头四浅裂或微凹。蒴果阔椭圆状，长 10~18 mm，宿存花萼稍增大，有时略被白粉，种子椭圆状，种皮暗红色。

生于山谷林中、溪边，海拔 700~900 m。产于中国湖南、贵州、广西、广东、福建。

程香仔树（翅子藤属）雅致翅子藤

Loeseneriella concinna **A. C. Sm.**

藤本，小枝纤细，无毛，具明显粗糙皮孔。叶纸质，上面光亮，长圆状椭圆形，长 3~7 cm，宽 1.5~3.5 cm，基部圆形，顶端钝，叶缘具明显疏圆齿；叶柄长 2~4 mm。聚伞花序长与宽达 2~3.5 cm；小枝与总花梗纤细，初时被毛，后无毛，总花梗长 1.5~1.8 cm；花柄长 5~7 mm，被毛。花淡黄色；花瓣薄肉质，长圆状披针形，长 4~5 mm，背部顶端具 1 个附属物。蒴果倒卵状椭圆形，长 3~5 cm。种子基部具膜质翅。花期 5 ~ 6 月，果期 10 ~ 12 月。

生于山谷林中、近海岛屿上。产于中国广西、广东。

斜脉假卫矛（假卫矛属）

Microtropis obliquinervia **Merr. & F. L. Freeman**

灌木或小乔木，高 1~5 m。叶片稍革质，长方披针形、长椭圆形，边缘略反卷，主脉较粗，侧脉 7~11 对，叶背干后成棕褐色；叶柄长 5~15 mm。密伞花序腋生、侧生稀顶生，小花 3~7 朵，稀 7 朵以上；花序梗长 2~5 (8) mm，分枝短或极短；花 5 数；萼片圆阔，近半圆形；花瓣长方椭圆形或稍倒卵椭圆形，长约 3 mm，宽约 2 mm；花盘稍肉质，环状，裂片不甚明显或稍呈圆弧状突起；雄蕊花丝极短，约 1 mm，花药长卵形；子房三角锥状，柱头 2~4 浅裂。蒴果阔椭圆状，长 12~14 mm，直径 7~8.5 mm。

生于山地林中或近水缘处，海拔 700~900 m。产于中国广东、广西、湖南、贵州、云南。

A170 牛栓藤科 Connaraceae

小叶红叶藤（红叶藤属）红叶藤、荔枝藤
***Rourea microphylla* (Hook. & Arn.) Planch.**

攀援灌木，高 1~4 m。枝褐色。奇数羽状复叶，小叶 7~17 片，叶轴长 5~12 cm，小叶片坚纸质至近革质，无毛，上面光亮，下面稍带粉绿色，侧脉细，4~7 对；小叶柄短无毛。圆锥花序，长 2.5~5 cm，总梗和花梗均纤细；花芳香，直径 4~5 mm，萼片卵圆形；花瓣椭圆形；雄蕊 10 枚；雌蕊离生，子房长圆形。蓇葖果椭圆形或斜卵形，红色有纵条纹。种子椭圆形，橙黄色，为膜质假种皮所包裹。花期 3 ~ 9 月，果期 5 月至翌年 3 月。

生于山坡或疏林中，海拔 100~600 m。产于中国福建、广东、广西、云南。

红叶藤（红叶藤属）大叶红叶藤
***Rourea minor* (Gaertn.) Leenh**

藤本或攀援灌木，长达 25 m；枝圆柱形，无毛或幼枝被疏短柔毛。奇数羽状复叶有小叶 3~7 片，小叶纸质或革质，卵形或披针形，顶端的叶片较大，卵形或长椭圆形，全缘，两面均光滑无毛，网脉明显；小叶柄长 5 mm，无毛。圆锥花序腋生，成簇，具多数花；总花梗长 3~9 cm，无毛，花香；萼片卵形，长 2~3 mm，宽 1.2~2 mm，顶部常有缘毛；花瓣白色或黄色，长圆形，有纵脉纹，无毛，雄蕊长 2~6 mm；心皮离生，无毛。果弯月形或椭圆形而稍弯曲，长 1.5~2.5 cm，宽 0.6~1.5 cm；干时黑色，有纵条纹；种子椭圆形，红色，全部为膜质假种皮所包。花期 4~10 月，果期 5 月至翌年 3 月。

生于丘陵或山地的林中或灌丛中，海拔 100~800 m。产于中国广东、海南、台湾、广西、云南。

A171 酢浆草科 Oxalidaceae

阳桃（阳桃属）
***Averrhoa carambola* L.**

树高通常在 5 m 以内，树皮平滑，褐灰色，内皮淡黄白色，干后茶褐色，味微甜而涩。叶有小叶 5~13 片，小叶椭圆形或卵形，长 3~7 cm，宽 2~4 cm，不对称，背面被疏毛或无毛，小叶柄甚短；花梗及花蕾暗红色；萼片合生成浅杯状，高约 5 mm；花瓣初时深红色，盛开时粉红色或近白色，略向背卷，长 8~10 mm，宽 3~4 mm；雄蕊短小，5 枚，无花药；浆果通常具 5 条棱，偶见 6 或 3 条棱，长 5~8 cm，淡绿或蜡黄色，近半透明，有时淡棕色；种子褐黑色。花期 5 ~ 8 月，果期 9 ~ 12 月。

栽培，有时逸生，海拔 100~900 m。产于中国广东、海南、台湾、福建、云南。

酢浆草（酢浆草属）
***Oxalis corniculata* L.**

草本，高 10~35 cm，全株被柔毛。根茎稍肥厚。茎细弱，多分枝，直立或匍匐，匍匐茎节上生根。叶基生或茎上互生；托叶小，长圆形或卵形；叶柄长 1~13 cm，基部具关节；小叶 3 枚，无柄，倒心形。花腋生，总花梗淡红色；小苞片 2 枚，披针形，长 2.5~4 mm，膜质；萼片 5 枚；花瓣 5 枚，黄色，长圆状倒卵形，长 6~8 mm，宽 4~5 mm；雄蕊 10 枚，花丝白色半透明；子房长圆形，5 室，被短伏毛，花柱 5 枚。蒴果具 5 条棱。种子褐色，具网纹。花果期 2 ~ 9 月。

生于山坡草池、河谷沿岸、路边、田边、荒地或林下阴湿处等，海拔 100~900 m。中国广泛分布。

A173 杜英科 Elaeocarpaceae

中华杜英（杜英属）华杜英、羊屎乌

***Elaeocarpus chinensis* (Gardn. & Champ.) Hook. f. ex Benth.**

常绿小乔木，高 3~7 m。嫩枝有柔毛，老枝秃净。叶薄革质，卵状披针形，长 5~8 cm，宽 2~3 cm，先端渐尖，基部圆形，下面有黑腺点，叶脱落前变红，侧脉 4~6 对，网脉不明显，边缘小钝齿；叶柄纤细，长 1.5~2 cm。总状花序生于无叶的去年枝条上，长 3~4 cm。核果椭圆形。花期 5 ~ 6 月。

生于常绿林中，海拔 300~900 m。产于中国江西、浙江、福建、广东、广西、贵州、云南。

褐毛杜英（杜英属）冬桃杜英

***Elaeocarpus duclouxii* Gagnep.**

常绿乔木，高 20 m，胸径 50 cm。嫩枝被褐色茸毛，老枝下后暗褐色，有稀疏皮孔。叶聚生于枝顶，革质，长圆形，长 6~15 cm，宽 3~6 cm，下面被褐色茸毛，侧脉 8~10 对，叶脱落前变红；叶柄长 1~1.5 cm，被褐色毛。总状花序长 4~7 cm，纤细，被褐色毛；小苞片 1 枚，生于花柄基部，被毛；花柄长 3~4 mm，被毛；萼片 5 枚，披针形，两面有柔毛；花瓣 5 枚，稍超出萼片，上半部撕裂，裂片 10~12 条；雄蕊 28~30 枚，花盘 5 裂，被毛；子房 3 室，胚珠每室 2 颗。核果椭圆形，1 室，种子直径 1.4~1.8 cm。花期 6 ~ 7 月。

生于常绿林，海拔 700~900 m。产于中国湖北、湖南、江西、广东、广西、贵州、云南、四川。

杜英（杜英属）假杨梅、胆八树

***Elaeocarpus decipiens* Hemsl.**

常绿小乔木；嫩枝有微毛。叶革质，披针形或倒披针形，长 7~12 cm，宽 2~3.5 cm，先端尖，基部楔形，边缘有小钝齿，上下两面均无毛，侧脉 7~9 对，叶脱落前变红；叶柄长约 1 cm。总状花序长 5~10 cm，花序轴有微毛；花白色，下垂，花梗长 4~5 mm；萼片披针形，长 5~6 mm，两面有微毛；花瓣倒卵形，与萼片等长，上半部撕裂，裂片 15 枚，外侧无毛，内侧近基部有毛，雄蕊 25~30 枚，花药顶端无附属物；花盘 5 裂，有毛；子房 3 室；胚珠每室 2 颗。核果椭圆形，长 2~3 cm，外果皮无毛，内果皮表面有多数沟纹，1 室。花期 4 ~ 5 月，果熟期秋后。

生于常绿林中，海拔 400~900 m。产于中国浙江、福建、台湾、广东、广西、湖南、贵州、云南。

秃瓣杜英（杜英属）

***Elaeocarpus glabripetalus* Merr.**

乔木，高 12 m；嫩枝秃净无毛，有棱；老枝圆柱形。叶纸质或膜质，长 8~12 cm，宽 3~4 cm，先端尖锐，基部变窄而下延，上面干后黄绿色，发亮，下面浅绿色，多少发亮，边缘有小钝齿；叶柄长 4~7 mm，无毛，干后变黑色。总状花序常生于无叶的去年枝上，花序轴有微毛；花柄长 5~6 mm；萼片 5 枚；花瓣 5 枚，白色，长 5~6 mm，先端撕裂。核果椭圆形，长 1~1.5 cm，内果皮薄骨质，表面有浅沟纹。花期 7 月。

生于常绿林，海拔 400~900 m。产于中国湖南、江西、浙江、福建、广东、广西、贵州、云南。

水石榕（杜英属）

***Elaeocarpus hainanensis* Oliv.**

小乔木。嫩枝无毛。叶革质，狭倒披针形，长 7~15 cm，宽 1.5~3 cm，先端尖，基部楔形，上下两面均无毛，边缘有小锯齿；侧脉 14~16 对；叶柄长 1~2 cm。总状花序长 5~7 cm，有花 2~6 朵；苞片叶状，无柄，卵形，长 1 cm，边缘有齿，基部微心形，宿存；花白色，直径 3~4 cm；花梗长约 4 cm；萼片 5 枚，披针形，长 2 cm；花瓣与萼片等长，倒卵形，有毛，先端撕裂；雄蕊多数，药隔突出呈芒刺状；花盘多裂；子房 2 室，无毛，花柱长 1 cm；胚珠每室 2 枚。核果纺锤形，两端尖，长约 4 cm，宽 l~1.2 cm，内果皮有 2 条腹缝沟。花期春、夏季，果期秋季。

生于河边及低湿地，海拔 200~500 m。产于中国广东、海南、广西、云南。

灰毛杜英（杜英属）

***Elaeocarpus limitaneus* Hand.-Mazz.**

常绿小乔木；小枝稍粗大，幼嫩时有灰褐色紧贴茸毛。叶革质，椭圆形或倒卵圆形，长 7~16 cm，宽 5~7 cm，先端宽广而有一个短尖头，基部阔楔形，边缘有稀疏小钝齿，上面发亮，下面有紧贴的灰色茸毛，有时近于无毛；侧脉 6~8 对；叶柄粗大，长 2~3 cm，总状花序长 5~7 cm，花序轴有毛；花梗长 3~4 mm；萼片 5 枚，狭披针形，长 5 mm，有毛；花瓣长 6~7 mm，外面无毛，上半部撕裂，裂片 12~16 条，雄蕊 30 枚，花药无附属物；花盘 5 裂；子房 3 室，有毛。核果椭圆形，长 2.5~3 cm，外果皮无毛，内果皮表面有沟纹。花期 5 ~ 6 月，果期秋后。

生于山地雨林中，海拔 900 m。产于中国福建、广东、海南、广西、云南。

日本杜英（杜英属）薯豆

***Elaeocarpus japonicus* Sieb. & Zucc.**

乔木；嫩枝秃净无毛；叶芽有发亮绢毛。叶革质，通常卵形，亦有为椭圆形或倒卵形，长 6~12 cm，宽 3~6 cm，下面无毛，有黑腺点，侧脉 5~6 对，网脉两面明显；边缘有锯齿；叶脱落前变红；叶柄长 2~6 cm，两端常膨大。总状花序长 3~6 cm，花序轴有短柔毛；花柄长 3~4 mm，被微毛；花两性或单性。两性花萼片 5 枚；花瓣长圆形，先端撕裂，两面有毛；雄蕊 15 枚；花盘 10 裂，连合成环；子房 3 室。雄花萼片 5~6 枚，花瓣 5~6 枚，均两面被毛；雄蕊 9~14；退化子房存在或缺。核果椭圆形，1 室，种子 1 颗。花期 4 ~ 5 月。

生于常绿林中，海拔 400~900 m。产于中国长江以南地区。

绢毛杜英（杜英属）亮叶杜英

***Elaeocarpus nitentifolius* Merr. & Chun**

常绿乔木；嫩枝有银灰色绢毛。叶革质，椭圆形或长圆形，长 8~15 cm，宽 3.5~7.5 cm，先端急尖，基部阔楔形，初时两面被绢毛，边缘密生小钝齿，不久上面变无毛，下面绢毛仍宿存；侧脉 6~8 对；叶柄长 2~4 cm。总状花序长 2~4 cm，花序轴有毛；苞片狭披针形；花梗长 4~5 mm；花杂性；萼片 4~5 枚，披针形，长 4 mm，外面有灰毛；花瓣 4~5 枚，长圆形，长 4 mm，先端撕裂，有 5~6 个齿，无毛；雄蕊 12~15 枚，花药无附属物；花盘不明显分裂；子房有毛，3 室，花柱 2~3 裂。核果椭圆形，长 1.5~2 cm，宽约 1 cm。花期 4 ~ 5 月；果期 9 月。

生于山地常绿林中，海拔 500~900 m。产于中国福建、广东、海南、广西、云南。

山杜英（杜英属）羊屎树、羊仔树
Elaeocarpus sylvestris **(Lour.) Poir.**

小乔木，高约 10 m。树皮灰褐色，通常条裂，小枝无毛，红褐色。叶纸质，倒卵形或倒披针形，长 4~8 cm，宽 2~4 cm，无毛，侧脉 5~6 对。叶柄长 1~1.5 cm，无毛。总状花序长 4~6 cm，花序轴纤细；花柄长 3~4 mm；萼片 5 枚，披针形，长 4 mm，无毛；花瓣倒卵形，裂片 10~12 条，外侧基部有毛；雄蕊 13~15，长约 3 mm，花药有微毛；花盘 5 裂，圆球形，完全分开，被白色毛；子房被毛，2~3 室，花柱长 2 mm。核果细小，椭圆形，长 1~1.2 cm，内果皮薄骨质，有腹缝沟 3 条。花期 4 ~ 5 月。

生于常绿林里，海拔 300~900 m。产于中国湖南、江西、浙江、福建、广东、海南、广西、贵州、四川、云南。

薄果猴欢喜（猴欢喜属）
Sloanea leptocarpa **Diels**

乔木；嫩枝有灰褐色柔毛。叶纸质或薄革质，披针形或倒披针形，长 4~13 cm，宽 2~4 cm，先端尖，基部窄而钝，边全缘，初时两面有毛，后变为仅在脉上有毛，侧脉 7~8 对；叶柄长 1~3 cm。花生于枝顶叶腋内；花梗长 1~2 cm；萼片卵圆形，大小不等，长 4~5 mm，有毛；花瓣长 4~10 mm，上端齿状撕裂，有毛；雄蕊长 6~7 mm，花药有毛；子房有毛，花柱长 3~5 mm。蒴果球形，长 1.5~2 cm，3~4 爿裂开，针状刺长 1~2 mm；种子长约 1 cm，黑色；假种皮长 4 mm。花期 4 ~ 6 月，果期秋冬季。

生于常绿林中，海拔 700~900 m。产于中国福建、广东、广西、湖南、贵州、云南。

猴欢喜（猴欢喜属）猴板栗、树猬
Sloanea sinensis **(Hance) Hemsl.**

乔木，高 20 m。叶薄革质，通常为长圆形，长 6~9 cm，最长达 12 cm，宽 3~5 cm，全缘，侧脉 5~7 对；叶柄长 1~4 cm，无毛。花多朵簇生于枝顶叶腋；花柄长 3~6 cm，被灰色毛；萼片 4 枚，阔卵形，两侧被柔毛；花瓣 4 枚，长 7~9 mm，白色；雄蕊与花瓣等长；子房被毛，卵形，花柱连合，长 4~6 mm，下半部有微毛。蒴果大小不一，内果皮紫红色，3~7 爿裂开；针刺长 1~1.5 cm；种子长 1~1.3 cm，黑色，有光泽，假种皮黄色。花期 9 ~ 11 月，果期翌年 6 ~ 7 月。

生于常绿林里，海拔 700~900 m。产于中国广东、海南、广西、贵州、湖南、江西、福建、台湾、浙江。

A176 小盘木科 Pandaceae

小盘木（小盘木属）狗骨树
Microdesmis caseariifolia **Planch. ex Hook. f.**

小乔木或灌木，高 3~8 m；叶薄革质，长圆状披针形或椭圆形，顶端渐尖至长渐尖，基部楔形，近全缘或具浅齿，两面均无毛，全缘或具疏细齿；侧脉 4~6 对，叶柄长 3~7 mm；托叶狭三角形，长约 1 m。花黄色，簇生于叶腋。雄花：花梗长 2~3 mm，疏生柔毛；花萼长约 1 mm，萼裂片 5 枚，三角形，外面被柔毛；花瓣 5 枚，长 1.5~2 mm，被微毛，雄蕊 10 枚，外轮 5 枚的花丝较长，药隔突出，长渐尖；不育雌蕊棒状。雌花：花梗长 2~3 mm；萼裂片 5 枚，三角形，长 1 mm，被茸毛；花瓣椭圆形，长 2~3 mm，被茸毛；子房无毛，2 室，花柱 2 枚，2 裂。核果近球形，直径约 5 mm，成熟时红色，具宿萼；种子 2 颗。花期 3 ~ 6 月，果期 5 ~ 9 月。

生于沿海平原或山地、山谷常绿阔叶林中，海拔 200~800 m。产于中国广东、海南、广西、云南。

A179 红树科 Rhizophoraceae

竹节树（竹节树属）

Carallia brachiata **(Lour.) Merr.**

乔木，高 7~10 m，胸径 20~25 cm，基部有时具板状支柱根；树皮光滑，很少具裂纹，灰褐色。叶形变化很大，矩圆形、椭圆形至倒披针形或近圆形，顶端短渐尖或钝尖，基部楔形，全缘，稀具锯齿；叶柄长 6~8 mm，粗而扁。花序腋生，有长 8~12 mm 的总花梗，分枝短，每一分枝有花 2~5 朵，有时退化为 1 朵；花小；花瓣白色，近圆形，连柄长 1.8~2 mm，宽 1.5~1.8 mm，边缘撕裂状；雄蕊长短不一；柱头盘状，4~8 浅裂。果实近球形，直径 4~5 mm，顶端冠以短三角形萼齿。花期冬季至翌年春季，果期春夏季。

产于中国广东、广西。

旁杞木（竹节树属）

Carallia pectinifolia **W. C. Ko**

灌木或小乔木；小枝和枝干后紫褐色，有明显、纺锤形的皮孔；叶纸质，长圆形，极少倒披针形，长 5~13 cm，宽 2.5~5.5 cm，顶端尾状渐尖，基部阔楔尖，边缘有蓖状小锯齿。花序具短的总花梗，二歧分枝，长 1.5~2 cm 或稍长；花有短梗，2~3 朵生于分枝的顶部；小苞片微小，膜质；花萼球形，直径 4~6 mm，裂片长三角形；花瓣白色，盛开时长、宽 1.8~2 mm，顶端 2 裂，边缘褶皱和不规则地分裂；花瓣柄长 0.8~1 mm。果实球形，直径 6~7 mm，成熟时红色，有宿存、红色的花萼裂片；种子长圆形或近肾形。花期秋冬季。

生于山地杂木林内或湿润的灌丛中。产于中国广东、广西、云南。

A180 古柯科 Erythroxylaceae

东方古柯（古柯属）猫脷木、木豇豆

Erythroxylum sinense **C. Y. Wu**

灌木或小乔木，高 1~6 m；小枝无毛，树皮灰色。叶纸质，长椭圆形，长 2~14 cm，宽 1~4 cm，中部以上较宽；幼叶带红色，成长叶干后表面暗榄绿色，背面暗紫色；中脉纤细；叶柄长 3~8 mm。花腋生，2~7 朵花簇生或单花；花梗长 4~6 mm；萼片 5 枚，基部合生成浅杯状；花瓣卵状长圆形，长 3~6 mm；子房长圆形，3 室，1 室发育。花柱 3 枚，分离。核果长圆形，有 3 条纵棱，稍弯。花期 4 ~ 5 月，果期 5 ~ 10 月。

生于山地、路旁、谷地树林中，海拔 200~900 m。产于中国浙江、福建、江西、湖南、广东、广西、云南、贵州。

合柱金莲木（合柱金莲木属）辛木

Sauvagesia rhodoleuca **(Diels) M. C. E. Amaral**

直立落叶小灌木，高约 1 m；茎暗紫色，光滑。叶薄纸质，狭披针形或狭椭圆形，边缘有密而不相等的腺状锯齿，两面光亮无毛，中脉两面隆起；叶柄长 3~5 mm，腹面有槽。圆锥花序较狭，花少数，具细长柄；萼片卵形或披针形，浅绿色；白色花瓣椭圆形，微内拱；退化雄蕊宿存，白色，外轮的腺体状，基部连合成短管，中轮和内轮的长圆形，中轮的较大，顶端截平而有数小齿，内轮的略小，顶端微尖而具 3 齿裂；花丝短，花药箭头形，2 室；子房卵形，花柱圆柱形。蒴果卵球形，长和宽约 5 mm，具宿存花柱，熟时 3 瓣裂；种子椭圆形，种皮暗红色，有多数小圆凹点。花期 4 ~ 5 月，果期 6 ~ 7 月。

生于山谷水旁密林中，海拔 900 m。产于中国广西、广东。

A183 藤黄科 Clusiaceae

木竹子（藤黄属）多花山竹子

Garcinia multiflora **Champ. ex Benth.**

常绿乔木，高 3~15 m。树皮灰白色，粗糙。小枝绿色，具纵槽纹。叶交互对生，革质，卵形，长 7~20 cm，宽 3~8 cm，边缘微反卷，侧脉 10~15 对；叶柄长 0.6~1.2 cm。花杂性，同株。雄花圆锥花序，长 5~7 cm，雄花直径 2~3 cm，花梗长 0.8~1.5 cm；萼片 2 大 2 小，花瓣橙黄色，花丝合生成 4 束，花药 2 室；退化雌蕊柱状，盾状柱头，4 裂。雌花序有雌花 1~5 朵，退化雄蕊束短；子房 2 室，无花柱。果卵圆形至倒卵圆形，黄色。种子 1~2 颗，椭圆形，长 2~2.5 cm。花期 6 ~ 8 月，果期 11 ~ 12 月，同时偶有花果并存。

生于山坡林中、沟谷边缘或次生林或灌丛中，海拔 400~900 m。产于中国台湾、福建、江西、湖南、广东、海南、广西、贵州、云南。

岭南山竹子（藤黄属）海南山竹子、黄牙树

Garcinia oblongifolia **Champ. ex Benth.**

乔木或灌木，高 5~15 m；树皮深灰色。老枝通常具断环纹。枝叶有黄色乳汁。叶片近革质，长 5~10 cm，宽 2~3.5 cm，侧脉 10~18 对；叶柄长约 1 cm。花小，直径约 3 mm，单性，异株，花梗长 3~7 mm。雄花萼片等大，近圆形，长 3~5 mm；花瓣橙黄色或淡黄色，倒卵状长圆形，长 7~9 mm；雄蕊多数，合生成 1 束，花药聚生成头状。雌花的萼片、花瓣与雄花相似；退化雄蕊合生成 4 束，短于雌蕊；子房 8~10 室，无花柱。浆果近球形，黄绿色。花期 4 ~ 5 月，果期 10 ~ 12 月。

生于平地、丘陵、沟谷密林或疏林中，海拔 200~600 m。产于中国广东、海南、香港、广西。

A184 胡桐科 Calophyllaceae

薄叶红厚壳（红厚壳属）薄叶胡桐、横经席

Calophyllum membranaceum **Gardn. & Champ.**

灌木或小乔木；小枝四棱形，常具狭翅，无毛。枝叶有白色乳汁。叶薄革质，长圆形、椭圆形或披针形，边全缘，常稍呈波浪形或反卷，两面有光泽，干时暗黄色或榄绿色，中脉、在两面均凸起，侧脉多数，纤细，密，直达边缘，成规则的横行排列，在两面均凸起；花两性，白色略带微红，常 3~9 朵组成长 1~3 cm 的聚伞花序；聚伞花序生于上部叶腋；花梗长 3~9 mm，被微柔毛；小苞片线形，早落；萼片 4 枚，花瓣状；花瓣通常 4 枚，倒卵形，长约 8 mm；雄蕊多数，花丝基部合生成 4 束；子房卵形。核果椭圆形，稀卵形，成熟时黄色，长 16~20 mm，宽 10~12 mm，顶端常有短尖头；种子长约 15 mm。花期 3 ~ 5 月，果期 8 ~ 12 月。

生于低海拔至中海拔的山地林中或灌丛中，海拔 600~900 m。产于中国广东、海南、广西。

A186 金丝桃科 Hypericaceae

黄牛木（黄牛木属）黄牛茶

Cratoxylum cochinchinense **(Lour.) Blume**

落叶灌木或乔木，高 1~10 m，全株无毛，树皮淡黄白色，光滑。树干下部有簇生的长枝刺。叶纸质或革质，椭圆形或狭椭圆形，卵状长圆形或稀近卵形，下面有透明腺点及黑点。聚伞花序腋生或腋外生，花橙红色，直径约 1 cm，花梗长 2~3 mm；萼片椭圆形；花瓣倒卵形，长约为萼片的 2 倍，顶端圆形，基部楔形，无鳞片，有线形腺体，雄蕊合生成 3 束，稀 4 束，每束多数，与雄蕊束互生，肉质，长约 3 mm，宽 1~1.5 mm，顶端增厚反曲，子房上位，圆锥状，3 室，每室有胚珠多颗，花柱线形。蒴果椭圆形，长 8~12 mm，具宿存萼，种子长约 6 mm，一侧具翅。花期 3 ~ 9 月，果期 5 ~ 12 月。

生于山地和丘陵的疏林或灌丛中，海拔 100~900 m。产于中国广东、广西、云南。

地耳草（金丝桃属）小元宝草、四方草

Hypericum japonicum **Thunb.**

一年生草本，高 2~45 cm。茎具 4 条纵线棱，散布淡色腺点。叶无柄，通常卵形，长 0.2~1.8 cm，宽 0.1~1 cm，基部心形抱茎至截形，全缘，坚纸质，无边缘腺点，全面散布透明腺点。花序两歧状或多少呈单歧状。花直径 4~8 mm；花梗长 2~5 mm。萼片披针形至椭圆形，长 2~5.5 mm，果时直伸。花瓣淡黄至橙黄色，椭圆形，长 2~5 mm，无腺点，宿存。蒴果短圆柱形，长 2.5~6 mm。花果期全年。

生于田边、沟边、草地上，海拔 100~900 m。产于中国辽宁、山东至长江以南地区。

元宝草（金丝桃属）哨子草、蜡烛灯台

Hypericum sampsonii **Hance**

多年生草本，全体无毛。茎圆柱形，无腺点。叶对生，无柄，基部合生而茎贯穿其中心，长 2~8 cm，宽 0.8~3.5 cm，先端钝，全缘，坚纸质，边缘密生有黑色腺点，全面散生透明或黑色腺点。顶生伞房状花序，多花，连同其下方腋生花枝形成伞房状至圆柱状圆锥花序。花直径 6~12 mm；花梗长 2~3 mm。萼片边缘疏生黑腺点，全面散布淡色稀为黑色腺点及腺斑。花瓣淡黄色，宿存，边缘有黑腺体，全面散布淡色或稀为黑色腺点和腺条纹。子房形，长约 3 mm，3 室；花柱 3 枚。蒴果宽卵珠形，长 6~9 mm，宽 4~5 mm，散布有卵珠状黄褐色囊状腺体。种子黄褐色，长卵柱形。花期 5 ~ 6 月，果期 7 ~ 8 月。

生于路旁、山坡、灌丛、田边、沟边等处，海拔 100~900 m。产于中国陕西至长江以南地区。

A192 金虎尾科 Malpighiaceae

风筝果（风筝果属）风车藤

Hiptage benghalensis **(L.) Kurz**

木质大藤本，长可达 30 m。幼嫩部分和总状花序密被淡黄褐色或银灰色柔毛。叶对生，椭圆状长圆形至卵状披针形，被短柔毛，革质，在基部的背面每侧通常有一个小腺体，边全缘。总状花序腋生或顶生，花序轴、花梗被黄褐色柔毛，小苞片 2 枚，密被黄褐色柔毛；腺体 1 枚；花大，极芳香；花瓣白色或带淡红色。翅果近无毛。花期 2 ~ 4 月。

生于山地沟谷旁的密林或疏林中，海拔 200~900 m。产于中国广东、云南、广西、福建、台湾。

A200 堇菜科 Violaceae

如意草（堇菜属）堇菜

Viola arcuata **Blume**

多年生草本，高 5~20 cm。根状茎短粗。地上茎丛生。基生叶心形或肾形，叶柄具翅；基生叶的托叶下部合生，边缘疏生细齿，茎生叶的托叶离生，通常全缘。花小，白色或淡紫色，腋生；萼片卵状披针形；上方花瓣长倒卵形，下方花瓣先端微凹，下部有深紫色条纹；子房无毛。蒴果，无毛。种子卵球形，基部具狭翅状附属物。花果期 5 ~ 10 月。

生于湿草地、草丛、灌丛、杂木林林缘、田野、宅旁等处，海拔 100~900 m。产于中国吉林、辽宁、河北、陕西、甘肃、江苏、安徽、浙江、江西、福建、台湾、河南、湖北、湖南、广东、广西、四川、贵州、云南。

张氏堇菜（堇菜属）

Viola changii J.S. Zhou & F.W. Xing

多年生草本。开花时高8~10 cm。叶基生，莲座状；叶卵形或卵圆形，1.5~1.2 cm，边缘具钝圆齿或近全缘；叶背深紫色，仅沿脉具微柔毛，叶面深绿色，密被微柔毛；叶柄长1.2 cm，密被微柔毛；托叶披针形，先端具刺，沿边缘疏生流苏状花边。花白色至淡紫色，花瓣基部上有深紫色的条纹；花梗长6~8 cm，具微柔毛，中间具2个小苞片；萼片5枚；萼片附属物高达0.3~0.4 mm；花瓣倒卵形。蒴果椭圆形，长6~7 mm，无毛。

生于石缝、常绿阔叶林边缘和湿润的环境中，海拔500~600 m。产于中国广东、湖南、江西、福建等省。

七星莲（堇菜属）蔓茎堇菜

Viola diffusa Ging.

一年生草本，全体被糙毛或白色柔毛，或近无毛，花期生出地上匍匐枝。匍匐枝先端具莲座状叶丛。根状茎短。基生叶莲座状，或于匍匐枝上互生；叶片卵形，基部宽楔形或截形，稀浅心形；叶柄具明显的翅；托叶基部与叶柄合生。花较小，淡紫色或浅黄色，具长梗，生于叶腋间；花梗纤细；侧方花瓣倒卵形，长6~8 mm，下方花瓣连距长约6 mm；距长仅1.5 mm；子房无毛。蒴果长圆球形，无毛，顶端常具宿存花柱。花期3~5月，果期5~8月。

生于山地林下、林缘、草坡、溪谷旁、岩石缝隙中，海拔200~900 m。产于中国河北、陕西、甘肃、江苏、安徽、浙江、江西、福建、河南、湖北、湖南、广东、广西、海南、四川、贵州、云南、西藏。

深圆齿堇菜（堇菜属）

Viola davidii Franch.

多年生细弱无毛草本，几无地上茎，高4~9 cm，有时具匍匐枝。根状茎细。叶基生；叶片圆形或肾形，基部浅心形或截形，边缘具较深圆齿；叶柄长2~5 cm；托叶离生或仅基部与叶柄合生。花白色或有时淡紫色；萼片长3~5 mm，边缘膜质；花瓣倒卵状长圆形，侧方花瓣与上方花瓣近等大，下方花瓣较短；子房球形，有褐色腺点。蒴果椭圆球形，长约7 mm，无毛，常具褐色腺点。花期3~6月，果期5~8月。

生于林下、林缘、山坡草丛、溪谷或石上阴蔽处，海拔300~900 m。产于中国陕西、湖北、湖南、江西、福建、广东、广西、四川、贵州、云南。

长萼堇菜（堇菜属）

Viola inconspicua Blume

多年生草本，无地上茎。根状粗壮。叶基生，莲座状；叶片三角形或戟形，基部宽心形，弯缺呈宽半圆形，两侧垂片发达，稍下延于叶柄成狭翅，边缘具圆锯齿，两面通常无毛，上面密生乳头状小白点；花淡紫色，有暗色条纹；花梗细弱，通常与叶片等长，无毛或上部被柔毛；萼片末端具缺刻状浅齿，无毛或具纤毛；花瓣长圆状倒卵形，侧方花瓣里面基部有须毛；子房球形，无毛。蒴果长圆形，无毛。种子卵球形，长1~1.5 mm，直径0.8 mm，深绿色。花果期3~11月。

生于林缘、山坡草地、田边及溪旁等处，海拔300~900 m。产于中国陕西、甘肃、江苏、安徽、浙江、江西、福建、台湾、湖北、湖南、广东、海南、广西、四川、贵州、云南。

南岭堇菜（堇菜属）

***Viola nanlingensis* J.S. Zhou & F.W. Xing**

多年生草本，无地上茎，高约 15 cm。花期生出地上匍匐枝，匍匐枝顶端簇生莲座状叶丛。基生叶多数，叶卵形或椭圆形，边缘具钝齿；叶柄具明显的翅。花较大，浅紫色，具长花梗；下方花瓣有深紫色条纹，较其他花瓣明显短缩。蒴果椭圆形。

生于山地林缘阴湿处，海拔 300 ~ 500 m。分布于中国广东、广西、湖南、湖北、江西。

浅圆齿堇菜（堇菜属）

***Viola schneideri* W. Becker**

多年生草本，高 7~10 cm；根状茎斜升，密生细根；匍匐茎发达，节处生不定根，顶端通常发育成一个新植株。叶近基生，叶片卵形或卵圆形，先端圆钝，基部深心形，边缘每侧具 6~8 个浅圆齿，两面无毛，上面淡绿色，下面常带红色；花白色或淡紫色，花梗长于叶或与叶等长，中部以上具 2 枚线形小苞片；花瓣长圆状倒卵形；子房长圆形，无毛，花柱棍棒状，基部近直立，向上稍增粗，前方具向上而直伸的短喙。蒴果长圆形，长 5~7 mm，无毛。花期 4 ~ 6 月。

生于山谷林下，海拔 100~900 m。产于中国广西、湖南、湖北、江西、福建、四川、云南、贵州、西藏。

A202 西番莲科 Passifloraceae

广东西番莲（西番莲属）

***Passiflora kwangtungensis* Merr.**

草质藤本，长约 5~6 m。茎纤细，无毛，具细条纹。叶膜质，互生；花小，白色，直径达 1.5~2 cm；萼片 5 枚，膜质，窄长圆形，长 8~9 mm，宽约 2.5 mm，外面顶端不具角状附属器；花瓣 5 枚，与萼片近似，等大；雄蕊 5 枚，花丝扁平，长 3.5 mm，花药长圆形，长 2.5 mm；子房无柄，椭圆球形，长 2.5 mm，被散生柔毛与稀疏白色腺体；花柱 3 枚，长 3~4 mm，外弯，柱头头状。浆果球形，直径 1~1.5 cm，无毛；种子多数，椭圆球形，淡棕黄色。花期 3 ~ 5 月，果期 6 ~ 7 月。

生于林边灌丛中，海拔 600~700 m。产于中国江西、广东、广西。

A204 杨柳科 Salicaceae

山桂花（山桂花属）

***Bennettiodendron leprosipes* (Clos) Merr.**

常绿小乔木，高 8~15 m。叶近革质，倒卵状长圆形，长 4~18 cm，宽 3.5~7 cm，边缘有粗齿和腺齿，两面无毛，中脉凹陷；叶柄长 2~4cm。圆锥花序顶生，长 5~15 cm，多分枝，幼时被黄棕色毛；花浅灰色或黄绿色，有芳香；花梗长 3~5 mm；苞片早落；萼片卵形，长 3~4 mm，有缘毛。雄花：花丝有毛，伸出花冠，花药黄色。雌花：花柱通常 3 枚。浆果成熟时红色，球形，直径 5~8 mm。花期 2 ~ 6 月，果期 4 ~ 11 月。

生于山坡、山谷混交林或灌丛中，海拔 400~900 m。产于中国江西、广东、海南、广西、湖南、贵州、云南。

膜叶脚骨脆（嘉赐树属）膜叶嘉赐树、海南嘉赐树

Casearia membranacea **Hance**

常绿乔木或灌木，高 4~15 m；树皮灰褐色，不裂；叶膜质，中脉在上面平坦或稍凹，在下面突起，侧脉 5~8 对，细脉网状；萼片 5 枚；雄蕊 8 枚，花丝有柔毛，基部稍与萼片联合，花药卵状长椭圆形，顶端凹下，基部心状；鳞片（退化雄蕊）8 枚，与雄蕊互生，棍状，与花丝等长；子房圆锥形，无毛，1 室，侧膜胎座 3 个，每个胎座上有 4 颗胚珠。蒴果卵状或卵状椭圆球形；种子卵形，长 4 mm。花期 7 ~ 8 月，果期 10 月至翌年春季。

生于山地林中，海拔 100~400 m。产于中国台湾、海南、广东、广西。

大叶刺篱木（刺篱木属）

Flacourtia rukam **Zoll. & Moritzi.**

乔木；树皮灰褐色；小枝圆柱形，幼时被柔毛。叶近革质，卵状长圆形或椭圆状长圆形，先端渐尖至急尖，基部圆形至宽楔形，边缘有钝齿，上面深绿色，下面淡绿色，中脉在上面凹，在下面突起，斜出，细脉彼此平行；无毛或有锈色茸毛。花小，黄绿色；总状花序腋生，被短柔毛；卵形，基部稍连合，两面疏被短毛；花瓣缺。雄花：雄蕊多数，花丝丝状，花药小，黄色；花盘肉质，橘红至淡黄色，8 裂。雌花：花盘圆盘状，边缘微波状；退化雄蕊缺，稀存在。浆果球形到扁球形或卵球形，亮绿色至桃红色或为紫绿色到深红色，果肉带白色，顶端有宿存花柱；种子约 12 颗。花期 4 ~ 5 月，果期 6 ~ 10 月。

产于中国云南、台湾、广西、广东、海南。

爪哇脚骨脆（嘉赐树属）毛叶脚骨脆、毛叶嘉赐树

Casearia velutina **Blume**

灌木，高 1.5~2.5 m。树皮光滑，具明显皮孔。小枝棕黄色，密生短柔毛，有棱脊。叶排成 2 列，纸质，卵状长圆形，长 5~8 cm，宽 3~4cm，基部圆形，边缘有锐齿，两面幼时密被短柔毛；叶柄长 4~5 mm，有毛。花小，两性，淡绿色或黄绿色，数朵簇生于叶腋；花梗纤细，长约 2 mm，近无毛；花直径约 3 mm；萼片 5 枚，近圆形；花瓣缺；雄蕊 5~6 枚。花期 12 月，果期翌年春季。

生于山脚溪边林下，海拔 100~900 m。产于中国福建、广东、海南、广西、贵州、云南。

天料木（天料木属）

Homalium cochinchinense **(Lour.) Druce**

小乔木，高 2~10 m；小枝幼时密被带黄色短柔毛，老枝无毛，有明显纵棱。叶纸质，倒卵状长圆形，长 6~15 cm，宽 3~7 cm，边缘有疏钝齿，两面沿中脉和侧脉被短柔毛，中脉凹陷；叶柄长 2~3 mm，被带黄色短柔毛。总状花序长 6~15 cm，被黄色短柔毛；花直径 8~9 mm；萼筒陀螺状，长 2~3 mm，被开展疏柔毛；花瓣匙形，长 3~4 mm，边缘有睫毛；花丝长于花瓣；花柱通常 3 枚。蒴果倒圆锥状，长 5~6 mm。花期全年，果期 9 ~ 12 月。

生于山地阔叶林中，海拔 200~500 m。产于中国湖南、江西、福建、台湾、广东、海南、广西。

南岭柞木（柞木属）
Xylosma controversa **Clos**

常绿小乔木，高 4~15 m；树皮具不规则裂片，裂片向上反卷；幼时有枝刺。叶薄革质，椭圆形，长 5~10 cm，宽 3~7 cm，边缘有锯齿，两面无毛；叶柄长约 2 mm，有短毛。花小，总状花序腋生，长 1~2 cm；花萼 4~6 枚，卵形，长 2.5~3.5 mm；花瓣缺；雄花花丝细长；雌花的萼片与雄花同。浆果黑色，球形，顶端有宿存花柱，直径 4~5 mm。花期 4 ~ 5 月，果期 8 ~ 9 月。

生于林边、丘陵和平原或村边附近灌丛中，海拔 100~600 m。产于中国湖南、江苏、江西、福建、广东、海南、广西、贵州、四川、云南。

长叶柞木（柞木属）
Xylosma longifolia **Clos**

常绿小乔木，高 4~7 m；小枝有枝刺，无毛。叶革质，长圆状披针形，长 5~12 cm，宽 1.5~4 cm，边缘有锯齿，两面无毛；叶柄长 5~8 cm。花小，淡绿色，总状花序长 1~2 cm；花直径 2.5~3.5 mm；萼片 4~5 枚，卵形或披针形，长 2~4 mm，外面有毛；花瓣缺。雄花：雄蕊多数，花丝长约 4.5 mm，花盘 8 裂。雌花：子房圆形，长 3.5~4 mm，花柱短，柱头 2 裂。浆果球形，黑色，直径 4~6 mm，无毛。花期 4 ~ 5 月，果期 6 ~ 10 月。

生于山地林中，海拔 200~900 m。产于中国福建、广东、广西、贵州、云南。

A207 大戟科 Euphorbiaceae

铁苋菜（铁苋菜属）海蚌含珠、蚌壳草
Acalypha australis **L.**

一年生草本，高 0.2~0.5 m。小枝细长，被贴毛柔毛。叶膜质，长卵形、近菱状卵形或阔披针形，长 3~9 cm，宽 1~5 cm，边缘具圆锯，下面沿中脉具柔毛，基出 3 脉，侧脉 3 对；叶柄长 2~6 cm，具短柔毛；托叶披针形。雌雄花同序，长 1.5~5 cm，花序梗长 0.5~3 cm，雌花苞片 1~4 枚，雌花 1~3 朵；花梗无；雄花穗状或头状，雄花苞片卵形，雄花 5~7 朵，簇生；花梗长 0.5 mm；蒴果直径 4 mm，具 3 个分果片；种子近卵状，长 1.5~2 mm，种皮平滑。花果期 4 ~ 12 月。

生于山坡较湿润耕地和空旷草地，有时生石灰岩山疏林下，海拔 100~900 m。除内蒙古、新疆外广泛分布于中国。

裂苞铁苋菜（铁苋菜属）
Acalypha supera **Forssk.**

一年生草本，高 20~80 cm，全株被短柔毛和散生的毛。叶膜质，卵形、阔卵形或菱状卵形；基出脉 3~5 条；雌雄花同序，花序 1~3 个腋生，花序梗几无，雌花苞片 3~5 枚，长约 5 mm，掌状深裂；雄花密生于花序上部；有时花序轴顶端具 1 朵异形雌花。雄花：花萼花蕾时球形；雄蕊 7~8 枚；花梗长 0.5 mm。雌花：萼片 3 枚；子房疏生长毛和柔毛，花柱 3 枚；花梗短。异形雌花：萼片 4 枚，长约 0.5 mm；子房陀螺状，1 室，花柱 1 枚。蒴果；种子卵球状。花期 5 ~ 12 月。

生于山坡、路旁、溪畔、林间小道旁草地，海拔 100~900 m。产于中国河北、陕西、甘肃、四川、云南、湖北、湖南、江西、安徽、浙江、江苏、贵州、广西、广东。

印禅铁苋菜（铁苋菜属）
***Acalypha wui* H. S. Kiu**

灌木，高约1.5 m；枝细长，嫩枝被短柔毛，后变无毛。叶薄纸质，长卵形；基出脉3条。雄花：通常位于花序上部，7~13朵簇生于苞腋，苞片卵状三角形，长1 m，被疏毛；花梗长1.5 mm；萼裂片4枚，长1 mm；雄蕊8枚。雌花：苞片圆心形，长5~10 mm，宽6~12 mm，具锯齿7~9枚；萼片3枚，近卵形，长1 mm，缘毛稀疏；子房被毛，花柱3枚。长6 mm，撕裂。蒴果具3个分果爿，具散生的短软刺状毛。花期4~12月，果期7~12月。

生于石灰岩山林下湿润石隙或石灰质壤土，海拔100 m。产于中国广东、广西。

椴叶山麻杆（山麻杆属）
***Alchornea tiliifolia* (Benth.) Müll. Arg.**

灌木或小乔木，高2~8 m；小枝密生柔毛。叶薄纸质，卵状菱形、卵圆形或长卵形，长10~17 cm，宽5.5~16 cm，顶端渐尖或尾状，基部楔形或近截平，边缘具腺齿。雌雄异株，雄花序穗状，1~3个生于一年生小枝已落叶腋部；雄花7~11朵簇生于苞腋，花梗长1 mm，疏生柔毛，中部具关节；雌花序总状或少分枝的复总状，顶生。雄花：花萼花蕾时球形，直径约1.5 mm，疏生短柔毛，萼片3枚，卵圆形；雄蕊8枚。雌花：萼片5~6枚，近卵形，不等大，其中1枚基部具1个腺体；子房球形，花柱3枚。蒴果椭圆球状；种子近圆柱形。花期4~6月，果期6~7月。

生于山地或山谷林下或疏林下，或石灰岩山灌丛中，海拔200~900 m。产于中国云南、贵州、广西、广东。

山麻秆（山麻杆属）
***Alchornea davidii* Franch.**

落叶灌木。叶薄纸质，阔卵形或近圆形，长8~15 cm，宽7~14 cm，顶端渐尖，基部心形、浅心形或近截平，边缘具粗锯齿或具细齿。雌雄异株，雄花序穗状，1~3个生于一年生枝已落叶腋部，花序梗几无，呈葇荑花序状，苞片卵形，长约2 mm，顶端近急尖，具柔毛，未开花时覆瓦状密生，雄花5~6朵簇生于苞腋，花梗长约2 mm，无毛，基部具关节；小苞片长约2 mm；雌花序总状，顶生，长4~8 cm，具花4~7朵。蒴果近球形，具3条圆棱，密生柔毛；种子卵状三角形，种皮淡褐色或灰色，具小瘤体。花期3~5月，果期6~7月。

产于中国陕西、四川、云南、贵州、广西、河南、湖北、湖南、江西、江苏、福建。

红背山麻杆（山麻杆属）
***Alchornea trewioides* (Benth.) Müll. Arg.**

落叶灌木，高1~2 m；小枝被灰色微柔毛，后变无毛。叶薄纸质，卵状圆形，长8~15 cm，宽7~13 cm，顶端急尖或渐尖，基部浅心形或近截平，边缘疏生具腺小齿，下面浅红色，在叶柄相连处有红色腺体和2枚线状附属体，边缘有不规则的细锯齿。雌雄异株，雄花序穗状，腋生，长7~15 cm，具微柔毛，雄花5~15朵簇生于苞腋；雌花序总状，顶生，长5~6 cm，具花5~12朵，各部均被微柔毛，苞片基部具腺体2个，小苞片披针形。雄花：萼片4枚，长圆形。雌花：萼片5~6枚，披针形；子房球形，被短茸毛，花柱3枚，线状。蒴果球形，具3条圆棱，直径8~10 mm，果皮平坦，被灰白色毛；种子扁卵球状，长6 mm。花期3~5月，果期6~8月。

生于山地矮灌丛中或疏林下，海拔100~900 m。产于中国湖南、江西、福建、广东、海南、广西、云南。

蝴蝶果（蝴蝶果属）

***Cleidiocarpon cavaleriei* (H. Lé v.) Airy Shaw**

乔木，高达 25 m；幼嫩枝、叶疏生微星状毛，后变无毛。叶纸质，椭圆形，长圆状椭圆形或披针形；小托叶 2 枚，钻状，长 0.5 mm，上部凋萎，基部稍膨大，干后黑色；圆锥状花序，雄花 7~13 朵密集成的团伞花序，疏生于花序轴，雌花 1~6 朵，生于花序的基部或中部；子房被短茸毛，2 室，通常 1 室发育，1 室仅具痕迹，花柱长约 7 mm，上部 3~5 裂，裂片叉裂为 2~3 枚短裂片，密生小乳头。果呈偏斜的卵球形或双球形；种子近球形，种皮骨质，厚约 1 mm。花果期 5 ~ 11 月。

生于山地或石灰岩山的山坡或沟谷常绿林中，海拔 100~900 m。产于中国广东、贵州、广西、云南。

毛果巴豆（巴豆属）小叶双眼龙

***Croton lachnocarpus* Benth.**

灌木，高 1~3 m。幼枝被灰黄色星状毛。叶纸质，矩圆形或卵状矩圆形，长 4~13 cm，宽 1.5~5 m，顶端钝、短尖至渐尖，基部近圆形至微心形，边缘有不明显细锯齿，弯缺处有 1 个杯状腺体；基出 3 脉，侧脉 4~6 对；叶基部或叶柄顶端有 2 枚具柄杯状腺体。总状花序 1~3 枚，顶生，苞片钻形；雄花：萼片卵状三角形，被星状毛；花瓣长圆形；雄蕊 10~12 枚；雌花萼片披针形，被星状柔毛；子房被黄色茸毛，花柱线形，2 裂。蒴果稍扁球形，被星状毛和长柔毛；种子椭圆球状，暗褐色，光滑。花期 4 ~ 5 月。

生于山地疏林或灌丛中，海拔 100~900 m。产于中国广东、广西、贵州、湖南、江西。

石山巴豆（巴豆属）

***Croton euryphyllus* W. W. Sm.**

灌木，高 3~5 m；嫩枝、叶和花序均被很快脱落的星状柔毛，枝条淡黄褐色。叶纸质，近圆形至阔卵形；基出脉 3~7 条，侧脉 3~5 对，在近叶缘处弯拱连接。雄花：萼片披针形，长约 2.5 mm；花瓣比萼片小，边缘被绵毛；雄蕊约 15 枚，无毛。雌花：萼片披针形，长约 3 mm；花瓣细小；子房密被星状毛，花柱 2 裂，几无毛。蒴果近圆球状，长 1.2~1.5 cm，直径约 1.2 cm，密被短星状毛；种子椭圆状，暗灰褐色。花期 4 ~ 5 月。

生于疏林中，海拔 100~900 m。产于中国广东、广西、贵州、四川、云南。

巴豆（巴豆属）巴菽

***Croton tiglium* L.**

小乔木，高 3~6 m；嫩枝绿色，被稀疏星状柔毛，枝条无毛。叶纸质，卵形，长 7~12 cm，宽 3~7 cm，顶端渐尖，基出 3~5 脉，侧脉 3~4 对；基部两侧叶缘上各有 1 枚盘状腺体；叶柄长 2.5~5 cm，近无毛；托叶线形，长 2~4 mm，早落。总状花序，顶生，雌雄同株；雄花花蕾近球形；雌花萼片长圆状披针形；子房密被柔毛，花柱 2 裂。蒴果椭圆状，长约 2 cm，直径 1.4~2 cm，被疏生短星状毛或近无毛；种子椭圆球状，长约 1 cm，直径 6~7 mm。花期 4 ~ 8 月，果期 7 ~ 11 月。

生于村旁或山地疏林中，海拔 300~700 m。产于中国江西、江苏、浙江、福建、台湾、广东、海南、广西、贵州、云南、四川。

黄桐（黄桐属）

***Endospermum chinense* Benth.**

乔木，高 6~20 m，树皮灰褐色；嫩枝、花序和果均密被灰黄色星状微柔毛；小枝的毛渐脱落，叶痕明显，灰白色。叶薄革质，椭圆形至卵圆形；侧脉 5~7 对；花序生于枝条近顶部叶腋，雄花序长 10~20 cm，雌花序长 6~10 cm，苞片卵形；雄花花萼杯状，有 4~5 枚浅圆齿；雄蕊 5~12 枚，2~3 轮，花丝长约 1 mm；雌花花萼杯状，长约 2 mm，具 3~5 枚波状浅裂，被毛，宿存；子房近球形，被微茸毛，2~3 室，花柱短，柱头盘状。果近球形；种子椭圆球形。花期 5 ~ 8 月，果期 8 ~ 11 月。

生于山地常绿林中，海拔 100~800 m。产于中国福建、广东、海南、广西、云南。

通奶草（大戟属）

***Euphorbia hypericifolia* L.**

一年生草本。叶对生，狭长圆形或倒卵形，长 1~2.5 cm，宽 4~8 mm；托叶三角形，分离或合生。苞叶 2 枚。花序数个簇生。总苞陀螺状；边缘 5 裂，裂片卵状三角形；腺体 4 枚，边缘具白色或淡粉色附属物。雄花数枚；雌花 1 枚，子房柄长于总苞；子房三棱状，无毛；花柱 3 枚，分离；柱头 2 浅裂。蒴果三棱状，无毛，成熟时分裂为 3 个分果。种子卵球棱状，长约 1.2 mm，直径约 0.8 mm，每个棱面具数个皱纹，无种阜。花果期 8 ~ 12 月。

生于旷野荒地、路旁、灌丛及田间。产于中国、江西、台湾、湖南、北京以及华南、西南地区。

飞扬草（大戟属）

***Euphorbia hirta* L.**

一年生草本。茎单一，自中部向上分枝或不分枝，高 30~60 cm，被粗硬毛。叶对生，长 1~5 cm，宽 5~13 mm；叶面绿色，叶背灰绿色，具柔毛，叶柄长 1~2 mm。花序多数；总苞钟状，边缘 5 裂，裂片三角状卵形；腺体 4 枚，近于杯状，边缘具白色附属物；雄花数枚；雌花 1 枚；子房三棱状；花柱 3 枚，分离；柱头 2 浅裂。蒴果三棱状。种子近圆球状四棱，每个棱面有数个纵糟。花果期 6 ~ 12 月。

生于路旁、草丛、灌丛及山坡上，多见于砂质土。产于中国湖南、江西、福建、台湾、广东、海南、广西、贵州、云南、四川。

匍匐大戟（大戟属）

***Euphorbia prostrata* Aiton**

一年生草本。根纤细，长 7~9 cm。茎匍匐状。叶对生，椭圆形至倒卵形；花序常单生于叶腋，少为数个簇生于小枝顶端，具 2~3 mm 的柄；总苞陀螺状，边缘 5 裂，裂片三角形或半圆形；腺体 4 枚，具极窄的白色附属物。雄花数个，常不伸出总苞外；雌花 1 枚，子房柄较长，常伸出总苞之外；子房于脊上被稀疏的白色柔毛；花柱 3 枚，近基部合生；柱头 2 裂。蒴果三棱状。种子卵球状四棱形，黄色，每个棱面上有 6~7 个横沟；无种阜。花果期 4 ~ 10 月。

生于路旁、屋旁和荒地灌丛中。产于中国江苏、湖北、福建、台湾、广东、海南、云南。

千根草（大戟属）

***Euphorbia thymifolia* L.**

一年生草本。根纤细，长约 10 cm，具多数不定根。茎纤细，常呈匍匐状。叶对生，椭圆形、长圆形或倒卵形，长 4~8 mm，宽 2~5 mm，托叶披针形或线形，长 1~1.5 mm，易脱落。花序具短柄，长 1~2 mm，被稀疏柔毛；总苞狭钟状至陀螺状，外部被稀疏的短柔毛，边缘 5 裂；腺体 4 枚，被白色附属物。雄花少数；雌花 1 朵，花柱 3 枚，分离；柱头 2 裂。蒴果卵状三棱形。种子长卵球状四棱形，暗红色，每个棱面具 4~5 个横沟；无种阜。花果期 6~11 月。

生于路旁、屋旁、草丛、稀疏灌丛等，多见于沙质土，常见。产于中国湖南、江苏、浙江、台湾、江西、福建、广东、广西、海南、云南。

卵苞血桐（血桐属）轮苞血桐、安德曼血桐

***Macaranga andamanica* Kurz**

常绿灌木或小乔木，高 3~6 m；嫩枝被黄褐色或锈色茸毛。叶厚纸质，长圆状披针形或长圆形，长 7~14 cm，宽 2.5 ~5.5 cm，浅盾状或非盾状着生，叶基具 2 枚腺体；侧脉 5~7 对；托叶钻状，长 3~4 mm。雄花序总状，长 5~7 cm，被柔毛；苞片阔三角形，长 1 mm；雄花：5~7 朵簇生于苞腋；萼片 3 枚，长约 1.5 mm；雄蕊 15~20 枚。雌花序总状，长 5~10 cm，被短茸毛，具苞片 5~8 枚，互生，其中 1~2 枚卵形或卵圆形，其余为鳞片状；雌花：单朵生于苞腋，萼片 4 枚，三角形，长约 2 mm；子房 2 室，沿背脊线密生短柔毛，花柱 2 个，线状。蒴果双球形，具散生颗粒状腺体。花果期 5 ~ 11 月。

生于低山、山谷或溪畔常绿林中，海拔 100~400 m。产于中国广东、海南、广西、贵州、云南。

粗毛野桐（大戟属）

***Hancea hookeriana* Seem.**

灌木或小乔木，高 1.5~6 m；嫩枝和叶柄被疏生黄色长粗毛。叶对生，同对的叶形状和大小极不相同，小型叶退化成托叶状，钻形，疏被长粗毛，大型叶近革质，长圆状披针形，顶端渐尖，基部钝或圆形，边近全缘或波状，上面无毛，下面中脉近基部被长粗毛，侧脉腋部常被短柔毛，其余无毛；羽状脉，侧脉 8~9 对，叶基部有时具褐色斑状腺体，两端增厚；托叶线状披针形，长约 1 cm，疏被长粗毛，宿存。花雌雄异株，雄花序总状，生于小型叶叶腋，长 4~10 cm；苞片钻形或披针形，长 1~5 mm，被毛，苞腋有雄花 1~2 朵。蒴果三棱状球形，直径 1~1.4 cm，密生稍硬而直的软刺，被灰黄色星状毛；种子球形，褐色，平滑。花期 3 ~ 5 月，果期 8 ~ 10 月。

产于中国广西、广东、海南。

中平树（血桐属）

***Macaranga denticulata* (Blume) M ü ll. Arg.**

乔木，高 3~10（15）m；嫩枝、叶、花序和花均被锈色或黄褐色茸毛；叶纸质或近革质；掌状脉 7~9 条，侧脉 8~9 对；雄花序圆锥状，苞片近长圆形，苞腋具花 3~7 朵；雄花花萼 2~ 3 裂，长约 1 mm，雄蕊 9~16 (21) 枚，花药 4 室；花梗长 0.5 mm。雌花序圆锥状，长 4~8 cm，苞片长圆形或卵形、叶状，边缘具腺体 2~6 个，或呈鳞片状；雌花花萼 2 浅裂，长 1.5 mm；子房 2 室，稀 3 室，花柱 2 ~3 枚，长 1 mm；蒴果双球形，具颗粒状腺体；宿萼 3~4 裂；花期 4 ~ 6 月，果期 5 ~ 8 月。

生于低山次生林或山地常绿阔叶林中，海拔 100~900 m。产于中国广东、海南、广西、贵州、云南、西藏。

鼎湖血桐（血桐属）海南血桐

***Macaranga sampsonii* Hance**

灌木或小乔木，高 2~7 m；嫩枝、叶和花序均被黄褐色茸毛，小枝无毛，有时被白霜。叶薄革质，三角状卵形，浅盾状着生，下面具柔毛和颗粒状腺体；叶缘波状或具腺的粗锯齿；掌状脉 7 ~ 9 条；托叶披针形，具柔毛，早落。雄花序圆锥状，长 8~12 cm；苞片卵状披针形，顶端尾状，边缘具 1~3 枚长齿，苞腋具花 5~6 朵。雄花：萼片 3 枚，具微柔毛；雄蕊 3~5 枚，花药 4 室；花梗长 1 mm。雌花序圆锥状；苞片形状如同雄花序的苞片；萼片 3~4 枚，卵形，具短柔毛；子房 2 室，花柱 2 枚。蒴果双球形。具颗粒状腺体；果梗长 2~4 mm。花期 5~6 月，果期 7~8 月。

生于山地或山谷常绿阔叶林中，海拔 200~800 m。产于中国福建、广东、海南、广西、云南。

毛桐（野桐属）

***Mallotus barbatus* (Wall.) Müll. Arg.**

小乔木，高 3~4 m；嫩枝、叶柄和花序均被黄棕色星状长茸毛。叶纸质，卵状三角形或卵状菱形，长 13~15 cm，宽 12~28 cm，先端渐尖，基部圆钝或楔形，边缘具锯齿或波状；掌状脉 5~7 条，近叶柄着生处有时具黑色斑状腺体数个；叶柄盾状着生，长 5~22 cm。雌雄异株，总状花序顶生；雄花序长 11~36 cm，下部常多分枝；苞片线形，苞腋具雄花 4~6 朵；雄花花萼裂片 4~5，卵形；雌花序长 10~25 cm；苞片线形，苞腋有雌花 1~2 朵；雌花花萼裂片 3~5 枚，卵形；花柱 3~5 枚。蒴果球形；种子卵球形。花期 4~5 月，果期 9~10 月。

生于林缘或灌丛中，海拔 200~900 m。产于中国湖北、湖南、广东、广西、贵州、云南、四川。

白背叶（野桐属）野桐、白背桐

***Mallotus apelta* (Lour.) Müll. Arg.**

灌木或小乔木，高 1~4 m；小枝、叶柄和花序均密被星状毛和腺体。叶互生，卵形或阔卵形，顶端急尖或渐尖，基部截平或稍心形，边缘具齿，叶背被灰白色星状茸毛；基出 5 脉，侧脉 6~7 对；基部腺体 2 枚；叶柄长 5~15 cm。花雌雄异株，雄花序 15~30 cm，苞片卵形；雄蕊 50~75 枚；雌花序穗状，雌花花梗极短；花萼裂片 3~5 枚；花柱 3~4 枚。蒴果近球形，密被软刺，黄褐色或浅黄色；种子近球形，直径约 3.5 mm，褐色或黑色，具皱纹。花期 6~9 月，果期 8~11 月。

生于山坡或山谷灌丛中，海拔 100~900 m。产于中国湖南、江西、福建、广东、海南、广西、云南。

南平野桐（野桐属）

***Mallotus dunnii* F. P. Metcalf**

灌木，高 1~4 m；小枝红褐色，疏生星状毛或长柔毛，毛很快脱落。叶互生，有时生于小枝顶部的近对生，薄纸质，卵状三角形或近圆形，长 10~25 cm，宽 8~21 cm，顶端长渐尖，基部圆形。花雌雄异株，总状花序或圆锥花序，顶生；雄花序长 10~25 cm；苞片披针形，苞腋有雄花 3~8 朵。雄花：花蕾球形或阔卵形；花萼裂片 4~5 枚；雄蕊 40~50 枚，药隔稍宽。雌花序长 8~35 cm，疏生白色长柔毛；苞片披针形；雌花花萼裂片 4~5 枚，卵状披针形；花柱 3 枚，柱头密生羽毛状突起。蒴果钝三棱状球形；种子椭圆球形。花期 6~7 月，果期 9~10 月。

生于湿润疏林中，海拔 300~500 m。产于中国福建、广东、广西、湖南。

东南野桐（野桐属）

Mallotus lianus **Croizat**

小乔木或灌木，高 2~10 m；树皮红褐色；小枝圆柱形，有棱，被红棕色星状短茸毛。叶互生，纸质，卵形或心形，长 10~18 cm，宽 9~14 cm，近全缘，嫩叶两面均被红棕色紧贴星状短茸毛，成长叶上面无毛，下面被毛和疏生紫红色颗粒状腺体；基出脉 5 条。雌雄异株，总状花序或圆锥花序；雄花序长 10~18 cm，被红棕色星状短茸毛；苞腋有雄花 3~8 朵；雄花花梗长 3~5 mm；花萼裂片 4~5 枚；雌花序长 10~25 cm；雌花花梗长约 2 mm，花柱 3 枚。蒴果球形，直径 8~10 mm，密被黄色星状毛和橙黄色颗粒状腺体，具长约 6 mm 线形的软刺；种子球形。花期 8~9 月，果期 11~12 月。

生于阴湿林中或林缘，海拔 200~900 m。产于中国江西、浙江、福建、广东、广西、湖南。

崖豆藤野桐（野桐属）

Mallotus millietii **H. Lév.**

攀援灌木，长达 5 m；嫩枝、叶柄和花序均密被黄色星状或单生长柔毛。叶互生。花雌雄异株；花序总状，有时基部有分枝，顶生或腋生，雄花序长 5~12 cm；苞片钻形，苞腋簇生雄花 2~5 朵；雄花花梗长约 2 mm；花萼裂片 4 枚，卵形；雄蕊 40~50 枚。雌花序长 4~9 cm，苞片卵状披针形；雌花花梗长约 2 mm；花萼裂片 4 枚，卵形或卵状披针形；花柱 3~4 枚，密生乳头状突起。蒴果球形或扁球形；种子近球形。花期 5~6 月，果期 8~10 月。

生于疏林下或灌丛中，海拔 500~900 m。产于中国云南、广西、贵州、湖北、湖南、广东。

小果野桐（野桐属）

Mallotus microcarpus **Pax & Hoffm.**

灌木，高 1~3 m；茎浅褐色。叶互生，稀近对生，纸质，花雌雄同株或异株，总状花序，1~2 个顶生或腋生，被黄色微柔毛；雄花序长 12~15 cm，苞片卵形，长 2~3 mm；雄花 3~7 朵簇生于苞腋，花梗长约 3 mm；花蕾时卵形，花萼裂片 3~4 枚，卵形，不等大；雄蕊 50~60 (70) 枚，药隔宽。雌花序长 12~14 cm，苞片钻形；雌花花萼裂片 4 枚，卵形；子房密被长柔毛和疏生短刺，花柱 3 枚，基部稍合生，密生羽状突。蒴果扁球形；种子卵球形。花期 4~7 月，果期 8~10 月。

生于疏林中或林缘灌丛中，海拔 200~900 m。产于中国贵州、广西、湖南、广东、江西、福建。

白楸（野桐属）

Mallotus paniculatus **(Lam.) Müll. Arg.**

乔木或灌木。叶互生，生于花序下部的叶常密生，卵形、卵状三角形或菱形，顶端长渐尖，基部楔形或阔楔形，边缘波状或近全缘，上部有时具 2 枚裂片或粗齿；嫩叶两面均被灰黄色或灰白色星状茸毛，成长叶上面无毛；基出脉 5 条，基部近叶柄处具斑状腺体 2 个，叶柄稍盾状着生。花雌雄异株，总状花序或圆锥花序，分枝广展，顶生，苞片卵状披针形，渐尖，苞腋有雄花 2~6 朵，雄花花梗长约 2 mm；花蕾卵形或球形；外面密被星状毛；雄蕊 50~60 枚。苞片卵形，苞腋有雌花 1~2 朵；雌花花萼裂片 4~5 枚，长卵形。种子近球形，深褐色，常具皱纹。花期 7~10 月，果期 11~12 月。

产于中国云南、贵州、广西、广东、海南、福建、台湾。

粗糠柴（野桐属）香桂树、菲岛桐

Mallotus philippensis **(Lam.) Müll. Arg.**

乔木或灌木，高 2~18 m；小枝、嫩叶和花序均密被黄褐色短星状柔毛。叶互生或有时小枝顶部的对生，革质，卵形，长 5~22 cm，宽 3~6 cm，全缘，下面被毛，叶脉上具长柔毛和红腺体；基出 3 脉；近基部有腺体 2~4 枚；叶柄长 2~9 cm，两端稍增粗，被星状毛。花雌雄异株，花序总状，雄花序长 5~10 cm，苞片卵形，雄花簇生；雄花长圆形，具腺体；雄蕊 15~30 枚。雌花序长 3~8 cm，果序长达 16 cm，苞片卵形；花萼裂片 3~5 枚，卵状披针形。蒴果扁球形，具 2 个分果爿。花期 4~5 月，果期 5~8 月。

生于山地林中或林缘，海拔 300~900 m。产于中国长江以南地区。

野桐（野桐属）

Mallotus tenuifolius **Pax**

灌木或小乔木，高 3~6 m。小枝和花序密被星状的具长柔毛。叶片三角形卵形或宽卵形，膜质，绿色时干燥，背面稀疏星状毛状或近脱落，疏生淡黄具腺鳞片。雄花序 8~12 cm。雄花 2~5 束状；花萼裂片 3 枚，约 3 mm。雌花序或果序 8~15 cm。雌花花柱 3 枚，约 4 mm。蒴果被茸毛，刺 5~7 mm。种子近球形，直径约 5 mm，黑色，疣状。花期 6~7 月，果期 7~8 月。

生于山谷、山坡的林中或灌丛，海拔 700~900 m。产于中国安徽、福建、甘肃、贵州、河南、湖北、湖南、江西、四川。

石岩枫（野桐属）

Mallotus repandus **(Willd) Müll. Arg.**

攀援状灌木。小枝有星状柔毛。叶互生，纸质，卵形或椭圆状卵形，长 3.5~8 cm，宽 2.5~5 cm，顶端急尖或渐尖，基部楔形或圆形，边全缘或波状，嫩叶两面均被星状柔毛，成长叶仅下面叶脉腋部被毛和散生黄色颗粒状腺体；基出 3 脉，侧脉 4~5 对；叶柄长 2~6 cm。花雌雄异株，雄花序顶生，长 5~15 cm；苞片钻状；雄花萼裂片 3~4 枚，卵状长圆形，外面被茸毛。雌花序顶生，长 5~8 cm，苞片长三角形；花萼裂片 5 枚，卵状披针形。蒴果球形，被锈色茸毛，种子黑色，微有光泽，球形。花期 3~5 月，果期 8~9 月。

生于山地疏林中或林缘，海拔 100~900 m。产于中国长江以南地区。

乐昌野桐（野桐属）栗果野桐

Mallotus tenuifolius **Pax var. *castanopsis*** **(F. P. Metcalf) H. S. Kiu**

小枝和花序具白色星状微茸毛。叶片卵形或宽卵形，纸质，背面密被白色微茸毛，具不清楚带红色具腺鳞片，干燥时正面黯淡棕色，具星散星状小柔毛。雄花序 8~13 cm。雄花 2~7 朵簇生；萼裂片 4 枚，长约 3 mm。雌花序或果序 5~12 cm。雌花：花柱 3 枚，长约 3 mm。蒴果具白色微茸毛，具软刺，刺 10~15 mm。种子卵形，直径约 4 mm，黑色，平滑。花期 5~8 月，果期 10~11 月。

生于岩石的小山灌丛中，海拔 200~400 m。产于中国广东、广西、湖南、江西。

蓖麻（蓖麻属）

***Ricinus communis* L.**

一年生粗壮草本或草质灌木，高达 5 m；小枝、叶和花序通常被白霜。叶轮廓近圆形。网脉明显；叶柄粗壮，中空，长可达 40 cm，顶端具 2 枚盘状腺体，基部具盘状腺体；总状花序或圆锥花序，长 15~30 cm；苞片阔三角形，膜质，早落。雄花：花萼裂片卵状三角形；雄蕊束众多。雌花：萼片卵状披针形，凋落；子房卵状，花柱红色，顶部 2 裂，密生乳头状突起。蒴果卵球形或近球形；种子椭圆球形；种阜大。花期全年或 6~9 月（栽培）。

生于村旁疏林或河流两岸冲积地，常有逸为野生，海拔 100~500 m。中国广泛分布。

圆叶乌桕（乌桕属）

***Triadica rotundifolia* (Hemsl.) Esser**

灌木或乔木，高 3~12 m，全部无毛；小枝粗壮而节间甚短。叶互生。花单性，雌雄同株，总状花序，雌花生于花序轴下部，雄花生于花序轴上部或有时整个花序全为雄花。雄花：花梗圆柱形，长 1~3 mm；苞片卵形，每一苞片内有 3~6 朵花；雄蕊 2 枚，罕为 1 枚或 3 枚，花药圆形，花丝极短。雌花：花梗比雄花的粗壮，苞片与雄花的相似，每一苞片内仅有 1 朵花；子房卵形，花柱 3 枚，基部合生，柱头外卷。蒴果近球形；种子扁球形。花期 4~6 月。

生于阳光充足的石灰岩山地，为钙质土的指示植物，海拔 100~500 m。产于中国云南、贵州、广西、广东、湖南。

山乌桕（乌桕属）红心乌桕

***Triadica cochinchinensis* Lour.**

落叶小乔木，高 3~12 m。全株无毛，具白色乳汁。叶互生，纸质，嫩时呈淡红色，叶片椭圆形或长卵形，长 4~10 cm，宽 2.5~5 cm，背面有数个腺体；中脉两面凸起，侧脉纤细，8~12 对；叶柄长 2~7.5 cm，顶端具 2 枚毗连的腺体；托叶小易脱落。花单性，雌雄同株，顶生总状花序，雄花花梗丝状，长 1~3 mm；雄蕊 2 枚，雌花花梗粗壮，圆柱形，长约 5 mm；花萼 3 深裂；子房卵形，3 室，花柱粗壮，柱头 3 枚。蒴果黑色，球形，种子具白色蜡质层。花期 4~6 月，果期 7 ~ 10 月。

生于山谷或山坡混交林中，海拔 100~900 m。产于中国安徽、浙江、江西、福建、台湾、广东、海南、广西、贵州、云南、西藏、四川、湖南、湖北。

乌桕（乌桕属）腊子树、桕子树

***Triadica sebifera* (L.) Small**

乔木，高可达 15 m，具乳状汁液。树皮暗灰色，有纵裂纹。叶互生，纸质，叶片菱状卵形，长 3~8 cm，宽 3~9 cm，顶端具尖头，基部阔楔形或钝，全缘；叶柄纤细，顶端具 2 枚腺体。花单性，雌雄同株，顶生总状花序。雄花花梗纤细；苞片阔卵形，基部具腺体；花萼杯状，3 浅裂，具不规则的细齿；雄蕊 2 枚。雌花花梗粗壮，长 3~3.5 mm；苞片深 3 裂；花萼 3 深裂；子房卵球形，3 室，花柱 3 枚。蒴果梨状球形，黑色；种子扁球形，具白色蜡质层。花期 4~8 月。

生于旷野、塘边或疏林中，海拔 100 m。产于中国黄河以南地区，北达陕西、甘肃。

三宝木（三宝木属）印禅三宝木
***Trigonostemon chinensis* Merr.**

灌木，高2~4 m；嫩枝密被黄棕色柔毛，老枝近无毛。叶薄纸质，圆锥花序，顶生，长9~18 cm，分枝细长，开展，被疏柔毛至近无毛；雄花：花梗纤细；萼片5枚，长圆形；花瓣倒卵形，长5~6.5 mm，黄色；花盘环状；雄蕊3枚，花丝合生，顶部分离；雌花：花梗棒状，长1~1.5 cm；萼片5枚，披针形，其中3枚较大，长5~6 mm，外面具疏毛；花瓣倒卵形，长12 mm，黄色；子房无毛，花柱3枚，短，柱头近头状。蒴果近球形。花期4~9月。

生于山地密林中，海拔400~600 m。产于中国广东、海南、广西。

木油桐（油桐属）千年桐、皱果桐
***Vernicia montana* Lour.**

落叶乔木，高达20 m。枝条无毛，散生突起皮孔。叶阔卵形，长8~20 cm，宽6~18 cm，顶端短尖至渐尖，基部心形至截平，全缘或2~5裂，裂缺有杯状腺体，成长叶下面沿脉被短柔毛，掌状脉5条；叶柄长7~17 cm，顶端有2枚杯状腺体。花萼长约1 cm，2~3裂；花瓣白色或基部紫红色且有紫红色脉纹，倒卵形，长2~3 cm，雄花丝被毛；雌花子房密被棕褐色柔毛，3室，花柱3枚，2深裂。核果卵球状，具3条纵棱，有种子3颗，种子扁球状，种皮厚。花期4~5月。

生于疏林中，海拔100~900 m。产于中国长江以南地区。

油桐（油桐属）桐油树、桐子树
***Vernicia fordii* (Hemsl.) Airy Shaw**

落叶乔木，高达10 m。树皮灰色，近光滑。叶卵圆形，长8~18 cm，宽6~15 cm，顶端短尖，基部截平至浅心形，全缘，成长叶上面深绿色，下面灰绿色，被贴伏微柔毛；掌状脉5 ~ 7条；叶柄与叶片近等长，顶端有2枚扁平、无柄腺体。聚伞圆锥花序，花雌雄同株；花萼长约1 cm，2裂，外面密被柔毛；花瓣白色，有淡红色脉纹，倒卵形，顶端圆形，基部爪状；雄蕊8~12枚，2轮；外轮离生，内轮部分合生；子房密被柔毛。核果近球状；种子3~8颗，种皮木质。花期3~4月，果期8~9月。

生于丘陵山地，海拔200~500 m。产于中国秦岭南坡以南地区，北达陕西。

A209 黏木科 Ixonanthaceae

黏木（黏木属）华粘木、山子纣
***Ixonanthes reticulata* Jack**

常绿乔木. 高4~20 m；嫩枝顶端压扁状。单叶互生，纸质，无毛，长圆形，长4~16 cm，宽2~8 cm，表面亮绿色，中脉凹陷。叶柄长1~3cm，有狭边。二至三歧聚伞花序，生于枝近顶部叶腋内；花梗长5~7 mm；花白色；萼片5枚，宿存；花瓣5枚，阔圆形。蒴果卵球状圆锥形，长2~3.5 cm，宽1~1.7 cm。种子长圆球形，一端有膜质种翅。花期5~6月，果期6~10月。

生于路旁、山谷、山顶、溪旁、丘陵和林中，海拔100~900 m。产于中国福建、广东、海南、广西、湖南、贵州、云南。

A211 叶下珠科 Phyllanthaceae

五月茶（五月茶属）污槽树

Antidesma bunius **(L.) Spreng.**

常绿乔木，高达 10 m；小枝有明显皮孔；除叶背中脉、叶柄、花萼两面和退化雌蕊被短柔毛或柔毛外，其余均无毛。叶片纸质，长椭圆形，长 8~23 cm，宽 3~10 cm；侧脉每边 7 ~ 11 条，在叶面扁平，干后凸起，在叶背稍凸起；叶柄长 3~10 mm；托叶线形，早落。雄花序为顶生穗状花序，长 6~17 cm；雄花：花萼杯状，顶端 3~4 分裂；雌花序为顶生总状花序，长 5~18 cm，雌花：花萼和花盘与雄花的相同。核果近球形或椭圆球形，长 8~10 mm，成熟时红色。花期 3~5 月，果期 6~11 月。

生于山地疏林中，海拔 200~900 m。产于中国江西、福建、广东、海南、广西、贵州、云南、西藏。

日本五月茶（五月茶属）

Antidesma japonicum **Sieb. & Zucc.**

半常绿乔木或灌木，高 2~8 m；小枝初时被短柔毛，后变无毛。叶片纸质至近革质，长椭圆形，长 3.5~13 cm，宽 1.5~4 cm，顶端常尾状渐尖，除叶脉上被短柔毛外，其余均无毛；叶柄长 5~10 mm；托叶线形，早落。总状花序顶生，长达 10 cm。雄花：花梗长约 0.5 mm，被疏微毛至无毛；花萼钟状，长约 0.7 mm，3~5 裂。雌花：花梗极短；花萼较小，花柱顶生，柱头 2~3 裂。核果椭圆球形，长约 5~6 mm。花期 4~6 月，果期 7~9 月。

生于山地疏林中或山谷湿润地方，海拔 300~900 m。产于中国青海、西藏以及长江以南地区。

黄毛五月茶（五月茶属）黄色五月茶、唛毅怀、木味水

Antidesma fordii **Hemsl.**

常绿小乔木，高达 7 m；小枝、叶柄、托叶、花序轴被黄色茸毛，其余均被长柔毛或柔毛。叶片长圆形，长 7~25 cm，宽 3~10.5 cm，顶端渐尖，基部圆钝；侧脉每边 7 ~ 11 条，在叶背凸起；叶柄长 1~3 mm；托叶卵状披针形，长达 1 cm。花序长 8~13 cm。雄花：多朵组成分枝的穗状花序；花萼 5 裂；雄蕊 5 枚。雌花：总状花序；花梗长 1~3 mm；花萼与雄花的相同；花柱 3 枚，柱头 2 深裂。核果纺锤形，长约 7 mm。花期 3~7 月，果期 7 月至翌年 1 月。

生于山地密林中，海拔 200~900 m。产于中国福建、广东、海南、广西、云南。

小叶五月茶（五月茶属）

Antidesma montanum **Blume var.** ***microphyllum*** **(Hemsl.) Petra Hoffm.**

半常绿灌木，高 2~4 m。小枝圆柱形，密被黄色茸毛，后变无毛。叶片近革质，狭长圆状椭圆形，长 3~10 cm，宽 4~25 mm；叶柄长 3~5 mm；托叶线状披针形，长 5~10 mm。总状花序单个或 2~3 个聚生。雄花：花梗极短；萼片 4~5 枚，宽卵形或圆形，长和宽 2~3 mm，顶端常有腺体；花盘杯状。雌花：花梗长 1~1.5 mm；萼片和花盘与雄花相同，花柱 3~4 枚。核果卵圆球状，长约 5 mm，红色，成熟时紫黑色，顶端常宿存有花柱。花期 5~6 月，果期 6~11 月。

生于山坡或谷地疏林中，海拔 100~900 m。产于中国广东、海南、广西、湖南、贵州、四川、云南。

秋枫（重阳木属）秋风子

Bischofia javanica **Blume**

常绿或半常绿大乔木，高达 40 m，胸径可达 2.3 m。树皮灰褐色至棕褐色，近平滑。三出复叶，偶见 5 枚小叶，总叶柄长 8~20 cm；小叶片纸质，卵形、椭圆形、倒卵形或椭圆状卵形。花小，雌雄异株，多朵组成腋生的圆锥花序；雄花序长 8~13 cm，被微柔毛至无毛；雌花序长 15~27 cm，下垂。雄花：直径达 2.5 mm；花丝短；退化雌蕊小，盾状，被短柔毛。雌花：萼片长圆状卵形，边缘膜质；子房光滑无毛，3~4 室，花柱 3~4 枚。核果浆果状，圆球形或近圆球形，淡褐色；种子长圆形。花期 4~5 月，果期 8~10 月。

生于山地潮湿沟谷林中或平原栽培，尤以河边堤岸或行道树为多，海拔 100~800 m。产于中国秦岭以南地区。

黑面神（黑面神属）鬼画符、黑面叶

Breynia fruticosa **(L.) Hook. f.**

灌木，高 1~3 m。茎皮灰褐色；枝条上部常呈扁压状，小枝绿色；全株均无毛。叶片革质，卵形、阔卵形或菱状卵形，长 3~7 cm，宽 1.8~3.5 cm，两端钝或急尖，上面深绿色，下面粉绿色，干后变黑色，具有小斑点；侧脉每边 3~5 条；叶柄长 3~4 mm；托叶三角状披针形，长约 2 mm。花小，雄花花梗长 2~3 mm；花萼陀螺状，长约 2 mm，厚，顶端 6 齿裂；雄蕊 3 枚，合生呈柱状；雌花：花梗长约 2 mm；花萼钟状，6 浅裂，直径约 4 mm；子房卵状，花柱 3 枚，顶端 2 裂，裂片外弯。蒴果圆球状，有宿存的花萼。花期 4~9 月，果期 5~12 月。

散生于山坡、平地旷野灌木丛中或林缘，海拔 100~900 m。产于中国浙江、福建、广东、海南、广西、贵州、云南、四川。

重阳木（重阳木属）茄冬树

Bischofia polycarpa **(H. Lév.) Airy Shaw**

落叶乔木，高达 15 m；树皮纵裂；全株无毛。三出复叶；叶柄长 9~13.5 cm；顶生小叶通常较两侧的大，小叶片纸质，卵形，长 5~12 cm，基部圆或浅心形，边缘具钝细锯齿；顶生小叶柄长 1.5~5 cm；托叶小，早落。花雌雄异株，总状花序，花序轴纤细下垂。雄花：萼片半圆形，膜质，向外张开。雌花：萼片与雄花的相同，花柱 2~3 枚，顶端不分裂。果实浆果状，圆球形，直径 5~7 mm，成熟时褐红色。花期 4~5 月，果期 10~11 月。

生于山地林中或平原栽培，海拔 200~900 m。产于中国秦岭、淮河流域以南至福建和广东的北部。

禾串树（土蜜树属）尖叶土蜜树、大叶逼迫子

Bridelia balansae **Tutcher**

乔木，高达 17 m。树干通直，树皮黄褐色，近平滑，无毛。叶近革质，椭圆形，长 5~25 cm，宽 1.5~7.5 cm，顶端渐尖，基部钝，边缘反卷；叶柄长 4~14 mm；托叶线状披针形，长约 3 mm，被黄色柔毛。花雌雄同序，密集成腋生的团伞花序；萼片及花瓣被黄色柔毛；雄花直径 3~4 mm，花梗极短；萼片三角形；花瓣匙形；雌花直径 4~5 mm，花梗长约 1 mm；花瓣菱状圆形；子房卵圆球形，花柱 2 枚，分离，长约 1.5 mm，顶端 2 裂。核果长卵球形，直径约 1 cm，成熟时紫黑色。花期 3~8 月，果期 9~11 月。

生于山地疏林或山谷密林中，海拔 200~900 m。产于中国福建、台湾、广东、海南、广西、贵州、云南、四川。

土蜜树（土蜜树属）逼迫子
Bridelia tomentosa Blume

直立灌木或小乔木，高 2~5 m。树皮深灰色；枝条细长。叶纸质，长椭圆形，长 3~9 cm，宽 1.5~4 cm，顶端锐尖至钝，基部宽楔形至近圆，叶面粗涩，叶背浅绿色；侧脉 9~12 对；叶柄长 3~5 mm；托叶线状披针形。花雌雄簇生；雄花梗极短；萼片三角形；花瓣倒卵形，膜质，顶端 3~5 齿裂；花盘浅杯状；雌花几无花梗；常 3~5 朵簇生；萼片三角形；花瓣倒卵形或匙形；子房卵圆形，花柱 2 深裂，裂片线形。核果近圆球形，2 室；种子褐红色，长卵球形，有纵槽和纵条纹。花果期几乎全年。

生于山地疏林中或平原灌木林中，海拔 100~900 m。产于中国福建、台湾、广东、海南、广西、云南。

厚叶算盘子（算盘子属）
Glochidion hirsutum (Roxb.) Voigt

灌木或小乔木，高 1~8 m，全株多数有毛。叶革质，长卵形，长 7~15 cm，宽 4~7 cm，顶端钝或急尖，基部浅心形、截形或圆形，两侧偏斜；侧脉每边 6~10 条；叶柄长 5~7 mm；托叶披针形，长 3~4 mm。聚伞花序；总花梗长 5~7 mm 或短缩；雄花花梗长 6~10 mm；萼片 6 枚，长圆形或倒卵形；雄蕊 5~8 枚；雌花花梗长 2~3 mm；萼片 6 枚，卵形或阔卵形；子房圆球状，5~6 室，花柱合生呈近圆锥状。蒴果扁球状，具 5~6 条纵沟。花果期几乎全年。

生于山地林下或河边、沼地灌木丛中，海拔 100~900 m。产于中国福建、台湾、广东、海南、广西、云南、西藏。

毛果算盘子（算盘子属）
Glochidion eriocarpum Champ. ex Benth.

灌木，高达 5 m，全株几密被淡黄色的长柔毛。叶 2 列，两面均被长柔毛，纸质，卵形，长 4~8 cm，宽 1.5~3.5 cm，顶端渐尖或急尖，基部钝、截形或圆形，两侧对称；侧脉 4~5 对；叶柄长 1~2 mm；托叶钻状。雌雄同株。雄花花梗长 4~6 mm；萼片 6 枚，长倒卵形；雄蕊 3 枚；雌花几无花梗；萼片 6 枚，长圆形；子房扁球状，4~5 室，花柱合生呈圆柱状，直立，长约 1.5 mm，3 倍长于子房，顶端 4~5 裂。蒴果扁球状，直径 8~10 mm，具 4~5 条纵沟，顶端具圆柱状稍伸长的宿存花柱，密被长柔毛。花果期几乎全年。

生于山坡、山谷灌木丛中或林缘，海拔 100~900 m。产于中国湖南、福建、台湾、广东、海南、广西、贵州、云南。

甜叶算盘子（算盘子属）菲岛算盘子
Glochidion philippicum (Cav.) C. B. Rob.

乔木，高达 12 m；小枝幼时被短柔毛，老渐无毛。叶片纸质或近革质。花 4~10 朵簇生于叶腋内；雄花：花梗长 6~7 mm；萼片 6 枚，长圆形或倒卵状长圆形，长 1.5~2.5 mm，无毛，雄花 3 枚，合生呈圆柱状；雌花：花梗长 2~4 mm；萼片与雄花相同；子房圆球状，被柔毛，4~7 室，花柱合生呈粗而短的圆锥状。蒴果扁球状，直径 8~12 mm，高 4.5~5.5 mm，顶端中央凹陷，被稀疏白色柔毛，边缘具 8~10 条纵沟；花柱宿存；果梗长 3~8 mm。花期 4~8 月，果期 7~12 月。

生于山地阔叶林中，海拔 100~900 m。产于中国福建、台湾、广东、海南、广西、云南、四川。

算盘子（算盘子属）红毛馒头果、狮子滚球

Glochidion puberum **(L.) Hutch.**

直立灌木，高 1~5 m；小枝、叶片、萼片、子房和果实均密被短柔毛。幼枝绿色，被稀疏的星状毛。叶纸质或近革质，长卵形，长 3~8 cm，宽 1~2.5 cm，掌状 3 出脉，上面灰绿色，仅中脉有毛，下面粉绿色，基部两侧近叶柄各有 1 枚无柄的腺体；叶柄长 1~3 mm；托叶三角形。花小，单性，雌雄同株，2~5 朵簇生；雄花花梗长 4~15 mm；萼片 6 枚，狭长圆形；雄蕊 3 枚，合生呈圆柱状。雌花花梗长约 1 mm；萼片 6 枚，较短而厚；子房圆球状，5~10 室，每室有 2 颗胚珠，花柱合生呈环状。蒴果扁球状，红色，种子近肾形，三棱，硃红色。花期 4~8 月，果期 7~11 月。

生于山坡、溪旁灌木丛中或林缘，海拔 100~900 m。产于中国秦岭以南地区，北可达陕西和甘肃。

白背算盘子（算盘子属）下日狼

Glochidion wrightii **Benth.**

灌木或乔木，高 1~8 m；全株无毛。叶纸质，长圆形或长圆状披针形，常呈镰刀状弯斜，长 2.5~5.5 cm，宽 1.5~2.5 cm，顶端渐尖，基部急尖，两侧不相等，上面绿色，下面粉绿色，干后灰白色；侧脉 5~6 对；叶柄长 3~5 mm。雌花或雌雄花同簇生于叶腋内。雄花花梗长 2~4 mm；萼片 6 枚，长圆形，长约 2 mm，黄色；雄蕊 3 枚，合生。雌花几无花梗；萼片 6 枚；子房圆球状，3~4 室，花柱合生呈圆柱状，长不及 1 mm。蒴果扁球状，直径 6~8 mm，红色。花期 5~9 月，果期 7~11 月。

生于山地疏林中或灌木丛中，海拔 100~900 m。产于中国华南和西南地区。

里白算盘子（算盘子属）

Glochidion triandrum **(Blanco) C. B. Rob.**

灌木或小乔木，高 3~7 m；小枝具棱，被褐色短柔毛。叶片纸质或膜质，长椭圆形或披针形，长 4~13 cm，宽 2~4.5 cm，顶端渐尖、急尖或、钝，基部宽楔形或钝，两侧略不对称，上面绿色，幼时仅中脉上被疏短柔毛，后变无毛，下面带苍白色，被白色短柔毛。花 5~6 朵簇生于叶腋内，雌花生于小枝上部，雄花生在下部；雄花：花梗长 6~7 mm，纤细，基部具有小苞片，小苞片卵状三角形，长约 1 mm；萼片 6 枚，2 轮，倒卵形，长 2 mm，外面被短柔毛；雄蕊 3 枚，合生。雌花：几无花梗；萼片与雄花的相似，长约 1.5 mm，内凹；子房卵状，4~5 室，被短柔毛，花柱合生呈圆柱状，顶端膨大。蒴果扁球状；种子三角形。花期 3~7 月，果期 7~12 月。

生于山地疏林中、山谷灌丛中，海拔 500~900 m。产于中国福建、台湾、广东、海南、广西、湖南、贵州、云南、四川。

越南叶下珠（叶下珠属）乌蝇翼、苍蝇草

Phyllanthus cochinchinensis **(Lour.) Spreng.**

灌木，高达 3 m；茎皮黄褐色或灰褐色；小枝具棱。叶互生，革质，长倒卵形；叶柄长 1~2 mm；托叶褐红色，卵状三角形，边缘有睫毛。花雌雄异株；苞片干膜质，黄褐色；雄花单生；花梗长约 3 mm；萼片 6 枚，倒卵形或匙形；雄蕊 3 枚，花丝合生成柱，花药 3 枚，顶部合生；雌花花梗长 2~3 mm；萼片 6 枚，外面 3 枚为卵形，内面 3 枚为卵状菱形；花盘近坛状，包围子房约 2/3；子房圆球形 3 室，花柱 3 枚。蒴果圆球形，具 3 条纵沟，成熟后开裂；种子橙红色。花果期 6~12 月。

生于旷野、山坡灌丛、山谷疏林下或林缘。产于中国华南和西南地区。

余甘子（叶下珠属）油甘子

***Phyllanthus emblica* L.**

乔木，高达 23 m，胸径 50 cm；树皮浅褐色；叶片纸质至革质，二列，线状长圆形；侧脉每边 4 ~ 7 条；托叶三角形，褐红色，边缘有睫毛。多朵雄花和 1 朵雌花或全为雄花组成聚伞花序；萼片 6 枚；雄花：花梗长 1~2.5 mm；萼片膜质，黄色，长倒卵形或匙形，近相等；雄蕊 3 枚，花丝合生成柱；花盘腺体 6 枚，近三角形；雌花：花梗长约 0.5 mm；花盘杯状，包藏子房达一半以上，边缘撕裂；子房卵圆球形，3 室，花柱 3 枚，基部合生，顶端 2 裂，裂片顶端再 2 裂。蒴果呈核果状，圆球形，内果皮硬壳质；种子略带红色。花期 4~6 月，果期 7~9 月。

生于山地疏林、灌丛、荒地或山沟向阳处，海拔 200~900 m。产中国长江流域以南地区。

广东叶下珠（叶下珠属）

***Phyllanthus guangdongensis* P. T. Li**

小灌木，高约 1 m；全株无毛，小枝具棱。叶在小枝上稍呈 2 列排列，纸质，长圆形或长卵形侧脉不明显。雄花：2~4 朵簇生于叶腋，花梗线形，长 1~1.5 cm；萼片 4 枚，卵圆形，长约 2 mm；雄蕊 2 枚，花丝合生，花药 2 横列；腺体 4 个；近圆形。雌花：单生于叶腋，花梗细长，长 2~3 cm，花后近顶部稍增粗；萼片 6 枚，卵形，长约 2 mm，全缘，宿存；子房无毛，3 室，花柱短，2 裂；花盘盘状。蒴果近球形，直径 5~6 mm；种子褐色。花期 10 月。

生于具熔岩的石灰岩山区的灌丛或疏林下，海拔 300~500 m。产于中国广东。

落萼叶下珠（叶下珠属）弯曲叶下珠

***Phyllanthus flexuosus* (Sieb. & Zucc.) Müll. Arg.**

灌木，高达 3 m；小枝长 8~15 cm，褐色；全株无毛。叶片纸质，椭圆形至卵形；叶柄长 2~3 mm；托叶早落。雄花数朵和雌花 1 朵簇生于叶腋。雄花：花梗短；萼片 5 枚；花盘腺体 5 枚。雌花：直径约 3 mm；花梗长约 1 cm；萼片 6 枚；花盘腺体 6 枚；子房卵圆形，3 室，花柱 3 枚，顶端 2 深裂。蒴果浆果状，扁球形，直径约 6 mm，3 室，每室 1 颗种子；种子近三棱形，长约 3 mm。花期 4~5 月，果期 6~9 月。

生于山地疏林下、沟边、路旁或灌丛中，海拔 700~900 m。产于中国江苏、安徽、浙江、江西、福建、湖北、湖南、广东、广西、四川、贵州、云南。

叶下珠（叶下珠属）

***Phyllanthus urinaria* L.**

一年生草本，高 10~60 cm。叶纸质，长圆形或倒卵形，长 4~10 mm，宽 2~5 mm；侧脉每边 4~5 条，明显；叶柄极短；托叶卵状披针形。花雌雄同株；雄花 2~4 朵簇生，花梗长约 0.5 mm，苞片 1~2 枚，萼片 6 枚，倒卵形；雄蕊 3 枚；花粉粒具 5 孔沟；花盘腺体 6 枚，分离；雌花单生；萼片 6 枚，卵状披针形，黄白色；花盘圆盘状，边全缘；子房卵状，有鳞片状凸起，花柱分离，顶端 2 裂，裂片弯卷。蒴果圆球状；种子橙黄色。花期 4~6 月，果期 7~11 月。

生于旷野平地、旱田、山地路旁或林缘，海拔 100~600 m。产于中国山东、江苏、安徽、浙江、江西、福建、台湾、广东、海南、广西、贵州、云南、西藏、四川、湖南、湖北、河南、陕西、山西、河北。

黄珠子草（叶下珠属）
***Phyllanthus virgatus* G. Forst.**

一年生草本，通常直立，高达 60 cm；茎基部具窄棱；枝条通常自茎基部发出，上部扁平且具棱；全株无毛。叶片近革质，线状披针形、长圆形。通常 2~4 朵雄花和 1 朵雌花同簇生于叶腋。雄花：直径约 1 mm；花梗长约 2 mm；萼片 6 枚；雄蕊 3 枚，花丝分离。雌花：花梗长约 5 mm；花萼深 6 裂，紫红色，外折；花柱分离，2 深裂几达基部。蒴果扁球形；萼片宿存；种子具细疣点。花期 4~5 月，果期 6~11 月。

生于山地草坡或路旁灌丛，海拔 500~900 m。产于中国河北、山西、陕西以及华东、华中、华南、西南地区。

A214 使君子科 Combretaceae

风车子（风车子属）华风车子
***Combretum alfredii* Hance**

直立或攀援状灌木，高约 5 m；小枝近方形，有纵槽，密被棕黄色的茸毛和橙黄色鳞片，老枝无毛。叶对生或近对生，叶片长椭圆形，长 12~18 cm，全缘，先端渐尖，脉腋内有丛生的粗毛；叶柄长 1~1.5 cm，有槽，具鳞片或被毛。穗状花序或组成圆锥花序，总轴被棕黄色的茸毛；花长约 9 mm；花瓣长约 2 mm，黄白色，长倒卵形。果椭圆球形，有 4 个翅，长 1.7~2.5 cm，被黄色鳞片，成熟时红色。花期 5~8 月，果期 9 月开始。

生于山林、谷地、开阔灌丛、溪边，海拔 100~800 m。产于中国江西、湖南、广东、广西。

A215 千屈菜科 Lythraceae

节节菜（节节菜属）
***Rotala indica* (Willd.) Koehne**

一年生草本，多分枝，茎常略具 4 条棱，基部常匍匐。叶对生，近无柄，倒卵状椭圆形或矩圆状倒卵形，长 4~17 mm，宽 3~8 mm，顶端圆钝而有小尖头，基部楔形。花小，通常穗状花序，苞片叶状，倒卵形，长 4~5 mm，小苞片 2 枚，极小，线状披针形；萼筒管状钟形，膜质，半透明，裂片 4 枚，披针状三角形；花瓣 4 枚，极小，倒卵形，宿存；雄蕊 4 枚；子房椭圆球形，顶端狭。蒴果椭圆球形，稍有棱，常 2 瓣裂。花期 9~10 月，果期 10 月至翌年 4 月。

生于稻田中或湿地上。产于中国广东、广西、湖南、江西、福建、浙江、江苏、安徽、湖北、陕西、四川、贵州、云南。

圆叶节节菜（节节菜属）
***Rotala rotundifolia* (Buch.-Ham. ex Roxb.) Koehne**

一年生草本，各部无毛；根茎细长，匍匐地上；茎单一，丛生，高 5~30 cm，带紫红色。叶对生，近无柄，近圆形，长 5~20 mm。花单生于苞片内，组成顶生穗状花序，花序长 1~4 cm；花极小，几无梗；苞片叶状，卵形，约与花等长，小苞片 2 枚；萼筒阔钟形，裂片 4 枚，三角形；花瓣 4 枚，倒卵形，长约为花萼裂片的 2 倍；子房近梨形，柱头盘状。蒴果椭圆球形，3~4 瓣裂。花果期 12 月至翌年 6 月。

生于水田或潮湿的地方，海拔 100~900 m。产于中国长江以南地区。

A216 柳叶菜科 Onagraceae

草龙（丁香蓼属）

***Ludwigia hyssopifolia* (G. Don) Exell**

一年生直立草本；茎高 60~200 cm，常有棱形，多分枝。叶披针形至线形，长 2~10 cm，宽 0.5~1.5 cm，侧脉每侧 9~16 条，下面脉上疏被短毛；叶柄长 2~10 mm；托叶三角形。花腋生，萼片 4 枚，常有 3 条纵脉，近无毛；雄蕊 8 枚，淡绿黄色，花丝不等长；花盘稍隆起，围绕雄蕊基部有密腺；花柱淡黄绿色；柱头头状，浅 4 裂。蒴果近无梗，被微柔毛。种子在蒴果上部每室排成多列，淡褐色。花果期几乎全年。

生于于田边、水沟、河滩、塘边、湿草地等湿润向阳处，海拔 100~800 m。产于中国福建、台湾、广东、海南、广西、云南。

毛草龙（丁香蓼属）

***Ludwigia octovalvis* (Jacq.) Raven**

多年生草本，或亚灌木状，高 50~200 cm，粗 5~18 mm，多分枝，常被黄褐色粗毛。叶披针形，长 4~12 cm，宽 0.5~2.5 cm，两面被黄褐色粗毛；叶近无柄；托叶小。萼片 4 枚，卵形，两面被粗毛；花瓣黄色，先端钝圆形或微凹，具侧脉 4~5 对；雄蕊 8 枚；子房圆柱状，密被粗毛。蒴果圆柱状，被粗毛；果梗长 3~10 mm。种子每室多列，离生，一侧稍内陷，种脊明显，与种子近等长，表面具横条纹。花期 6~8 月，果期 8~11 月。

生于田边、湖塘边、沟谷旁及开旷湿润处，海拔 100~900 m。产于中国江西、浙江、福建、台湾、广东、香港、海南、广西、云南。

A218 桃金娘科 Myrtaceae

岗松（岗松属）扫把枝、铁扫把

***Baeckea frutescens* L.**

灌木，有时为小乔木；嫩枝纤细，多分枝。叶小，几无柄，叶片狭线形或线形，先端尖，无柄，长 5~10 mm，上面有沟，下面突起，有透明油腺点，干后褐色。花小，白色，单生于叶腋内；苞片早落；花梗长 1~1.5 mm；萼管钟状，长约 1.5 mm，萼齿 5 枚，细小三角形，先端急尖；花瓣圆形，分离，长约 1.5 mm，基部狭窄成短柄；雄蕊 10 枚或稍少，成对与萼齿对生；子房下位，3 室，花柱短，宿存。蒴果小，长约 2 mm；种子扁平，有角。花期夏、秋季。

生于低丘及荒山草坡与灌丛中，多呈小灌木状。产于中国江西、浙江、福建、广东、海南、广西。

子楝树（子楝树属）华夏子楝树

***Decaspermum gracilentum* (Hance) Merr. & L. M. Perry**

灌木至小乔木；嫩枝被柔毛，纤细，有钝棱。叶片纸质，椭圆形，长 4~9 cm，宽 2~3.5 cm，先端急锐尖或渐尖，基部楔形，初时两面有柔毛，以后变无毛，侧脉 10~13 对，不很明显；叶柄长 4~6 mm。聚伞花序腋生，长约 2 cm，总梗有紧贴柔毛；小苞片细小；花梗长 3~8mm，被毛；花白，3 数，萼管被灰毛，萼片卵形，有睫毛；花瓣倒卵形，长 2~2.5 mm，外面有微毛；雄蕊比花瓣略短。浆果直径约 4 mm，有柔毛，有种子 3~5 颗。花期 3~5 月。

常见于低海拔至中海拔的森林中，海拔 100~900 m。产于中国台湾、广东、广西、贵州、湖南。

番石榴（番石榴属）鸡屎果、拔子

***Psidium guajava* L.**

乔木。树皮平滑，灰色，片状剥落；嫩枝有棱，被毛。叶片革质，长圆形至椭圆形，先端急尖或钝，基部近于圆形。花单生或2~3朵排成聚伞花序；花瓣白色。浆果球形、卵圆形或梨形，顶端有宿存萼片，胎座肥大，肉质，淡红色。种子多数。夏季开花。

生于荒地或低丘陵上。中国华南各地栽培，常逸生为野生种。

桃金娘（桃金娘属）岗稔

***Rhodomyrtus tomentosa* (Aiton) Hassk.**

常绿灌木，高1~2 m；嫩枝有灰白色柔毛。叶对生，革质，叶片椭圆形或倒卵形，长3~8 cm，宽1~4 cm，上面初时有毛，以后变无毛，发亮，下面有灰色茸毛，离基三出脉，直达先端且相结合；叶柄长4~7 mm。花有长梗，常单生，紫红色，直径2~4 cm；萼管有灰茸毛，萼裂片5枚，近圆形；花瓣5枚，长1.3~2 cm；雄蕊红色，长7~8 mm。浆果卵状壶形，长1.5~2 cm，熟时紫黑色；种子每室2列。花期4~5月，果期夏末秋初。

生于丘陵坡地上，海拔100~500 m。产于中国湖南、江西、浙江、福建、台湾、广东、海南、广西、贵州、云南。

肖蒲桃（蒲桃属）

***Syzygium acuminatissimum* (Blume) DC.**

乔木，高20 m；嫩枝圆形或有钝棱。叶片革质，卵状披针形或狭披针形，有油腺点，先端尾状渐尖；叶柄长5~8 mm。聚伞花序排成圆锥花序，长3~6 cm，顶生，花序轴有棱；花3朵聚生，有短柄；花蕾倒卵形，长3~4 mm，上部圆，下部楔形；萼管倒圆锥形，萼齿不明显，萼管上缘向内弯；花瓣小，长1 mm，白色；雄蕊极短。浆果球形，直径1.5 cm，成熟时黑紫色；种子1颗。花期7 ~10月。

生于林中，海拔100~600 m。产于中国广东、广西、海南、台湾。

华南蒲桃（蒲桃属）

***Syzygium austrosinense* (Merr. & L. M. Perry) H. T. Chang & R. H. Miao**

灌木至小乔木，高达10 m；嫩枝有4条棱，干后褐色。叶革质，椭圆形，先端尖锐或稍钝，基部阔楔形，侧脉相隔1.5~2 mm，以70° 开角斜出，在上面不明显，在下面稍明显，边脉离边缘不到1 mm；叶柄长3~5 mm。聚伞花序顶生，有时腋生，长1.5~2.5 cm；花蕾倒卵形，长4 mm，花梗长2~5 mm；萼管倒圆锥形，长2.5~3 mm，萼齿短三角形，4枚；花瓣分离，倒卵圆形，长2.5 mm；雄蕊长3~4 mm；花柱长3~4 mm。果球形，宽6~7 mm。

生于常绿阔叶林中，海拔200~800 m。产于中国湖北、湖南、江西、浙江、福建、台湾、广东、海南、广西、贵州、四川。

赤楠（蒲桃属）牛金子

Syzygium buxifolium **Hook. & Arn.**

灌木或小乔木；嫩枝有棱，干后黑褐色。叶对生，革质，阔椭圆形至椭圆形，长 1.5~3 cm，宽 1~2 cm，上面干后暗褐色，无光泽，下面稍浅色，有腺点，侧脉多而密，在上面不明显，在下面稍突起；叶柄长 2 mm。聚伞花序顶生，长约 1 cm，有花数朵，花白色；花梗长 1~2 mm；花蕾长 3 mm；萼管倒圆锥形，长约 2 mm，萼齿浅波状；花瓣 4 枚，分离，长 2 mm；雄蕊长 2.5mm；花柱与雄蕊同等。浆果球形，紫黑色，直径 5~7 mm。花期 6~8 月。

生于低山疏林或灌丛中，海拔 200~900 m。产于中国湖北、湖南、江西、安徽、浙江、福建、台湾、广东、海南、广西、贵州、四川。

红鳞蒲桃（蒲桃属）小花蒲桃

Syzygium hancei **Merr. & L. M. Perry**

乔木，高达 20 m。树皮红褐色，粗糙。嫩枝圆形。叶片革质，狭椭圆形，长 3~7 cm，宽 1.5~4 cm，上面有多数细小而下陷的腺点，下面同色，边脉离边缘约 0.5 mm；叶柄长 3~6 mm。圆锥花序腋生，长 1~1.5 cm，多花；无花梗；萼管倒圆锥形，长 1.5 mm，萼齿不明显；花瓣 4 枚，分离，圆形，长 1 mm；花柱与花瓣同长。果实球形，直径 5~6 mm。花期 7~9 月，果期 11 月至翌年 1 月。

常见于疏林、灌丛，海拔 100~800 m。产于中国福建、广东、广西、海南。

子凌蒲桃（蒲桃属）

Syzygium championii **(Benth.) Merr. & L. M. Perry**

灌木至乔木；嫩枝有 4 条棱，枝红色，干后灰白色。叶片革质，狭长圆形至椭圆形，长 3~6(9) cm，宽 1~2 cm，先端急尖，常有长不及 1 cm 的尖头，基部阔楔形，侧脉多而密，近于水平斜出，脉间相隔 1 mm，边脉贴近边缘；叶柄长 2~3 mm。聚伞花序顶生，有时腋生，有花 6~10 朵；花蕾棒状，长 1 cm，下部狭窄；花梗极短；萼管棒状，萼齿 4 枚，浅波形；花瓣合生成帽状；雄蕊长 3~4 mm；花柱与雄蕊同长。果实长椭圆球形，长 12 mm，红色，干后有浅直沟；种子 1~2 颗。花期 8~11 月。

生于常绿阔叶林里，海拔 100~700 m。产于中国广东、广西、海南。

广东蒲桃（蒲桃属）

Syzygium kwangtungense **(Merr.) Merr. & L. M. Perry**

小乔木，高 5 m；嫩枝圆形或稍压扁，干后暗褐色，老枝褐色。叶片革质，椭圆形至狭椭圆形，先端钝或略尖，基部阔楔形或钝，侧脉相隔 3~4 mm，边脉离边缘约 1 mm；叶柄长 3~5 mm。圆锥花序顶生或近顶生，花序轴有棱；花梗长 2~3 mm，花短小，常 3 朵簇生；花蕾长约 4 mm；萼管倒圆锥形，长 4 mm，萼齿不明显；花瓣连合成帽状，帽状体宽 3 mm；雄蕊长 7~8 mm；花柱与雄蕊同长。果实球形，直径 7~9 mm。花期 7 月，果期 10~12 月。

生于常绿阔叶林、山坡、溪边，海拔 100~900 m。产于中国广东、广西。

水翁蒲桃（蒲桃属）
Syzygium nervosum **DC.**

乔木，高15 m；树皮灰褐色，颇厚，树干多分枝；嫩枝压扁，有沟。叶片薄革质，长圆形至椭圆形，长11~17 cm，宽4.5~7 cm，先端急尖或渐尖，基部阔楔形或略圆，两面多透明腺点；叶柄长1~2 cm。圆锥花序生于无叶的老枝上，长6~12 cm；花无梗，2~3朵簇生；花蕾卵形，长5 mm，宽3.5 mm；萼管半球形，长3 mm，帽状体长2~3 mm，先端有短喙；雄蕊长5~8 mm；花柱长3~5 mm。浆果阔卵圆形，长10~12 mm，直径10~14 mm，成熟时紫黑色。花期5~6月。

产于中国广东、广西、云南。

红枝蒲桃（蒲桃属）红车
Syzygium rehderianum **Merr. & L. M. Perry**

常绿灌木至小乔木；嫩枝红色，干后褐色，圆形，老枝灰褐色。叶片革质，椭圆形至狭椭圆形，长4~7 cm，宽2.5~3.5 cm，先端急渐尖，基部阔楔形，叶面多细小腺点，边脉离边缘较远，长1~1.5 mm；叶柄长7~9 mm。聚伞花序腋生，长1~2 cm，通常有5~6条分枝，每分枝顶端有无梗的花3朵；花蕾倒圆锥形，长3.5 mm；花瓣连成帽状；雄蕊长3~4 mm；花柱纤细，与雄蕊等长。果实椭圆球状卵球形，长1.5~2 cm，黑色。花期6~8月，果期11月至翌年1月。

生于密于林、山谷、溪边，海拔100~900 m。产于中国福建、广东、广西、湖南。

香蒲桃（蒲桃属）
Syzygium odoratum **(Lour.) DC.**

常绿乔木，高达20 m；嫩枝纤细，圆形或略压扁，干后灰褐色。叶片革质，卵状披针形或卵状长圆形，侧脉多而密，彼此相隔约2 mm，在上面不明显，在下面稍突起，以45° 开角斜向上，在靠近边缘1 mm处结合成边脉；叶柄长3~5 mm。圆锥花序顶生或近顶生；花梗长2~3 mm，有时无花梗；花蕾倒卵圆形；萼管倒圆锥形，有白粉，干后皱缩，萼齿4~5枚，短而圆；花瓣分离或帽状；雄蕊长3~5 mm；花柱与雄蕊同长。果实球形，略有白粉。花期6~8月。

常见于平地疏林或中山常绿林中，海拔100~400 m。产于中国广东、广西、海南。

锡兰蒲桃（蒲桃属）
Syzygium zeylanicum **(L.) DC.**

乔木；嫩枝圆形，干后黄褐色，老枝灰褐色。叶片薄革质，长卵形或卵状长圆形，先端渐尖或尾状渐尖，基部近圆形或钝，侧脉多而密，侧脉间相隔2~3 mm，在上面明显，在下面微突起，贴近边缘1 mm处结合成边脉；叶柄长4~7 mm。圆锥花序顶生及近顶生，长2~3 cm，花序轴纤细；花梗长约2 mm；花蕾棒状，长约7 mm；萼管长5~6 mm，萼齿4~5枚，肾圆形，长1 mm；花瓣分离，倒卵圆形；雄蕊长于花瓣。果实球形，宽7 mm，白色。花期4~5月。

生于林下、林缘。产于中国广东、广西。

A219 野牡丹科 Melastomataceae

棱果花（棱果花属）

Barthea barthei **(Hance ex Benth.) Krass.**

灌木，高 70~150 cm，有时达 3 m；茎圆柱形，树皮灰白色，木栓化，分枝多；小枝略四棱形，幼时被微柔毛及腺状糠秕。叶片坚纸质或近革质，椭圆形、近圆形、卵形或卵状披针形，顶端渐尖，基部楔形或广楔形；聚伞花序，顶生，有花 3 朵，常仅 1 朵成熟；花瓣白色至粉红色或紫红色，长圆状椭圆形或近倒卵形；蒴果长圆球形，顶端平截，为宿存萼所包；宿存萼四棱形，棱上有狭翅，顶端常冠宿存萼片，被糠秕。花期 1~4 月或 10~12 月，果期 10~12 月或 1~5 月。

生于山坡、山谷或山顶密林中，有时也见于水旁，海拔 100~900 m。产于中国福建、台湾、广东、广西、湖南。

少花柏拉木（柏拉木属）线萼金花树、留行草、金花树、长瓣金花树、匙萼柏拉木、腺毛金花树 、小花柏拉木、小花野锦香

Blastus pauciflorus **(Benth.) Guillaumin**

灌木，高约 70 cm；茎圆柱形，分枝多，被微柔毛及黄色小腺点，幼时更密。叶片纸质，卵状披针形至卵形，顶端短渐尖，3 ~ 5 条基出脉；叶柄密被微柔毛及疏小腺点。由聚伞花序组成小圆锥花序，顶生，密被微柔毛及疏小腺点；苞片不明显；花萼漏斗形，具 4 条棱，长约 3 mm，裂片短三角形，长不到 1 mm；花瓣粉红色至紫红色，卵形；蒴果椭圆球形，为宿存萼所包；宿存萼漏斗形，具 4 枚，棱状，长约 3 mm，直径约 2 mm，被黄色小腺点。花期 7 月，果期 10 月。

生于山坡、山谷、林下、溪边，海拔 100~900 m。产于中国湖南、江西、福建、广东、海南、广西、贵州、云南。

柏拉木（柏拉木属）黄金梢、崩疮药

Blastus cochinchinensis **Lour.**

灌木；全株被黄褐色小腺点。茎圆柱形，分枝多。叶片纸质，披针形，长 6~18 cm，宽 2~5 cm，近全缘，3 或 5 基出脉；叶柄长 1~3 cm。伞状聚伞花序，总梗近无；花梗长约 3 mm；花萼钟状漏斗形，长约 4 mm，钝四棱形；花瓣 4 枚，白色至粉红色；雄蕊 4~5 枚，等长，花丝长约 4 mm，花药长约 4 mm，粉红色，呈屈膝状；子房坛形，顶端具 4 个小突起，被疏小腺点。蒴果椭圆球形，4 裂。花期 6~8 月，果期 10~12 月，有时茎上部开花，下部果熟。

生于阔叶林内，海拔 200~900 m。产于中国云南、贵州、湖南、广西、海南、广东、福建、台湾。

刺毛柏拉木（柏拉木属）

Blastus setulosus **Diels**

灌木，高约 1 m；小枝近圆柱形，初时被腺状褐色柔毛，以后无毛。叶片纸质，长圆形或披针状长圆形，顶端渐尖，基部楔形；叶柄长 1.5~3.5 cm，被密微柔毛。伞状聚伞花序，有花 3~5 朵，生于无叶的茎上，总梗几无，花梗极短；花瓣白色，卵形（或狭长的菱形）顶端渐尖，具小尖头，1 侧偏斜，长约 4 mm，宽约 2.5 mm；蒴果椭圆球形，4 裂；宿存萼与果等长，檐部平截，被小鳞片。花期约 7 月，果期约 8 月。

生于混交林、阴湿地方，海拔 200~900 m。产于中国广西、广东。

叶底红（野海棠属）
Bredia fordii (Hance) Diels

灌木，高 20~100 cm。茎上部与叶柄、花序、花梗及花萼均密被柔毛及长腺毛。叶片坚纸质，心形、椭圆状心形至卵状心形，顶端短渐尖或钝急尖，基部圆形至心形，长（4.5）7~10（13.5） cm，宽 (3)5~5.5(10) cm，边缘具细重齿牙及缘毛和短柔毛，基出 7~9 脉，叶柄长 2.5~5 cm。伞形花序或聚伞花序，或组成圆锥花序，顶生，总梗长 1~5.5 cm，花梗长 0.8~2 cm；花萼钟状漏斗形，管长 5~7 mm；花瓣紫色或紫红色。蒴果杯形，为宿存萼所包；宿存萼顶端平截，冠以宿存萼片，被刺毛。花期 6~8 月，果期 8~10 月。

生于山间林下，溪边、水旁或路边，土层肥厚的地方，海拔 100~900 m。产于中国湖南、江西、浙江、福建、广东、广西、贵州、云南、四川。

鸭脚茶（野海棠属）中华野海棠
Bredia sinensis (Diels) H. L. Li

灌木，高 60~100 cm；茎圆柱形，分枝多，小枝略四棱形，幼时被星状毛，以后无毛或被疏微柔毛。叶片坚纸质，披针形至卵形或椭圆形，顶端渐尖，钝，基部楔形或极钝；叶柄长 5~18 mm，几无毛。聚伞花序顶生，有花 5~20 朵，几无毛或节上被星状毛；苞片早落，花梗长 5~8 mm，多少被微柔毛；花瓣粉红色至紫色，长圆形，长约 1 cm；雄蕊 4 枚长 4 枚短；花药药隔下延呈短柄，短者长约 1 cm，花药药隔下延呈短距；子房半下位。蒴果近球形，为宿存萼所包。花期 6~7 月，果期 8~10 月。

生于林下、路旁、沟边，海拔 400~900 m。产于中国浙江、江西、湖南、广东、福建。

短柄野海棠（野海棠属）
Bredia sessilifolia H. L. Li

灌木，高 20~100 cm，茎圆柱形或近四棱形，分枝多，小枝近四棱形，无毛。叶片坚纸质，卵形至椭圆形，顶端渐尖，有时钝，基部圆形至微心形，叶柄无或极短。聚伞花序，顶生，有花 3~5(15) 朵，无毛；苞片钻形，早落；花瓣粉红色，长圆形或近圆形，顶端短急尖，一侧略偏斜；子房半下位，卵状球形，顶端具数条腺毛。蒴果近球形，为宿存萼所包；宿存萼钟状漏斗形，四棱形，顶端平截，冠以宿存萼片。花期 6~7 月，果期 7~8 月。

生于山谷、山坡或山脚林下，阴湿的地方，水边或岩石积土上，海拔 800~900 m。产于中国广东、广西、贵州。

短茎异药花（异药花属）
Fordiophyton brevicaule C. Chen

草本，高约 15 cm（连花序长），具匍匐茎；茎钝四棱形，高 2~3 cm，无毛，节上具刺毛。叶片纸质或近纸质，椭圆形至卵状椭圆形，顶端急尖，基部心形；由聚伞花序组成的圆锥花序，顶生，仅 1 次分枝，有花 9~11 朵，总梗（或花葶）长 4.5~11 cm，无毛；苞片 2 枚，披针形，膜质，长约 6 mm；子房半下位，倒卵形，顶端平截，具膜质冠。蒴果倒广圆锥形或近杯形；宿存萼与蒴果同形，具四棱，膜质冠微伸出萼外。花期约 6 月，果期不详。

生于沿海阴湿的地方，海拔 100~200 m。产于中国广东、香港。

心叶异药花（异药花属）
Fordiophyton cordifolium C. Y. Wu ex C. Chen

草本，高约 70 cm；茎四棱形，肉质，无毛，棱上具狭翅，无分枝。叶片纸质或近膜质，心形或卵状心形，顶端广渐尖或急尖，基部心形；叶柄肉质，有槽，边缘具翅，与叶片连接处多少具刺毛。由密集的伞形花序组成圆锥花序，顶生，有 1~2 次分枝，多花，总梗长 10~17 cm，无毛，第一分枝，伞形花序总梗长 4~5 cm；花瓣白色带紫色，卵形，顶端急尖，1 侧偏斜；子房半下位，倒卵球形，顶端具膜质冠，冠缘 4 浅圆裂。花期 3~4 月，果期不详。

生于山谷林下潮湿的地方。产于中国广东。

北酸脚杆（酸脚杆属）
Medinilla septentrionalis (W. W. Sm.) M. P.Nayar

灌木或小乔木，高 1~5 (7) m，有时呈攀援状灌木，分枝多；小枝圆柱形，无毛。叶片纸质或坚纸质，披针形、卵状披针形至广卵形。聚伞花序，腋生，通常有花 3 朵，偶见 1 或 5 朵花；花萼钟形，具极疏的腺毛或几无，密布小突起，具钝棱，裂片不明显，具小突尖头；花瓣粉红色、浅紫色或紫红色，三角状卵形，顶端钝急尖，下部略偏斜；子房下位，卵球形，顶端具 4 枚波状齿。浆果坛形；种子楔形，密被小突起。花期 6~9 月，果期 2~5 月。

生于山谷、山坡密林中或林缘阴湿处，海拔 200~900 m。产于中国云南、广西、广东。

异药花（异药花属）肥肉草、毛柄肥肉草、光萼肥肉草
Fordiophyton faberi Stapf

草本或亚灌木，高 30~80 cm；茎四棱形，有槽，无毛，不分枝。叶片膜质，同一节上的叶，大小差别较大，基部浅心形，稀近楔形；叶柄长 1.5~4.3 cm，常被白色小腺点。聚伞花序或伞形花序顶生，总梗长 1~3 cm，无毛；苞片通常带紫红色，透明，长约 1 cm；花萼具四棱，长 1.4~1.5 cm，被腺毛及白色小腺点，裂片三角形，顶端钝；花瓣红色，长圆形；雄蕊长者花丝长约 1.1 cm，花药长约 1.5 cm，基部呈羊角状；短者花丝长约 7 mm，花药长约 3 mm，基部不呈羊角状；子房顶端具膜质冠。蒴果倒圆锥形；宿存萼与蒴果同形。花期 8~9 月，果期约 6 月。

生于林下、沟边、灌丛中，海拔 500~900 m。产于中国福建、广东、广西、四川、贵州、云南、湖南、江西、浙江。

细叶野牡丹（野牡丹属）
Melastoma intermedium Dunn

小灌木和灌木，直立或匍匐上升，高 30~60 cm，分枝多，披散，被紧贴的糙伏毛。叶片坚纸质或略厚，椭圆形或长圆状椭圆形；伞房花序，顶生，有花 1~5 朵，基部有叶状总苞 2 枚，常较叶小；花梗密被糙伏毛，苞片 2 枚，披针形；花瓣玫瑰红色至紫色，菱状倒卵形，上部略偏斜，顶端微凹，具 1 束刺毛，被疏缘毛；子房半下位，顶端被刚毛。果坛状球形，平截，顶端略缢缩成颈，肉质，不开裂；宿存萼密被糙伏毛。花期 7~9 月，果期 10~12 月。

生于山坡或田边矮草丛中，海拔 100~900 m。产于中国贵州、广西、广东、福建、台湾。

多花野牡丹（野牡丹属）

***Melastoma affine* D. Don**

灌木。叶片坚纸质，披针形、卵状披针形或近椭圆形，顶端渐尖，基部圆形或近楔形，长 5.4~13 cm，宽 1.6~4.4 cm，全缘，基出 5 脉。花瓣粉红色至红色，稀紫红色，倒卵形，长约 2 cm，顶端圆形，仅上部具缘毛；雄蕊长者药隔基部伸长，末端 2 深裂，弯曲，短者药隔不伸长，药室基部各具 1 小瘤；子房半下位，密被糙伏毛，顶端具 1 圈密刚毛。蒴果坛状球形，顶端平截，与宿存萼贴生；宿存萼密被鳞片状糙伏毛；种子镶于肉质胎座内。花期 2~5 月，果期 8~12 月。

产于中国云南、贵州、广东、台湾。

野牡丹（野牡丹属）

***Melastoma malabathricum* L.**

直立灌木，高 1~1.5 m；茎近圆柱形，密被糙伏毛。叶片坚纸质，宽卵形，基部浅心形，长 4~10 cm，宽 2~6 cm，全缘，基出 7 脉，两面被糙伏毛及短柔毛；叶柄长 5~15 mm，密被糙伏毛。伞房花序生近头状；花梗长 3~20 mm，密被糙伏毛；花萼密被鳞片状糙伏毛及长柔毛；花瓣红色，顶端圆形，密被缘毛；雄蕊长者药隔基部伸长，弯曲，末端 2 深裂，短者药隔不伸延，药室基部具 1 对小瘤；子房密被糙伏毛，顶端具 1 圈刚毛。蒴果稍肉质，坛状球形，密被鳞片状糙伏毛。种子多数，弯曲。花期 5~7 月，果期 10~12 月。

生于山坡林下或开朗的灌草丛中，海拔 100~900 m。产于中国湖南、江西、浙江、福建、台湾、广东、海南、广西、贵州、云南、四川、西藏。

地菍（野牡丹属）铺地锦、山地菍、地蒲根

***Melastoma dodecandrum* Lour.**

小灌木；茎匍匐上升，逐节生根，分枝多，披散。叶片坚纸质，卵形，长 1~4 cm，近全缘，基出 3~5 脉，叶面仅边缘被糙伏毛；叶柄长 2~15 mm，被糙伏毛。顶生聚伞花序；花梗长 2~10 mm，被糙伏毛；花萼管长约 5 mm，被糙伏毛，裂片披针形；花瓣红色，上部略偏斜，长 1.2~2 cm，宽 1~1.5 cm，顶端有 1 束刺毛，被疏缘毛；雄蕊长者药隔基部延伸，弯曲，末端具 2 个小瘤，短者药隔不伸延，药隔基部具 2 个小瘤；子房顶端具刺毛。果坛状球状，肉质，不开裂。花期 5~7 月，果期 7~9 月。

生于山坡矮草丛中，海拔 100~900 m。产于中国贵州、湖南、广西、广东、江西、浙江、福建。

毛菍（野牡丹属）开口枣、雉头叶

***Melastoma sanguineum* Sims**

常绿大灌木，高 1.5~3 m；茎、小枝、叶柄、花梗及花萼均被平展的长粗毛，毛基部膨大。叶片坚纸质，卵状披针形至披针形，全缘，基出 5 脉；伞房花序，顶生，常仅有花 1 朵，有时 3~5 朵；苞片戟形，膜质，顶端渐尖，背面被短糙伏毛，以脊上为密，具缘毛；花瓣粉红色或紫红色，5~7 枚，广倒卵形，上部略偏斜，顶端微凹；子房半下位，密被刚毛。果杯状球形，胎座肉质，为宿存萼所包；宿存萼密被红色长硬毛。花、果期几乎全年，通常在 8~10 月。

常见于坡脚、沟边，湿润的草丛或矮灌丛中，海拔 100~400 m。产于中国福建、广东、广西、海南。

谷木（谷木属）山稔子

***Memecylon ligustrifolium* Champ.**

大灌木，高 1.5~6 m。树皮褐色，具细纵裂；小枝圆柱形或不明显的四棱形，分枝多。叶片革质，椭圆形，顶端渐尖，钝头，基部楔形，长 5.5~8 cm，宽 2.5~3.5 cm，全缘，两面无毛，叶面中脉下凹，侧脉不明显；叶柄长 3~5 mm。聚伞花序腋生，长约 1 cm；花梗基部及节上具髯毛；花萼半球形，长 1.5~3 mm，边缘具 4 枚浅波状齿；花瓣白色或淡黄绿色，或紫色，半圆形，长约 3 mm。浆果状核果球形，直径约 1 cm，密布小瘤状突起，顶端具环状宿存萼檐。花期 5~8 月，果期 12 月至翌年 2 月。

生于密林下、山坡、山谷中，海拔 100~900 m。产于中国云南、广西、海南、广东、福建。

细叶谷木（谷木属）

***Memecylon scutellatum* (Lour.) Hook. & Arn.**

灌木，稀为小乔木，高 1.5~4 m；树皮灰色，分枝多；小枝四棱形，以后呈圆柱形。叶片革质，椭圆形至卵状披针形，长 2~5 cm，宽 1~3 cm，顶端钝、圆形或微凹，基部广楔形。聚伞花序腋生，长约 8 mm 或略短，花梗基部常具刺毛；花瓣紫色或蓝色，广卵形。一侧上方具小裂片，背面具棱脊，脊具小尖头；浆果状核果球形，密布小疣状突起，顶端具环状宿存萼檐。花期（3）6~8 月，果期 (11)1~3 月。

生于山坡、平地或缓坡的疏、密林中或灌木丛中阳处及水边，海拔 300 m。产于中国广西、海南、广东。

黑叶谷木（谷木属）黑地谷木

***Memecylon nigrescens* Hook. & Arn.**

灌木或小乔木，高 2~8 m；小枝圆柱形，无毛，分枝多，树皮灰褐色，具细纵裂。叶片坚纸质，椭圆形或稀卵状长圆形，顶端钝急尖，具微小尖头或有时微凹，基部楔形，聚伞花序极短，近头状，有 2~3 回分枝，长 1 cm 以下，总梗极短，多花；花瓣蓝色或白色，广披针形，顶端渐尖，边缘具不规则裂齿 1~2 个，基部具短爪；浆果状核果球形，干后黑色，顶端具环状宿存萼檐。花期 5~6 月，果期 12 月至翌年 2 月。

生于山坡疏、密林中或灌木丛中，海拔 400~900 m。产于中国广东、海南。

金锦香（金锦香属）细花包

***Osbeckia chinensis* L.**

直立草本或亚灌木，高 20~60 cm；茎四棱形，具糙伏毛。叶片坚纸质，线状披针形，长 2~5 cm，宽 3~15 mm，全缘，两面被糙伏毛，3~5 条基出脉；叶柄近无，被糙伏毛。顶生头状花序，有花 2~10 朵，基部具叶状总苞 2~6 枚，苞片卵形，无花梗；花瓣 4 枚，淡紫红色，倒卵形，长约 1 cm，具缘毛；雄蕊常偏向 1 侧，花丝与花药等长，花药顶部具长喙，喙长为花药的 1/2，药隔基部微膨大呈盘状；子房近球形，顶端有刚毛 16 条。蒴果紫红色，4 纵裂，宿存萼坛状。花期 7~9 月，果期 9~11 月。

生于荒山草坡、路旁、田地边或疏林下，海拔 100~900 m。产于中国长江以南地区。

星毛金锦香（金锦香属）朝天罐

Osbeckia stellata **Buch.–Ham. ex Ker Gawl.**

攀缘状灌木；嫩枝、叶柄、花序和花梗均密生黄色星状柔毛；老枝无毛，常有皮孔。叶互生，纸质或膜质，卵形或椭圆状卵形，花雌雄异株，总状花序或下部有分枝；雄花序顶生，稀腋生，长5~15 cm；苞片钻状，长约2 mm，密生星状毛，苞腋有花2~5朵；花梗长约4 mm。蒴果具2~3个分果爿，直径约1 cm，密生黄色粉末状毛和具颗粒状腺体；种子卵球形，黑色，有光泽。花期3~5月，果期8~9月。

生于山地疏林中或林缘，海拔100~900 m。产于中国湖北、湖南、江西、浙江、福建、台湾、广东、海南、广西、贵州、云南、四川、西藏。

红敷地发（锦香草属）

Phyllagathis elattandra **Diels**

多年生草本，具地下走茎，粗约1 cm，有明显的叶痕；茎极短，有叶2~3对。叶片纸质，椭圆形，稀倒卵形或近圆形，顶端钝或微凹，基部心形或钝，伞形花序或由伞形花序组成仅有1对分枝的圆锥花序，顶生；花瓣粉红色、红色、至紫红色，长圆状卵形，略偏斜，顶端渐尖；蒴果杯形，顶端平截，为宿存萼所包；宿存萼具8条脉，四棱形，棱上具狭翅，被腺毛，其余具糠批。花期9~11月，果期1~3月。

生于山坡、山谷疏林下，岩石上湿土中，海拔200~900 m。产于中国云南、广西、广东。

锦香草（锦香草属）短毛熊巴掌

Phyllagathis cavaleriei **(H. Lév. & Vaniot) Guillaum**

草本，高10~15 cm；茎直立或匍匐，逐节生根，近肉质，密被长粗毛，四棱形、通常无分枝。叶片纸质或近膜质，顶端广急尖至近圆形，有时微凹，基部心形，长6~14 cm，宽4.5~13 cm，边缘具不明显的细浅波齿及缘毛，7~9条基出脉，两面绿色或有时背面紫红色。伞形花序顶生，总花梗长4~17 cm，被长粗毛，稀无毛；苞片长约1 cm；花梗长3~8 mm，与花萼均被糠秕；花萼四棱形，长约5 mm，裂片广卵形；花瓣粉红色至紫色，长约5 mm；子房杯形，顶端具冠。蒴果杯形，顶端冠4裂。花期6~8月，果期7~9月。

生于山谷、林下、水沟旁，海拔300~900 m。产于中国湖南、江西、福建、浙江、广西、广东、贵州、云南、四川。

毛柄锦香草（锦香草属）秃柄锦香草

Phyllagathis oligotricha **Merr.**

小灌木，具匍匐茎，上升部分高10~20 cm，圆柱形，光滑，小枝钝四棱形，无毛。叶片坚纸质，广卵形，长5~9 cm，宽2.5~5.8 cm，全缘或具细锯齿，5条基出脉；叶柄长6~20 mm，无毛。聚伞花序长2.5~5 cm，无毛；花萼钟状漏斗形，长约2 mm，四棱形；花瓣粉红色，卵状长圆形，长约7 mm，宽4.5 mm；雄蕊近等长，药隔下延呈短距。蒴果钝四棱形，顶端露出木栓质冠，长3 mm，直径4.5 mm。花期5~6月，果期8~10月。

生于山坡、山谷疏、密林下，阴湿的地方或水边，草丛中，海拔500~900 m。产于中国江西、湖南、广西、广东。

楮头红（肉穗草属）

Sarcopyramis napalensis **Wall.**

直立草本，高 10~30 cm；茎四棱形，肉质，无毛，上部分枝。叶膜质，卵形，微下延，长 3~10 cm，宽 2~4.5 cm，边缘具细锯齿，3~5 基出脉，叶面被疏糙伏毛，背面几乎无毛；叶柄长 1~2.8 cm，具狭翅。聚伞花序生于分枝顶端，有花 1~3 朵；花梗长 2~6 mm，四棱形，棱上具狭翅；花萼四棱形，棱上有狭翅，裂片顶端平截，具流苏状长缘毛膜质的盘；花瓣粉红色，倒卵形，顶端平截，长约 7 mm；雄蕊等长，花丝向下渐宽，花药长为花丝的 1/2，药隔基部下延成极短的距或微突起；子房顶端具膜质冠。蒴果杯形，具 4 条棱。花期 8~10 月，果期 9~12 月。

生于密林下阴湿的地方或溪边，海拔 700~900 m。产于中国湖北、湖南、江西、浙江、福建、广东、广西、贵州、云南、四川、西藏。

直立蜂斗草（蜂斗草属）

Sonerila erecta **Jack**

灌木；高 15~25 cm；茎幼时被微柔毛及小腺毛，具匍匐茎；叶椭圆形或卵状椭圆形，具细锯齿，上面几无毛或被星散的紧贴短刺毛，下面有时紫红色，被极细微柔毛，有时脉上具星散的紧贴短刺毛；叶柄长 0.5~1.5 cm，被微柔毛及小腺毛；花瓣红或玫瑰红色；蒴果倒圆锥形，具 4 条棱，长约 5 mm，3 纵裂，与宿存花萼贴生；宿存花萼无毛，具 6 条脉；种子细小，短楔形，长约 0.3 mm；花期 7~9(11) 月，果期 10~12 月 。

生于山谷、山坡林下阴湿的地方或路旁。产于中国贵州、云南。

蜂斗草（蜂斗草属）

Sonerila cantonensis **Stapf**

亚灌木；茎钝四棱形，幼时被长粗毛及微柔毛，以后无毛而常具皮孔，具分枝。叶片纸质，卵形，有时微偏斜，边缘具锯齿，齿尖具刺毛，叶面近无毛，背面仅脉上被粗毛；叶柄长 5~18 mm，密被毛。顶生聚伞花序；总梗长 1.5~3 cm，被毛；花梗长 1~3 mm，略三棱形；花萼钟状管形，被微柔毛及疏腺毛；花瓣红色，外面中脉具星散的腺毛；雄蕊 3 枚，等长；子房瓶形，顶端具膜质冠，具 3 个缺刻。蒴果倒圆锥形，略具三棱。花期 (7) 9~10 月，果期 12 月至翌年 2 月。

生于山谷、山坡密林下，海拔 500~900 m。产于中国云南、广西、广东、福建。

溪边桑勒草（蜂斗草属）

Sonerila maculata **Roxb.**

草本或亚灌木，高 20~30 cm；茎钝四棱形，幼时被腺毛状微柔毛，有时多少具腺毛或几无毛，以后无毛，具分枝，稀不分枝，有时具匍匐茎。叶片纸质或近膜质，倒卵形或椭圆形。蝎尾状聚伞花序，顶生；花萼漏斗形，具 6 条脉，裂片 3 枚，广三角形，顶端急尖；花瓣粉红色，长圆形，顶端急尖，具 1 腺毛状尖头，外面中脉具 1 行疏腺毛；蒴果倒圆锥形，三棱形，与宿存萼贴生；宿存萼被糠秕或几无，萼片通常不落。花期 6~8 月，果期 8~11 月。

生于山地、山谷路边阳处，灌丛中或水旁石边，海拔 100~900 m。产于中国福建、广东、广西、云南、西藏。

海棠叶蜂斗草（蜂斗草属）翅茎蜂斗草、短萼蜂斗草

Sonerila plagiocardia **Diels**

草本，直立或匍匐上升，长 30~40 cm；茎四棱形，棱上具翅，幼时近肉质，被疏腺毛，以后无毛。叶片纸质或膜质，卵形，顶端渐尖，基部心形，偏斜（如秋海棠叶形）。蝎尾状聚伞花序，顶生和腋生，有花 5 朵以上，有时具分枝，被疏腺毛，略有翅，总梗长 2~4 cm。花瓣粉红色或红色，长圆状倒卵形，顶端短渐尖，外面中脉具星散的腺毛；蒴果倒圆锥形，略具三棱，3 纵裂，与宿存萼贴生；宿存萼被疏腺毛或无毛，具 6 条脉。花期 8~9 月，果期 10~11 月。

生于山谷、山坡密林下，阴湿的地方及路旁，海拔 600~900 m。产于中国江西、广东、广西、云南。

锐尖山香圆（山香圆属）尖树、黄柿、五寸铁树

Turpinia arguta **(Lindl.) Seem.**

落叶灌木，高 1~3 m。单叶对生，厚纸质，椭圆形，长 7~22 cm，宽 2~6 cm，先端具尖尾，基部宽楔形，边缘具疏锯齿，齿尖具硬腺体，叶柄长 1.2~1.8 cm；侧脉 10 ~ 13 对，平行；托叶生于叶柄内侧。顶生圆锥花序较叶短，长 4~12 cm，花长 8~12 mm，白色，花梗中部具 2 枚苞片，萼片 5 枚，三角形，绿色，花瓣白色，无毛。浆果近球形，幼时绿色，转红色，干后黑色，直径 7~12 mm，表面粗糙，先端具小尖头，花盘宿存；有种子 2~3 颗。

生于林缘、溪谷、灌丛中、路旁，海拔 400~700 m。产于中国湖南、湖北、江西、安徽、浙江、福建、广东、广西、贵州、重庆。

A226 省沽油科 Staphyleaceae

野鸦椿（野鸦椿属）酒药花、鸡肾果、芽子木

Euscaphis japonica **(Thunb. ex Roem. & Schult.) Kanitz**

落叶小乔木或灌木，小枝及芽红紫色，枝叶揉碎后发出恶臭气味。叶对生，奇数羽状复叶，小叶 5 ~ 9 枚，厚纸质，长卵形，边缘具疏短锯齿，齿尖有腺体，背面沿脉有白色小柔毛，小叶柄长 1~2 mm，小托叶线形，有微柔毛。圆锥花序顶生，花梗长达 21 cm，黄白色。蓇葖果长 1~2 cm，紫红色。花期 5~6 月，果期 8~9 月。

生于山谷、疏林中。广泛分布于中国除西北以外的地区，特别是长江流域以南地区。

山香圆（山香圆属）千打锤、七寸钉

Turpinia montana **(Blume) Kurz**

小乔木，枝和小枝圆柱形，灰白绿色。叶对生，一回奇数羽状复叶，叶轴长约 15 cm，纤细，绿色，叶 5 枚，对生，纸质，长圆形至长圆状椭圆形，中间小叶柄纤细，绿色。圆锥花序顶生，轴长达 17 cm，花较多，疏松，花小，径约 3 mm，花萼 5 枚，无毛，宽椭圆形，长约 1.3 mm；花瓣 5 枚，椭圆形至圆形，具茸毛或无毛，长约 2 mm，花丝无毛。浆果球形，紫红色，径 4~7 mm，外果皮薄，厚约 0.2 mm，2~3 室，每室 1 颗种子。

生于密林中等潮湿的地方。产于中国广东、广西、贵州、云南。

A238 橄榄科 Burseraceae

橄榄（橄榄属）黄榄、白榄

Canarium album **(Lour.) Rauesch.**

常绿乔木，高 10~35 m。枝叶有橄榄香味，小枝幼部被黄棕色茸毛。托叶着生于近叶柄基部的枝干上。一回奇数羽状复叶；小叶 3 ~ 6 对，纸质，披针形，基部偏斜，长 6~14 cm，宽 2~5.5 cm，近无毛，全缘。花序腋生，近无毛；雄花序为聚伞圆锥花序；雌花序总状，长 3~6 cm。花近无毛，雄花长 5.5~8 mm，雌花长约 7 mm；花萼长 2.5~3 mm，雌蕊密被短柔毛。果序长 1.5~15 cm，具 1~6 颗果实。果萼扁平，直径 0.5 cm，萼齿外弯。核果卵圆球形至纺锤形，无毛，成熟时黄绿色。花期 4~5 月，果期 10~12 月。

野生于沟谷和山坡杂木林中，或栽培，海拔 100~900 m。产于中国福建、台湾、广东、海南、广西、贵州、云南、四川。

A239 漆树科 Anacardiaceae

南酸枣（南酸枣属）黄榄、白榄

Choerospondias axillaris **(Roxb.) B. L. Burtt & A. W. Hill**

落叶乔木，高 8~20 m；树皮片状剥落，小枝具皮孔。奇数羽状复叶，小叶 3~6 对；小叶膜质，卵形，基部多少偏斜，长 4~12 cm，宽 2~4.5 cm，近全缘，两面无毛。雄花序长 4~10 cm；苞片小；花萼外面疏被白色微柔毛，边缘具紫红色腺状睫毛；花瓣无毛，具褐色脉纹；雄蕊 10 枚，与花瓣近等长；雄花无不育雌蕊；雌花单生于上部叶腋，较大。核果椭圆球形，成熟时黄色，果核顶端具 5 个小孔。花期 4 ~ 7 月，果期 6 ~ 11 月。

生于山坡、丘陵或沟谷林中，海拔 300~900 m。产于中国长江以南地区。

盐麸木（漆树属）五倍子树、盐肤子、盐酸白

Rhus chinensis **Mill.**

落叶小乔木或灌木；小枝棕褐色，被锈色柔毛，具圆形小皮孔。奇数羽状复叶，叶轴具宽的叶状翅，叶轴和叶柄密被锈色柔毛；小叶 7~ 13 枚，纸质，多形，长 6~12 cm，宽 3~7 cm，顶生小叶基部楔形，边缘具锯齿，叶背被柔毛；小叶无柄。圆锥花序宽大，多分枝，雌花序密被锈色柔毛；花梗被微柔毛；花瓣椭圆状卵形，黄白色，边缘具细睫毛；雄蕊极短；子房卵球形，密被白色微柔毛。核果球形，径 4~5 mm，红色，有灰白色短柔毛。花期 8~9 月，果期 10 月。

生于向阳山坡、沟谷、溪边的疏林或灌丛中，海拔 100~900 m。除东北地区以及内蒙古、新疆外广泛分布于中国。

滨盐麸木（漆树属）

Rhus chinensis **Mill. var.** ***roxburghii*** **(DC.) Rehd.**

与原变种的区别仅在于叶轴无翅。

生于山坡、沟谷的疏林或灌丛中，海拔 200~900 m。产于中国湖南、江西、台湾、广东、海南、广西、贵州、云南、四川。

野漆（漆属）山漆树、痒漆树

Toxicodendron succedaneum **(L.) Kuntze**

落叶乔木，高达 10 m；小枝粗壮，无毛，顶芽大，紫褐色，外面近无毛。奇数羽状复叶互生，常集生小枝顶端。有小叶 4 ~ 7 对；小叶对生或近对生，坚纸质，长圆状椭圆形，先端渐尖，基部偏斜，圆形或阔楔形，全缘，两面无毛，叶背常具白粉；小叶柄长 2~5 mm。圆锥花序腋生，长 7~15 cm；花黄绿色，直径约 2 mm；花梗长约 2 mm；花萼无毛；花瓣长圆形，先端钝，开花时外卷；子房球形，直径约 0.8 mm，花柱短，柱头 3 裂，褐色。核果偏斜，外果皮薄，淡黄色，无毛，果核坚硬，压扁。花期春季，果期秋季。

生于林中，海拔 300~900 m。产于中国华北至长江以南各省区。

木蜡树（漆属）七月倍、野毛漆

Toxicodendron sylvestre **(Sieb. & Zucc.) Kuntze**

落叶乔木，高达 10 m；幼枝和芽被黄褐色茸毛，树皮灰褐色。奇数羽状复叶互生，有小叶 3~7 对，叶轴和叶柄圆柱形，密被黄褐色茸毛；叶柄长 4~8 cm；小叶对生，纸质，卵形，基部不对称，全缘。圆锥花序长 8~15 cm，密被锈色茸毛，总梗长 1.5~3 cm；花黄色，花梗长 1.5 mm；花萼无毛；花瓣长圆形；花盘无毛；子房球形，径约 1 mm，无毛。核果极偏斜，外果皮薄，具光泽，无毛，成熟时不裂，中果皮蜡质，果核坚硬。花期 4 ~ 5 月，果期 7 ~ 10 月。

生于林中，海拔 100~800 m。产于中国长江以南地区。

A240 无患子科 Sapindaceae

罗浮槭（槭属）红翅槭

Acer fabri **Hance**

常绿乔木。树皮淡褐灰色或暗灰色。叶全缘，革质，披针形，长 7~11 cm，宽 2~3 cm，基部楔形或钝形，先端尖；上面无毛，下面无毛或脉腋稀被丛毛；叶柄长 1~1.5 cm，细瘦，无毛；侧脉 4~5 对，在两面微显著。花杂性，雄花与两性花同株，呈伞房花序；花瓣 5 枚，白色，倒卵形，略短于萼片；子房无毛，柱头平展翅果嫩时紫色，成熟时黄褐色；小坚果凸起，直径约 5 mm；翅与小坚果长 3~3.4 cm，张开成钝角。花期 3~4 月，果期 9 月。

生于疏林中，海拔 500~900 m。产于中国湖北、湖南、江西、广东、海南、广西、贵州、云南、四川。

中华槭（槭属）

Acer sinense **Pax**

落叶乔木。叶近于革质，基部心脏形或近于心脏形，稀截形，常 5 裂；裂片长圆卵形或三角状卵形，先端锐尖，除靠近基部的部分外其余的边缘有紧贴的圆齿状细锯齿；裂片间的凹缺锐尖；主脉在上面显著，在下面凸起，侧脉在上面微显著，在下面显著；叶柄粗壮，无毛，长 3~5 cm。花杂性，雄花与两性花同株，多花组成下垂的顶生圆锥花序，长 5~9 cm，总花梗长 3~5 cm；萼片 5 枚，淡绿色，卵状长圆形或三角状长圆形，先端微钝尖，边缘微有纤毛，长约 3 mm；花瓣 5 枚，白色，长圆形或阔椭圆形。翅果淡黄色，无毛，常生成下垂的圆锥果序；小坚果椭圆柱形，特别凸起。花期 5 月，果期 9 月。

产于中国湖北、四川、湖南、贵州、广东、广西。

滨海槭（槭属）海滨槭

Acer sino-oblongum F. P. Metcalf

常绿乔木，高约5~7 m。树皮粗糙，淡灰褐色或深灰色。小枝细瘦，无毛；当年生枝紫色或淡紫绿色；多年生枝淡紫褐色或淡紫色，具卵形或圆形皮孔。冬芽淡褐色，卵圆形，鳞片的边缘微被睫毛。叶革质，全缘，椭圆形或椭圆状长圆形，稀披针形，花淡黄绿色，杂性，雄花与两性花同株，常成被长柔毛的顶生伞房花序，总花梗长约1 cm，被长柔毛；花瓣5枚，倒披针形，与萼片等长；翅果淡黄褐色，小坚果特别凸起。花期4月，果期9月。

生于石质山坡上或疏林中。产于中国广东。

黄梨木（黄梨木属）

Boniodendron minus (Hemsl.) T. C. Chen

小乔木，高2~15 m；树皮暗褐色，具纵裂纹；小枝被短柔毛。叶聚生于小枝先端，一回偶数羽状复叶，聚伞圆锥花序顶生，少有腋生，约与叶等长，被短柔毛；分枝广展；花淡黄色至近白色；花蕾球形，直径1.5 mm；花瓣长圆形，长约2.4 mm，有羽状脉纹，外面被白色疏柔毛，内面无毛；雄蕊8枚，花丝长约4 mm；子房具3条沟槽，被毛。蒴果轮廓近球形，具3枚翅；花期5~6月，果期7~8月。

多生于石灰岩山地的疏林或密林中。产于中国广东、广西、湖南、贵州、云南。

岭南槭（槭属）岭南槭树、南岭槭

Acer tutcheri Duthie

落叶乔木，高5~10 m。树皮褐色或深褐色。冬芽卵圆球形，叶有锯齿，纸质，阔卵形，常3裂，裂片先端锐尖，边缘具稀疏而紧贴的锐尖锯齿，基部圆形或截形。花杂性，雄花与两性花同株，常生成短圆锥花序，长6~7 cm；花瓣4枚，淡黄白色；雄蕊8枚；子房密被白色的疏柔毛；翅果嫩时淡红色，成熟时淡黄色；小坚果凸起，直径约6 mm；翅连同小坚果长2~2.5 cm，张开成钝角。花期4月，果期9月。

生于疏林中，海拔300~900 m。产于中国湖南、江西、浙江、福建、台湾、广东、广西。

龙荔（龙眼属）肖韶子

Dimocarpus confinis (F. C. How & C. N. Ho) H. S. Lo

常绿大乔木，高达20 m，胸高直径可达1 m；小枝粗壮，有5条明显的沟槽，干时草黄色，近无毛。花序顶生和腋生，直立，与叶近等长，主轴和分枝均有沟槽，密被茸毛；花具短梗；萼裂片革质，长约2 mm；通常无花瓣或有发育不全的花瓣1~4枚，常匙形；花盘垫状，被茸毛；雄蕊7~8枚，花丝长约3 mm，中部以下密被长柔毛；子房2裂；2室，花柱稍粗短。核果卵圆球形；种子红褐色，全部被肉质假种皮包裹。花期夏季，果期夏末秋初。

生于阔叶林中，海拔400~900 m。产于中国广东、广西、湖南、贵州、云南。

龙眼（龙眼属）圆眼、桂圆
***Dimocarpus longan* Lour.**

常绿乔木；小枝散生苍白色皮孔。一回偶数羽状复叶；叶连柄长 15~30 cm；小叶 4~5 对，薄革质，长圆状椭圆形，长 6~15 cm，宽 2.5~5 cm，基部极不对称，上侧阔楔形至截平，下侧窄楔尖。圆锥花序大型，多分枝，顶生和近枝顶腋生，密被星状毛；萼片近革质，三角状卵形，长约 2.5 mm，两面均被褐黄色茸毛和成束的星状毛；花瓣乳白色，披针形，仅外面被微柔毛。果近球形，直径 1.2~2.5 cm，通常黄褐色，外面稍粗糙，假种皮肉质。花期春夏间，果期夏季。

生于疏林中。原生于中国广东、海南、广西、云南；栽培于中国南部。

无患子（无患子属）木患子、洗手果
***Sapindus saponaria* L.**

落叶大乔木，树皮褐色；嫩枝绿色，无毛。一回偶数羽状复叶，叶连柄长 25~45 cm，叶轴稍扁，上面两侧有直槽，近于无毛；小叶 5~8 对，近对生，叶片薄纸质，卵状披针形，长 7~15 cm，宽 2~5 cm，稍不对称，腹面有光泽，两面无毛；小叶柄长约 5 mm。圆锥花序顶生，圆锥形；花梗短；萼片卵形，外面基部被疏柔毛；花瓣 5 枚，披针形，有长爪，长约 2.5 mm，鳞片 2 枚；雄蕊 8 枚，伸出，花丝中部以下密被长柔毛；子房无毛。核果肉质，球形，直径 2~2.5 cm，橙黄色。花期春季，果期夏秋季。

多生于温暖、土壤疏松而稍湿润的疏林中，各地寺庙、庭园和村边常见栽培。产于中国长江以南地区。

A241 芸香科 Rutaceae

酒饼簕（酒饼簕属）
***Atalantia buxifolia* (Poir.) Oliv.**

高达 2.5 m 的灌木。分枝多，下部枝条披垂，小枝绿色，老枝灰褐色，节间稍扁平，刺多，劲直，长达 4 cm，顶端红褐色，很少近于无刺。叶硬革质，有柑橘叶香气，叶面暗绿，叶背浅绿色，卵形，倒卵形，椭圆形或近圆形。花多朵簇生，稀单朵腋生，几无花梗；萼片及花瓣均 5 枚；花瓣白色，有油点；果圆球形，略扁圆球形或近椭圆球形，果皮平滑，有稍凸起油点；种皮薄膜质。花期 5~12 月，果期 9~12 月，常在同一植株上花果并茂。

通常见于离海岸不远的平地、缓坡及低丘陵的灌木丛中，海拔 100~300 m。产于中国福建、台湾、广东、海南、广西、云南。

金柑（柑橘属）金橘
***Citrus japonica* Thunb.**

树高 3 m 以内；枝有刺。叶质厚，浓绿，卵状披针形或长椭圆形，花梗长 3~5 mm；花萼 4~5 裂；花瓣 5 枚；雄蕊 20~25 枚；子房椭圆形，花柱细长，通常为子房长的 1.5 倍，柱头稍增大。果椭圆球形或卵状椭圆球形，橙黄至橙红色，果皮味甜，厚约 2 mm，油胞常稍凸起，瓢囊 4 ~5 瓣，果肉味酸，有种子 2~5 粒；种子卵形，端尖，子叶及胚均绿色，单胚或偶有多胚。花期 3~5 月，果期 10~12 月。盆栽的多次开花，农家保留其 7~8 月的花期，至春节前夕果成熟。

生于常绿阔叶林中，海拔 600~900 m。产于中国湖南、江西、安徽、浙江、福建、广东、海南、广西。

黎檬（柑橘属）

Citrus limonia **Osb.**

小乔木。枝不规则，嫩叶及花蕾常呈暗紫红色，多锐刺。单身复叶，翼叶线状或仅有痕迹，夏梢上的叶有较明显的翼叶，叶片阔椭圆形或卵状椭圆形，顶端圆或钝，边缘有钝齿，干后叶背带亮黄色。少花簇生或单花腋生，有时3~5朵组成总状花序；花瓣略斜展，背面淡紫色；雄蕊25~30枚；子房卵状，花柱比子房长约3倍。果扁圆球至圆球形，果皮甚薄，光滑，瓢囊9~11瓣；种子或多或少，长卵形。花期4~5月，果期9~10月。

多见于较干燥坡地或河谷两岸坡地上，常见栽培。产于中国台湾、福建、广东、广西、湖南、贵州。

柑橘（柑橘属）柑桔

Citrus reticulata **Blanco**

灌木，高3~5 m；嫩枝、叶和花序均被很快脱落的星状柔毛。枝条淡黄褐色，多刺，枝具棱，少刺。叶为单身复叶，纸质，近圆形至阔卵形，叶缘上部具钝齿。花序总状，有时基部有分枝，苞片线状三角形，长2~3 mm，几无毛，早落；花梗长1~3 mm；花蕾的顶端被毛。雄花：萼片披针形，长约2.5 mm；花瓣比萼片小，边缘被绵毛；雄蕊约15枚，无毛。雌花：萼片披针形，长约3 mm；花瓣细小，钻状；子房密被星状毛，花柱2裂，几无毛。蒴果近圆球状，密被短星状毛，淡黄色至橙色；种子椭圆球状，暗灰褐色。花期4~5月，果期10~12月。

生于疏林中，海拔100~900 m。产于中国秦岭以南地区。

柚（柑橘属）

Citrus maxima **(Burm.) Merr.**

乔木。嫩枝、叶背、花梗、花萼及子房均被柔毛，嫩叶通常暗紫红色，嫩枝扁且有棱。叶质颇厚，色浓绿，阔卵形或椭圆形，总状花序，有时兼有腋生单花；花蕾淡紫红色，稀乳白色；花萼不规则3~5浅裂；花瓣长1.5~2 cm；雄蕊25~35枚，有时部分雄蕊不育；花柱粗长，柱头略较子房大。果圆球形，扁圆球形，梨球形或阔圆锥状，瓢囊10~15（19）瓣，汁胞白色、粉红或鲜红色，少有带乳黄色；种子多达200余颗，亦有无子的。花期4~5月，果期9~12月。

产于中国长江以南地区，最北限见于河南省信阳及南阳一带，全为栽培。

甜橙（柑橘属）

Citrus sinensis **(L.) Osbeck**

乔木，枝少刺或近于无刺。叶通常比柚叶略小，翼叶狭长，明显或仅具痕迹，叶片卵形或卵状椭圆形，很少披针形，花白色，很少背面带淡紫红色，总状花序有花少数，或兼有腋生单花；花萼3~5浅裂，花瓣长1.2~1.5 cm；雄蕊20~25枚；花柱粗壮，柱头增大。果圆球形，扁圆球形或椭圆球形，橙黄至橙红色，果皮难或稍易剥离，瓢囊9~12瓣；种子少或无，种皮略有肋纹，子叶乳白色，多胚。花期3~5月，果期10~12月，迟熟品种至翌年2~4月。

生于疏林中，海拔100~900 m。中国秦岭南坡以南各地广泛栽种，西北限见于陕西西南部、甘肃东南部一带，西南至西藏东南部墨脱一带。

假黄皮（黄皮属）

Clausena excavata N. L.Burman

高 1~2 m 的灌木。小枝及叶轴均密被向上弯的短柔毛且散生微凸起的油点。叶有小叶 21~27 枚，幼龄植株的多达 41 枚，花序邻近的有时仅 15 枚，小叶甚不对称，斜卵形，斜披针形或斜四边形。花序顶生；花蕾圆球形；苞片对生，细小；花瓣白或淡黄白色，卵形或倒卵形，长 2~3 mm，宽 1~2 mm；雄蕊 8 枚，长短相间，花蕾时贴附于花瓣内侧，盛花时伸出于花瓣外，花柱短而粗。果椭圆球形，有种子 1~2 颗。花期 4~5 及 7~8 月，偶见 10 月仍开花（海南）。盛果期 8~10 月。

见于平地至山坡灌丛或疏林中，海拔 100~900 m。产于中国台湾、福建、广东、海南、广西、云南。

三極苦（蜜茱萸属）三岔叶、三叉苦

Melicope pteleifolia (Champ. ex Benth.) Hartley

半常绿灌木或乔木。树皮灰白或灰绿色，光滑，纵向浅裂，嫩枝的节部常呈压扁状，枝叶无毛。3 枚小叶，小叶长椭圆形，两端尖，长 6~20 cm，宽 2~8 cm，全缘，油点多；小叶柄甚短。雌雄异株，少数雌雄同花。花序腋生，长 4~12 cm，花甚多；萼片及花瓣均 4 枚；花瓣淡黄或白色，长 1.5~2 mm，常有透明油点；雄花的退化雌蕊细垫状凸起，密被白色短毛；柱头头状。分果爿淡黄或茶褐色，散生透明油点，每分果爿有 1 颗种子；种子长 3~4 mm，厚 2~3 mm，蓝黑色，有光泽。花期 4~6 月，果期 7~10 月。

生于平地至山地，海拔 100~900 m。产于中国台湾、浙江、福建、江西、广东、海南、广西、贵州、云南。

山橘（金橘属）

Fortunella hindsii (Champ. ex Benth.) Swingle

树高 3 m 以内，多枝，刺短小。单小叶或有时兼有少数单叶，叶翼线状或明显，小叶片椭圆形或倒卵状椭圆形，长 4~6 cm，宽 1.5~3 cm，顶端圆，稀短尖或钝，基部圆或宽楔形，近顶部的叶缘有细裂齿，稀全缘，质地稍厚；叶柄长 6~9 mm。花单生及少数簇生于叶腋，花梗甚短；花萼 4 或 5 浅裂；花瓣 5 枚，长不超过 5 mm。果圆球形或稍呈扁圆形，横径稀超过 1 cm，果皮橙黄或朱红色，平滑，有麻辣感且微有苦味，果肉味酸。花期 4~5 月，果期 10~12 月。

未见有野生，中国南方各地栽种，台湾、福建、广东、广西栽种较多。

小芸木（小芸木属）

Micromelum integerrimum (Buch.–Ham. ex DC.) Wight & Arn. ex M. Roem.

高达 8 m 的小乔木，当年生枝、叶轴、花序轴均绿色，密被短伏毛，花萼、花瓣背面及嫩叶两面亦被毛，成长叶无毛。叶有小叶 7~15 枚，小叶互生或近对生，斜卵状椭圆形，位于叶轴基部的较小，长约 4 cm，位于叶轴上部的长达 20 cm，宽 8 cm，边全缘，但波浪状起伏；叶柄基部增粗；小叶柄长 2~5 mm。花瓣淡黄白色，长 5~10 mm，盛开时反折。果椭圆球形，长 10~15 mm，透熟时由橙黄色转朱红色。花期 2~4 月，果期 7~9 月。

生于山地杂木林中较湿润地方，海拔 100~900 m。产于中国广东、海南、广西、贵州、云南、西藏。

乔木茵芋（茵芋属）

Skimmia arborescens **T. Anderson ex Gamble**

高达 8 m 的小乔木，胸径达 20 cm。小枝髓部小但明显，二年生枝的皮层颇薄，干后不皱缩。叶较薄，干后薄纸质，椭圆形或长圆形，或为倒卵状椭圆形，花序长 2~5 cm，花序轴被微柔毛或无毛；花瓣5枚，倒卵形或卵状长圆形，长4~5 mm，水平展开或斜向上张开；果圆球，直径 6~8 mm，很少更大，蓝黑色，通常有种子 1~3 颗。花期 4~6 月，果期 7~9 月。

生于荫湿山区，在阴蔽、湿度大的密林下或山顶的高山矮林中较常见，海拔 900 m。产于中国广东、广西、贵州、云南、西藏、四川。

楝叶吴萸（吴茱萸属）臭辣吴萸

Tetradium glabrifolium **(Champ. ex Benth.) T. G. Hartley**

乔木，树高达 20 m。树皮灰白色，散生皮孔。羽状复叶有小叶 7~11 枚，小叶斜卵状披针形，通常长 6~10 cm，宽 2.5~4 cm，两侧不对称，叶缘有细钝齿或全缘，无毛；小叶柄长 1~1.5 cm。花序顶生，花甚多；萼片及花瓣均5枚；花瓣白色，长约3 mm。分果瓣淡紫红色，干后暗灰带紫色，分果直径约 5 mm，有成熟种子 1 颗。花期 7~9 月，果期 10~12 月。

生于常绿阔叶林中、山谷较湿润地方，海拔 100~900 m。产于中国秦岭以南地区。

华南吴萸（吴茱萸属）

Tetradium austrosinense **(Hand.–Mazz.) T. G. Hartley**

乔木，高 6~20 m。小枝的髓部大，嫩枝及芽密被灰或红褐色短茸毛。羽状复叶有小叶 5~13 枚，小叶卵状椭圆形或长椭圆形。花序顶生，多花；萼片及花瓣均 5 枚；花瓣淡黄白色，长 2.5~3 mm；雄花的退化雌蕊短棒状，5 浅裂；雌花的退化雄蕊甚短。分果瓣淡紫红至深红色，直径 4~5.5 mm，油点微凸起，内果皮薄壳质，蜡黄色，有成熟种子 1 颗；种子长约 3 mm，厚约 2.5~2.8 mm。花期 6~7 月，果期 9~11 月。

见于山地疏林或沟谷中，海拔 300~900 m。产于中国广东、广西、云南。

吴茱萸（吴茱萸属）

Tetradium ruticarpum **(A. Juss.) T. G. Hartley**

小乔木或灌木，高 3~5 m，嫩枝暗紫红色，与嫩芽同被锈色茸毛或疏短毛。小叶 5~11 枚，纸质。花序顶生；雄花序疏离，雌花序的花密集或疏离；萼片及花瓣均 5 枚，偶有 4 枚；雄花花瓣长 3~4 mm，下部及花丝均被白色长柔毛；雌花花瓣长 4~5 mm，腹面被毛，子房及花柱下部被疏长毛。果序宽 3~12 cm，果暗紫红色，有大油点，每分果瓣有 1 颗种子；种子近圆球形，一端钝尖，腹面略平坦，长 4~5 mm，褐黑色，有光泽。花期 4~6 月，果期 8~11 月。

生于平地至山地疏林或灌木丛中，海拔 100~900 m。产于中国秦岭以南地区。

飞龙掌血（飞龙掌血属）簕钩、猫爪簕

Toddalia asiatica **(L.) Lam.**

木质攀援藤本；茎枝具皮孔，茎枝及叶轴有甚多向下弯钩的锐刺。三出复叶，小叶无柄，对光透视可见密生的透明油点，卵形，叶缘有细裂齿。花梗甚短，基部有极小的鳞片状苞片；萼片极短，边缘被短毛；花瓣淡黄白色，长 2~3.5 mm；雄花序为伞房状圆锥花序；雌花序呈聚伞圆锥花序。浆果橙红或朱红色，径 8~10 mm，有 4~8 条纵向浅沟纹；种子长 5~6 mm，种皮褐黑色，有极细小的窝点。花期几乎全年，在五岭以南各地，多于春季开花，沿长江两岸各地，多于夏季开花；果期多在秋冬季。

生于从平地至山地，较常见于灌木、小乔木的次生林中，海拔 100~900 m。产于中国秦岭南坡以南各地。

竹叶花椒（花椒属）山花椒、蜀椒

Zanthoxylum armatum **DC.**

落叶小乔木；茎枝多锐刺，红褐色，小枝上的刺劲直，小叶背面中脉上常有小刺，仅叶背基部中脉两侧有丛状柔毛。一回奇数羽状复叶，小叶 3~9 枚，翼叶明显；小叶对生，通常披针形，长 3~12 cm，宽 1~3 cm，两端尖；叶缘有裂齿或近全缘；小叶柄甚短。花序近腋生，长 2~5 cm；花被片 6~8 枚；雄花的雄蕊 5~6 枚；雌花背部近顶侧各有 1 个油点，花柱斜向背弯。蓇葖果紫红色，有微凸起少数油点；种子径 3~4 mm，褐黑色。花期 4~5 月，果期 8~10 月。

见于山地多类生境，海拔 100~900 m。产于中国秦岭南坡以南各地，最北可达陕西、山东、山西。

椿叶花椒（花椒属）

Zanthoxylum ailanthoides **Sieb. & Zucc.**

落叶乔木，高达 15 m，胸径 30 cm；茎干有鼓钉状、基部宽达 3 cm，长 2~5 mm 的锐刺，当年生枝的髓部甚大，常空心，花序轴及小枝顶部常散生短直刺，各部无毛。羽状复叶有小叶 11~27 枚；小叶整齐对生，狭长披针形或位于叶轴基部的近卵形，长 7~18 cm，宽 2~6 cm，顶部渐狭长尖，基部圆，对称或一侧稍偏斜，叶缘有明显裂齿，油点多，肉眼可见，叶背灰绿色或有灰白色粉霜，中脉在叶面凹陷，侧脉每边 11~16 条。花序顶生，多花，几无花梗；萼片及花瓣均 5 枚；花瓣淡黄白色，长约 2.5 mm。种子直径约 4 mm，花期 8~9 月，果期 10~12 月。

中国除江苏、安徽外，长江以南各地均有分布。

簕欓花椒（花椒属）花椒簕、鹰不泊

Zanthoxylum avicennae **(Lam.) DC.**

落叶乔木；树干有鸡爪状刺，有环纹，幼龄树的枝及叶密生刺，各部无毛。一回奇数羽状复叶，叶轴具翼，小叶 11~21 枚；小叶通常对生，斜卵形，长 2.5~7 cm，宽 1~3 cm，两侧甚不对称，全缘，或中部以上有疏裂齿，鲜叶的油点肉眼可见。圆锥花序顶生；花序轴及花硬有时紫红色；雄花梗长 1~3 mm；萼片及花瓣均 5 枚；萼片宽卵形；花瓣黄白色，长约 2.5 mm；雄花的雄蕊 5 枚；雌花有心皮 2 枚；退化雄蕊极小。果梗长 3~6 mm，分果瓣淡紫红色，油点大且多，微凸起。种子径 3.5~4.5 mm。花期 6~8 月，果期 10~12 月，偶见 10 月开花。

生于平地、坡地或谷地，多见于次生林中，海拔 400~700 m。产于中国福建、广东、海南、广西、云南。

大叶臭花椒（花椒属）刺椿木

Zanthoxylum myriacanthum **Wall. ex Hook. f.**

落叶乔木，高达 15 m；茎干有鼓钉状锐刺，花序轴及小枝顶部有较多劲直锐刺，嫩枝的髓部大而中空，叶轴及小叶无刺。羽状复叶有小叶 7~17 枚；小叶对生，阔卵形、卵状椭圆形或长圆形，长 10~20 cm，宽 4~10 cm，基部圆或宽楔形，两面无毛，油点多且大，叶缘具圆裂齿，齿缝有一大油点，中脉在叶面凹陷。圆锥花序顶生，长达 35 cm，多花，花枝被短柔毛；萼片及花瓣均 5 枚；花瓣白色，长约 2.5 mm。分果瓣红褐色，直径约 4.5 mm。花期 6~8 月，果期 9~11 月。

生于坡地疏或密林中，海拔 200~900 m。产于中国湖南、江西、浙江、福建、台湾、广东、海南、广西、贵州、云南。

两面针（花椒属）叶下穿针、红倒钩簕、大叶猫爪簕

Zanthoxylum nitidum **(Roxb.) DC.**

幼龄植株为直立的灌木，成龄植株攀援于其他树上的木质藤本。茎枝及叶轴均有弯钩锐刺。奇数羽状复叶；小叶 3~ 11 枚，小叶对生，成长叶硬革质，卵形，长 3~12 cm，宽 1.5~6 cm，边缘有疏浅裂齿，齿缝处有油点，有时全缘；小叶柄长 2~5 mm。伞房状圆锥花序腋生。花 4 数；萼片上部紫绿色；花瓣淡黄绿色；雄蕊长 5~6 mm；雌花的花瓣较宽；子房圆球形，花柱粗而短，柱头头状。果梗长 2~5 mm；果皮红褐色，有粗大腺点，顶端具短喙；种子圆珠状，横径 5~6 mm。花期 3~5 月，果期 9~11 月。

见于山地、丘陵、平地的疏林、灌丛中，海拔 100~800 m。产于中国湖南、江西、浙江、福建、台湾、广东、海南、广西、贵州、云南。

花椒簕（花椒属）藤花椒、花椒藤

Zanthoxylum scandens **Blume**

幼龄植株呈直立灌木状，成龄植株攀援于其他树上，枝干有短沟刺，叶轴上的刺较多。一回奇数羽状复叶，有小叶 5~25 枚；小叶基本互生，卵形，长 4~10 cm，宽 1.5~4 cm，两侧不对称，近于全缘。花序腋生或兼有顶生；萼片及花瓣均 4 枚；萼片淡紫绿色，宽卵形；花瓣淡黄绿色，长 2~3 mm；雄花的雄蕊 4 枚，长 3~4 mm，药隔顶部有 1 个油点；退化雌蕊半圆形垫状凸起，花柱 2~4 裂；退化雄蕊鳞片状。分果瓣紫红色。种子近圆球形，两端微尖，直径 4~5 mm。花期 3~5 月，果期 7~8 月。

见于沿海低地至山坡灌木丛或疏林下，海拔 100~900 m。产于中国长江以南地区。

A243 楝科 Meliaceae

麻楝（麻楝属）

Chukrasia tabularis **A. Juss.**

乔木；老茎树皮纵裂，幼枝具苍白色的皮孔。偶数羽状复叶长 30~50 cm，小叶 10~16 枚；叶柄长 4.5~7 cm；小叶互生，纸质，卵形至长圆状披针形，长 7~12 cm，宽 3~5 cm；小叶柄长 4~8 mm。圆锥花序顶生；苞片线形；花长 1.2~1.5 cm；花梗短；萼浅杯状，高约 2 mm；花瓣黄色，长圆形，长 1.2~1.5 cm，外面中部以上被短柔毛。蒴果灰黄色，近球形，直径 4.5 cm，表面具粗糙小疣点；种子扁平，有膜质翅。花期 4~5 月，果期 7 月至翌年 1 月。

生于山地杂木林或疏林中，海拔 300~900 m。产于中国浙江、福建、广东、海南、广西、贵州、云南、西藏。

楝（楝属）苦楝、楝树、森树
***Melia azedarach* L.**

落叶乔木，高达 10 m；树皮灰褐色，纵裂。小枝有叶痕。叶为 2~3 回奇数羽状复叶，长 20~40 cm；小叶对生，卵形，长 3~7 cm，宽 2~3 cm，基部多少偏斜，边缘有钝锯齿。圆锥花序，花芳香；花萼 5 深裂，外面被微柔毛；花瓣淡紫色，两面均被微柔毛；雄蕊管紫色，长 7~8 mm；子房近球形，无毛，花柱细长，柱头头状。核果球形至椭圆球形，长 1~2 cm，宽 8~15 mm，内果皮木质，4~5 室；种子椭圆球形。花期 4~5 月，果期 10~12 月。

生于低海拔旷野、路旁或疏林中，海拔 100~900 m。产于中国黄河以南地区。

香椿（香椿属）
***Toona sinensis* (Juss.) Roem.**

落叶乔木。树皮赭褐色，片状脱落。叶具长柄，一回偶数羽状复叶，长 30~50 cm，有特殊气味；小叶 16~20 枚，纸质，卵状披针形，长 9~15 cm，宽 2.5~4 cm，不对称，近全缘，两面无毛；小叶柄长 5~10 mm。圆锥花序与叶近于等长，小聚伞花序生于短的小枝上；花长 4~5 mm，具短花梗；花萼 5 齿裂或浅波状，外面被柔毛；花瓣 5 枚，白色，长圆形，长 4~5 mm；雄蕊 10 枚，其中 5 枚能育。蒴果狭椭圆球形，长 2~3.5 cm，深褐色，有小而苍白色的皮孔，5 瓣裂开。种子椭圆形，一端有膜质长翅。花期 6~8 月，果期 10~12 月。

生于山地杂木林或疏林中，海拔 100~900 m。产于中国华北、华东、华中、华南和西南地区。

红椿（香椿属）红楝子
***Toona ciliata* M. Roem.**

大乔木；小枝有稀疏的苍白色皮孔。叶为偶数或奇数羽状复叶，长 25~40 cm，小叶 7~8 对；小叶近对生，纸质，长 8~15 cm，宽 2.5~6 cm，不等边，边全缘，两面近无毛；小叶柄长 5~13 mm。圆锥花序顶生；花长约 5 mm，具短花梗；花萼短，5 裂，被微柔毛；花瓣 5 枚，白色，长圆形，长 4~5 mm，边缘具睫毛；子房密被长硬毛。蒴果长椭圆球形，干后紫褐色，有苍白色皮孔；种子两端具膜质翅。花期 4~6 月，果期 10~12 月。

生于低海拔沟谷林中或山坡疏林中，海拔 400~900 m。产于中国福建、湖南、广东、广西、四川、云南。

A247 锦葵科 Malvaceae

黄葵（黄葵属）山油麻、野油麻
***Abelmoschus moschatus* Medicus**

一年生或二年生草本，高 1~2 m，被粗毛。叶通常掌状 5~7 深裂，直径 6~15 cm，裂片披针形至三角形，边缘具不规则锯齿，基部心形，两面均疏被硬毛；托叶线形。花单生于叶腋间；小苞片 8~10 枚，线形，长 10~13 mm；花萼佛焰苞状，长 2~3 cm，5 裂，常早落；花黄色，内面基部暗紫色，直径 7~12 cm；蒴果长圆球形，长 5~6 cm，顶端尖，被黄色长硬毛；种子肾形，具腺状脉纹，具香味。花期 6~10 月。

生于平原、山谷、溪涧旁或山坡灌丛中。产于中国湖南、江西、台湾、广东、广西、云南。

木棉（木棉属）

***Bombax ceiba* L.**

落叶大乔木，高可达 25 m，树皮灰白色，幼树的树干通常有圆锥状的粗刺；分枝平展。掌状复叶，小叶 5~7 枚，长圆形至长圆状披针形。花单生枝顶叶腋，通常红色，有时橙红色，直径约 10 cm；萼杯状，长 2~3 cm，外面无毛，内面密被淡黄色短绢毛，萼齿 3~5 枚，半圆形，高 1.5 cm，宽 2.3 cm，花瓣肉质，倒卵状长圆形，二面被星状柔毛，但内面较疏；蒴果长圆球形，钝，密被灰白色长柔毛和星状柔毛；种子多数，倒卵形，光滑。花期 3~4 月，果夏季成熟。

生于干热河谷及稀树草原，也可生长在沟谷季雨林内，也有栽培作行道树的，海拔 100~900 m。产于中国江西、福建、台湾、广东、海南、广西、贵州、云南、四川。

山芝麻（山芝麻属）山油麻

***Helicteres angustifolia* L.**

小灌木，高达 1 m，小枝被灰绿色短柔毛。叶狭矩圆形，长 3.5~5 cm，宽 1.51~2.5 cm，顶端钝或急尖，基部圆形，上面几无毛，下面被灰白色或淡黄色星状茸毛；叶柄长 5~7 mm。聚伞花序有 2 至数朵花；萼管状，长 6 mm，被星状短柔毛，5 裂；花瓣 5 枚，不等大，淡红色或紫红色，比萼略长，基部有 2 个耳状附属体。蒴果卵球状矩圆球形，长 12~20 mm，宽 7~8 mm，顶端急尖，密被星状毛及混生长茸毛。花期几乎全年。

生于山地和丘陵上。产于中国湖南、江西、浙江、福建、台湾、广东、海南、广西、云南。

甜麻（黄麻属）

***Corchorus aestuans* L.**

一年生草本。叶卵形或阔卵形，长 4.5~6.5 cm，宽 3~4 cm，顶端短渐尖或急尖，基部圆形，两面均有稀疏的长粗毛，边缘有锯齿，近基部一对锯齿往往延伸成尾状的小裂片，基出脉 5~7 条；叶柄长 0.9~1.6 cm，被淡黄色的长粗毛。花单独或数朵组成聚伞花序生于叶腋或腋外，花序柄或花柄均极短或近于无；萼片 5 枚，狭窄长圆形，长约 5 mm，上部半凹陷如舟状，顶端具角，外面紫红色；花瓣 5 枚，与萼片近等长，倒卵形，黄色。蒴果长筒形，长约 2.5 cm，直径约 5 mm，具 6 条纵棱，其中 3~4 棱呈翅状突起，顶端有 3~4 条向外延伸的角，角二叉，成熟时 3~4 瓣裂，果瓣有浅横隔；种子多数。花期夏季。

产于中国长江以南各省区。

木槿（木槿属）朝开暮落花

***Hibiscus syriacus* L.**

落叶灌木，高 3~4 m，小枝密被黄色星状茸毛。叶菱形至三角状卵形。花单生于枝端叶腋间，花梗长 4~14 mm，被星状短茸毛；小苞片 6~8，线形，长 6~15 mm，密被星状疏茸毛；花萼钟形，长 14~20 mm，密被星状短茸毛，裂片 5 枚，三角形；花钟形，淡紫色，直径 5~6 cm，花瓣倒卵形，长 3.5~4.5 cm，外面疏被纤毛和星状长柔毛；雄蕊柱长约 3 cm；花柱枝无毛。蒴果卵圆球形，直径约 12 mm，密被黄色星状茸毛；种子肾形，背部被黄白色长柔毛。花期 7~10 月。

生于林缘、路旁。产于中国中部各省，各地广泛栽培。

赛葵（赛葵属）
***Malvastrum coromandelianum* (L.) Garcke**

亚灌木状，直立，高达 1 m，疏被单毛和星状粗毛。叶卵状披针形或卵形，叶柄长 1~3 cm，密被长毛；托叶披针形。花单生于叶腋，花梗长约 5 mm，被长毛；小苞片线形，长 5 mm，宽 1 mm，疏被长毛；萼浅杯状，5 裂，裂片卵形，渐尖头，长约 8 mm，基部合生，疏被单长毛和星状长毛；花黄色，直径约 1.5 cm，花瓣 5 枚，倒卵形，长约 8 mm，宽约 4 mm；果分果爿 8~12 枚，肾形，疏被星状柔毛，直径约 2.5 mm，背部宽约 1 mm，具 2 个芒刺。

散生于干热草坡，海拔 100~500 m。归化于中国台湾、福建、广东、广西、云南。

破布叶（破布叶属）蘼宝叶、布渣叶
***Microcos paniculata* L.**

落叶灌木或小乔木，高 3~12 m；树皮粗糙，嫩枝有毛。叶薄革质，卵状长圆形，长 8~18 cm，宽 4~8 cm，先端渐尖，基部圆形，两面初时有极稀疏星状柔毛，以后变秃净，基三出脉，边缘有细钝齿；叶柄长 1~1.5 cm，被毛；托叶线状披针形。顶生圆锥花序长 4~10 cm，被星状柔毛；花柄短小；萼片长圆形，长 5~8 mm，外面有毛；花瓣长圆形，长 3~4 mm，下半部有毛；腺体长约 2 mm。核果近球形或倒卵球形，长约 1cm；果柄短。花期 6~7 月。

生于山地。产于中国广东、海南、广西、云南。

马松子（马松子属）
***Melochia corchorifolia* L.**

半灌木状草本。叶薄纸质，卵形、矩圆状卵形或披针形，稀有不明显的 3 浅裂，长 2.5~7 cm，宽 1~1.3 cm，顶端急尖或钝，基部圆形或心形，边缘有锯齿。花瓣 5 枚，白色，后变为淡红色，矩圆形，长约 6 mm，基部收缩；雄蕊 5 枚，下部连合成筒，与花瓣对生；子房无柄，5 室，密被柔毛，花柱 5 枚，线状。蒴果圆球形，有 5 条棱，直径 5~6 mm，被长柔毛，每室有种子 1~2 颗；种子卵圆形，略成三角状，褐黑色，长 2~3 mm。花期夏秋季。

本种广泛分布在中国长江以南各省区。

翻白叶树（翅子树属）半枫荷、异叶翅子木
***Pterospermum heterophyllum* Hance**

半常绿乔木；小枝被黄褐色短柔毛。叶二型，生于幼树或萌蘖枝上的叶盾形，直径约 15 cm，掌状 3~5 裂，基部截形而略近半圆形，上面几无毛，下面密被黄褐色星状短柔毛，叶柄长 12 cm，被毛；生于壮树上的叶矩圆形，叶柄长 1~2 cm，被毛。花单生或 2~4 朵组成腋生的聚伞花序；花青白色；萼片 5 枚，条形，长达 28 mm，两面均被柔毛；花瓣 5 片，倒披针形。蒴果木质，矩圆球状卵球形，长约 6 cm，被黄褐色茸毛；种子具膜质翅。花期秋季。

产于中国福建、广东、海南、广西。

罗浮梭罗树（梭罗树属）

***Reevesia lofouensis* Chun & H. H. Hsue**

乔木，高达 13 m，嫩枝干时黄白色，密被淡黄色星状短柔毛。叶革质，矩圆状卵形，顶端渐尖，基部不等边楔形，两面均无毛，侧脉 6~8 对；叶柄长 1~3.5 cm，两端不膨大，被毛。聚伞花序圆锥状，顶生，花密生，被短柔毛；花芽圆球形，被毛。蒴果矩圆球状梨球形，多皱纹，具 5 条棱，顶端截形，外面密被星状短柔毛，每果瓣有种子 2 颗；种子具翅，连翅长 2.5 cm，翅膜质，褐色，顶端钝。花期 5 月，果期 7 月。

生于疏林中。产于中国广东、海南。

黄花棯（黄花稔属）

***Sida acuta* Burm. f.**

直立亚灌木状草本，高 1~2 m；分枝多，小枝被柔毛至近无毛。叶披针形，长 2~5 cm，宽 4~10 mm，先端短尖或渐尖，基部圆或钝，具锯齿，两面均无毛或疏被星状柔毛，上面偶被单毛；叶柄长 4~6 mm，疏被柔毛；托叶线形，与叶柄近等长，常宿存。花单朵或成对生于叶腋，花梗长 4~12 mm，被柔毛，中部具节；萼浅杯状，无毛，长约 6 mm，下半部合生，裂片 5 枚，尾状渐尖；花黄色，直径 8~10 mm，花瓣倒卵形，先端圆，基部狭长 6~7 mm，被纤毛；雄蕊柱长约 4 mm，疏被硬毛。蒴果近圆球形，分果爿 4~9 枚，但通常为 5~6 枚，长约 3.5 mm，顶端具 2 枚短芒，果皮具网状皱纹。花期冬春季。

产于中国台湾、福建、广东、广西、云南。

两广梭罗树（梭罗树属）复序利未花、油在麻

***Reevesia thyrsoidea* Lindl.**

常绿乔木。树皮灰褐色，具皮孔；幼枝干时棕黑色，被稀疏的星状短柔毛。叶革质，矩圆形，长 5~7 cm，宽 2.5~3 cm，基部圆形或钝，两面均无毛；叶柄长 1~3 cm，两端膨大；叶中脉富纤维。聚伞状伞房花序顶生，被毛，花密集；萼钟状，长约 6 mm，5 裂，外面被星状短柔毛；花瓣 5 枚，白色，匙形，长 1 cm。蒴果矩圆球状梨球形，有 5 条棱，长约 3 cm，被短柔毛；种子连翅长约 2cm。花期 3~4 月，果期 6 ~ 10 月。

生于山坡或山谷溪旁，海拔 500~900 m。产于中国广东、海南、广西、云南。

白背黄花棯（黄花稔属）

***Sida rhombifolia* L.**

直立亚灌木，分枝多，枝被星状绵毛。叶菱形或长圆状披针形，长 25~45 mm，宽 6~20 mm，边缘具锯齿，下面被灰白色星状柔毛；叶柄长 3~5mm，被星状柔毛；托叶纤细，刺毛状。花单生于叶腋，花梗长 1~2 cm，密被星状柔毛，中部以上有节；萼杯形，长 4~5 mm，被星状短绵毛，裂片 5 枚，三角形；花黄色，直径约 1cm，花瓣倒卵形，长约 8 mm；雄蕊柱疏被腺状乳突，长约 5 mm，花柱 8~10 回分枝。果半球形，直径 6~7 mm。花期秋冬季。

常生于山坡灌丛间、旷野和沟谷两岸，海拔 100~400 m。产于中国台湾、福建、广东、广西、贵州、云南、四川、湖北。

假苹婆（苹婆属）鸡冠木、赛苹婆

***Sterculialanceolata* Cav.**

乔木，小枝幼时被毛。叶椭圆状披针形，长 9~20 cm，宽 3.5~8 cm，顶端急尖，基部钝形或近圆形；叶柄两端肿大，长 2.5~3.5 cm。圆锥花序腋生，长 4~10 cm，密集且多分枝；花淡红色，萼片 5 枚，向外开展如星状，顶端钝或略有小短尖突，长 4~6 mm，外面被短柔毛，边缘有缘毛。蓇葖果鲜红色，长椭圆形，长 5~7 cm，宽 2~2.5 cm，星状排列，顶端有喙，密被短柔毛；种子黑褐色，椭圆状卵形，直径约 1 cm。花期 4~6 月。

生于山谷溪旁，海拔 100~400 m。产于中国广东、海南、广西、云南、贵州、四川。

毛刺蒴麻（刺蒴麻属）

***Triumfetta cana* Blume**

木质草本，高 1.5 m；嫩枝被黄褐色星状茸毛。叶卵形或卵状披针形，聚伞花序 1 至数枝腋生，花序柄长约 3 mm；花柄长 1.5 mm；萼片狭长圆形，长 7 mm，被茸毛；花瓣比萼片略短，长圆形，基部有短柄，柄有睫毛；雄蕊 8~10 枚或稍多；子房有刺毛，4 室，柱头 3~5 裂。蒴果球形，有刺长 5~7 mm，刺弯曲，被柔毛，4 瓣裂开，每室有种子 2 颗。花期夏、秋季。

生于次生林及灌丛中。产于中国西藏、云南、贵州、广西、海南、广东、福建。

单毛刺蒴麻（刺蒴麻属）小刺蒴麻

***Triumfetta annua* L.**

草本或亚灌木。嫩枝被黄褐色茸毛。叶纸质，卵形或卵状披针形，先端尾状渐尖，基部圆形或微心形，两面有稀疏单长毛，基出脉 3~5 条，侧脉长超过叶片中部，边缘有锯齿；叶柄长 1~5 cm，有疏长毛。聚伞花序腋生，花序柄极短；花瓣比萼片稍短. 倒披针形；雄蕊 10 枚；子房被刺毛，3~4 室，花柱短，柱头 2~3 浅裂。蒴果扁球形；刺长 5~7 mm，无毛，先端弯勾，基部有毛。花期秋季。

生于荒野及路旁，海拔 100~400 m。产于中国云南、四川、湖北、贵州、广西、广东、江西、浙江。

刺蒴麻（刺蒴麻属）

***Triumfetta rhomboidea* Jacq.**

亚灌木；嫩枝被灰褐色短茸毛。叶纸质，生于茎下部的阔卵圆形，长 1~5 cm。聚伞花序数枝腋生，花序柄及花柄均极短；萼片狭长圆形，长 5 mm，顶端有角，被长毛；花瓣比萼片略短，黄色，边缘有毛；雄蕊 10 枚；子房有刺毛。果球形，不开裂，被灰黄色柔毛，具勾针刺长 2 mm，有种子 2~6 颗。花期夏、秋季。

产于中国云南、广西、广东、福建、台湾。

地桃花（梵天花属）肖梵天花

***Urena lobata* L.**

直立亚灌木状草本，高达 1 m，小枝被星状茸毛。叶互生，下部的近圆形，中部的卵形，上部的矩圆形至披针形，浅裂，上面被柔毛，下面被灰白色星状茸毛；叶柄长 1~4 cm，被灰白色星状毛；托叶线形，长约 2 mm，早落。花腋生，单生或稍丛生，淡红色，直径约 15 mm；花梗长约 3 mm，被绵毛；小苞片 5 枚，基部 1/3 合生；花萼杯状，裂片 5 枚；花瓣 5 枚，倒卵形，长约 15 mm，外面被星状柔毛；雄蕊柱长约 15 mm；花柱枝 10 条，微被长硬毛。蒴果扁球形，分果爿被星状短柔毛和锚状刺，成熟时与中轴分离。花期 7~10 月。

生于空旷地、草坡、疏林、路旁，海拔 300~900 m。产于中国长江以南地区。

梵天花（梵天花属）狗脚迹

***Urena procumbens* L.**

小灌木，高 80 cm，枝平铺，小枝被星状茸毛。叶表面具黑斑茎；下部叶为掌状 3~5 深裂，圆形而狭，长 1.5~6 cm，宽 1~4 cm，裂片倒卵形，呈葫芦状，先端钝，基部圆形至近心形，具锯齿，两面均被星状短硬毛，叶柄长 4~15 mm，被茸毛，上部的菱状卵形或卵形；托叶早落。花单生或近簇生，花梗长 2~3 mm；萼卵形，尖头，被星状毛；花冠淡红色，花瓣长 10~15 mm。果扁球形，直径约 6mm，具刺和长硬毛，刺端有倒钩，成熟时与中轴分离。花期 6~9 月。

生于山坡小灌丛中，海拔 500 m。产于中国湖南、江西、浙江、福建、台湾、广东、海南、广西。

A249 瑞香科 Thymelaeaceae

长柱瑞香（瑞香属）野黄皮

***Daphne championii* Benth.**

常绿直立灌木，高 0.5~1 m，多分枝；枝纤细，伸长，幼时黄绿色或灰绿色，具黄色或灰色丝状粗毛；冬芽密被丝状茸毛。叶互生，近纸质，椭圆形，长 1.5~4.5 cm，全缘，两面被白色丝状粗毛；叶柄长 1~2 mm，密被白色丝状长粗毛。花白色，通常 3~7 朵组成头状花序，腋生或侧生；花 4 数；花序梗极短，无花梗；花萼筒状，长 6~8 mm，裂片 4 枚，外面密被淡白色丝状茸毛；花柱细长，长约 4 mm，柱头头状。果实未见。花期 2~4 月。

常生于低山或山腰的密林中，山谷瘠土少见，海拔 200~700 m。产于中国江苏、江西、福建、湖南、广东、广西、贵州。

了哥王（荛花属）山棉皮、桐皮子、南岭荛花、小金腰带

***Wikstroemia indica* (L.) C. A. Mey.**

常绿灌木，高 0.5~2 m；小枝红褐色，无毛。叶对生，近革质，倒卵形，长 2~5 cm，宽 0.5~1.5 cm，无毛，侧脉细密，极倾斜；叶柄长约 1 mm。花黄绿色，数朵组成顶生头状总状花序，花序梗粗短，长 5~10 mm，无毛，花梗长 1~2 mm，花萼长 7~12 mm，近无毛，裂片 4 枚；雄蕊 8 枚，子房倒卵球形或椭圆球形，花柱极短，花盘鳞片通常 2 或 4 枚。果椭圆形，长约 7~8 mm，成熟时红色至暗紫色。花果期夏、秋季。

生于开旷林下或石质山坡灌丛，海拔 100~900 m。产于中国湖南、江西、浙江、福建、台湾、广东、海南、广西、贵州、云南、四川。

细轴荛花（荛花属）野棉花、地棉麻

***Wikstroemia nutans* Champ. ex Benth.**

灌木，高 1~2 m；小枝细瘦，圆柱形，红褐色，无毛。叶对生，膜质至纸质，卵形至卵状披针形，两面无毛，侧脉极纤细；叶柄长约 2 mm，无毛。花黄绿色，顶生总状花序近头状，有花 4~8 朵，花序梗纤细，无毛，长 1~2 cm，萼筒长 1.3~1.6 cm，无毛，4 裂；雄蕊 8 枚；子房具柄，倒卵形，长 1.5 mm，顶端被毛，花柱极短，柱头头状，花盘鳞片 2 枚。核果椭圆球形，长约 7 mm，成熟时深红色。花期春季至初夏，果期夏、秋季。

常见于常绿阔叶林中，海拔 300~900 m。产于中国湖南、江西、福建、台湾、广东、海南、广西。

A254 叠珠树科 Akaniaceae

伯乐树（伯乐树属）钟萼木、冬桃

***Bretschneidera sinensis* Hemsl.**

乔木，高 10~20 m；小枝有较明显的皮孔。一回奇数羽状复叶通常长 25~45 cm，总轴近无毛；叶柄长 10~18 cm，小叶 7~15 枚，纸质或革质，矩圆形，多少偏斜，全缘，顶端渐尖，基部钝圆或短尖、楔形，叶面绿色，叶背粉绿色或灰白色，有短柔毛，沿脉较密。总状花序顶生；花淡红色，花瓣阔匙形或倒卵楔形，内面有红色纵条纹。蒴果椭圆球形，木质，被极短的棕褐色毛和常混生疏白色小柔毛，有或无明显的黄褐色小瘤体。种子椭圆球形，平滑，成熟时长约 1.8 cm。花期 3~9 月，果期 5 月至翌年 4 月。

生于山地林中，海拔 300~900 m。产于中国湖南、江西、浙江、福建、台湾、广东、广西、贵州、云南、四川。

A268 山柑科 Capparaceae

独行千里（山柑属）尖叶追果藤

***Capparis acutifolia* Sweet**

草本或灌木。小枝圆柱形，无刺。叶硬草质，长圆状披针形，长宽变异甚大，长 4~19.5 cm，宽 0.8~6.3 cm，中脉微凹，网状脉两面明显；叶柄长 5~7 mm。花 1~4 朵排成一短纵列，腋上生；花梗自最下一花到最上一花长为 5~20 mm；萼片长 5~7 mm，宽 3~4 mm；花瓣长圆形，长约 1 cm；雄蕊 19~30 枚；子房卵球形。果成熟后鲜红色，近球形，长 1~2.5 cm，顶端有 1~2 mm 的短喙。种子长 7~10 mm，宽 5~6 mm，种皮平滑，黑褐色。花期 4~5 月，果期全年。

生于旷野、山坡路旁或石山上，海拔 300~900 m。产于中国湖南、江西、浙江、福建、台湾、广东。

广州山柑（山柑属）广州槌果藤、保亭追果藤

***Capparis cantoniensis* Lour.**

攀援灌木，茎数米长。小枝平直，浅灰绿色，幼时有枝角，被淡黄色短柔毛；托叶刺状，刺直或弯曲，坚硬，长 2~5 mm。叶近革质，长圆形，有时卵形，长 5~12 cm，宽 1.5~4 cm，无毛，基部急尖或钝形，顶端有小凸尖头，中脉凹陷；叶柄长 4~10 mm。圆锥花序顶生，总花梗长 1~3 cm；花梗较细，长 7~12 mm；花白色；花瓣长 4~6 mm，宽 1.5~2.5 mm；雄蕊 20~45 枚；子房近椭圆形，无毛。果球形，直径 10~15 mm。种子近球形，长 6~7 mm。花果期不明显，几乎全年都有记载。

生于山沟水旁或平地疏林中，湿润环境更常见，海拔 100~800 m。产于中国福建、广东、广西、海南、贵州、云南。

雷公橘（山柑属）

Capparis membranifolia **Kurz**

藤本或灌木，偶见小乔木，高 3~6 (10) m，胸径 3~15 cm。新生枝密被锈色茸毛，立即或后期变无毛，无刺或有极小的刺；枝无刺或有外弯的小刺，茎上多刺。叶幼时膜质，密被锈色短茸毛，老时草质或亚革质，无毛，长椭圆状披针形。花 2~5 朵排成一短纵列；花瓣白色，倒卵形；子房卵球形，1 室，胎座 2 个，每胎座 5~6 颗胚珠。果球形，成熟时黑色或紫黑色，表面粗糙。种子 1~5 颗，种皮平滑，褐色。花期 1~4 月，果期 5~8 月。

生于石山灌丛、山谷疏林中或林缘，山坡道旁或溪边，海拔 100~800 m。产于中国湖南、广东、广西、海南、贵州、云南、西藏。

A269 白花菜科 Cleomaceae

黄花草（黄花草属）

Arivela viscosa **(L.) Raf.**

一年生直立草本，高 0.3~1 m，茎基部常木质化，有纵细槽纹，全株密被黏质腺毛与淡黄色柔毛，有恶臭气味。叶为具 3~7 枚小叶的掌状复叶；小叶薄草质，近无柄，中央小叶最大。花单生叶腋内，但近顶端则成总状或伞房状花序；花梗纤细；花瓣淡黄色或橘黄色，无毛；子房 1 室，胚珠多数，柱头头状。果直立，圆柱形，成熟后果瓣自顶端向下开裂，果瓣宿存，表面具棱与凹陷的槽。种子黑褐色。无明显的花果期，通常 3 月出苗，7 月果熟。

生于荒地、路旁，海拔 100~300 m。产于中国安徽、浙江、江西、福建、台湾、湖南、广东、广西、海南、云南。

A270 十字花科 Brassicaceae

弯曲碎米荠（碎米荠属）

Cardamine flexuosa **With.**

一年生或二年生草本。高达 30 cm；茎较曲折，基部分枝；羽状复叶；基生叶有柄，叶柄常无缘毛，顶生小叶菱状卵形或倒卵形，先端不裂或 1~3 裂，基部宽楔形，有柄，侧生小叶 2~7 对，较小，1~3 裂，有柄；茎生叶的小叶 2~5 对，倒卵形或窄倒卵形，1~3 裂或全缘，有或无柄，叶两面近无毛； 花序顶生；萼片长约 2.5 mm；花瓣白色，倒卵状楔形，长约 3.5 mm；雄蕊 6 枚，偶见 5 枚，花丝细；柱头扁球形； 果序轴成“之”字形曲折；长角果长 1.2~2.5 cm，与果序轴近平行，种子间凹入；果柄长 3~6 mm，斜展；种子长约 1 mm，顶端有极窄的翅。

生于高山顶湿地。产于中国台湾中部阿里山（模式标本采地），为中国特有种。

蔊菜（蔊菜属）

Rorippa indica **(L.) Hiern**

一、二年生直立草本，高 20~40 cm，植株较粗壮，近无毛。茎单一或分枝，表面具纵沟。叶互生，长 4~10 cm，宽 1.5~2.5 cm，倒卵形至卵状披针形，上下部叶形及大小均多变化，下部叶呈大头羽状分裂，侧裂片 1~5 对，边缘具齿，具短柄或基部耳状抱茎。总状花序顶生或侧生，具细花梗；萼片 4 枚，卵状长圆形，长 3~4 mm；花瓣 4 枚，黄色；雄蕊 6 枚，2 枚稍短。长角果线状圆柱形，长 1~2 cm。种子每室 2 行，卵圆球形而扁。花期 4~6 月，果期 6~8 月。

生于路旁、田边、河边及山坡路旁等较潮湿处，海拔 100~900 m。产于中国山东、河南、江苏、浙江、福建、台湾、湖南、江西、广东、陕西、甘肃、四川、云南。

A273 铁青树科 Olacaceae

赤苍藤（赤苍藤属）

Erythropalum scandens **Blume**

常绿藤本，长 5~10 m，具腋生卷须。叶纸质至厚纸质或近革质，卵形、长卵形或三角状卵形。花序长 6~18 cm，花序分枝及花梗均纤细，花后渐增粗、增长；花冠白色；核果卵状椭圆形或椭圆状，全为增大成壶状的花萼筒所包围，常不规则开裂为 3~5 裂瓣；果梗长 1.5~3 cm。花期 4~5 月，果期 5~7 月。

多见于低山及丘陵地区，山区溪边、山谷、林缘或灌丛中，海拔 100~900 m。产于中国西藏、云南、贵州、广西、广东、海南。

疏花蛇菰（蛇菰属）

Balanophora laxiflora **Hemsl.**

寄生草本，高 10~20 cm，全株鲜红色；根茎分枝，分枝近球形，长 1~3 cm，表面密被粗糙小斑点和明显淡黄白色星芒状皮孔；鳞苞片椭圆状长圆形，互生，8~14 枚，长 2~2.5 cm，宽 1~1.5 cm。花雌雄异株（序）；雄花序圆柱状，长 3~18 cm；雄花近辐射对称，疏生于雄花序上，花被裂片通常 5 枚，近圆形，长 2~3 mm；聚药雄蕊近圆盘状，直径 4.5~6 mm；近无梗；雌花序卵圆形，长 2~6 cm；子房卵圆形；附属体棍棒状。花期 9~11 月。

生于密林中，海拔 600~900 m。产于中国湖北、湖南、江西、浙江、福建、台湾、广东、广西、贵州、云南、西藏、四川。

A275 蛇菰科 Balanophoraceae

红冬蛇菰（蛇菰属）笔头蛇菰、葛藤菌

Balanophora harlandii **Hook. f.**

草本，高 2.5~9 cm；根茎苍褐色，扁球形，表面粗糙，密被小斑点，呈脑状皱褶；花茎长 2~5.5 cm，淡红色；鳞苞片 5~10 枚，多少肉质，红色或淡红色，长圆状卵形，长 1.3~2.5 cm，宽约 8 mm，聚生于花茎基部，呈总苞状。花雌雄异株（序）；花序近球形或卵圆状椭圆形；雄花序轴有洼穴；雄花 3 数；花被裂片 3 枚，阔三角形；聚药雄蕊有 3 枚花药；雌花的子房黄色，卵形，通常无子房柄；附属体暗褐色，倒圆锥形或倒卵形，顶端截形或中部凸起，无柄或有极短的柄，长 0.8 mm，宽 0.6 mm。花期 9~11 月。

生于阴蔽林中较湿润的腐殖质土壤处，海拔 600~900 m。产于中国安徽、浙江、江西、福建、台湾、广东、海南、广西、贵州、云南、四川、湖南、湖北、河南、陕西。

A276 檀香科 Santalaceae

寄生藤（寄生藤属）青藤公、左扭香

Dendrotrophe varians **(Blume) Miq.**

寄生性木质藤本；枝长 2~8 m，三棱形，扭曲。叶软革质，倒卵形，长 3~7 cm，宽 2~4.5 cm，顶端圆或近锐尖，基部收狭而下延成叶柄，基出脉 3 条；叶柄长 0.5~1 cm，扁平。花通常单性，雌雄异株。雄花：球形，长约 2 mm，5~6 朵集成聚伞状花序；小苞片近离生；花梗长约 1.5 mm；花被 5 裂，裂片三角形，花药室圆形。雌花或两性花：通常单生。雌花：短圆柱状，柱头不分裂，锥尖形；两性花，卵形。核果卵状，带红色，长 1~1.2 cm。花期 1~3 月，果期 6~8 月。

生于山地灌丛中，常攀援于其他树上，海拔 100~300 m。产于中国福建、广东、广西、海南、云南。

长序重寄生（重寄生属）

Phacellaria tonkinensis **Lecomte**

花序簇生，圆柱状，无毛，不分枝。苞片小，半圆形至近圆形，有时顶端短尖，初时呈覆瓦状排列；无总苞。花单性或两性，雌雄异株或同株，第一朵花腋生，其他的花在其四周簇生；雄花：花被管带白色，花被裂片5枚，三角形；雄蕊5枚，花丝很短，花药小；花盘近平坦，浅裂；雌花和两性花：椭圆形，花被裂片通常5枚，花柱短圆柱形，核果卵圆状长圆形，长8~9 mm，直径2.5~3 mm，基部附近最宽阔，向上渐狭，内果皮脆骨质，有纵沟5~6条；种子椭圆形。花期6~8月，果期10月至翌年2月。

生于山地林中，海拔900 m。产于中国福建、广东、海南、广西、云南。

A278 青皮木科 Schoepfiaceae

华南青皮木（青皮木属）华青皮木、管花青皮木

Schoepfia chinensis **Gardn. & Champ.**

落叶小乔木，树皮暗灰褐色；分枝多，小枝有白色皮孔。叶纸质，长椭圆形，长5~9 cm，宽2~4.5 cm，顶端尖；叶脉红色，侧脉每边3~5条，两面均明显，网脉不明显；叶柄红色。花无梗，2~4朵，排成短穗状或近似头状花序式的螺旋状聚伞花序，花序长2~3.5 cm，有时花单生；花萼筒大部与子房合生；花冠管状，黄白色或淡红色；雄蕊着生在花冠管上；子房半埋在花盘中，下部3室、上部1室，花柱通常不伸出。核果椭圆状或长圆形，长0.7~1.2 cm，直径0.4~0.6 cm，成熟时几为花萼筒所包围，花萼筒外部红色或紫红色。花叶同放。花期2~4月，果期4~6月。

A279 桑寄生科 Loranthaceae

五蕊寄生（五蕊寄生属）

Dendrophthoe pentandra **(L.) Miq.**

灌木，高达2 m；芽密被灰色短星状毛，成长枝和叶均无毛；小枝灰色，具皮孔。叶革质，互生或在短枝上近对生，叶形多样，通常为椭圆形，长5~13 cm，宽2.5~8.5 cm；叶柄长0.5~2 cm。总状花序，腋生，初密被灰色或白色星状毛，后渐稀疏；花初呈青白色，后变红黄色；副萼环状或杯状；花冠长1.5~2 cm，下半部稍膨胀，5深裂，裂片披针形，反折；花盘环状；花柱线状，柱头头状。果卵球形，长8~10 mm，直径5~6 mm，顶部较狭，红色，果皮被疏毛或平滑。花果期12月至翌年6月。

生于平原或山地常绿阔叶林中，寄生于乌榄、白榄、木油桐、杧果、黄皮、木棉、榕树等植物上，海拔100~900 m。产于中国云南、广西、广东。

离瓣寄生（离瓣寄生属）

Helixanthera parasitica **Lour.**

灌木，枝和叶均无毛；小枝披散状，平滑。叶对生，纸质，卵形至卵状披针形，长5~12 cm，宽3~4.5 cm；叶柄长0.5~1.5 cm。总状花序，1~2个腋生，长5~10 cm，具花40~60朵，花梗长1~2 mm；苞片卵圆形或近三角形；花红色、淡红色或淡黄色；副萼环状，全缘或具5浅齿；花冠花蕾时下半部膨胀，具5条拱起的棱，中部变窄，顶部椭圆状，花瓣5枚；花丝长1~2.5 mm，花药长1~1.5 mm，4室；花柱柱状，具5条棱。果椭圆状，红色，长约6mm，直径4mm，被乳头状毛。花期1~7月，果期5~8月。

生于沿海平原或山地常绿阔叶林中，寄生于锥属、柯属、樟属、榕属植物及木荷树、油桐、苦楝等植物上，海拔100~900 m。产于中国福建、广东、海南、广西、贵州、云南、西藏。

油茶离瓣寄生（离瓣寄生属）

Helixanthera sampsoni **(Hance) Danser**

灌木，高约 0.5 m，幼嫩枝、叶密被锈色短星状毛，不久毛全脱落。叶对生，黄绿色，卵形至卵状披针形，长 2~4 cm，宽 1~2 cm，顶端短钝尖或短渐尖，基部宽楔形或楔形；叶柄长 2~6 mm。总状花序，腋生，有时 3 个生于短枝的顶部，具花 2~4 朵；总花梗长 8~15 mm；花梗长 1~2 mm；花红色，被短星状毛，花托坛状，长 1.5~2 mm；副萼环状；花冠花蕾时柱形，近基部稍膨胀，具 4 条钝棱，开花时花瓣 4 枚，披针形，长 7~9 mm，中部两侧具内折的膜质边缘；花药长 2 mm，2 室；花柱长 6~7 mm。果卵圆形，长约 6 mm，顶部骤狭，基部钝圆，果皮平滑。花期 4~6 月，果期 8~10 月。

生于山地常绿阔叶林或疏林中，寄生于油茶或樟科、大戟科等植物上，海拔 100~500 m。产于中国福建、广东、海南、广西、云南。

椆树桑寄生（桑寄生属）

Loranthus delavayi **Tiegh.**

灌木，无毛；小枝，具皮孔。叶对生或近对生，纸质或革质，卵形至长椭圆形，长 5~10 cm，宽 2.5~3.5 cm；叶柄长 0.5~1 cm。雌雄异株；穗状花序，1~3 个腋生或生于小枝已落叶腋叶，花单性，对生或近对生，黄绿色；苞片杓状；花托杯状，副萼环状；花瓣 6 枚。雄花：花蕾时棒状，花瓣匙状披针形，反折；花丝着生于花瓣中部；不育雌蕊的花柱纤细或柱状。雌花：花蕾时柱状，花瓣披针形，开展；不育雄蕊长 1~1.5 mm，花药线状；花柱柱状，长约 2.5 mm，六棱，柱头头状。果椭圆状或卵球形，长约 5 mm，直径 4 mm，淡黄色，果皮平滑。花期 1~3 月，果期 9~10 月。

生于山谷、山地常绿阔叶林中，常寄生于壳斗科植物上，稀寄生于云南油杉、梨树等，海拔 500~900 m。产于中国秦岭以南地区。

栗寄生（栗寄生属）

Korthalsella japonica **(Thunb.) Engl.**

亚灌木，高 5~15 cm；小枝扁平，通常对生，节间狭倒卵形至倒卵状披针形，长 7~17 mm，宽 3~6 mm，干后中肋明显。叶退化呈鳞片状，成对合生呈环状。花淡绿色，有具节的毛围绕于基部；雄花：花蕾时近球形，长约 0.5 mm，萼片 3 枚，三角形；聚药雄蕊扁球形；花梗短。雌花：花蕾时椭圆状，花托椭圆状，长约 0.5 mm；萼片 3 枚，阔三角形，小；柱头乳头状。果椭圆状或梨形，长约 2 mm，直径约 1.5 mm，淡黄色。花果期几乎全年。

生于山地常绿阔叶林中，海拔 100~700 m。产于中国秦岭以南地区。

双花鞘花（鞘花属）

Macrosolen bibracteolatus **(Hance) Danser**

灌木，全株无毛；小枝灰色。叶革质，卵形，长 8~12 cm，宽 2~5 cm；叶柄短，长 2~5 mm。伞形花序，1~4 个腋生或生于小枝已落叶腋部，具花 2 朵，总花梗长约 4 mm；花梗长 4 mm；花托圆柱状；副萼杯状；花冠红色，长 3.2~3.5 cm，冠管下半部膨胀，喉部具 6 条棱，裂片 6 枚，披针形，长约 1.4 cm，反折，青色；花丝长 7~8 mm，花药长 3 mm；花柱线状，近基部具关节，柱头头状。果长椭圆状，长约 9 mm，直径 7 mm，红色，果皮平滑，宿存花柱基喙状，长约 1.5 mm。花期 11~12 月，果期 12 月至翌年 4 月。

生于山地常绿阔叶林中，寄生于樟属、山茶属、五月茶属、灰木属等植物上，海拔 300~900 m。产于中国云南、贵州、广西、海南、广东。

鞘花（鞘花属）

***Macrosolen cochinchinensis* (Lour.) Tiegh.**

灌木，高 0.5~1.3 m，全株无毛；小枝灰色，具皮孔。叶革质，阔椭圆形，长 5~10 cm，宽 2.5~6 cm；叶柄长 0.5~1 cm。总状花序，花序梗长 1.5~2 cm，具花 4~8 朵；花梗长 4~6 mm，苞片阔卵形，长 1~2 mm，小苞片 2 枚，三角形，基部合生，花托椭圆状，长 2~2.5 mm；花冠橙色，长 1~1.5 cm，冠管具 6 条棱，裂片 6 枚，长约 4 mm，反折；花丝长约 2 mm；花柱线状，柱头头状。果实近球形，长约 8 mm，橙色，果皮平滑。花期 2~6 月，果期 5~8 月。

生于平原或山地常绿阔叶林中，海拔 100~900 m。产于中国西藏、云南、四川、贵州、广西、海南、广东、福建。

广寄生（钝果寄生属）

***Taxillus chinensis* (DC.) Danser**

灌木，高 0.5~1 m；嫩枝、叶密被锈色星状毛，枝、叶变无毛；小枝灰褐色，具细小皮孔。叶近对生，厚纸质，卵形，长 2.5~6 cm；叶柄长 8~10 mm。伞形花序，花序和花被星状毛，总花梗长 2~4 mm；花褐色，花托椭圆状，长 2mm；花冠长 2.5~2.7 cm，稍弯，下半部膨胀，顶部卵球形，裂片 4 枚，长约 6 mm，反折；花柱线状，柱头头状。果实近球形，果皮密生小瘤体，具疏毛，成熟果浅黄色，长 8~10 mm，果皮变平滑。花果期 4 月至翌年 1 月。

生于平原或低山常绿阔叶林中，海拔 100~400 m。产于中国广西、海南、广东、福建。

红花寄生（梨果寄生属）

***Scurrula parasitica* L.**

灌木，高 0.5~1 m；嫩枝、叶密被锈色星状毛，稍后毛全脱落。叶对生或近对生，厚纸质，卵形至长卵形，长 5~8 cm，宽 2~4 cm；叶柄长 5~6 mm。总状花序，1~3 个腋生，花红色；花冠花蕾时管状，长 2~2.5 cm，稍弯，下半部膨胀，顶部椭圆状，开花时顶部 4 裂。果实梨形，长约 10 mm，下半部骤狭呈长柄状，红黄色，果皮平滑。花果期 10 月至翌年 1 月。

生于沿海平原或山地常绿阔叶林中，寄生于山茶科、大戟科、夹竹桃科、榆科、无患子科植物上，海拔 100~900 m。产于中国湖南、江西、福建、台湾、广东、海南、广西、贵州、云南、四川、西藏。

锈毛钝果寄生（钝果寄生属）

***Taxillus levinei* (Merr.) H. S. Kiu**

灌木，高 0.5~2 m；嫩枝、叶、花序和花均密被锈色；小枝无毛，具散生皮孔。叶近对生，革质，卵形，长 4~10 cm，顶端圆钝，上面无毛，下面被茸毛；叶柄长 6~15 mm，被茸毛。伞形花序，总花梗长 2.5~5 mm；花红色；花冠长 1.8~2.2 cm，稍弯，冠管膨胀，顶部卵球形，裂片 4 枚，匙形，长 5~7 mm，反折；花柱线状，柱头头状。果实卵球形，长约 6 mm，直径 4 mm，果皮具颗粒状体，被星状毛。花期 9~12 月，果期翌年 4~5 月。

生于山地或山谷常绿阔叶林中，常寄生于油茶、樟树、板栗或壳斗科植物上，海拔 200~700 m。产于中国云南、广西、广东、湖南、湖北、江西、安徽、浙江、福建。

桑寄生（钝果寄生属）

***Taxillus sutchuenensis* (Lecomte) Danser**

灌木，高 0.5~1 m；嫩枝、叶密被褐色星状毛，小枝黑色，无毛。叶近对生或互生，革质，长 5~8 cm，宽 3~4.5 cm；叶柄长 6~12 mm，无毛。总状花序腋生，具花 2~5 朵，密集呈伞形，花序和花均密被褐色星状毛；花梗长 2~3 mm；花红色；花冠花蕾时管状，稍弯，下半部膨胀，顶部椭圆状，裂片 4 枚，披针形，长 6~9 mm，反折，开花后毛变稀疏；花柱线状，柱头圆锥状。果实椭圆状，长 6~7 mm，直径 3~4 mm，两端均圆钝，黄绿色，果皮具颗粒状体，被疏毛。花期 6~8 月。

生于山地阔叶林中，海拔 500~900 m。寄生于桑树、梨树、李树、梅树、油茶、厚皮香、漆树、核桃或栎属、柯属，水青冈属、桦属、榛属等植物上。产于中国秦岭以南地区。

柿寄生（槲寄生属）

***Viscum diospyrosicola* Hayata**

亚灌木。幼苗期具叶 2~3 对，叶片薄革质，椭圆形或长卵形，长 1~2 cm，宽 3.5~6 mm；基出脉 3 条；成长植株的叶退化呈鳞片状。聚伞花序，腋生；总苞舟形，具花 1~3 朵；3 朵花时中央 1 朵为雌花，侧生的为雄花。雄花：花蕾时卵球形，萼片 4 枚，三角形；花药圆形，贴生于萼片下半部。雌花：花蕾时椭圆状，长 1.5~2 mm，基部具环状苞片或无；花托椭圆状；萼片 4 枚，三角形，长约 0.5 mm；柱头乳头状。果实椭圆状或卵球形，长 4~5 mm，直径 3~4 mm，黄色或橙色，果皮平滑。花果期 4~12 月。

生于平原或山地常绿阔叶林中，寄生于柿树、樟树、梨树、油桐或壳斗科等多种植物上，海拔 100~900 m。产于中国秦岭以南地区。

大苞寄生（大苞寄生属）

***Tolypanthus maclurei* (Merr.) Danser**

灌木；幼枝、叶密被黄褐色或锈色星状毛。叶薄革质，近对生；叶柄长 2~7 mm。密簇聚伞花序，具花 3~5 朵，总花梗长 7~11 mm；苞片长卵形，淡红色，长 12~22 mm，顶端渐尖，具直出脉 3~7 条；花红色；副萼杯状，具 5 枚浅齿；花冠长 2~2.8 cm，具疏生星状毛，冠管上半部膨胀，具 5 条纵棱，纵棱之间具横皱纹，裂片狭长圆形，长 6~8 mm，反折。果实椭圆状，长 8~10 mm，黄色，具星状毛。花期 4~7 月，果期 8~10 月。

生于山地、山谷或溪畔常绿阔叶林中，寄生于油茶、檵木、柿树、紫薇或杜鹃属、杜英属、冬青属等植物上，海拔 100~900 m。产于中国湖南、贵州、广西、广东、江西、福建。

枫寄生（槲寄生属）枫香槲寄生

***Viscum liquidambaricola* Hayata**

灌木，通常多少直立，绿色或黄绿色，30~70 cm 高。分枝对生和交互对生的或二歧；节间使变平，最下的变得圆柱状的，长 2~4 cm, 粗 4~8 mm，纵向 5~7 脊状。叶退化至对多少干膜质的鳞片。花序腋生，为聚伞花序，雌雄同株，花序梗短；3 朵花，中央花雌性，侧花雄性；苞片 2 枚，愈合，形成一舟形总苞，1.5~2 mm。雄花在芽中球状，约 1 mm；花药圆。雌花在芽是椭圆球形，2~2.5 mm；苞片杯状或无；花萼卵球形，1.5~2 mm；花被裂片 4 枚，三角形长约 0.5 mm，柱头乳头状。浆果椭圆球形，或卵球形，红色，直径 5~7 mm，平滑。花果期 4~12 月。

生于林中、林缘，200~900 m。产于中国福建、甘肃、广东、广西、贵州、海南、湖北、湖南、江西、陕西、四川、台湾、西藏、云南、浙江。

柄果槲寄生（槲寄生属）
Viscum multinerve **(Hayata) Hayata**

灌木。茎圆柱状。叶对生，薄革质，披针形或镰刀形，顶端渐尖或近急尖，下半部渐狭；基出脉5~7条；叶柄短。扇形聚伞花序；总苞舟形，具花3~5朵；花排列成一行，中央1~3朵为雌花，侧生的为雄花。雄花：花蕾时卵球形，长约1.5 mm，萼片4枚，三角形；花药圆形，贴生于萼片下半部。雌花：花蕾时椭圆状，长2.5~3 mm，花托长约2 mm，下半部渐狭；柱头乳头状。果实黄绿色，长7~8 mm，上半部倒卵球形或近球形，下半部骤狭呈柄状，果皮平滑。花果期4~12月。

生于山地常绿阔叶林中，寄生于栗属、柯属或樟树等植物上，海拔200~900 m。产于中国江西、福建、台湾、广东、海南、广西、贵州、云南。

瘤果槲寄生（槲寄生属）
Viscum ovalifolium **DC.**

灌木。茎、枝圆柱状。叶对生，革质，卵形、倒卵形或长椭圆形；基出脉3~5条；叶柄长2~4 mm。聚伞花序，一个或多个簇生于叶腋；总苞舟形，具花3朵；中央1朵为雌花，侧生的2朵为雄花，或雄花不发育，仅具一朵雌花；雄花：花蕾时卵球形，长约1.5 mm，萼片4枚，三角形；花药椭圆形；雌花：花蕾时椭圆状，花托卵球形；萼片4枚，三角形，长约1 mm；柱头乳头状。果实近球形，直径4~6 mm，基部骤狭呈柄状，长约1 mm，果皮具小瘤体，成熟时淡黄色，果皮变平滑。花果期全年。

生于沿海红树林中或平原、盆地、山地亚热带季雨林中，寄生于柚树、黄皮、柿树、无患子、柞木、板栗、海桑、海莲等植物上，海拔100~900 m。产于中国广东、广西、海南、云南。

A283 蓼科 Polygonaceae

荞麦（荞麦属）
Fagopyrum esculentum **Moench**

一年生草本。茎直立，具纵棱，无毛。叶三角形，长2.5~7 cm，宽2~5 cm，基部心形，两面沿叶脉具乳头状突起；下部叶具长叶柄，上部较小近无梗；托叶鞘膜质，短筒状。花序总状或伞房状，顶生或腋生，花序梗一侧具小突起；苞片卵形，长约2.5 mm，绿色，边缘膜质，每苞内具3~5朵花；花梗比苞片长，无关节，花被5深裂，白色或淡红色，花被片椭圆形，长3~4 mm；雄蕊8枚，比花被短，花药淡红色；花柱3枚，柱头头状。瘦果卵形，具3条锐棱，顶端渐尖，长5~6 mm，暗褐色，无光泽，比宿存花被长。花期5~9月，果期6~10月。

生于荒地、路边。中国各地有栽培，有时逸为野生。

头花蓼（蓼属）
Polygonum capitatum **Buch.-Ham. ex D. Don**

多年生草本。茎匍匐，丛生，基部木质化，节部生根，多分枝，疏生腺毛或近无毛，一年生枝近直立，具纵棱，疏生腺毛。叶长1.5~3 cm，宽1~2.5 cm，顶端尖，基部楔形，全缘，边缘具腺毛，两面疏生腺毛，上面有时具黑褐色新月形斑点；叶柄长2~3 mm，基部有时具叶耳；托叶鞘筒状，长5~8 mm，松散，具腺毛，有缘毛。花序头状，直径6~10 mm，单生或成对，顶生；花序梗具腺毛；苞片长卵形；花梗极短；花被5深裂，淡红色，花被片长2~3 mm；雄蕊8枚；花柱3枚，中下部合生；柱头头状。瘦果长卵形，具3条棱，长1.5~2 mm，黑褐色，密生小点，微有光泽，包于宿存花被内。花期6~9月，果期8~10月。

生于山坡、山谷湿地中，海拔600~900 m。产于中国湖北、湖南、江西、台湾、广东、广西、贵州、云南、西藏、四川。

火炭母（蓼属）清饭藤、火炭藤
***Polygonum chinense* L.**

多年生草本，高达1 m，基部近木质。根状茎粗壮。茎直立，通常无毛，具纵棱。叶卵形，长4~10 cm，宽2~4 cm，顶端渐尖，基部截形，全缘，叶柄长1~2 cm，通常基部具叶耳，上部叶近无柄或抱茎；托叶鞘膜质，无毛，长1.5~2.5 cm，具脉纹，无缘毛。花序头状，由数个头状花序排成伞房花序或圆锥花序，顶生或腋生，花序梗被腺毛；苞片宽卵形，每苞内具1~3朵花；花被5深裂，白色或淡红色，裂片卵形，蓝黑色；雄蕊8枚，比花被短；花柱3枚，中下部合生。瘦果宽卵形，具3条棱，长3~4 mm，黑色，光亮。花期7~9月，果期8~10月。

生于山谷湿地、山坡草地上，海拔100~900 m。产于中国秦岭南坡以南地区。

蚕茧蓼（蓼属）
***Polygonum japonicum* Meisn.**

多年生草本，高50~100 cm。叶披针形，长7~15 cm，宽1~2 cm，全缘，两面疏生短硬伏毛；叶柄短或近无柄；托叶鞘筒状，膜质，顶端截形，缘毛长1~1.2 cm。总状花序呈穗状，长6~12 cm，顶生，通常数个再集成圆锥状；雌雄异株，花被5深裂，白色或淡红色，雄花：雄蕊8枚，雄蕊比花被长；雌花：花柱2~3枚，中下部合生，花柱比花被长。瘦果卵形，具3条棱或双凸镜状，长2.53 mm，黑色，有光泽，包于宿存花被内。花期8~10月，果期9~11月。

生于路边湿地、水边及山谷草地上，海拔100~900 m。产于中国秦岭南坡以南地区和山东。

水蓼（蓼属）
***Polygonum hydropiper* (L.) Spach**

一年生草本。茎直立，多分枝，无毛。叶披针形，长4~8 cm，宽0.5~2.5 cm，全缘，具缘毛，有时沿中脉具短硬伏毛；叶柄长4~8 mm；托叶鞘筒状，膜质，褐色，长1~1.5cm。总状花序呈穗状，顶生或腋生，长3~8 cm；苞片漏斗状，长2~3 mm，绿色，每苞内具3~5朵花；花被5深裂，绿色，上部白色或淡红色，被黄褐色透明腺点，花被片椭圆形，长3~3.5 mm；雄蕊6枚；花柱2~3枚。瘦果卵形，长2~3 mm，密被小点。花期5~9月，果期6~10月。

生于河滩、水沟边、山谷湿地上，海拔100~900 m。产于中国南北各省区。

长鬃蓼（蓼属）
***Polygonum longisetum* Bruijn**

一年生草本。茎直立、上升或基部近平卧，自基部分枝，高30~60 cm，无毛，节部稍膨大。叶长5~13 cm，宽1~2 cm，顶端急尖或狭尖，基部楔形，上面近无毛，下面沿叶脉具短伏毛，边缘具缘毛；近无柄；托叶鞘筒状，缘毛长6~7 mm。总状花序呈穗状，细弱，直立，长2~4 cm；苞片漏斗状，边缘具长缘毛，每苞内具5~6朵花；花梗长2~2.5 mm；花被5深裂，淡红色或紫红色，花被片长1.5~2 mm；雄蕊6~8枚；花柱3枚，中下部合生，柱头头状。瘦果宽卵形，具3条棱，黑色，有光泽，长约2 mm，包于宿存花被内。花期6~8月，果期7~9月。

生于山谷水边、河边草地上，海拔80~2000 m。中国广泛分布。

小蓼（蓼属）

Persicaria minor **(Huds.) Opiz**

一年生草本，茎细弱，高 20~50 cm，无毛。叶线状披针形或狭披针形，长 3~6 cm，宽 0.4~0.8 cm，两面疏被短柔毛或近无毛；托叶鞘被稀疏的硬伏毛。总状花序直立，长 2~3 cm，花排列紧密；每苞内具 2~4 朵花；花被 5 深裂；雄蕊 5~6 枚；花柱 2 枚。瘦果卵形，双凸镜状，长 1~1.5 mm，黑色，有光泽，包于宿存花被内。花期 5~9 月，果期 6~10 月。

生于田边湿地、山谷溪边，海拔 80~1500 m。产于中国江苏、浙江、安徽、江西、福建、台湾、广东、广西、云南。

丛枝蓼（蓼属）

Polygonum posumbu **Buch.–Ham. ex D. Don**

一年生草本。茎细弱，无毛，具纵棱，下部多分枝，外倾。叶卵状披针形，长 3~8 cm，宽 1~3 cm，纸质，两面近无毛，边缘具缘毛；叶柄长 5~7 mm，具硬伏毛；托叶鞘筒状，薄膜质，长 4~6 mm，具硬伏毛。总状花序呈穗状；苞片漏斗状，无毛，淡绿色，边缘具缘毛；花梗短，花被 5 深裂，淡红色；雄蕊 8 枚；花柱 3 枚，下部合生。瘦果卵形，具 3 条棱，长 2~2.5 mm，黑褐色。花期 6~9 月，果期 7~10 月。

生于山坡林下、山谷水边，海拔 100~900 m。产于中国陕西、甘肃以及东北、华东、华中、华南、西南地区。

小蓼花（蓼属）

Polygonum muricatum **Meisn.**

一年生草本，高 80~100 cm。茎具纵棱，棱上有极稀疏的倒生短皮刺。叶卵形，长 2.5~6 cm，宽 1.5~3 cm，基部截形至近心形，下面疏生短星状毛及短柔毛，边缘密生短缘毛；叶柄长 0.7~2 cm，疏被倒生短皮刺；托叶鞘长 1~2 cm，具长缘毛。总状花序呈短穗状，由数个穗状花序再组成圆锥状，花序梗密被短柔毛及稀疏的腺毛；花被 5 深裂，白色或淡紫红色。瘦果卵形，具 3 条棱，黄褐色，长 2~2.5 mm。花期 7~8 月，果期 9~10 月。

生于山谷水边、田边湿地上，海拔 100~900 m。产于中国南北各省区。

虎杖（虎杖属）酸筒杆、大接骨

Reynoutria japonica **Houtt.**

多年生亚灌木或草本。根状茎粗壮，横走。茎直立，高 1~2 m，空心，具明显的纵棱，具小突起，无毛，散生红色斑点。叶卵状椭圆形，长 5~12 cm，宽 4~9 cm，近革质，全缘，疏生小突起；叶柄长 1~2 cm，具小突起；托叶鞘膜质，长 3~5 mm，褐色，无毛。花单性，雌雄异株，花序圆锥状，长 3~8 cm，腋生；花梗中下部具关节；苞片漏斗状；花被 5 深裂，淡绿色，雄蕊 8 枚；雌花花被片外面 3 片背部具翅，花柱 3 枚，柱头流苏状。瘦果卵形，具 3 条棱，长 4~5 mm，黑褐色。花期 8~9 月，果期 9~10 月。

生于山坡灌丛、山谷、路旁、田边湿地上，海拔 100~900 m。产于中国陕西、甘肃以及东北、华东、华中、华南、西南地区。

皱叶酸模（酸模属）
***Rumex crispus* L.**

多年生草本。根粗壮，黄褐色。茎直立，高 50~120 cm，不分枝或上部分枝，具浅沟槽。基生叶长 10~25 cm，宽 2~5 cm，顶端急尖，基部楔形，边缘皱波状；茎生叶较小；叶柄长 3~10 cm；托叶鞘易破裂。花序狭圆锥状，花序分枝近直立或上升；花两性；淡绿色；花梗细，中下部具关节；花被片 6 枚，外花被片长约 1 mm，内花被片果时增大，长 4~5 mm，网脉明显，顶端稍钝，基部近截形，边缘近全缘，全部具小瘤，偶有 1 枚具小瘤，小瘤卵形，长 1.5~2 mm。瘦果卵形，顶端急尖，具 3 条锐棱，暗褐色，有光泽。花期 5~6 月，果期 6~7 月。

生于河滩、沟边湿地上，海拔 100~900 m。产于中国南北各省。

A284 茅膏菜科 Droseraceae

茅膏菜（茅膏菜属）盾叶茅膏菜、眼泪草
***Drosera peltata* Thunb.**

多年生草本，直立，有时攀援，高 9~32 cm，淡绿色，具紫红色汁液。基生叶密集成近一轮；退化基生叶线状钻形，长约 2 mm；不退化基生叶扁圆形，叶柄长 2~8 mm；茎生叶稀疏，盾状，互生，叶柄长 8~13 mm；叶片半圆形，长 2~3 mm，叶缘密具黏腺毛。聚伞花序具花 3~22 朵；花梗长 6~20 mm；花萼长约 4 mm，5~7 裂；花瓣白色，楔形；雄蕊 5 枚；子房近球形。蒴果长 2~4 mm，3~6 裂。花果期 6~9 月。

生于松林和疏林下、草丛或灌丛中、田边、水旁，海拔 100~900 m。产于中国甘肃、湖北、湖南、江西、浙江、福建、台湾、广东、广西、贵州、云南、四川、西藏。

A295 石竹科 Caryophyllaceae

荷莲豆草（荷莲豆草属）
***Drymaria cordata* (L.) Willdenow ex Schult**

一年生草本。茎纤细匍匐，丛生，节常生不定根。叶片卵状心形，长 1~1.5 cm，宽 1~1.5 cm，具 3~5 条基出脉；托叶数片，刚毛状。聚伞花序顶生；花梗细弱，被白色腺毛；萼片披针状卵形，长 2~3.5 mm，被腺柔毛；花瓣白色，倒卵状楔形，长约 2.5 mm，顶端 2 深裂；雄蕊稍短于萼片，花丝基部渐宽，花药圆形，2 室；子房卵圆形；花柱 3 枚，基部合生。蒴果卵形，3 瓣裂；种子近圆球形，表面具小疣。花期 4~10 月，果期 6~12 月。

生于山谷、林缘，海拔 200~900 m。逸生于中国湖南、浙江、福建、台湾、广东、海南、广西、贵州、云南、四川、西藏。

鹅肠菜（鹅肠菜属）牛繁缕
***Myosoton aquaticum* (L.) Moench**

二年生或多年生草本，具须根。茎上升，多分枝，长 50~80 cm。叶片卵形，长 2.5~5.5 cm，宽 1~3 cm，顶端急尖；叶柄长 5~15 mm。顶生二歧聚伞花序；苞片叶状，边缘具腺毛；花梗细，长 1~2 cm，密被腺毛；萼片长 4~5 mm；花瓣白色，2 深裂至基部，裂片线形或披针状线形，长 3~3.5 mm，宽约 1 mm；雄蕊 10 枚，稍短于花瓣；子房长圆球形，花柱 5 枚。蒴果卵圆球形，稍长于宿萼；种子近肾球形，直径约 1 mm，稍扁，具小疣。花期 5~8 月，果期 6~9 月。

生于河边或灌丛林缘和水沟旁，海拔 100~900 m。中国广泛分布。

雀舌草（繁缕属）

***Stellaria alsine* Grinum**

二年生草本，高 15~30 cm，全株无毛。须根细。茎丛生，稍铺散，多分枝。叶无柄，叶片长 5~20 mm，宽 2~4 mm，顶端渐尖，基部楔形，半抱茎，边缘软骨质，呈微波状。聚伞花序通常具 3~5 朵花；花梗细，长 5~20 mm，无毛，基部有时具 2 枚披针形苞片；萼片 5 枚，长 2~4 mm，无毛；花瓣 5 枚，白色，2 深裂几达基部，裂片条形；雄蕊 5~10 枚，有时 6~7 枚，微短于花瓣；子房卵形，花柱 3 枚（有时 2 枚）。蒴果卵圆形，6 齿裂，含多数种子；种子肾脏形，褐色，具皱纹状凸起。花期 5~6 月，果期 7~8 月。

生于田间、溪岸或潮湿地，海拔 500~900 m。产于中国江苏、安徽、浙江、江西、福建、台湾、广东、广西、贵州、云南、西藏、四川、湖南、河南、甘肃、内蒙古。

繁缕（繁缕属）

***Stellaria media* (L.) Vill.**

一年生或二年生草本，高 10~30 cm。茎基部分枝，淡紫红色。叶片卵形，长 1.5~2.5 cm，宽 1~1.5 cm，全缘；基生叶具长柄。疏聚伞花序顶生；花梗细弱，具 1 列短毛，长 7~14 mm；萼片 5 枚，卵状披针形，长约 4 mm，外面被短腺毛；花瓣白色，长椭圆形，短于萼片，深 2 裂达基部，裂片近线形；雄蕊 3~5 枚，短于花瓣；花柱 3 枚。蒴果卵形，稍长于宿萼；种子卵圆形稍扁，红褐色，直径 1~1.2 mm，具半球形瘤状凸起，脊较显著。花期 6~7 月，果期 7~8 月。

生于田边、路旁，为常见田间杂草。中国广泛分布。

A297 苋科 Amaranthaceae

土牛膝（牛膝属）倒扣草、倒梗草

***Achyranthes aspera* L.**

多年生草本，高 20~120 cm；根细长土黄色；茎四棱形，有柔毛，分枝对生。叶片长 1.5~7 cm，宽 0.4~4 cm，顶端圆钝，具突尖；叶柄长 5~15 mm。穗状花序顶生，直立，长 10~30 cm，花后反折；总花梗具棱角，密生白色柔毛；花疏生长 3~4 mm；苞片披针形，长 3~4 mm，小苞片刺状；花被片披针形，长 3.5~5 mm，花后变硬且锐尖，具 1 条脉；雄蕊长 2.5~3.5 mm；不育雄蕊与分离花丝等长，顶部具流苏状缘毛。胞果卵形，长 2.5~3 mm。种子卵球形，长约 2 mm，棕色。花期 6~8 月，果期 10 月。

生于山坡疏林或路旁空旷地，海拔 100~900 m。产于中国湖北、湖南、江西、浙江、福建、台湾、广东、海南、广西、贵州、云南、四川。

牛膝（牛膝属）山牛膝

***Achyranthes bidentata* Blume**

多年生草本，高 70~120 cm；根土黄色；茎有棱角，绿色，分枝对生。叶片椭圆形，长 4.5~12 cm，宽 2~7.5 cm，顶端尾尖，基部楔形，两面有柔毛；叶柄长 5~30 mm，具柔毛。穗状花序顶生及腋生，长 3~5 cm；总花梗长 1~2 cm，有白色柔毛；花多数，密生，长 5 mm；苞片宽卵形，长 2~3 mm，顶端长渐尖；小苞片刺状；花被片披针形，长 3~5 mm，有 1 条中脉；雄蕊长 2~2.5mm，花药 2 室；不育雄蕊短于花丝，顶部钝圆或细齿状。胞果矩圆形，长 2~2.5 mm，光滑。种子矩圆形，长 1 mm，黄褐色。花期 7~9 月，果期 9~10 月。

生于山坡林下、山谷坑边、溪畔或湿润林下沃土上，海拔 200~900 m。除新疆、东北地区外广泛分布于中国。

喜旱莲子草（莲子草属）

Alternanthera philoxeroides **(Mart.) Griseb.**

多年生草本；茎基部匍匐。叶对生，叶片矩圆形，长 2.5~5 cm，宽 7~20 mm，全缘，两面无毛或上面有贴生毛；叶柄长 3~10 mm，无毛或微有柔毛。花密生，成具总花梗的头状花序，单生在叶腋，球形，直径 8~15 mm；苞片及小苞片白色，顶端渐尖，具 1 条脉；苞片卵形，长 2~2.5 mm，小苞片披针形，长 2 mm；花被片矩圆形，长 5~6 mm，白色，光亮，无毛，顶端急尖，背部侧扁；发育雄蕊 5 枚，花丝长 2.5~3 mm，基部连合成杯状，花药1室；退化雄蕊矩圆状条形，和雄蕊约等长，顶端裂成窄条；子房倒卵形，具短柄，背面侧扁，顶端圆形。果实未见。花期 5~10 月。

生于池沼、水沟内或路旁湿地上。引种或逸生于中国北京、河北、湖北、湖南、江苏、江西、浙江、福建、台湾、广东、广西等。

绿穗苋（苋属）

Amaranthus hybridus **L.**

一年生草本，高 30~50 cm；有开展柔毛。叶片卵形或菱状卵形，长 3~4.5 cm，宽 1.5~2.5 cm，顶端急尖或微凹，具凸尖，基部楔形，边缘波状或有锯齿，微粗糙，上面近无毛，下面疏生柔毛；叶柄长 1~2.5 cm，有柔毛。圆锥花序顶生，由穗状花序形成。胞果卵形，长 2 mm，环状横裂，超出宿存花被片。种子近球形，直径约 1 mm，黑色。花期 7~8 月，果期 9~10 月。

生于田野、旷地、山坡、村旁或菜园等处，海拔 100~900 m。产于中国陕西、河南、安徽、江苏、浙江、江西、湖南、湖北、四川、贵州。

莲子草（莲子草属）

Alternanthera sessilis **(L.) R. Br. ex DC.**

多年生草本，高 10~45 cm；根粗；茎有条纹及纵沟，沟内有柔毛，在节处有一行横生柔毛。叶对生，叶片形状大小有变化，长 1~8 cm，宽 2~20 mm；叶柄长 1~4 mm。头状花序 1~4 枚，腋生，无总花梗，渐成圆柱形；花密生，花轴密生白色柔毛；苞片及小苞片白色；发育雄蕊 3 枚，花丝长约 0.7 mm，基部连合成杯状，花药 1 室；退化雄蕊三角状钻形，比雄蕊短；花柱极短，柱头短裂。胞果倒心形，长 2~2.5 mm，翅状，深棕色。种子卵球形。花期 5~7 月，果期 7~9 月。

生于田边、沼泽、海边潮湿处。产于中国长江以南地区。

刺苋（苋属）

Amaranthus spinosus **L.**

一年生草本，高 30~100 cm；茎直立，有纵条纹，绿色或紫色。叶片卵状披针形，长 3~12 cm，宽 1~5.5 cm，顶端圆钝，基部楔形，全缘；叶柄长 1~8 cm，其旁 2 刺，长 5~10 mm。圆锥花序腋生及顶生，长 3~25 cm；花被片绿色，顶端急尖，边缘透明，在雄花者矩圆形，长 2~2.5 mm，在雌花者矩圆状匙形，长 1.5 mm；花丝略和花被片等长；柱头 2~3 枚。胞果矩圆形，长 1~1.2 mm，中部以下不规则横裂，包裹宿存花被片内。种子近球形，黑色。花果期 7~11 月。

生于城乡屋旁空地、荒芜地或路旁草地上。产于中国秦岭以南地区。

苋（苋属）

Amaranthus tricolor **L.**

一年生草本，高 80~150 cm；茎粗壮，绿色或红色，常分枝，幼时有毛或无毛。叶片卵形、菱状卵形或披针形，长 4~10 cm，宽 2~7 cm，绿色或常成红色，无毛；叶柄长 2~6 cm。花簇腋生，直到下部叶，或同时具顶生的穗状花序；花簇球形，直径 5~15 mm，雄花和雌花混生；苞片及小苞片卵状披针形，透明，顶端有 1 枚长芒尖；花被片矩圆形，长 3~4 mm，绿色或黄绿色，顶端有 1 枚长芒尖，背面具 1 条绿色或紫色隆起中脉；雄蕊比花被片长或短。胞果卵状矩圆形，长 2~2.5 mm，环状横裂，包裹在宿存花被片内。种子近圆形或倒卵形，直径约 1 mm，黑色或黑棕色，边缘钝。花期 5~8 月，果期 7~9 月。

中国各地均有栽培，有时逸为野生。

皱果苋（苋属）

Amaranthus viridis **L.**

一年生草本，高 40~80 cm，全体无毛；茎直立。叶片卵形、卵状矩圆形或卵状椭圆形，长 3~9 cm，宽 2.5~6 cm，顶端尖凹或凹缺，少数圆钝，有 1 枚芒尖，基部宽楔形或近截形，全缘或微呈波状缘；叶柄长 3~6 cm。圆锥花序顶生，有分枝，由穗状花序形成。胞果扁球形，直径约 2mm，绿色，不裂，极皱缩，超出花被片。种子近球形，直径约 1 mm，黑色或黑褐色，具薄且锐的环状边缘。花期 6~8 月，果期 8~10 月。

生于杂草地上或田野间。除西北地区、西藏外广泛分布于中国。

青葙（青葙属）野鸡冠花

Celosia argentea **L.**

一年生草本，高 0.3~1 m，全体无毛；茎直立，有分枝，绿色或红色，具显明条纹。叶片矩圆披针形、披针形或披针状条形，长 5~8 cm，宽 1~3 cm，常带红色，顶端具小芒尖，基部渐狭；叶柄长 2~15 mm，或无。花多数，密生，塔状或圆柱状穗状花序，白色，单生枝端，长 3~10 cm，花多数；苞片及小苞片披针形，长 3~4 mm，白色，顶端渐尖，延长成细芒，具 1 条中脉；花被片矩圆状披针形，长 6~10 mm，白色或带红色，顶端渐尖，具 1 条中脉；花丝长 5~6 mm，分离部分长约 2.5~3 mm，花药紫色；子房有短柄，花柱紫色，长 3~5 mm。胞果卵形，长 3~3.5 mm，包裹在宿存花被片内。种子凸透镜状肾形，直径约 1.5 mm。花期 5~8 月，果期 6~10 月。

生于平原、田边、丘陵、山坡，海拔 100~900 m。中国广泛分布。

A305 商陆科 Phytolaccaceae

商陆（商陆属）

Phytolacca acinosa **Roxb.**

多年生草本，高 0.5~1.5 m。根肉质。薄纸质叶片长 10~30 cm，宽 4.5~15 cm。总状花序圆柱状，直立。浆果扁球形；种子肾形，长约 3 mm，具 3 条棱。花期 5~8 月，果期 6~10 月。

生于沟谷、山坡林中，海拔 100~900 m。除东北地区、青海、新疆外，广泛分布于中国。

垂序商陆（商陆属）美洲商陆
Phytolacca americana **L.**

多年生草本，高 1~2 m。根粗壮，肥大，倒圆锥形。茎直立，圆柱形，有时带紫红色。叶片椭圆状卵形或卵状披针形，长 9~18 cm，宽 5~10 cm，顶端急尖，基部楔形；叶柄长 1~4 cm。总状花序，顶生或侧生，下垂，长 5~20 cm；花梗长 6~8 mm；花白色，微带红晕，直径约 6 mm；花被片 5 枚，雄蕊、心皮及花柱通常均为 10 枚，心皮合生。果序下垂；浆果扁球形，紫黑色；种子肾圆形，直径约 3 mm。花期 6~8 月，果期 8~10 月。

生于村边、沟谷、林缘。归化于中国于河北、陕西、山东、安徽、江苏、浙江、江西、湖南、福建、河南、湖北、广东、四川、云南。

A308 紫茉莉科 Nyctaginaceae

紫茉莉（紫茉莉属）
Mirabilis jalapa **L.**

一年生草本，高可达 1 m。叶片卵形或卵状三角形，长 3~15 cm，宽 2~9 cm，顶端渐尖，基部截形或心形，全缘，两面均无毛，脉隆起；叶柄长 1~4 cm，上部叶几无柄。花常数朵簇生枝端；花梗长 1~2 mm；总苞钟形，长约 1 cm，5 裂；花被紫红色、黄色、白色或杂色，高脚碟状；雄蕊 5 枚；花柱单生。瘦果球形，直径 5~8 mm，革质，黑色，表面具皱纹；种子胚乳白粉质。花期 6~10 月，果期 8~11 月。

中国南北各地常栽培，有时逸为野生。

A309 粟米草科 Molluginaceae

粟米草（粟米草属）
Mollugo stricta **（L.）Thulin**

一年生草本，高 10~30 cm。茎有棱角，老茎通常淡红褐色。叶 3~5 片假轮生或对生，叶片披针形，长 1.5~4 cm，宽 2~7 mm，顶端急尖，全缘，中脉明显；叶柄短。花极小，成疏松聚伞花序，顶生或与叶对生；花梗长 1.5~6 mm；花被片 5 枚，淡绿色，长 1.5~2 mm，脉达花被片 2/3，边缘膜质；雄蕊常 3 枚；子房近圆形，3 室，花柱 3 枚，短，线形。蒴果近球形，与宿存花被等长，3 瓣裂；种子多数，肾形，栗色，具多数颗粒状凸起。花期 6~8 月，果期 8~10 月。

生于空旷荒地、农田和海岸沙地上，海拔 100~900 m。产于中国秦岭、黄河以南地区。

A315 马齿苋科 Portulacaceae

马齿苋（马齿苋属）
Portulaca oleracea **L.**

一年生草本。茎伏地铺散，圆柱形，多分枝，淡绿色或带暗红色，长 10~15 cm。扁平叶互生，似马齿状，长 1~3 cm，宽 0.6~1.5 cm，全缘，上面暗绿色，下面淡绿色或带暗红色；叶柄粗短。花无梗，常 3~5 朵簇生枝端；苞片 2~6 枚，近轮生；萼片 2 枚，对生，绿色，基部合生；花瓣 5 枚，黄色，倒卵形，长 3~5 mm，基部合生；雄蕊常 8 枚，长约 12 mm，花药黄色；花柱比雄蕊稍长。蒴果卵球形，长约 5 mm；种子细小，黑褐色，有光泽，具小疣状凸起。花期 5~8 月，果期 6~9 月。

生于田野上，为田间常见杂草。广泛分布于中国。

A318 蓝果树科 Nyssaceae

马蹄参（马蹄参属）

Diplopanax stachyanthus **Hand.– Mazz.**

乔木，高 5~13 m；枝暗棕色，有长圆形皮孔。叶片革质，倒卵状披针形或倒卵状长圆形，长 9.5~15.5 cm，宽 3.5~6.5 cm。穗状圆锥花序单生，长达 27 cm，主轴粗壮；花序上部的花单生，无花梗，下部的花排成伞形花序；伞形花序有花 3~5 朵；花瓣 5 枚，肉质，长 3 mm，外面有短柔毛；雄蕊 10 枚，5 枚常不育，花丝比花瓣短；子房 1 室，花柱圆锥状。果实长圆状卵形或卵形，稍侧扁，无毛，干时坚硬，长 4.5~5.5 cm，直径 2.5~3.5 cm，外果皮厚，有稍明显的纵脉。种子 1 颗，侧扁而弯；胚弯曲，横切面成马蹄形。

分布于中国广西、广东、湖南、云南。

蓝果树（蓝果树属）

Nyssa sinensis **Oliver**

落叶乔木，高可达 20 m，树皮薄片状脱落；老枝具显著皮孔。叶纸质或薄革质，椭圆形或长椭圆形，长 12~15 cm，宽 5~6 cm，干后深紫色；叶柄长 1.5~2 cm。花序伞形或短总状，总花梗长 3~5 cm；花单性；雄花着生于老枝上；花瓣早落；雄蕊 5~10 枚。雌花生于幼枝上；花瓣鳞片状。核果矩圆状椭圆形，长 1~1.2 cm，宽 6 mm，深蓝色或深褐色；果梗长 3~4 mm，总果梗长 3~5 cm。花期 4 月，果期 9 月。

生于山谷、溪边、混交林中，海拔 300~900 m。产于中国长江以南地区。

A320 绣球花科 Hydrangeaceae

常山（常山属）土常山、白常山

Dichroa febrifuga **Lour.**

落叶小灌木，高 1~2 m；稍具 4 条棱，常呈紫红色。叶形状大小变异大，通常椭圆形，长 6~25 cm，宽 2~10 cm，边缘具锯齿或粗齿，先端渐尖或长渐尖，侧脉每边 8~10 条，叶面凹下，网脉稀疏；叶柄长 1.5~5 cm。伞房状圆锥花序顶生，或生于上部叶腋，直径 3~20 cm，花蓝色或白色；花梗长 3~5 mm；花萼倒圆锥形，4~6 裂；裂片阔三角形，急尖；花瓣长圆状椭圆形；雄蕊 10~20 枚，一半与花瓣对生，花药椭圆形；花柱 4~6 枚，子房 3/4 下位。浆果直径 3~7 mm，蓝色；种子长约 1 mm，具网纹。花期 2~4 月，果期 5~8 月。

生于山坡或河谷混交林中、路旁或溪边，海拔 200~900 m。产于中国秦岭以南地区，北达甘肃和陕西。

罗蒙常山（常山属）

Dichroa yaoshanensis **Y. C. Wu**

亚灌木，高达 30 cm，上部常稍弯曲，下部通常平卧；小枝、叶柄、叶脉和花序被微细皱卷短柔毛，间有半透明长粗毛。叶纸质，椭圆形或卵状椭圆形，长 5~17 cm，宽 3~7.5cm，下面毛较短而密。伞房状聚伞花序，直径 2~4 cm，稠密；花蕾长圆状倒卵形，长 5~7 mm，蓝色；花萼倒圆锥形；花瓣长圆状披针形。果实近球形，直径 4~5 mm，疏被长柔毛。花期 5~7 月，果期 9~11 月。

生于山谷林下，海拔 500~900 m。产于中国云南、广西、广东、湖南。

粤西绣球（绣球属）

***Hydrangea kwangsiensis* Hu**

灌木，高 1~3 m，小枝淡褐色，具环状叶痕。叶纸质，披针形或阔披针形，长 9~20 cm，宽 1.5~5.5 cm，边缘稍反卷，基部两侧稍不对称；中脉粗壮，侧脉 6~8 对；叶柄长 1~3 cm。伞房状聚伞花序总花梗长 6~12 cm，顶端截平，密被短柔毛；不育花萼片 4 枚，白色，不等大；孕性花萼筒长陀螺状，被短柔毛；花瓣长椭圆形，长 3~3.5 mm，宽 1.5~2 mm，蓝色到紫红色；雄蕊 10 枚，近等长；子房 4/5 下位，花柱 3 枚，柱头小。蒴果长陀螺状顶端突出部分长 0.5~0.8 mm；种子棕黄色。花期 5~6 月，果期 10~11 月。

生于山谷密林或路旁疏林中，海拔 600~900 m。产于中国广西、广东、湖南、贵州。

柳叶绣球（绣球属）

***Hydrangea stenophylla* Merr. & Chun**

灌木，高 0.8~2 m；小枝常白色。叶纸质，长 8~20 cm，宽 1~2.7 cm，有疏锯形小齿；侧脉 7~10 对；叶柄长 1~2 cm。伞房状聚伞花序总花梗长 4~12 cm，3 分枝；不育花少，淡黄色；孕性花绿白色，萼筒浅杯状，长约 1 mm，疏被短柔毛；花瓣椭圆形，长 3~4 mm，先端短渐尖，基部具短爪；雄蕊 8~10 枚，花药长 1~1.5 mm；子房近半下位，花柱 3~4 枚，头状。蒴果阔椭圆状，顶端突出部分长 2~2.5 mm；种子淡褐色，具网状脉纹。花期 5~6 月，果期 9~10 月。

生于山谷密林或疏林下或山坡灌丛中，海拔 700~800 m。产于中国江西、广东。

圆锥绣球（绣球属）糊溲疏、轮叶绣球

***Hydrangea paniculata* Sieb.**

灌木或小乔木，高 1~5 m，胸径约 20 cm；枝暗红褐色，具凹条纹和圆形浅色皮孔。叶纸质，对生或轮生，卵形，长 5~14 cm，宽 2~6.5 cm，边缘有密集稍内弯的小锯齿；侧脉 6~7 对，在叶面凹下，叶背有紧贴长柔毛；叶柄长 1~3 cm。圆锥状聚伞花序尖塔形，长 26 cm，密被短柔毛；萼片 4 枚，不等大；孕性花萼筒陀螺状，长约 1.1 mm，花瓣白色；雄蕊不等长；子房半下位，花柱 3 枚，基部连合。蒴果椭圆形，顶端突出部分圆锥形，长约 1.1 mm；种子具纵脉纹，两端具翅，先端翅稍宽。花期 7~8 月，果期 10~11 月。

生于山谷、山坡疏林下或山脊灌丛中，海拔 300~900 m。产于中国长江以南地区，北达甘肃。

星毛冠盖藤（冠盖藤属）

***Pileostegia tomentella* Hand.–Mazz.**

常绿攀援灌木；嫩枝、叶下面和花序均密被星状柔毛；老枝近无毛。叶革质，长圆形或倒卵状长圆形，稀倒披针形，长 5~18 cm，宽 2.5~8 cm，先端急尖，基部圆形或呈心形，边缘背卷，侧脉 8~13 条；叶柄长 1.2~1.5 cm。伞房状圆锥花序顶生，长和宽均 10~25 cm；苞片线形或钻形，长 5~10 mm，宽 1~2 mm，被星状毛；花白色；花梗长约 2 mm；萼筒杯状，高约 2 mm，裂片三角形，疏被星状毛；花瓣卵形，长约 2 mm，早落，无毛；雄蕊 8~10 枚，花丝长 5~6 mm；花柱长约 1.5 mm，柱头圆锥状，4~6 裂，被毛。蒴果陀螺状，平顶，直径约 4mm，被稀疏星状毛，具宿存花柱和柱头，具棱，暗褐色；种子细小，连翅长约 2 mm，棕色。花期 3~8 月，果期 9~12 月。

生于林中、溪边石上，海拔 300~700 m。产于中国江西、福建、湖南、广东、广西。

冠盖藤（冠盖藤属）
***Pileostegia viburnoides* Hook. f. & Thomson**

常绿攀援状灌木。小枝无毛，攀援枝有气生根。单叶对生，薄革质，椭圆状倒披针形或长椭圆形，长 10~18 cm，宽 3~7 cm，边全缘或具稀疏齿缺，上面无毛，叶背脉腋穴孔内有长柔毛。伞房状圆锥花序顶生，由伞形花序组成，长 7~20 cm，宽 5~25 cm，无毛或稍被褐锈色微柔毛；苞片和小苞片线状披针形；花白色或黄白色；花梗长 3~5 mm；雄蕊 8~10 枚；花丝纤细，长 4~6 mm；花柱长约 1 mm，柱头圆锥形，4~6 裂，宿存。蒴果圆锥形或陀螺状半球形，长 2~3 mm，具 5~10 条肋纹或棱，顶端近截形；种子连翅长约 2 mm。花期 7~8 月，果期 9~12 月。

生于溪旁、山谷或林下，常攀援于乔木或石上，海拔 600~900 m。产于中国长江以南地区。

钻地风（绣球属）
***Schizophragma integrifolium* Oliv.**

木质藤本或藤状灌木；小枝褐色具细条纹。叶纸质，椭圆形长 8~20 cm，宽 3.5~12.5 cm，脉腋间常具髯毛；侧脉 7~9 对，下面凸起；叶柄长 2~9 cm。伞房状聚伞花序密被褐色短柔毛；不育花萼片单生或偶有 2~3 片聚生于花柄上，卵状披针形、披针形或阔椭圆形，长 3~7 cm，宽 2~5 cm，黄白色；孕性花萼筒陀螺状，长 1.5~2 mm，宽 1~1.5 mm；花瓣长卵形，长 2~3 mm；雄蕊近等长，长 4.5~6 mm；子房近下位。蒴果钟状或陀螺状，较小，顶端突出部分短圆锥形，长约 1.5 mm；种子褐色，具翅等长，扁，长 3~4 mm，宽 0.6~0.9 mm。花期 6~7 月，果期 10~11 月。

生于山谷、山坡密林或疏林中，常攀援于岩石或乔木上，海拔 200~900m。产于中国四川、云南、贵州、广西、广东、海南、湖南、湖北、江西、福建、江苏、浙江、安徽。

A324 山茱萸科 Cornaceae

八角枫（八角枫属 ）
***Alangium chinense* (Lour.) Harms**

落叶乔木或灌木。小枝略呈“之”字形。叶纸质，近圆形，基部不对称，一侧微向下扩张，另一侧向上倾斜，长 13~19 cm，不分裂或 3~9 裂，仅脉腋有丛状毛；3~7 条掌状基出脉；叶柄长 2.5~3.5 cm。聚伞花序腋生，被微柔毛，有 7~30 花；花冠圆筒形，长 1~1.5 cm，花萼长 2~3 mm，顶端 5~8 裂；花瓣 6~8 枚，线形，长 1~1.5 cm，初时白色，后变黄色，花后反卷；雄蕊药隔无毛；柱头头状，常 2~4 裂。核果卵圆形，直径 5~8 mm，黑色。花期 5~7 月和 9~10 月，果期 7~11 月。

生于山地疏林中、林缘、路旁，海拔 100~900 m。除东北、华北和西北地区外，广泛分布于中国。

小花八角枫（八角枫属 ）
***Alangium faberi* Oliv.**

落叶灌木。小枝幼时被紧贴粗伏毛。叶薄纸质，不裂或掌状三裂，不分裂者矩圆形或披针形，基部倾斜，近圆形或心脏形，长 7~12 cm，宽 2.5~3.5 cm，幼时被毛；叶柄长 1~2 cm，疏生粗伏毛。聚伞花序纤细，长 2~2.5 cm，被粗伏毛，有 5~10 花；花萼近钟形，外面有粗伏毛，裂片 7 枚；花瓣 5~6 枚，线形，长 5~6 mm，被毛，开花时向外反卷。核果近卵圆形，长 6.5~10 mm，淡紫色。花期 6 月，果期 9 月。

生于疏林中、溪谷中，海拔 100~900 m。产于中国四川、湖北、湖南、贵州、广西、广东。

阔叶八角枫（八角枫属）

***Alangium faberi* Oliv. var. *platyphyllum* Chun & F. C. How**

本变种和原变种的区别在于：叶较大，特别是较阔，通常宽6~8 cm，矩圆形或椭圆状卵形；基部不对称，显著地偏斜，截形或近心脏形。

生于疏林中，海拔100~400 m。产于中国广东、海南、广西。

广西八角枫（八角枫属）

***Alangium kwangsiense* Melch.**

落叶攀援灌木，高1~5 m；当年生枝密生淡黄色细硬毛及淡黄色丝状毛，二年生枝有宿存的毛。叶纸质，矩圆形，顶端锐尖，基部倾斜，长8~17 cm，宽4~8 cm，两面密生淡黄色硬毛，主脉3~5条；叶柄长1~1.5 cm，密生淡黄色硬毛和茸毛。聚伞花序具5~12朵花，花萼杯状，外面密被淡黄色丝状毛及茸毛；花瓣5~6枚，线形，长1~1.5 cm，上部开花时反卷，外面密被淡黄色硬毛和丝状毛；雄蕊药隔被疏柔毛。核果椭圆形，长8~12 mm。花期5月，果期8月。

生于山地密林中，海拔100~700 m。产于中国广西、广东。

毛八角枫（八角枫属）

***Alangium kurzii* Craib**

落叶小乔木，高5~10 m。树皮平滑；幼枝被淡黄色茸毛和短柔毛。叶互生，纸质，近圆形，顶端长渐尖，基部不对称，近心形，全缘，长12~14 cm，宽7~9 cm，下面被黄褐色茸毛，主脉3~5条；叶柄长2.5~4 cm，被微茸毛。聚伞花序，有5~7朵花；花萼漏斗状，顶端6~8齿裂，花瓣6~8枚，线形，长2~2.5 cm，上部花时反卷，外面被短柔毛；雄蕊药隔被长柔毛；花柱上部膨大，柱头近球形，4裂。核果椭圆形，长1.2~1.5 cm，黑色。花期5~6月，果期9月。

生于疏林、林缘、路旁、村边，海拔600~900 m。产于中国长江以南地区。

香港四照花（山茱萸属）

***Cornus hongkongensis* Hemsl.**

常绿乔木，高5~15 m；树皮平滑；幼枝被短柔毛，老枝多皮孔。叶对生，革质，矩圆形，长6.2~13 cm，宽3~6.3 cm，先端短尾状；侧脉3~4对；叶柄长0.8~1.2 cm，嫩时被褐色短柔毛。头状花序径1 cm；白色总苞片4枚，宽椭圆形，长2.8~4 cm；总花梗长3.5~10 cm，密被短柔毛；花香，花萼管状，绿色，长0.7~0.9 mm，上部4裂；花瓣4枚，淡黄色；子房下位，花柱长约1 mm。果序球形，直径2.5 cm，黄色或红色，被白色细毛；总果梗绿色，长3.5~10 cm。花期5~6月；果期11~12月。

生于湿润山谷的密林或混交林中，海拔200~900 m。产于中国湖南、江西、浙江、福建、广东、香港、广西、贵州、云南、四川。

褐毛四照花（山茱萸属）

Cornus hongkongensis **Hemsl. subsp. *ferruginea* (Y. C. Wu) Q. Y. Xiang**

常绿小乔木或灌木；幼枝圆柱形，密被褐色粗毛。叶对生，纸质或亚革质，狭长椭圆形或长椭圆形，长 8~13.5 cm，宽 3.5~5.8 cm；叶柄密被褐色粗毛。头状花序球形，为 60~70 朵花聚集而成，直径 1.1 cm，总苞片 4 枚，黄白色，阔倒卵状椭圆形；总花梗长 6~8 cm，密被褐色粗毛；花萼管状，裂片 4 枚；花瓣 4 枚；雄蕊 4 枚。果序球形，直径 1.3~1.8 cm，成熟时红色；总果梗长 8.3~9.5 cm，稍被毛。花期 6 月，果期 10~12 月。

生于林下、山谷、山坡、路边，海拔 200~900 m。产于中国江西、广东、广西、湖南、贵州。

A325 凤仙花科 Balsaminaceae

华凤仙（凤仙花属）

Impatiens chinensis **L.**

一年生草本，高 30~60 cm。叶对生；叶片硬纸质，长 2~10 cm，宽 0.5~1 cm，基部有腺体，边缘疏生刺状锯齿，上面被微糙毛。花较大，生于叶腋，无总花梗，紫红色或白色；背面中肋具狭翅，顶端具小尖，翼瓣无柄，2 裂，下部裂片小，近圆形，上部裂片宽倒卵形；雄蕊 5 枚。蒴果椭圆形。

生于田边、沼泽地、水沟旁，海拔 100~900 m。产于中国湖南、江西、安徽、浙江、福建、广东、海南、广西、云南。

A332 五列木科 Pentaphylacaceae

两广杨桐（杨桐属）

Adinandra glischroloma **Hand.-Mazz.**

灌木或小乔木；小枝无毛；叶长圆状椭圆形，长 8~13 cm，宽 2.5~4.5 cm；叶柄密被长刚毛。花通常 2~3 朵，生于叶腋，花梗粗短，长 6~15 mm，密被长刚毛，常下垂；萼片 5 枚，阔卵形；花瓣 5 枚，白色，长圆形，长约 8 mm。果实圆球形，熟时黑色，直径 8~9 mm，密被长刚毛，宿存花柱长 10~12 mm，被长刚毛；宿存萼片长 7~8 mm，外面密被长刚毛。花期 5~6 月，果期 9~10 月。

生于山地林中阴湿地、山坡溪谷林缘稍阴地以及近山顶疏林中，海拔 200~900 m。产于中国湖南、江西、浙江、福建、广东、广西。

海南杨桐（杨桐属）

Adinandra hainanensis **Hayata**

灌木或乔木；小枝无毛。叶互生，革质，长圆状椭圆形至长圆状倒卵形，长 6~8(13)cm，宽 2~3(6)cm，边缘有细锯齿；叶柄长 5~10 mm，被短柔毛。花单朵，花梗长 7~10 mm；小苞片 2 枚；萼片 5 枚；花瓣 5 枚，白色，5 室，胚珠每室多数，花柱单一，长 5~7 mm，密被绢毛。果实圆球形，熟时紫黑色，直径 1~1.5 cm，被毛，果梗长 1~2 cm，疏被毛或几无毛；种子多数，扁肾形，亮褐色，表面具网纹。花期 5~6 月，果期 9~10 月。

生于山地阳坡林中或沟谷路旁林缘及灌丛中，海拔约 900 m。产于中国广东、广西、海南。

杨桐（杨桐属）黄瑞木、毛药红淡

Adinandra millettii **(Hook. & Arn.) Benth. & Hook. f. ex Hance**

灌木或小乔木，高 2~10（16）m。叶长圆形，长 4.5~9 cm，宽 2~3 cm，边全缘，初时疏被短柔毛；叶柄长 3~5 mm。花 3~6 朵簇生于小枝上部叶腋，稀单生；花梗长约 2 cm；花瓣 5 枚，白色。果实圆球形，疏被短柔毛，直径约 1 cm，熟时黑色。花期 5~7 月，果期 8~10 月。

常见于山坡路旁灌丛中或山地阳坡的林中，海拔 100~900 m。产于中国湖南、湖北、安徽、浙江、江西、福建、广东、广西、贵州。

红淡比（红淡比属）

Cleyera japonica **Thunb.**

灌木或小乔木，高 2~10 m；树皮灰白色；顶芽长锥形，长 1~1.5 cm；嫩枝褐色，小枝灰褐色。叶革质，长 6~9 cm，宽 2.5~3.5 cm，有光泽；侧脉 6~8 对；叶柄长 7~10 mm。花常 2~4 朵腋生，花梗长 1~2 cm；萼片 5 枚，卵圆形，边缘有纤毛；花瓣 5 枚，白色，长约 8 mm；雄蕊长 4~6 mm，花药有丝毛；子房圆球形。果实圆球形，熟时紫黑色，直径 8~10 mm，果梗长 1.5~2 cm；每室有 10 余颗种子，扁圆形，深褐色，有光泽，直径约 2 mm。花期 5~6 月，果期 10~11 月。

生于山地、沟谷林中，海拔 200~900 m。产于中国长江以南地区。

茶梨（茶梨属）

Anneslea fragrans **Wall.**

乔木。叶革质，通常聚生在嫩枝近顶端，叶通常为椭圆形，边全缘或具稀疏浅钝齿；叶柄长 2~3 cm。花数朵螺旋状聚生于枝端或叶腋，花梗长 3~5 cm；苞片 2 枚；萼片 5 枚，质厚，淡红色；花瓣 5 枚，基部连合。果实浆果状，不开裂或熟后呈不规则开裂，花萼宿存；种子每室 1~3 颗，具红色假种皮。花期 1~3 月，果期 8~9 月。

多生于山坡林中或林缘沟谷地以及山坡溪沟边阴湿地，海拔 300~900 m。产于中国湖南、江西、福建、台湾、广东、广西、贵州、云南。

小叶红淡比（红淡比属）

Cleyera parvifolia **(Kobuski) Hu ex L. K. Ling**

灌木或小乔木，高 2~5 m；顶芽长锥形，长约 1 cm；嫩枝红褐色，具明显二棱。叶革质，椭圆形，长 3~5.5 cm，宽 1.5~2 cm；中脉两面稍凸起；叶柄长 3~5 mm。花常单生于叶腋，花梗长 5~8 mm；萼片 5 枚，顶端有黑色小尖头；花瓣 5 枚，长圆形；雄蕊约 25 枚，长约 5 mm，花药有丝毛；子房圆球形，2 室，花柱长约 4 mm。果实圆球形，熟时黑色，直径约 5 mm，果梗长 5~8 mm，萼片宿存；种子扁圆形，黑色，有光泽。花期 4~5 月，果期 8~11 月。

生于山地林中或疏林中。产于中国广东、台湾。

尖叶毛柃（柃属）
Eurya acuminatissima **Merr. & Chun**

灌木或小乔木。叶坚纸质或薄革质，卵状椭圆形，长 5~9 cm，宽 1.2~2.5 cm，顶端尾状长渐尖；叶柄长 2~3 mm。花 1~3 朵腋生，花梗长 1~3 mm。雄花：小苞片 2 枚，圆形；萼片 5 枚，圆形或近圆形，膜质；花瓣白色，长圆形，长约 4 mm；雄蕊 14~16 枚，花药不具分格。雌花：萼片 5 枚；花瓣 5 枚，顶端 3 裂。果实椭圆状卵形或圆球形，疏被柔毛。花期 9~11 月，果期翌年 7~8 月。

多生于山地、溪边沟谷密林或疏林中，也常见于山坡林缘阴湿处，海拔 200~900 m。产于中国广东、广西、贵州、湖南、江西。

耳叶柃（柃属）
Eurya auriformis **H. T. Chang**

灌木，高 1~2 m；嫩枝圆柱形，密被黄褐色披散柔毛，小枝灰褐色，近无毛。叶革质，卵状披针形，长 1.5~2.5 cm，宽 6~10 mm，顶端钝或圆，有微凹，基部耳形抱茎，边全缘，上面无毛，下面密被长柔毛。花 1~2 朵生于叶腋，花梗短，长约 1 mm，被柔毛。雄花：小苞片 2 枚，卵形；萼片 5 枚，卵形；花瓣 5 枚，白色，长圆形；雄蕊 10~11 枚，花药具 4~5 个分格。雌花：小苞片、萼片与雄花同，但较小；花瓣 5 枚，披针形。果实圆球形，直径约 3 mm，被柔毛。花期 10~11 月，果期翌年 5 月。

多生于沟谷林中或林缘，海拔 600~700 m。产于中国广东、广西。

尖萼毛柃（柃属）
Eurya acutisepala **Hu & L. K. Ling**

灌木或小乔木。嫩枝密被短柔毛，后变无毛。叶薄革质，长圆形或倒披针状长圆形，长 5~8 cm，宽 1.4~1.8 cm，顶端长渐尖，尾长 1~1.5 cm，基部阔楔形，边缘密生细锯齿，齿端有褐色小腺点，下面疏被短柔毛，侧脉 10~12 对；叶柄长 2~3.5 mm。花 2~3 朵腋生，花梗长 1.5~2.5 mm，疏被短柔毛。雄花：小苞片 2 枚，卵形，长约 1.5 mm；萼片 5 枚，顶端尖；花瓣 5 枚，白色；雄蕊约 15 枚。雌花：较小，子房 3 室，密被柔毛。果实卵状椭圆形，疏被柔毛。花期 10~11 月，果期翌年 6~8 月。

生于山地密林中、沟谷溪边，海拔 500~900 m。产于中国湖南、江西、浙江、福建、广东、广西、贵州、云南。

短柱柃（柃属）
Eurya brevistyla **Kobuski**

灌木，除萼片外均无毛；嫩枝灰褐色或灰白色，具 2 条棱；叶革质，倒卵形或椭圆形至长圆状椭圆形，长 5~9 cm，宽 2~3.5 cm；叶柄长 3~6 mm。花 1~3 朵腋生，花梗长约 1.5 mm，无毛。雄花：小苞片 2 枚，卵圆形；萼片 5 枚，膜质，近圆形；花瓣 5 枚，白色，长圆形或卵形，长约 4 mm；雄蕊 13~15 枚，花药不具分格，退化子房无毛。雌花的小苞片和萼片与雄花同；花瓣 5 枚，卵形，长 2~2.5 mm；子房圆球形，3 室，无毛，花柱极短，3 枚，离生，长约 1 mm。果实圆球形，直径 3~4 mm，成熟时蓝黑色。花期 10~11 月，果期翌年 6~8 月。

多生于山顶或山坡沟谷林中、林下及林缘路旁灌丛中，海拔 800~900 m。产于中国秦岭南坡以南地区。

米碎花（柃属）

Eurya chinensis R. Brown

灌木，高 1~3 m；多分枝；嫩枝具 2 条棱，黄褐色，被短柔毛，小枝稍 2 条棱，几无毛；顶芽披针形，密被黄褐色短柔毛。叶薄革质，倒卵形，长 2~5.5 cm，顶端钝，边缘密生细锯齿，中脉凹下；叶柄长 2~3 mm。花 1~4 朵簇生于叶腋。雄花：萼片卵圆形，长 1.5~2 mm，无毛；花瓣 5 枚，白色，倒卵形，长 3~3.5 mm。雌花：花瓣 5 枚，卵形，长 2~2.5 mm，子房无毛，花柱顶端 3 裂。果实圆球形，成熟时紫黑色，直径 3~4 mm。花期 11~12 月，果期翌年 6~7 月。

生于山坡灌丛、沟谷中，海拔 100~900 m。产于中国湖南、江西、福建、台湾、广东、广西。

华南毛柃（柃属）

Eurya ciliata Merr.

灌木或小乔木。叶坚纸质，披针形或长圆状披针形，长 5~8(11) cm，宽 1.2~2.4 cm。花 1~3 朵簇生于叶腋，花梗长约 1 mm，被柔毛。雄花：小苞片 2 枚，卵形，顶端尖，被柔毛；萼片 5 枚。雌花：小苞片、萼片、花瓣与雄花同，但略小；子房圆球形，密被柔毛，5 室，花柱 4~5 枚。种子多数，圆肾形，褐色，有光泽，表面密被网纹。花期 10~11 月，果期翌年 4~5 月。

产于中国海南、广东、广西、贵州、云南等。

光枝米碎花（柃属）

Eurya chinensis R. Brown var. _glabra_ Hu & L. K. Ling

本变种和原变种的主要区别在于顶芽和嫩枝完全无毛。花期 11~12 月，果期翌年 6~7 月。

多生于低山丘陵阳坡灌丛中，海拔 100~300 m。产于中国福建东部、广东、四川。

秃小耳柃（柃属）秃小耳松柃

Eurya disticha Chun

小灌木，高 1~2 m；当年生新枝密生柔毛，小枝无毛；叶长圆形，长 2~3.5 cm，宽 0.7~1.2 cm，基部两耳形，两侧稍不整齐，略抱茎。花 1~3 朵腋生，花梗短，长约 1 mm，无毛。雄花：小苞片 2 枚，阔卵形，无毛；萼片 5 枚，卵形或长圆状卵形，无毛；花瓣 5 枚，白色，披针形；雄蕊 5~10 枚，花药具 3~4 分格。雌花：小苞片、萼片及花瓣与雄花同，但较小。果实卵形或卵圆形，长约 4.5 mm，无毛。花期 10~11 月，果期翌年 3~4 月。

多生于山地林中或竹林中，海拔 800~900 m。产于中国广东。模式标本采自广东信宜。

二列叶柃（柃属）二列柃、二列毛柃

***Eurya distichophylla* Hemsl.**

灌木，高 1.5~7 m；嫩枝密被柔毛，小枝近无毛；顶芽被柔毛。叶薄革质，卵状披针形，长 3.5~6 cm，顶端渐尖，基部圆形，两侧稍不等，边缘有细锯齿，下面密生贴伏毛，中脉凹下；叶柄长约 1 mm，被柔毛。花 1~3 朵簇生于叶腋。雄花：萼片外面密被长柔毛；花瓣 5 枚，白色，倒卵形，长约 4 mm。雌花：萼片外面密被柔毛；花瓣 5 枚，披针形，长 2~2. 5 mm。浆果圆球形，直径 4~5 mm，被柔毛，成熟时紫黑色。花期 10~12 月，果期翌年 6~7 月。

生于山坡或沟谷灌丛中，海拔 200~900 m。产于中国湖南、江西、福建、广东、香港、广西、贵州。

岗柃（柃属）

***Eurya groffii* Merr.**

灌木或小乔木，高 2~7 m。嫩枝密被黄褐色披散柔毛。叶披针形或披针状长圆形，长 4.5~10 cm，宽 1.5~2.2 cm，边缘密生细锯齿；叶柄长约 1 mm，密被柔毛。花 1~9 朵簇生于叶腋，花梗长 1~1.5 mm。雄花：小苞片 2 枚，卵圆形；萼片 5 枚，革质，卵形；花瓣 5 枚，白色，长圆形或倒卵状长圆形，长约 3.5 mm；雄蕊约 20 枚，花药不具分格。雌花的小苞片和萼片与雄花间，但较小；花瓣 5 枚，长圆状披针形，长约 2.5 mm。果实圆球形，直径约 4 mm，成熟时黑色。花期 9~11 月，果期翌年 4~6 月。

多生于山坡路旁林中、林缘及山地灌丛中，海拔 300~900 m。产于中国福建、广东、海南、广西、贵州、云南、四川、西藏。

粗枝腺柃（柃属）

***Eurya glandulosa* Merr. var. *dasyclados* (Kobuski) H. T. Chang**

本变种和原变种的主要区别在于叶片较大，基部圆形，两侧为略不整齐或微心形，上面常具金黄色腺点，叶柄较长，长约 2 mm，偶有可近于无柄等。

生于山谷林中、林缘以及沟谷、溪旁路边灌丛中，海拔 600~900 m。产于中国福建、广东。

微毛柃（柃属）

***Eurya hebeclados* Ling**

灌木或小乔木，高 1.5~5 m，树皮平滑；嫩枝黄绿色，同顶芽、花梗、花萼密被灰色微毛。叶革质，长 4~9 cm，宽 1.5~3.5 cm，边缘有浅细齿，齿端紫黑色，侧脉 8~10 对。花 4~7 簇生于叶腋；萼片 5 枚，长 2.5~3 mm；雄花瓣 5 枚，基部稍合生；雌花：子房卵圆形，3 室，花柱顶端 3 深裂。果实圆球形，直径 4~5 mm，熟时蓝黑色，萼片宿存；肾形种子每室 10~12 颗，有棱，种皮深褐色，具细蜂窝状网纹。花期 12 月至翌年 1 月，果期 8~10 月。

生于山坡林中、林缘以及路旁灌丛中，海拔 200~900 m。产于中国长江以南地区。

细枝柃（柃属）

Eurya loquaiana **Dunn**

灌木或小乔木，高 2~10 m；树皮平滑；枝纤细，嫩枝黄绿色，同顶芽密被微毛。叶薄革质，长 4~9 cm，宽 1.5~2.5 cm，沿中脉被微毛；叶柄被微毛。花 1~4 朵簇生于叶腋，花梗长 2~3 mm，被微毛。雄花：萼片 5 枚，卵形，长约 2 mm；花瓣 5 枚，白色，倒卵形；雄蕊 10~15 枚。雌花：花瓣 5 枚，白色，卵形，长约 3 mm；子房 3 室。果实圆球形，熟时黑色，直径 3~4 mm；种子肾形，暗褐色，有光泽，表面具细蜂窝状网纹。花期 10~12 月，果期翌年 7~9 月。

生于山坡沟谷、溪边林中，海拔 400~900 m。产于中国长江以南地区。

黑柃（柃属）

Eurya macartneyi **Champ.**

灌木或小乔木，高 2~7 m。树皮黑褐色；嫩枝无毛，顶芽披针形，无毛。叶革质，椭圆形，长 6~14 cm，宽 2~4.5 cm，基部钝，几全缘，或上半部密生细微锯齿，两面无毛，中脉凹下；叶柄长 3~4 mm。花 1~4 朵簇生于叶腋。雄花：萼片圆形，长约 3 mm；花瓣 5 枚，长圆状倒卵形，长 4~5 mm；花药不具分格。雌花：萼片卵圆形，长 2~2.5 mm，无毛；花瓣 5 枚，倒卵状披针形，长约 4 mm；子房 3 室，花柱 3 枚，离生。果实圆球形，直径约 5 mm，成熟时黑色。花期 11 月至翌年 1 月，果期翌年 6~8 月。

生于山坡、沟谷林中，海拔 200~900 m。产于中国江西、福建、广东、海南、广西、湖南。

金叶细枝柃（柃属）

Eurya loquaiana **Dunn var.** ***aureopunctata*** **H. T. Chang**

本变种和原变种的主要区别在于叶片明显变小，卵形、卵状披针形、卵状椭圆形至椭圆形或倒卵状椭圆形，长 2~4 cm，宽 1~2 cm，上面通常具金黄色腺点以及雄蕊约 10 枚，花柱较短，长 1~1.5 mm。花果期同原变种。

多生于山地林中、疏林中、林下或沟谷林缘阴湿处，海拔 800~900 m。产于中国湖南、江西、浙江、福建、广东、广西、贵州、云南。

格药柃（柃属）

Eurya muricata **Dunn**

灌木，全株无毛。嫩枝圆柱形，顶芽长锥形，均无毛。叶革质，椭圆形，长 5.5~11.5 cm，宽 2~4.3 cm，顶端渐尖，基部楔形，边缘有细钝锯齿；叶柄长 4~5 mm；侧脉 9~11 对。花 1~5 朵簇生叶腋。雄花：萼片近圆形，长 2~2.5 mm；花瓣 5 枚，白色，长圆形，长 4~5 mm；花药具多分格。雌花：花瓣 5 枚，白色，卵状披针形，长约 3mm。果实圆球形，直径 4~5 mm，紫黑色。花期 9~11 月，果期翌年 6~8 月。

生于山坡林中、灌丛中，海拔 300~900 m。产于中国江苏、安徽、浙江、江西、福建、广东、香港、湖北、湖南、四川、贵州。

细齿叶柃（柃属）
Eurya nitida **Korth.**

灌木或小乔木，高 2~5 m；树皮平滑，嫩枝具 2 条棱，黄绿色；顶芽线状披针形，长 1 cm。叶薄革质，椭圆形至倒卵状长圆形，长 4~6 cm，宽 1.5~2.5 cm，边缘密生锯齿。花 1~4 朵簇生叶腋，花梗长约 3 mm。雄花：膜质萼片 5 枚，近圆形；花瓣 5 枚，白色，长 3.5~4 mm，基部稍合生；雄蕊 14~17 枚。雌花：花瓣 5 枚，长 2~2.5 mm，基部稍合生；子房卵圆球形，花柱细长，顶端 3 浅裂。果实圆球形，直径 3~4 mm，熟时蓝黑色；种子圆肾形，褐色，具网纹。花期 11 月至翌年 1 月，果期翌年 7~9 月。

生于山地林中、沟谷溪边林缘中，海拔 500~900 m。产于中国长江以南地区。

窄基红褐柃（柃属）
Eurya rubiginosa **H. T. Chang var.** ***attenuata*** **H. T. Chang**

灌木。叶革质，卵状披针形，顶端尖、短尖或短渐尖，基部楔形，或偶有近心形，边缘密生细锯齿，干后稍反卷，干后上面暗绿色，下面红褐色，两面无毛，中脉在上面稍凹下，下面凸起，侧脉 13~15 条，两面均甚明显，且稍凸起；有显著叶柄。花 1~3 朵簇生于叶腋，无毛。雄花：小苞片 2 枚，卵形或卵圆形，细小，长约 0.5 mm，顶端尖或近圆形，并有小突尖；萼片 5 枚，无毛，近圆形，质厚，近革质，长约 2 mm，顶端圆，且有微凹，外面被短柔毛；花瓣 5 枚，倒卵形；雄蕊约 15 枚。果实圆球形或近卵圆形，长约 4 mm，成熟时紫黑色。花期 10~11 月，果期翌年 4~5 月。

产于中国江苏、安徽、浙江、江西、福建、湖南、广东、广西、云南。

红褐柃（柃属）
Eurya rubiginosa **H. T. Chang**

灌木，除萼片外均无毛；嫩枝黄绿色，具明显的 2 条棱。叶革质，卵状披针形，长 8~12 cm，宽 2.5~4 cm，边缘密生细锯齿；叶柄极短。花 1~3 朵簇生于叶腋，花梗长 1~1.5 mm，无毛。雄花：小苞片 2 枚，卵形或卵圆形，细小；萼片 5 枚，近圆形，近革质；花瓣 5 枚，倒卵形，长 3~4mm；雄蕊约 15 枚，花药不具分格，退化子房无毛。雌花的小苞片和萼片与雄花同，但稍小；花瓣 5 枚，长圆状披针形，长约 3 mm；子房卵圆形，3 室，无毛，花柱长 0.5 ~1 mm，顶端 3 裂。果实圆球形或近卵圆形，长约 4 mm，成熟时紫黑色。花期 10~11 月，果期翌年 4~5 月。

多生于山坡疏林中或林缘沟谷路旁，海拔 600~800 m。产于中国广东。

假杨桐（柃属）
Eurya subintegra **Kobuski**

灌木或小乔木，全株无毛；嫩枝有明显的 2 条棱；叶革质，椭圆形或长圆状椭圆形，长 7~14 cm，宽 2.5~5 cm，边缘至少上半部有疏浅钝齿；叶柄长 6~9 mm。花 1~3 朵生于叶腋，花梗长 2~3 mm。雄花：小苞片 2 枚，细小；萼片 5 枚，近膜质，卵圆形或近圆形，长约 2 mm，外面无毛，但外层 1~2 片的边缘常疏生有腺点；花瓣 5 枚，长圆状倒卵形，长 4~5 mm；雄蕊 13~15 枚，花药不具分格，退化子房无毛。雌花的小苞片和萼片与雄花同，但较小；花瓣 5 枚，卵形，长约 2.5 mm；子房卵圆形，无毛，花柱长约 2 mm，顶端 3 浅裂。果实圆球形，直径约 4 mm。花期 10~12 月，果期翌年 6~7 月。

生于山地林中或林下，海拔 200~700 m。产于中国广东、广西。

单耳柃（柃木属）

Eurya weissiae **Chun**

灌木。嫩枝圆柱形，顶芽披针形，均密被黄褐色长柔毛，小枝近无毛。叶革质，长圆形或椭圆状长圆形，长 4~8 cm，宽 1.5~3.2 cm，顶端急短渐尖，基部耳形抱茎，边缘密生细锯齿，下面疏被柔毛。花 1~3 朵腋生，为一片细小而呈叶状总苞所包裹，总苞卵形。雄花：小苞片 2 枚，细小，被柔毛；萼片 5 枚，质薄，卵形，长 1.5~2 mm，外面被长柔毛；花瓣 5 枚，狭长圆形，长约 4 mm；雄蕊约 10 枚，花药不具分格，退化子房无毛。雌花较小。果实圆球形，直径 4~5 mm，蓝黑色。花期 9~11 月，果期 11 月至翌年 1 月。

生于山谷密林下、山坡路旁，海拔 300~900 m。产于中国浙江、江西、福建、广东、广西、湖南、贵州。

厚皮香（厚皮香属）秤杆木

Ternstroemia gymnanthera **(Wight & Arn.) Bedd.**

灌木或小乔木，高 1.5~15 m；树皮平滑；嫩枝浅红褐色。叶革质，聚生枝端，假轮生状，椭圆形，长 5.5~9 cm，宽 2~3.5 cm，上半部疏生浅齿，齿尖具黑点；叶柄长 7~13 mm。花常生于叶腋，花梗长约 1 cm；两性花：萼片 5 枚，卵圆形，长 4~5 mm；花瓣 5 枚，淡黄白色；雄蕊约 50 枚，长 4~5 mm；子房圆卵形，2 室，胚珠每室 2 颗，花柱顶端浅 2 裂。果实圆球形，径 7~10 mm，果梗长 1~1.2 cm；种子肾形，每室 1 颗，熟时肉质假种皮红色。花期 5~7 月，果期 8~10 月。

生于山地林中、林缘路边，海拔 200~900 m。产于中国长江以南地区。

五列木（五列木属）

Pentaphylax euryoides **Gardn. & Champ.**

常绿乔木或灌木。单叶互生，革质，卵形或卵状长圆形或长圆状披针形，长 5~9 cm，宽 2~5 cm，全缘略反卷。总状花序腋生或顶生，长 4.5~7 cm；花白色，花梗长约 0.5 mm；花瓣长圆状披针形或倒披针形，长 4~5 mm，宽 1.5~2 mm，无毛；雄蕊 5 枚，花丝长圆形，花瓣状。蒴果椭圆状，长 6~9 mm，成熟后沿室背中脉 5 裂。花期 4~6 月，果期 10~11 月。

生于密林中，海拔 600~900 m。产于中国云南、贵州、广西、广东、湖南、江西、福建。

厚叶厚皮香（厚皮香属）

Ternstroemia kwangtungensis **Merr.**

灌木或小乔木，高 2~10 m；树皮平滑；嫩枝淡红褐色。叶互生，厚革质且肥厚，长 (5) 7~12 cm，宽 3~6 cm，密被褐色腺点；叶柄长 1~2 cm。花单生于叶腋，杂性，花梗长 1.5~2 cm。雄花：萼片 5 枚，卵圆形，长 6~8 mm；花瓣 5 枚，白色，倒卵形。果实扁球形，径 1.6~2 cm，常 3~4 室，宿存花柱顶端 3~4 浅裂，果梗长 1.5~2 cm；种子近肾形，长 7~8 mm，直径约 6 mm，熟时假种皮鲜红色。花期 5~6 月，果期 10~11 月。

生于山地林中以及溪沟边中，海拔 700~900 m。产于中国江西、福建、广东、香港、广西。

尖萼厚皮香（厚皮香属）
Ternstroemia luteoflora **L. K. Ling**

乔木，高可达 25 m。叶互生，革质，椭圆形或椭圆状倒披针形，长 7~12 cm，宽 2.5~4 cm，两面无毛；叶柄长 1~2 cm。花单性或杂性，单生叶腋，花梗长 2~3 cm，稍弯曲；萼片 5 枚，长卵形或卵状披针形；花瓣 5 枚，白色或淡黄白色，阔倒卵形，径 8~10 mm，顶端微凹。雄花：雄蕊 35~45 枚，长约 5 mm。雌花：子房圆球形，2 室，胚珠每室 2 颗。果圆球形，紫红色，直径 1.5~2 cm，宿存花柱 2 深裂。花期 5~6 月，果期 8~10 月。

生于沟谷疏林、林缘、路边灌丛中，海拔 400~900 m。产于中国湖北、湖南、江西、福建、广东、广西、贵州、云南。

小叶厚皮香（厚皮香属）
Ternstroemia microphylla **Merr.**

灌木或小乔木，全株无毛。叶聚生于枝端，倒卵形，疏生细钝齿；叶柄长约 3 mm。花单生于叶腋或生于当年生无叶的小枝上，直径 5~8 mm，单性或杂性，花梗长 5~10 mm；两性花：小苞片 2 枚，卵状三角形；萼片 5 枚，卵圆形；花瓣 5 枚，白色，阔倒卵形；雄蕊约 40 枚，长约 3 mm。果实椭圆形，直径 5~6 mm。花期 5~6 月，果期 8~10 月。

多生于近海干燥山坡灌丛或岩隙间，有时也生于山地疏林中或林缘，海拔 100~900 m。产于中国福建、广东、香港、广西、海南。

亮叶厚皮香（厚皮香属）
Ternstroemia nitida **Merr.**

灌木或小乔木，全株无毛。叶长圆状椭圆形至狭倒卵形，长 6~10 cm，宽 2.5~4 cm，全缘。花杂性，单生叶腋，花梗纤细，长 1.5~2 cm；两性花：小苞片 2 枚，卵状三角形；萼片 5 枚，外面 2 枚，卵形，内面 3 枚，长圆状卵形；花瓣 5 枚，白色或淡黄色，阔倒卵形或长圆状倒卵形；雄蕊 25~45 枚。果实长卵形，长 1~1.2 cm。花期 6~7 月，果期 8~9 月。

生于林中、林缘、溪边，海拔 200~900 m。产于中国安徽、浙江、江西、福建、广东、广西、贵州、湖南。

A333 山榄科 Sapotaceae

紫荆木（紫荆木属）
Madhuca pasquieri **(Dubard) H. J. Lam**

高大乔木。叶互生，星散或密聚于分枝顶端，革质，倒卵形或倒卵状长圆形；叶柄细，长约 1.5~3.5 cm，被毛。花数朵簇生叶腋，花梗纤细，长 1.5~3.5 cm，被毛；花萼 4 裂，稀 5 裂，裂片卵形；花冠黄绿色，长 5~7.5 mm，无毛，裂片 6~11 枚；能育雄蕊 18~22 枚。果实椭圆形或小球形，长 2~3 cm，被锈色茸毛，后变无毛。花期 7~9 月，果期 10 月至翌年 1 月。

生于混交林中或山地林缘，海拔 100~900 m。产于中国广东、广西、云南。

肉实树（肉实树属）
Sarcosperma laurinum **(Benth.) Hook. f.**

常绿乔木，高 6~20 m。树皮灰褐色，近平滑，板根显著；小枝具棱，无毛。托叶早落。叶大多互生，枝顶的则通常轮生，近革质，倒卵形，长 7~18 cm，宽 3~6 cm，两面无毛，叶背脉腋有腺窝；叶柄长 1~2 cm，具小沟。总状花序或圆锥花序腋生，长 2~13 cm，无毛；花单生或 2~3 朵簇生于花序轴上；花萼长 2~3 mm，裂片阔卵形，长 1~1.5 mm，外面被黄褐色茸毛；花冠绿色转淡黄色，花冠裂片近圆形，长 2~2.5 mm。核果长圆形，长 1.5~2.5 cm，由绿至红至紫红转黑色，基部具宿萼。花期 8~9 月，果期 12 月至翌年 1 月。

生于山谷或溪边林中，海拔 400~500 m。产于中国浙江、福建、广东、海南、广西。

革叶铁榄（铁榄属）铁榄
Sinosideroxylon wightianum **(Hook. & Arn.) Aubr é v.**

常绿乔木，高(2)4~8(15)m；嫩枝、幼叶被锈色茸毛。叶薄革质，椭圆形至披针形，长(5)7~10(17)cm，宽(1.5)2.5~3.7(9.5)cm，中脉在上面稍凸起，侧脉 12~17 对；叶柄长 0.7~1.5(2)cm。花绿白色，芳香，单生或 2~5 朵簇生于叶腋，花梗被茸毛；花萼 5 裂，外面被茸毛；花冠白绿色，长 4~5 mm，裂片披针形，冠管长约 2~2.5 mm，基部加粗；花药外向；子房卵形，5 室，下部被锈色硬毛。核果绿色，成熟后转深紫色，椭圆柱形，长 1~1.5(1.8)cm，果皮薄；种子 1 颗，椭圆形，两侧压扁，疤痕基生或侧基生。

生于石灰岩小山、灌丛及混交林中，海拔 500~900 m。产于中国广东、广西、贵州、云南。

A334 柿科 Ebenaceae

乌材（柿树属）
Diospyros eriantha **Champ. ex Benth.**

常绿乔木或灌木，高可达 16 m；幼枝、冬芽、叶下面脉上、幼叶叶柄和花序等处有锈色粗伏毛。枝无毛，疏生小皮孔。叶纸质，长圆状披针形，长 5~12 cm，宽 1.8~4 cm，边缘微背卷，上面有光泽，深绿色，除中脉外余处无毛；叶柄粗短，长 5~6 mm。花序腋生，聚伞花序式，总梗极短；雄花 1~3 朵簇生，几无梗；花萼深 4 裂；花冠白色，4 裂。雌花单生，花梗极短；花萼 4 深裂；花冠淡黄色，4 裂。浆果卵形，紫色，长 1.2~1.8 cm；宿存萼增大，4 裂，长约 8 mm。花期 7~8 月，果期 10 月至翌年 1~2 月。

生于山地林中或灌丛中，海拔 100~500 m。产于中国广东、海南、广西、台湾。

野柿（柿树属）
Diospyros kaki **Thunb. var.** ***silvestris*** **Makino**

本变种是山野自生柿树。小枝及叶柄常密被黄褐色柔毛，叶较栽培柿树的小，叶片下面的毛较多，花较小，果实亦较小，直径约 2~5 cm。

生于山地自然林、次生林或山坡灌丛中，海拔 600~900 m。产于中国云南、广东、广西、江西、福建。

罗浮柿（柿树属）牛古柿、乌蛇木
Diospyros morrisiana **Hance**

落叶乔木，高可达 20 m；树皮呈片状剥落，表面黑色。枝散生纵裂皮孔。叶薄革质，长椭圆形，长 5~10 cm，叶缘微背卷；叶柄长约 1 cm；侧脉纤细，每边 4~6 条。雄花序短小，腋生，聚伞花序式，有锈色茸毛；雄花带白色，花萼钟状，有茸毛，4 裂，花冠近壶形，长约 7mm，4 裂；花梗长约 2 mm，密生伏柔毛；雌花腋生，单生；花萼浅杯状，4 裂；花冠近壶形，外面无毛；裂片 4 枚；花柱 4 枚。浆果球形，直径约 1.8 cm，黄色，有光泽，4 室；种子近长圆形，栗色；宿存萼近平展，近方形，4 浅裂。花期 5~6 月，果期 11 月。

生于山坡、山谷疏林或密林中，海拔 100~900 m。产于中国广东、广西、福建、台湾、浙江、江西、湖南、贵州、云南、四川。

毛柿（柿树属）
Diospyros strigosa **Hemsl.**

灌木或小乔木；幼枝、嫩叶被锈色粗伏毛。叶革质或厚革质，长圆形、长椭圆形、长圆状披针形，长 5~14 cm，宽 2~6 cm；叶柄短，长约 2~4 mm。花腋生，单生，花梗短，花下有小苞片约 6~8 枚；花冠高脚碟状，长 7~10 mm，裂片 4 枚；雄花有雄蕊 12 枚；雌花子房有粗伏毛，4 室。果实卵形，长 1~1.5 cm，鲜时绿色，干后褐色或深褐色，熟时黑色，顶端有小尖头。花期 6~8 月，果期冬季。

生于疏林、密林或灌丛中。产于中国广东、海南。

油柿（柿树属）
Diospyros oleifera **Cheng**

落叶乔木，高达 14 m。树皮成薄片状剥落。全株被灰色柔毛。叶纸质，长圆形至倒卵形，长 6.5~20 cm，宽 3.5~12 cm，先端短渐尖，基部圆形至宽楔形，边缘稍背卷，侧脉 7~9 条；叶柄长 6~10 mm。花雌雄异株或杂性。雄花：聚伞花序单生叶腋；花冠壶形，长约 7 mm；雄蕊 16~20 枚；花梗长约 2 mm。雌花：单生叶腋，长约 1.5 cm；花萼钟形，长约 1.2 cm，4 深裂至中裂，裂片向背面反曲；花冠壶形或近钟形，长约 1 cm，内面无毛，4 深裂，裂片旋转排列，先端向后反曲；花梗长约 7 mm。果实卵形，略呈四棱形，暗黄色。花期 4~5 月，果期 8~10 月。

生于路边、河畔、村边，海拔 100~500 m。产于中国浙江、安徽、江西、福建、湖南、广东、广西。

延平柿（柿树属）
Diospyros tsangii **Merr.**

小乔木；嫩枝、叶上面及叶柄有锈色微柔毛；小枝无毛，具纵裂皮孔。叶纸质，长圆形，长 4~9 cm，基部楔形，嫩叶下面有伏柔毛，中脉凹陷；叶柄长 3~6 mm，下面有长伏毛。聚伞花序短小，有花 1 朵；雄花长约 8 mm，花萼 4 深裂；花冠白色，4 裂；花梗极短；雌花单生叶腋，比雄花大，花萼 4 裂；花冠白色；花梗长 4~6 mm，果实扁球形，直径 2~3.5 cm，嫩时密生伏柔毛，成熟时黄色，光亮无毛，8 室；宿存萼 4 裂。花期 2~5 月，果期 8 月。

生于灌丛中或阔叶混交林中。产于中国广东、福建、江西。

岭南柿（柿树属）
Diospyros tutcheri **Dunn**

小乔木。叶薄革质，椭圆形，长8~12 cm，宽2.4~4.5 cm；叶柄长5~10 mm。雄聚伞花序由3朵花组成，生当年生枝下部，长1~2 cm，有长柔毛，总花梗长约5 mm；雄花花萼长1~2 mm，4深裂，花冠壶状，长7~8 mm，被毛，裂片4枚，雄蕊16枚，每2枚连生成对，腹面1枚较短，花药长圆形，先端有小尖头，花丝有柔毛，退化子房小，密被柔毛；花梗纤细，长6~8 mm；雌花生在当年生枝下部新叶叶腋，单生，花萼4深裂，花冠宽壶状，退化雄蕊4枚，线形，长3 mm，子房扁球形，长3 mm，8室；花梗长1~1.5 cm，有毛。果实球形，直径约2.5 cm；宿存萼增大；果柄长1~1.8 cm。花期4~5月，果期8~10月。

生于山谷水边、山坡密林或湿润处。产于中国广东、广西、湖南。

A335 报春花科 Primulaceae

九管血（紫金牛属）
Ardisia brevicaulis **Diels**

矮小灌木，具匍匐生根的根茎；直立茎高10~15 cm，幼嫩时被微柔毛，除侧生花枝外，无分枝。叶片坚纸质，狭卵形至长圆形，长7~16 cm，近全缘，具不明显的边缘腺点，叶面无毛，背面被细微柔毛，具疏腺点；叶柄长1~2 cm，被细微柔毛。伞形花序着生于侧生特殊花枝顶端；花梗长1~1.5 cm，花长4~5 mm，萼片具腺点；花瓣粉红色，卵形，长约5 mm，具腺点。果实球形，直径约6 mm，鲜红色，具腺点。花期6~7月，果期10~12月。

生于密林下、溪谷、阴湿的地方，海拔400~900 m。产于中国台湾至西南地区、湖北至广东地区。

小紫金牛（紫金牛属）华紫金牛
Ardisia chinensis **Benth.**

亚灌木状矮灌木，具蔓生走茎，高约35 cm，幼时被锈色细微柔毛及灰褐色鳞片。叶片坚纸质，倒卵形或椭圆形，顶端钝尖，基部楔形，长3~7.5 cm，宽1.5~3 cm，全缘或于中部以上具疏波状齿，叶面无毛，叶脉背面隆起，侧脉多数；叶柄长3~10 mm。亚伞形花序，单生叶腋，有花3~5朵；总梗与花梗近等长，长约1 cm，被疏柔毛；花长约3 mm，花萼仅基部连合，萼片三角状卵形，顶端急尖，长约1 mm，具缘毛；花瓣白色，广卵形，长约3 mm，两面无毛，无腺点；雄蕊为花瓣长的2/3，花药卵形，顶端急尖，具小尖头，背部具腺点；雌蕊与花瓣近等长，子房卵珠形，无毛；胚珠5颗，1轮。果实球形，直径约5 mm，由红变黑色，无毛，无腺点。花期4~6月，果期10~12月。

生于山谷林下、溪旁，海拔300~800 m。产于中国浙江、江西、湖南、广西、广东、福建、台湾。

朱砂根（紫金牛属）
Ardisia crenata **Sims**

灌木，高1~2 m。叶片椭圆形、椭圆状披针形至倒披针形，长7~15 cm，宽2~4 cm，边缘具皱波状或波状齿，具明显的边缘腺点，两面无毛。伞形花序或聚伞花序，着生于侧生特殊花枝顶端；花瓣白色，稀略带粉红色。果实球形，直径6~8 mm，鲜红色，具腺点。花期5~6月，果期10~12（翌年2~4）月。

生于林下阴湿的灌木丛中，海拔90~2400 m。产于中国西藏、台湾、湖北、海南。

百两金（紫金牛属）
Ardisia crispa **(Thunb.) A. DC.**

灌木，高 60~100 cm，具根茎，除侧生特殊花枝外，无分枝，花枝多。叶片纸质，椭圆状披针形，长 7~14 cm，宽 1.5~4 cm，全缘或略波状，具明显的边缘腺点，两面无毛，侧脉约 8 对；叶柄长 5~8 mm。亚伞形花序着生于侧生特殊花枝顶端；花梗长 1~1.5 cm，被微柔毛；花长 4~5 mm，萼片多少具腺点，无毛；花瓣白色或粉红色，卵形，长 4~5 mm，具腺点。果实球形，直径 5~6 mm，鲜红色，具腺点。花期 5~6 月，果期 10~12 月。

生于山谷、山坡林下，海拔 100~900 m。产于中国长江以南地区。

走马胎（紫金牛属）
Ardisia gigantifolia **Stapf**

灌木或亚灌木，高约 1 m，根茎粗厚；直立茎粗壮，通常无分枝。叶常簇生茎顶，叶片膜质，椭圆形，基部下延成狭翅，长 25~48 cm，宽 9~17 cm，边缘具密啮蚀状细齿，两面无毛，具疏腺点；叶柄长 2~4 cm，具波状狭翅。由多个亚伞形花序组成的大型圆锥花序，长 20~35 cm；花长 4~5 mm，萼片具腺点；花瓣白色或粉红色，具疏腺点。果实球形，直径约 6 mm，红色，无毛，多少具腺点。花期 2~6 月，果期 11~12 月。

生于山间林下，海拔 900 m。产于中国云南、贵州、广西、海南、广东、江西、福建。

灰色紫金牛（紫金牛属）
Ardisia fordii **Hemsl.**

小灌木，具匍匐状根茎。叶片坚纸质，椭圆状披针形或倒披针形，长 2.4~5.5 cm，宽 1~1.6 cm，全缘，无毛；叶柄长约 3 mm。伞形花序，少花，着生于侧生特殊花枝顶端；花梗长约 7 mm，常于近基部具苞片 2 枚；花长约 4 mm，花萼仅基部连合；花瓣红色或粉红色，广卵形，顶端急尖，具腺点，无毛，长约 4 mm；雄蕊为花瓣长的 3/4，花药卵形，顶端急尖，背部无腺点；雌蕊较花瓣略短，子房球形，无毛，具腺点；胚珠 5 颗，1 轮。果实球形，直径约 5 mm，有的达 8~9 mm，深红色，具疏鳞片，具腺点。花期 6~7(8) 月，果期 10~12 月，有时达 2 月。有的植株有上部枝开花，下部枝结果的情况。

生于林下阴湿的地方或溪旁，海拔 100~800 m。产于中国广东、广西。

大罗伞树（紫金牛属）郎伞木
Ardisia hanceana **Mez**

灌木，高 0.8~3 m；茎通常粗壮，无毛，除侧生特殊花枝外，无分枝。叶片坚纸质，椭圆状，基部楔形，长 10~17 cm，近全缘或具边缘反卷的疏突尖锯齿，齿尖具边缘腺点，两面无毛，背面近边缘通常具隆起的疏腺点，侧脉 12~18 对，隆起；叶柄长 1 cm。复伞房状伞形花序，无毛；花序轴长 1~2.5 cm；花梗长 1.1~2 cm，花长 6~7 mm，萼片具腺点或腺点不明显；花瓣白色或带紫色，长 6~7 mm；卵形，具腺点。果实球形，直径约 9 mm，深红色，腺点不明显。花期 5~6 月，果期 11~12 月。

生于山谷、山坡林下，海拔 500~900 m。产于中国浙江、安徽、江西、福建、湖南、广东、广西。

山血丹（紫金牛属）
***Ardisia lindleyana* D. Dietr.**

小灌木，高 1~2 m；除侧生特殊花枝外，无分枝。叶片革质，长圆形，基部楔形，长 10~15 cm，宽 2~3.5 cm，具微波状齿，齿尖具边缘腺点，边缘反卷，叶面无毛，背面被细微柔毛；叶柄长 1~1.5 cm，被微柔毛。亚伞形花序，单生或稀为复伞形花序；花梗长 8~12 mm；花长约 5 mm，萼片具缘毛或几无毛，具腺点；花瓣白色，具明显的腺点。果实球形，直径约 6 mm，深红色，微肉质，具疏腺点。花期 5~7 月，果期 10~12 月。

生于山谷、山坡林下、水旁，海拔 300~900 m。产于中国浙江、江西、福建、湖南、广东、广西。

虎舌红（紫金牛属）红毛毡、老虎脷
***Ardisia mamillata* Hance**

矮小灌木，具匍匐的木质根茎，直立茎高不超过 15 cm。叶几簇生于茎顶端，叶片坚纸质，长圆状倒披针形，长 7~14 cm，宽 3~5 cm，边缘具不明显的疏圆齿，两面被锈色或紫红色糙伏毛，具腺点；叶柄长 5~15 mm，被毛。伞形花序单一，着生于侧生特殊花枝顶端；花梗长 4~8 mm，被毛；花长 5~7 mm，萼片两面被长柔毛；花瓣粉红色；卵形；具腺点。浆果球形，直径约 6 mm，鲜红色，多少具腺点。花期 6~7 月，果期 11 月至翌年 1 月，有时达 6 月。

生于山谷密林下、溪旁，海拔 500~900 m。产于中国四川、贵州、云南、湖南、广西、海南、广东、福建。

心叶紫金牛（紫金牛属）
***Ardisia maclurei* Merr.**

亚灌木，具匍匐茎；直立茎高 4~15 cm，幼时密被锈色长柔毛，以后无毛。叶互生，坚纸质，长圆状椭圆形，顶端急尖或钝，基部心形，长 4~6 cm，边缘具不整齐的粗锯齿及缘毛，两面均被疏柔毛；叶柄长 0.5~2.5 cm，被锈色疏柔毛。亚伞形花序近顶生，被锈色长柔毛，有花 3~6 朵；花梗长 3~6 mm；花萼被锈色长柔毛，无腺点；花瓣淡紫红色，长约 4 mm，无腺点。果实球形，直径约 6 mm，暗红色。花期 5~6 月，果期 12 月至翌年 1 月。

生于密林下，水旁、石缝间阴湿的地方，海拔 200~900 m。产于中国贵州、广西、海南、广东、台湾。

光萼紫金牛（紫金牛属）
***Ardisia omissa* C. M. Hu**

常绿亚灌木。茎通常单一，高 1.5~6(10) cm，无毛。叶螺旋状或近莲座状；叶柄 3~4 mm，具短柔毛；叶片长圆状椭圆形，或倒卵状椭圆形，长 (6)8~16.5 cm，宽 2.5~6 cm，纸质，具紧贴柔毛，侧脉每侧 6~10 条，背面突起。花序腋生，近伞形，2~4 朵花；花序花葶状，2~4(5) cm，锈色短柔毛；苞片长圆形，5~6 mm，短柔毛近基部，钝到锐尖；小苞片 1~2(3) mm，红色具点。花萼约 3 mm，全裂至基部；裂片长圆状披针形，无毛，红色具点，先端钝。花冠玫瑰色，成管状；裂片狭卵形。花丝长约 0.4 mm；花药披针形，长约 3 mm，具细尖。子房无毛，胚珠 4 或 5 颗，花柱长约 3 mm。核果球状，直径 4~5 mm，红色，后变黑色。花期 7 月，果期 11 月至翌年 4 月。

生于近沟边、密林中，海拔 200~700 m。产于中国广东、广西。

莲座紫金牛（紫金牛属）毛虫药、落地紫金牛

Ardisia primulifolia **Gardn. & Champ.**

近于无茎半灌木。叶基生呈莲座状，膜质，椭圆形或矩圆状椭圆形，长 6~15 cm，宽 2.5~8 cm，顶端圆形或极钝，边缘有波状圆齿，有腺点，下面有腺点，两面有卷缩分节的褐色毛，侧脉 6~8 对，被卷曲毛。伞形或复伞形花序在莲座叶中央；总花梗长 3~7.5 cm，花梗 3~6 mm；花长 3~6 mm；萼片卵状披针形，外面有少数腺点和稀疏卷缩分节毛；花冠裂片卵形，钝，长与萼片几相等，淡红色；雄蕊短于花冠裂片，花药披针形，背面有腺点；雌蕊稍短于花瓣。果实球形，直径 4~6 mm，熟时鲜红色，有稀少腺点。花期 6~7 月，果期 11~12 月。

生于山地、山谷、水旁林下，海拔 600~900 m。产于中国湖南、江西、福建、广东、海南、广西、贵州、云南。

罗伞树（紫金牛属）火屎炭树、火泡树

Ardisia quinquegona **Blume**

常绿小乔木，高 2~6 m；有时具地下茎。小枝细，无毛，有纵棱，嫩时被锈色鳞片。叶片坚纸质，长圆状披针形，长 8~16 cm，宽 2~4 cm，全缘；叶柄长 5~10mm，幼时被鳞片。聚伞花序腋生，长 3~5 cm，花枝长达 8 cm；花长约 3 mm，萼片三角状卵形，顶端急尖，长 1 mm，具疏缘毛及腺点；花瓣白色，广椭圆状卵形，长约 3 mm，具腺点；雌蕊常超出花瓣。核果状浆果扁球形，具钝棱 5 条，直径 5~7 mm，无腺点。花期 5~6 月，果期 12 月或 2~4 月。

生于山坡、山谷林中，海拔 200~900 m。产于中国四川、云南、广西、海南、广东、福建、台湾。

九节龙（紫金牛属）

Ardisia pusilla **A. DC.**

亚灌木状小灌木，长达 40 cm，蔓生，具匍匐茎。直立茎高不及 10 cm，幼时密被长柔毛，后几无毛。叶对生或近轮生，叶椭圆形或倒卵形，基部宽楔形或近圆，长 2.5~6 cm，有锯齿和细齿，具疏腺点，上面被糙伏毛，毛基部常隆起，下面被柔毛或长柔毛，中脉为多，侧脉 7 对，明显，直达齿间或连成不明显边脉；叶柄长 5 mm，被毛。伞形花序，单一，侧生，被长柔毛、柔毛或长硬毛；花序梗长 1~3.5 cm。花梗长 6 mm；花长 3~4 mm，萼片披针状钻形；花瓣白或微红色，花药卵形，背部具腺点。果径 5 mm，红色，具腺点。花期 5~7 月，果期与花期相近。

酸藤子（酸藤子属）甜酸叶、酸果藤

Embelia laeta **(L.) Mez**

攀援灌木，长 1~3 m；幼枝无毛，老枝具皮孔。叶片有酸味，坚纸质，倒卵形，顶端圆钝，基部楔形，长 3~4 cm，宽 1~1.5 cm，全缘，两面无毛，中脉微凹，侧脉不清晰，背面常被薄白粉，并有褐色腺点；叶柄长 5~8 mm。总状花序，生于前年无叶枝上，长 3~8 mm，被细微柔毛，有花 3~8 朵；花 4 数，长约 2 mm，萼片无毛，具腺点；花瓣白色或带黄色，卵形，长约 2 mm，具缘毛，里面密被乳头状突起，具腺点。浆果状核果平滑或有纵皱缩条纹和少数腺点，球形，直径约 5 mm。花期 12 月至翌年 3 月，果期 4~6 月。

生于山坡林下、灌木丛中，海拔 100~900 m。产于中国云南、广西、海南、广东、江西、福建、台湾。

当归藤（酸藤子属）小花酸藤子

***Embelia parviflora* Wall.**

攀援灌木或藤本；小枝密被锈色长柔毛。叶2列，叶片坚纸质，卵形，长1~2 cm，宽0.6~1 cm。亚伞形花序或聚伞花序，腋生，长5~10 mm，被锈色长柔毛；花5数；雌蕊在雌花中与花瓣等长。浆果球形，直径5 mm或略小，暗红色，无毛，宿存萼反卷。花期12月至翌年5月，果期5~7月。

生于山间密林中、林缘或灌木丛中，土质肥润的地方，海拔300~900 m。产于中国西藏、云南、贵州、广西、海南、广东、福建、浙江。

厚叶白花酸藤果（酸藤子属）

***Embelia ribes* Burm. f. subsp. *pachyphylla* (Chun ex C. Y. Wu & C. Chen) Pipoly & C. Chen**

本变种与原种的主要区别是，树皮光滑，很少具皮孔；小枝密被柔毛，极少无毛；叶片厚，革质或几肉质，稀坚纸质，叶面光滑，常具皱纹，中脉下陷，背面被白粉，中脉隆起，侧脉不明显；果实较小，直径2~3 mm。

生于林下或灌木丛中，海拔700~900 m。产于中国云南、广西、海南、广东。

白花酸藤果（酸藤子属）牛尾藤

***Embelia ribes* Burm. f.**

攀援灌木，长3~6 m。枝条无毛，老枝有明显的皮孔。叶片坚纸质，椭圆形，长5~9 cm，宽约3.5 cm，全缘，中脉隆起，侧脉不明显，两面无毛；叶柄长5~10 mm，两侧具狭翅。圆锥花序顶生，长5~15 cm，被疏乳头状突起或密被微柔毛；花5数，稀4数，萼片三角形，外面被柔毛；花瓣淡绿色或白色，椭圆形，长1.5~2 mm，外面被疏微柔毛。浆果球形或卵形，直径3~4 mm，红色或深紫色，无毛，干时具皱纹或隆起的腺点。花期1~7月，果期5~12月。

生于林下或灌木丛中，海拔100~900 m。产于中国西藏、云南、贵州、广西、海南、广东、福建。

平叶酸藤子（酸藤子属）

***Embelia undulata* (Wall.) Mez**

攀援灌木、藤本或小乔木，高2~4 m。小枝无毛，叶片坚纸质，椭圆形或长圆状椭圆形，顶端急尖或渐尖，基部楔形，长4~9.5 cm，宽2~4 cm，全缘，两面无毛，中脉叶面平整，背面隆起，侧脉多数；叶柄长1~1.5 cm。总状花序，侧生或腋生，长1~2 cm，被微柔毛，基部具覆瓦状排列的苞片；花梗长1.5~3 mm，被微柔毛；小苞片三角状卵形，具缘毛；花4数，长2~3 mm，花萼基部连合达1/3，萼片卵形或三角状卵形，具密腺点；花瓣淡黄色或绿白色，分离，椭圆形至卵形，长约2.5 mm，密布腺点，里面被乳突；雄蕊在雄花中长过花瓣，基部与花瓣合生，花药背部具腺点。果实球形或扁球形，直径6~8mm，有纵肋及腺点。花期4~6月，果期9~11月。

生于密林、山坡灌丛、溪谷中，海拔100~900 m。产于中国湖南、江西、福建、广东、海南、广西、贵州、云南、四川。

密齿酸藤子（酸藤子属）网脉酸藤子
***Embelia vestita* Roxb.**

攀援灌木，高 5 m 以上；小枝无毛，具皮孔。叶片坚纸质，卵状长圆形，长 5~11 cm，宽 2~3.5 cm，边缘具细据齿，两面无毛，中脉下凹，侧脉多数，细脉网状；叶柄长 4~8 mm，两侧微折皱，具狭翅。总状花序腋生，长 2~5 cm，被细茸毛；花 5 数，长约 2 mm，萼片卵形，具缘毛，两面无毛；花瓣淡绿色或白色或粉红色，狭长圆形，长约 2 mm，外面无毛。浆果状核果近球形，直径约 5 mm，蓝黑色或带红色，具腺点。花期 10~11 月，果期 10 月至翌年 2 月。

生于山坡灌木丛、林中，海拔 200~900 m。产于中国湖南、浙江、福建、台湾、广东、海南、广西、贵州、云南、四川、西藏。

泽珍珠菜（珍珠菜属）
***Lysimachia candida* Lindl.**

一至二年生草本，全体无毛。基生叶匙形，长 2.5~6 cm，具有狭翅的柄；茎叶互生，叶片倒卵形至线形，长 1~5 cm，宽 2~12 mm，基部下延，全缘或呈皱波状，两面有黑色或带红色的小腺点，近于无柄。总状花序顶生，果时长 5~10cm；花梗长达 1.5 cm；花萼长 3~5 mm，分裂近达基部；花冠白色，长 6~12 mm；雄蕊稍短于花冠；子房无毛，花柱长约 5 mm。蒴果球形，直径 2~3 mm。花期 3~6 月；果期 4~7 月。

生于田边、溪边和山坡路旁，海拔 100~900 m。产于中国陕西、河南、山东及长江以南地区。

广西过路黄（珍珠菜属）
***Lysimachia alfredii* Hance**

茎簇生，高 10~30 (45) cm，被褐色多细胞柔毛。叶对生，上部叶较大，叶片卵状披针形，长 3.5~11 cm，宽 1~5.5 cm，被毛，密布黑色腺条和腺点；叶柄被毛。总状花序顶生，近头状；花序轴长 1 cm；苞片密被糙伏毛；花梗密被柔毛；花萼长 6~8 mm，分裂近达基部，裂片狭披针形，背面被毛，有黑色腺条；花冠黄色，长 10~15 mm，基部合生部分长 3~5 mm，裂片密布黑色腺条；花丝下部合生。蒴果近球形，褐色，直径 4~5 mm。花期 4~5 月，果期 6~8 月。

生于山谷溪边、沟旁湿地、林下和灌丛中，海拔 200~900 m。产于中国贵州、广西、广东、湖南、江西、福建。

临时救（珍珠菜属）
***Lysimachia congestiflora* Hemsl.**

茎下部匍匐，上部上升，长 6~50 cm，密被多细胞卷曲柔毛。叶对生，叶片阔卵形，长 1~4 cm，宽 1~3 cm，基部近圆形，两面被具节糙伏毛，近边缘有腺点；叶柄具草质狭边缘。花 2~4 朵集生茎端和枝端成近头状的总状花序；花梗极短；花萼分裂近达基部，裂片披针形，背面被疏柔毛；花冠黄色，内面基部紫红色，基部合生，5 裂，散生腺点；花丝下部合生成筒；子房被毛，花柱长 5~7 mm。蒴果球形，直径 3~4 mm。花期 5~6 月，果期 7~10 月。

生于水沟边和山坡林缘、草地等湿润处，海拔 200~900 m。产于中国秦岭南坡以南地区。

大叶过路黄（珍珠菜属）

***Lysimachia fordiana* Oliv.**

根茎粗短，多数纤维状根。茎簇生，直立，高 30~50 cm，散布黑色腺点。叶对生，叶片长 6~18cm，宽 3~10 (12.5) cm，两面密布黑色腺点。花序为近头状的总状花序；苞片卵状披针形，长 1~1.5 cm，密布黑色腺点；花萼长 6~12 mm，分裂近达基部；花冠黄色，长 1.2~1.9 cm，基部合生部分长 4~5 mm，裂片长圆状披针形，有黑腺点；花丝下部合生；子房卵珠形，花柱长约 7 mm。蒴果近球形，直径 3~4 mm，常有黑色腺点。花期 5 月；果期 7 月。

生于密林中和山谷溪边湿地上，海拔 800 m。产于中国云南、广西、广东。

星宿菜（珍珠菜属）红根草

***Lysimachia fortunei* Maxim.**

多年生草本，全株无毛。叶片长圆状披针形至狭椭圆形，先端渐尖，基部渐狭，有黑色腺点。总状花序顶生，长 10~20 cm；花冠白色，长约 3 mm，基部合生部分长约 1.5 mm，裂片椭圆形或卵状椭圆形，有黑色腺点。蒴果球形，直径 2~2.5 mm。花期 6~8 月，果期 8~11 月。

生于沟边、田边等低湿处，海拔 100~900 m。产于中国湖南、江西、江苏、浙江、福建、台湾、广东、海南、广西。

狭叶落地梅（珍珠菜属）

***Lysimachia paridiformis* Franch. var. *stenophylla* Franch.**

叶 6~18 枚轮生茎端，叶片披针形至线状披针形。花较大，长可达 17mm；花梗长可达 3cm。

生于林下和阴湿沟边。产于中国云南、贵州、重庆、湖南、广西、广东。

阔叶假排草（珍珠菜属）

***Lysimachia petelotii* Merr.**

茎自横走的根茎发出，单生或 2 条丛生，直立，高 20~60 cm，老时木质，有条纹或略具棱角，顶部具叶，多少被无柄腺体，下部通常仅有少数叶痕。叶互生，聚集于茎端，椭圆形，近等大，长 4~18 cm，宽 2~7 cm，下面被无柄腺体；叶柄短，长仅 3~7 mm。花 1~2 朵生于叶腋长仅 1~2 mm 的短枝端；花梗长 1.2~2.5 cm，多少具无柄腺体；花冠黄色，分裂近达基部，裂片长圆形，长约 1.2 cm。蒴果球形，直径 5~6 mm。花期 6 月。

生于石灰岩基质的疏林，海拔 600~900 m。产于中国广东、广西、湖南、贵州、四川、云南。

毛穗杜茎山（杜茎山属）

***Maesa insignis* Chun**

灌木；小枝纤细，密被长硬毛；髓部空心。叶片坚纸质或纸质，椭圆形或椭圆状卵形，两面被糙伏毛；叶柄长约 5 mm，密被长硬毛。总状花序，腋生，长约 6 cm，总梗、苞片、花梗、花萼及小苞片均被长硬毛；花冠黄白色，长约 2 mm，钟形；雄蕊在雌花中退化，在雄花中内藏，着生于花冠管中部；雌蕊长不超过雄蕊。果实球形，直径约 5 mm，白色，略肉质，被长硬毛，宿存萼包果顶端，常冠以宿存花柱。花期 1~2 月，果期约 11 月。

生于山坡、丘陵地疏林下。产于中国贵州、广西、广东。

金珠柳（杜茎山属）

***Maesa montana* A. DC.**

灌木或小乔木。叶片坚纸质，椭圆状，边缘具粗锯齿或疏波状齿，齿尖具腺点；叶柄长 1~1.5 cm。总状花序或圆锥花序，常于基部分枝，腋生，长 2~7(10) cm，被疏硬毛；花冠白色，钟形，长约 2 mm；雄蕊着生于花冠管中部，内藏；花丝与花药等长；雌蕊不超过雄蕊。果实球形或近椭圆形，直径约 3 mm，幼时褐红色，成熟后白色。花期 2~4 月，果期 10~12 月。

生于山间杂木林下或疏林下，海拔 400~900 m。产于中国福建、台湾、广东、海南、广西、贵州、云南、四川、西藏。

杜茎山（杜茎山属）金砂根、白茅茶

***Maesa japonica* (Thunb.) Moritzi**

直立或攀援灌木。小枝无毛，具细条纹，疏生皮孔。叶片薄革质，椭圆形至披针状椭圆形，长 5~15 cm，宽 2~5 cm，几全缘或中部以上具疏锯齿，两面无毛；叶柄长 5~13 mm。总状花序或圆锥花序，腋生，长 1~4 cm，无毛；花梗长 2~3 mm；花萼长约 2 mm，萼片长约 1 mm，卵形，具脉状腺条纹，具细缘毛；花冠白色，长钟形，管长 3.5~4 mm，具腺条纹。浆果球形，直径 4~5 mm，肉质，具脉状腺条纹，宿存萼包果顶端。花期 1~3 月，果期 10 月至翌年 5 月。

生于石灰岩山林下、路旁、溪边灌丛中，海拔 300~900 m。产于中国长江以南地区。

鲫鱼胆（杜茎山属）空心花、冷饭果

***Maesa perlarius* (Lour.) Merr.**

小灌木，高 1~3 m；小枝被长硬毛或短柔毛，有时无毛。叶片纸质，广椭圆状卵形，长 7~11 cm，宽 3~5 cm，边缘从中下部以上具粗锯齿，叶背具长硬毛，叶柄长 7~10 mm，被长硬毛或短柔毛。总状花序或圆锥花序腋生，长 2~4 cm，被长硬毛和短柔毛；花长约 2 mm，萼片广卵形，具脉状腺条纹；花冠白色，钟形，具脉状腺条纹。果实球形，直径约 3 mm，无毛，具脉状腺条纹。花期 3~4 月，果期 12 月至翌年 5 月。

生于山坡、路边疏林、灌丛中，海拔 200~900 m。产于中国台湾、广东、海南、广西、贵州、云南、四川。

柳叶杜茎山（杜茎山属）

Maesa salicifolia E. Walker

直立灌木，高约 2 m；小枝圆柱形，无毛，具细条纹，有时具皮孔。叶片革质，狭长圆状披针形，顶端渐尖，基部钝，长 10~20 cm 或略长，全缘，多皱纹，脉间肿胀，边缘强烈反卷，两面无毛，侧脉 5~7 对；叶柄长 5~12 mm，具槽。总状花序或小圆锥花序，腋生；近基部有时有少数分枝，单生或 2~3 条簇生；苞片卵形，顶端急尖；萼片卵形至广卵形，具腺点或脉状腺条纹；花冠白色或淡黄色，管状或管状钟形，长 3~4 mm，具脉状腺条纹，裂片广卵形。果实红色，球形或近卵圆形，直径约 4 mm，具脉状腺条纹及皱纹，宿存萼包果顶部，常冠以宿存花柱。花期 1~2 月，果期 9~11 月。

生于石灰岩山坡、杂木林中、阴湿的地方，海拔 100~600 m。产于中国广东。

针齿铁仔（铁仔属）

Myrsine semiserrata Wall.

大灌木，高 3~7 m。小枝无毛，圆柱形，因叶柄下延而具棱角。叶片坚纸质至近革质，椭圆形至披针形，基部楔形，长 5~9 cm，宽 2~3.5 cm，中部以上具刺状细锯齿，两面无毛，细脉网状，具疏腺点；叶柄长约 5 mm。伞形花序腋生，有花 3~7 朵，每花基部具 1 枚苞片；花 4 数；花冠白色至淡黄色，基部近连合，裂片长椭圆形、长圆形，具腺点，具缘毛；雄蕊与花冠近等长，花丝短，着生于花冠管上，花药在雌花中退化；雌蕊被微柔毛，柱头 2 裂，流苏状。果实球形，直径 5~7 mm，紫黑色，具密腺点。花期 2~4 月，果期 10~12 月。

生于山坡林内、路旁、沟边，海拔 500~900 m。产于中国湖北、湖南、广西、广东、四川、贵州、云南、西藏。

密花树（铁仔属）狗骨头、打铁树

Myrsine seguinii H. Lév.

小乔木。小枝初时被红色茸毛，后无毛，具皱纹。叶片革质，长圆状倒披针形，顶端急尖或钝，基部渐狭下延，长 7~17 cm，宽 1.3~6 cm，全缘，边缘有腺点，两面无毛，中脉凹陷，侧脉不明显；叶柄长约 1 cm。伞形花序或花簇生于叶腋具鳞片的极短枝上，有花 3~10 朵；花长 2~4 mm，花萼仅基部连合，萼片卵形；花瓣白色或淡绿色，花时反卷，长 3~4 mm，卵形，具腺点，里面和边缘密被乳突。果实近卵形，直径 4~5 mm，灰绿色或紫黑色，有长条纹和腺点。花期 4~5 月；果期 10~12 月。

生于混交林中、林缘、路旁灌丛中，海拔 700~900 m。产于中国长江以南地区。

光叶铁仔（铁仔属）匍匐铁仔

Myrsine stolonifera (Koidz.) Walker

灌木，高达 2 m。全株无毛。叶片坚纸质至近革质，椭圆状披针形，基部楔形，长 6~10 cm，宽 1.5~3 cm，全缘或顶部具齿，两面密布小窝孔，中脉下凹，侧脉不明显，边缘具腺点；叶柄长 5~8 mm。伞形花序或花簇生，腋生，有花 3~4 朵；花梗长 2~3 mm；花 5 数，长约 2 mm，萼片狭椭圆形，具明显的腺点；花冠基部连合成极短的管，里面密被乳突，裂片长圆形，具明显的腺点。果实球形，直径约 5mm，蓝黑色。花期 4~6 月，果期 12 月至翌年 12 月。

生于林中、沟谷中，海拔 300~900 m。产于中国长江以南地区。

A336 山茶科 Theaceae

长尾毛蕊茶（山茶属）

Camellia caudata **Wall.**

小乔木，嫩枝密被柔毛。叶薄革质，披针形，长 5~12 cm，宽 1~2 cm，尾长 1~2 cm，下面有长丝毛，边缘有细锯齿，叶柄有柔毛。花腋生及顶生，花柄长 3~4 mm，有短柔毛；苞片 3~5 枚，宿存，萼杯状，5 枚，有毛，宿存；花瓣 5 枚，长 10~14mm，外侧有短柔毛，基部 2~3 mm 彼此相连合且和雄蕊连生；雄蕊长 10~13 mm；子房有茸毛，花柱长 8~13 mm，有灰毛，先端 3 浅裂。蒴果圆球形，直径 1.2~1.5 cm，被毛，1 室，种子 1 颗。花期 10 月至翌年 3 月。

生于常绿阔叶林、灌丛中，海拔 200~900 m。产于中国湖北、湖南、福建、广东、广西、云南、西藏。

尖连蕊茶（山茶属）

Camellia cuspidata **(Kochs) H. J. Veitch.**

灌木，嫩枝有短柔毛。叶革质，披针形，长 4~6 cm，宽 1~1.5 cm，先端尾状渐尖，尾长 1~1.5 cm，基部楔形，中脉有短柔毛，边缘有相隔 1~3 mm 的细锯齿，叶柄长 1~2 mm，有短柔毛。花顶生，花柄长 1~2 mm；苞片 5 枚，卵形，先端尖，长 1~2 mm；萼片 5 枚，仅基部稍连生；花瓣 7 枚，白色，基部相连，倒卵形，长 8~11 mm；雄蕊长 7~9 mm，花丝分离，或基部略连生，花柱长 8~12 mm，先端 3 浅裂。花期 3 月。

生于山坡林中、灌丛、林缘、沟边，海拔 300~900 m。产于中国安徽、福建、广东、广西、贵州、湖北、湖南、江西、陕西、四川、云南、浙江。

心叶毛蕊茶（山茶属）

Camellia cordifolia **(F. P. Metcalf) Nakai**

灌木至小乔木，嫩枝有长粗毛。叶革质，长圆状披针形，长 6~10 cm，宽 1.5~3 cm，基部微心形，下面有稀疏褐色长毛，边缘有细锯齿，叶柄长 2~4 mm，有披散粗毛。花腋生及顶生，单生或成对，花柄长 2~3 mm，有毛；苞片及萼片皆背面有毛；花冠白色，花瓣 5 枚，外侧 1~2 枚几完全分离，背面有毛，基部与雄蕊连生；子房有长丝毛；花柱长 8~12 mm，多毛，先端 3 浅裂。蒴果近球形，长 1.4 cm，2~3 室，每室有种子 1~3 颗。花期 10~12 月。

生于密林中、沟谷溪边，海拔 200~900 m。产于中国湖南、江西、福建、广东、广西、贵州、云南。

糙果茶（山茶属）博白大果茶、糙果油茶

Camellia furfuracea **(Merr.) Cohen-Stuart**

灌木至小乔木，高 2~6 m，嫩枝无毛。叶革质，长圆形至披针形，长 8~15 cm，宽 2.5~4 cm，侧脉 7~8 对，网脉下面突起，边缘有密细锯齿，叶柄长 5~7 mm。花 1~2 朵，顶生及腋生，无柄，白色；花瓣 7~8 枚，最外 2~3 枚过渡为萼片，花瓣状，内侧 5 枚，背面上部有毛；雄蕊长 1.3~1.5 cm；子房有长丝毛，花柱 3 枚，分离，有毛，长 1~1.7 cm。蒴果球形，直径 2.5~4 cm，3 室，每室有种子 2~4 颗，呈 3 片裂开，果皮厚约 2~3 mm，表面多糠秕，中轴三角形。

生于林下，海拔 200~900 m。产于中国广东、海南、广西、湖南、福建、台湾、江西。

大苞山茶（山茶属）

***Camellia granthamiana* Sealy**

乔木，高 8 m，嫩枝无毛，或略有微毛，很快变秃。叶革质，椭圆形或长椭圆形，长 8~11 cm，宽 2.7~4.5 cm，先端急渐尖，基部圆形或钝；侧脉 6~7 对，在上面陷下，在下面突起，边缘有锯齿。花白色，单生于枝顶，直径 10~14 cm，无柄；苞片及萼片 12 枚，宿存。花瓣 8~10 枚。蒴果圆球形，直径 4~6 cm，完全被宿存萼片及苞片包着。

生于常绿林中，海拔 100~300 m。产于中国广东。

落瓣短柱茶（山茶属）

***Camellia kissi* Wall.**

灌木至小乔木，嫩枝有柔毛。叶革质，长圆形或椭圆形，长 5~7 cm，宽 1.5~3 cm，先端渐尖或长尾状，基部楔形或略钝，上面干后深绿色，略有光泽，无毛，下面浅绿色，无毛，侧脉约 7 对，与网脉在上面陷下，在下面略突起，边缘密生锐利细锯齿，齿刻相隔 1.5~2 mm，叶柄长 4~6 mm，略有短毛。花白色，顶生或腋生，几无柄；苞被片 9~10 枚，阔卵形，长 2~7 mm，背面有稀疏绢毛，花开后脱落；花瓣 7 枚，倒卵形，长 1.2~1.5 cm，先端圆或 2 浅裂，基部分离，背面略有绢毛，内侧的常秃净。雄蕊长 6~9 mm，基部略连生，与花瓣常分离，无毛；子房有长丝毛，花柱 3 枚或 3 深裂，长 5~6 mm，无毛。蒴果梨形或近球形，两端略尖，长 2cm，3 爿裂开，果爿厚 1.2 mm，种子每室 1 颗，中轴细长。花期 11~12 月。

生于林下、灌丛中，海拔 300~900 m。产于中国广东、海南、广西、云南。

广东毛蕊茶（山茶属）

***Camellia melliana* Hand.- Mazz.**

灌木，嫩枝有褐色茸毛。叶长圆披针形，薄革质，长 3~5 cm，宽 1~1.3 cm，先端渐尖而有一钝的尖头，基部圆形，上面中脉有毛，下面中脉被长丝毛，边缘密生细锯齿，叶柄长 1~2 mm，有茸毛。花生枝顶叶腋，常与营养枝的芽体同时开放；苞片 4 枚，卵形，有长丝毛；萼片 5 枚，阔卵形或近圆形，背面多长茸毛；花冠白色，长约 12 mm；花瓣 5~6 枚，基部 3 mm 与雄蕊连生，最外侧 2~3 枚，几乎完全离生。蒴果近球形，长 1~1.2 cm，宽 9~10 mm，先端有小尖突，基部有宿存萼片，被贴生长丝毛，或近于秃净，1 室，种子 1 颗。

模式标本采自中国广东龙门县与广州市增城区之间的三角山。

油茶（山茶属）茶油树、白花茶

***Camellia oleifera* Abel**

灌木或中乔木。嫩枝有粗毛。叶革质，椭圆形、长圆形或倒卵形，先端尖而有钝头，有时渐尖或钝，基部楔形，长 5~7 cm，宽 2~4 cm，上面中脉有粗毛或柔毛，下面中脉无毛或有长毛，边缘有细锯齿。花顶生，近于无柄，苞片与萼片约 10 枚，花瓣白色。蒴果球形或卵圆形，直径 2~4 cm，3 室或 1 室，3 爿或 2 爿裂开，每室有种子 1 或 2 颗。花期冬、春季。

生于灌丛、林缘、沟谷中，海拔 200~900 m。中国长江以南地区广泛栽培。

柳叶毛蕊茶（山茶属）

***Camellia salicifolia* Champ. ex Benth.**

灌木至小乔木，嫩枝纤细，密生长丝毛。叶薄纸质，披针形，长 6~10 cm，宽 1.4~2.5 cm，有时更长，先端尾状渐尖，基部圆形，上面干后带褐色，无光泽，沿中脉有柔毛，下面有长丝毛，侧脉 6~8 对，在上下两面均能见，边缘密生细锯齿，叶柄长 1~3 mm，密生茸毛。花顶生及腋生，花柄被长丝毛。花冠白色，长 1.5~2 cm；花瓣 5~6 枚。蒴果圆球形或卵圆形，长 1.5~2.2 cm，宽 1.5 cm，1 室，种子 1 颗，果爿薄。花期 8~11 月。

生于林下、灌丛中，海拔 300~800 m。产于中国江西、福建、台湾、广东、广西。

大果南山茶（山茶属）

***Camellia semiserrata* C. W. Chi var. *magnocarpa* Hu & T. C. Huang**

小乔木，高 6~7 m，嫩枝无毛。叶革质，椭圆形，长 8~16 cm，宽 4~7 cm，先端急尖，尖头长 2 cm，基部阔楔形，上面干后绿色，发亮，下面浅绿色，无毛；侧脉 6~7 对，在上下两面均明显，边缘除近基部 1/5~1/4 外，具锐利锯齿；叶柄长 1~1.8 cm，花红色，单生于近枝顶叶腋内，无柄，直径 5~6 cm；苞片及萼片 9~10 枚，革质，最内侧数片长 1.3~1.7 cm，被黄褐色柔毛；花瓣 7~9 枚，倒卵圆形，长 2.5~4 cm，最外侧数片被灰色短柔毛；雄蕊长 2.2 cm，花丝管长 1 cm，与游离花丝均无毛；子房 3 室，无毛，花柱长 2~2.5 cm，先端 3 裂。蒴果圆球形，直径 4~6 cm，3 爿裂开，果爿木质，厚 1 cm，种子有毛。

生于林下，海拔 200~500 m。产于中国广东、广西。

南山茶（山茶属）红花油茶、广宁油茶、红花大油茶

***Camellia semiserrata* C. W. Chi**

小乔木，嫩枝无毛。叶革质，椭圆形或长圆形，长 9~15 cm，宽 3~6 cm，先端急尖，基部阔楔形，两面无毛，网脉不明显，边缘上部有疏而锐利的锯齿。花顶生，无柄，直径 7~9 cm；苞片及萼片 11 枚，花开后脱落；花瓣 6~7 枚，红色，阔倒卵圆形，长 4~5 cm，宽 3.5~4.5 cm，基部连生约 7~8 mm；雄蕊排成 5 轮，长 2.5~3 cm，外轮花丝下部 2/3 连生，内轮雄蕊离生；子房被毛，花柱长 4 cm，顶端 3~5 浅裂。蒴果卵球形，直径 4~8cm，果皮厚木质，厚 1~2 cm，表面平滑。

生于山地，海拔 200~350 m。产于中国广东西江一带及广西的东南部，模式标本采自广东广宁县。

粗毛核果茶（核果茶属）

***Pyrenaria hirta* (Hand.–Mazz.) H. Keng**

乔木，高 3~8 m，嫩枝有褐色粗毛。叶革质，长圆形，长 6~13 cm，宽 2.5~4 cm，有时长达 15 cm，宽 5.5 cm，先端尖锐，基部楔形，上面发亮，下面有褐毛，干后变红褐色，侧脉 8~13 对，边缘有细锯齿，叶柄长 6~10 mm，有毛。花直径 2.5~4.5 cm，白色或淡黄色，花柄长 3~7 mm，有毛；苞片卵形，长 4~5mm；萼片 10 枚，近圆形，长 5~10 mm，外面有毛，内面秃净；花瓣长 1.5~2 cm，外面有毛；子房 3 室，每室有胚珠 2~3 颗；花柱长 6~8 mm，下半部有毛。蒴果纺锤形，长 2~2.5 cm，宽 1.5~1.8 cm，两端尖，种子长 7~10 mm。

生于河谷林下，海拔 100~900 m。产于中国贵州、云南、湖北、湖南、广西、广东、江西。

小果核果茶（核果茶属）小果石笔木、无柄石笔木

***Pyrenaria microcarpa* (Dunn) H. Keng**

常绿小乔木，嫩枝初时有微毛，以后变秃。叶薄革质，长圆形，长 9~12 cm，宽 2.5~4 cm，先端尖锐，基部楔形，上面发亮，下面初时有稀疏微毛，以后变秃，侧脉 8~10 对，在两面均能见，边缘有细锯齿，叶柄长 5~8 mm。花单生于枝顶叶腋，花柄长 3~4 mm，有毛；苞片 2 枚，半圆形，长 3 mm，宽 4.5 mm，有毛；萼片 5 枚，圆形，长 6~10 mm，有灰色绢毛；花瓣 5 枚，白色或淡黄色，倒卵形，长 1.5 cm，背面有毛；雄蕊长 7~9 mm，无毛。子房 3 室，有毛，花柱长 6 mm，无毛。蒴果近球形，长 1.5~1.8 cm，宽 1.5 cm，3 爿裂开，每室有种子 2~3 颗，中柱三角形，种子长 1 cm。花期 6~7 月，果期 10~11 月。

生于林下，海拔 100~900 m。产于中国安徽、江西、浙江、福建、台湾、广东、海南、广西、贵州。

长柱核果茶（核果茶属）

***Pyrenaria spectabilis* (Champ. ex Benth.) C. Y. Wu & S.X. Yang var. *greeniae* (Chun) S. X. Yang**

小乔木，高 2 m，嫩叶无毛。叶革质，椭圆形，长 9~14 cm，宽 3~5 cm，先端稍尖或钝，基部楔形，上面橄榄绿色，有光泽，下面黄绿色，无毛，侧脉 8~9 对，边缘有钝齿，叶柄长 1~1.8 cm。蒴果三角锥形，长 3 cm，宽 1.5 cm，先端尖喙，基部圆，喙长 7 mm，有 3 条纵沟，3 爿裂开，果爿厚 1.5 mm，每室有种子 1~2 个；种子压扁，长 1.5 cm；果柄长 1 cm，宿存萼片近圆形，直径 6~7 mm。

生于常绿阔叶林中，海拔 300~900 m。产于中国福建、广东、广西、湖南、江西。

大果核果茶（核果茶属）核果茶、大果石笔木

***Pyrenaria spectabilis* (Champ. ex Benth.) C. Y. Wu & S. X. Yang**

常绿乔木，嫩枝略有微毛。叶革质，长圆形，长 12~16 cm，宽 4~7 cm，先端尖锐，基部楔形，边缘有小锯齿，叶柄长 6~15 mm。花单生于枝顶叶腋，白色，直径 5~7 cm，花柄长 6~8 mm；萼片 9~11 枚，圆形，厚革质，长 1.5~2.5 cm，外面有灰毛；花瓣 5 枚，倒卵圆形，长 2.5~3.5 cm，先端凹入，外面有绢毛；子房有毛，花柱连合，顶端 3~6 裂。蒴果球形，直径 5~7 cm，由下部向上开裂；果爿 5 枚。种子肾形。花期 6 月。

生于山地常绿阔叶林中，海拔 300~900 m。产于中国福建、广东、广西、湖南、江西。

长萼核果茶（核果茶属）

***Pyrenaria wuana* (H. T. Chang) S. X. Yang**

乔木，高 8 m，嫩枝密生黄褐色长茸毛。叶革质，披针形，长 10~16 cm，宽 3~4 cm，先端渐尖，基部略圆，上面绿色，发亮，下面黄褐色，有茸毛，侧脉 12~15 对，在两面均隐约可见，网脉不明显，边缘有细锯齿，叶柄长 6~8 mm，有茸毛。花生于枝顶叶腋，白色，直径 5~6 cm，花柄长 1~1.2 cm，粗壮，有毛，苞片卵圆形，长 1.2 cm，有长茸毛；萼片卵形至披针形，革质，长 2~4 cm，先端略尖，有长茸毛；花瓣长倒卵形，长 2.5~3 cm，背面有毛；雄蕊长 1.5 cm；子房 3 室，有毛，花柱长 1 cm，无毛。蒴果三角锥形，长 3.5 cm（未成熟），3 爿裂开，每室有种子 2~3 颗。花期 7~8 月。

生于林下，海拔 800~900 m。产于中国广东、广西。

疏齿木荷（木荷属）

***Schima remotiserrata* H. T. Chang**

乔木，全体除萼片内面有绢毛外秃净无毛。叶厚革质，长圆形或椭圆形，长 12~16 cm，宽 5~6.5 cm，先端渐尖，基部阔楔形。边缘有疏钝齿，齿刻相隔 7~20 mm；叶柄长 2~4 cm，扁平，上半部有由叶基向下延的狭翅。花 6~7 朵簇生于枝顶叶腋，花柄长 3.5~4 cm，无毛；萼片圆形，长 6 mm，内面有绢毛。花瓣长 2 cm；子房无毛，花柱长 5 mm，无毛。蒴果宽 1.5 cm，仅基底有毛。花期 8~9 月。

生于山地林中，海拔 500~900 m。产于中国福建、广东、广西、湖南、江西。

柔毛紫茎（紫茎属）粘毛折柄茶、毛折柄茶

***Stewartia villosa* Merr.**

乔木。嫩枝、叶柄及叶下面中肋均有披散柔毛。叶片长圆形或长圆状披针形，长 4.5~6 cm，宽 2.4~3.8 cm，革质，先端急尖或短渐尖，基部圆形或钝；叶柄对折、有翅。花单生于叶腋。蒴果与萼片等长或稍短，长 1.5~1.8 cm。花期 6~7 月。

生于林下，海拔 100~900 m。产于中国江西、广东、广西。

木荷（木荷属）

***Schima superba* Gardn. & Champ.**

大乔木，高 25 m，嫩枝无毛。叶革质，椭圆形，长 7~12 cm，宽 4~6.5 cm，先端尖锐，侧脉 7~9 对，在两面明显，边缘有钝齿；叶柄长 1~2 cm。花生于枝顶叶腋，常多朵排成总状花序，直径 3 cm，白色，花柄长 1~2.5 cm；萼片半圆形，长 2~3 mm，内面有绢毛；花瓣长 1~1.5 cm，最外 1 枚风帽状，边缘多少有毛；子房有毛。蒴果近球形，直径 1.5~2 cm。花期 6~8 月，果期 10~11 月。

生于林下，海拔 100~800 m。产于中国安徽、浙江、福建、台湾、江西、湖北、湖南、广东、海南、广西、贵州。

广东柔毛紫茎（紫茎属）

***Stewartia villosa* Merr. var. *kwangtungensis* (Chun) J. Li & T. L. Ming**

与原变种比较，本变种的叶片为披针形，萼片卵形。

生于林下，海拔 200~900 m。产于中国广东、广西、江西。

A337 山矾科 Symplocaceae

腺叶山矾（山矾属）

Symplocos adenophylla **Wall.**

乔木。高 4~10 m，小枝红褐色；上部被有微柔毛。叶硬纸质，狭椭圆形，长 6~11 cm，宽 1.8~3 cm，先端镰刀状渐尖，边缘具浅圆锯齿，齿缝间有腺点；侧脉每边 4~6 条，向上弯拱环结；叶柄长 0.5~1 cm，两侧具腺点。总状花序 1~3 分枝，长 2~4 cm；花萼长 2~2.5 mm，5 裂；花冠白色，长约 3 mm，5 深裂；雄蕊 30~35 枚；花盘环状。核果椭圆形，栗褐色，长 6~12 mm，顶端宿萼裂片合成圆锥状。花果期 7~8 月，边开花边结果。

生于路边、水旁、山谷或疏林中，海拔 200~800 m。产于中国云南、广西、广东、海南、福建。

薄叶山矾（山矾属）

Symplocos anomala **Brand**

灌木或小乔木。顶芽、嫩枝被褐色柔毛；老枝黑褐色。叶薄革质，狭椭圆形、椭圆形或卵形，长 5~7 cm，宽 1.5~3 cm，先端渐尖，基部楔形，全缘或具锐锯齿，叶面有光泽，中脉和侧脉在叶面均凸起，侧脉 7~10 对，叶柄长 4~8 mm。总状花序腋生，长 8~15 mm，有时基部有 1~3 分枝，被柔毛，苞片与小苞片同为卵形，长 1~1.2 mm，先端尖，有缘毛；花萼长 2~2.3 mm，被微柔毛，5 裂，裂片半圆形，与萼筒等长，有缘毛；花冠白色，有桂花香，长 4~5 mm，5 深裂几达基部；雄蕊约 30 枚，花丝基部稍合生；花盘环状，被柔毛；子房 3 室。核果褐色，长圆形，长 7~10 mm，被短柔毛，有明显的纵棱，3 室，顶端宿萼裂片直立或向内伏。花果期 4~12 月。

生于山地杂林中，海拔 400~900 m。产于中国长江以南地区。

腺柄山矾（山矾属）

Symplocos adenopus **Hance**

常绿灌木或小乔木。小枝稍具棱，芽、嫩枝、叶脉、叶柄均被褐色柔毛。叶纸质，卵形，长 8~16 cm，宽 2~6 cm，边缘及叶柄两侧有腺锯齿；侧脉向上弯拱环结，网脉明显；叶柄长 0.5~1.5 cm，边缘密布腺齿。团伞花序腋生；苞片和小苞片外面均密被褐色长毛，边缘均有腺体；花萼长 2~3 mm，5 裂，裂片半圆形，膜质，有褐色条纹；花冠白色，长约 5 mm，5 深裂；雄蕊 20~30 枚；花盘环状。核果圆柱形，长 7~10 mm，宿萼直立。花期 11~12 月，果期翌年 7~8 月。

生于山地、路旁、山谷或疏林中，海拔 500~900 m。产于中国福建、广东、海南、广西、湖南、贵州、云南。

越南山矾（山矾属）

Symplocos cochinchinensis **(Lour.) S. Moore**

乔木。芽、嫩枝、叶柄、叶背中脉均被红褐色茸毛。叶纸质，椭圆形，长 9~27 cm，宽 3~10 cm，基部阔楔形，叶背被柔毛，毛基部有斑点，边缘有细锯齿。穗状花序腋生，长 6~11 cm，近基部 3~5 分枝，花序轴、苞片、萼均被红褐色茸毛；花萼长 2~3 mm，5 裂；花冠白色或淡黄色，长约 5 mm，5 深裂；雄蕊 60~80 枚，花丝基部联合；花盘圆柱状。核果圆球形，直径 5~7mm，宿萼成圆锥状，苞片宿存，核具 5~8 条浅纵棱。花期 8~9 月，果期 10~11 月。

生于溪边、路旁和热带阔叶林中，海拔 200~900 m。产于中国湖南、江苏、江西、浙江、福建、台湾、广东、海南、广西、贵州、云南、四川、西藏。

密花山矾（山矾属）

Symplocos congesta **Benth.**

常绿乔木或灌木，幼枝、芽、均被褐色皱曲的柔毛。叶片纸质，椭圆形，长 8~10（17）cm，宽 2~6 cm；中脉和侧脉明显，侧脉每边 5~10 条；叶柄长 1~1.5 cm。团伞花序腋生；苞片和小苞片均被褐色柔毛，边缘有腺点；花萼红褐色，长 3~4 mm，有纵条纹，裂片卵形，覆瓦状排列；花冠白色，长 5~6 mm，5 深裂；雄蕊约 50 枚；子房 3 室。核果熟时紫蓝色，圆柱形，长 8~13 mm，宿萼直立；核约有 10 条纵棱。花期 8~11 月，果期翌年 1~2 月。

生于密林中，海拔 200~900 m。产于中国湖南、江西、浙江、福建、台湾、广东、海南、广西、云南。

光叶山矾（山矾属）滑叶常山、刀灰木

Symplocos lancifolia **Sieb. & Zucc.**

常绿小乔木，芽、嫩枝、嫩叶背面脉上、花序均被黄褐色柔毛，小枝黑褐色。叶纸质，卵形至阔披针形，长 3~8 cm，宽 1.5~3 cm，基部稍圆，边缘具稀疏的浅钝锯齿，先端尾状渐尖；叶柄长约 5 mm。穗状花序腋生，长 1~4 cm；苞片与小苞片背面均被短柔毛，有缘毛；花萼长 1.6~2 mm，5 裂，裂片卵形，背面被微柔毛，与萼筒等长；花冠淡黄色，5 深裂，裂片椭圆形；雄蕊约 25 枚；子房 3 室。核果近球形，直径约 4 mm，宿萼直立。花期 3~11 月，果期 6~12 月；边开花边结果。

生于混交林中，海拔 800~900 m。产于中国长江以南地区。

羊舌树（山矾属）

Symplocos glauca **(Thunb.) Koidz.**

乔木，芽、嫩枝、花序均密被褐色短茸毛，小枝褐色。叶簇生于上端，叶片狭椭圆形，长 6~15cm，宽 2~4 cm，叶背常苍白色；中脉凹下，侧脉和网脉凸起；叶柄长 1~3 cm。穗状花序基部常分枝，长 1~1.5 cm，在花蕾时常呈团伞状；苞片被褐色短茸毛；花萼被褐色短茸毛与萼筒等长；花冠长 4~5 mm，5 深裂，裂片椭圆形；雄蕊 30~40 枚；花盘环状；子房 3 室。核果狭卵形，长 1.5~2 cm，宿萼直立；核具浅纵棱。花期 4~8 月，果期 8~10 月。

生于阔叶林中，海拔 600~900 m。产于中国浙江、福建、台湾、广东、广西、云南。

光亮山矾（山矾属）

Symplocos lucida **(Thunb.) Sieb. & Zucc.**

常绿小乔木，小枝有棱，呈黄色。叶革质，卵状椭圆形，长 6~10 cm，宽 2.5~4 cm；叶柄长 8~14 mm。总状花序长 1~2 cm，被柔毛，中下部有分枝；花萼长约 3 mm，5 裂，裂片圆形，长约 2 mm，背面及边缘有毛；花冠白色，长约 4 mm，5 深裂；雄蕊 60~80 枚，花丝基部成五体雄蕊；花盘有 5 个腺点和长柔毛；子房 3 室。核果长圆状卵形，长约 1 cm，宿萼裂片直立；核骨质，具 3 分核，具 8~12 条纵棱。花期 6~11 月，果期 12 月至翌年 5 月。

生于阔叶林中，海拔 500~900 m。产于中国长江以南地区。

白檀（山矾属）

***Symplocos paniculata* Miq.**

落叶小乔木，嫩枝有灰白色柔毛。叶薄纸质，阔倒卵形，长3~11 cm，宽2~4 cm，基部阔楔形，边缘有细尖锯齿，叶背常有柔毛；叶柄长3~5 mm。圆锥花序长5~8 cm，常有柔毛；苞片早落，条形，有腺点；花萼长2~3 mm，萼筒褐色，裂片半圆形，稍长于萼筒，淡黄色，有纵脉纹，有缘毛；花冠白色，长4~5 mm，5深裂；雄蕊40~60枚，子房2室，花盘具5凸起的腺点。核果熟时蓝色，卵状球形，稍偏斜，长5~8 mm，宿萼直立。

生于山坡、路边、疏密林中，海拔100~900 m。除新疆外广泛分布于中国。

南岭山矾（山矾属）

***Symplocos pendula* Wight var. *hirtistylis* (C. B. Clarke) Noot.**

常绿小乔木，芽、花序、苞片及萼均被灰黄色柔毛。叶近革质，长5~12 cm，宽2~4.5 cm；叶柄长1~2 cm。总状花序长1~4.5 cm；花梗长3~5 mm；花萼钟形，长2.2~3.2 mm，顶端有5个浅圆齿；花冠白色，长4.5~7 mm，5裂至中部，雄蕊40~50枚，花丝基部联合，着生在花冠喉部；子房2室，花盘环状，有细柔毛，花柱长约5 mm，疏被细柔毛。核果卵形，顶端圆，长4~5 mm，外面被柔毛，宿萼直立。花期6~8月，果期9~11月。

生于溪边、路旁、石山或山坡阔叶林中，海拔500~900 m。产于中国湖南、江西、浙江、福建、台湾、广东、广西、贵州、云南。

铁山矾（山矾属）

***Symplocos pseudobarberina* Gontsch.**

乔木，全株无毛，幼枝黄绿色，直径约2 mm，老枝灰黑色，被白蜡层。叶纸质，卵形或卵状椭圆形，长5~8（10）cm，宽2~4 cm，先端渐尖或尾状渐尖，基部楔形或稍圆，边缘有稀疏的浅波状齿或全缘；中脉在叶面凹下，侧脉每边3~5条；叶柄长5~10 mm。总状花序基部常分枝，长约3 cm，无毛，花梗粗而长；苞片与小苞片背面均无毛，有缘毛；苞片长卵形，长1.2~2 mm，小苞片三角状卵形，背面有中肋；花萼长约2 mm，裂片卵形，短于萼筒；花冠白色，长约4 mm，5深裂几达基部；雄蕊30~40枚；花盘5裂，无毛；子房3室。核果绿色或黄色，长圆状卵形，长6~8 mm，顶端宿萼裂片向内倾斜或直立。

生于密林中，海拔900 m。产于中国湖南、福建、广东、海南、广西、云南。

老鼠屎（山矾属）

***Symplocos stellaris* Brand**

常绿乔木。小枝粗，髓心中空，具横隔；芽、嫩枝、嫩叶柄、苞片和小苞片均被红褐色茸毛。叶厚革质，叶面有光泽，叶背粉褐色，披针状椭圆形或狭长圆状椭圆形，长6~20 cm，宽2~5 cm，先端急尖或短渐尖，基部阔楔形或圆，常全缘；中脉在叶面凹下，在叶背凸起，侧脉9~15对，侧脉和网脉在叶面均凹下；叶柄有纵沟，长1.5~2.5 cm。团伞花序，着生于二年生枝的叶痕之上；苞片圆形，直径3~4 mm，有缘毛；花萼长约3 mm，裂片半圆形，长不到1 mm，有长缘毛；花冠白色，长7~8 mm，5深裂几达基部，裂片椭圆形，顶端有缘毛，雄蕊18~25枚，花丝基部合生成5束；花盘圆柱形，无毛；子房3室；核果狭卵状圆柱形，长约1 cm，顶端宿萼裂片直立；核具6~8条纵棱。花期4~5月，果期6月。

生于山地、路旁、疏林中，海拔900 m。产于中国长江以南地区。

山矾（山矾属）

Symplocos sumuntia **Buch.–Ham. ex D. Don**

乔木，嫩枝褐色。叶薄革质，狭倒卵形，长 3.5~8 cm，宽 1.5~3 cm，边缘具浅锯齿；侧脉和网脉均凸起；叶柄长 0.5~1 cm。总状花序长 2.5~4 cm，被柔毛；苞片与小苞片密被柔毛，早落；花萼长 2~2.5 mm，萼筒倒圆锥形，裂片与萼筒等长，背面有微柔毛；花冠白色，5 深裂，长 4~4.5 mm，裂片背面有微柔毛；雄蕊 25~35 枚；花盘环状；子房 3 室。核果卵状坛形，长 7~10 mm，外果皮薄而脆，宿萼直立或脱落。花期 2~3 月，果期 6~7 月。

生于混交林，海拔 100~900 m。产于中国湖北、湖南、江西、江苏、浙江、福建、台湾、广东、海南、广西、贵州、云南、四川。

黄牛奶树（山矾属）花香木、苦山矾

Symplocos theophrastifolia **Sieb. & Zucc**

常绿乔木。枝、叶片无毛，叶革质，干后黄绿色，椭圆形，长 4.5~21 cm，宽 2~8 cm，边缘具细弯圆锯齿，齿端具黑色腺质齿尖，芽被褐色柔毛。穗状花序；萼裂片无毛，但边缘常具纤毛，果期不扩大，不包被子房；花冠白色。核果球形。花期 8~12 月，果期翌年 3~6 月。

生于石山上、密林中，海拔 200~900 m。产于中国福建、广东、广西。

微毛山矾（山矾属）

Symplocos wikstroemiifolia **Hayata**

常绿灌木或乔木，嫩枝、叶背和叶柄均被紧贴的细毛。叶聚生枝顶，纸质或薄革质，椭圆形、阔倒披针形或倒卵形，长 4~12 cm，宽 1.5~4 cm，全缘或有不明显的波状浅锯齿；侧脉每边 6~10 条；叶柄长 4~7 mm。总状花序长 1~2 cm，有分枝，雄花、两性花大体异株，上部的花无柄，花序轴、苞片和小苞片均被短毛；苞片和花萼有缘毛，萼筒无毛；花冠 5 深裂；雄蕊 15~20 枚，花盘环状，被疏柔毛或近无毛，花柱短于花冠。核果卵圆形，长 5~10 mm。花期 3 月，果期 10 月。

生于密林中，海拔 900 m。产于中国湖南、浙江、福建、台湾、广东、海南、广西、贵州、云南。

A339 安息香科 Styracaceae

赤杨叶（赤杨叶属）冬瓜木、拟赤杨

Alniphyllum fortunei **(Hemsl.) Makino**

乔木，小枝暗褐色。叶膜质，椭圆形，长 8~18 cm，宽 4~10 cm，边缘疏具硬质锯齿，两面生星状毛，有时具白粉；叶柄长 1~2 cm，被褐毛；侧脉 7~12 对。总状花序或圆锥花序，长 8~18 cm；花序梗、花梗、花萼、花冠均密被星状短柔毛；花白色或粉红色，长 1.5~2 cm；花萼杯状，高 4~5 mm；花冠裂片长椭圆形，长 1~1.5 cm；雄蕊 10 枚，花丝下部联合成管；子房密被茸毛。蒴果长椭圆形，熟时 5 瓣开裂；种子多数，长 4~7 mm，两端具膜质翅。花期 4~7 月，果期 8~10 月。

生于常绿阔叶林中，海拔 200~900 m。产于中国长江以南地区。

银钟花（银钟花属）假杨桃、山杨桃

***Halesia macgregorii* Chun**

乔木，树皮光滑，小枝紫褐色。叶纸质，长椭圆形或卵状椭圆形，长 5~13 cm，宽 3~4.5 cm，顶端渐尖，常稍弯，基部楔形，边缘有角质锯齿，嫩时常呈紫红色，嫩叶两面疏被星状毛，侧脉 10~24 对，网脉细密；叶柄长 5~10 cm。花 2~7 朵丛生于去年小枝的叶腋，先叶开放或与叶同时开放，常下垂，直径约 1.5 cm；花梗纤细，长 5~8 mm；萼管倒圆锥形，高约 3 mm，萼齿三角状披针形，长约 2 mm；花冠白色，4 深裂，花冠管长 10~15 mm，边有缘毛；雄蕊 8 枚，4 枚长 4 枚短，长 12~19 mm，花丝基部联合成管，花药长约 2 mm；花柱较花冠长，无毛。核果长椭圆形，长 2.5~4 cm，宽 2~3 cm，有 4 翅，初为肉质，黄绿色，成熟后干燥呈褐红色，萼齿宿存。花期 4 月，果期 7~10 月。

生于山坡、山谷较阴湿的密林中，海拔 700~900 m。产于中国广东、广西、福建、浙江、江西、湖南、贵州。

广东木瓜红（木瓜红属）

***Rehderodendron kwangtungense* Chun**

乔木，小枝褐色。叶纸质至革质，长圆状椭圆形，长 7~16 cm，宽 3~8 cm，边缘有疏离锯齿，无毛；叶柄长 1~1.5 cm，上面有沟槽。总状花序长约 7 cm，有花 6~8 朵；花白色，开于长叶之前；花梗长约 1 cm；花萼钟状，有 5 条棱；花冠裂片卵形，长 20~25 mm；雄蕊长者与花冠相等，短者短于花冠，花药长约 6 mm；花柱比雄蕊长。果实单生，长圆形、倒卵形或椭圆形，长 4.5~8 cm，熟时褐色，有 5~10 条棱，棱间平滑，顶端具脐状凸起，外果皮木质，厚约 1 mm，中果皮纤维状木栓质，厚 8~12 mm，内果皮木质，坚硬，向中果皮放射成许多间隙；种子长圆状线形，栗棕色，长 2~2.5 cm。花期 3~4 月，果期 7~9 月。

生于密林中，海拔 100~900 m。产于中国湖南、广东、广西、云南。

岭南山茉莉（山茉莉属）

***Huodendron biaristatum* (W. W. Sm.) Rehder var. *parviflorum* (Merr.) Rehder**

灌木至小乔木，树皮灰褐色，呈粒状粗糙；叶纸质或革质，椭圆形至椭圆状披针形或倒卵状长圆形，长 5~10 cm，宽 2.5~4.5 cm，顶端急尖或钝渐尖，基部楔形，边全缘或有疏离小锯齿，侧脉每边 4~6 条，中脉和侧脉干时上面隆起，无毛；叶柄无毛。伞房状圆锥花序，顶生或腋生，长 3~10 cm，密被灰色短柔毛；花芳香；花梗长约 1 cm；花萼杯状，被短茸毛，萼齿三角形，顶端短尖，较管为短；花瓣狭长圆形，两面均被短柔毛，花蕾时作覆瓦状排列；蒴果卵形，密被灰色短茸毛，下部约 2/3 被宿存花萼所围绕，成熟时 3~4 裂，果梗常略弯。花期 3~5 月，果期 8~10 月。

生于山谷密林中，海拔 300~600 m。产于中国湖南、江西、广东、广西、云南。

贵州木瓜红（木瓜红属）

***Rehderodendron kweichowense* Hu**

乔木，嫩枝有棱，被毛。叶膜质或纸质，椭圆形或倒卵状椭圆形，长 12~20 cm，宽 5~9.5 cm；叶柄长约 1 cm，被毛。圆锥花序或总状花序，生于去年小枝的叶腋，长 6~10 cm，花序梗和花梗均密被黄绿色星状茸毛；花白色，长 1.2~1.5 cm；花梗长 3~6 mm；小苞片钻状；花萼杯状；花冠裂片倒卵状椭圆形或长圆形，长约 1.3 cm；雄蕊伸出花冠，花丝外面被白色星状长柔毛，花药 5 枚长 5 枚短，长 2~3 mm。果实长圆形或长圆状椭圆形，稍弯，长 5~7.5 cm，宽 3~4.5 cm，密被灰黄色或黄褐色星状茸毛，有 10~12 条棱，棱间有粗皱纹；种子 2~4 颗，圆柱形，长约 2 cm。花期 3~5 月，果期 8~9 月。

生于密林中，海拔 500~900 m。产于中国广东、广西、贵州、云南。

赛山梅（安息香属）

Styrax confusus **Hemsl.**

小乔木，嫩枝扁，密被星状短柔毛。叶革质，长 4~14 cm，宽 2.5~7 cm，边缘有细锯齿；叶柄上面有深槽，密被星状柔毛。总状花序顶生，花 3~8 朵，下部常有 2~3 朵花聚生叶腋；花序梗、花梗和小苞片均密被灰黄色星状柔毛；花白色，长 1.3~2.2 cm；花梗长 1~1.5 cm；花萼杯状，密被毛；花冠裂片披针形，长 1.2~2 cm，外面密被白毛；花丝扁平，下部联合成管，其上方密被白毛。果实近球形，直径 8~15 mm，外面密被灰黄色毛；种子褐色。花期 4~6 月，果期 9~11 月。

生于丘陵、山地疏林中，海拔 100~900 m。产于中国长江以南地区。

芬芳安息香（安息香属）

Styrax odoratissimus **Champ. ex Benth.**

乔木，枝紫红色。叶互生，薄革质，长 4~15 cm，宽 2~8 cm，中脉疏被星状毛，三级脉近平行；叶柄长 5~10 mm，被毛。总状或圆锥花序顶生，长 5~8 cm，下部花常生于叶腋；花序梗、花梗和小苞片密被茸毛；花白色，长 1.2~1.5 cm；花萼杯状，外面密被茸毛；花冠裂片椭圆形，长 9~11 mm；雄蕊较短，花丝扁平，密被白色星状短柔毛；花柱被白色星状柔毛。果实近球形，直径 8~10 mm，具弯喙，密被茸毛。花期 3~4 月，果期 6~9 月。

生于阴湿山谷、山坡疏林中，海拔 600~900 m。产于中国长江以南地区。

白花龙（安息香属）

Styrax faberi **Perkins**

落叶灌木，嫩枝具沟槽，扁圆形，老枝紫红色。叶互生，纸质，长 4~11 cm，宽 3~3.5 cm，叶背多少被棕色或灰色星毛，后逐渐无毛，边缘具细锯齿；叶柄密被柔毛。总状花序顶生，有花 3~5 朵，下部常单花腋生；花序梗和花梗均密被短柔毛；花白色，长 1.2~2 cm；花梗长 8~15 cm；花萼杯状，膜质，外面密被短柔毛，萼齿 5 枚，边缘具腺点；花冠裂片披针形，长 5~15 mm，外面密被白色短柔毛；花丝下部联合成管，其上方密被长柔毛；花柱被毛。果实近球形，直径 5~7 mm，外面密被短柔毛。花期 4~6 月，果期 8~10 月。

生于山区和丘陵地灌丛中，海拔 100~900 m。产于中国长江以南地区。

栓叶安息香（安息香属）

Styrax suberifolius **Hook. & Arn.**

半常绿乔木，树皮红褐色；嫩枝具槽纹，被锈褐色茸毛。叶互生，革质，长椭圆形，长 5~18 cm，宽 2~7 cm，叶背密被灰褐色或锈色星状茸毛；叶柄长 1~2 cm，上面具深槽或近四棱形，密被茸毛。总状或圆锥花序长 6~12 cm；花序梗和花梗均密被星状柔毛；花白色，长 10~15 mm；花萼杯状；花冠 4~5 裂；雄蕊 8~10 枚，较短，花丝扁平，下部联合成管，上部被短柔毛；花柱约与花冠近等长。果实卵状球形，直径 1~1.8 cm，密被褐茸毛，3 瓣开裂。花期 3~5 月，果期 9~11 月。

生于山地、丘陵地常绿阔叶林中，海拔 100~900 m。产于中国长江以南地区。

越南安息香（安息香属）
***Styrax tonkinensis* (Pierre) Craib ex Hartwich**

乔木，树皮有纵裂纹；枝被褐色茸毛，后变无毛。叶互生，纸质至薄革质，椭圆状卵形至卵形，长 5~18 cm，宽 4~10 cm，近全缘，下面密被星状茸毛，侧脉 5~6 对，第三级小脉近平行；叶柄长 8~15 mm，有宽槽，密被柔毛。圆锥花序，或总状花序，长 3~10 cm；密被短柔毛；花梗长 5~10 mm；小苞片长 3~5 mm；花萼杯状，高 3~5 mm，两面被柔毛；花白色，长 12~25 mm，花冠裂片卵状披针形，长 10~16 mm，两面密被柔毛，花蕾时作覆瓦状排列，花冠管长 3~4 mm；花丝下部联合成筒；花药长 4~10 mm；花柱长约 1.5 cm，无毛。果实近球形，外面密被灰色星状茸毛；种子卵形，栗褐色，密被小瘤状突起和星状毛。花期 4~6 月，果期 8~10 月。

生于山坡、山谷、疏林中、林缘。海拔 100~900 m。产于中国云南、贵州、广西、广东、福建、湖南、江西。

A342 猕猴桃科 Actinidiaceae

异色猕猴桃（猕猴桃属）
***Actinidia callosa* Lindl. var. *discolor* C. F. Liang**

小枝坚硬，干后灰黄色，洁净无毛。叶坚纸质，干后腹面褐黑色，背面灰黄色，椭圆形，矩状椭圆形至倒卵形，长 6~12 cm，宽 3.5~6 cm，顶端急尖，基部阔楔形或钝形，边缘有粗钝的或波状的锯齿，通常上端的锯齿更粗大，两面洁净无毛，脉腋也无髯毛，叶脉发达，中脉和侧脉背面极度隆起，呈圆线形；叶柄长度中等，一般 2~3 cm，无毛；花序和萼片两面均无毛；花白色。果实较小，卵珠形或近球形，长 1.5~2 cm。

生于海拔 600 m 以下的低山和丘陵中的沟谷或山坡。产于中国浙江、安徽、福建、台湾、江西、湖南、四川、云南、贵州、广西、广东。

毛花猕猴桃（猕猴桃属）白藤梨
***Actinidia eriantha* Benth.**

大型落叶藤本，小枝、叶柄、花序、子房和萼片密被乳白色茸毛；着花小枝长 10~15 cm；皮孔开裂。叶软纸质，长 8~16 cm，宽 6~11 cm，边缘具硬尖齿，背面密被长星状茸毛。聚伞花序 1~3 朵花，花序柄长 5~10 mm；花直径 2~3 cm；萼片 2~3 枚，淡绿色，长约 9 mm，两面密被茸毛；花瓣顶端和边缘橙黄色，里面桃红色，长约 14 mm；花丝浅红色，花药黄色。果实柱状卵珠形，长 3.5~4.5 cm，密被乳白色茸毛，果柄长达 15 mm。花期 5 月上旬至 6 月上旬，果期 11 月。

生于山地上的高草灌木丛或灌木丛林中、林缘、溪边、路旁，海拔 200~900 m。产于中国浙江、福建、江西、湖南、贵州、广西、广东。

条叶猕猴桃（猕猴桃属）耳叶猕猴桃
***Actinidia fortunatii* Finet & Gagnep.**

落叶或半落叶藤本，小枝干后黑褐色。叶披针形，不歪斜，长 7~12 cm，宽 3~5 cm，边缘锯齿细小，背面粉绿色；叶柄长 1.2~2.5 cm。花序花 3 朵，花序柄长 2~4 mm；花淡红色，直径 8 mm；萼片 5 枚，长 3~5 mm；花瓣 5 枚，倒卵形，长 4~6 mm；花药黄色，与花丝等长；子房长 2.5~3 mm，洁净无毛。果实灰绿色，卵状圆柱形，长 15~18 mm；种子小，长约 1 mm。花期 4 月中旬至 5 月底，果期 11 月。

生于林中、山坡、山谷、灌丛中，海拔 900 m。产于中国广东、广西、贵州、湖南。

黄毛猕猴桃（猕猴桃属）

***Actinidia fulvicoma* Hance**

中型半常绿藤本。髓白色，片层状。着花小枝、叶柄密被黄褐色绵毛或锈色长硬毛。叶纸质至亚革质，长卵形至披针状长卵形，长 8~18 cm，宽 4.5~10 cm，顶端渐尖或钝，基部常浅心形，边缘具睫状小齿，腹面被糙伏毛，背面密被黄褐色星状茸毛，侧脉 9~10 对；聚伞花序，常 3 朵花，密被黄褐色绵毛；花序柄 4~10 mm，花柄 7~20 mm；苞片长 2~6 mm；萼片 5 枚，长 4~9 mm，外面被绵毛；花白色，花瓣 5 枚，无毛，倒卵形至倒长卵形；花丝长 3~7 mm，花药长 1~1.2 mm；子房径约 3.5 mm，密被黄褐色茸毛，花柱长约 4 mm。果实卵珠形至卵状圆柱形，幼时被茸毛，暗绿色，长 1.5~2 cm，具斑点；种子纵径 1 mm。花期 5~6 月，果期 11 月。

生于山地疏林、灌丛中，海拔 100~700 m。产于中国湖南、江西、福建、广东、广西、贵州、云南。

美丽猕猴桃（猕猴桃属）

***Actinidia melliana* Hand.–Mazz.**

中型半常绿藤本，延伸长枝 30~40 cm，密被锈色长硬毛，皮孔显著；髓白色，片层状。叶坚纸质，长方披针形，长 6~15 cm，宽 2.5~9 cm，腹面被长硬毛，背面被糙伏毛，背面粉绿，边缘具硬尖小齿，向背面反卷；叶柄长 10~18 mm，被锈色长硬毛。2 歧聚伞花序腋生，花序柄长 3~10 mm，花 10 朵，被锈色长硬毛；花白色；萼片 5 枚，长 4~5 mm；花瓣 5 枚，长 8~9 mm。果实圆柱形，长 16~22 mm，直径 11~15 mm，有疣状斑点，宿存萼片反折。花期 5~6 月。

生于山地林中，海拔 200~900m。产于中国江西、广东、海南、广西、湖南。

阔叶猕猴桃（猕猴桃属）多果猕猴桃、多花猕猴桃

***Actinidia latifolia* (Gardn. & Champ.) Merr.**

大型落叶藤本，着花小枝蓝绿色；髓白色。叶坚纸质，阔卵形，长 8~13 cm，宽 5~8.5 cm，边缘具疏齿，背面密被短小星状茸毛；叶柄长 3~7 cm。花序为 3~4 歧多花的大型聚伞花序，具花 7 ~ 10 朵，花序柄长 2.5~8.5 cm，雄花序较雌花序长，被黄褐色短茸毛；花香，直径 14~16 mm；萼片 5 枚，长 4~5 mm，被污黄色短茸毛；花瓣 5~8 枚，白色及橙黄色；子房圆球形，长约 2 mm，密被污黄色茸毛。果实暗绿色，圆柱形，长 3~3.5 cm，直径 2~2.5 cm，具斑点；种子纵径 2~2.5 mm。花期 5 ~ 6 月，果期 10 ~ 11 月。

生于山谷或山沟地带，海拔 400~900 m。产于中国长江以南地区。

水东哥（水东哥属）白饭果、白饭木

***Saurauia tristyla* DC.**

小乔木，高 3~8 m；小枝被爪甲状鳞片或钻状刺毛。叶薄革质，倒卵状椭圆形，长 10~28 cm，宽 4~11 cm，叶缘具刺状锯齿，稀为细锯齿，两面中、侧脉具钻状刺毛或爪甲状鳞片；叶柄具钻状刺毛。花序聚伞式，1~4 枚簇生于叶腋，被毛和鳞片，长 1~5 cm；花粉红色或白色，小，直径 7~16 mm；萼片阔卵形，长 3~4 mm；花瓣卵形，长 8 mm，顶部反卷；花柱 3~5 枚，中部以下合生。浆果球形，白色，绿色或淡黄色，直径 6~10 mm。花期 3 ~ 7 月，果期 8 ~ 12 月。

生于常绿阔叶林、山间疏林、灌丛、沟谷中，海拔 100~900 m。产于中国福建、台湾、广东、海南、广西、贵州、云南、四川。

A343 桤叶树科 Clethraceae

云南桤叶树（桤叶树属）滇西山柳

Clethra delavayi **Franch.**

落叶小乔木。嫩枝、嫩叶被星状茸毛。叶纸质，卵状椭圆形，长 5~11.5 cm，宽 1.5~3.5 cm，下面脉腋有白色髯毛，边缘具锐尖腺头锯齿，中肋鲜时红色；叶柄鲜时红色，长 10~15 mm。总状花序单一，长 9~20 cm；花序轴和花梗均密被淡锈色星状茸毛及成簇微硬毛；萼 5 深裂，长 4~5 mm，密被星状茸毛；花瓣 5 枚，白色或粉红色，倒卵状长圆形，长 6~7 mm。蒴果近球形，下弯，直径 3~4 mm；果梗长 15~20 mm。花期 7~8 月；果期 9~10 月。

生于山坡疏林、密林、林缘，海拔 300~900 m。产于中国湖北、湖南、江西、浙江、福建、广东、广西、贵州、云南、重庆、四川、西藏。

贵州桤叶树（桤叶树属）

Clethra kaipoensis **H. Lév.**

落叶灌木或乔木；小枝粗，嫩时和叶柄均密被锈色成簇星状微硬毛，老枝无毛；叶纸质，长圆状椭圆形或卵状椭圆形，长 8~19 cm，嫩时两面密被星状柔毛，沿脉密被长伏毛，后上面无毛，下面被毛稀疏或仅沿中脉及侧脉被星状柔毛及稀疏长伏毛，侧脉 16~18 对；萼 5 深裂，密被锈色星状茸毛及成簇微硬毛；花瓣 5 枚，白色，两面无毛；蒴果近球形，疏被长硬毛，直径 4 mm；果柄长 4 mm 。花期 7~8 月，果期 9~10 月。

生于山坡密林或疏林中。产于中国湖南、广西、贵州。

A345 杜鹃花科 Ericaceae

吊钟花（吊钟花属）铃儿花

Enkianthus quinqueflorus **Lour.**

落叶灌木或小乔木。革质叶互生，密集于枝顶，全缘或有时上部具波状细齿。花常 3~8（13）朵成伞房花序；花梗长 1.5~2 cm；花萼 5 裂；花冠宽钟状，长约 1.2 cm，粉红色、红色或白色，下垂。蒴果椭圆柱形，淡黄色，长 8~12 mm，具 5 条棱；果梗直立，长 3~5 mm。花期 3~5 月，果期 5~7 月。

生于山坡灌丛、混交林中，海拔 600~900 m。产于中国江西、福建、湖北、湖南、广东、海南、广西、云南、四川、贵州。

齿缘吊钟花（吊钟花属）齿叶吊钟花

Enkianthus serrulatus **(E. H. Wilson) C. K. Schneid.**

落叶灌木，高 2.6~6 m。小枝光滑；芽鳞宿存。叶密集枝顶，厚纸质，长圆形或长卵形，长 6~8（11）cm，宽（2.8）3.2~3.5（4）cm，边缘具细锯齿，下面中脉被白毛，叶脉明显；叶柄长 6~12（20）mm。伞形花序顶生，花 2~6 朵，下垂；花萼 5 枚；花冠钟形，长约 1 cm，5 浅裂，裂片反卷；雄蕊 10 枚，下部具白毛，花药具芒；子房圆柱形，5 室，每室胚珠 10~15 颗。蒴果椭圆球形，直径 6~8 mm，具棱，花柱宿存；种子长约 2 mm，具 2 枚膜质翅。花期 4 月，果期 5~7 月。

生于山坡林下，海拔 800~900 m。产于中国浙江、江西、福建、湖北、湖南、广东、海南、广西、四川、贵州、云南。

长萼马醉木（马醉木属）
***Pieris swinhoei* Hemsl.**

灌木；树皮灰褐色，纵裂，小枝纤细，微被柔毛；叶簇生枝顶，革质，狭披针形，长 4.5~8 cm，宽 1~1.5 cm，先端短渐尖，基部狭楔形，边缘在中部以上具疏锯齿，无毛，中脉在背面凸起；总状花序或圆锥花序着生枝顶或叶腋，直立，长 15~20 cm；花梗被柔毛；萼片长，革质，披针形，内面被短柔毛，近顶部尤多；花冠白色，筒状坛形，无毛，上部 5 浅裂，裂片上部钝圆。蒴果近球形，直径约 5 mm。花期 4~6 月，果期 7~9 月。

生于溪边林下、灌丛中。产于中国福建、广东、香港。

刺毛杜鹃（杜鹃花属）太平杜鹃
***Rhododendron championiae* Hook.**

常绿灌木。枝、叶缘、叶柄、果均密被开展的腺头刚毛和短柔毛。叶厚纸质，长圆状披针形，长达 17.5 cm，宽 2~5 cm，上面疏被短刚毛，下面密被刚毛和短柔毛；叶柄长 1.2~1.7 cm。伞形花序，生枝顶叶腋，花 2~7 朵；花梗长达 2 cm，密被腺头刚毛和短硬毛；花萼 5 深裂，边缘具腺头刚毛；花冠白色或淡红色，狭漏斗状，长 5~6 cm，5 深裂；花柱伸出花冠外，无毛。蒴果圆柱形，长达 5.5 cm，具 6 条纵沟。花期 4~5 月，果期 5~11 月。

生于山谷疏林中，海拔 500~900 m。产于中国浙江、江西、福建、湖南、广东、广西。

短脉杜鹃（杜鹃花属）
***Rhododendron brevinerve* Chun & Fang**

小乔木。叶薄革质，椭圆状披针形至阔披针形，长 10~15 cm，宽 2~4.5 cm，先端渐尖，基部宽楔形，无毛，中脉在下面显著凸起，侧脉 9~15 对；叶柄圆柱形，长 1~2.5 cm，无毛；顶生总状伞形花序，有花 2~4 朵；花梗粗壮，密被长腺毛；花萼小，5 裂，裂片大小不等，外面及边缘密被红色腺毛，内面无毛；花冠宽钟状，淡紫红色或粉红色，无斑点，5 裂；子房圆锥状卵形，长约 7 mm，密被腺头硬毛。蒴果长圆柱形，常有宿存的腺头硬毛及花柱。成熟后 10 瓣开裂。花期 3~5 月，果期 7~9 月。

生于山谷、河边灌木林中，海拔 800~900 m。产于中国广东、广西、湖南、贵州。

丁香杜鹃（杜鹃花属）
***Rhododendron farrerae* Sweet**

落叶灌木，高 1.5~3 m。枝短而坚硬，黄褐色，幼时被铁锈色长柔毛，后渐近无毛。叶近于革质，常集生枝顶，卵形；叶柄长约 2 mm，密被锈色柔毛。花 1~2 朵顶生，先花后叶；花冠辐状漏斗形，紫丁香色。蒴果长圆柱形，长约 1 cm，密被锈色柔毛；果梗长 1 cm，弯曲，密被红棕色长柔毛。花期 5~6 月，果期 7~8 月。

产于中国江西、福建、湖南、广东、广西。

弯蒴杜鹃（杜鹃花属）
***Rhododendron henryi* Hance**

常绿灌木或小乔木，高 3~ 6 m，枝细长，具刚毛或腺头刚毛。叶革质，常集生枝顶，近于轮生，椭圆状卵形或长圆状披针形，长 5.5~11 cm，宽 1.5~3 cm，先端短渐尖，基部楔形或狭楔形，仅叶背中脉具刚毛；叶柄长 1~1.2 cm，被刚毛或腺头刚毛。伞形花序生枝顶叶腋，有花 3~5 朵，总花梗长约 5 mm，无毛；梗长 1.2~1.6 cm，密被腺头刚毛；花萼 5 裂，裂片不等大，三角形，稀线形，先端齿裂，外面基部被柔毛，边缘具腺头毛；花冠淡紫色或粉红色，漏斗状钟形；子房圆柱状，密被腺头刚毛。蒴果圆柱形，具中肋，微弯曲，长 30~50 mm，硬尖头。花期 3~4 月，果期 7~12 月。

生于林内，海拔 500~900 m。产于中国浙江、江西、福建、台湾、广东、广西。

南岭杜鹃（杜鹃花属）北江杜鹃
***Rhododendron levinei* Merr.**

灌木或小乔木。叶片革质，椭圆形或椭圆状倒卵形，长 4~8 cm，宽 2~4 cm，顶端钝至宽圆，具短尖头，基部宽楔形至钝圆，边缘密生细刚毛状缘毛；叶柄长 5~15 mm，被长粗毛和鳞片。花序顶生，2~4 朵花伞形着生；花梗长 1~2 cm，密生鳞片，初时有长硬毛；花萼 5 深裂，长 8~10 mm，外面疏生鳞片，有长粗毛；花冠宽漏斗形，长 5~8（9）cm，白色；蒴果长圆形，长约 2 cm，密被鳞片；果梗粗壮。花期 3~4 月，果期 9~10 月。

生于山地林中、林缘或灌丛中，海拔 900 m。产于中国湖南、福建、广东、广西、贵州。

广东杜鹃（杜鹃花属）
***Rhododendron kwangtungense* Merr. & Chun**

落叶灌木，高 1.5~3 m；幼枝棕褐色，密被长刚毛。革质叶集生枝顶，长 3~8 cm，宽 2~4 cm，中脉被疏刚毛；叶柄长 0.4~1.8cm，密被长刚毛。花芽鳞片密被红棕色刚毛。伞形花序顶生，花 8~16 朵；花梗长 7~10 mm，密被锈色刚毛；花冠狭漏斗形，紫红色或白色，裂片 5 枚，长圆形，开展；雄蕊 5 枚，伸出花冠外；子房卵球形，被棕褐色长刚毛，褐色花柱比雄蕊长。蒴果长圆状卵形，长 5~10 mm，具刚毛。花期 5 月，果期 6~12 月。

生于灌丛中，海拔 800~900 m。产于中国广东、广西、贵州、湖南。

岭南杜鹃（杜鹃花属）紫花杜鹃、玛丽杜鹃
***Rhododendron mariae* Hance**

落叶灌木。幼枝密被红棕色糙伏毛。叶革质，集生枝端，椭圆状披针形，长 3~11 cm，宽 1.3~4 cm，边缘微反卷，上面中脉被毛，下面散生红棕色糙伏毛，中脉和侧脉在上面凹陷；叶柄长 4~10 mm，密被红棕色糙伏毛。花芽卵球形，鳞片具睫毛。伞形花序顶生，花 7~16 朵；花萼极小；花冠狭漏斗状，长 1.5~2.2 cm，丁香紫色，裂片 5 枚，长圆状披针形；雄蕊 5 枚，伸出花冠外。蒴果长卵球形，长 9~14 mm，密被红棕色糙伏毛。花期 3~6 月，果期 7~11 月。

生于山坡灌丛中，海拔 500~900 m。产于中国安徽、江西、福建、湖南、广东、广西、贵州。

满山红（杜鹃花属）

***Rhododendron mariesii* Hemsl. & E. H. Wilson**

落叶灌木，高 1~4 m；枝轮生。厚纸质叶 2~3 枚集生枝顶，长 4~7.5 cm，宽 2~4 cm，边缘微反卷；叶柄长 5~7 mm。花芽卵球形，鳞片外面被淡黄棕色柔毛。花 2 朵顶生，先花后叶，出自于同一顶生花芽；花萼 5 浅裂，被黄褐色柔毛；花冠漏斗形，淡紫红色，长 3~3.5 cm，5 深裂，具紫红色斑点；雄蕊 8~10 枚，花药紫红色；子房卵球形，密被淡黄棕色长柔毛，花柱比雄蕊长。蒴果椭圆状，长 6~9 mm，密被长柔毛。花期 4~5 月，果期 6~11 月。

生于山地稀疏灌丛中，海拔 600~900 m。广泛分布于中国。

溪畔杜鹃（杜鹃花属）

***Rhododendron rivulare* Hand.-Mazz.**

常绿灌木，幼枝密被锈褐色短腺头毛；叶纸质，卵状披针形或长圆状卵形，长 5~9 cm，宽 1~4 cm，先端渐尖，基部近于圆形，边缘全缘，密被腺头睫毛，上面深绿色，中脉被长柔毛，下面淡黄褐色，被短刚毛；叶柄长 5~10 mm，密被短腺头毛及扁平糙伏毛。伞形花序顶生，有花多达 10 朵以上；花梗长 1.5 cm，密被短腺头毛及扁平长糙伏毛；花萼裂片狭三角形，长 2~5 mm，被短腺头毛及长糙伏毛；花冠漏斗形，紫红色，裂片 5 枚，长圆状卵形；雄蕊 5 枚，不等长，花丝基部被微柔毛，花药紫色；子房卵球形，褐色，密被红棕色刚毛。蒴果长卵球形，密被刚毛状长毛。花期 4~6 月，果期 7~11 月。

生于山谷密林中，海拔 700~900 m。产于中国湖北、湖南、广东、广西、四川、贵州。

毛棉杜鹃（杜鹃花属）

***Rhododendron moulmainense* Hook.**

小乔木，高 2~4（8）m；幼枝淡紫褐色。厚革质叶集生枝端，长 5~12 cm，宽 2.5~8 cm，边缘反卷，叶脉凹陷，下面淡黄或白色；叶柄长 1.5~2.2 cm。花芽长圆锥状卵形。数伞形花序生枝顶叶腋，花 3~5 朵；花梗长 1~2 cm；花萼波状 5 浅裂；花冠粉红色，狭漏斗形，长 4.5~5.5 cm，5 深裂开展；雄蕊 10 枚；子房长圆筒形，长约 1cm，微具纵沟，深褐色；花柱比花冠短。蒴果圆柱状，长 3.5~6 cm，直径 4~6 mm，先端渐尖，花柱宿存。花期 4~5 月，果期 7~12 月。

生于灌丛或疏林中，海拔 700~900 m。产于中国江西、福建、湖南、广东、广西、四川、贵州、云南。

杜鹃（杜鹃花属）映山红、杜鹃花

***Rhododendron simsii* Planch.**

落叶灌木，高 2~5 m；分枝多而纤细，同叶片、叶柄、花梗、花萼、子房、蒴果被棕褐色糙伏毛。革质叶集生枝端，卵形，长 1.5~5 cm，宽 0.5~3 cm，边缘微反卷，具细齿，下面淡白色；叶柄长 2~6 mm。花芽卵球形。花 2~3(6) 朵簇生枝顶；花萼 5 深裂，长 5 mm；花冠阔漏斗形，玫瑰红色，长 3.5~4 cm，裂片 5 枚，长 2.5~3 cm，具深红色斑点；雄蕊 10 枚；子房卵球形，10 室，花柱伸出花冠外。蒴果卵球形，长达 1 cm，密被糙伏毛；花萼宿存。花期 4~5 月，果期 6~8 月。

生于山地疏灌丛或松林下，海拔 500~900 m。产于中国长江以南地区。

南烛（绣球属）乌饭叶、乌饭花、乌饭树

Vaccinium bracteatum **Thunb.**

常绿灌木。叶片薄革质，披针状椭圆形，长 4~9 cm，宽 2~4 cm，边缘有细锯齿，两面无毛；叶柄长 2~8 mm。总状花序腋生，长 4~10 cm，花序轴密被短柔毛；苞片叶状，披针形，长 0.5~2 cm，边缘有锯齿；花梗长 1~4 mm；萼筒密被短柔毛或茸毛，萼齿短小；花冠白色，筒状，长 5~7 mm，两面有疏柔毛，裂片外折；雄蕊内藏；子房下位。浆果球形，直径 5~8 mm，紫黑色，稍被白粉，味甜，可生食。花期 6~7 月，果期 8~10 月。

生于山地林、灌丛中，海拔 400~900 m。产于中国长江以南地区。

A348 茶茱萸科 Icacinaceae

定心藤（定心藤属）甜果藤、黄九牛

Mappianthus iodoides **Hand.–Mazz.**

木质藤本。幼枝具棱，小枝具皮孔、卷须，卷须粗壮，与叶轮生。叶长椭圆形，长 8~17 cm，背面赭黄色至紫红色，中脉具狭槽；叶柄长 6~14 mm，具窄槽，被糙伏毛。雄花序腋生，长 1~2.5 cm。雄花：花萼杯状，微 5 裂；花冠黄色，长 4~6 mm，5 裂，被毛；雄蕊 5 枚。雌花序腋生，长 1~1.5 cm，被糙伏毛。雌花：花萼浅杯状，5 裂，被糙伏毛，宿存；花瓣 5 枚，长 3~4 mm，被毛。核果椭圆形，长 2~3.7 cm，疏被硬伏毛，具下陷网纹及纵槽。种子 1 颗。花期 4~8 月，雌花较晚，果期 6~12 月。

生于疏林、灌丛及沟谷林内，海拔 700~900 m。产于中国湖南、浙江、福建、广东、海南、广西、贵州、云南。

A351 丝缨花科 Garryaceae

桃叶珊瑚（桃叶珊瑚属）西藏桃叶珊瑚、青木、东瀛珊瑚

Aucuba chinensis **Benth.**

常绿小乔木。树皮灰绿色；小枝具稀疏皮孔及显著叶痕。叶革质，椭圆形，长 10~20 cm，宽 3.5~8 cm，边缘微反卷，具粗锯齿；叶柄长 2~4 cm。花雌雄异株；圆锥花序顶生，花序梗被柔毛，雄花序长 5cm 以上；雄花绿色或紫红色，花梗长约 3 mm，被柔毛；花瓣 4 枚，长圆形，长 3~4 mm。雌花序长 4~5 cm，花萼及花瓣近于雄花；花下具关节，被柔毛。核果长卵状，鲜红色，长 1.4~1.8 cm，直径 8~10 mm，萼片、花柱宿存。花期 1~2 月，果期翌年 2 月。

生于常绿阔叶林中，海拔 300~900 m。产于中国福建、台湾、广东、海南、广西、贵州、云南、四川。

狭叶桃叶珊瑚（桃叶珊瑚属）

Aucuba chinensis **Benth. var.** ***angusta*** **F. T. Wang**

常绿小乔木或灌木；皮孔白色，长椭圆形或椭圆形，叶片厚革质，较狭窄，常呈线状披针形，长 7~25 cm，宽 1.5~3.5 cm；叶上面深绿色，下面淡绿色，中脉在上面微显著，下面突出，侧脉 6~8（10）对；叶柄粗壮，光滑。圆锥花序顶生，花序梗被柔毛；雄花绿色，无毛或被疏柔毛；花瓣 4 枚，长圆形或卵形，外侧被疏毛或无毛。雌花序较雄花序短，长 4~5 cm，花萼及花瓣近于雄花，子房圆柱形，花柱粗壮，柱头头状，微偏斜。幼果绿色，成熟为鲜红色，圆柱状或卵状，长 1.4~1.8 cm，萼片、花柱及柱头均宿存于核果上端。花期 1~2 月；果期翌年 2 月，常与一二年生果序同存于枝上。

生于林中，海拔 300~500 m。产于中国贵州、云南、广东。

倒心叶珊瑚（桃叶珊瑚属）

Aucuba obcordata **(Rehder) Fu ex W. K. Hu & Soong**

常绿灌木或小乔木。叶厚纸质，稀近于革质，常为倒心脏形或倒卵形，长 8~14 cm，宽 4.5~8 cm，先端截形或倒心脏形，具长 1.5~2 cm 的急尖尾，基部窄楔形；上面侧脉微下凹，下面突出，边缘具缺刻状粗锯齿；叶柄被粗毛。雄花序为总状圆锥序，长 8~9 cm，花较稀疏，紫红色；花瓣先端具尖尾；雄蕊花丝粗壮；雌花序短圆锥状，长 1.5~2.5 cm，花瓣近于雄花瓣。果实较密集，卵圆形，长 1.2 cm，直径 7 mm。花期 3~4 月；果期 11~12 月。

生于阔叶林中，海拔 900 m。产于中国陕西、湖北、湖南、广东、广西、四川、贵州、云南。

A352 茜草科 Rubiaceae

水团花（水团花属）水杨梅

Adina pilulifera **(Lam.) Franch. ex Drake**

常绿灌木至小乔木，高达 5 m。叶对生，厚纸质，椭圆状披针形，长 4~12 cm，宽 1.5~3 cm，上面无毛，下面无毛或有时被稀疏短柔毛，侧脉每边 8 ~ 10 条；叶柄长 2~6 mm；托叶 2 裂，几达基部，裂片披针形，早落。头状花序明显腋生，花序轴单生，不分枝；总花梗长 3~4.5 cm；花萼管基部有毛，上部有疏散的毛；花冠白色，窄漏斗状，花冠管被微柔毛，花冠裂片卵状长圆形。果序直径 8~10 mm；小蒴果楔形，具明显的纵棱，长 2~5 mm。花期 6~7 月。

生于山谷疏林下、旷野路旁、溪边，海拔 200~400 m。产于中国长江以南地区。

香楠（茜树属）水棉木、台北茜草树、光叶山黄皮

Aidia canthioides **(Champ. ex Benth.) Masam.**

无刺灌木或乔木，枝无毛。叶纸质，对生，长圆状椭圆形至披针形，长 4.5~18.5 cm，宽 2~8 cm，两面无毛，下面脉腋内常有小窝孔；叶柄 5~18 mm；托叶阔三角形，长 3~8 mm，早落。聚伞花序腋生，紧缩成伞形花序状，长 2~3 cm；总花梗极短；苞片和小苞片卵形，基部合生；花梗长 5~16 mm；花萼被锈色疏柔毛，萼管陀螺形，顶端 5 裂；花冠高脚碟形，白色或黄白色，长 8~10 mm，喉部被长柔毛，花冠裂片 5 枚。浆果球形，直径 5~8 mm。花期 4~6 月，果期 5 月至翌年 2 月。

生于山坡、山谷溪边、丘陵的灌丛中或林中，海拔 100~900 m。产于中国福建、台湾、广东、香港、广西、海南、云南。

茜树（茜树属）

Aidia cochinchinensis **Lour.**

灌木或乔木，枝无毛。叶革质或纸质，椭圆状长圆形至狭椭圆形，长 6~20 cm，宽 1.5~8 cm，下面脉腋内的小窝孔中常簇生短柔毛；叶柄长 5~18 mm；托叶长 6~10 mm，脱落。聚伞花序长 2~7 cm，苞片和小苞片长约 2 mm；花梗长可达 7 mm；花萼无毛，萼管杯形，长 3.5~4 mm，顶端 4 裂；花冠黄色或白色，有时红色，喉部密被淡黄色长柔毛，冠管长 3~4 mm，花冠裂片 4 枚。浆果球形，近无毛，直径 5~6 mm，紫黑色。花期 3~6 月，果期 5 月至翌年 2 月。

生于丘陵、山坡、山谷溪边的灌丛或林中，海拔 500~900 m。产于中国江苏、浙江、江西、福建、台湾、湖北、湖南、广东、广西、海南、四川、贵州、云南。

多毛茜草树（茜树属）

Aidia pycnantha **(Drake) Tirveng.**

灌木或乔木。嫩枝、叶下面和花序被锈色柔毛。叶革质或纸质，长圆形至长圆状倒披针形，长 8~27.5 cm，宽 2~10 cm，顶端渐尖；叶柄长 5~15 mm，被柔毛；托叶长 8~12 mm，被短柔毛。聚伞花序与叶对生，长 4~6 cm，苞片和小苞片长 2~4 mm；花梗长 1.5~4 mm；花萼被锈色柔毛，萼管杯形，长 4~5 mm，顶端 5 裂；花冠白色或淡黄色，高脚碟形，冠管长约 4 mm，喉部密被长柔毛，花冠裂片 5 枚。浆果球形，直径 6~8 mm，近无毛。花期 3~9 月，果期 4~12 月。

生于旷野、丘陵、山坡、山谷溪边林中或灌丛中，海拔 100~900 m。产于中国福建、广东、香港、广西、海南、云南。

猪肚木（鱼骨木属）

Canthium horridum **Blume**

常绿灌木，具腋生直刺，刺对生。小枝纤细，被紧贴土黄色柔毛。叶纸质，长卵形，长 2~3(5) cm，宽 1~2 cm，基部圆或阔楔形；侧脉每边 2~3 条。花小，近无梗，单生或数朵簇生于叶腋内；萼管倒圆锥形；花冠白色，近瓮形，冠管短，喉部有倒生髯毛，顶部 5 裂。核果卵形，单生或孪生，不具沟槽，直径 1~2 cm，顶部有微小宿存萼檐，内有小核 1~2 个，小核具不明显小瘤状体。花期 4~6 月，果期 7 ~11 月。

生于灌丛，海拔 100~500 m。产于中国广东、香港、海南、广西、云南。

白香楠（白香楠属）

Alleizettella leucocarpa **(Champ. ex Benth.) Tirveng.**

无刺灌木，有时呈攀援状。叶纸质或薄革质，对生，狭椭圆形或披针形，长 4.5~17 cm，宽 1.5~6 cm，顶端渐尖至尾状渐尖，基部楔形；侧脉 4~7 对，纤细，在下面凸起，在上面平或稍凸起；叶柄被糙伏毛；托叶阔三角形，顶端长尖，长约 5 mm，被毛，脱落。聚伞花序有花数朵，生于侧生短枝的顶端或老枝的节上，有糙伏毛或硬毛；花萼被糙伏毛，长 3~3.5 mm，萼管钟形，顶端 5 裂，裂片三角形，顶端尖；花冠白色，高脚碟形，花冠裂片 5 枚，近卵形；柱头 2 裂。浆果球形，淡黄或白色，有疏柔毛或无毛，直径 0.8~1.3 cm；种子 2~4 颗，扁球形，直径 4~5 mm。花期 4~6 月，果期 6 月至翌年 2 月。

生于山坡、山谷溪边林中或灌丛中，海拔 200~900 m。产于中国福建、广东、香港、广西。

山石榴（山石榴属）牛头簕、簕泡木

Catunaregam spinosa **(Thunb.) Tirveng.**

有刺灌木或小乔木。枝刺腋生，对生，长 1~5 cm。叶近革质，对生或簇生，倒卵形，长 1.8~12 cm，宽 1~6 cm，下面脉腋内常有短束毛，边缘常有短缘毛；叶柄长 2~8 mm；托叶卵形，顶端芒尖，早落。花单生或2~3 朵簇生于枝顶；花梗长 2~5 mm，被棕褐色长柔毛；萼管钟形或卵形，长 3.5~7 mm，外面被棕褐色长柔毛，顶端 5 裂；花冠白色至淡黄色，钟状，约 5 mm，外面密被绢毛，花冠裂片 5 枚。浆果大，球形，直径 2~4 cm，有宿存的萼檐，具沟槽，黄色，果皮常厚。花期 3~6 月，果期 5 月至翌年 1 月。

生于旷野、丘陵、山坡或山谷沟边，海拔 100~900 m。产于中国福建、台湾、广东、广西、海南、云南。

风箱树（风箱树属）
Cephalanthus tetrandrus **(Roxb.) Ridsdale & Bakh. f.**

落叶灌木或小乔木，高 1~5 m；嫩枝近四棱柱形，被短柔毛。叶对生或轮生，近革质，卵状披针形，长 10~15 cm，宽 3~5 cm，基部圆形至近心形，下面无毛或密被柔毛；叶柄长 5~10 mm；托叶阔卵形，长 3~5 mm。头状花序顶生或腋生；花萼管长 2~3 mm，疏被短柔毛，萼裂片 4 枚，边缘裂口处常有黑色腺体 1 枚；花冠白色，花冠裂片长圆形，裂口处通常有 1 枚黑色腺体。果序直径 10~20 mm；坚果长 4~6 mm。花期春末夏初。

生于水沟旁或溪畔，海拔 100~700 m。产于中国广东、海南、广西、湖南、福建、江西、浙江、台湾。

流苏子（流苏子属）乌龙藤
Coptosapelta diffusa **(Champ. ex Benth.) Steenis**

藤本或攀援灌木，长 2~5 m；枝幼嫩时密被黄褐色倒伏硬毛，节明显。叶革质，卵形至披针形，长 2~9.5 cm，宽 0.8~3.5 cm，中脉在两面均有疏长硬毛；叶柄长 2~5 mm，有硬毛；托叶长 3~7 mm，脱落。花单生叶腋，对生；花梗长 3~18 mm；花萼长 2.5~3.5 mm，檐部 5 裂；花冠白色或黄色，高脚碟状，外面被绢毛，长 1.2~2 cm，裂片 5 枚。蒴果扁球形，直径 5~8 mm，淡黄色，果皮木质；种子近圆形，边缘流苏状。花期 5~7 月，果期 5~12 月。

生于山地或丘陵的林中或灌丛中，海拔 100~900 m。产于中国安徽、浙江、江西、福建、台湾、湖北、湖南、广东、香港、广西、四川、贵州、云南。

弯管花（弯管花属）
Chassalia curviflora **(Wall.) Thwaites**

直立小灌木，通常全株被毛。叶膜质，长圆状椭圆形或倒披针形，长 10~20 cm，宽 2.5~7 cm，顶端渐尖或长渐尖，基部楔形，边全缘，干时黄绿色；侧脉每边 8~10 条；叶柄长 1~4 cm，无毛；托叶宿存，阔卵形或三角形，长 4~4.5 mm，短尖或钝，全缘或浅 2 裂，基部短合生。聚伞花序多花，顶生，长 3~7 cm，总轴和分枝稍压扁，带紫红色；花近无梗，3 型；萼倒卵形，长 1~1.5 mm，檐部 5 浅裂，裂片长不及 0.5 mm，短尖；花冠管弯曲，长 10~15 mm，内外均有毛，裂片 4~5 枚，卵状三角形，长约 2 mm，顶部肿胀，具浅沟。核果扁球形，长 6~7 mm，平滑或分核间有浅槽。花期春夏间。

常见于中湿地上，海拔 100~900 m。产于中国广东、海南、广西、云南、西藏。

狗骨柴（狗骨柴属）狗骨仔
Diplospora dubia **(Lindl.) Masam**

灌木或乔木。叶革质，卵状长圆形至披针形，长 4~19.5 cm，宽 1.5~8 cm，全缘，侧脉约 8 对；叶柄长 4~15 mm；托叶长 5~8 mm，下部合生，上部三角形。花腋生密集成束或组成聚伞花序；总花梗短，有短柔毛；花梗长约 3 mm，有短柔毛；萼管长约 1 mm，顶部 4 裂；花冠白色或黄色，4 数，冠管长约 3 mm，花冠裂片与冠管等长。浆果近球形，直径 4~9 mm，成熟时红色，顶部有萼檐残迹；种子近卵形，暗红色，直径 3~4 mm。花期 4~8 月，果期 5 月至翌年 2 月。

生于山坡、山谷沟边、丘陵、旷野的林中或灌丛中，海拔 100~900 m。产于中国江苏、安徽、浙江、江西、福建、台湾、湖南、广东、香港、广西、海南、四川、云南。

毛狗骨柴（狗骨柴属）

Diplospora fruticosa **Hemsl.**

灌木或小乔木，嫩枝有短柔毛。叶薄革质，长圆形至长圆状披针形，长 5.5~22 cm，宽 2.5~8 cm，全缘，叶脉上和脉腋内常有疏短柔毛；叶柄长 4~13 mm，常有短刚毛；托叶基部合生，长 8~10 mm，被柔毛。伞房状聚伞花序腋生，多花；花萼被短柔毛，长约 3 mm，萼管陀螺形，萼檐浅 4 裂，裂片长 0.5~0.8 mm；花冠白色，少黄色，长 6~7 mm，冠喉部被柔毛，裂片比冠管长。果实近球形，直径 5~7 mm，成熟时红色。花期 3~5 月，果期 6 月至翌年 2 月。

生于山谷或溪边的林中或灌丛中，海拔 200~900 m。产于中国江西、湖北、湖南、广东、广西、四川、贵州、云南、西藏。

耳草（耳草属）

Hedyotis auricularia **L.**

多年生草本，高 30~100 cm；小枝被短硬毛，幼时近方柱形，老时圆柱形，节上生根。叶近革质，披针形或椭圆形，长 3~8 cm，宽 1~2.5 cm，下面被粉末状短毛；叶柄长 2~7 mm；托叶膜质，被毛，合生成短鞘，顶部 5~7 裂。聚伞花序腋生，密集成头状；苞片小；花近无梗；萼管长约 1 mm，被毛，萼檐裂片 4 枚，被毛；花冠白色，管长 1~1.5 mm，花冠裂片 4 枚，长 1.5~2 mm。果实球形，直径 1.2~1.5 mm，近无毛，成熟时不开裂。花期 3~8 月。

生于林缘和灌丛中，海拔 100~900 m。产于中国广东、海南、广西、贵州、云南。

栀子（栀子属）水横枝、水栀子

Gardenia jasminoides **J. Ellis**

常绿灌木，高 0.3~3 m；嫩枝常被短毛。叶对生或 3 枚叶轮生，革质，叶形多样，通常为长圆状披针形，长 3~25 cm，宽 1.5~8 cm，两面常无毛；叶柄长 0.2~1 cm；托叶膜质。花芳香，常单生枝顶；萼管倒圆锥形，长 8~25 mm，有纵棱，顶部 5~8 裂；花冠白色或乳黄色，高脚碟状，顶部 5~8 裂。浆果卵形，黄色或橙红色，长 1.5~7 cm，直径 1.2~2 cm，被宿存被丝托包围，有翅状纵棱 5~9 条。花期 3~7 月，果期 5 月至翌年 2 月。

生于路旁、山谷、山坡上，海拔 100~900 m。产于中国华北、华中、华东、华南、西南地区。

剑叶耳草（耳草属）

Hedyotis caudatifolia **Merr. & F. P. Metcalf**

直立灌木，全株无毛，高 30~90 cm，基部木质。叶革质，披针形，长 6~13 cm，宽 1.5~3 cm，顶部尾状渐尖，基部楔形或下延；叶柄长 10~15 mm；托叶阔卵形，长 2~3 mm。聚伞花序排成疏散的圆锥花序式；苞片短尖；花 4 数，具短梗；萼管陀螺形，长约 3 mm，萼檐裂片与萼等长；花冠白色或粉红色，长 6~10 mm，冠管管形，长 4~8 mm，裂片披针形。蒴果椭圆形，连宿存萼檐裂片长 4 mm，直径约 2 mm，光滑无毛，成熟时开裂为 2 果爿。花期 5~6 月。

常见于丛林下比较干旱的砂质土壤上，有时亦见于黏质土壤的草地上。产于中国广东、广西、福建、江西、浙江、湖南。

伞房花耳草（耳草属）

Hedyotis corymbosa **(L.) Lam.**

一年生柔弱披散草本，茎和枝方柱形，近无毛。叶近无柄，膜质，线形，长 1~2 cm，宽 1~3 mm，顶端短尖；托叶膜质，鞘状，长 1~1.5 mm，顶端有数条短刺。花 2~4 朵腋生，伞房花序式排列，总花梗长 5~10 mm；花梗长 2~5 mm；萼管球形，直径 1~1.2 mm，萼檐裂片长约 1 mm，具缘毛；花冠白色或粉红色，长 2.2~2.5 mm，花冠裂片长圆形。蒴果膜质，球形，直径 1.2~1.8 mm，顶部平，成熟时顶部室背开裂。花果期几乎全年。

见于水田和田埂或湿润的草地上。产于中国广东、广西、海南、福建、浙江、贵州、四川。

长瓣耳草（耳草属）

Hedyotis longipetala **Merr.**

直立亚灌木，分枝多，无毛；嫩枝方柱形或具4枚狭翅，。叶革质，披针形至线状披针形，长 3~8 cm，宽 4~12 mm；叶柄 4~8 mm；托叶革质，卵形至长圆状卵形，长 4~5 mm，全缘。花序腋生和顶生，腋生的有花 1 至数朵成束，顶生的密集成扁球形、直径 1.5~2 cm 的头状花序；花较大，4 数；花萼革质，萼管卵形，长约 3 mm，萼檐裂片披针形；花冠白色，冠管管形，长 3.5 mm，花冠裂片披针形，长 11 mm。蒴果卵形或椭圆形，长约 4 mm，成熟时开裂为 2 果爿，果爿直裂，种子数颗。花期 4~6 月，果期 7~8 月。

生于山顶杂木林下或路旁草地上，海拔 800 m。产于中国广东、福建。

牛白藤（耳草属）大叶龙胆、脓见消

Hedyotis hedyotidea **(DC.) Merr.**

藤状亚灌木，嫩枝方柱形，被粉末状柔毛，老时圆柱形。叶膜质，卵形，长 4~10 cm，宽 2.5~4 cm，上面粗糙，下面被柔毛，侧脉明显；叶柄长 3~10 mm；托叶长 4~6 mm，有 4~6 条刺状毛。花序腋生和顶生，10~20 朵花集聚而成一伞形花序；总花梗长约 2.5 cm，被微柔毛；花 4 数，花梗长 2 mm；花萼被微柔毛，萼管陀螺形，长约 1.5 mm；花冠白色，管形，长 10~15 mm，裂片长 4~4.5 mm。蒴果近球形，直径 2 mm，顶部极隆起，有宿存萼裂片；种子数颗，微小，具棱。花期 4~7 月。

生于沟谷、灌丛或丘陵坡地上，海拔 200~900 m。产于中国福建、台湾、广东、海南、广西、云南、贵州。

纤花耳草（耳草属）

Hedyotis tenelliflora **Blume**

柔弱披散多分枝草本，高 15~40 cm，全株无毛；枝上部方柱形，有 4 条锐棱，下部圆柱形。叶无柄，薄革质，线形或线状披针形，长 2~5 cm，宽 2~4 mm，上面密被圆形、透明的小鳞片；托叶长 3~6 mm，基部合生，略被毛，顶部撕裂。花无梗，1~3 朵簇生于叶腋；萼管倒卵状，长约 1 mm，萼檐裂片 4 枚；花冠白色，漏斗形，长 3~3.5 mm，裂片长 1~1.5 mm。蒴果近球形，直径 1.5~2 mm，宿存萼檐裂片长 1 mm；种子每室多数，微小。花期 4~11 月。

生于山谷两旁坡地或田埂上，海拔 100~900 m。产于中国浙江、江西、福建、台湾、广东、广西、海南、云南。

红芽大戟（红芽大戟属）

Knoxia sumatrensis **(Retz.) DC.**

直立草本或亚灌木，高 30~100 cm；枝粗壮，圆柱形或四棱柱形，被茸毛。叶长圆形或椭圆形，长 3.5~12 cm，宽 1.5~3.5 cm，顶端骤尖，基部渐狭而微下延至叶柄，绿色或褐绿色，两面被毛，下面脉上被毛较密；侧脉每边 6~8 条；叶柄长 6~12 mm；托叶被毛，顶部呈刚毛状裂。聚伞花序顶生，三歧分枝；花具短梗或无梗；萼管卵形，长约 1 mm，无毛，萼檐裂片 4 枚，三角形；花冠亮绿色，冠管长约 1 mm，管形，外面无毛，里面被毛；雄蕊 4 枚，生于冠管内；花柱纤细，柱头 2 裂。果实圆柱形，平滑无毛，直径 1~1.2 mm，干后变黑色，有宿存萼檐裂片，成熟时与中轴一齐脱落。

生于灌丛中。产于中国福建、广东、海南、广西、贵州、台湾。

长梗粗叶木（粗叶木属）

Lasianthus filipes **Chun ex H. S. Lo**

灌木，小枝较纤细，密被贴伏的柔毛。叶具等叶性，叶片纸质，卵形或卵状长圆形，长 5~8 cm，宽 2~3 cm，顶端骤然渐尖，基部钝或圆，边缘常被毛，干时常绿灰色，上面无毛，略有光泽，下面脉上被贴伏柔毛或短硬毛；侧脉在下面凸起；花序多花，腋生，同叶柄密被硬毛，具纤细、1~5 cm 长的总梗，总梗不分枝或有 2 个短小分枝；苞片小，长 1~2.5 mm；花具短梗；萼管近陀螺状，长 1.5 mm，裂片 5 枚，钻形，长约 1.5 mm，均被硬毛；花冠白色，近管状；雄蕊 5 枚；花柱长 4.5 mm，微伸出。核果近球形，直径 7~8 mm，成熟时蓝色，近无毛；分核 5 颗，长约 3 mm。

生于山地林中或灌丛中，海拔 500~900 m。产于中国福建、广东、海南、广西、云南。

粗叶木（粗叶木属）

Lasianthus chinensis **(Champ. ex Benth.) Benth.**

常绿灌木，枝粗壮，被褐色短柔毛。叶薄革质或厚纸质，长圆形或长圆状披针形，长 12~25 cm，宽 2.5~6 cm，顶端骤尖或近短尖，上面无毛或近无毛，下面中脉、侧脉和小脉上均被黄色短柔毛；中脉粗大，下面凸起；叶柄，托叶被黄色茸毛；花无梗，常 3~5 朵簇生叶腋，无苞片；萼管卵圆形或近阔钟形，长 4~4.5 mm，萼檐 4 裂，裂片卵状三角形，花萼裂片短于萼管；花冠通常白色，有时带紫色，近管状，被茸毛，管长 8~10 mm，喉部密被长柔毛，裂片 6（或 5）枚，披针状线形，长 4~5 mm，顶端内弯，有一长 1 mm 的刺状长喙；核果近卵球形，直径 6~7 mm，成熟时蓝色或蓝黑色，通常有 6 颗分核。花期 5 月，果期 9~10 月。

常生于林缘，亦见于林下，海拔 100~900 m。产于中国福建、台湾、广东、香港、广西、云南。

罗浮粗叶木（粗叶木属）

Lasianthus fordii **Hance**

灌木，小枝纤细，微有棱，无毛。叶具等叶性，纸质，长圆状披针形或长圆状卵形，长 5~12 cm，宽 2~4 cm，顶端渐尖或尾状渐尖，基部楔形，边全缘或浅波状，两面无毛或下面中脉和侧脉上疏生硬毛；侧脉 4~5 对，近平行；叶柄长 5~10 mm，被硬毛；花近无梗，数朵至多朵簇生叶腋；萼管倒圆锥状；花冠白色，管形或微带漏斗形，里面中部以上被白色长柔毛，裂片 4~5 枚，盛开时反折，长三角状披针形，长约 1.5 mm，顶端内弯呈长喙状，外面近顶部被稀疏硬毛，里面被白色柔毛。核果近球形，直径约 6 mm，成熟时蓝色或蓝黑色，无毛，有 4~5 颗分核。花期春季，果期秋季。

常生于林缘或疏林中，海拔 200~900 m。产于中国福建、台湾、广东、海南、广西、云南。

日本粗叶木（粗叶木属）
Lasianthus japonicus Miq.

灌木；枝和小枝无毛或嫩部被柔毛。叶近革质或纸质，长圆形或披针状长圆形，长 9~15 cm，宽 2~3.5 cm，顶端骤尖或骤然渐尖，基部短尖，上面无毛或近无毛，下面脉上被贴伏的硬毛；侧脉每边 5~6 条，小脉网状，罕近平行；叶柄长 7~10 mm，被柔毛或近无毛；托叶小，被硬毛。花常 2~3 朵簇生在一腋生、很短的总梗上，有时无总梗；苞片小；萼钟状，长 2~3 mm，被柔毛，萼齿三角形，短于萼管；花冠白色，管状漏斗形，长 8~10 mm，外面无毛，里面被长柔毛，裂片 5 枚，近卵形。核果球形，直径约 5 mm，内含 5 颗分核。

生于林下，海拔 200~900 m。产于中国安徽、浙江、江西、福建、台湾、湖北、湖南、广东、广西、四川、贵州。

大果巴戟（巴戟天属）
Morinda cochinchinensis DC.

木质藤本；幼枝圆或略呈四棱柱形，同叶背、叶柄、花序梗密被锈色柔毛。叶对生，纸质，长圆形或倒卵状长圆形，长 8~14 cm，上面疏被糙硬伏毛，脉处较密，顶端尾状渐尖或短渐尖；托叶管状，外面被短柔毛，顶截平，每侧具 2 枚硬尖。顶生头状花序排列成伞形；花冠白色，无毛；雄蕊 4~5 枚，外伸；花柱内藏，长约 2 mm，自下而上渐扩大。聚花核果由 (1) 2~8 个核果组成，近球形或长圆球形或不规则形，外面被柔毛，熟时由橙黄色变桔红色；果柄长 2.5~4 cm，被锈毛；核果具 4 颗分核；分核三棱形，具种子 1 颗；种子角质，胚直，具胚乳。花期 5~7 月，果期 7~11 月。

生于山坡、山谷、溪旁和路边的林下或灌丛中，海拔 100~900 m。产于中国广东、香港、海南、广西。

黄棉木（黄棉木属）
Metadina trichotoma (Zoll. & Moritzi) Bakh. f.

乔木，高 5~10 m。叶对生，长披针形或椭圆状倒披针形，长 6~15 cm，宽 2~4 cm，顶端尾状渐尖，基部渐尖；叶柄长 7~10 mm；托叶窄三角形，褐色，长 5~8 mm，早落。头状花序顶生，多数，作伞房花序式排列，总花梗长 1.5~3 cm，被短茸毛；花近无梗；小苞片线形至线状棒形；花萼管长 0.5~0.7 mm，萼裂片长约 1 mm；花冠高脚碟状，花冠管长 3 mm；花柱伸出。小蒴果宿存萼裂片留附于蒴果中轴上。花果期 4~12 月。

生于林谷溪畔，海拔 300~900 m。产于中国广东、广西、云南、湖南。

糖藤（巴戟天属）糠藤
Morinda howiana S. Y. Hu

藤本、攀援或缠绕；老枝具细棱。叶纸质或革质，倒卵状长圆形，长 6~9 cm，宽 2~3.5 cm，全缘；叶柄长 4~6 mm，被不明显粒状疏毛；托叶筒状，干膜质，长 4~6 mm。花序长 3~11mm 伞状排列于枝顶；花序梗长 4~11 mm，被微毛；头状花序直径 6~10 mm，具花 6~12 朵；花 4~5 基数；各花萼下部彼此合生；花冠白色，稍呈钟状，长约 4 mm，檐部 4~5 裂。聚花核果成熟时红色，近球形，直径 7~12 mm；核果具分核 2~4 颗。花期 6~7 月，果期 10~11 月。

攀援生山地林下、溪旁、路旁等疏阴或密阴的灌木上，海拔 300~700 m。产于中国广东、海南。

巴戟天（巴戟天属）大巴戟、巴戟

Morinda officinalis F. C. How

藤本；具根状茎，肉质根不定位肠状缢缩；嫩枝被粗毛。叶纸质，卵状长圆形，长 6~13 cm，宽 3~6 cm，上面初时被长粗毛，后无毛，下面近无毛；叶柄长 4~11 mm，下面密被短粗毛；托叶长 3~5 mm，鞘状，干膜质。花序头状或由 3 至多个头状花序组成的伞形花序排列于枝顶；花序梗长 5~10 mm，被短柔毛；头状花序具花 4~10 朵；花 2~4 基数；花萼倒圆锥状，顶部具波状齿 2~3 枚；花冠白色，近钟状，长 6~7 mm，檐部常 3 裂。聚花核果熟时红色，近球形，直径 5~11 mm。花期 5~7 月，果熟期 10~11 月。

生于山地疏、密林下和灌丛中，常攀于灌木或树干上，海拔 100~500 m。产于中国福建、广东、海南、广西。

羊角藤（巴戟天属）

Morinda umbellata L. subsp. _obovata_ Y. Z. Ruan

藤本、攀援或缠绕；嫩枝绿色。叶纸质或革质，倒卵形，长 6~9 cm，宽 2~3.5 cm，顶端渐尖或具小短尖，基部渐狭或楔形，全缘，上面光亮无毛，侧脉 4~5 对，无毛或有时下面具粒状疏细毛；托叶筒状，顶截平。花序 3~11 枚，伞状排列于枝顶；花序梗长 4~11 mm，被微毛；头状花序，具花 6~12 朵；花冠白色，稍呈钟状，檐部 4~5 裂，顶部向内钩状弯折，内面中部以下至喉部密被髯毛；雄蕊与花冠裂片同数；子房下部与花萼合生，2~4 室。聚花核果由 3~7 花发育而成，成熟时红色，近球形或扁球形；核果具分核 2~4 颗；分核近三棱形，外侧弯拱；种子角质，棕色，与分核同形。花期 6~7 月，果熟期 10~11 月。

攀援于山地林下、溪旁、路旁的灌木上，海拔 300~900 m。产于中国长江以南地区。

鸡眼藤（巴戟天属）

Morinda parvifolia Bartl. ex DC.

攀援、缠绕或平卧藤本；嫩枝密被短粗毛，具细棱。叶形多变，倒卵形，线状倒披针形或近披针形，长 2~5 (7) cm，宽 0.3~3 cm，边全缘或具疏缘毛，两面被毛（糙毛）或无毛；托叶筒状，顶端截平，花序 (2)3~9 枚伞状排列于枝顶；头状花序近球形，具花 3~15(17) 朵；花冠白色。聚花核果近球形，熟时橙红至橘红色；核果具分核 2~4 颗；分核三棱形，外侧弯拱。花期 4~6 月，果期 7~8 月。

生于路旁、沟边、疏林下，海拔 100~400 m。产于中国江西、福建、台湾、广东、香港、海南、广西。

楠藤（玉叶金花属）

Mussaenda erosa Champ. ex Benth.

攀援灌木，高 3 m；小枝无毛。叶纸质，长圆状椭圆形，长 6~12 cm，宽 3.5~5 cm；叶柄长 1~1.5 cm；托叶长约 8 mm，深 2 裂。伞房状多歧聚伞花序顶生，花疏生；苞片长 3~4 mm；花梗短；花萼管椭圆形，萼裂片 2~2.5 mm；花叶阔椭圆形，长 4~6 cm，宽 3~4 cm；花冠橙黄色，花冠管外面有柔毛，喉部内面密被棒状毛，花冠裂片长约 5 mm，内面有黄色小疣突。浆果近球形，长 10~13 mm，直径 8~10 mm，无毛，顶部有环状疤痕。花期 4~7 月，果期 9~12 月。

常攀援于疏林乔木的树冠上，海拔 300~800 m。产于中国广东、香港、广西、云南、四川、贵州、福建、海南、台湾。

海南玉叶金花（玉叶金花属）
***Mussaenda hainanensis* Merr.**

攀援灌木，小枝密被柔毛。叶对生，纸质，长圆状椭圆形，长3~8 cm，宽1.5~2.5 cm，顶端短渐尖，基部楔形，同叶柄，托叶，花序，花萼管，浆果及果柄均被毛；侧脉7~8对；托叶2裂，裂片披针形，渐尖。聚伞花序顶生和上部叶腋；苞片线状披针形，长3~6 mm；花萼管长3~4 mm，萼裂片线状披针形；花叶阔椭圆形，长约4 cm，宽3 cm，有纵脉5~7条，横脉明显，顶端短尖，基部狭窄；花冠黄色，长1.8~2.2 cm，外面密被糙伏毛，喉部内面密被棒状毛；花冠裂片三角状卵形，内面有密的黄色疣突。浆果椭圆形，长14 mm，直径9 mm，顶部有萼檐脱落后的环状疤痕，花期3~6月，果期7~8月。

常见于林地，海拔300~800 m。产于中国海南、广东。

玉叶金花（玉叶金花属）
***Mussaenda pubescens* W. T. Aiton**

攀援灌木，小枝被柔毛；叶对生或轮生，卵状长圆形或卵状披针形，长5~8 cm，先端渐尖，基部楔形，上面近无毛或疏被柔毛，下面密被柔毛，侧脉5~7对；叶柄长3~8 mm，被柔毛，托叶三角形，长5~7 mm，2深裂，裂片线状；聚伞花序顶生，密花；花梗极短或无梗；花萼被柔毛，萼筒陀螺形，长3~4 mm，萼裂片线形，比萼筒长2倍以上，花叶宽椭圆形，长2.5~5 cm，柄长1~2.8 cm，两面被柔毛；花冠黄色，冠筒长约2 cm，被贴伏柔毛，喉部密被毛，裂片长约4 mm；花柱内藏；浆果近球形，直径6~7.5 mm，疏被柔毛，干后黑色。花期6~7月。

生于遍路旁灌木丛中。产于中国广东 。

广东玉叶金花（玉叶金花属）
***Mussaenda kwangtungensis* H. L. Li**

攀援灌木，小枝圆柱形，被灰色短柔毛。叶对生，薄纸质，披针状椭圆形，长7~8 cm，宽2~3 cm，顶端长渐尖，基部渐狭窄，两面均被稀疏短柔毛或近无毛，但在两面脉上有较密的柔毛；侧脉4~6对，向上弧曲；叶柄同两面叶脉，托叶，总花梗，花萼管及花冠外均密被短柔毛；托叶2枚全裂，裂片线形，早落。聚伞花序顶生，略分枝，紧密；花近无梗，花萼管长圆形，长2~2.5 mm，萼裂片线形，长3~3.5 mm；花冠黄色，花冠管长约4 cm，宽1 mm，向上略膨大，内面的上部密被黄色棒形毛，花冠裂片卵形，里面密生黄色小疣突；花柱极短，柱头2裂。花期5~9月。

生于山地丛林中，常攀援于林冠上。产于中国广东。

华腺萼木（腺萼木属）
***Mycetia sinensis* (Hemsl.) Craib**

亚灌木，高20~50 cm；嫩枝被皱卷柔毛，老枝无毛。叶近膜质，长圆状披针形或长圆形，同一节上叶不等大，长8~20 cm，宽3~5 cm，下面脉上通常疏被柔毛；叶柄长不超过2 cm，被柔毛；托叶长5~12 mm，有脉纹。聚伞花序顶生，单生或2~3个簇生，有花多朵，总花梗长3.5~6 cm；苞片似托叶，基部穿茎，边缘常条裂；花梗长1~2.5 mm；萼管半球状，长约2 mm，裂片草质，长约2 mm；花冠白色，狭管状，长7~8 mm，檐部5裂。果近球形，直径4~4.5 mm，成熟时白色。花期7~8月，果期9~11月。

生于密林下的沟溪边或林中路旁，海拔200~900 m。产于中国福建、广东、广西、海南、湖南、江西、云南。

乌檀（乌檀属）

Nauclea officinalis **(Pierre ex Pit.) Merr. & Chun**

常绿乔木，高 4~12 m；小枝纤细；顶芽压扁，倒卵形。叶纸质，椭圆形，少数倒卵形，长 7~9 cm，宽 3.5~5 cm，叶脉在叶面明显凹下，侧脉 5 ~12 对；叶柄长 10~15 mm；托叶早落，倒卵形，长 6~10 mm。头状花序单个顶生；总花梗长 1~3 cm，中部以下的苞片早落；子房 2 室，每室多粒种子。头状果序中的小核果融合，成熟时黄褐色，肉质，直径 9~15 mm，表面粗糙。花期夏季，果期 4~12 月。

生于山地林中，海拔 500~800 m。产于中国广东、广西、海南。

广州蛇根草（蛇根草属）

Ophiorrhiza cantonensis **Hance**

草本或亚灌木，高 30~50 cm；花序，嫩枝，总花梗被短柔毛，叶纸质，长圆状椭圆形，长 12~16 cm，顶端渐尖，基部楔形，全缘，两面无毛或近无毛；中脉上面压入呈沟状，侧脉下面微凸起；叶柄长 1.5~4 cm；托叶早落。花序顶生，圆锥状或伞房状；花二型，花柱异长。长柱花：花梗长 0.5~1.5 mm 或近无梗；花冠白色或微红；雄蕊生冠管中部稍低，花丝短，花盘高凸，2 全裂；花柱 2 裂，裂片圆卵形。短柱花：雄蕊生花冠喉部下方，花丝长约 2.5 mm，花药与花丝近等长，顶部露出管口之外；花柱长约 3.5 mm，柱头裂片披针形。蒴果僧帽状，宽 7~9 mm，近无毛；种子很多，细小而有棱角。花期冬、春季，果期春、夏季。

生于密林下沟谷边，海拔 400~900 m。产于中国广东、海南、广西、云南、贵州、四川、云南、江西、湖南。

薄叶新耳草（新耳草属 ）

Neanotis hirsuta **(L. f.) W. H. Lewis**

匍匐草本，下部常生不定根；茎柔弱，具纵棱。叶卵形或椭圆形，长 2~4 cm，宽 1~1.5 cm，顶端短尖，基部下延至叶柄，两面被毛或近无毛；叶柄长 4~5 mm；托叶膜质，基部合生，宽而短，顶部分裂成刺毛状。花序腋生或顶生，有花 1 至数朵，常聚集成头状，有长 5~10 mm、纤细、不分枝的总花梗；花白色或浅紫色，近无梗或具极短的花梗；萼管管形，萼檐裂片线状披针形，顶端外反，比萼管略长；花冠漏斗形，长 4~5 mm，裂片阔披针形，顶端短尖，比冠管短；花柱略伸出，柱头 2 浅裂。蒴果扁球形，直径 2~2.5 mm，顶部平，宿存萼檐裂片长约 1.2 mm；种子微小，平凸，有小窝孔。花果期 7~10 月。

生于林下或溪旁，海拔 500~900 m。

日本蛇根草（蛇根草属）

Ophiorrhiza japonica **Blume**

草本，高 20~40 cm；茎下部匐地生根，上部直立，有 2 列柔毛。叶片纸质，卵形至披针形，长可达 10 cm 以上，宽 1~3 cm；叶柄压扁，可达 3 cm 以上；托叶早落。花序顶生，有花多朵，总梗长 1~2 cm，多少被柔毛，分枝螺状；花二型；长柱花：萼近无毛，萼管长约 1.3 mm；花冠白色或粉红色，近漏斗形，外面无毛，管长 1~1.3 cm，裂片 5 枚，背面有翅；花柱长 9~11 mm，被疏柔毛，柱头 2 裂；短柱花：雄蕊生喉部下方，花药不伸出；花柱长约 3 mm，柱头裂片披针形，长约 3 mm。蒴果近僧帽状，宽 7~9 mm，近无毛。花期冬、春季，果期春、夏季。

生于常绿阔叶林下的沟谷沃土上，海拔 100~900 m。产于中国陕西、四川、湖北、湖南、安徽、江西、浙江、福建、台湾、贵州、云南、广西、广东。

短小蛇根草（蛇根草属）

Ophiorrhiza pumila **Champ. & Benth.**

矮小草本，茎枝被柔毛。叶纸质，卵形至披针形，长 2~5.5 cm，宽 1~2.5 cm，下面被极密的糙硬毛状柔毛，或仅上面被毛；叶柄长 0.5~1.5 cm，被柔毛；托叶早落。花序顶生，多花，总梗约 1 cm，和螺状的分枝均被短柔毛；花一型，花柱同长；萼小，被短硬毛，管长约 1.2 mm；花冠白色，近管状，全长约 5 mm，外面被短柔毛，花冠裂片长 1.2~1.5 mm；花柱长 3.5~4 mm，被硬毛，柱头 2 裂，裂片卵形。蒴果僧帽状，长 2~2.5 mm，被短硬毛。花期早春。

生于林下沟溪边或湿地上阴处，海拔 200~700 m。产于中国广西、海南、广东、香港、江西、福建、台湾。

鸡屎藤（鸡屎藤属）毛鸡矢藤

Paederia foetida **L.**

藤本，茎长 3~5 m。叶近革质，形状变化很大，卵形至披针形，长 5~ 15 cm，宽 1~6 cm，两面近无毛；叶柄长 1.5~7 cm；托叶长 3~5 mm。圆锥花序式的聚伞花序腋生和顶生；小苞片长约 2 mm；萼管陀螺形，长 1~1.2 mm，萼檐裂片 5 枚，裂片长 0.8~1 mm；花冠浅紫色，管长 7~10 mm，外面被粉末状柔毛，顶部 5 裂，裂片长 1~2 mm。果球形，成熟时近黄色，有光泽，平滑，直径 5~7 mm，顶冠以宿存的萼檐裂片和花盘；小坚果无翅，浅黑色。花期 5~7 月。

生于山坡、林中、林缘、沟谷边灌丛中，海拔 200~900 m。产于中国南北各地。

香港大沙叶（大沙叶属）茜木、满天星

Pavetta hongkongensis **Bremek.**

常绿灌木，高 1~4 m。叶对生，膜质，长圆形至椭圆状倒卵形，长 8~15 cm，宽 3~6.5 cm，顶端渐尖，基部楔形，上面无毛，下面近无毛或沿中脉上和脉腋内被短柔毛，叶肉有点状菌瘤；侧脉每边约 7 条，在下面凸起；托叶阔卵状三角形，长约 3 mm，外面无毛，里面有白色长毛，顶端急尖。伞房花序生于侧枝顶部，3 歧，多花，长 7~9 cm，直径 7~15 cm；花具梗，梗长 3~6 mm；萼管钟形，长约 1 mm，萼檐扩大，在顶部不明显的 4 裂，裂片三角形；花冠白色，4 基数，冠管长约 15 mm，外面无毛，里面基部被疏柔毛；花丝极短，花药突出，线形，长约 4 mm，花开时部分旋扭；花柱长约 35 mm，柱头棒形，全缘。核果球形，直径约 6 mm。花期 3~4 月，果期 6~12 月。

生于灌木丛中，海拔 200~900 m。产于中国广东、香港、海南、广西、云南。

海南槽裂木（槽裂木属）

Pertusadina metcalfii **(Merr. ex H. L. Li) Y. F. Deng & C. M. Hu**

乔木，高达 30 m；幼枝栗色，无毛或近无毛。叶厚纸质，椭圆形至椭圆状长圆形，长 4~10 cm，宽 2~3 cm，顶端渐尖，基部楔形，两面无毛或被短柔毛；侧脉 7~10 对，下面无毛，脉腋窝陷内无毛或有稀疏的毛；叶柄长 3~10 mm，无毛或被短柔毛；托叶线状长圆形至钻形，全缘，无毛。头状花序，花序梗单一，不分枝，或有时二歧状分枝；花萼管无毛或有稀疏的毛，萼裂片线状长圆形，内外均有稀疏的毛；花冠黄色，芳香，高脚碟状，花冠管的内外均无毛，花冠裂片三角形；花柱伸出，柱头倒卵圆形。果序直径 4~6 mm；小蒴果直径 1.5~2.5 mm，被稀疏的短柔毛。花期 6~7 月。

生于密林中，海拔 100~900 m。产于中国广东、海南、广西、福建、浙江、湖南。

九节（九节属）山打大刀、大丹叶

***Psychotria asiatica* L.**

常绿灌木。叶革质，长圆形至倒披针状长圆形，长 5~23.5 cm，宽 2~9 cm，脉腋内常有束毛；叶柄长 0.7~5 cm；托叶膜质，短鞘状，长 6~8 mm，脱落。聚伞花序通常顶生，近无毛，三歧，多花，总花梗极短，常成伞房状或圆锥状，长 2~10 cm；花梗长 1~2.5 mm；萼管杯状，长约 2 mm；花冠白色，冠管长 2~3 mm，喉部被白色长柔毛，花冠裂片长 2~2.5 mm；雄蕊与花冠裂片互生；柱头 2 裂。核果球形或宽椭圆形，直径 4~7 mm，有纵棱，红色；果柄长 1.5~10 mm。花果期全年。

生于平地、丘陵、山坡、山谷溪边的灌丛或林中，海拔 100~900 m。产于中国浙江、福建、台湾、湖南、广东、香港、海南、广西、贵州、云南。

蔓九节（九节属）穿根藤、上树龙

***Psychotria serpens* L.**

多分枝攀援或匍匐藤本，长可达 6 m。嫩枝稍扁，有细直纹，老枝圆柱形，攀附枝有一列短而密的气根。叶革质，幼株叶卵形，老株叶呈椭圆至倒卵状披针形，长 0.7~9 cm，宽 0.5~3.8 cm；叶柄长 1~10 mm；托叶膜质，短鞘状，脱落。聚伞花序顶生，常三歧分枝，长 1.5~5 cm，总花梗长达 3 cm；花梗长 0.5~1.5 mm；花萼倒圆锥形，约 2.5 mm，顶端 5 浅裂；花冠白色。浆果状核果近圆形，具纵棱，常呈白色，直径 2.5~6 mm。花期 4~6 月，果期全年。

生于平地、丘陵、山地、山谷水旁的灌丛或林中，常以气根攀附于树干或岩石上，海拔 100~900 m。产于中国浙江、福建、台湾、广东、香港、海南、广西。

溪边九节（九节属）

***Psychotria fluviatilis* Chun ex W. C. Chen**

灌木，高 0.4~3 m；叶对生，纸质或薄革质，倒披针形或椭圆形，长 5~11 cm，宽 1~3.7 cm，顶端渐尖或稍钝，基部渐狭或楔形，全缘，无毛，稍光亮；侧脉 4~8 对；托叶披针形或三角形，纸质，长 4~7 mm，顶端渐尖，有时 2 裂，脱落。聚伞花序顶生或腋生，少花，长 1~3 cm；总花梗长 0.2~2 cm，被疏短柔毛；花萼长 1.5 mm，檐部扩大，花萼裂片 4~5 枚，三角形；花冠白色，管状，外面无毛，花冠管长 3~3.5 mm，宽 1.5 mm，喉部被白色长柔毛，花冠裂片 4~5 枚，长圆形，顶端稍尖；花药长圆形。果实长圆形或近球形，红色，无毛，具棱，顶部有宿存萼；果柄纤细，长 5~10 mm；种子 2 颗，背面凸，具棱，腹面平坦。花期 4~10 月，果期 8~12 月。

生于山谷溪边林中，海拔 500~900 m。产于中国广东、广西。

假九节（九节属）

***Psychotria tutcheri* Dunn**

直立灌木，高 0.5~4 m。叶薄革质，长圆状披针形至长圆形，长 5.5~22 cm，宽 2~6 cm；叶柄长 0.5~2 cm；托叶长 3~8 mm，刚毛状，2 裂，脱落。伞房花序式的聚伞花序；总花梗、花梗、花萼外面被粉状微柔毛；苞片和小苞片长约 2 mm；花梗长约 1 mm；花萼倒圆锥形，长 1.5~2.5 mm，萼裂片 4 枚；花冠白色或绿白色，管状，冠管 2~3 mm，花冠裂片 5 枚。核果球形，长 5~7 mm，直径 4~6 mm，成熟时红色，有纵棱，有宿萼，果柄长 1~6 mm。花期 4~7 月，果期 6~12 月。

生于山坡、山谷溪边灌丛或林中，海拔 200~900 m。产于中国福建、广东、香港、海南、广西、云南。

鱼骨木（鱼骨木属）

Psydrax dicocca **Gaertn.**

无刺灌木至中等乔木，近无毛；小枝初时呈压扁形或四棱柱形，后变圆柱形。叶革质，椭圆形至卵状披针形，长 4~10 cm，宽 1.5~4 cm，顶端长渐尖或钝或钝急尖，基部楔形，边微波状或全缘，微背卷；侧脉 3~5 对，小脉稀疏；叶柄扁平，长 8~15 mm；托叶长 3~5 mm。聚伞花序具短总花梗，偶被微柔毛；苞片极小或无；萼管倒圆锥形，长 1~1.2 mm，萼檐顶部截平或为不明显 5 浅裂；花冠绿白色或淡黄色，喉部具茸毛，顶部 4~5 裂，裂片近长圆形，顶端急尖，开放后外反；花柱伸出，无毛，柱头全缘，粗厚。核果倒卵形，或倒卵状椭圆形，略扁，多少近孪生，长 8~10 mm，直径 6~8 mm；小核具皱纹。花期 1~8 月。

常见于低海拔至中海拔疏林或灌丛中。产于中国广东、香港、海南、广西、云南、西藏。

东南茜草（茜草属）

Rubia argyi **(H. Lév. & Vaniot) H. Hara ex Lauener & D. K. Ferguson**

多年生草质藤本。茎、枝均有 4 条直棱，或 4 个狭翅，棱上有倒生钩状皮刺，无毛。叶 4 片轮生，常一对较大，另一对较小，叶片纸质，心形，长 0.1~5 cm，宽 1~4.5 cm，顶端短尖或骤尖，基部心形，边缘和叶背基出脉有短皮刺，两面粗糙，或兼有柔毛；基出脉通常 5~7 条，在下面稍凸起；叶柄长 0.5~5 cm，有直棱，同花序梗和总轴均棱上有皮刺。聚伞花序分枝成圆锥花序式，顶生和小枝上部腋生；萼管近球形，花冠白色，质地稍厚，冠管长 0.5~0.7 mm，裂片 (4) 5 枚，伸展；雄蕊 5 枚，花丝短，带状，花药通常微露出冠管口外；花柱粗短，2 裂，柱头 2 枚，头状。浆果近球形，成熟时黑色。

生于林缘、灌丛、村边，海拔 300~900 m。产于中国陕西、江苏、安徽、浙江、江西、福建、台湾、河南、湖北、湖南、广东、广西、四川。

金剑草（茜草属）

Rubia alata **Wall.**

草质攀援藤本。茎、枝有光泽，均有 4 条棱或 4 枚翅，棱上同叶脉，叶柄，花序轴均有倒生皮刺。叶 4 片轮生，薄革质，线形或狭披针形，长 3.5~9 cm，宽 0.4~2 cm，基部圆至浅心形；基出脉 3 或 5 条，在上面凹入，在下面凸起；叶柄 2 长 2 短。花序腋生或顶生，多回分枝的圆锥花序式；萼管近球形，浅 2 裂；花冠稍肉质，白色或淡黄色，外面无毛，裂片 5 枚，长 1.2~1.5 mm；雄蕊生冠管之中部，伸出，花丝长约 0.5 mm，花药长圆形，与花丝近等长；花柱粗壮，顶端 2 裂，长约 0.5 mm，约 1/2 藏于肉质花盘内，柱头球状。浆果成熟时黑色，球形或双球形，长 0.5~0.7 mm。花期夏初至秋初，果期秋冬。

生于山坡林缘、灌丛、路旁，海拔 600~900 m。产于中国长江以南地区。

多花茜草（茜草属）

Rubia wallichiana **Decne.**

草质攀援藤本，长 1~3 m。茎、枝均有 4 个钝棱角，棱上生有乳突状倒生短刺。叶 4 或 6 片轮生，近膜质，披针形，长 2~7 cm，宽 0.5~2.5 cm，边缘通常有微小、齿状短皮刺毛，中脉上常有短小皮刺；基出脉 5 条；叶柄长约 1~6 cm，有倒生皮刺。花序由多数小聚伞花序排成圆锥花序式，长 1~5 cm；花梗长 3~4 mm；萼管近球形，浅 2 裂；花冠紫红色、绿黄色或白色，辐状，冠管很短，裂片长 1.3~1.5 mm。浆果球形，直径 3.5~4 mm，单生或孪生，黑色。

生于林中、林缘和灌丛中，攀于树上，有时亦见于旷野草地上或村边园篱上，海拔 300~900 m。产于中国江西、湖南、广东、香港、海南、广西、四川、云南。

白花蛇舌草（耳草属）
Hedyotis diffusa **(Willd.) R. J. Wang**

一年生无毛纤细披散草本。叶无柄，膜质，线形，长 1~3 cm，宽 1~3 mm；托叶 1~2 mm，基部合生。花 4 数，单生或双生叶腋；花梗 2~5 mm；萼管球形，长 1.5 mm，萼檐裂片长 1.5~2 mm，具缘毛；花冠白色，长 3.5~4 mm，冠管长 1.5~2 mm，花冠裂片卵状长圆形，长约 2 mm。蒴果膜质，扁球形，直径 2~2.5 mm，宿存萼檐裂片长 1.5~2 mm，成熟时顶部室背开裂；种子每室约 10 颗，具棱，干后深褐色，有深而粗的窝孔。花期春季。

多见于水田、田埂和湿润的旷地，海拔 100~900 m。产于中国安徽、浙江、福建、台湾、广东、海南、广西、云南。

鸡仔木（鸡仔木属）
Sinoadina racemosa **(Sieb. & Zucc.) Ridsdale**

半常绿或落叶乔木，高 4~12 m。叶对生，薄革质，宽卵形，长 9~15 cm，宽 5~10 cm，基部心形或钝，有时偏斜，下面无毛或有白色短柔毛；脉腋无毛或有毛；叶柄长 3~6 cm；托叶 2 裂，早落。头状花序常约 10 个，排成聚伞状圆锥花序式；花萼管密被苍白色长柔毛；花冠淡黄色，长 7 mm，外面密被苍白色微柔毛，花冠裂片三角状。果序直径 11~15 mm；小蒴果倒卵状楔形，长 5 mm。花果期 5~12 月。

生于山林中或水边，海拔 300~900 m。产于中国四川、云南、贵州、湖南、广东、广西、台湾、浙江、江西、江苏、安徽。

粗叶耳草（耳草属）
Hedyotis verticillata **(L.) R. J. Wang**

一年生披散草本，高 25~30 cm；枝上部方柱形，下部近圆柱形，被短硬毛。叶纸质或薄革质，近无柄，披针形，长 2.5~5 cm，宽 6~20 mm，两面均被短硬毛；无侧脉，中脉 1 条；托叶略被毛，基部与叶柄合生成鞘，顶部分裂成数条刺毛。团伞花序腋生，无总花梗，苞片披针形、长 3~4 mm；花无梗；萼管倒圆锥形，长约 1 mm，被硬毛，萼檐裂片 4 枚；花冠白色，近漏斗形，裂片顶端有髯毛。蒴果卵形，直径 1.5~2 mm，被硬毛。花期 3~11 月。

生于低海拔至中海拔的丘陵草丛或疏林下，海拔 200~900 m。产于中国海南、广西、香港、广东、云南、贵州、浙江。

阔叶丰花草（丰花草属）
Spermacoce alata **Aubl.**

草本；茎和枝均为明显的四棱柱形，棱上具狭翅。叶椭圆形或卵状长圆形，长度变化大，顶端锐尖或钝，基部阔楔形而下延，边缘波浪形，鲜时黄绿色，叶面平滑；侧脉每边 5~6 条，略明显；叶柄长 4~10 mm，扁平；托叶膜质，被粗毛，顶部有数条长于鞘的刺毛。花数朵丛生于托叶鞘内，无梗；花冠漏斗形，浅紫色，罕有白色，长 3~6 mm，里面被疏散柔毛；花柱长 5~7 mm，柱头 2 枚，裂片线形。蒴果椭圆形，被毛，成熟时从顶部纵裂至基部；种子近椭圆形，两端钝，长约 2 mm，直径约 1 mm，干后浅褐色或黑褐色，无光泽，有小颗粒。花果期 5~7 月。

多见于废墟和荒地上，海拔 100~800 m。逸生于中国浙江、福建、台湾、广东、海南。

丰花草（丰花草属）
***Spermacoce pusilla* Wall.**

直立草本。茎单生，四棱柱形，粗糙。叶近无柄，革质，线状长圆形，长 2.5~5 cm，宽 2.5~6 mm，顶端渐尖，基部渐狭，两面粗糙；侧脉不明显；托叶顶部有数条浅红色刺毛。花多朵丛生成球状生于托叶鞘内，无梗；小苞片线形；萼管长约 1 mm，上部被毛，萼檐 4 裂，裂片线状披针形；花冠近漏斗形，白色，顶端略红，顶部 4 裂，裂片线状披针形，仅外部和里面被疏粗毛；花柱长 2.5 mm，柱头扁球形，粗糙。蒴果长圆形或近倒卵形，直径 1~1.5 mm，近顶部被毛，成熟时从顶部开裂至基部；种子狭长圆形，一端具小尖头，一端钝，直径 0.5 mm，干后褐色，具光泽并具横纹。花果期 10~12 月。

生于草地和草坡上，海拔 100~900 m。产于中国安徽、浙江、江西、台湾、广东、香港、海南、广西、四川、贵州、云南。

尖萼乌口树（乌口树属）
***Tarenna acutisepala* F. C. How ex W. C. Chen**

灌木。嫩枝灰色，被短硬毛。叶纸质或近革质，长圆形或披针形，长 4~20 cm，宽 1.5~6 cm，顶端渐尖或急尖，基部楔形、稍钝或急尖，上面无毛或沿中脉被疏短柔毛，下面被短柔毛或乳突状毛，有时无毛，侧脉 5~7 对；托叶三角形，外面同叶柄均被短硬毛。伞房状聚伞花序顶生，总花梗被短柔毛；花梗长 2~3 mm，与花萼外面和小苞片均被短柔毛；花冠淡黄色，外面无毛，冠管内面上部有柔毛，花冠裂片 5 枚，椭圆形，长约 4 mm，花药线状长圆形，花柱丝状，中部以上有柔毛，柱头伸出。浆果近球形，直径 5~7 mm，顶端常有宿存的萼裂片；种子 9~31 颗。花期 4~9 月，果期 5~11 月。

生于山坡、山谷溪边林中或灌丛中，海拔 500~900 m。产于中国江苏、江西、福建、湖北、湖南、广东、广西、四川。

光叶丰花草（丰花草属）
***Spermacoce remota* Lam.**

多年生草本。高 65 cm，茎近圆柱形，具棱，无毛或聚缘毛在角上，叶柄短，约 3 mm。叶纸质，狭椭圆形到披针形，长 10~45 mm，宽 4~16 mm，被微毛或无毛，基部及先端锐尖；叶脉 2~3 条，托叶被微毛或多毛，后脱落，鞘长 1~3 mm，具 5~7 根带红色刺毛。花多朵形成球状生于叶鞘内，直径 5~12 mm；苞片多数，丝状，长 0.5~1 mm。花萼被微毛或多毛，后渐脱落；裂片 4 枚，狭三角形，长 0.8~1 mm。花冠白色，漏斗状，裂片外部无毛或被微毛；花筒长 0.5~1.5 mm，在喉部被短柔毛；裂片三角形，长 1~1.5 mm。蒴果椭圆体，被微柔毛，种子棕黄色，椭圆体，稍有光泽，具皱纹。花果期 6 月至翌年 1 月。

喜阳光充足的环境，生于阳光较好的空旷地，海拔 100~300 m。逸生于中国福建、广东、台湾。

假桂乌口树（乌口树属）
***Tarenna attenuata* (Hook. f.) Hutch.**

灌木或小乔木。叶纸质，长圆状至倒卵形，长 4.5~15 cm，宽 1.5~6 cm，有时在下面脉腋内有短毛；叶柄长 0.5~1.5 cm；托叶长 5~8 mm，基部合生。伞房状的聚伞花序顶生，长 2.5~5 cm，宽 4~6 cm，三歧分枝，总花梗短；近无花梗；萼管陀螺形，长约 2 mm，裂片极小；花冠白色或淡黄色，冠管长 2~2.5 mm，喉部有柔毛，顶部 5 裂。浆果近球形，直径 5~7 mm，成熟时紫黑色，顶部有宿存的花萼；种子 2 颗。花期 4~12 月，果期 5 月至翌年 1 月。

生于旷野、丘陵、山地、沟边的林中或灌丛中，海拔 100~900 m。产于中国广东、香港、广西、海南、云南。

白花苦灯笼（乌口树属）密毛乌口树

***Tarenna mollissima* (Hook. & Arn.) B. L. Rob.**

常绿灌木或小乔木。高 1~6 m，全株密被灰色或褐色柔毛或短茸毛。叶纸质，披针形至卵状椭圆形，长 4.5~25 cm，宽 1~10 cm；叶柄长 0.4~2.5 cm；托叶长 5~8 mm。伞房状的聚伞花序顶生，长 4~8 cm，3 歧，多花；花梗长 3~6 mm；萼管近钟形，约 2 mm，裂片 5 枚，与萼管等长；花冠白色，长约 1.2 cm，喉部密被长柔毛，裂片 4~5 枚。浆果近球形，直径 5~7 mm，被柔毛，黑色，有种子 7~30 颗。花期 5~7 月，果期 5 月至翌年 2 月。

生于山地、丘陵、沟边的林中或灌丛中，海拔 200~900 m。产于中国浙江、江西、福建、湖南、广东、香港、广西、海南、贵州、云南。

钩藤（钩藤属）大钩丁、双钩藤

***Uncaria rhynchophylla* (Miq.) Miq. ex Havil.**

木质藤本。嫩枝方柱形或略有 4 个棱角。叶纸质，椭圆形，长 5~12 cm，宽 3~7 cm，有时基部稍下延，两面无毛；侧脉 4~8 对，脉腋窝陷有粘液毛；叶柄长 5~15 mm；托叶钩状，狭三角形，深 2 裂。头状花序单生叶腋；或成单聚伞状排列；花近无梗；花萼管疏被毛，萼裂片近三角形；花冠裂片卵形，外面无毛或略被粉状短柔毛；花柱伸出冠喉外。果序直径 10~12 mm；小蒴果长 5~6 mm，被短柔毛，宿存萼裂片近三角形，星状辐射。花果期 5~12 月。

生于山谷溪边的疏林或灌丛中，海拔 100~900 m。产于中国广东、广西、云南、贵州、福建、湖南、湖北、江西、浙江。

毛钩藤（钩藤属）

***Uncaria hirsuta* Havil.**

藤本。嫩枝被硬毛。叶革质，卵形，长 8~12 cm，宽 5~7 cm，顶端渐尖，基部钝，上面稍粗糙，被疏硬毛，下面被糙伏毛；侧脉 7~10 对，脉腋陷窝内有黏液；叶柄被毛；托叶阔卵形，2 深裂，裂片卵形，有时顶端长渐尖，外面有疏长毛，内面无毛，基部有黏液。头状花序单生于叶腋，或成单聚伞状排列，总花梗长 2.5~5 cm；小苞片线形或匙形；花近无梗；萼管外面密被短柔毛，萼裂片线状长圆形，密被毛；花冠淡黄色或淡红色，冠管外面被短柔毛，花冠裂片长圆形，外面被密毛；花柱伸出，柱头棒状。果序直径 4.5~5 cm；小蒴果纺锤形，长 10~13 mm，被短柔毛。花果期 1~12 月。

生于山地或丘陵的林中、灌丛中，海拔 100~500 m。产于中国福建、台湾、广东、广西、贵州。

侯钩藤（钩藤属）

***Uncaria rhynchophylloides* F. C. How**

藤本。嫩枝无毛。叶薄纸质，卵形或椭圆状卵形，长 6~9 cm，宽 3~4.5 cm，顶端渐尖，基部钝圆或楔形，两面无毛，侧脉 5 对，脉腋陷窝内有黏液毛；叶柄长 5~7 mm，无毛；托叶 2 深裂，裂片三角形，脱落。头状花序单生于叶腋，或成单聚伞状排列；总花梗腋生，长 5~7 cm；小苞片线形或线状匙形；花近无梗；萼管倒圆锥状圆筒形，长 3~4 mm，密被棕黄色紧贴长硬毛，萼裂片长圆形，密被金黄色绢毛，长 1.5 mm；花冠裂片外面无毛或略被粉状短柔毛；花柱伸出，柱头棒状。果序直径 1.6~2 cm；小蒴果无柄，倒卵状椭圆形，长 8~10 mm，宽 3~3.5 mm，被紧贴黄色长柔毛，有宿萼裂片。花果期 5~12 月。

生于山地和丘陵的林中、林缘或灌丛中，海拔 500~800 m。产于中国广东、广西。

尖叶木（尖叶木属）

***Urophyllum chinense* Merr. & Chun**

灌木或小乔木，高 1.5~4 m。小枝有槽；嫩部被柔毛。叶对生，近革质，长圆状披针形或近卵形，长 10~20 cm，宽 3.5~5 cm，顶端尾状渐尖，基部圆钝或急尖，干时榄绿色，下面在脉上被贴伏柔毛；侧脉约 8 对，在下面凸起，网脉略呈方格状，叶柄长约 1 cm；托叶大，狭披针状长圆形，被柔毛。花序腋生，对生，伞房状，有花数朵至多朵；花梗常有棱角，长 4~6 mm，花萼裂片 5 枚，被微柔毛；花冠白色，革质，花冠裂片 5 枚，近三角形，花药近卵形；子房 5 室，花柱粗壮，5 裂。浆果近球形，直径约 8 mm，成熟时红色或橙黄色；种子多数，表面有凹点。花期 7 月，果期 8~9 月。

生于山地林中或灌丛中，海拔 400~900 m。产于中国广东、广西、云南。

水锦树（水锦树属）饭烫木、双耳蛇

***Wendlandia uvariifolia* Hance**

灌木或乔木，高 5 ~ 12 m；小枝被锈色硬毛。叶纸质，椭圆形至长圆状披针形，长 7~26 cm，宽 4~14 cm，上面散生短硬毛，脉上有锈色短柔毛，下面密被灰褐色柔毛；叶柄长 0.5~3.5 cm，密被锈色短硬毛；托叶宿存，有硬毛。圆锥状聚伞花序顶生，被灰褐色硬毛，多花；小苞片线状披针形，被柔毛；花小，常数朵簇生；花萼长 1.5~2 mm，密被灰白色长硬毛；花冠漏斗状，白色，长 3.5~4 mm，喉部有白色硬毛，裂片约 1 mm。蒴果球形，直径 1~2 mm，被短柔毛。花期 1~5 月，果期 4~10 月。

生于山地林中、林缘、灌丛中或溪边，海拔 100~900 m。产于中国台湾、广东、广西、海南、贵州、云南。

短筒水锦树（水锦树属）

***Wendlandia brevituba* Chun & F. C. How ex W. C. Chen**

灌木，高 0.5~3 m。小枝被紧贴的铁锈色短硬毛。叶对生，纸质，椭圆状长圆形、椭圆状卵形或椭圆形，长 5~15 cm，宽 2~6.5 cm，顶端短渐尖，基部楔形，上面无毛或疏被微硬毛，下面沿脉上被短柔毛，其余部分无毛或被疏短柔毛；侧脉 5~7 对，在下面明显；叶柄长 3~15 mm，被短硬毛；托叶圆形，反折，宽 3~4 mm，比小枝稍宽，被短柔毛。花序顶生，长 4~7 cm，宽 4~11 cm，被铁锈色毛；花有短梗或无梗；花萼被短柔毛，长约 2 mm；花冠白色，内外被疏短柔毛，花冠裂片 4 枚，近卵形，比冠管稍长，开放时外反；花药椭圆形；柱头 2 裂，稍伸出。果实球形，直径约 1.5 mm，被短柔毛。花期 4~5 月，果期 6~11 月。

生于山谷林中，海拔 100~900 m。产于中国广东、广西。

中华水锦树（水锦树属）

***Wendlandia uvariifolia* Hance subsp. *chinensis* (Merr.) Cowan**

本亚种与原亚种不同的是叶通常较狭，常为长圆形或长圆状披针形，叶下面被疏柔毛。花期 3~4 月，果期 4~7 月。

生于山坡、山谷溪边、丘陵的林中或灌丛中，海拔 100~600 m。产于中国广东、广西、海南。

A353 龙胆科 Gentianaceae

罗星草（穿心草属）

***Canscora andrographioides* Griff. ex C. B. Clarke**

一年生草本，高 20~40 cm，全株无毛。茎直立，近四棱柱形，多分枝，叶对生，叶片卵状披针形，长 1~5 cm，宽 0.5~2.5 cm；叶脉 3~5 条；无叶柄。复聚伞花序呈假二叉分校或聚伞花序顶生及腋生；花 4 数，花萼浅裂；花冠白色，平展，十字形排列；发育雄蕊 1 枚，不育雄蕊 3 枚，花丝长约 0.5 mm，花药细小；子房圆柱形，花柱丝状，长 8~10 mm，柱头 2 裂。蒴果内藏，长圆形，长 7~8 mm；种子扁平。花果期 9~10 月。

生于山谷、林下、草坡或田野上，海拔 200~900 m。产于中国广东、广西、云南。

灰莉（灰莉属）

***Fagraea ceilanica* Thunb.**

攀援灌木或小乔木；小枝粗。叶对生，长圆形，椭圆形至倒卵形，长 7~13 cm，宽 3~4.5 cm，顶端渐尖，急尖或圆而具小尖头，基部通常渐狭，下延，侧脉不明显；叶柄长 1~3 cm，基部具由托叶形成的鳞片。花序顶生，有花 1~3 朵，具极短的总花梗；小苞片 2 枚，鳞片状，位于花萼基部；花萼钟状，革质，长 1.5~1.8 cm，裂片卵形，长约 1 cm，宽约 8 mm，边缘膜质；花冠白色，漏斗状，花冠管长 3~3.5 cm，上部扩大，裂片倒卵形，长 2.5~3 cm，宽约 2 cm；雄蕊较花冠为短，花药长圆形，花柱纤细，柱头倒圆锥状或稍呈盾形。浆果近球形，直径 3~4 cm，顶端具短宿存花柱基，基部具宿存花萼。花期 5 月，果期 10~12 月。

生于山地林中，海拔 100~500 m。产于中国广东、海南、广西、台湾、云南。

福建蔓龙胆（蔓龙胆属）

***Crawfurdia pricei* (C. Marquand) Harry Sm.**

多年生缠绕草本。根状茎粗壮，具多数圆柱形的肉质块根，地上茎缠绕，圆柱形。基生叶小，三角形，鳞片状；茎生叶卵形、卵状披针形至披针形，长 4~11 cm，宽 2~5 cm；叶柄被短毛。聚伞花序有 2 至多花，稀单花，腋生或顶生，花梗长 1~9 cm，基部常有披针形小苞片；花冠钟状，长 3.5~4 cm，花冠裂片宽卵状三角形，褶截平至半圆形，雄蕊着生于花冠管中下部；花柱长 5~7 mm，柱头 2 裂。蒴果椭圆形，果部分伸出花冠；种子圆形，具盘状双翅。花果期 10~12 月。

生于山谷灌丛或山坡草地上，海拔 400~900 m。产于中国福建、广东、广西、湖南。

五岭龙胆（龙胆属）落地荷花

***Gentiana davidii* Franch.**

多年生草本，高 5~15 cm。花枝丛生，中空，上部具乳突。叶线状披针形或椭圆状披针形，先端钝，有乳突，叶脉 1~3 条；莲座丛叶长 3~9 cm，宽 0.6~1.2 cm，叶柄膜质，长 0.5~1.1 cm；茎生叶长 1.3~5.5 cm，叶柄长 0.4~0.7 cm。花多数，簇生枝端呈头状；花萼狭倒锥形，长 1.4~1.6 cm，萼筒膜质，裂片 2 个大，3 个小，长 3~7 mm，边缘有乳突；花冠蓝色，狭漏斗形，长 2.5~4 cm，裂片长 2.5~4 mm。蒴果椭圆形，长 1.5~1.7 cm。花果期（6）8~11 月。

生于山坡草丛、山坡路旁、林缘、林下，海拔 300~900 m。产于中国河南、湖北、湖南、江西、安徽、江苏、浙江、福建、台湾、广东、海南、广西。

香港双蝴蝶（双蝴蝶属）

Tripterospermum nienkui **(C. Marquand) C. J. Wu**

多年生缠绕草本，具紫褐色短根茎。茎具细条棱，螺旋状扭转。基生叶丛生，卵形，长 3~6 cm，宽 1.5~3 cm；茎生叶卵状披针形，长 5~9 cm，宽 2~4 cm，先端渐尖，基部近心形，边缘微波状，叶柄长 1~1.5 cm，基部抱茎。花单生叶腋，或 2~3 朵呈聚伞花序；花梗不超过 1 cm；花萼钟形，萼筒长 8~12 mm，裂片长 7~15 mm，基部下延呈翅；花冠蓝紫色，狭钟形，长 4~5 cm，裂片长 4~7 mm。浆果紫红色，内藏，长 1~1.8 cm；种子紫黑色。花果期 9 月至翌年 1 月。

生于山谷密林中或山坡路旁疏林中，海拔 500~900 m。产于中国湖南、福建、浙江、广西、广东。

大叶度量草（度量草属）

Mitreola pedicellata **Benth.**

多年生草本，高达 60 cm。茎下部匍匐状。叶片膜质至薄纸质，椭圆形、长椭圆形或披针形。三歧聚伞花序腋生或顶生，着花多朵；苞片和小苞片披针形，长约 1 mm；花萼 5 深裂，裂片卵状披针形，长约 1 mm，宽 0.5 mm，边缘膜质；花冠白色，坛状，花冠管长约 1.5 mm，花冠裂片 5 枚。蒴果近圆球状，直径 2~2.5 mm，顶端有两尖角，基部有宿存花萼；种子圆球形，淡褐色，表面具小瘤状凸起。花期 3~5 月，果期 6~7 月。

产于中国湖北、广东、广西、四川、贵州、云南。

A354 马钱科 Loganiaceae

蓬莱葛（蓬莱葛属）

Gardneria multiflora **Makino**

木质藤本，长达 8 m。叶片纸质至薄革质，椭圆形、长椭圆形或卵形，少数披针形。花很多而组成腋生的 2~3 歧聚伞花序，花序长 2~4 cm；花序梗基部有 2 枚三角形苞片；花梗长约 5 mm，基部具小苞片；花 5 数；花萼裂片半圆形，长和宽约 1.5 mm；花冠辐状，黄色或黄白色。浆果圆球状，直径约 7 mm，有时顶端有宿存的花柱，果成熟时红色；种子圆球形，黑色。花期 3~7 月，果期 7~11 月。

产于中国秦岭淮河以南、南岭以北地区。

牛眼马钱（马钱属）

Strychnos angustiflora **Benth.**

木质藤本，长达 10 m。除花序和花冠以外，全株无毛。小枝变态成为螺旋状曲钩，钩长 2~5 cm。叶片革质，卵形至近圆形，长 3~8 cm，宽 2~4 cm；基出脉 3~5 条；叶柄长 4~6 mm。三歧聚伞花序顶生，长 2~4 cm，被短柔毛；苞片小；花 5 数，长 8~11 mm，具短梗；花萼裂片长约 1 mm，外面被微柔毛；花冠白色，花冠管与花冠裂片近等长，长 4~5 mm。浆果圆球状，直径 2~4 cm，成熟时红色或橙黄色；种子扁圆形，宽 1~1.8 cm。花期 4~6 月，果期 7~12 月。

生于山地疏林下或灌木丛中，海拔 300~800 m。产于中国福建、广东、海南、广西、云南。

华马钱（马钱属）三脉马钱

***Strychnos cathayensis* Merr.**

木质藤本。幼枝被短柔毛，后脱落；小枝常变态成为成对的螺旋状曲钩。叶片近革质，长椭圆形至窄长圆形，长 6~10 cm，宽 2~4 cm，下面被疏柔毛；叶柄长 2~4 mm。聚伞花序顶生或腋生，长 3~4 cm；花序梗短，与花梗同被微毛；花 5 数，长 8~12 mm；花梗 2 mm；花萼裂片长约 1 mm，外面被微毛；花冠白色，长约 1.2 cm，花冠裂片长约 3.5 mm。浆果圆球状，直径 1.5~3 cm；种子圆盘状，宽 2~2.5 cm，被短柔毛。花期 4~6 月，果期 6~12 月。

生于山地疏林下或山坡灌丛中。产于中国台湾、广东、海南、广西、云南。

伞花马钱（马钱属）

***Strychnos umbellata* (Lour.) Merr.**

攀援灌木，小枝灰白色。叶革质，卵形、卵状椭圆形或椭圆状长圆形，长 4~9 cm，宽 3~5 cm，顶端钝、急尖或短渐尖，基部阔急尖，基出脉 5 条，靠边的一对较细，网脉两面明显；叶柄长 4~6 mm。聚伞花序再排成顶生或腋生，圆锥花序长 4~12 cm；花白色，芳香；花萼小，长不及 1 mm，裂片 4 枚，卵形，有缘毛；花冠管长约 1 mm，喉部被毛，裂片 4 枚，长圆状披针形，长 2.5~3 mm；花药长约 1 mm，基部有毛，花丝长约 2 mm；子房无毛，花柱长 2.5~3 mm。浆果球形，直径 1~1.5 cm，有种子 1 颗；种子圆形，直径 1 cm，平凸状。花期 4~5 月。

常见于低海拔的灌木林中，海拔 200~500 m。产于中国广东、广西、海南。

A355 钩吻科 Gelsemiaceae

钩吻（断肠草属）胡蔓藤、大茶药、断肠草

***Gelsemium elegans* (Gardn. & Champ.) Benth.**

常绿木质藤本，长 3~12 m。小枝幼时具纵棱；除苞片边缘和花梗幼时被毛外，全株均无毛。叶片膜质，卵形至卵状披针形，长 5~12 cm，宽 2~6 cm；叶柄 6~12 mm。三歧聚伞花序顶生和腋生，花密集；花梗长 3~8 mm；花萼长 3~4 mm，宿存；花冠黄色，漏斗状，12~19 mm，内面有淡红色斑点；花柱长 8~12 mm，柱头 2 裂，裂片顶端再 2 裂。蒴果卵形或椭圆形，成熟时通常黑色，直径 6~10 mm，具 2 条纵槽，果皮薄革质。花期 5~11 月，果期 7 月至翌年 3 月。

生于山地路旁灌木丛中或潮湿肥沃的丘陵山坡疏林下，海拔 200~900 m。产于中国江西、福建、台湾、湖南、华南、贵州、云南。

A356 夹竹桃科 Apocynaceae

海南链珠藤（链珠藤属）白骨藤

***Alyxia odorata* Wallich ex G. Don**

攀援灌木，除花序外其余均无毛。叶对生或 3 枚叶轮生，坚纸质，椭圆形至长圆形，长 4~12 cm，宽 2.5~4.5 cm；叶柄长 3~8 mm。花序腋生或近顶生，或集成短圆锥式的聚伞花序，长 1~2 cm；总花梗、花梗、小苞片被灰色短柔毛；花萼裂片被短柔毛，具缘毛，长 1.8 mm；花冠黄绿色，花冠筒圆筒状，长 3.8 mm，裂片长 1.8 mm。核果近球形，通常长圆状椭圆形，具 1~3 个关节，直径 5~7 mm。花期 8~10 月，果期 12 月至翌年 4 月。

生于山地疏林下或山谷、路旁较阴湿的地方，海拔 200~900 m。产于中国广东、海南、广西、贵州、云南、四川。

链珠藤（链珠藤属）

Alyxia levinei **Merr.**

攀援灌木，具乳汁，全株无毛。叶对生或3枚叶轮生，椭圆形或长圆形，长5~8 cm，宽2~3 cm，嫩时膜质，老时纸质或近革质，橄榄色，顶端钝或渐尖，基部急尖或稍渐尖；叶面侧脉不明显，向下凹陷；叶柄长4~7 mm。聚伞花序单生叶腋；总花梗长5 mm或更短，被微柔毛；花萼裂片长圆形，长1.5 mm；花冠白紫色，高脚碟状，花冠筒圆筒状，喉部紧缩，裂片向左覆盖；雄蕊5枚，着生于花冠筒内面中部以上，花药内藏；无花盘；子房由2枚离生心皮组成，花柱丝状，柱头头状。核果椭圆状，长约9 mm。花期3~8月，果期8月至翌年6月。

生于山地疏林下、山谷、水沟旁，海拔300~700 m。产于中国广东、广西、湖南、江西。

白叶藤（白叶藤属）

Cryptolepis sinensis **(Lour.) Merr.**

木质藤本，全株无毛；小枝通常红褐色。叶长圆形，长1.5~6 cm，宽0.8~2.5 cm，两端圆，顶端具小尖头，上面深绿色，下面苍白色；侧脉纤细，每边5~9条，两面扁平。花序顶生或腋生，比叶长；花蕾长圆形，顶端尾状渐尖，裂片螺旋上升；花萼内面有10个腺体；花冠淡黄色，冠片线状披针形，比冠筒长2倍；副花冠裂片着生于冠筒近中部，卵形；雄蕊着生于副花冠裂片下面的冠筒壁上；子房无毛。柱头盘状五角形，顶端尖。果实长披针形，长达12.5 cm，直径6~8 mm；种子有绢质种毛。花期4~9月，果期6月至翌年2月。

生于丘陵山地灌木丛中，海拔100~800 m。产于中国贵州、云南、广西、海南、广东、台湾。

鳝藤（鳝藤属）

Anodendron affine **(Hook. & Arn.) Druce**

攀援灌木，有乳汁。叶长圆状披针形，长3~10 cm，宽1.2~2.5 cm，端部渐尖，基部楔形；中脉在叶面陷入，在叶背凸起，侧脉约10对；叶柄长1 cm。聚伞花序总状式，顶生，小苞片甚多；花萼裂片不等长，长约3 mm；花冠白色或黄绿色，裂片镰刀状披针形，长约3 mm，内面有疏柔毛，花冠喉部有疏柔毛；雄蕊短，着生于花冠筒的基部，长约2 mm；花盘环状，子房有2枚心皮，为花盘所包围，柱头圆锥状，端部2裂。蓇葖果椭圆形，长约13 cm，直径3 cm；种子棕黑色，有喙，长约2 cm，宽6 mm；种毛长约6 cm。花期11月至翌年4月，果期翌年6~8月。

生于山地杂木林中，海拔200~900 m。产于中国四川、贵州、云南、广西、海南、广东、湖南、湖北、浙江、福建、台湾。

牛皮消（鹅绒藤属）

Cynanchum auriculatum **Royle ex Wight**

蔓性半灌木。宿根呈块状；茎被微柔毛。叶对生，膜质，被微毛，卵状长圆形，长4~12 cm，宽4~10 cm，基部心形。聚伞花序伞房状，花30朵；花萼裂片卵状长圆形；花冠白色，辐状，裂片反折，内面具疏柔毛；副花冠浅杯状，裂片椭圆形，肉质，在每裂片内面的中部有1枚三角形的舌状鳞片。蓇葖果双生，披针形，长8 cm；种子卵状椭圆形；种毛白色绢质。花期6~9月，果期7~11月。

生于山坡林缘、灌丛中、水沟边，海拔300~600 m。中国南北各省均产。

刺瓜（鹅绒藤属）

Cynanchum corymbosum **Wight**

多年生草质藤本；块根粗壮；茎的幼嫩部分被两列柔毛。叶薄纸质，除脉上被毛外无毛，卵状长圆形，长4.5~8 cm，宽3.5~6 cm，顶端短尖，基部心形，叶背苍白色。伞房状或总状聚伞花序腋外生；花萼被柔毛，5深裂；花冠绿白色；副花冠大形，杯状，顶端具10个齿，5个圆形齿和5个锐尖的齿互生。蓇葖果大形，纺锤状，具弯刺，中部膨胀，长9~12 cm；种子卵形，长约7 mm；种毛白色绢质，长3 cm。花期5~10月，果期8月至翌年1月。

生于山地溪边及疏林潮湿处，海拔100~400 m。产于中国湖南、福建、广东、广西、云南、四川。

眼树莲（眼树莲属）

Dischidia chinensis **Champ. ex Benth.**

藤本，常攀附于树上或石上；茎肉质，绿色，节上生根，无毛。叶肉质，卵状椭圆形，长约1.5 cm，宽1 cm，顶端圆，无短尖头，基部楔形；叶柄长约2 mm。总花梗很短，有凸起的瘤状物；花萼裂片卵形，具缘毛；花小，花冠黄白色，喉部加厚并被疏长柔毛，裂片三角状卵形，钝头，长和宽约1 mm；副花冠裂片锚状，有柄，顶端2裂成线形，展开而下折，其中间有细小而圆的乳头凸起；花粉块柄顶端增厚。果实披针状圆柱形，长5~8 cm，直径4 mm。花期4~5月，果期5~6月。

生于山地潮湿杂木林中或山谷、溪边，攀附在树上或石上，海拔100~300 m。产于中国广东、广西、海南。

山白前（鹅绒藤属）

Cynanchum fordii **Hemsl.**

藤本。茎被2列柔毛。叶对生，长圆形或卵状长圆形，长3.5~4.5 cm，宽1.5~2 cm（偶见5 cm），顶端短渐尖，基部截平，稀微心形或圆，两面均被疏柔毛，脉上较密；侧脉每边4~6条；叶柄长0.5~2 cm，顶端有丛生腺体。伞房状聚伞花序腋生，长约4 cm，有花5~15朵；花萼外面被微柔毛，内有5个腺体；花冠黄白色，直径7 mm，无毛，裂片长圆形；花粉块卵状长圆形；柱头略凸起，顶端微2裂。蓇葖果单生，披针形，长5~5.5 cm，直径1 cm，无毛；种子扁平，种毛长2.5 cm。花期5~8月，果期8~12月。

生于山地林缘、山谷疏林下或路边灌木丛中，海拔200~800 m。产于中国广东、福建、云南、湖南、湖北。

天星藤（天星藤属）

Graphistemma pictum **(Champ. ex Benth.) Benth. & Hook. f. ex Maxim.**

木质藤本。除萼片、冠片被缘毛外，全株无毛。托叶叶状，抱茎，圆形或卵圆形，有明显的脉纹，长1~3.5 cm，宽0.8~1.5 cm。叶片长圆形，长6~20 cm，宽2.5~7 cm，顶端渐尖或急尖，基部近心形或圆形，下面浅绿色，侧脉每边约10条，两面扁平；叶柄长1~4.5 cm，顶端丛生小腺体。花序有花3~12朵；花蕾卵球状；花长1.2 cm，直径2 cm；花萼内面基部有5个腺体；花冠外面绿色，内面紫红色，有黄色的边，冠筒短，裂片长圆形，有缘毛；子房无毛。果实木质，披针状圆柱形，长9~11 cm，直径3~4 cm。基部膨大；种子卵圆形，长1.3 cm，有膜边，顶端种毛长4 cm。花期4~9月，果期7~12月。

生于丘陵地疏林中或山谷、溪边灌木丛中，海拔100~700 m。产于中国广东、广西、海南。

匙羹藤（匙羹藤属）

Gymnema sylvestre **(Retz.) R.Br. ex Sm.**

木质藤本，具乳汁；幼枝被微毛。叶卵状长圆形，长 3~8 cm，宽 1.5~4 cm；叶柄长 3~10 mm，被短柔毛，顶端具丛生腺体。聚伞花序伞形状，腋生；花序梗长 2~5 mm，被短柔毛；花绿白色，长宽约 2 mm；花萼裂片卵圆形，被缘毛，花萼内面基部有 5 个腺体；花冠钟状，裂片卵圆形；副花冠厚而成硬条带。蓇葖果卵状披针形，长 5~9 cm，基部膨大；种子卵圆形，薄而凹陷，种毛白色绢质，长 3.5 cm。花期 5~9 月，果期 10 月至翌年 1 月。

生于山坡林中或灌木丛中。产于中国云南、广西、海南、广东、福建、浙江、台湾。

催乳藤（醉魂藤属）

Heterostemma oblongifolium **Costantin**

柔弱缠绕藤本，全株无毛。叶长圆形，少数为卵状长圆形，长 7.5~11 cm，宽 3.5~4.5 cm，顶端锐尖，基部圆；叶脉羽状，侧脉每边 5~7 条，弧形上升；叶柄长 2~4 cm. 伞形聚伞花序腋生，长 2~3 cm，有花 4~5 朵；花萼内面有 10 个腺体，花萼裂片长圆形；花冠辐状，外面淡绿色，内面黄色，直径 1~1.5 cm；副花冠裂片内呈 5 角星芒状，平面射出。果实线状披针形，长约 12 cm，直径 1 cm；种子线状长圆形，长 2 cm，宽 3 mm，种毛长约 3 cm。花期 8~10 月，果期 9~12 月。

生于山地疏林或灌木丛中，海拔 100~200 m。产于中国广东、海南、广西、云南。

台湾醉魂藤（醉魂藤属）

Heterostemma brownii **Hayata**

纤细攀援木质藤本，长达 4 m。茎有纵纹及 2 列柔毛，老时无毛。叶纸质，宽卵形，长 8~15 cm，宽 5~8 cm，基部近圆形，嫩时两面均被微毛；基出脉 3~5 条；叶柄扁平，长 2~5 cm，被柔毛，顶端具丛生小腺体。伞形状聚伞花序腋生，长 2~6 cm；花冠黄色，花冠筒长 4~5 mm，裂片三角状卵圆形；副花冠 5 片，星芒状；蓇葖果双生，线状披针形，长 10~15 cm；种子宽卵形，长约 1.5 cm，顶端具白色绢质种毛。花期 4~9 月，果期 6 月至翌年 2 月。

生于海拔 600 m 以下山谷水旁林中阴湿处。产于中国四川、贵州、云南、广西、广东。

牛奶菜（牛奶菜属 ）

Marsdenia sinensis **Hemsl.**

粗壮木质藤本，全株被黄色茸毛。叶卵圆状心形，长 8~12 cm，宽 5~7.5 cm，顶端短渐尖，基部心形，叶面被稀疏微毛，叶背被黄色茸毛；侧脉 5~6 对，弧形上升，边缘网结；叶柄长约 2 cm。伞形状聚伞花序腋生，长 1~3 cm，花 10~20 朵；花萼内面基部有腺体 10 余个；花冠白色或淡黄色，长约 5 mm，内面被茸毛；副花冠短，高仅达雄蕊之半；花药顶端具卵圆形膜片；花粉块每室 1 个，直立，肾形；柱头基部圆锥状，顶端 2 裂。蓇葖果纺锤状，向两端渐尖，长约 10 cm，直径 2.5 cm，外果皮被黄色茸毛；种子卵圆形，扁平，长约 5 mm；种毛长约 4 cm。花期夏季，果期秋季。

生于山谷疏林中，海拔 100~800 m。产于中国浙江、江西、湖北、湖南、福建、广东、广西、贵州、四川。

蓝叶藤（牛奶菜属）
***Marsdenia tinctoria* R. Br.**

攀援灌木，长达 5 m。叶长圆形，长 5~12 cm，宽 2~5 cm，先端渐尖，基部近心形，鲜时蓝色，干后亦呈蓝色。聚伞圆锥花序近腋生，长 3~7 cm；花黄白色，干时呈蓝黑色，花冠圆筒状钟形，花冠喉部里面有刷毛；副花冠为 5 枚长圆形的裂片组成。蓇葖果具茸毛，圆筒状披针形，长达 10 cm；种毛长 1 cm，黄色绢质。花期 3~5 月，果期 8~12 月。

生于潮湿杂木林中，海拔 400~900 m。产于中国湖北、湖南、台湾、广东、海南、广西、贵州、云南、四川、西藏。

驼峰藤（驼峰藤属）
***Merrillanthus hainanensis* Chun & Tsiang**

木质藤本，长约 2 m，多分枝。叶背脉上、总花梗、花梗及花萼有时被长柔毛，余者无毛。叶膜质，卵形，长 5~15 cm，宽 2.5~7.5 cm，顶端渐尖或急尖，基部圆或心形；侧脉每边约 7 条，弧形上升，至叶缘网结；叶柄长 1.5~5 cm，顶端具有丛生小腺体。花序广展，比叶长或等长，有花多朵；花梗细，不等长，长 0.5~1.5 cm，基部有卵形的小苞片；花蕾球状；花萼裂片卵形，被缘毛；花冠黄色，有脉纹，裂片广卵形，钝头；子房无毛。果实纺锤形，长 9~12 cm，直径 3.5~4 cm，无毛；种子卵形，有边缘，种毛长 3.5 cm。花期 3~4 月，果期 5~6 月。

生于山地林谷中，海拔 100~600 m。产于中国广东、海南。

尖山橙（山橙属）
***Melodinus fusiformis* Champ. ex Benth.**

木质藤本，幼枝、嫩叶、叶柄、花序被短柔毛，老时变无毛。叶椭圆形或长圆形，少数为长圆状披针形，长 4.5~12 cm，宽 1~5.3 cm，基部楔形。花序顶生，着花 6~12 朵；花冠白色，裂片卵形或倒披针形，比冠筒长；雄蕊着生于冠筒下部。浆果椭圆形，长 3.5~5.3 cm，直径 2.2~4 cm，橙黄色，顶端短尖，基部圆形或钝。花期 4~9 月，果期 6 月至翌年 3 月。

生于山地疏林中或山坡、山谷水沟边，海拔 300~900 m。产于中国广东、广西、贵州。

帘子藤（帘子藤属）
***Pottsia laxiflora* (Blume) Kuntze**

常绿攀援灌木；具乳汁。叶薄纸质，卵圆形至长圆形，长 6~12 cm，宽 3~7 cm；叶柄长 1.5~4 cm。总状式聚伞花序腋生和顶生，长 8~25 cm；花梗长 0.8~1.5 cm；花萼短，裂片外面具短柔毛；花冠紫红色或粉红色，花冠筒长 4~5 mm，花冠裂片向上展开，长约 2 mm。蓇葖果双生，线状长圆形，下垂，长达 40 cm，直径 3~4 mm，外果皮薄；种子长 1.5~2 cm，直径 1.5 mm，顶端具白色绢质种毛；种毛长 2~2.5 cm。花期 4~8 月，果期 8~10 月。

生于山地疏林中或湿润的密林山谷中，海拔 200~900 m。产于中国湖南、浙江、福建、广东、海南、广西、贵州、云南。

羊角拗（羊角拗属）羊角果、羊角藤

Strophanthus divaricatus **(Lour.) Hook. & Arn.**

灌木，全株无毛，小枝密被灰白色圆形的皮孔。叶薄纸质，椭圆状长圆形或椭圆形，长 3~10 cm，边缘全缘或有时略带微波状；侧脉通常每边 6 条；叶柄长 5 mm。聚伞花序顶生，通常着花 3 朵；总花梗长 0.5~1.5 cm；花梗长 0.5~1 cm；花黄色；花萼筒长 5 mm，萼片长 8~9 mm；花冠漏斗状，花冠筒淡黄色，长 1.2~1.5 cm，花冠裂片外弯，顶端延长成一长尾带状，长达 10 cm。蓇葖果广叉开，木质，椭圆状长圆形，长 10~15 cm，具纵条纹；种子纺锤形、扁平，长 1.5~2 cm，轮生着白色绢质种毛。花期 3~7 月，果期 6 月至翌年 2 月。

生于丘陵山地、路旁疏林中或山坡灌木丛中，海拔 100~900 m。产于中国贵州、云南、广西、海南、广东、福建。

紫花络石（络石属）

Trachelospermum axillare **Hook. f.**

粗壮木质藤本。叶厚纸质，倒披针形或倒卵形或长椭圆形，长 8~15 cm，宽 3~4.5 cm，先端尖尾状，顶端渐尖或锐尖，基部楔形或圆形；侧脉多至 15 对；聚伞花序近伞形，腋生或近顶生，长 1~3 mm；花梗长 3~8 mm；花萼裂片紧贴于花冠筒上，卵圆形、钝尖，内有腺体约 10 枚；花紫色；花冠高脚碟状，花冠筒长 5 mm，花冠裂片倒卵状长圆形，长 5~7 mm；雄蕊着生于花冠筒的基部，花药隐藏于其内；子房无毛；花盘的裂片与子房等长。蓇葖果圆柱状长圆形，平行，粘生，镰刀状，长 10~15 cm，直径 10~15 mm；种子暗紫色，倒卵状长圆形或宽卵圆形，长约 15 mm；种毛细丝状，长约 5 cm。花期 5~7 月，果期 8~10 月。

生于山谷疏林中、水沟边，海拔 500~900 m。产于中国浙江、江西、福建、湖北、湖南、广东、广西、云南、贵州、四川、西藏。

锈毛弓果藤（弓果藤属 ）

Toxocarpus fuscus **Tsiang**

攀援灌木。小枝暗红色，具皮孔，初时具黄色柔毛，老时毛渐脱落；节间长 13~16 cm。叶纸质，宽卵状长圆形，长 9~15 cm，宽 5~5.8 cm，顶端急尖或短渐尖，基部圆形，叶面除中脉外无毛，叶背具黄色柔毛；侧脉 5~7 对，弧形上升；叶柄长 2.5 cm，被黄色茸毛。聚伞花序腋生，着花 12~20 朵，长达近叶片的中部，被黄色柔毛；花梗长 5 mm；小苞片卵圆形，长 1 mm，顶端急尖；花蕾长渐尖；花萼裂片披针形，被黄色长柔毛，有缘毛；花冠黄色，两面无毛，裂片长圆状披针形；副花冠裂片卵圆形，顶端急尖，顶端超过花药；花药近四方形；花粉块直立，每室 2 个；柱头圆锥喙状，顶端 2 裂。花期 5 月。

产于中国广东、广西、云南。

短柱络石（络石属 ）

Trachelospermum brevistylum **Hand.-Mazz.**

木质藤本，长约 2 m，除冠筒内面被短柔毛外，全株无毛。叶薄纸质，狭椭圆形，长 5~10 cm，宽 9 cm，顶端近尾状渐尖，花序顶生及腋生，比叶短，花萼裂片顶端略展开；花冠白色，冠筒基部膨大，裂片斜倒卵状斧形；雄蕊着生于冠筒基部，花药内藏；花盘裂片离生，长达子房之半；子房无毛，花柱短。蓇葖果叉生，线状披针形，长 11~23.5 cm，宽 3~5 mm，无毛；种子线状披针形，顶端种毛长 2.3~3 cm。花期 4~7 月，果期 8~12 月。

生于山地疏林中，攀附于树上或石上，海拔 600~900 m。产于中国西藏、四川、贵州、广西、广东、湖南、福建、安徽。

络石（络石属）

Trachelospermum jasminoides **(Lindl.) Lem.**

常绿木质藤本，具乳汁；茎有皮孔；小枝被黄色柔毛。叶革质，椭圆形，长 2~10 cm，宽 1~4.5 cm；叶柄短；叶柄内和叶腋外腺体约 1 mm。二歧聚伞花序组成圆锥状，与叶近等长；花白色；总花梗长 2~5 cm；花萼 5 深裂，外面被有长柔毛及缘毛，基部具 10 枚鳞片状腺体；花冠筒长 5~10 mm，花冠裂片长 5~10 mm。蓇葖果双生，叉开，线状披针形，长 10~20 cm；种子多颗，褐色，长 1.5~2 cm，顶端具白色绢质种毛。花期 3~7 月，果期 7~12 月。

生于山野、溪边、路旁、林缘或杂木林中，常缠绕于树上或攀援于墙壁上、岩石上，海拔 200~900 m。产于中国黄河以南地区。

人参娃儿藤（娃儿藤属）

Tylophora kerrii **Craib**

柔弱、攀援小灌木，具丛生的须根，除花外，全株无毛。叶薄膜质，线形或线状披针形，长 5.5~7.5 cm，宽 4~11 mm；侧脉每边 4~6 条，不明显；叶柄长 3 mm。花序长 2~4cm；花萼裂片三角形，有缘毛，萼内基部有 5 个腺体；花冠白色，直径 2~4 mm，外面无毛，内面被疏柔毛，裂片长圆形；副花冠裂片卵形，子房无毛。果实线状披针形，长 11 cm，直径 1 cm；种子长圆形，种毛长 2.5 cm。花期 5~8 月，果期 8~12 月。

生于草地、山谷、溪旁密林或灌木丛中，海拔 100~700 m。产于中国福建、广东、广西、贵州、云南、四川。

七层楼（娃儿藤属）

Tylophora floribunda **Miq.**

多年生缠绕藤本，具乳汁。根须状，黄白色；全株无毛。叶卵状披针形，长 3~5 cm，宽 1~2.5 cm，顶端渐尖或急尖，基部心形，叶背淡绿色，密被乳凸；侧脉 3~5 对；聚伞花序，腋生或腋外生；花序梗曲折，每一曲度有 1~2 回伞房式花序；花萼裂片长圆状披针形，花萼内面基有 5 个腺体；花淡紫红色；花冠辐状，裂片卵形；副花冠裂片卵形，顶端达花药的基部，花药菱状四方形，顶端有圆形膜片；柱头盘状五角形，顶端小凸起。蓇葖果双生，线状披针形，长 5 cm，直径 4 mm，无毛；种子近卵形，棕褐色，无毛；绢质种毛长 2 cm。花期 5~9 月，果期 8~12 月。

生于灌丛、疏林中，海拔 100~700 m。产于中国江苏、浙江、福建、江西、湖南、广东、广西、贵州。

通天连（娃儿藤属）

Tylophora koi **Merr.**

攀援灌木，全株无毛。叶薄纸质，长圆形，大小不一，小叶长 4~5 cm，宽 1 cm，大叶长 8~11 cm，宽 2~4 cm。聚伞花序近伞房状；花序梗长 4~11 cm；花黄绿色，直径 4~6 mm；花萼 5 深裂，内面基部有腺体 5 个；花冠近辐状，花冠筒短，裂片长圆形；副花冠裂片卵形，贴生于合蕊冠的基部。蓇葖果通常单生，线状披针形，长 4~9 cm。花期 6~9 月，果期 7~12 月。

生于山谷潮湿密林中或灌木丛中，常攀援于树上，海拔 100~900 m。产于中国湖南、台湾、广东、海南、广西、云南。

娃儿藤（娃儿藤属）

Tylophora ovata **(Lindl.) Hook. ex Steud.**

攀援灌木。须根丛生；茎上部缠绕。茎、叶柄、叶片、花序梗、花梗及花萼外面均被锈黄色柔毛。叶卵形，长 2.5~6 cm，宽 2~5.5 cm，顶端急尖，具细尖头，基部浅心形；侧脉约 4 对。聚伞花序伞房状，丛生于叶腋，通常不规则两歧，着花多朵；花萼裂片卵形，有缘毛，内面基部无腺体；花小，淡黄色或黄绿色，直径 5 mm；花冠辐状，裂片长圆状披针形，两面被微毛；副花冠裂片卵形，花药顶端有圆形薄膜片，内弯向柱头；柱头五角状，顶端扁平。蓇葖果双生，圆柱状披针形，长 4~7 cm，直径 0.7~1.2 cm，无毛；种子卵形，长 7 mm；绢质种毛长 3 cm。花期 4~8 月，果期 8~12 月。

生于山地灌丛、山谷林中，海拔 200~900 m。产于中国湖南、福建、台湾、广东、海南、广西、贵州、云南、四川。

华南杜仲藤（水壶藤属）

Urceola quintaretii **(Pierre) D. J. Middleton**

藤状灌木，除花序外，全株无毛；叶腋间及腋内腺体微小，暗紫色，叶近革质，椭圆状披针形或椭圆状倒披针形，长 6~10.5 cm，宽 2.5~2.8 cm，边缘外卷，先端锐尖或钝；中脉在叶背凸起，侧脉 5~7 对；叶背具有明显的乳头状凸起。花序生于枝顶的叶腋内，多花而紧密；花萼具微毛；花冠近坛状，外被长柔毛，花冠筒长 1 mm，裂片向右覆盖，卵形，端部外折，两面均被长柔毛；花盘环状无齿或具不明显 5 齿。蓇葖果双生，成熟后水平开展，基部膨大。外果皮栗褐色，内果皮黄色；种子在每裂片中有 2 排，斜纺锤形，两头紧缩，具锈色茸毛；种毛白黄色绢质，长 2.5 cm。花期 1~6 月，果期 8~10 月。

生于密林或山谷阴蔽之处，海拔 300~500 m。产于中国广东、广西、海南。

杜仲藤（水壶藤属）

Urceola micrantha **(Wall. ex G. Don) D. J. Middleton**

木质藤本，长达 35m。叶卵状披针形至卵状椭圆形，长 6~13 cm，宽 3~5.5 cm，两面无毛；叶柄长 1~3 cm。聚伞花序顶生；总花梗细长，无毛；花小，白色；花萼杯状，顶端 5 裂；花冠近钟状。蓇葖果双生，线形，长 10~17 cm，直径 8~10 mm；种子长圆形，扁平，顶端具白色绢质种毛。花期 8~11 月，果期 11 月至翌年 1 月。

生于山地常绿阔叶林中土壤肥沃润湿地方，海拔 300~900 m。产于中国福建、台湾、广东、海南、广西、云南、四川、西藏。

酸叶胶藤（水壶藤属）

Urceola rosea **(Hook. & Arn.) D. J. Middleton**

木质大藤本，长达 10 m；茎皮深褐色，枝条上部淡绿色，下部灰褐色；茎和枝条无明显皮孔。叶纸质，宽椭圆形，长 3~7 cm，宽 1~4 cm，无毛，下面有白粉，侧脉每边 4~6 条。花序广展，三歧；总花梗略有白粉和短柔毛；花冠红色。蓇葖果双生，叉开成一直线，有明显斑点，长达 15 cm；种子顶端具种毛。花期 4~12 月，果期 7 月至翌年 1 月。

生于山地杂木林中。产于中国湖南、福建、台湾、广东、海南、广西、贵州、云南、四川。

A357 紫草科 Boraginaceae

柔弱斑种草（斑种草属）

Bothriospermum zeylanicum **(J. Jacq.) Druce**

一年生草本，高 15~30 cm。茎丛生，被向上贴伏的糙伏毛。叶椭圆形或狭椭圆形，长 1~2.5 cm，宽 0.5~1 cm，两面被向上贴伏的糙伏毛或短硬毛。花序 10~20 cm；苞片长 0.5~1 cm，被伏毛或硬毛；花梗长 1~2 mm；花萼长 1~1.5 mm，果期增大，长约 3 mm，外面密生向上的伏毛，裂至近基部；花冠蓝色或淡蓝色，长 1.5~1.8 mm，裂片长宽约 1 mm，喉部有 5 个梯形的附属物。小坚果肾形，1~1.2 mm，腹面具纵椭圆形的环状凹陷。花果期 2~10 月。

生于山坡路边、田间草丛、山坡草地及溪边阴湿处，海拔 100~500 m。中国南北各地都有分布。

大尾摇（天芥菜属）

Heliotropium indicum **L.**

一年生草本，高 20~50 cm。茎直立，被开展的糙伏毛。叶互生或近对生，卵形或椭圆形，长 3~9 cm，宽 2~4 cm，基部下延至叶柄呈翅状，叶缘微波状或波状，两面被短柔毛或糙伏毛；叶柄长 2~5 cm。镰状聚伞花序长 5~15 cm，单一，无苞片；花无梗，密集，呈 2 列排列于花序轴的一侧；萼片长 1.5~2 mm，被糙伏毛；花冠浅蓝色或蓝紫色，高脚碟状，长 3~4 mm，裂片直径约 1 mm，波纹状。核果具肋棱，长 3~3.5 mm，深 2 裂。花果期 4~10 月。

生于丘陵、路边、河沿及空旷的荒草地上，数量较多，生长普遍，海拔 100~700 m。产于中国福建、海南、广东、台湾、云南。

长花厚壳树（厚壳树属）长叶厚壳树

Ehretia longiflora **Champ. ex Benth.**

落叶乔木，高 5~10 m。树皮深灰色至暗褐色，片状剥落；枝褐色，小枝紫褐色。叶纸质，椭圆形、长圆形，长 8~12 cm，宽 3.5~5 cm，先端急尖，基部楔形，全缘，无毛，侧脉 4 ~7 对，小脉不明显；叶柄长 1~2 cm，无毛。聚伞花序生侧枝顶端，宽 3~6 cm；花萼长 1.5~2 mm，裂片卵形；花冠白色，筒状钟形，长 10~11 mm，裂片椭圆状卵形，长 2~3 mm；花柱 2 裂，柱头 2 枚。核果淡黄色或红色，直径 8~15 mm，内果皮有棱，分成 4 个具 1 颗种子的小坚果。花期 4 月，果期 6~7 月。

生于山地路边、山坡疏林及湿润的山谷密林，海拔 300~900 m。产于中国云南、广西、广东、湖南、江西、台湾。

A359 旋花科 Convolvulaceae

丁公藤（丁公藤属）

Erycibe obtusifolia **Benth.**

高大木质藤本，长约 12 m，小枝明显有棱。叶革质，椭圆形或倒长卵形，长 6~9 cm，宽 2.5~4 cm；叶柄长 0.8~1.2 cm。聚伞花序腋生和顶生，顶生的排列成总状花序，花序轴、花序梗被淡褐色柔毛；花梗长 4~6 mm；花萼球形，萼片长 3 mm，外面被淡褐色柔毛和有缘毛；花冠白色，长 1 cm，小裂片全缘或浅波状；雄蕊不等长，花丝之间有鳞片，子房圆柱形，柱头圆锥状贴着子房，两者近相等长。浆果卵状椭圆形，长约 1.4 cm。

生于山谷湿润密林中或路旁灌丛中，海拔 100~900 m。产于中国广东、广西、海南。

光叶丁公藤（丁公藤属）
Erycibe schmidtii Craib

木质藤本。嫩枝疏生微柔毛，老枝有细棱。叶卵状椭圆形或长椭圆形，长 6~12 cm，宽 2.5~6 cm，顶端短渐尖或渐尖，基部阔楔形或楔形，无毛；侧脉 5~8 对，在下面明显，至边缘网结，干后暗绿色；叶柄长 1~3 cm，初被柔毛，后变无毛。圆锥状花序腋生或顶生，长 2~6 cm，被锈色短柔毛；花梗长 2~5 mm；萼片近圆形，长约 3 mm，外侧的萼片被褐色柔毛，近基部较密；内侧的萼片密被短柔毛；花冠白色，长约 8 mm，裂片纵带密被黄褐色柔毛，小裂片长圆形，边缘浅波状；雄蕊的花丝比花药短；柱头冠状，贴生子房。浆果近球形，直径约 1.5 cm，黑色，无毛。花期 4~6 月，果期 10~12 月。

生于山地密林中或山坑边，海拔 300~900 m。产于中国广东、海南、广西、云南。

三裂叶薯（番薯属）
Ipomoea triloba L.

草本。茎缠绕或有时平卧，无毛或散生毛，且主要在节上。叶宽卵形至圆形，长 2.5~7 cm，宽 2~6 cm，全缘或有粗齿或深 3 裂，基部心形，两面无毛或散生疏柔毛；叶柄长 2.5~6 cm，无毛或有时有小疣。花序腋生，花序梗有棱角，顶端具小疣，聚伞花序；花梗具棱，有小瘤突，无毛；苞片小，萼片近相等或稍不等，外萼片长圆形，边缘明显有缘毛，内萼片无毛或散生毛；花冠漏斗状，淡红色或淡紫红色，雄蕊内藏，花丝基部有毛；子房有毛。蒴果近球形，高 5~6 mm，具花柱基形成的细尖，被细刚毛，2 室，4 瓣裂。种子 4 颗或较少，长 3.5 mm，无毛。花期 9~10 月，果熟期 12 月至翌年 2 月。

生于丘陵路旁、荒草地或田野上，海拔 100~400 m。产于中国安徽、广东、陕西、台湾、浙江。

土丁桂（土丁桂属）白鸽花、白毛将
Evolvulus alsinoides (L.) L.

多年生草本，茎平卧或上升，细长，具贴生的柔毛。叶长圆形，椭圆形或匙形，长 7~25 mm，宽 5~10 mm，两面被贴生疏柔毛；叶柄短。总花梗丝状，长 2.5~3.5 cm，被贴生毛；花 1 朵或数朵组成聚伞花序；苞片长 1.5~4 mm；萼片长 3~4 mm，被长柔毛；花冠辐状，直径 7~10 mm，蓝色或白色。蒴果球形，直径 3.5~4 mm，4 瓣裂；种子 4 颗或较少，黑色，平滑。花期 5~9 月。

生于草坡上、灌丛中、路边，海拔 100~400 m。产于中国长江以南地区。

裂叶鳞蕊藤（鳞蕊藤属）分裂鳞蕊藤
Lepistemon lobatum Pilg.

草质缠绕藤本，茎被疏柔毛。叶阔卵形，长 5~14 cm，宽 4~10 cm，顶端长渐尖，3~5 波状浅裂或深裂，有时多角状浅裂，两面疏生柔毛或无毛，基出脉 5~7 条；叶柄长 5~10 cm，被疏柔毛。聚伞花序腋生，总花梗长约 1 cm；花梗细长，被疏毛，萼片卵形或长卵形，长 5~7 mm，钝或锐尖，具疏毛或几无毛；花冠青白色或淡黄色，长 18~22 mm，冠管下部膨大，上部收缩，冠檐近全缘，纵带无毛，花丝基部鳞片卵状披针形或卵状三角形，背面具疏长腺毛状突起；花盘杯状；子房无毛。蒴果卵球形，直径约 5 mm；种子黑褐色，疏生长柔毛。花期 8~9 月。

生于山地山谷、溪畔林缘或灌木林中，海拔 500~800 m。产于中国浙江、福建、广东、广西、海南。

A360 茄科 Solanaceae

小酸浆（酸浆属）

***Physalis minima* L.**

一年生草本，根细瘦；主轴短缩，分枝披散而卧于地上或斜升，生短柔毛。叶柄细弱，长 1~1.5 cm；叶片卵形或卵状披针形，长 2~3 cm，宽 1~1.5 cm，基部歪斜楔形，全缘而波状或有少数粗齿，两面脉上有柔毛。花梗长约 5 mm，生短柔毛；花萼钟状，长 2.5~3 mm，外面生短柔毛，裂片缘毛密；花冠黄色，长约 5 mm；花药黄白色，长约 1 mm。果梗细瘦，长不及 1 cm，俯垂；果萼近球状或卵球状，直径 1~1.5 cm；果实球状，直径约 6 mm。花果期 2~9 月。

生于山坡上，海拔 200~600 m。产于中国云南、江西、广东、广西、四川。

白英（茄属）

***Solanum lyratum* Thunb.**

草质藤本，长 0.5~1 m，茎及小枝均密被具节长柔毛。叶互生，多数为琴形，长 3.5~5.5 cm，宽 2.5~4.8 cm，基部常 3~5 深裂，两面均被白色发亮的长柔毛；叶柄长 1~3 cm，毛被同茎枝。聚伞花序疏花，总花梗 2~2.5 cm，被长柔毛，花梗长 0.8~1.5 cm；萼环状，直径约 3 mm，萼齿 5 枚；花冠蓝紫色或白色，直径约 1.1 cm，花冠筒隐于萼内，冠檐长约 6.5 mm，5 深裂。浆果球状，成熟时红黑色，直径约 8 mm。花期夏、秋季，果期秋末。

生于山谷草地或路旁、田边，海拔 100~500 m。广泛分布于中国秦岭南坡以南地区。

少花龙葵（茄属）

***Solanum americanum* Mill.**

一年生纤弱草本，茎近无毛，高约 1 m。叶薄，卵形至卵状长圆形，长 4~8 cm，宽 2~4 cm，基部下延成翅，叶近全缘，两面均具疏柔毛；叶柄长 1~2 cm，具疏柔毛。花序近伞形，腋外生，具微柔毛，着生 1~6 朵花，总花梗长 1~2 cm，花直径约 7 mm；萼绿色，直径约 2 mm，5 裂；花冠白色，筒部隐于萼内，冠檐长约 3.5 mm，5 裂。浆果球状，直径约 5 mm，幼时绿色，成熟后黑色；种子近卵形，两侧压扁，直径 1~1.5 mm。几乎全年开花结果。

生于溪边、密林阴湿处或林边荒地上，海拔 100~400 m。产于中国长江以南地区。

水茄（茄属）

***Solanum torvum* Sw.**

灌木，高 1~2(3) m。叶单生或双生，卵形至椭圆形，长 6~12(19) cm，宽 4~9(13) cm，先端尖，基部心脏形或楔形，两边不相等，边缘半裂或作波状，裂片通常 5~7。伞房花序腋外生，2~3 歧，毛被厚，总花梗长 1~1.5 cm，具 1 枚细直刺或无，花梗长 5~10 mm，被腺毛及星状毛；花白色；萼杯状，长约 4 mm，外面被星状毛及腺毛，端 5 裂，裂片卵状长圆形，长约 2 mm，先端骤尖；花冠辐形，直径约 1.5 cm，筒部隐于萼内，长约 1.5 mm。浆果黄色，光滑无毛，圆球形，直径 1~1.5 cm，宿萼外面被稀疏的星状毛，果柄长约 1.5 cm，上部膨大；种子盘状，直径 1.5~2 mm。全年均开花结果。

产于中国云南、广西、广东、台湾。

A366 木樨科 Oleaceae

枝花流苏树（流苏树属）枝花李榄

Chionanthus ramiflorus **Roxb.**

乔木，小枝具粗糙皮孔。叶近革质，长圆状椭圆形或卵状椭圆形，长5~30 cm，宽2~12 cm，两面无毛。圆锥花序，腋生，长2.5~12 cm，无毛；花冠白色或黄白色，4裂至近基部。核果椭圆形或长圆形，长1~3 cm，直径5~15 mm，成熟时蓝黑色，表面常被白粉；果梗明显具棱。花期1~6月，果期4~10月。

生于常绿林中或山坡灌丛中，海拔100~900 m。产于中国广东、云南、贵州、广西、台湾。

白蜡树（梣属）

Fraxinus chinensis **Roxb.**

落叶乔木，树皮纵裂。芽被棕色柔毛或腺毛。羽状复叶长15~25 cm；叶柄长4~6 cm；小叶5~7枚，硬纸质，卵形至披针形，长3~10 cm，宽2~4 cm，叶缘具整齐锯齿；小叶柄长3~5 mm。圆锥花序顶生或腋生枝梢，长8~10 cm；花序梗长2~4 cm；花雌雄异株；雄花密集，花萼小，钟状，长约1 mm，无花冠；雌花疏离，花萼大，桶状，长2~3 mm，4浅裂。翅果匙形，长3~4 cm，宽4~6 mm；宿存萼紧贴于坚果基部。花期4~5月，果期7~9月。

生于山地杂木林中，海拔300~600 m，多为栽培。产于中国南北各省区。

清香藤（茉莉属）光清香藤、北清香藤

Jasminum lanceolarium **Roxb.**

大型攀援灌木。叶对生或近对生，三出复叶，具沟，沟内常被微柔毛；叶柄长0.3~4.5 cm；叶片上面无毛或被短柔毛，下面光滑或疏被至密被柔毛；小叶片椭圆形至披针形，长3.5~16 cm，宽1~9 cm，小叶柄长0.5~4.5 cm。复聚伞花序常排列呈圆锥状，顶生或腋生，花密集；苞片长1~5 mm；花萼筒状，果时增大；花冠白色，高脚碟状，花冠管纤细，裂片4~5枚，长5~10 mm，花柱异长。果实球形或椭圆形，直径0.6~1.5 cm，黑色，干时呈橘黄色。花期4~10月，果期6月至翌年3月。

生于山坡、灌丛、山谷密林中，海拔100~600 m。产于中国秦岭南坡以南地区。

厚叶素馨（茉莉属）

Jasminum pentaneurum **Hand.–Mazz.**

攀援状灌木。小枝圆柱形，无毛或当年生枝常被短柔毛。单叶，对生，革质，卵状椭圆形，长5~10 cm，宽2~6 cm，先端渐尖或短尾状渐尖，基部圆形或阔楔形，无毛，具网状乳突和褐色、下陷的腺点；基出脉5条，中脉在上面凹入，下面突起，内侧两条于两面突起，最外1对常不明显；叶柄长5~18 mm，聚伞花序顶生或腋生，有花3朵至多朵；总花梗长1~5 mm，具节；花序基部1~2对苞片小叶状，近无柄，线形；花梗长3~5 mm，果时增粗，与花序轴，花萼管均被短柔毛；花冠白色，花冠管长2~2.5 cm，裂片通常6~9枚。果实椭圆形或近肾形，长9~15 mm，宽6~10 mm，成熟时黑色。花期8月至翌年2月，果期2~5月。

生于山坡、山谷混交林下或灌丛中，海拔100~900 m。产于中国广东、海南、广西。

华素馨（茉莉属）

Jasminum sinense **Hemsl.**

缠绕藤本。小枝密被锈色长柔毛。叶对生，三出复叶；叶柄 0.5~3.5 cm；小叶片纸质，卵形至卵状披针形，两面被锈色柔毛；顶生小叶长 3~12.5 cm，宽 2~8 cm，小叶柄长 0.8~3 cm，侧生小叶较小，小叶柄长 1~6 mm。聚伞花序常呈圆锥状排列；花萼被柔毛，裂片长 0.5~5 mm，果时稍增大；花冠白色或淡黄色，高脚碟状，花冠长 1.5~4 cm，裂片 5 枚；花柱异长。果实长圆形或近球形，长 0.8~1.7 cm，黑色。花期 6~10 月，果期 9 月至翌年 5 月。

生于山坡、灌丛或林中，海拔 100~900 m。产于中国浙江、江西、福建、台湾、广东、广西、湖南、湖北、四川、贵州、云南。

女贞（女贞属）

Ligustrum lucidum **W. T. Aiton**

常绿灌木或乔木。枝疏生皮孔。叶片革质，卵形至宽椭圆形，长 6~17 cm，宽 3~8 cm，侧脉 4~9 对；叶柄长 1~3 cm。圆锥花序顶生，长 8~20 cm；花序梗长 0~3 cm；花序轴及分枝轴紫色或黄棕色，果时具棱；花序基部苞片常与叶同型；花近无梗；花萼长 1.5~2 mm；花冠长 4~5 mm，花冠管长 1.5~3 mm，裂片长 2~2.5 mm，白色。果实肾形或近肾形，长 7~10 mm，直径 4~6 mm，深蓝黑色，成熟时呈红黑色，被白粉。花期 5~7 月，果期 7 月至翌年 5 月。

生于沟谷林中，海拔 100~900 m。产于中国秦岭南坡以南地区。

华女贞（女贞属）

Ligustrum lianum **Hsu**

灌木或小乔木。枝散生圆形皮孔，幼枝密被或疏被短柔毛。叶片革质，常绿，椭圆形至卵状披针形，长 4~13 cm，宽 1.5~5.5 cm，下面密出细小腺点，中脉常被柔毛；叶柄长 0.5~1.5 cm。圆锥花序顶生，长 4~12 cm；花序基部苞片小叶状；花梗长 0.5~2 mm；花萼长 1~1.5 mm，具微小波状齿；花冠长 4~5 mm，花冠管长 1.2~3 mm，裂片长 1.5~3 mm。果实椭圆形或近球形，直径 5~7 mm，呈黑色、黑褐色或红褐色。花期 4~6 月，果期 7 月至翌年 4 月。

生于山谷林中、灌木丛中或旷野上，海拔 400~600 m。产于中国浙江、江西、福建、湖南、广东、海南、广西、贵州。

小蜡（女贞属）黄心柳、水黄杨

Ligustrum sinense **Lour.**

落叶灌木或小乔木。小枝幼时被淡黄色短柔毛或柔毛。叶片纸质或薄革质，卵形至披针形，长 2~9 cm，宽 1~3.5 cm，上面疏被短柔毛或无毛，下面疏被短柔毛或无毛，叶柄长 2~8 mm，被短柔毛。圆锥花序顶生或腋生，塔形，长 4~11 cm；花序轴被较密淡黄色短柔毛或柔毛以至近无毛；花梗长 1~3 mm；花萼长 1~1.5 mm；花冠管长 1.5~2.5 mm，裂片长 2~4 mm，白色。浆果状核果近球形，直径 5~8 mm。花期 3~6 月，果期 9~12 月。

生于山坡、山谷、溪边林中，海拔 200~600 m。产于中国秦岭南坡以南地区。

云南木樨榄（木樨榄属）异株木樨榄

***Olea tsoongii* (Merr.) P. S. Green**

灌木或乔木。树皮灰色；小枝具圆形皮孔。叶革质，倒披针形或椭圆状披针形，长 5~10 cm，宽 1.5~3.5 cm，边全缘或有不规则的疏锯齿，两面无毛，或有时上面中脉上疏被毛，叶柄长 5~10 mm，被毛或后变无毛。聚伞状圆锥花序，腋生，无毛或被微茸毛；花杂性异株；雄花序较长，花梗纤细，长 1~5 mm；两性花序较短，花梗粗短，长 0.5~1.5 mm；花萼长 1~1.5 mm，裂片卵状三角形，边缘被短睫毛或几近无毛；花冠白色或淡黄色，裂片 4 枚，近圆形，先端兜状，花药椭圆形；子房椭圆形，无毛，柱头头状。核果紫黑色，椭圆形或近球形，长 6~13 mm，宽 3~9 mm，干时平滑或稍皱缩，但无纵沟纹。花期 3~7 月，果期 5~12 月。

生于山谷密林或平地、海边杂木林中，海拔 800~900 m。产于中国广东、海南、香港、广西、贵州、四川、云南。

厚边木樨（木樨属）

***Osmanthus marginatus* (Champ. ex Benth.) Hemsl.**

常绿灌木或乔木。全株无毛，小枝灰白色。叶片厚革质，椭圆形，长 9~15 cm，宽 2.5~4 cm，全缘，具小泡状突起腺点；叶柄长 1~2.5 cm。聚伞花序组成短小圆锥花序，排列紧密，长 1~2 cm；苞片长 2~2.5 mm，具睫毛，小苞片长 1~1.5 mm；花梗长 1~2 mm；花萼长 1.5~2 mm，裂片边缘具睫毛；花冠淡黄白色至淡黄绿色，花冠管长 1.5~2 mm，裂片长约 1.5 mm，先端具睫毛。果实椭圆形或倒卵形，直径 1~1.5 cm，绿色，成熟时黑色。花期 5~6 月，果期 11~12 月。

生于山谷、山坡密林中，海拔 800~900 m。产于中国长江以南地区。

小叶月桂（木樨属）

***Osmanthus minor* P. S. Green**

常绿灌木或乔木。树皮呈片状剥落；叶薄革质，狭椭圆形或狭倒卵形，长 4.5~10 cm，宽 1.5~3.5 cm，先端渐尖或尾状渐尖，基部狭楔形，边全缘，具腺点，上面的腺点呈针状或水泡状突起，下面的则呈水泡状突起；侧脉 5~8 对，叶柄长 1~2 cm。圆锥花序腋生，短小，有花 8~12 朵；总花梗，苞片，小苞片均被毛；花单性，雌雄异株，淡黄色；花梗长约 2 mm；雄花：花萼裂片 4 枚，具睫毛；花冠长 3~3.5 mm，4 裂至中部，边缘具细睫毛；雄蕊 2 枚，花药阔长圆形；退化雌蕊的子房扁球形，雌花未见。核果椭圆形，长 1.5~2 cm，宽 8~12 mm，内果皮厚而坚硬，骨质，表面具棱脊 6~8 条。花期 5~6 月，果期 9 月至翌年 1 月。

生于山谷、山坡密林或疏林中，海拔 200~600 m。产于中国广东、广西、江西、浙江、福建、香港。

A369 苦苣苔科 Gesneriaceae

横蒴苣苔（横蒴苣苔属）越南横蒴苣苔

***Beccarinda tonkinensis* (Pellegr.) Burtt**

多年生草本。叶基生，叶片圆形或卵圆形，长 3.5~7 cm，宽 2.5~6.5 cm，边缘具粗圆齿，两面被淡褐色长柔毛；叶柄长 1~10 cm，同花梗，苞片，总花梗均被长柔毛。聚伞花序腋生，具花 2~5 朵，苞片 2 枚，长 5 mm；花梗长 1~ 1.5 cm，花萼钟状，5 裂达基部；花冠紫色，上唇 2 裂，下唇 3 裂。蒴果狭长圆形，偏斜，长约 2 cm，顶端具小短尖。花期 4~6 月，果期 5~9 月。

生于山坡林下岩石上，海拔 700~900 m。产于中国广东、广西、四川、贵州、云南。

双片苣苔（双片苣苔属）

***Didymostigma obtusum* (C. B. Clarke) W. T. Wang**

多年生草本。高达 30 cm，密被柔毛。叶对生，卵形，长 2~12 cm，宽 1.5~7 cm，边缘具钝锯齿，与叶柄，苞片，花梗，花萼，花冠均被柔毛，带紫红色斑点；叶柄长 1~4 cm，花序腋生，具花 2~10 朵；花冠淡紫色或白色，上唇 2 裂，下唇 3 裂。蒴果长 4~8 cm；种子椭圆形。花期 6~10 月，果期 10 月。

生于山谷林中或溪边阴处，海拔 200~800 m。产于中国广东、海南、福建、广西。

吊石苣苔（吊石苣苔属）

***Lysionotus pauciflorus* Maxim.**

小灌木。叶 3 枚轮生，或对生，革质，形状变化大，线形、线状倒披针形、狭长圆形或倒卵状长圆形，长 1.5~5.8 cm，宽 0.4~2 cm，顶端急尖或钝，基部钝、宽楔形或近圆形，边缘具牙齿，两面无毛。花序有 1~2 朵花；花梗长 3~10 mm；花萼 5 深裂；花冠白色或淡紫色，冠筒细漏斗状，长 2.5~3.5 cm，口部直径 1.2~1.5 cm；上唇 2 浅裂，下唇 3 裂；退化雄蕊 3 枚。蒴果线形，长 5.5~9 cm，无毛。花期 7~10 月。

生于林中、阴处石崖上、树上，海拔 400~900 m。产于中国长江以南地区。

圆唇苣苔（圆唇苣苔属）

***Gyrocheilos chorisepalum* W. T. Wang**

多年生草本。叶基生，近圆形或肾形，长 3~4.5 cm，宽 3~6 cm，顶端圆形，基部心形，边缘具重锯齿，两面被白色柔毛，掌状脉 5~7 条；叶柄长 3~8 cm，被开展柔毛。聚伞花序 2~3 回分枝，具花 5~10 朵；总花梗长 5~10 cm，被柔毛；花梗长 1~2 cm，无毛；花萼 5 裂达基部，长 3~4 mm，顶端微钝，疏被柔毛；花冠淡红色，口部直径约 4 mm，上唇 2 浅裂，下唇 3 裂至中部，雄蕊 2 枚，花丝线形，长约 3 mm，无毛，花药长约 2 mm，连生；退化雄蕊 2 枚，狭线形，长约 1 mm，顶端头状；花盘环状；雌蕊无毛；子房长约 5 mm，花柱柱头头状。蒴果线形，长 2~3 cm，无毛；种子褐色，纺锤形。花期 4~5 月，果期 6 月。

生于山谷林下石上、水旁，海拔 700~900 m。产于中国广东、广西。

大叶石上莲（马铃苣苔属）

***Oreocharis benthamii* C. B. Clarke**

多年生草本，全株被毛。叶丛生，具长柄；叶片椭圆形，长 6~12 cm，宽 3~8 cm；叶柄 2~8 cm。聚伞花序，具 8~11 朵花；花序梗 10~22 cm；苞片 2 枚，长 6~8 mm；花梗长 9~15 mm。花萼 5 裂，裂片长 3~4 mm。花冠细筒状，长 8~10 mm，淡紫色，筒长 5.5~6 mm，喉部不缢缩，上唇 2 裂，下唇 3 裂。花盘环状，高 0.8 mm。雌蕊无毛，子房长约 5 mm，花柱长约 1.7 mm，柱头 1 枚，盘状。蒴果线形或线状长圆形，长 2.2~3.5 cm，外面无毛。花期 8 月，果期 10 月。

生于岩石上，海拔 200~600 m。产于中国广东、广西、江西、湖南。

石上莲（马铃苣苔属）

Oreocharis benthamii **C. B. Clarke var.** ***reticulata*** **Dunn**

本变种与原变种的主要区别：叶脉在下面明显隆起，并结成网状，叶片下面被短柔毛。

生于山地岩石上，海拔 300~600 m。产于中国广东、广西。

蚂蟥七（唇柱苣苔属）蚂蝗七

Chirita fimbrisepala **(Hand.–Mazz.) Y. Z. Wang**

多年生草本，根状茎粗，全株被毛。叶基生；叶片草质，卵形至近圆形，长 4~10 cm，宽 3.5~11 cm，基部常偏斜；叶柄长 2~8.5 cm。聚伞花序有 1~5 朵花；花序梗长 6~28 cm；苞片长 5~11 mm；花梗长 0.5~3.8 cm。花萼 5 裂，边缘上部有小齿。花冠淡紫色或紫色，长 3.5~6.4 cm，在内面上唇紫斑处有 2 根纵条毛，筒细漏斗状，上唇长 0.7~1.2 cm，下唇长 1.5~2.4 cm。蒴果长 6~8 cm，粗约 2.5 mm。种子纺锤形，长 6~8 mm。花期 3~4 月。

生于山地林石崖上或山谷溪边，海拔 400~600 m。产于中国广西、广东、贵州、湖南、江西、福建。

牛耳朵（唇柱苣苔属）

Chirita eburnea **(Hance) Y. Z. Wang**

多年生草本，根状茎粗。叶基生，肉质；叶片卵形或狭卵形，长 3.5~17 cm，宽 2~9.5 cm，两面被贴伏短柔毛；叶柄长 1~8 cm，密被短柔毛。聚伞花序；花序梗长 6~30 cm，被短柔毛；苞片 2 枚，对生，长 1~4.5 cm，密被短柔毛。花萼 5 裂，两面被毛。花冠紫色或淡紫色，喉部黄色，长 3~4.5 cm，两面疏被短柔毛，上唇 2 裂，下唇 3 裂。子房及花柱下部密被短柔毛，柱头二裂。蒴果长 4~6 cm，粗约 2 mm，被短柔毛。花期 4~7 月。

生于石灰山林中石上或沟边林下，海拔 100~900 m。产于中国广东、广西、贵州、湖南、四川、湖北。

椭圆线柱苣苔（线柱苣苔属）

Rhynchotechum ellipticum **(Wall. ex D. Dietr.) A. DC.**

亚灌木。茎高 0.5~2 m，顶部密被紧贴的锈色柔毛，其他部分近无毛，叶对生，倒披针形或长椭圆形，长 6.5~32 cm，宽 2.5~10 cm，边缘具小锯齿，两面幼时密被锈色柔毛，后上面变无毛，侧脉 13~26 对，叶柄长 2~4 cm，与总花梗、花萼、苞片及花梗被锈色柔毛。聚伞花序 3~4 回分枝，具多数花，花冠白色，上唇 2 深裂，下唇 3 深裂。浆果白色，近球形，长 5~6 mm。花期 5~10 月；果期 7 月至翌年 3 月。

生于山谷林中或溪边阴湿处，海拔 100~900 m。产于中国广东、香港、西藏、福建、台湾、广西、四川、贵州、云南。

线柱苣苔（线柱苣苔属）

***Rhynchotechum obovatum* (Griff.) Burtt**

亚灌木。叶对生，具柄；叶片纸质，倒披针形或长椭圆形，长15~32 cm，宽5~10 cm，顶端渐尖或短渐尖，基部渐狭，边缘有小牙齿，两面幼时密被锈色柔毛，以后上面变无毛，下面脉上的毛宿存。花冠白色或带粉红色，无毛。浆果白色，宽卵球形，长5~6 mm。花期6~10月。

产于中国云南、四川、贵州、广西、广东、福建。

中华石龙尾（石龙尾属）

***Limnophila chinensis* (Osbeck) Merr.**

草本，高5~50 cm；茎简单或自基部分枝，下部匍匐而节上生根，与花梗及萼同被多细胞长柔毛至近于无毛。叶对生或3~4枚轮生，无柄，长5~53 mm，宽2~15 mm，卵状披针形至条状披针形，稀为匙形，多少抱茎，边缘具锯齿；脉羽状，不明显。花具长3~15 mm之梗，单生叶腋或排列成顶生的圆锥花序；小苞片长约2 mm；花冠紫红色、蓝色，稀为白色，长10~15 mm。蒴果宽椭圆形，两侧扁，长约5 mm，浅褐色。花果期10月至次年5月。

分布于中国广东、广西、云南。

A370 车前科 Plantaginaceae

毛麝香（毛麝香属）麝香草、山薄荷

***Adenosma glutinosum* (L.) Druce**

直立草本，密被多细胞长柔毛和腺毛。茎上部四方形，中空。叶对生，上部的互生，叶柄长3~20 mm；叶片披针状卵形至宽卵形，长2~10 cm，宽1~5 cm，形状大小多变，边缘齿；下面有稠密的黄色腺点。花单生叶腋或在茎、枝顶端集成总状花序；花梗长5~15 mm；苞片叶状，小；萼5深裂，宿存；花冠紫红或蓝紫色，长9~28 mm，下唇三裂；花柱向上逐渐变宽而具薄质的翅。蒴果卵形，长5~9.5 mm，宽3~6 mm，先端具喙。花果期7~10月。

生于荒山坡、疏林下湿润处，海拔300~900 m。产于中国江西、福建、广东、海南、广西、云南。

抱茎石龙尾（石龙尾属）

***Limnophila connata* (Buch.–Ham. ex D. Don) Pennell**

直立或斜生草本，高达15 cm，茎无毛。叶对生、卵状披针形至披针形，长20~40 mm，宽3~20 mm，边常具不明显小齿，基部下延抱茎，两面无毛，被稍密的凹陷腺点，具纵脉3~7条，无叶柄。花无梗或近无梗，单生叶腋或在枝顶排成疏散穗状花序；小苞片2枚，线形，贴生于萼下；花萼筒状，长约7 mm，外被短腺毛，宿存；花冠蓝色、紫色至近白色，长5~10（15）mm，2唇形，内外两面被毛；雄蕊4枚；花柱上部被微毛。蒴果近球形，长约3 mm；宿萼具脉纹。花果期10~11月。

生于田边荒地、草地和水边湿地，有时生于水中，海拔100~400 m。产于中国湖南、江西、广东、海南、福建、广西、贵州、云南。

伏胁花（伏胁花属）

***Mecardonia procumbens* (Mill.) Small**

多年生草本，茎四棱形，基部多分枝，全体无毛。叶椭圆形或卵形，对生，无柄或基部渐狭带翅的柄，边缘具锯齿，两面无毛，上面具腺点；侧脉3~5对。花单生于叶腋，苞片2枚，在花梗的基部对生，全缘或中部以上有不明显的锯齿；萼片5枚，完全分离，覆瓦状排列；花冠筒状，黄色，上唇具缺刻或顶端2浅裂，具红褐色的脉6条，基部内面密被黄色柔毛；下唇3裂，裂片近相等，具3条不明显的脉；雄蕊4枚，贴生于冠管的近基部；花柱短，柱头扁唇形。蒴果椭圆柱状，黄褐色，长约5 mm，宽约2 mm，室间开裂；种子圆柱状，黑色，表面具网纹。花果期3~11月。

生于阳光充足的潮湿草地。产于中国广东、福建、台湾。

大车前（车前属）

***Plantago major* L.**

二年生或多年生草本。叶基生呈莲座状；叶片纸质，宽卵形至宽椭圆形，长3~30 cm，宽2~21 cm，两面疏生短柔毛；叶柄长1~26 cm，基部鞘状，被毛。花序1至数枚；花序梗直立，长2~45 cm，被短柔毛或柔毛；穗状花序长1~40 cm；苞片长1.2~2 mm，近无毛。花萼长1.5~2.5 mm，边缘膜质。花冠白色，裂片长1~1.5 mm，花后反折。蒴果近球形、卵球形或宽椭圆球形，长2~3 mm，于中部或稍低处周裂。花期6~8月，果期7~9月。

生于草地、沟边、田边或荒地，海拔100~600 m。中国广泛分布。

车前（车前属）

***Plantago asiatica* L.**

二年生至多年生草本。根茎短，稍粗。叶基生呈莲座状；叶片纸质，宽椭圆形，长4~12 cm，宽2.5~6.5 cm，两面疏生短柔毛；叶柄长2~27 cm，疏生短柔毛。花序3~10个，直立；花序梗长5~30 cm，疏生白色短柔毛；穗状花序长3~40 cm；苞片长2~3 mm。花具短梗；花萼长2~3 mm。花冠白色，裂片长约1.5 mm。蒴果纺锤状卵形、卵球形或圆锥状卵形，长3~4.5 mm，基部上方周裂。花期4~8月，果期6~9月。

生于草地、沟边、路旁，海拔100~500 m。中国广泛分布。

野甘草（野甘草属）

***Scoparia dulcis* L.**

直立草本，高达1 m；枝有棱或有狭翅。叶对生或3枚轮生，菱状卵形至菱状披针形，长达35 mm，宽达15 mm，顶端钝或有时短尖，基部渐狭成短柄，中部以上边缘具锯齿，两面无毛，疏具下陷或稍凸起的紫色腺点。花1~5朵腋生；花梗长5~8 mm，无毛；萼片4深裂；花冠白色，4裂，冠管短，喉部密被毛；雄蕊4枚，外伸。蒴果卵形至球形，宽达3 mm，2~3瓣裂。花期4~8月，果期5~10月。

生于路旁、荒地或林边湿地。产于中国广东、海南、福建、广西、台湾、云南。

蚊母草（婆婆纳属）
***Veronica peregrina* L.**

株高 10~25 cm，通常自基部多分枝，主茎直立，侧枝披散，全体无毛或疏生柔毛。叶无柄，下部的倒披针形，上部的长矩圆形，长 1~2 cm，宽 2~6 mm，全缘或中上端有三角状锯齿。总状花序长，在果期长达 20 cm；苞片与叶同形而略小；花梗极短；花萼裂片长矩圆形至宽条形，长 3~4 mm；花冠白色或浅蓝色，长 2 mm，裂片长矩圆形至卵形；雄蕊短于花冠。蒴果倒心形，明显侧扁，长 3~4 mm，宽略过之，边缘生短腺毛，宿存的花柱不超出凹口。种子矩圆形。花期 5~6 月。

分布于中国东北、华东、华中、西南地区。

A371 玄参科 Scrophulariaceae

白背枫（醉鱼草属）驳骨丹
***Buddleja asiatica* Lour.**

直立灌木，高 1~8 m。嫩枝条四棱形，老枝圆柱形；幼枝、叶下面、叶柄和花序均密被灰色或淡黄色星状短茸毛。叶对生，叶片膜质，披针形，长 6~30 cm，宽 1~7 cm，全缘或有小锯齿；叶柄长 2~15 mm。总状花序窄而长，由多个小聚伞花序组成，长 5~25 cm，再排列成圆锥花序；花萼钟状，长 1.5~4.5 mm，外面被星状短柔毛；花冠白色，花冠管圆筒状，长 3~6 mm。蒴果椭圆状，长 3~5 mm。花期 1~10 月，果期 3~12 月。

生于向阳山坡灌木丛中或疏林缘，海拔 100~500 m。产于中国华东、华中、华南、西南地区以及西藏。

A373 母草科 Linderniaceae

长蒴母草（母草属）
***Lindernia anagallis* (Burm. f.) Pennell**

一年生草本，长 10~40 cm。茎下部匍匐长蔓，节上生根，无毛。叶片三角状卵形或矩圆形，长 4~20 mm，宽 7~12 mm，顶端圆钝或急尖，基部截形或近心形，边缘有浅圆齿，侧脉 3~4 对，约以 45° 角伸展，两面无毛；仅下部叶有短柄。花单生于叶腋，花梗长 6~10 mm，在果中达 2 cm，无毛；萼长约 5 mm，仅基部联合，齿 5 枚，狭披针形，无毛；花冠白色或淡紫色，长 8~12 mm，上唇直立，2 浅裂，下唇开展，3 裂，裂片近相等，比上唇稍长；雄蕊 4 枚，全育，前面 2 枚的花丝在颈部有短棒状附属物；柱头 2 裂。蒴果条状披针形，比萼长约 2 倍，室间 2 裂；种子卵圆形，有疣状突起。花期 4~9 月，果期 6~11 月。

生于林边、溪旁、田野上，海拔 800 m 以下。产于中国四川、云南、贵州、广西、广东、湖南、江西、福建、台湾。

泥花草（母草属）
***Lindernia antipoda* (L.) Alston**

一年生草本，根须状成丛；枝基部匍匐，茎枝有沟纹，无毛。叶片矩圆形至条状披针形，长 0.3~4 cm，宽 0.6~1.2 cm，基部下延有宽短叶柄，近于抱茎。花多在茎枝之顶成总状着生，花序可达 15 cm；苞片钻形；花梗可达 1.5 cm；萼齿 5 枚，沿中肋和边缘略有短硬毛；花冠紫色、紫白色或白色，长可达 1 cm，上唇 2 裂，下唇 3 裂。蒴果圆柱形，顶端渐尖；种子为不规则三棱状卵形，褐色，有网状孔纹。花果期春季至秋季。

生于田边及潮湿的草地中，海拔 100~600 m。产于中国云南、四川、贵州、广西、广东、湖南、湖北、安徽、江西、福建、浙江、江苏、台湾。

刺齿泥花草（母草属）

Lindernia ciliata (Colsm.) Pennell

一年生草本，枝倾卧。叶几无柄；叶片矩圆形，长 7~45 mm，宽 3~12 mm，边缘具带芒刺锯齿，两面近无毛。花序总状顶生；萼长约 5 mm，齿边缘略带膜质；花冠小，浅紫色或白色，长约 7 mm，上唇卵形，下唇常不等 3 裂，中裂片很大，向前凸出，圆头。蒴果长荚状圆柱形，顶端有短尖头，长为宿萼的 3 倍。花果期夏季至冬季。

生于稻田、草地、荒地和路旁等低湿处，海拔 100~600 m。产于中国西藏、云南、广西、广东、海南、福建、台湾。

母草（母草属）

Lindernia crustacea (L.) F. Muell.

一年生草本，高 10~20 cm，常铺散成密丛，枝微方形有深沟纹。叶柄长 1~8 mm；叶片三角状卵形或宽卵形，长 10~20 mm，宽 5~11 mm，边缘有浅钝锯齿，两面近无毛。花单生叶腋或总状花序顶生；花萼坛状，长 3~5 mm；花冠紫色，长 5~8 mm，上唇直立，有时 2 浅裂，下唇 3 裂，中间裂片较大；雄蕊 4 枚，全育；花柱常早落。蒴果椭圆形，与宿萼近等长。花果期全年。

生于田边、草地、路边等低湿处，海拔 100~600 m。产于中国浙江、江苏、安徽、江西、福建、台湾、广东、海南、广西、云南、西藏、四川、贵州、湖南、湖北、河南。

荨麻母草（母草属）

Lindernia elata (Benth.) Wettst.

一年生直立草本，高可达 40 cm，常多分枝，茎枝方形，有明显的棱，被伸展的长硬毛。叶柄长达 14 mm；叶片三角状卵形，长 1.2~2 cm，宽几相等，基部宽楔形至截形，常下延于叶柄而成狭翅，缘每边有 4~6 枚锐锯齿，两面被伸展的长硬毛。花数多，多成腋生总状花序，再集成圆锥花序；花梗长 2~7 mm，有毛；苞片狭披针形，被毛；萼长 3 mm，仅基部联合，齿 5 枚，条状披针形，疏被伸展的毛，中脉明显；花冠紫色，紫红色或蓝色，上唇有浅缺，下唇较上唇长 1 倍，3 裂；雄蕊 4 枚，全育，前方一对有头部膨大的棍棒状附属物。蒴果椭圆形，种子多数，有棱。花期 7~10，果期 9~11 月。

生于稻田、草地和山腰沙质土壤中，海拔 100~300 m。产于中国广东、广西、云南、福建。

狭叶母草（母草属）

Lindernia micrantha D. Don

一年生草本。茎下部弯曲上升，长达 40 cm 以上；叶有条纹，无毛，条状披针形至披针形，或条形，长 1~4 cm，宽 2~8 mm，基部楔形成狭翅，全缘或有少数细圆齿，基出脉 3~5 条，中脉变宽，两侧的 1~2 条细，两面无毛；叶几无柄。花单生于叶腋，花梗长，无毛，有条纹；萼齿 5 枚，仅基部联合，狭披针形，长约 2.5 mm，果时长达 4 mm，无毛；花冠紫色、蓝紫色或白色，长约 6.5 mm，上唇 2 裂，下唇开展，3 裂，雄蕊 4 枚，全育，前面 2 枚花丝的附属物丝状；花柱宿存，形成细喙。蒴果条形，比宿萼长约 2 倍；种子矩圆形，浅褐色，有蜂窝状孔纹。花期 5~10 月，果期 7~11 月。

生于水田、河流旁，海拔 100~600 m。产于中国河南、湖北、安徽、江苏、浙江、江西、福建、广东、湖南、广西、贵州、云南。

细茎母草（母草属）

***Lindernia pusilla* (Willd.) Bold.**

平卧或斜升细弱草本，长达 30 cm；茎密被长柔毛或仅节处疏被毛。叶膜质，卵圆形或卵形，长达 15 mm，宽 12 mm，顶端钝，基部楔形至微心形，下延至茎，全缘或有不明显波状细齿，两面脉上被长柔毛。花单生叶腋，兼 3~5 朵排成顶生总状花序；花梗长 13~20 mm，被毛或近无毛，花萼长 4 mm，5 深裂至近某部，裂片挟披针形；花冠淡紫色或淡蓝色，长 8~10 mm，2 唇形，上唇卵形，顶端微狭，下唇较长，伸展，3 裂；雄蕊 4 枚，全发育。蒴果卵形，长约 5 mm，与宿萼近等长；果梗长达 21 cm。花果期 5~11 月。

生于水田边、溪边、荒地、路旁湿处或水中，海拔 800~900 m。产于中国广西、广东、海南、云南、台湾。

旱田草（母草属）

***Lindernia ruellioides* (Colsm.) Pennell**

一年生草本，节上生根，近无毛。叶柄 3~20 mm，前端渐宽而连于叶片，基部抱茎；叶片矩圆形，长 1~4 cm，宽 0.6~2 cm，边缘密生整齐细锯齿，两面有短毛或近于无毛。总状花序顶生，有花 2~10 朵；萼在花期长约 6 mm，果期长 10 mm；花冠紫红色，长 10~14 mm，管长 7~9 mm，上唇直立，2 裂，下唇开展，3 裂；前方 2 枚雄蕊不育，后方 2 枚能育。蒴果圆柱形，比宿萼长约 2 倍。种子椭圆形，褐色。花期 6~9 月，果期 7~11 月。

生于草地、平原、山谷及林下，海拔 100~600 m。产于中国台湾、福建、江西、湖北、湖南、广东、广西、贵州、四川、云南、西藏。

长叶蝴蝶草（蝴蝶草属）光叶蝴蝶草

***Torenia asiatica* L.**

一年生草本，疏被向上弯的硬毛。茎具棱或狭翅；枝对生。叶柄长 0.3~0.5 cm；叶片卵形或卵状披针形，长 2~3.5 cm，宽 1~1.8 cm，两面疏被短糙毛，边缘具带短尖的锯齿或圆锯齿。花单生于分枝顶部叶腋或顶生，或 3~5 朵排成伞形花序；萼长 1.5~2 cm，萼齿 2 枚，具 5 枚宽 1~1.5 mm 之翅；花冠长 3~3.5 cm，暗紫色；上唇长 0.8 cm；下唇三裂，各有 1 蓝色斑块，侧裂片稍小。蒴果长椭圆形，长 1.6 cm，宽 0.4 cm。花果期 5~11 月。

生于沟边湿润处，海拔 100~900 m。产于中国长江流域以南地区。

二花蝴蝶草（蝴蝶草属）

***Torenia biniflora* T. L. Chin & D. Y. Hong**

一年生草本，全体疏被极短硬毛。茎长 17~50 cm，匍匐上升，下部节上生根。叶片卵形或狭卵形，长 2~4 cm，宽 1~2.5 cm，基部钝圆或为宽楔形，边缘具粗齿；叶柄长 6~10 mm。花序生中、下部叶腋，花序顶端的花不育，花序成二歧状，常 2 朵；苞片三角状钻形或条形，长约 3 mm；花梗长 5~8 mm，与苞片同疏被短毛；花的各部分除萼表面疏被短毛外均无毛；萼筒状，长约 1 cm，果期长约 1.2 cm，具 5 枚不等宽的翅；萼齿 5 枚，狭披针形，长 3~4 mm；花冠黄色，稀白色而微带蓝，长约 11 mm；前方 2 枚花丝基部各有 1 个棍棒状的附属物，长约 3 mm；花柱 2 裂。蒴果长椭圆体状，长约 7 mm，宽约 3 mm。花果期 7~10 月。

生于密林下、路旁阴湿处，海拔 100~900 m。产于中国湖南、广东、广西、海南。

单色蝴蝶草（蝴蝶草属）

Torenia concolor **Lindl.**

匍匐草本；茎具4条棱，节上生根；分枝上升或直立。叶柄长2~10 mm；叶片三角状卵形或长卵形，长1~4 cm，宽0.8~2.5 cm，边缘具齿。花梗长2~3.5 cm，果期梗长达5 cm，花腋生或顶生；萼长1.2~1.5 cm，果期长达2.3 cm，具5枚翅，基部下延；萼齿2枚，长三角形，果实成熟时裂成5枚小齿；花冠长2.5~3.9 cm，其超出萼齿部分长11~21 mm，蓝色或蓝紫色；前方一对花丝各具1枚长2~4 mm的线状附属物。花果期5~11月。

生于林下、山谷及路旁，海拔100~900 m。产于中国广东、广西、海南、贵州、云南、台湾。

紫斑蝴蝶草（蝴蝶草属）

Torenia fordii **Hook. f.**

直立粗壮草本，全体被柔毛。叶柄长1~1.5 cm；叶片宽卵形至卵状三角形，长3~5 cm，宽2.5~4 cm，边缘具齿。总状花序顶生；花梗长约1 cm，果期长2 cm；苞片长0.5~1 cm，包裹花梗，边缘具缘毛；萼倒卵状纺锤形，长约1.2cm，果期达1.8 cm，具5枚翅；花冠黄色，长1.5~1.8 cm，上唇长约4 mm，浅裂或微凹；下唇三裂，长约3 mm，两侧裂片先端蓝色，中裂片先端橙黄色。蒴果圆柱状，两侧扁，具4个槽，长9~11 mm。花果期7~10月。

生于山边，溪旁或疏林下，海拔100~300 m。分布于中国广东、江西、湖南、福建。

黄花蝴蝶草（蝴蝶草属）

Torenia flava **Buch.–Ham. ex Benth.**

一年生直立草本，高可达到50 cm；茎多分枝，棱形，被柔毛。叶卵形或卵圆形，长3~5 cm，宽1.5~2 mm，顶端钝，基部圆或宽楔形，常偏斜，边缘具圆锯齿，两面被疏柔毛或背面仅脉处被毛，余处无毛；叶柄长5~13 mm。总状花序顶生，通常多花或有时仅2~3花，花梗长5~7 mm；苞片狭卵形，花萼筒状，长约8 mm，宽约2 mm，共5条棱，棱上被柔毛，萼齿5枚，披针形；花冠黄色，长10~20 mm，上唇全缘或微凹，下唇浅3圆裂；雄蕊4枚，前方对花丝各具丝状附属体1枚。蒴果狭长圆柱形，果梗长约1 cm。花果期6~11月。

生于田边、路旁、水边和山地的山坡阳处或疏林下，海拔100~900 m。产于中国广东、海南、广西、台湾、云南。

A377 爵床科 Acanthaceae

钟花草（钟花草属）

Codonacanthus pauciflorus **(Nees) Nees**

纤细草本，多分枝，被短柔毛。叶薄纸质，椭圆状卵形，长6~9 cm，宽2~4.5 cm，顶端急尖或渐尖，全缘或不明显浅波状，两面被微柔毛；侧脉每边5~7条；叶柄长5~10 mm。总状花序疏散，花在花序上互生，相对的一侧常为无花的苞片；花梗长1~3 mm；萼长约2 mm；花冠管短于花萼裂片，花冠白色或淡紫色，长7~10 mm，冠檐5裂，卵形或长卵形，后裂片稍小。能育雄蕊2枚，内藏，花丝极短，退化雄蕊2枚。蒴果长约1.5 cm。花期10月。

生于密林下或潮湿山谷中，海拔100~900 m。产于中国江西、广东、香港、广西、海南、台湾、福建、贵州、云南。

水蓑衣（水蓑衣属）

***Hygrophila ringens* (L.) R. Brown ex Spreng.**

草本，茎四棱形，幼枝被白色长柔毛，后脱落。叶纸质，长椭圆形至线形，长 4~11.5 cm，宽 0.8~1.5 cm，两面被白色长硬毛。花簇生于叶腋，无梗；花萼圆筒状，长 6~8 mm，被短糙毛，5 裂至中部；花冠二唇形，淡紫红色，长 1~1.2 cm，被柔毛，上唇卵状三角形，下唇长圆形，喉部具稀疏长柔毛；能育雄蕊 4 枚，内藏，长者长 5 mm，短者长 3 mm。蒴果长圆形，直径 0.8~2.2 cm，无毛，种子 12~18 颗。花期 8~10 月，果期 11 月至翌年 2 月。

生于溪谷阴湿处，海拔 100~900 m。产于中国长江以南地区。

广东爵床（爵床属）广东野靛棵

***Justicia lianshanica* (H. S. Lo) H. S. Lo**

草本，茎基部匍匐生根，上部直立，节间有 2 个纵槽，槽上具柔毛，后变无毛。叶片薄纸质，卵形，长 3.5~14 cm，宽 2~6 cm，顶端钝，基部浅心形或近截平，边缘浅波状或近全缘，钟乳体甚密，短针形，侧脉 7~8 对，背面稍凸起，近叶片边缘支脉联接。穗状花序顶生，被密柔毛；苞片对生，钻状披针形，每苞片腋中通常有花 1 朵；小苞片卵状披针形；花萼 5 深裂，被腺质柔毛；花冠黄色，有紫斑，被腺质柔毛，冠檐 2 唇形，上唇直立，三角形，下唇阔大、伸展；雄蕊 2 枚，着生于喉部。

生于疏林中、石上，海拔 550 m。产于中国广东、广西。

华南爵床（爵床属）

***Justicia austrosinensis* H. S. Lo**

草本，高通常 40~70 cm，茎具 4 条棱，有槽，槽内交互有白色毛。叶卵形，阔卵形或近椭圆形，稀长圆状披针形，长 5~10（15） cm，有粗齿或全缘，上面散生硬毛，背面中脉上被硬毛；侧脉每边约 5 条。穗状花序腋生和顶生，密花或有时间断；苞片扇形，有时阔卵形，长 5~7 mm，宽 6~9 mm，顶端有 1 或 3 个短尖头，有时圆，每苞内常有 1~2 朵花；花萼 5 裂，裂片长 3.5~4 mm；花冠黄绿色，外被柔毛，长约 10 mm，上唇微凹，下唇 3 裂，有喉凸；雄蕊 2 枚，花药下下方一室有距。

产于中国广西、广东、江西、贵州、云南。

爵床（爵床属）

***Justicia procumbens* L.**

草本，茎基部匍匐，具短硬毛，高 20~50cm。叶椭圆形至长圆形，长 1.5~3.5 cm，宽 1.3~2 cm，基部宽楔形或近圆形，两面被短硬毛；叶柄长 3~5 mm，被短硬毛。穗状花序顶生或生上部叶腋，长 1~3 cm，宽 6~12 mm；苞片 1 枚，小苞片 2 枚，均为披针形，长 4~5 mm，具缘毛；花萼 4 裂，裂片线形，边缘膜质，具缘毛；花冠粉红色，长 7 mm，2 唇形，下唇 3 浅裂；能育雄蕊 2 枚，药室不等高，下方 1 室有距。蒴果 4~6 mm，种子 4 颗。

生于山坡、路旁、草丛中，海拔 100~900 m。产于中国秦岭以南地区。

杜根藤（爵床属）
***Justicia quadrifaria* (Nees) T. Anderson**

草本。叶柄0.4~1.5 cm，叶片矩圆形或披针形，基部锐尖，边缘具小齿，背面脉上无毛或被微柔毛，长2.5~8.5 cm，宽1~3.5 cm。花序腋生，苞片卵形或倒卵圆形，长8 mm，宽5 mm，具3~4 mm长的柄，两面被疏柔毛；小苞片线形，无毛，长1 mm，花萼5裂，裂片线状披针形，被微柔毛，长5~6 mm。花冠白色，具红色斑点，被疏柔毛；上唇直立，2浅裂，下唇3深裂，开展；能育雄蕊2枚，花药2室，下方药室具距。蒴果无毛，长8 mm；种子被小瘤。

生于溪谷沟边、石上，海拔800~900 m。产于中国湖北、重庆、广西、广东、海南、云南。

弯花叉柱花（叉柱花属）
***Staurogyne chapaensis* Benoist**

草本，茎缩短。叶对生丛生，莲座状，叶柄连同叶脉棕红色，疏被棕色长柔毛，叶片卵形，长卵形，长圆形至狭长圆形，长2.5~14.5 cm，宽2~6 cm，先端通常圆钝，基部心形，背面苍白色，几无毛，羽状脉侧脉7~9对，上面几无毛，背面被极长多节柔毛，边缘全缘或不明显波状。总状花序顶生成腋生，花轴约与花梗等长，多花，苞片互生；小苞片着生于花梗上端，线状匙形；花萼不等5裂，裂片后方一枚线状匙形；花冠淡蓝紫毛，冠檐5裂，裂片圆形，近相等。能育雄蕊4枚；子房每室有胚珠3至多颗。果实未见。

生于林下，海拔900 m。产于中国湖南、广东、广西、云南。

中华孩儿草（孩儿草属）
***Rungia chinensis* Benth.**

草本，基部匍匐，高达70 cm。茎纤细，4条棱，具沟糟。叶具柄，柄长5~15 mm，叶片卵形，椭圆形至椭圆状矩圆形。穗状花序较疏松，顶生或生上部叶腋，具总花梗，长1~2 cm，小穗在花序轴上互生，密集；苞片椭圆形至匙形，长7~8 mm，疏生短柔毛，覆瓦状排列；花萼裂片5枚，条状披针形，长3~4 mm；花冠淡紫蓝色，长约1.5 cm，2唇形，上唇三角形，下唇3裂，外面被白色柔毛；雄蕊2枚，药室不等高，下方1室具小矩。蒴果长约6 mm，开裂时胎座由蒴底弹起，种子4颗。

产于中国福建、广东、广西、江西、台湾、浙江。

叉柱花（叉柱花属）
***Staurogyne concinnula* (Hance) Kuntze**

草本，茎极缩短，被长柔毛。叶对生丛生，莲座状；叶柄长0.3~2.3 cm，被柔毛；叶片匙形，长1.2~7 cm，宽0.4~1.8 cm，先端圆钝，基部渐狭，上面具小凸点及被稀疏柔毛，背面苍白色，被稀疏柔毛，被长柔毛。总状花序顶生或近顶腋生，疏花，长4~15 cm，总花梗及花轴纤细，被柔毛；苞片匙状线形，小苞片线形与苞片近等长；花梗被柔毛；花萼5深裂至基部，裂片线形，并先端异色（黄至白色），花冠红色，5裂，前裂片长圆形，其余裂片近圆形。能育雄蕊4枚；子房每室有胚珠3至多颗。蒴果未见。

生于溪边林下，海拔100~300 m。产于中国广东、海南、福建、台湾。

大花叉柱花（叉柱花属）

Staurogyne sesamoides (Hand.– Mazz.) B. L. Burtt

直立草本，高达 35 cm；茎枝有茸毛，不久渐脱落，有纵棱，通常不分枝。叶对生，草质，叶柄长 1.5~4 cm，被茸毛；叶片椭圆披针形，长 5~13 cm，宽 2~5.5 cm，先端渐尖或有时急尖，基部楔形，上面无毛，背面仅脉上被短柔毛。总状花序顶生或腋生，不分枝，稍下垂，花后延伸，花较密集，总梗及花轴有柔毛；花具短梗，花梗长 0.8~1 mm，果期长达 5 mm，被茸毛；花萼裂片 5 枚，近相等，狭披针形，长渐尖，被柔毛，后裂片长 1.8~2.2 cm，宽 2~2.5 mm，侧裂片长 1.6~2 cm，宽 1.2 mm，前裂片长 1.8~2.1 cm，宽 1.8~2 mm；花长可达 3~4 cm，花冠白色或淡红白色。蒴果狭椭圆形，先端急尖。种子小，角球形，种皮蜂窝状。

产于中国广东、广西。

曲枝假蓝（马蓝属）曲枝马蓝

Strobilanthes dalzielii (W. W. Sm.) Benoist

草本或灌木，茎直立。上部叶无柄或近无柄，近相等或极不等，大叶长达 14 cm，宽 4 cm，小叶长 2~5 cm，宽 1~2 cm，卵形或卵状披针形，基部圆，边缘疏锯齿，干时膜质，侧脉每边 5 条，上面深绿色，背面灰白色。顶生花序和上部腋生穗状花序长 2~3 cm，有 2~4 朵花，花序轴呈“之”字形曲折，稀被白色疏柔毛；苞片线形至披针形叶状；花梗极短。花萼深裂至基部，裂片近线形。花冠长 4.5 cm，冠管下部圆柱形，冠檐裂片圆。能育雄蕊 4 枚；子房每室有胚珠 2 颗。蒴果线状长圆形；种子卵形。花期 11 月。

生于溪边，海拔 400~900 m。产于中国广东、海南、广西、湖南、云南、贵州。

板蓝（马蓝属）马蓝

Strobilanthes cusia (Nees) Kuntze

多年生草本，高约 1 m，幼枝和花序均被锈色、鳞片状毛。叶纸质，椭圆形或卵形，长 10~25 cm，宽 4~9 cm，两面无毛；叶柄长 1.5~2 cm。穗状花序直立，长 10~30 cm，花排列稀疏；苞片对生，长 1.5~2.5 cm；花萼 5 裂至基部；花冠蓝紫色，弯曲，长 3.5~5 cm；能育雄蕊 4 枚，内藏，长的一对约长 7 mm，短的一对约长 3 mm；子房每室有胚珠 2 颗。蒴果长 2~2.2 cm，无毛。花期 7 月至翌年 2 月。

生于林下、沟边阴湿处，海拔 100~500 m。产于中国广东、海南、香港、台湾、广西、云南、贵州、四川、福建、浙江。

薄叶马蓝（马蓝属）黄猄草

Strobilanthes labordei H. L é v.

草本，生根植物，铺散和平卧，被白色或棕红色长柔毛，分枝；叶具柄，小卵形，长 2~3 cm，宽 15~20 mm，被毛，上面深绿色，下面灰白色，渐尖具稀疏圆齿；主脉与侧脉下凹；具不发达的头状花序；花萼明显，被白色硬毛；花蓝色或堇色；能育雄蕊 4 枚；子房每室有胚珠 2 颗。

生于山谷潮湿处，海拔 400~900 m。产于中国湖北、湖南、江西、广东、广西、贵州、四川、重庆。

A379 狸藻科 Lentibulariaceae

挖耳草（狸藻属）
Utricularia bifida **L.**

陆生小草本。匍匐枝少数，丝状。叶器狭线形，顶端急尖，长7~30 mm，膜质。捕虫囊生叶器及匍匐枝上，球形，长0.6~1 mm。花序直立，长2~40 cm；花序梗圆柱状，下部具1~5枚鳞片；苞片与鳞片相似；花梗长2~5 mm，丝状，具翅。花萼2裂达基部，无毛。花冠黄色，长6~10 mm；上唇狭长圆形，长3~4.5 mm，下唇近圆形，长4~4.5 mm。蒴果宽椭圆球形，长2.5~3 mm，室背开裂。花期6~12月，果期7月至翌年1月。

生于沼泽地、稻田或沟边湿地，海拔100~900 m。产于中国长江以南地区。

马鞭草（马鞭草属）
Verbena officinalis **L.**

多年生草本，高30~60 cm。茎四方形，节和棱上有硬毛。叶片卵圆形或长圆状披针形，长2~8 cm，宽1~5 cm，基生叶的边缘有粗锯齿和缺刻，茎生叶3深裂，裂片边缘有不整齐锯齿，两面被硬毛。穗状花序顶生和腋生，花小无柄；苞片短于花萼，具硬毛；花萼长约2 mm，有硬毛；花冠淡紫至蓝色，长4~8 mm，外面有微毛，裂片5枚；雄蕊4枚，着生于花冠管的中部；子房无毛。果实长圆形，长约2 mm，成熟时4瓣裂。花期6~8月，果期7~10月。

生于路边、山坡、林缘阳处，海拔100~300 m。中国南北均产。

A382 马鞭草科 Verbenaceae

马缨丹（马缨丹属）
Lantana camara **L.**

直立或藤状灌木；茎枝均呈四方形，具倒钩状刺；植株具刺激性气味。单叶对生，叶片卵形至卵状长圆形，长3~8.5 cm，宽1.5~5 cm，顶端急尖或渐尖，基部心形或楔形，边缘有钝齿，表面有粗糙的皱纹和短柔毛。伞形花序直径1.5~2.5 cm；花冠黄色或橙黄色，开后转为深红色，两面具细短毛，直径4~6 mm。果实圆球形，直径约4 mm，成熟时紫黑色。全年开花。

生于路旁及空旷地区，海拔100~300 m。归化于中国福建、广东、广西、海南、台湾。

A383 唇形科 Lamiaceae

广防风（广防风属）
Anisomeles indica **(L.) Kuntze**

草本，茎四棱形，密被白色贴生短柔毛。叶阔卵圆形，长4~9 cm，宽2.5~6.5 cm，两面被毛。轮伞花序在主茎及侧枝的顶部排列成长穗伏花序。花萼钟形，长约6 mm，被长硬毛、腺状柔毛，及黄色小腺点。花冠淡紫色，长约1.3 cm，外面无毛，冠檐二唇形。雄蕊伸出。花柱丝状，无毛，先端相等2浅裂。小坚果黑色，具光泽，近圆球形，直径约1.5 mm。花期8~9月，果期9~11月。

生于林缘、路旁、荒地，海拔100~300 m。产于中国华东、华中、华南、西南地区。

尖叶紫珠（紫珠属）

***Callicarpa acutifolia* H. T. Chang**

灌木。小枝四棱形，被星状柔毛和稠密的黄色腺点，两叶柄之间有横线联合。叶片披针形或长椭圆状披针形，长 11~16 cm，宽 2~5 cm，两端尖，表面有柔毛，以脉上较密，背面被星状毛，两面密生黄色腺点，通常不脱落，侧脉 9~13 对，边缘有细齿；叶柄长 1.5 cm。聚伞花序宽 7~9 cm，7~8 次分歧，花序梗粗壮，长 3~5.5 cm；花萼长约 1 mm，近截头状，无毛；花冠长约 2.5 mm，无毛；花丝长约 4 mm，花药卵形，药室纵裂；子房无毛，有腺点。果实球形，径约 1.5 mm，干后黑褐色。花期 7~9 月，果期 10 月。

产于中国广东、广西。

华紫珠（紫珠属）

***Callicarpa cathayana* H. T. Chang**

小灌木。叶片椭圆形或卵形，长 4~8 cm，宽 1.5~3 cm，两面近无毛，但具显著红色腺点边缘密生细锯齿；叶柄长 4~8 mm。聚伞花序细弱，3~4 次分歧，有星状毛，花序梗长 4~7 mm；花萼杯状，具星状毛和红色腺点，萼齿钝三角形；花冠紫色，疏生星状毛，有红色腺点；子房无毛，花柱略长于雄蕊。果实球形，紫色，直径约 2 mm。花期 5~7 月，果期 8~11 月。

生于山坡、山谷、疏林中，海拔 100~900 m。产于中国长江以南地区。

紫珠（紫珠属）

***Callicarpa bodinieri* H. L é v.**

灌木，高约 2 m。小枝、叶柄和花序均被粗糠状星状毛。叶片卵状长椭圆形，长 7~18 cm，宽 4~7 cm，边缘有细锯齿，表面有短柔毛，背面灰棕色，密被星状柔毛，两面密生红色细粒状腺点；叶柄长 0.5~1 cm。聚伞花序宽 3~4.5 cm；花柄长约 1 mm；花萼长约 1 mm，外被星状毛和暗红色腺点；花冠紫色，长约 3 mm，被星状柔毛和暗红色腺点；子房有毛。果实球形，熟时紫色，直径约 2 mm。花期 6~7 月，果期 8~11 月。

生于林中、林缘及灌丛中，海拔 200~600 m。产于中国河南、江苏、安徽、浙江、江西、湖南、湖北、广东、广西、四川、贵州、云南。

老鸦糊（紫珠属）

***Callicarpa giraldii* Hesse ex Rehder**

灌木，高 2~5 m。叶片纸质，宽椭圆形至披针状长圆形，长 5~15 cm，宽 2~7 cm，边缘有锯齿，背面淡绿色，疏被星状毛和细小黄色腺点，侧脉 8~10 对。聚伞花序 4~5 次分歧，被星状毛；花萼钟状，长约 1.5 mm，疏被星状毛，具黄色腺点，萼齿钝三角形；花冠紫色，具黄色腺点，长约 3 mm；雄蕊长约 6 mm，药室纵裂，药隔具黄色腺点；子房被毛。果实球形，熟时紫色，无毛，直径 2.5~4 mm。花期 5~6 月，果期 7~11 月。

生于疏林、灌丛、路旁，海拔 200~600 m。产于中国西北、华东、华中、华南、西南地区。

藤紫珠（紫珠属）

***Callicarpa integerrima* P'ei var. *chinensis* (C. Pei) S. L. Chen**

藤本或蔓性灌木。老枝棕褐色，圆柱形，无毛，幼枝、叶柄和花序梗被黄，褐色星状毛和分枝茸毛。叶片宽椭圆形或宽卵形，长 6~11 cm，宽 3~7 cm，顶端急尖至渐尖，基部宽楔形或浑圆，全缘，表面深绿色，背面被黄褐色星状毛和细小黄色腺点，侧脉 6~9 对，主脉、侧脉和细脉在背面均隆起。聚伞花序宽 6~9 cm，6~8 次分歧，花序梗长 2~5 cm；苞片线形；花萼无毛，有细小黄色腺点；花冠紫红色至蓝紫色。果实紫色。花期 5~7 月，果期 8~11 月。

生于山坡林中、林边或谷地溪边，海拔 300~900 m。产于中国湖北、四川、江西、湖南、广东、广西。

尖萼紫珠（紫珠属）

***Callicarpa loboapiculata* F. P. Metcalf**

灌木。小枝、叶柄和花序密生黄褐色分枝茸毛。叶片椭圆形，长 12~22 cm，宽 5~7 cm，顶端渐尖，基部楔形，边缘有浅锯齿，表面初有星状毛和分枝毛，后脱落，仅脉上有毛，背面密生黄褐色星状毛和分枝茸毛，两面有细小黄色腺点；叶柄粗壮。聚伞花序 5~6 次分歧；花序梗粗壮；花柄长约 1 mm；苞片细小；花萼钟状，稍被星状毛或无毛，萼齿急尖，齿长 0.5~1 mm；花冠紫色，顶端 4 裂；花丝长约 3.5 mm，花药椭圆形，药室纵裂。果实具黄色腺点，无毛。花期 7~8 月，果期 9~12 月。

生于山坡或谷地溪旁林中，海拔 300~500 m。产于中国湖南、广东、海南、广西、贵州。

枇杷叶紫珠（紫珠属）

***Callicarpa kochiana* Makino**

灌木，密被黄褐色分枝茸毛。叶片卵状椭圆形至长椭圆状披针形，长 12~22 cm，宽 4~8 cm，背面密生黄褐色星状毛和分枝茸毛。聚伞花序 3~5 次分歧；花序梗长 1~2 cm；花近无柄，密集于分枝的顶端；花萼管状，萼齿线形，长 2~2.5 mm；花冠淡红色或紫红色，裂片密被茸毛。果实圆球形，直径约 1.5 mm，包藏于宿存花萼内。花期 7~8 月，果期 9~12 月。

生于山坡、灌丛、路旁阳处，海拔 100~900 m。产于中国台湾、福建、广东、浙江、江西、湖南、河南。

尖尾枫（紫珠属）

***Callicarpa longissima* (Hemsl.) Merr.**

灌木。小枝紫褐色，四棱形，被多细胞的单毛。叶椭圆状披针形，长 13~25 cm，宽 2~7 cm，顶端锐尖，基部楔形，表面仅主脉和侧脉有多细胞的单毛，背面无毛，具黄色腺点，边缘近全缘；侧脉 12~20 对。花序被多细胞的单毛，5~7 歧分枝，花小而密集，花序梗长 1.5~3 cm；花萼无毛，有腺点；花冠淡紫色，长 2~5 mm；雄蕊长为花冠的 2 倍，药室纵裂；子房无毛。果实扁球形，直径 0.5 mm，无毛，有细小腺点。花期 7~9 月，果期 10~12 月。

生于荒野、山坡、谷地上，海拔 100~500 m。产于中国台湾、福建、江西、广东、广西、四川。

杜虹花（紫珠属）

Callicarpa formosana **Rolfe**

灌木，密被灰黄色星状毛和分枝毛。叶片卵状椭圆形，长6~15 cm，宽3~8 cm，边缘有细锯齿，表面被短硬毛，背面被灰黄色星状毛和黄色腺点，叶脉在背面隆起；叶柄粗壮，长1~2.5 cm。聚伞花序4~5次分歧，花序梗长1.5~2.5 cm；花萼杯状，被灰黄色星状毛，萼齿钝三角形；花冠淡紫色，无毛，长约2.5 mm；雄蕊长约5 mm，花药椭圆形，药室纵裂；子房无毛。果实近球形，紫色，直径约2 mm。花期5~7月，果期8~11月。

生于海拔550 m以下路旁、山坡、灌丛。产于中国华东、华南、西南地区。

红紫珠（紫珠属）

Callicarpa rubella **Lindl.**

灌木。小枝被黄褐色星状毛并杂有多细胞的腺毛。叶片倒卵状椭圆形，长10~14 cm，宽4~8 cm，基部心形，微偏斜，边缘具细锯齿或不整齐的粗齿，表面被多细胞单毛，背面被星状毛并杂有单毛和腺毛，有黄色腺点；叶柄极短。聚伞花序；花序梗长1.5~3 cm；花萼被星状毛或腺毛，具黄色腺点；花冠紫红色或白色，长约3 mm，外被细毛和黄色腺点。果实紫红色，直径约2 mm。花期5~7月，果期7~11月。

生于山坡、河谷、灌丛中，海拔100~900 m。产于中国长江以南地区。

钩毛紫珠（紫珠属）

Callicarpa peichieniana **Chun & S. L. Chen**

灌木。小枝圆柱形，密被钩状小糙毛和黄色腺点。叶菱状卵形或卵状椭圆形，长2.5~6 cm，宽1~3 cm，两面无毛，密被黄色腺点，顶端尾尖或渐尖，基部宽楔形或钝圆，侧脉4~5对，边缘上半部疏生小齿；叶柄极短或无柄。聚伞花序单一，有花1~7朵，花序梗纤细；花柄细弱；苞片线形；花萼杯状，长约1.5 mm，顶端截头状，被黄色腺点；花冠紫红色，被细毛和黄色腺点；花丝与花冠等长或稍长，花药长圆形，药室纵裂；子房球形，无毛，具稠密腺点。果实球形，熟时紫红色，具4个分核。花期6~7月，果期8~11月。

生于林中或林边，海拔200~700 m。产于中国广东、广西、湖南。

兰香草（莸属）

Caryopteris incana **(Thunb.) Miq.**

小灌木，高26~60cm。叶片厚纸质，卵形或长圆形，长1.5~9cm，宽0.8~4 cm，边缘有粗齿，两面有黄色腺点；叶柄被柔毛，长0.3~1.7 cm。聚伞花序腋生和顶生；花萼杯状，长约2mm，外面密被短柔毛；花冠淡紫色，二唇形，外面具短柔毛，花冠管长约3.5 mm，喉部有毛环，下唇中裂片较大，边缘流苏状；雄蕊4枚，与花柱均伸出花冠管外；柱头2裂。蒴果倒卵状球形，被粗毛，直径约2.5 mm，果瓣有宽翅。花果期6~10月。

生于山坡、岩壁等阳处，海拔300~600 m。产于中国长江以南地区。

臭牡丹（大青属）

Clerodendrum bungei **Steud.**

灌木；花序轴、叶柄密被褐色、黄褐色或紫色脱落性的柔毛；小枝近圆形，皮孔显著。叶片纸质，宽卵形或卵形，长 8~20 cm，宽 5~15 cm，顶端尖或渐尖，基部宽楔形、截形或心形，边缘具粗或细锯齿，侧脉 4~6 对，表面散生短柔毛，背面疏生短柔毛和散生腺点或无毛，基部脉腋有数个盘状腺体；伞房状聚伞花序顶生，密集；苞片叶状，小苞片披针形；花萼钟状；花冠淡红色、红色或紫红色。核果近球形，成熟时蓝黑色。花果期 5~11 月。

生于林缘、路旁、灌丛中，海拔 100~900 m。除新疆、西藏及东北地区外广泛分布于中国。

赪桐（大青属）红花倒血莲

Clerodendrum japonicum **(Thunb.) Sweet**

半常绿灌木。小枝四棱形。叶片圆心形，长 8~35 cm，宽 6~27 cm，基部心形，脉基具较密的锈褐色短柔毛，背面密具锈黄色盾形腺体；叶柄长 0.5~15 cm。二歧聚伞花序组成顶生，大而开展的圆锥花序，花序的最后侧枝呈总状花序；花萼红色，外面疏被短柔毛，散生盾形腺体，深 5 裂，裂片开展，脉上具短柔毛，有疏珠状腺点；花冠红色，稀白色，明显长于花萼，顶端 5 裂；雄蕊及花柱是花冠管长的 3 倍。核果椭圆状球形，蓝黑色，常分裂成 2~4 个分核。花果期 5~11 月。

生于平原、山谷、溪边或疏林中，海拔 100~900 m。产于中国江苏、浙江、江西、湖南、福建、台湾、广东、广西。

白花灯笼（大青属）鬼灯笼

Clerodendrum fortunatum **L.**

半落叶灌木；嫩枝密被黄褐色短柔毛，小枝暗棕褐色，髓疏松。叶纸质，长椭圆形或倒卵状披针形，长 5~17.5 cm，宽 1.5~5 cm，顶端渐尖，基部楔形或宽楔形，背面密生细小黄色腺点，沿脉被短柔毛；叶柄密被黄褐色短柔毛。聚伞花序腋生，1~3 次分歧，比叶短，具花 3~9 朵；苞片线形，密被棕褐色短柔毛；花萼红紫色，具 5 条棱，基部连合，顶端 5 深裂；花冠淡红色或白色稍带紫色，外面被毛。核果深蓝色，近球形，藏于宿萼内。花果期 6~11 月。

生于丘陵、山坡、路边、村旁和旷野上，海拔 100~900 m。产于中国江西、福建、广东、广西。

广东大青（大青属）

Clerodendrum kwangtungense **Hand.-Mazz.**

灌木。叶片膜质，卵形或长圆形，长 6~18 cm，宽 2~7 cm，叶全缘或微波状，两面几无毛或仅脉上具柔毛；叶柄长 1~4 cm，略被短柔毛。伞房状聚伞花序生于枝顶叶腋，长 7~12 cm，宽 8~15 cm，3~5 次 2 或 3 歧分叉，密被短柔毛；苞片卵状披针形，长 0.8~1.2 cm；花萼长 6~7 mm，外面疏被细毛，顶端 5 深裂；花冠白色，外面疏被短茸毛和腺点，顶端 5 裂，花冠管纤细，长 2~3 cm；雄蕊 4 枚，雄蕊与花柱伸出花冠外，柱头 2 裂。核果球形，直径 5~6 mm，为宿萼所包裹。花果期 8~11 月。

生于山坡、林缘，海拔 600~900 m。产于中国湖南、广东、广西、贵州、云南。

尖齿臭茉莉（大青属）

Clerodendrum lindleyi **Decne. ex Planch.**

灌木。叶宽卵形或心形，表面散生短柔毛，背面有短柔毛，沿脉较密，叶缘有不规则锯齿；叶柄长 2~11 cm，被短柔毛。伞房状聚伞花序密集，顶生；苞片披针形，长 2.5~4 cm，被短柔毛、腺点；花萼钟状，长 1~1.5 cm，密被柔毛和少数盘状腺体，萼齿线状披针形，长 4~10 mm；花冠紫红色或淡红色，花冠管长 2~3 cm；雄蕊与花柱伸出花冠外。核果近球形，直径 5~6 mm，熟时蓝黑色，中下部为宿萼所包。花果期 6~11 月。

生于山坡、林缘、路边，海拔 100~600 m。产于中国长江以南地区。

细风轮菜（风轮菜属）

Clinopodium gracile **(Benth.) Matsum.**

纤细草本。茎多数，自匍匐茎生出，柔弱，上升，不分枝或基部具分枝，四棱形，具槽，被倒向的短柔毛。叶圆卵形，长 1.2~3.4 cm，宽 1~2.4 cm，边缘具疏牙齿或圆齿状锯齿，上面近无毛，下面脉上被疏短硬毛。轮伞花序分离，或密集于茎端成短总状花序；花梗长 1~3 mm，被微柔毛。花萼管状。花冠白至紫红色，外面被微柔毛。花柱先端略增粗，2 浅裂。子房无毛。小坚果卵球形，光滑。花期 6~8 月，果期 8~10 月。

生于路旁、林缘，海拔 100~600 m。产于中国华东、华中、华南、西南地区。

邻近风轮菜（风轮菜属）光风轮菜

Clinopodium confine **(Hance) Kuntze**

草本，铺散，基部生根。茎四棱形，无毛或疏被微柔毛。叶卵圆形，长 9~22 mm，宽 5~17 mm，先端钝，基部圆形或阔楔形，薄纸质，无毛，侧脉 3~4 对。轮伞花序通常多花密集，近球形，直径达 1~1.3 cm，分离；苞叶叶状；苞片极小。花萼管状，内面喉部被小疏柔毛，上唇 3 枚齿，三角形，下唇 2 枚齿，长三角形。花冠粉红至紫红色，冠筒向上渐扩大，至喉部宽 1.2 mm，冠檐二唇形。雄蕊 4 枚，内藏，花药 2 室。小坚果卵球形，褐色，光滑。花期 4~6 月，果期 7~8 月。

生于田边、山坡、草地，海拔 100~500 m。产于中国长江以南地区。

香薷（香薷属）退色香薷

Elsholtzia ciliata **(Thunb.) Hyl.**

直立草本。茎钝四棱形，具槽，常呈麦秆黄色。叶卵形或椭圆状披针形，长 3~9 cm，宽 1~4 cm，先端渐尖，基部楔状下延成狭翅，边缘具锯齿，余部散布松脂状腺点；叶柄边缘具狭翅。穗状花序偏向一侧；苞片先端具芒状突尖。花萼钟形，疏生腺点，萼齿 5 枚，三角形，前 2 枚齿较长，先端具针状尖头。花冠淡紫色，为花萼长的 3 倍，冠檐二唇形，上唇直立，下唇开展，3 裂，中裂片半圆形，侧裂片弧形，较中裂片短。花期 7~10 月，果期 10 月至翌年 1 月。

生于路旁、山坡、荒地、林下、河岸上，海拔 300~600 m。除新疆、青海外，中国广泛分布。

活血丹（活血丹属）遍地金钱

***Glechoma longituba* (Nakai) Kupr**

多年生草本，具匍匐茎。茎四棱形。叶草质，上部叶较大，心形，长 1.8~2.6 cm，边缘具齿，两面被毛，下面常紫色，叶柄长为叶片的 1.5 倍。轮伞花序常 2 朵花。花萼管状，长 9~11 mm，上唇 3 枚齿，较长，下唇 2 齿，略短。花冠蓝，下唇具斑点，长筒长 1.7~2.2 cm，短筒者通常藏于花萼内。上唇 2 裂，下唇 3 裂，先端凹入。小坚果深褐色，长圆状卵柱形，长约 1.5mm。花期 4~5 月，果期 5~6 月。

生于林下、草地、溪边等阴湿处，海拔 100~600 m。除青海、甘肃、新疆、西藏外，中国广泛分布。

香茶菜（香茶菜属）

***Isodon amethystoides* (Benth.) H. Hara**

直立草本。茎四棱形，具槽，在叶腋内常有不育的短枝。叶卵状圆形，卵形至披针形，长 0.8~11 cm，宽 0.7~3.5 cm，先端渐尖、急尖或钝，基部骤然收缩后长渐狭或阔楔状渐狭而成具狭翅的柄，边缘除基部全缘外具圆齿。花序为由聚伞花序组成的顶生圆锥花序，疏散，聚伞花序多花，分枝纤细而极叉开；苞叶布白色或黄色腺点。花冠白、蓝白或紫色，上唇带紫蓝色，花期 6~10 月，果期 9~11 月。

生于林下或草丛中的湿润处，海拔 200~900 m。产于中国长江以南地区。

中华锥花（锥花属 ）

***Gomphostemma chinense* Oliv.**

草本。茎高 24~80 cm，上部具槽，下部密被茸毛。草质叶椭圆形，长 4~13 cm，上面密被毛，下面灰白色；叶柄长 2~6 cm。花序为单生聚伞花序或由其组成的圆锥花序，对生于茎基部，长 2.5~10 cm。花萼狭钟形，长 12~13 mm，萼齿狭披针形，长 6~7 mm。花冠浅黄色至白色，长约 5.2 cm，上唇直立，长约 6mm，下唇长 10~14 mm，3 裂。小坚果 4 枚均成熟，倒卵状三棱形，长约 4 mm，褐色，具小突起。花期 7~8 月，果期 10~12 月。

生于山谷湿地密林下，海拔 500~700 m。产于中国福建、江西、广东、广西、海南。

线纹香茶菜（香茶菜属）

***Isodon lophanthoides*(Buch.-Ham. ex D. Don) H. Hara**

多年生草本，基部匍匐，具球形块根。茎高 15~100cm，具槽，被短柔毛。茎叶阔卵形，长 1.5~8.8 cm，边缘具圆齿，两面密被毛，下面满布褐色腺点。圆锥花序长 7~20 cm，由聚伞花序组成。花萼钟形，长约 2 mm，外面下部满布腺点，萼齿 5 枚，二唇形。花冠白色或粉红色，具紫色斑点，长 6~7 mm，冠檐外被黄色腺点，冠筒上唇长 1.6~2 mm，极外反，具 4 深圆裂，下唇稍长于上唇，极阔卵形，宽 2~2.8 mm，伸展。花果期 8~12 月。

生于沼泽地上或林下潮湿处，海拔 400~600 m。产于中国西南、华东、华中、华南地区。

溪黄草（香茶菜属）
Isodon serra (Maxim.) Kudô

多年生草本；根茎肥大。茎直立，高达 1.5 m，钝四棱形，密被柔毛。茎叶对生，披针形，长 3.5~10 cm，缘齿粗大；叶柄长 0.5~3.5 cm，具翅，密被微柔毛。聚伞圆锥花序顶生，长 10~20 cm，总梗、花梗与序轴均密被微柔毛；苞叶在下部者叶状。花萼钟形，长约 1.5 mm，萼齿 5 枚。花冠紫色，长达 6 mm，外被短柔毛，上唇 4 圆裂，下唇内凹。小坚果阔卵圆形，长 1.5 mm，具腺点及白色髯毛。花果期 8~9 月。

生于山坡、路旁、田边、溪旁，海拔 100~500 m。除新疆、西藏、云南外，广泛分布于中国。

益母草（益母草属）
***Leonurus japonicus* Houttuyn**

草本。茎高 30~120 cm，钝四棱形，具糙伏毛。茎下部叶卵形，掌状 3 裂，裂片长 2.5~6 cm，两面具毛，下面具腺点，叶柄长 2~3 cm，略具翅；茎中部叶菱形，较小。轮伞花序腋生，8~15 朵花，圆球形，直径 2~2.5 cm。花萼管状钟形，长 6~8 mm，齿 5 枚。花冠粉红，长 1~1.2 cm，冠筒长约 6 mm，上唇长圆形，长约 7 mm，下唇短于上唇，3 裂。小坚果长圆状三棱形，长 2.5 mm，淡褐色，光滑。花期通常在 6~9 月，果期 9~10 月。

生于多种生境，尤以阳处为多，海拔 100~900 m。广泛分布于中国。

香薷状香简草（香简草属）大苞香简草
***Keiskea elsholtzioides* Merr.**

草本。茎高约 40cm，紫红色，幼枝同叶柄被密柔毛。叶卵状长圆形，厚纸质，长 1.5~15 cm，边缘具齿，下面布凹陷腺点；叶柄背部具条纹。总状花序达 18 cm；苞片宿存；花梗长约 2.5 mm，与花序轴密生柔毛。花萼钟形，长约 3 mm，外被硬毛，萼齿 5 枚，披针形，内面齿间有硬毛。花冠白色，染以紫色，长约 8 mm，内面有髯毛环，上唇长 1.6 mm，2 裂，下唇 3 裂。小坚果近球形，直径约 1.6 mm，紫褐色。花期 6~10 月，果期 10 月以后。

生于红壤丘陵草丛或树丛中，海拔 200~500 m。产于中国湖北、湖南、广东、福建、江西、安徽、浙江。

滨海白绒草（绣球防风属）
***Leucas chinensis* (Retz.) R. Br.**

灌木。枝条四棱形，略具沟槽。叶小，无柄或近于无柄，卵圆状圆形，长 0.8~1.3 cm，宽 0.6~1 cm，先端钝，基部宽楔形、圆形或近心形，纸质，基部以上具圆齿状锯齿，两面均被白色平伏绢状茸毛，侧脉 2~3 对。轮伞花序腋生，圆球形，连花冠径 1~2 cm，密被平伏绢状茸毛；苞片线形。花萼管状钟形，外面密被绢状茸毛。花冠白色，长约 1.1 cm，冠筒细长，冠檐二唇形，上唇直伸，盔状，外被白色长柔毛，内面无毛，下唇开张，3 裂，中裂片最大，近于肾形。花期 11~12 月，果期 12 月。

生于向阳的海滨荒地上，海拔 100~200 m。产于中国广东、海南、台湾。

疏毛白绒草（绣球防风属）

Leucas mollissima **Wall. var.** ***chinensis*** **Benth.**

直立草本。茎纤细，四棱形。叶卵圆形，长 1.5~4 cm，宽 1~2.3 cm，通常于枝条下部叶大，渐向枝条上端愈小而成苞叶状，先端锐尖，基部宽楔形至心形，边缘圆齿状锯齿，纸质，两面均密被柔毛状茸毛。轮伞花序腋生，球状；苞片线形。花萼管状，长约 6 mm，脉 10 条，萼齿 5 枚长 5 枚短。花冠白、淡黄至粉红色，长约 1.3 cm，冠檐二唇形。花药卵圆形，二室。小坚果卵球状三棱形，黑褐色。花期 5~10 月，花后见果。

生于干燥的向阳生境，一般分布于平地及丘陵地上，海拔 100~300 m。产于中国湖北、湖南、四川、广东、福建、台湾、广西、贵州、云南。

留兰香（薄荷属）

Mentha spicata **L.**

多年生草本。茎直立，高 40~130 cm，钝四棱形，具槽及条纹，不育枝仅贴地生。叶卵状长圆形或长圆状披针形，长 3~7 cm，宽 1~2 cm，先端锐尖，边缘具尖锐而不规则的锯齿。轮伞花序生于茎及分枝顶端，长 4~10 cm，呈间断但向上密集的圆柱形穗状花序；花萼钟形，具腺点，5 条脉，不显著，萼齿 5 枚，三角状披针形，长 1 mm。花冠淡紫色，长 4 mm，冠檐具 4 枚裂片；花丝丝状，无毛。花期 7~9 月。

中国各地有栽培或逸为野生。

薄荷（薄荷属）

Mentha canadensis **L.**

多年生草本。茎高 30~60 cm，具匍匐根状茎，具 4 条槽，被毛。叶片卵状披针形，长 3~5（7） cm，边缘生粗齿，侧脉显著凹陷；叶柄长 2~10 mm。轮伞花序腋生，直径约 18 mm；花梗长 2.5 mm。花萼管状钟形，长约 2.5 mm，具腺点，萼齿 5 枚。花冠淡紫，长 4 mm，冠檐 4 裂，上裂片先端 2 裂，较大，其余 3 裂片近等大，长圆形。雄蕊 4 枚，均伸出花冠。花柱略超出雄蕊，先端等 2 浅裂。小坚果卵球形，黄褐色，具小腺窝。花期 7~9 月，果期 10 月。

生于水旁潮湿地，海拔 100~300 m。中国广泛分布。

凉粉草（薄荷属）

Mesona chinensis **Benth.**

草本，直立或匍匐。叶狭卵圆形至阔卵圆形或近圆形，长 2~5 cm，宽 0.8~2.8 cm，先端急尖或钝，基部急尖、钝或有时圆形，边缘具或浅或深锯齿。轮伞花序多数，组成顶生总状花序；花萼开花时钟形，二唇形，上唇 3 裂，中裂片特大，先端急尖或钝，侧裂片小，下唇全缘，偶有微缺。花冠白色或淡红色，冠筒极短，冠檐二唇形，上唇宽大，具 4 枚齿，两侧齿较高，中央 2 枚齿不明显，下唇全缘。花果期 7~10 月。

生于水沟边及干沙地草丛中。产于中国台湾、浙江、江西、广东、广西。

石香薷（石荠苎属）

***Mosla chinensis* Maxim.**

直立草本。茎高 9~40 cm，被白柔毛。叶线状披针形，长 1.3~2.8（3.3）cm，两面均被毛及棕色凹陷腺点；叶柄长 3~5 mm。总状花序头状，长 1~3 cm；苞片下面具凹陷腺点，具睫毛，基出 5 条掌状脉。花萼钟形，长约 3 mm，外被白绵毛及腺体，萼齿 5 枚。花冠紫红、淡红至白色，长约 5 mm，略伸出苞片。雄蕊及雌蕊内藏。花盘呈指状膨大。小坚果球形，直径约 1.2 mm，灰褐色，具深雕纹，无毛。花期 6~9 月，果期 7~11 月。

生于草坡或林下，海拔 100~500 m。产于中国长江以南地区和山东。

小鱼仙草（石荠苎属）

***Mosla dianthera* (Buch.-Ham. ex Roxb.) Maxim.**

一年生草本。茎高至 1 m，四棱形。叶卵状披针形，纸质，长 1.2~3.5 cm，边缘具锐齿，下面灰白色，散布凹陷腺点；叶柄长 3~18 mm。总状花序顶生，长 3~15 cm；苞片针状，具肋；花梗长 1 mm。花萼钟形，长约 2 mm，外被硬毛，二唇形，上唇 3 枚齿反向上，下唇 2 枚齿直伸。花冠淡紫色，长 4~5 mm，上唇微缺，下唇 3 裂，中裂片较大。雄蕊 4 枚，后对能育。小坚果灰褐色，近球形，直径 1~1.6 mm，具网纹。花果期 5~11 月。

生于山坡、路旁或水边，海拔 200~500 m。产于中国秦岭南坡以南地区。

心叶荆芥（荆芥属）

***Nepeta fordii* Hemsl.**

多年生草本。茎钝四棱形，有深槽，被微短柔毛。叶三角状卵形，长 1.5~6.4 cm，宽 1~5.2 cm，先端急尖或尾状短尖，基部心形，边缘有粗圆齿或牙齿。由小聚伞花序组成的复合聚伞花序在基部的腋生，在顶端的组成顶生圆锥花序；苞片钻形，长约 2.5 mm。花萼瓶状，萼齿披针形，5 枚近相等。花冠紫色，约为萼长的 2 倍，冠檐二唇形，上唇短，长仅 1.2 mm，2 浅裂，下唇较长，中裂片近圆形，长约 2.5 mm，宽约 3.2 mm。雄蕊 4 枚，后对在上唇片下。小坚果卵状三棱形，深紫褐色。花果期 4~10 月。

生于低平地区的亚热带灌丛中，海拔 100~300 m。产于中国广东、湖南、湖北、四川、陕西。

狭叶假糙苏（假糙苏属 ）

***Paraphlomis javanica* (Blume) Prain var. *angustifolia* C. Y. Wu & H. W. Li ex C. L. Xiang, E. D. Liu & H. Peng**

草本。茎单生，高约 50 cm，钝四棱形，被倒向平伏毛，常曲折，向基部无叶，上部具叶。叶卵圆状披针形直至狭长披针形，具极不显著的细圆齿，长 7~15 cm，宽 3~8.5 cm，膜质或纸质，上面多少被小刚毛，下面沿脉上密生余部疏生平伏毛。轮伞花序多花。花萼花时明显管状，口部骤然开张，果时膨大，萼齿尖明显针状，具细刚毛。花冠淡黄色，长约 1.7 cm，冠檐二唇形，上唇全缘，下唇 3 裂。小坚果倒卵珠状三棱形，黑色，无毛。花期 6~8 月，果期 8~12 月。

生于亚热带常绿林或混交林下，海拔 500~900 m。产于中国云南、四川、贵州、广西、广东、福建、湖南。

小叶假糙苏（假糙苏属）

Paraphlomis javanica **(Blume) Prain var. *coronata* (Vaniot) C. Y. Wu & H. W. Li**

与原变种区别：叶片较小，一般长 3~9 cm，宽 1.5~6 cm，肉质，边缘疏生锯齿或有小尖突的圆齿，齿常不明显或极浅。

生于亚热带常绿林或混交林下，海拔400~900 m。产于中国云南、四川、贵州、广西、广东、湖南、江西、台湾。

糙苏（糙苏属）

Phlomis umbrosa **Turcz.**

多年生草本。茎高 50~150 cm，四棱形。叶近圆形、圆卵形至卵状长圆形，长 5.2~12 cm，宽 2.5~12 cm。轮伞花序通常 4~8 朵花；苞片线状钻形，长 8~14 mm，宽 1~2 mm。花萼管状，长约 10 mm，宽约 3.5 mm。花冠通常粉红色，长约 1.7 cm，冠筒长约 1 cm，冠檐二唇形，外面被绢状柔毛，边缘具不整齐的小齿，下唇长约 5 mm，宽约 6 mm，外面除边缘无毛外密被绢状柔毛，内面无毛，3 圆裂，裂片卵形或近圆形，中裂片较大。小坚果无毛。花期 6~9 月，果期 9 月。

生于疏林下或草坡上，海拔 700~900 m。产于中国南北各地。

紫苏（紫苏属）

Perilla frutescens **(L.) Britton**

一年生直立草本。茎高 0.3~2 m，同叶绿或紫色，钝四棱形，密被长柔毛。叶阔卵形，草质，长 7~13 cm，边缘有粗齿；叶柄长 3~5 cm。轮伞花序 2 朵花，组成顶生及腋生总状花序；花梗长 1.5 mm。花萼钟形，长约 3 mm，有黄腺点，萼檐上唇宽大，3 枚齿，下唇 2 枚齿。花冠白色至紫红色，长 3~4 mm，冠筒长 2~2.5 mm，冠檐近二唇形，上唇微缺，下唇 3 裂。小坚果近球形，灰褐色，直径约 1.5 mm。花期 8~11 月，果期 8~12 月。

中国各地广泛栽培。

水珍珠菜（刺蕊草属）

Pogostemon auricularius **(L.) Hassk.**

一年生草本。茎高 0.4~2 m，节上生根，具槽，密被黄色平展长硬毛。叶长圆形或卵状长圆形，长 2.5~7 cm，宽 1.5~2.5 cm，草质，下面满布凹陷腺点；叶柄短。穗状花序长 6~18 cm；苞片卵状披针形。花萼钟形，小，长和宽约 1 mm，具黄色小腺点，萼齿 5 枚，短三角形。花冠淡紫至白色，长约为花萼长的 2.5 倍，无毛。雄蕊 4 枚，伸出部分具髯毛。花柱先端相等 2 浅裂。小坚果近球形，直径约 0.5 mm，褐色，无毛。花果期 4~11 月。

生于疏林下湿润处或溪边近水潮湿处，海拔 300~900 m。产于中国江西、福建、台湾、广东、广西、云南。

弯毛臭黄荆（豆腐柴属）

Premna maclurei **Merr.**

直立或攀援灌木，高 1~3 m。嫩枝黄棕色，密生黄棕色柔毛，老枝逐渐变棕褐色，有细小皮孔。叶片革质，长圆形、椭圆形或倒卵状长圆形，长 6~15 cm，宽 3~7 cm；叶柄长 1~1.5 cm，密被黄棕色柔毛。聚伞花序在小枝顶端组成伞房状，长 4~7 cm，宽 5~8 cm，密被黄棕色柔毛，有 4~5 对花序分枝，每分枝再 3~5 次分歧；苞片锥形；花萼杯状，5 浅裂稍成二唇形，裂片钝三角形。花冠绿白色或白色，长约 4 mm，4 裂微呈二唇形，上唇裂片近圆形，下唇 3 裂，裂片长圆形。核果卵球形，长 4~7 mm，宽 4~5 mm。花果期 3~6 月。

通常生于山地阳坡或灌木丛中，海拔 400~900 m。产于中国海南、广东。

夏枯草（夏枯草属）

Prunella vulgaris **L.**

多年生草本，根茎匍匐。茎高 20~30 cm，钝四棱形，紫红色。茎叶卵状长圆形，草质，长 1.5~6 cm；叶柄长 0.7~2.5 cm。轮伞花序密集组成顶生穗状花序；苞片宽心形，浅紫。花萼钟形，长约 10 mm，外面疏生刚毛，二唇形。花冠紫、蓝紫或红紫色，冠檐上唇近圆形，直径约 5.5mm，下唇较短，3 裂。雄蕊 4 枚，均超出上唇片。柱头等 2 裂，外弯。小坚果黄褐色，长圆状卵珠形，长 1.8 mm。花期 4~6 月，果期 7~10 月。

生于荒坡、草地、溪边及路旁等湿润地上，海拔 100~900 m。除东北外，广泛分布于中国。

豆腐柴（豆腐柴属）

Premna microphylla **Turcz.**

直立灌木；幼枝有柔毛，老枝无毛。叶揉之有臭味，卵状披针形，长 3~13 cm，宽 1.5~6 cm，顶端急尖至长渐尖，基部渐狭窄下延至叶柄两侧，全缘至有不规则粗齿，无毛至有短柔毛；叶柄长 0.5~2 cm。聚伞花序组成顶生塔形的圆锥花序；花萼杯状，绿色，有时带紫色，近整齐的 5 浅裂；花冠淡黄色，外有柔毛和腺点，花冠内部有柔毛。核果紫色，球形至倒卵形。花果期 5~10 月。

生于山坡林下或林缘，海拔 200~900 m。产于中国长江以南地区。

贵州鼠尾草（鼠尾草属）

Salvia cavaleriei **H. L é v.**

一年生草本，主根粗短。茎高 12~32 cm，四棱形，青紫色。叶形状不一，下部的叶为羽状复叶，较大，顶生小叶长卵圆形或披针形，长 2.5~7.5 cm，宽 1~3.2 cm，草质，上面绿色，下面紫色；叶柄长 1~7 cm。轮伞花序 2~6 朵花，组成顶生总状花序；苞片披针形。花冠蓝紫或紫色，长约 8 mm，冠檐二唇形，上唇长圆形，先端微缺，下唇与上唇近等长，3 裂，中裂片倒心形，先端微缺，侧裂片卵圆状三角形。小坚果长椭圆柱形，黑色。花期 7~9 月。

生于山坡上、林下、溪边，海拔 500~900 m。产于中国四川、贵州、广西、广东、湖北、江西、湖南。

蕨叶鼠尾草（鼠尾草属）

Salvia filicifolia **Merr.**

多年生草本。茎高达 55 cm，钝四棱形，具槽。叶为三回或四回羽状复叶，叶柄长 7~10 cm，叶片轮廓呈阔卵圆形，长和宽约为 7 cm，裂片极多。轮伞花序 6~10 朵花，组成顶生及腋生，长 10~23 cm，具梗的总状花序，顶生呈三叉状的总状圆锥花序；苞片线状披针形，长 4~7 mm，小苞片披针形；花梗长 1.5~2 mm。花萼筒形，长约 7 mm，萼筒长约 4 mm，萼檐二唇形。花冠黄色，冠檐二唇形，上唇长圆形，长 2.2 mm，宽 1.8 mm，下唇长 2.5 mm，宽 4 mm，3 裂，中裂片最大，倒心形，侧裂片卵圆形。能育雄蕊 2 枚，外伸。小坚果椭圆形，长 1.5 mm，褐色。花期 5~9 月。

生于石边或砂地上。产于中国广东、湖南。

荔枝草（鼠尾草属）雪见草

Salvia plebeia **R. Br.**

一年生或二年生草本。茎高 15~90 cm，除冠筒外全株被毛。叶椭圆状披针形，长 2~6 cm，边缘具齿，两面具腺点。轮伞花序 6 朵花，顶生成总状圆锥花序，花序长 10~25 cm；花梗几无。花萼钟形，长约 2.7 mm，外布腺点，二唇形，下唇 2 枚齿深裂。花冠淡红、紫、蓝紫至蓝色，长 4.5 mm，冠檐上唇长圆形，长约 1.8 mm，下唇长约 1.7 mm，3 裂。能育雄蕊 2 枚，略伸出花冠。花柱先端不等 2 裂。小坚果倒卵圆形，直径 0.4 mm。花期 4~5 月，果期 6~7 月。

生于山坡、路旁潮湿的土壤上，海拔 100~600 m。除甘肃、青海、新疆、西藏外，广泛分布中国。

鼠尾草（鼠尾草属）

Salvia japonica **Thunb.**

一年生草本。茎高 40~60 cm，钝四棱形。下部叶二回羽状，叶柄长 7~9 cm，叶片长 6~10 cm，上部叶一回羽状，具短柄，顶生小叶长可达 10 cm，边缘具钝齿，侧生小叶长 1.5~5 cm。轮伞花序 2~6 朵花，成总状圆锥花序；花梗长 1~1.5 mm，与花序轴被毛。花萼筒形，长 4~6 mm，外被柔毛，二唇形。花冠淡紫，长约 12 mm，外被柔毛，冠檐上唇椭圆形，下唇长 3 裂。小坚果椭圆柱形，长约 1.7 mm，褐色。花期 6~9 月。

生于山坡、草丛、水边，海拔 200~600 m。产于中国浙江、安徽、江苏、江西、湖北、福建、台湾、广东、广西。

地梗鼠尾草（鼠尾草属）

Salvia scapiformis **Hance**

一年生草本；茎高 20~26 cm。叶常为根出叶或近根出叶，根出叶多为单叶；间或有分出一片或一对小叶而成复叶，叶柄长 2.5~9 cm；叶片心状卵圆形，长 2~4.3 cm，宽 1.3~3.6 cm，薄纸质，复叶的顶生小叶较大，侧生小叶小。轮伞花序 6~10 朵花，组成顶生总状或总状圆锥花序；苞片卵圆状披针形；花梗长 1.5 mm。花萼筒形，长 4.5 mm。花冠紫色或白色，长约 7 mm，冠筒略伸出萼外，冠檐二唇形，下唇比上唇长，3 裂。能育雄蕊 2 枚，伸出花冠外。小坚果长卵圆形，长约 1.5 mm，先端急尖，褐色，无毛。花期 4~5 月。

生于山谷、林下、山顶上，海拔 100~900 m。产于中国福建、广东、广西、贵州、湖南、江西、台湾、浙江。

半枝莲（黄芩属）

Scutellaria barbata **D. Don**

根茎短粗，叶片三角状卵圆形或卵圆状披针形，有时卵圆形，长 1.3~3.2 cm，宽 0.5~1（1.4）cm。花单生于茎或分枝上部叶腋内，具花的茎部长 4~11 cm；苞叶下部者似叶，但较小，长达 8 mm。小坚果褐色，扁球形，径约 1 mm，具小疣状突起。花果期 4~7 月。

产于中国河北、山东、陕西、河南、江苏、浙江、台湾、福建、江西、湖北、湖南、广东、广西、四川、贵州、云南等。

光柄筒冠花（筒冠花属）

Siphocranion nudipes **(Hemsl.) Kudô**

多年生草本。茎高 30~50cm，中部以下无叶，钝四棱形。叶少数，披针形，长 6~15 cm，边缘有细锯齿，上面生小刺毛。总状花序单生茎顶或腋生，长 6~25 cm，由具 2 朵花的轮伞花序组成。花萼阔钟形，长 3~4mm，外被毛，萼齿三角形。花冠筒部白色上部紫红色，狭而直，长 1.2~1.5 cm，外被毛，冠檐二唇形，上唇 4 裂，下唇稍大。雄蕊 4 枚，内藏。花柱短于雄蕊。小坚果长圆形，长 1.5 mm，褐色。花期 7~9 月，果期 10~11 月。

生于常绿林或混交林下，海拔 200~900 m。产于中国云南、四川、湖北、贵州、广东、江西、福建。

韩信草（黄芩属）

Scutellaria indica **L.**

多年生草本。茎高 12~28 cm，四棱形，带暗紫色，全株被微柔毛。叶近坚纸质，椭圆形，长 1.5~3 cm，边缘密生圆齿；叶柄长 0.4~2 cm。花对生，成顶生总状花序长 4~10 cm；最下苞片叶状。花萼长 2.5 mm，盾片高 1.5 mm。花冠蓝紫色，长 1.4~1.8 cm；冠筒前方基部膝曲，向上渐增大，喉部宽 4.5 mm；冠檐上唇盔状，下唇中裂片圆状卵圆形，具深紫色斑点。雄蕊 4 枚。子房 4 裂。小坚果栗色，卵形，长约 1 mm，具瘤。花果期 2~6 月。

生于山地或丘陵地、疏林下，海拔 100~400 m。产于中国秦岭南坡以南地区。

铁轴草（香科科属）

Teucrium quadrifarium **Buch.-Ham.**

半灌木。茎基部成块状，高 30~110 cm，全株被毛。叶长圆状卵圆形，长 3~7.5 cm，茎上部及分枝上的变小。假穗状花序由具 2 朵花的轮伞花序组成；苞片极发达，菱状三角形，长 4~8 mm。花萼钟形，长 4~5 mm，萼齿 5 枚，二唇形，上唇 3 枚齿，下唇 2 枚齿，喉部具毛环。花冠淡红色，长 1.2~1.3 cm，外散布淡黄色腺点，冠筒稍伸出萼。雄蕊稍短于花冠。柱头 2 浅裂。小坚果倒卵状近圆形，长 1 mm，暗栗棕色。花期 7~9 月。

生于山地阳坡、林下及灌丛中，海拔 400~900 m。产于中国福建、广东、贵州、湖南、江西、云南。

血见愁（香科科属）
***Teucrium viscidum* Blume**

多年生草本，具匍匐茎。茎高 30~70 cm，上部具短柔毛。叶卵圆状长圆形，长 3~10 cm，缘齿带重齿，叶柄长 1~3 cm。具 2 朵花的轮伞花序组成假穗状花序顶生，长 3~7 cm，密被毛。花萼钟形，长 2.8 mm，外密被柔毛，齿 5 枚，三角形。花冠白色，淡红色或淡紫色，长 6.5~7.5 mm，冠筒稍伸出，中裂片正圆形。雄蕊伸出。花柱与雄蕊等长。子房顶端被泡状毛。小坚果扁球形，长 1.3 mm，黄棕色。花期 6~11 月。

生于山地林下湿润处，海拔 100~500 m。产于中国长江以南地区。

牡荆（牡荆属）
***Vitex negundo* L. var. *cannabifolia* (Sieb. & Zucc.) Hand.-Mazz.**

落叶灌木或小乔木，小枝四棱形。叶对生，掌状复叶，小叶 5 枚，少有 3 枚；小叶片披针形或椭圆状披针形，顶端渐尖，基部楔形，边缘有粗锯齿，表面绿色，背面淡绿色，通常被柔毛。圆锥花序顶生，长 10~20 cm；花冠淡紫色。果实近球形，黑色。花期 6~7 月，果期 8~11 月。

生于山坡、路边的灌丛中，海拔 100~900 m。产于中国广东、广西、贵州、河北、河南、湖南、四川。

黄荆（牡荆属）荆条、布荆子
***Vitex negundo* L.**

灌木或小乔木，小枝四棱形，被灰白色茸毛。掌状复叶，小叶 5 枚，少有 3 枚；小叶片披针形，中间小叶长 4~13 cm，两侧小叶渐小。聚伞花序排成圆锥花序式，顶生，长 10~27 cm，花序梗密生灰白色茸毛；花萼钟状，顶端有 5 枚裂齿，外有灰白色茸毛；花冠淡紫色，外有微柔毛，顶端 5 裂，二唇形；雄蕊伸出花冠管外。核果近球形，直径约 2 mm；宿萼接近果实的长度。花期 4~6 月，果期 7~10 月。

生于山坡、路旁或灌木丛中，海拔 100~900 m。除新疆、东北地区外，广泛分布于中国。

山牡荆（牡荆属）灰毛牡荆、五叶牡荆
***Vitex quinata* (Lour.) Will.**

常绿乔木，小枝四棱形，有微柔毛和腺点。掌状复叶，对生，叶柄长 2.5~6 cm，3 枚小叶，少数 5 枚小叶，小叶片倒卵形，表面有灰白色小窝点，背面有金黄色腺点；中间小叶长 5~9 cm，小叶柄长 0.5~2 cm。聚伞花序对生于主轴上，成顶生圆锥花序，长 9~18 cm，密被棕黄色微柔毛；花冠淡黄色，长 6~8 mm，5 裂，下唇中间裂片较大。核果球形，幼时绿色，成熟后呈黄色或黑色，宿萼圆盘状。花期 5~7 月，果期 8~9 月。

生于山坡林中，海拔 200~900 m。产于中国浙江、江西、福建、台湾、湖南、广东、海南、广西、西藏、云南。

A384 通泉草科 Mazaceae

通泉草（通泉草属）

Mazus pumilus **(Burm. f.) Steenis**

一年生草本，高 3~30 cm。体态变化很大，茎 1~5 歧分枝。基生叶少到多数，成莲座状或早落，卵状倒披针形，膜质至薄纸质，长 2~6 cm，边缘具粗齿，叶柄带翅；茎生叶对生或互生，与基生叶等大。总状花序顶生，具 3~20 朵花；花梗长 10 mm；花萼钟状，长约 6 mm，萼片与萼筒近等长，卵形，端急尖；花冠白色、紫色，长约 10 mm，上唇裂片卵状三角形，下唇中裂片较小，稍突出。蒴果球形；种子黄色，种皮有网纹。花果期 4~10 月。

生于湿润的草坡、沟边、路旁及林缘，海拔 100~400 m。除新疆外，广泛分布于中国。

A386 泡桐科 Paulowniaceae

台湾泡桐（泡桐属）

Paulownia kawakamii **T. Itô**

小乔木，高 6~12 m。树冠伞形，主干矮；小枝褐灰色，有明显皮孔。叶片心脏形，全缘或 3~5 裂或有角，叶面常有腺；叶柄较长。花序为宽大圆锥形，长可达 1 m，小聚伞花序无总花梗或位于下部者具短总梗，常具花 3 朵；萼具明显的凸脊，萼齿狭卵圆形，边缘有明显的绿色之沿；花冠近钟形，浅紫色至蓝紫色，长 3~5 cm，管基部细缩，檐部二唇形。蒴果卵圆形，果皮薄；种子长圆形。花期 4~5 月，果期 8~9 月。

生于山坡灌丛、疏林及荒地上，海拔 200~700 m。产于中国湖北、湖南、江西、浙江、福建、台湾、广东、广西、贵州。

A386 泡桐科 Paulowniaceae

白花泡桐（泡桐属）

Paulownia fortunei **(Seem.) Hemsl.**

乔木，高达 30 m。叶片长卵状心脏形，有时为卵状心脏形，长达 20 cm，顶端长渐尖或锐尖头，其凸尖长达 2 cm。花冠管状漏斗形，白色仅背面稍带紫色或浅紫色，长 8~12 cm，管部在基部以上不突然膨大，而逐渐向上扩大，稍稍向前曲，外面有星状毛，腹部无明显纵褶，内部密布紫色细斑块；雄蕊长 3~3.5 cm，有疏腺；子房有腺，有时具星毛，花柱长约 5.5 cm。蒴果长圆形或长圆状椭圆形，长 6~10 cm，顶端之喙长达 6 mm，宿萼开展或漏斗状，果皮木质，厚 3~6 mm；种子连翅长 6~10 mm。花期 3~4 月，果期 7~8 月。

产于中国安徽、浙江、福建、台湾、江西、湖北、湖南、四川、云南、贵州、广东、广西。

A387 列当科 Orobanchaceae

野菰（野菰属）马口含珠

Aeginetia indica **L.**

一年生寄生草本，高 15~50 cm。叶肉红色，卵状披针形，长 5~10 mm，宽 3~4 mm。花单生茎端。花梗 10~40 cm。花萼一侧裂至近基部，长 2.5~6.5 cm，具紫红色条纹。花冠带粘液，下部白色，上部带紫色，长 4~6 cm，不明显二唇形。雄蕊 4 枚，内藏，花丝长 7~9 mm。花柱长 1~1.5 cm，柱头盾状膨大，肉质，淡黄色。蒴果圆锥状或长卵球形，长 2~3 cm，2 瓣开裂。种子椭圆形，黄色。花期 4~8 月，果期 8~10 月。

喜生土层深厚、湿润及枯叶多的地方，寄生于芒属和蔗属等禾草类植物根上，海拔 200~600 m。产于中国江苏、安徽、浙江、江西、福建、台湾、湖南、广东、广西、四川、贵州、云南。

短冠草（短冠草属）
***Sopubia trifida* Buch.-Ham. ex D. Don**

一年生草本，直立，茎高 40~90 cm，常在上部多分枝，有时偶有 3 枝轮生。叶对生或上部的有时互生，条形，长 3~6 cm，下部的 3 枚叶全裂，上部的叶不分裂。花序由总状合成圆锥状，具有叶状苞片，花梗长约 10 mm，在近顶端有 2 枚针形的小苞片；萼钟状，管部具肋 10 条，齿 5 枚；花冠黄色或紫色，长可达 10 mm，管极短。蒴果球形，沿缝线有凸线 1 条；种子形状不整，有长孔的网纹。花期 6~7 月，果期 9 月。

生于空旷草坡或荒地中，海拔 900 m。产于中国江西、湖南、广东、广西、云南、贵州、四川。

独脚金（独脚金属）
***Striga asiatica* (L.) Kuntze**

一年生半寄生草本，株高 10~20 cm，直立，全体被刚毛。茎单生，少分枝。叶较狭窄仅基部的为狭披针形，其余的为条形，长 0.5~2 cm，有时鳞片状。花单朵腋生或在茎顶端形成穗状花序；花萼有棱 10 条，长 4~8 mm，5 裂几达中部，裂片钻形；花冠通常黄色，少红色或白色，长 1~1.5 cm，花冠筒顶端急剧弯曲，上唇短 2 裂。蒴果卵状，包于宿存的萼内。花期秋天。

生于庄稼地和荒草地上，寄生于宿主的根上，海拔 100~600 m。产于中国云南、贵州、广西、广东、湖南、江西、福建、台湾。

A392 冬青科 Aquifoliaceae

满树星（冬青属）白杆根、青心木
***Ilex aculeolata* Nakai**

落叶灌木。长枝被短柔毛，具皮孔，短枝具芽鳞和叶痕。叶长枝上互生，短枝上簇生，叶片薄纸质，倒卵形，长 2~6 cm，宽 1~3.5 cm，边缘具锯齿；叶柄长 5~11 mm，被短柔毛，具狭槽；托叶宿存。雌雄异株；花序腋生；花白色，4~5 基数。雄花序具 1~3 朵花，总花梗长 0.5~2 mm；花萼盘状，4 深裂；花冠辐状，直径约 7 mm，花瓣圆卵形，啮蚀状。雌花单生，花梗长 3~4 mm；柱头 4 浅裂。浆果球形，成熟时黑色，直径约 7 mm。花期 4~5 月，果期 6~9 月。

生于山谷、路旁的疏林中或灌丛中，海拔 100~600 m。产于中国浙江、江西、福建，湖北、湖南、广东、广西、海南、贵州。

凹叶冬青（冬青属）
***Ilex championii* Loes.**

常绿灌木或乔木，高达 15 m；树皮灰白色或灰褐色。当年生幼枝具纵棱槽，被微毛，紫褐色。顶芽圆锥形。叶生于 1~2 年生枝上，叶片厚革质，卵形或倒卵形，稀倒卵状椭圆形，长 2~4 cm，宽 1.5~2.5 cm，全缘，先端圆而微凹或微缺或短突尖，叶背具深色腺点；叶柄长 4~5 mm，上半段具叶片下延而成的狭翅；托叶三角形，宿存。雄花序由具 1~3 朵花的聚伞花序分枝簇生于二年生枝的叶腋内；花 4 基数，白色；花萼盘状，4 深裂，裂片圆形；花冠辐状；雌花未见。果序簇生于当年生枝的叶腋内，单个分枝具 1~3 颗果；果实扁球形，直径 3~4 mm，成熟后红色，近四角形，4 裂。花期 6 月，果期 8~11 月。

生于山谷密林中，海拔 600~900 m。产于中国江西、福建、湖南、广东、香港、广西、贵州。

沙坝冬青（冬青属）

Ilex chapaensis **Merr.**

落叶乔木，高 9~12 m；小枝栗褐色，幼时被疏柔毛，后变无色，缩短枝不发达。叶在长枝上互生，在短枝上簇生枝顶端，叶片纸质或薄革质，卵状椭圆形或长圆状椭圆形至椭圆形，长 5~11 cm，宽 3~5.5 cm，边缘具浅圆齿；叶柄长 1.2~3 cm；托叶小，三角形，宿存。花白色；雄花序假簇生，每分枝具 1~5 朵花，花梗基部具小苞片 2 枚；花 6~8 基数；花瓣倒卵状长圆形，基部合生。雌花单生于缩短枝顶端鳞片腋内，近基部具 2 枚小苞片；花萼 6 或 7 基数；果实球形，成熟时变黑色，分核 6 或 7 颗，宿存柱头圆柱状。花期 4 月，果期 10~11 月。

生于山地疏林或混交林中，海拔 500~700 m。产于中国福建、广东、广西、海南、贵州、云南。

齿叶冬青（冬青属）

Ilex crenata **Thunb.**

多枝常绿灌木，高可达 5 m。叶生于 1~2 年生枝上，叶片革质，倒卵形，椭圆形或长圆状椭圆形。雄花 1~7 朵排成聚伞花序，单生于当年生枝的鳞片腋内或下部的叶腋内，或假簇生于二年生枝的叶腋内。果球形，直径 6~8 mm，成熟后黑色；果梗长 4~6 mm；宿存花萼平展，直径约 3 mm；宿存柱头厚盘状，小，直径约 1 mm，明显 4 裂；分核 4 颗，长圆状椭圆形，长约 5 mm，背部宽 3~3.5 mm，平滑，具条纹，无沟，内果皮革质。花期 5~6 月，果期 8~10 月。

产于中国安徽、浙江、江西、福建、台湾、湖北、湖南、广东、广西、海南。

越南冬青（冬青属）

Ilex cochinchinensis **(Lour.) Loes.**

常绿乔木，高可达 15 m；树皮灰色或灰褐色，小枝圆柱形，红褐色，具纵褶皱。叶生于 1~3 年生枝上，叶片革质，发亮，椭圆形、长圆状椭圆形、长圆状披针形或倒披针形，长 6~16 cm，宽 3~4.5 cm，具光泽；叶柄长 7~10 mm。托叶微小，三角形。雄花序簇生于二年生枝的叶腋内，单个分枝为具 3 朵花的聚伞花序；苞片厚革质，阔三角形；花 4 基数，白色；花萼盘状，4 深裂，偶见 5 裂，裂片圆形；花冠辐状，基部多少合生；果实球形，直径 5~7 mm，成熟时红色，分核 4 或 5 颗。花期 2~4 月，果期 6~12 月。

生于山地密林中、杂木林中或溪旁，海拔 600~900 m。产于中国台湾、广东、广西、海南。

黄毛冬青（冬青属）金毛冬青、黄毛叶冬青

Ilex dasyphylla **Merr.**

常绿灌木或乔木；小枝、叶柄、叶片、花梗及花萼均密被锈黄色瘤基短硬毛。叶革质，卵形至卵状披针形，长 3~11 cm，宽 1~3.2 cm，全缘或中部以上具稀疏小齿，主脉在叶面凹陷；叶柄长 3~5 mm。叶柄长 3~5 mm，托叶不明显。聚伞花序单生于当年生枝的叶腋内；花红色，花 4 或 5 基数。雄花序具 3~5 朵花，假伞形状，总花梗纤细，长 4~5 mm，苞片正三角形，密被锈黄色短硬毛，花冠辐状，开放时反折。雌花序聚伞状，具 1~3 朵花。果实球形，直径 5~7 mm，成熟时红色；宿存花萼平展，五角形。花期 5 月，果期 8~12 月。

生于山地疏林或灌木丛中、路旁，海拔 300~700 m。产于中国湖南、江西、福建、广东、广西。

显脉冬青（冬青属）

Ilex editicostata **Hu & Tang**

常绿灌木至小乔木。皮孔稀疏，叶痕大；顶芽被黄白色缘毛。叶生于1~2年生枝上，叶仅生于当年生至二年生枝上，叶片厚革质，披针形或长圆形，长10~17 cm，宽3~8.5 cm，先端渐尖，尖头长约5~15 mm，基部楔形，全缘，反卷；叶柄长1~3 cm。聚伞花序单生于当年生枝叶腋；花白色，4或5基数；雄花序：总花梗长12~18 mm，小苞片1~2枚或早落；花萼浅杯状，直径2~3 mm；花冠辐状，直径约5mm，花瓣反折；退化子房垫状。雌花序未见。果实近球形，直径6~10 mm，成熟时红色。花期5~6月，果期8~11月。

生于山坡常绿阔叶林中和林缘，海拔500~900 m。产于中国浙江、江西、湖北、广东、广西、四川、贵州。

榕叶冬青（冬青属）

Ilex ficoidea **Hemsl.**

常绿乔木。幼枝具纵棱沟。叶片革质，发亮，长椭圆形至卵状，长4.5~10 cm，边缘具锯齿；叶柄6~10 mm。聚伞花序或单花簇生当年生枝叶腋，花4基数，白色或淡黄绿色。雄花序具1~3朵花，总花梗长约2 mm，苞片长1 mm，基部具附属物；花梗长1~3 mm，小苞片2枚；花萼盘状；花冠直径约6 mm。雌花单花簇生当年生枝叶腋内；花萼近无毛；花冠直径3~4 mm。果实近球形，直径5~7 mm，成熟后红色，分核4颗。花期3~4月，果期8~11月。

生于山地林中或林缘，海拔300~700 m。产于中国长江以南地区。

厚叶冬青（冬青属）

Ilex elmerrilliana **S. Y. Hu**

常绿灌木或小乔木，高2~7 m，树皮灰褐色。当年生幼枝红褐色，叶痕半圆形；顶芽狭圆锥形，芽鳞疏松 。叶生于1~3年生枝上，叶片厚革质，椭圆形或长圆状椭圆形，长5~9 cm，宽2~3.5 cm，全缘；叶柄长4~8 mm；托叶三角形。花序簇生叶腋内或鳞片腋内。雄花序：花5~8基数，白色；花冠辐状，花瓣长圆形。雌花序由具单花的分枝簇生；花冠直立，花瓣长圆形；退化雄蕊长为花瓣的1/2，败育花药箭头状。果实球形，成熟后红色。花期4~5月，果期7~11月。

生于山地常绿阔叶林中、灌丛中或林缘，海拔500~900 m。产于中国安徽、浙江、江西、福建、湖北、湖南、广东、广西、四川、贵州。

台湾冬青（冬青属）

Ilex formosana **Maxim.**

常绿灌木或乔木。叶生1~2年生枝上，叶片革质，椭圆形或长圆状披针形，长6~10 cm，宽2~3.5 cm，具齿；叶柄长5~9 mm。花序生于二年生枝叶腋，花4基数，白色。雄花具3朵花的聚伞花序排成圆锥花序，花序轴被微柔毛；花梗长3~4 mm，被微柔毛；花萼被微柔毛；花冠直径约6 mm。雌花序假总状；花梗密被短微柔毛。果实近球形，直径约5 mm，成熟后红色。花期3月下旬至5月，果期7~11月。

生于山地常绿阔叶林中、林缘、灌木丛中或溪旁，海拔100~600 m。产于中国长江以南地区。

广东冬青（冬青属）

Ilex kwangtungensis Merr.

常绿灌木或小乔木，全株被微柔毛。叶近革质，卵状椭圆形至披针形，长 7~16 cm，宽 3~7 cm，近全缘；叶柄长 7~17 mm。复合聚伞花序单生叶腋。雄花序 2~4 次二歧聚伞花序，总花梗长 9~12 mm；花紫色或粉红色，4 或 5 基数；花萼直径 2.5~3 mm；花冠直径 7~8 mm。雌花序具花 3~ 7 朵，1~2 回二歧式聚伞花序，花梗长 4~7 mm；花 4 基数，淡紫色或淡红色；柱头 4 浅裂。果实椭圆形，直径 7~9 mm，成熟时红色。花期 6 月，果期 9~11 月。

生于山坡常绿阔叶林和灌木丛中，海拔 300~900 m。产于中国浙江、江西、福建、湖南、广东、广西、海南、贵州、云南。

阔叶冬青（冬青属）

***Ilex latifrons* Chun**

常绿乔木，高 4~10 m。叶片革质至近革质，椭圆形至卵状长椭圆形，长 12~20 cm，宽 5~8 cm，先端渐尖，基部圆形至近圆形，边缘具浅的小锯齿至近全缘，叶面疏被柔毛或无毛，背面被卷曲柔毛或变无毛。雄花：花序聚伞或复聚伞状，1~3 回分枝，单生于一年生枝叶腋；花梗长 1~2 mm，被短柔毛；紫红色，花萼 4 深裂，裂片卵形，外面疏被微柔毛；花瓣 4 枚。果椭圆状球形，有棱沟，宿存花萼深 4 裂，裂片三角形，被柔毛，具缘毛，宿存柱头平盘形，4 浅裂；分核 4 颗，椭圆球形，背部具 1 条深沟，其余光滑。花期 6 月，果期 8~12 月。

产于中国广东、广西、海南、云南。

剑叶冬青（冬青属）

***Ilex lancilimba* Merr.**

常绿灌木或小乔木，高 3~10 m。树皮灰白色，平滑。小枝粗而直，2~3 年生枝灰色，被硫黄色卷柔毛；顶芽卵状圆锥形。叶片革质，披针形或狭长圆形，长 9~16 cm，宽 2~5 cm，全缘；叶柄长 1.5~2.5 cm；托叶无。聚伞花序单生；花 4 基数。雄花序为 3 回二歧或三歧聚伞花序；花萼盘状，4 裂；花瓣卵状长圆形。雌花序为具 3 朵花的聚伞花序，总花梗长约 2mm；花萼及花冠同雄花，淡绿白色，4 或 5 基数；退化雄蕊长约为花瓣的 1/2，败育花药心形。果实球形，成熟时红色。花期 3 月，果期 9~11 月。

生于山谷森林中或灌木丛中，海拔 300~900 m。产于中国福建、广东、广西、海南。

矮冬青（冬青属）

***Ilex lohfauensis* Merr.**

常绿灌木或小乔木，高 2~6 m。小枝纤细；顶芽狭圆锥形。叶片薄革质或纸质，长圆形或椭圆形，长 1~2.5 cm，宽 5~12 mm，全缘，侧脉 7~9 对；叶柄长 1~2 mm；托叶狭三角形。花序簇生于叶腋内，苞片三角形。雄花序由聚伞花序簇生；花 4（5）基数，粉红色；花萼 4 浅裂，裂片圆形；花冠辐状，花瓣椭圆形；雄蕊长为花瓣的 1/2。雌花 2~3 朵花簇生，单个分枝具 1 朵花，中部以上具 2 枚小苞片；退化雄蕊长为花瓣的 3/4。果实球形，成熟后红色。花期 6~7 月，果期 8~12 月。

生于山坡常绿阔叶林中、灌丛中，海拔 200~900 m。产于中国安徽、浙江、江西、福建、湖南、广东、香港、广西、贵州。

谷木叶冬青（冬青属）

Ilex memecylifolia **Champ. ex Benth.**

常绿乔木，除花冠和花萼外全株被微柔毛。叶生于1~2年生枝上，叶片革质，卵状长圆形或倒卵形，长4~8.5 cm，宽1.2~3.3 cm；叶柄5~7 mm；托叶小，宿存。花序簇生于2年生枝叶腋；花4~6基数，白色、芳香。雄花序的单个分枝为1~3花聚伞花序，总花梗长1~3 mm；花梗长3~6 mm；花萼直径约2 mm，裂片5~6枚；花冠辐状，直径5~6 mm。雌花序簇单个分枝具1朵花，花梗6~8 mm。果实球形，直径5~6 mm，成熟时红色。花期3~4月，果期7~12月。

生于山坡密林、疏林、杂木林中或灌丛中、路边，海拔300~600 m。产于中国江西、福建、广东、香港、广西、贵州。

平南冬青（冬青属）

Ilex pingnanensis **S. Y. Hu**

常绿灌木或乔木，高可达12 m。小枝灰色，密被短柔毛，具急尖托叶；顶芽密被柔毛。叶片革质，长圆形或长圆状椭圆形，长5~12 cm，宽2~3.2 cm，先端渐尖，基部钝，全缘；叶柄长5~7 mm；花序及花未见。果序簇生于二年生枝的叶腋内，基部苞片三角形，厚革质，急尖；单个分枝具单果，果梗长约2 mm，基部具小苞片2枚；果实球形，直径约6 mm，成熟时红色，宿存柱头厚盘状，凸起，生于短的花柱上；宿存花萼圆形，直径约2 mm，浅裂片圆形。果期10~11月。

生于山地疏林中，海拔200~600 m。产于中国广西、广东。

小果冬青（冬青属）

Ilex micrococca **Maxim.**

落叶乔木；小枝具并生的气孔。叶片纸质，卵形至卵状长圆形，长7~13 cm，宽3~5 cm，不对称；叶柄长1.5~3.2 cm；托叶长约0.2 mm。伞房状2~3回聚伞花序单生当年生枝叶腋；总花梗9~12 mm，花梗长2~3 mm。雄花：5~6基数，花萼浅裂；花冠辐状，花瓣长1.2~1.5 mm；败育子房具长约0.5 mm的喙。雌花：6~8基数，花萼6深裂；花冠辐状，花瓣长约1 mm。果实球形，直径约3 mm，成熟时红色。花期5~6月，果期9~10月。

生于山地常绿阔叶林内，海拔500~900 m。产于中国浙江、安徽、福建、湖北、湖南、广东、广西、海南、四川、贵州、云南。

毛冬青（冬青属）茶叶冬青、密毛冬青

Ilex pubescens **Hook. & Arn.**

常绿灌木；密被长硬毛；顶芽发育不良。分枝灰色，细长，稍之字形曲折，近4条棱，密生短硬毛。叶生于1~2年生枝上，叶片纸质，椭圆形或长卵形，长2~6 cm，宽1~3 cm，近全缘；叶柄长2.5~5 mm。花序簇生于1~2年生枝叶腋。雄花序：聚伞花序1~3花，花梗长1.5~2 mm，小苞片2枚；花4~6基数，粉红色；花萼深裂；花冠直径4~5 mm。雌花序：具单花，花梗长2~3 mm；花6~8基数；花萼直径约2.5 mm，深裂；花瓣长约2 mm。果实球形，直径约4 mm，成熟后红色，分核6颗，椭圆形，具条纹和3个沟槽。花期4~5月，果期8~11月。

生于山坡常绿阔叶林中或林缘、灌木丛中及溪旁、路边，海拔200~600 m。产于中国安徽、浙江、江西、福建、台湾、湖南、广东、海南、香港、广西、贵州。

铁冬青（冬青属）救必应、白银香

Ilex rotunda **Thunb.**

常绿灌木或乔木。树皮灰色至灰黑色，叶痕倒卵形或三角形，稍隆起，当年生幼枝具纵棱。叶片薄革质，卵形至椭圆形，长 4~9 cm，宽 1.8~4 cm；叶柄长 8~18 mm；托叶钻状线形，早落。聚伞花序或伞形状花序 2~13 朵花，单生叶腋。雄花序：总花梗长 3~11 mm；花白色，4 基数；花萼被微柔毛；花冠直径约 5 mm。雌花序：3~7 朵花，总花梗长 5~13 mm。花白色，5~7 基数；花萼直径约 2 mm；花冠直径约 4 mm。果实近球形，直径 4~6 mm，成熟时红色，分核 5 ~ 7 颗，椭圆形，具 3 个条纹 2 个沟槽。花期 4 月，果期 8~12 月。

生于山坡常绿阔叶林中和林缘，海拔 400~900 m。产于中国江苏、安徽、浙江、江西、福建、台湾、湖北、湖南、广东、香港、广西、海南、贵州、云南。

四川冬青（冬青属）

Ilex szechwanensis **Loes.**

灌木或小乔木，高 1~10 m。较老的小枝具新月形叶痕。叶片革质，卵状椭圆形，卵状长圆形或椭圆形，长 3~8 cm，宽 2~4 cm，先端渐尖，边缘具锯齿；叶柄长 4~6 mm；托叶卵状三角形。花 4~7 基数。雄花排成聚伞花序，单生于枝基部鳞片或叶腋内，基部具小苞片 2 枚；花萼盘状；花冠辐状，卵形，长约 2.5 mm，基部合生。雌花单生于枝的叶腋内，4 浅裂；花冠近直立，花瓣卵形。果实球形或顶基扁的球形，长约 6 mm，成熟后黑色。花期 5~6 月，果期 8~10 月。

生于山地常绿阔叶林、灌丛、溪边、路旁，海拔 300~800 m。产于中国江西、湖北、湖南、广东、广西、四川、重庆、贵州、云南、西藏。

拟榕叶冬青（冬青属）

Ilex subficoidea **S. Y. Hu**

常绿乔木，高 8~15 m；小枝圆柱形，具纵棱，具三角形或卵形叶痕。叶片革质，卵形或长圆状椭圆形，长 5~10 cm，宽 2~3 cm，先端渐尖，基部钝，叶面光亮；叶柄长 5~12 mm，具沟；托叶三角形。花序簇生于叶腋内；花白色，4 基数。雄花单个分枝具 3 朵花；苞片具短突尖，基部具托叶状附属体；总花梗长 1 mm；花萼盘状；花冠直径 6~7 mm，花瓣 4 枚，倒卵状长圆形，基部合生。果序簇生，果梗长约 1cm，基部或近基部具 2 枚小苞片；果实球形，直径 1~1.2cm，密具细瘤状突起。花期 5 月，果期 6~12 月。

生于山地混交林中，海拔 400~900 m。产于中国江西、福建、湖南、广东、广西、海南。

三花冬青（冬青属）

Ilex triflora **Blume**

常绿灌木或乔木。幼枝“之”字形，近四棱形，密被短柔毛。叶片近革质，椭圆形至长圆形，长 2.5~10 cm，宽 1.5~4 cm，具近波状线齿，背面具腺点，疏被短柔毛；叶柄长 3~5 mm，密被短柔毛，具狭翅。雄花排成聚伞花序，花序簇生于 1~3 年生枝叶腋；花 4 基数，白色或淡红色或淡紫色；花萼 4 深裂；花冠直径约 5 mm。雌花簇生于 1~2 年生枝的叶腋，花梗长 4~14 mm，被微柔毛；柱头厚盘状，4 浅裂；果实球形，直径 6~7 mm，成熟后黑色，分核 4 颗，卵状椭圆球形，具 3 条纹，无沟槽。花期 5~7 月，果期 8~11 月。

生于山地阔叶林、杂木林或灌木丛中，海拔 200~900 m。产于中国安徽、浙江、江西、福建、湖北、湖南、广东、广西、海南、四川、贵州、云南。

细枝冬青（冬青属）

Ilex tsangii **S. Y. Hu**

常绿乔木，高 8 m，全株无毛。幼枝纤细，具纵棱，三年生枝近黑色。叶片近革质，卵状椭圆形或椭圆形，长 5~8 cm，宽 2~3 cm，先端渐尖，基部急尖或楔形，边缘具疏而不明显的细圆锯齿或近全缘，叶面绿色，背面较淡，侧脉每边 6~8 条，在叶面不明显，背面明显；叶柄纤细，长 1~1.6 cm，上面具狭沟；托叶极小，不明显。花不详。果序簇生于二年生枝上，每束具 2~4 颗果；果梗纤细，长 1~1.2 cm，其基部具 2 枚具缘毛的小苞片；果实球形，长约 5 mm，直径 6 mm，顶端凹陷，多皱，宿存柱头薄盘状，宿存花萼小，直径约 1.5 mm。果期 7 月。

生于山地丛林中，海拔 500~900 m。产于中国广东、广西。

绿冬青（冬青属）

Ilex viridis **Champ. ex Benth.**

常绿灌木或小乔木。叶革质，倒卵形至阔椭圆形，长 2.5~7 cm，宽 1.5~3 cm，具细圆齿状锯齿；叶柄 4~6 mm，具狭翅。雄花聚伞花序，单生或簇生；总花梗长 3~5 mm，花梗长约 2 mm；花白色，4 基数；花萼直径 2~3 mm；花冠辐状，直径约 7 mm；退化子房先端急尖或具短喙。雌花单生，花梗长 12~15 mm；花萼直径 4~5 mm；花瓣长约 2.5 mm；柱头盘状突起。果实球形或略扁球形，直径 9~11 mm，成熟时黑色。花期 5 月，果期 10~11 月。

生于山地和丘陵地区的常绿阔叶林下、疏林及灌木丛中，海拔 300~600m。产于中国安徽、浙江、江西、福建、湖北、广东、广西、海南、贵州。

尾叶冬青（冬青属）威氏冬青

Ilex wilsonii **Loes.**

常绿灌木或乔木，高 2~10 m。树皮灰白色。小枝圆柱形，叶痕半圆形。叶片厚革质，卵形或倒卵状长圆形，长 4~7 cm，宽 1.5~3.5 cm，先端渐尖，基部钝；叶柄长 5~9 mm；托叶三角形。花序簇生于叶腋内，苞片三角形；花 4 基数，白色；雄花序簇由聚伞花序或伞形花序的分枝组成；花萼盘状，4 深裂；花冠辐状，直径 4~5 mm，花瓣长圆形，长约 2 mm，宽约 1.5 mm。雌花序簇由具单花的分枝组成，花梗长 4~7 mm，无毛，具小苞片 2 枚。果实球形，直径约 4 mm，成熟后红色。花期 5~6 月，果期 8~10 月。

生于山地、沟谷阔叶林中，海拔 400~900 m。产于中国安徽、浙江、江西、福建、台湾、湖北、湖南、广东、广西、四川、贵州、云南。

A394 桔梗科 Campanulaceae

金钱豹（金钱豹属）

Codonopsis javanica **(Blume) Hook. f.**

草质缠绕藤本，具乳汁，具胡萝卜状根。叶对生，具长柄，叶片心形或心状卵形，边缘有浅锯齿，长 3~11 cm，宽 2~9 cm，无毛或背面疏生长毛。花单生叶腋，各部无毛，花萼与子房分离，5 裂至近基部，裂片卵状披针形或披针形，长 1~1.8 cm；花冠上位，白色或黄绿色，内面紫色，钟状，裂至中部；雄蕊 5 枚；柱头 4~5 裂，子房和蒴果 5 室。浆果黑紫色，紫红色，球状。种子不规则，常为短柱状，表面有网状纹饰。

生于灌丛中及疏林中，海拔 300~900 m。产于中国四川、贵州、湖北、湖南、广西、广东、江西、福建、浙江、安徽、台湾。

轮钟草（轮钟草属）

Cyclocodon lancifolius **(Roxb.) Kurz**

直立或蔓性草本。茎高可达3 m。叶对生，偶有3枚轮生，具短柄，叶片卵形，卵状披针形至披针形，长6~15 cm，宽1~5 cm，顶端渐尖，边缘具齿。花单朵顶生兼腋生或组成聚伞花序，花梗或花序梗长1~10 cm，花梗有一对丝状小苞片。花萼丝状或条形；花冠白色或淡红色，管状钟形，长约1 cm，5~6裂至中部，裂片卵形至卵状三角形。浆果球状，熟时紫黑色，直径5~10 mm。种子极多数，呈多角体。花期7~10月。

生于林中、灌丛中以及草地中，海拔100~900 m。产于中国云南、四川、贵州、湖北、湖南、广西、广东、福建、台湾。

铜锤玉带草（半边莲属）

Lobelia nummularia **Lam.**

多年生草本，有白色乳汁。茎平卧，长12~55 cm，被开展的柔毛。叶互生，叶片卵心形，长0.8~1.6 cm，宽0.6~1.8 cm，基部斜心形，边缘有牙齿，两面疏生短柔毛；叶柄长2~7 mm，生开展短柔毛。花单生叶腋。花萼筒坛状，长3~4 mm，裂片条状披针形；花冠紫红色、淡紫色、绿色或黄白色，长6~9 mm，花冠檐部二唇形，上唇2枚裂片条状披针形，下唇裂片披针形。浆果紫红色，椭圆状球形，长1~1.3 cm。在热带地区整年可开花结果。

生于田边、路旁、丘陵、低山草坡或疏林中的潮湿地，海拔100~400 m。产于中国西南、华南、华东、华中地区。

线萼山梗菜（半边莲属）

Lobelia melliana **E. Wimm.**

多年生草本，高80~150 cm。茎禾杆色。叶螺旋状排列，长6~15 cm，宽1.5~4 cm，薄纸质，光滑无毛，先端长尾状渐尖，边缘具小齿；有短柄或近无柄。总状花序生于顶端，长15~40 cm，下部花的苞片与叶同形，向上变狭至条形；花萼筒半椭圆状，裂片窄条形；花冠淡红色，长12~17 mm，檐部近二唇形，上唇裂片条状披针形，下唇裂片披针状椭圆形。蒴果近球形，上举，直径5~6 mm，无毛。种子矩圆状，长约0.6 mm。花果期8~10月。

生于沟谷、路旁、水沟边或林中，海拔200~500 m。产于中国广东、福建、江西、湖南、浙江。

卵叶半边莲（半边莲属）

Lobelia zeylanica **L.**

多汁草本。茎平卧，四棱状。叶螺旋状排列，叶片三角状阔卵形，长1~2.8 cm，宽0.8~2.2 cm，边缘锯齿状，基部近截形至浅心形；柄长3~12 mm，生短柔毛。花单生叶腋；花梗长1~1.5 cm，疏生短柔毛。花萼钟状，长2~5 mm，被短柔毛，裂片披针状条形；花冠紫色至白色，二唇形，长5~10 mm，背面裂至基部，上唇裂片倒卵状矩圆形，下唇裂片阔椭圆形。蒴果倒锥状至矩圆柱状，长5~7 mm，宽2~4 mm。全年均可开花结果。

生于田边或山谷沟边等阴湿处，海拔200~500 m。产于中国云南、广西、海南、广东、福建、台湾。

蓝花参（蓝花参属）
Wahlenbergia marginata **(Thunb.) A. DC.**

多年生草本，有白色乳汁。根细长，细胡萝卜状。茎自基部多分枝，长 10~40 cm。叶互生，常在茎下部密集，下部的匙形，倒披针形或椭圆形，上部的条状披针形或椭圆形，长 1~3 cm，宽 2~8 mm，边缘具疏锯齿或全缘。花梗极长；花萼无毛，裂片三角状钻形；花冠钟状，蓝色，长 5~8 mm，分裂达 2/3，裂片倒卵状长圆形。蒴果倒圆锥状或倒卵状圆锥形，有 10 条不明显的肋，长 5~7 mm，直径约 3 mm。种子矩圆状，直径 0.3~0.5 mm。花果期 2~5 月。

生于田边、路边和荒地中，海拔 100~500 m。产于中国长江以南地区。

A403 菊科 Asteraceae

下田菊（下田菊属）
Adenostemma lavenia **(L.) Kuntze**

一年生草本，高 30~100 cm。茎直立，单生，通常自上部叉状分枝，被白色短柔毛，中部以下光滑无毛，全株有稀疏的叶。中部的茎叶较大，长椭圆状披针形，长 4~12 cm，宽 2~5 cm，叶柄有狭翼，长 0.5~4 cm，边缘有圆锯齿，叶两面有稀疏的短柔毛。头状花序小，花序分枝粗壮；花序梗被灰白色或锈色短柔毛。总苞片 2 层，近等长，几膜质，绿色。花冠长约 2.5 mm。瘦果倒披针形，长约 4 mm。冠毛约 4 枚，长约 1 mm，棒状。花果期 8~10 月。

生于水边、路旁、林下及山坡灌丛中，海拔 200~600 m。产于中国秦岭南坡以南地区。

藿香蓟（藿香蓟属）胜红蓟
Ageratum conyzoides **L.**

一年生草本，高 50~100 cm。茎粗壮，被白色短柔毛或稠密开展的长茸毛。叶对生，有时互生。叶卵形至长圆形，长 3~8 cm，宽 2~5 cm，基出三脉或不明显五出脉，边缘圆锯齿，两面被稀疏短柔毛且有黄色腺点，叶柄长 1~3 cm，被白色长柔毛。头状花序排成伞房状花序；花序直径 1.5~3 cm。花梗长 0.5~1.5 cm。总苞 2 层，长 3~4 mm。花冠长 1.5~2.5 mm，淡紫色。瘦果黑褐色，5 条棱，长 1.2~1.7 mm。冠毛膜片 5 或 6 个。花果期全年。

生于林下或林缘、河边或田边，海拔 100~550 m。中国广东、广西、云南、贵州、四川、湖南、江西、福建等地有栽培或归化。

杏香兔儿风（兔儿风属）
Ainsliaea fragrans **Champ.**

多年生草本。茎直立，不分枝，花葶状，高 25~60 cm，被褐色长柔毛。叶聚生于茎基部，莲座状或呈假轮生，叶片厚纸质，卵状长圆形，长 2~11 cm，宽 1.5~5 cm，基部深心形，下面被较密的长柔毛；基出脉 5 条；叶柄长 1.5~6 cm，密被长柔毛。头状花序于花葶之顶排成间断的总状花序。花两性，白色，开放时具杏仁香气。瘦果棒状圆柱形，栗褐色，长约 4 mm，被较密的长柔毛。冠毛多数，长约 7 mm。花期 11~12 月。

生于山坡灌丛、路旁、沟边草丛中，海拔 200~600 m。产于中国台湾、福建、浙江、安徽、江苏、江西、四川、湖南、广东、广西。

灯台兔儿风（兔儿风属）

Ainsliaea kawakamii **Hayata**

多年生草本。根状茎短，直径 4~6 mm。茎直立或下部平卧。叶聚生于茎的上部呈莲座状，或散生，叶片纸质，阔卵形至卵状披针形，长 4~10 cm，宽 2.5~6.5cm，中脉延伸具一芒状凸尖头，基部通常浅心形；基出脉 3 条，侧生的 1 对其外侧常有细的分枝，弧形上升，于中部离缘弯拱连接；叶柄长 3~8 cm。头状花序花 3 朵，总状花序排列；花序长 15~40 cm，苞叶三角形；总苞圆筒形；总苞片约 6 层，呈紫红色。花全部两性；花冠管状，长约 13 mm，5 深裂。瘦果近圆柱形。花期 8~11 月。

生于山坡、河谷林下、草丛中，海拔 500~900 m。产于中国广西、广东、湖南、湖北、江西、安徽、浙江、福建、台湾。

豚草（豚草属）

Ambrosia artemisiifolia **L.**

一年生草本，高 20~150 cm；茎直立。下部叶对生，具短叶柄，二次羽状分裂，长圆形至倒披针形，全缘，被密短糙毛；上部叶互生，无柄，羽状分裂。雄头状花序半球形或卵形，在枝端密集成总状花序。总苞宽半球形或碟形。花托具刚毛状托片；花冠淡黄色，长 2 mm，上部钟状，有宽裂片。雌头状花序无花序梗，倒卵形或卵状长圆形，长 4~5 mm，宽约 2 mm，顶端有围裹花柱的圆锥状嘴部，在顶部以下有 4~6 个尖刺，稍被糙毛。瘦果倒卵形，无毛，藏于坚硬的总苞中。花期 8~9 月，果期 9~10 月。

生路旁、林缘，海拔 100~300 m。逸生于中国。

三脉兔儿风（兔儿风属）

Ainsliaea trinervis **Y. C. Tseng**

多年生草本。根状茎短。茎直立，单一或少有自根颈发出数。叶聚生于茎的中部，通常离基 13~25 cm，下方数片节间长 1~15 cm，叶片纸质，狭椭圆形或披针形。头状花序具被短柔毛的柄，内含小花 3 朵，于茎顶排成圆锥花序；圆锥花序轴被短柔毛，分枝短，柔弱，花冠白色，长约 9 mm，花冠管纤细，管口上方 5 深裂，裂片偏于一侧，长圆形，约与花冠管等长；子房倒锥形，密被粗毛，长约 2.5 mm。瘦果圆柱形，密被粗毛，长约 3 mm。冠毛淡黄色或污黄色，羽毛状，长约 8 mm，基部稍联合。花期 7~9 月。

产于中国广东、广西、贵州、江西。

艾（蒿属）

Artemisia argyi **H. Lév. ex Vaniot**

多年生草本，植株有浓烈香气。茎高 80~200 cm，有明显纵棱；茎、枝均被灰色柔毛。叶厚纸质，上面被灰白色短柔毛，背面密被灰白色蛛丝状密茸毛；基生叶具长柄；茎下部叶羽状深裂，叶柄长 0.5~0.8 cm；中部叶长 5~8 cm，宽 4~7 cm，羽状深裂至半裂，叶柄长 0.2~0.5 cm；上部叶与苞片叶羽状分裂或不分裂。头状花序直径 2.5~3 mm，近无梗，排成穗状花序或复穗状花序；花冠紫色。瘦果长圆形。花果期 7~10 月。

生于荒地、路旁河边及山坡等地，海拔 100~900 m。中国广泛分布。

青蒿（蒿属）

Artemisia caruifolia **Buch.–Ham. ex Roxb.**

一年生草本；植株有香气。茎高 30~150 cm，有纵纹，无毛。叶两面无毛；基生叶与茎下部叶三回羽状分裂，有长叶柄；中部叶长 5~15 cm，宽 2~5.5 cm，二回羽状分裂，叶柄长 0.5~1 cm；上部叶与苞片叶一至二回羽状分裂，无柄。头状花序直径 3.5~4 mm，排成穗状花序式的总状花序；总苞片 3~4 层；花淡黄色。瘦果长圆形至椭圆形。花果期 6~9 月。

生于低海拔、湿润的滨海、河岸、山谷、林缘、路旁等，海拔 100~900 m。中国南北地区均有分布。

牡蒿（蒿属）菊叶柴胡

Artemisia japonica **Thunb.**

多年生草本。茎单生或少数，高 50~130 cm，有纵棱。叶纸质，初时有短柔毛，后无毛；基生叶与茎下部叶倒卵形或宽匙形，长 4~7 cm，宽 2~3 cm，叶上端斜向基部羽状深裂或半裂；中部叶匙形，上端有 3~5 枚裂片；上部叶小；苞片叶长椭圆形或线状披针形。头状花序多数，在分枝上排成穗状花序或总状花序，在茎上组成圆锥花序；总苞片 3~4 层；雌花 3~8 朵，花冠狭圆锥状；两性花 5~10 朵，不孕育，花冠管状。瘦果小，倒卵形。花果期 7~10 月。

生于林缘、林下、灌丛、路旁，海拔 300~600 m。除新疆、内蒙古、东北地区外，广泛分布于中国。

五月艾（蒿属）

Artemisia indica **Willd.**

半灌木状草本。茎单生或少数，纵棱明显。基生叶与茎下部叶卵形或长卵形，常第一回全裂或深裂，每侧裂片 3~4 枚，裂片椭圆形，上半部裂片大，基部裂片渐小；中部叶卵形、长卵形或椭圆形，长 5~8 cm，宽 3~5 cm，具小型假托叶；上部叶羽状全裂。头状花序卵形；总苞片 3~4 层；雌花 4~8 朵，花冠狭管状，檐部紫红色，具 2~3 裂齿；两性花 8~12 朵，花冠管状，檐部紫色。瘦果长圆形或倒卵形。花果期 8~10 月。

生于路旁、林缘、坡地及灌丛中，海拔 100~600 m。除新疆外，广泛分布于中国。

白苞蒿（蒿属）白花蒿

Artemisia lactiflora **Wall. ex DC.**

多年生草本。茎高 50~180 cm，纵棱稍明显。叶纸质；基生叶与茎下部叶一至二回羽状全裂，具长叶柄；中部叶长 5.5~14 cm，宽 4.5~10 cm，一至二回羽状全裂，叶柄长 2~5 cm；上部叶与苞片叶略小，羽状深裂。头状花序直径 1.5~3 mm，无梗，基部无小苞叶，排成密穗状花序；总苞片 3~4 层；雌花 3~6 朵，花冠狭管状，檐部具 2 裂齿，花柱细长，先端 2 叉；两性花 4~10 朵，花冠管状，花柱近与花冠等长，先端 2 叉。瘦果倒卵形。花果期 8~11 月。

多生于林下、林缘、灌丛边缘、山谷等地，海拔 100~500 m。产于中国秦岭南坡以南地区。

三脉紫菀（紫菀属）

Aster ageratoides Turcz.

多年生草本。茎高 40~100 cm，有棱及沟，被柔毛或粗毛。叶纸质，下部叶急狭成长柄；中部叶长 5~15 cm，宽 1~5 cm，中部以上急狭成柄；上部叶渐小，上面被短糙毛，下面被短柔毛，离基 3 出脉。头状花序直径 1.5~2 cm，排列成伞房或圆锥伞房状。总苞片 3 层。舌状花约十余个，紫色，浅红色或白色，管状花黄色，长 4.5~5.5 mm，裂片长 1~2 mm。冠毛浅红褐色或污白色，长 3~4 mm。瘦果倒卵状长圆形，灰褐色，长 2~2.5 mm。花果期 7~12 月。

生于林下、林缘、灌丛及山谷湿地。海拔 100~300 m。中国广泛分布。

短冠东风菜（紫菀属）

Aster marchandii H. L é v.

根状茎粗壮。茎直立，高 60~130 cm。叶片心形，长 7~10 cm，宽 7~10 cm，边缘有小锯齿；中部叶稍小，宽卵形，急狭成较短的柄；上部叶小，卵形，有下延成翅状短柄；叶质均厚，上面有疏糙毛，下面仅沿脉有短毛；离基 3 或 5 出脉。头状花序直径 2.5~4 cm，成圆锥状伞房花序；花序梗长 1~5 cm。总苞片约 3 层。舌状花十余个，舌片白色，长 9~11 mm，矩圆状条形；冠毛褐色。瘦果倒卵形或长椭圆形，长 3~3.5 mm。花期 8~9 月，果期 9~10 月。

生于山谷、水边、田间、路旁，海拔 300~900 m。产于中国四川、贵州、云南、湖北、江西、浙江、广东、广西。

马兰（紫菀属）

Aster indicus L.

根状茎有匍枝。茎高 30~70 cm，上部有短毛。茎部叶长 3~8 cm，宽 0.8~4 cm，基部渐狭成具翅的长柄，边缘从中部以上具齿或有羽状裂片，上部叶小，全缘，全部叶稍薄质，两面近无毛。头状花序单生于枝端并排列成疏伞房状。总苞片 2~3 层。舌状花 1 层，15~20 个，管部长 1.5~1.7 mm；舌片浅紫色，长达 10 mm；管状花长 3.5 mm，被短密毛。瘦果倒卵状矩圆形，极扁，长 1.5~2 mm，褐色。冠毛长 0.1~0.8 mm。花期 5~9 月，果期 8~10 月。

生于林缘、草地、河边等，海拔 100~500 m。除新疆、东北地区外，广泛分布于中国。

琴叶紫菀（紫菀属）

Aster panduratus Nees ex Walpers

多年生草本。茎直立，高 50~100 cm，上部分枝。下部叶匙状长圆形，长达 12 cm，宽达 2.5cm，下部渐狭成长柄；中部叶长圆状匙形，长 4~9 cm，宽 1.5~2.5 cm，基部扩大成心形或有圆耳；上部叶渐小，卵状长圆形，基部心形抱茎；全部叶稍厚质，被毛。头状花序直径 2~2.5 cm；花序梗长 0.5~5 cm。总苞半球形；总苞片 3 层。舌状花约 30 朵；舌片浅紫色。冠毛白色或稍红色。瘦果卵状长圆柱形，两面有肋。花期 2~9 月；果期 6~10 月。

生于山坡灌丛、草地、溪岸、路旁，海拔 100~600 m。产于中国四川、湖北、湖南、江西、江苏、浙江、福建、广东、广西、贵州。

东风菜（紫菀属）
Aster scaber **Thunb.**

根状茎粗壮。茎直立，高 100~150 cm。基部叶片心形，长 9~15 cm，宽 6~15 cm，边缘具小齿，基部急狭成被微毛的柄；中部叶较小，卵状三角形，短柄具翅；上部叶小，矩圆披针形或条形；叶均被微糙毛，有 3 或 5 出脉。头状花序直径 18~24 mm，圆锥伞房状排列；花序梗长 9~30 mm。总苞半球形，宽 4~5 mm；总苞片约 3 层。舌状花约 10 朵，舌片白色，条状矩圆形；管状花长 5.5 mm。瘦果倒卵圆形或椭圆形，长 3~4 mm。花期 6~10 月；果期 8~10 月。

生于山谷坡地、草地和灌丛中，海拔 100~400 m。除新疆外，广泛分布于中国。

鬼针草（鬼针草属）白花鬼针草
Bidens pilosa **L.**

一年生草本，茎高 30~100 cm，钝四棱形。茎下部叶较小，3 裂或不分裂；中部叶具长 1.5~5 cm 的柄，三出；小叶 3 枚，长 2~4.5 cm，宽 1.5~2.5 cm，具短柄；顶生小叶较大，具长 1~2 cm 的柄；上部叶小，3 裂或不分裂。头状花序直径 8~9 mm，花序梗长 2~8 cm。无舌状花，盘花筒状，长约 4.5 mm，冠檐 5 齿裂。瘦果黑色，条形，略扁，具棱，长 7~13 mm，宽约 1 mm，顶端芒刺 3~4 枚，长 1.5~2.5 mm，具倒刺毛。

生于村旁、路边及荒地中，海拔 100~500 m。除新疆、黑龙江、吉林外，广泛分布于中国。

钻叶紫菀（紫菀属）
Aster subulatus **Michx.**

茎高 25~100 cm，无毛。基生叶倒披针形，花后凋落；茎中部叶线状披针形，长 6~10 cm，宽 5~10 mm，主脉明显，侧脉不显著，无柄；上部叶渐狭窄，全缘，无柄，无毛。头状花序，多数在茎顶端排成圆锥状，总苞钟状，总苞片 3~4 层，外层较短，内层较长，线 状钻形，边缘膜质，无毛；舌状花细狭，淡红色，长与冠毛相等或稍长；管状花 多数，花冠短于冠毛；果长圆形或椭圆形，长 1.5~2.5 mm，有 5 条纵棱，冠毛淡褐色，长 3~4 mm。

中国云南、贵州、浙江、江苏、江西等地均有逸生。

柔毛艾纳香（艾纳香属）
Blumea axillaris **(Lam.) DC.**

草本，主根粗直，有纤维状叉开的侧根。茎直立，高 60~90 cm，分枝或少有不分枝。头状花序多数，无或有短柄，径 3~5 mm，通常 3~5 枚簇生，密集成聚伞状花序，再排成大圆锥花序，花序柄长达 1 cm，被密长柔毛；总苞圆柱形，长约 5 mm，总苞片近 4 层，草质，紫色至淡红色，长于花盘，花后反折，外层线形，长约 3 mm，顶端渐尖。花紫红色或花冠下半部淡白色；雌花多数，花冠细管状，长 4~5 mm，檐部 3 齿裂，裂片无毛；两性花约 10 朵，花冠管状，长约 5 mm，向上渐增大。瘦果圆柱形，近有角至表面圆滑，长约 1 mm，被短柔毛。冠毛白色，糙毛状，长约 3 mm，易脱落。花期几乎全年。

产于中国江西、福建、台湾、广东、广西。

台北艾纳香（艾纳香属）

Blumea formosana **Kitam.**

草本，根簇生。茎直立，高 40~80 cm。基部叶在花期凋落；中部叶近无柄，狭或宽倒卵状长圆形，长 12~20 cm，宽 4~6.5 cm，边缘有细齿；上部叶渐小，长圆形或长圆状披针形，长 5~12 cm，宽 1~4 cm；最上部叶苞片状。头状花序排列成圆锥花序；花序梗被白色茸毛；总苞球状钟形；总苞片 4 层，近膜质。花黄色；雌花多数，花冠细管状，檐部 3 齿裂；两性花较少数，花冠管状，檐部 5 浅裂，裂片卵状三角形。瘦果圆柱形，有 10 条棱，被白色腺状粗毛。冠毛污黄色或黄白色。花期 8~11 月。

生于山坡、草丛、溪边或疏林下，海拔 200~600 m。产于中国江西、湖南、广东、广西、浙江、福建、台湾。

东风草（艾纳香属）大头艾纳香

Blumea megacephala **(Randeria) C. C. Chang & Y. Q. Tseng**

攀援状草质藤本。茎长 1~3 m，有明显的沟纹，被疏毛。下部和中部叶有长 2~5 mm 的柄，叶片卵形，长 7~10 cm，宽 2.5~4 cm，边缘有疏细齿或点状齿，侧脉 5~ 7 对，网状脉极明显；小枝上部的叶较小。头状花序疏散，直径 1.5~2 cm，通常排列成总状或近伞房状花序，再排成大型具叶的圆锥花序；花序柄长 1~3 cm；总苞片 5~6 层；花托被白色密长柔毛。花黄色，雌花多数，长约 8 mm；花冠管状，被白色多细胞节毛。瘦果圆柱形，有 10 条棱，长约 1.5 mm。冠毛白色，长约 6 mm。花期 8~12 月。

生于林缘、灌丛中或山坡、丘陵阳处，海拔 100~900 m。产于中国云南、四川、贵州、广西、广东、湖南、江西、福建、台湾。

见霜黄（艾纳香属）

Blumea lacera **(N. L. Burman) DC.**

草本，根粗壮。茎直立，高 18~100 cm，具条棱，被短茸毛。下部叶无柄或有短柄，倒卵形或倒卵状长圆形，长 7~15 cm，宽 4~5 cm，边缘有粗齿；上部叶不分裂，长 2.5~4 cm，宽 1.5~2 cm，边缘上半部有齿。头状花序较多至多数，直径 5~6.5 mm；总苞圆柱形；总苞片约 4 层；花托平。花黄色，雌花多数，花冠细管状，长约 4 mm；两性花约 15 朵，花冠管状，檐部 5 浅裂，裂片卵状三角形。瘦果圆柱状纺锤形。冠毛白色。花期 2~6 月。

生于草地、路旁或田边，海拔 100~800 m。产于中国福建、广东、广西、贵州、海南、江西、四川、台湾、云南、浙江。

拟毛毡草（艾纳香属）丝毛艾纳香

Blumea sericans **(Kurz) Hook. f.**

粗壮草本。茎直立。叶主要基生，基部叶倒卵状匙形或倒披针形，长 6~12 cm，宽 2.5~3.5 cm，边缘有密细齿；茎叶疏生，向上渐小，匙形，长 6~12 cm，宽 1.5~3 cm，边缘有齿。头状花序排成穗状狭圆锥花序；总苞圆柱状或钟形；总苞片约 4 层；花托稍凸。花黄色；雌花多数，花冠细管状，长 6~7 mm，檐部 3~4 齿裂；两性花花冠管状，檐部 5 浅裂，裂片三角状卵形。瘦果圆柱形，具 10 条棱。冠毛白色。花期 4~8 月。

生于路旁、荒地、田边、山谷及丘陵地带草丛中，海拔 300~600 m。产于中国贵州、广西、广东、湖南、江西、浙江、福建、台湾。

石胡荽（石胡荽属）

Centipeda minima (L.) A. Braun & Asch.

一年生草本。茎茎多分枝，高 5~20 cm，匍匐状。叶互生，楔状倒披针形，长 7~18 mm。头状花序小，直径约 3 mm，单生叶腋，花序梗极短；总苞片 2 层；边缘花雌性，多层，花冠细管状，长约 0.2 mm，淡绿黄色；盘花两性，花冠管状，长约 0.5 mm，淡紫红色，下部有明显的狭管。瘦果椭圆形，长约 1 mm，具 4 条棱，棱上有长毛，无冠状冠毛。花果期 6~10 月。

生于路旁、荒野阴湿地，海拔 100~300 m。产于中国秦岭南坡以南地区、山东。

绿蓟（蓟属）

Cirsium chinense Gardn. & Champ.

多年生草本。茎直立，被多细胞长节毛。中部茎叶长 5~7 cm，宽 1~4 cm，羽状分裂，裂片边缘有 2~3 个刺齿，齿顶及齿缘有针刺，针刺长达 3.5 mm；或全部叶不裂。叶质地坚硬，下部茎叶基部渐狭成柄，中上部茎叶无柄。头状花序少数排成伞房花序。小花紫红色，花冠长 2.4 cm，檐部长 1.2 cm。瘦果楔状倒卵形，压扁，长 4 mm，宽 1.8 mm，顶端截形。冠毛污白色，多层，整体脱落；冠毛刚毛长羽毛状，长达 1.5 cm。花果期 6~10 月。

生于山坡草丛中，海拔 100~600 m。产于中国辽宁、内蒙古、河北、山东、江苏、浙江、广东、江西、四川。

野菊（菊属）

Chrysanthemum indicum L.

多年生草本。基生叶和下部叶花期脱落。中部茎叶卵形、长卵形或椭圆状卵形，长 3~7(10) cm，宽 2~4(7) cm，羽状半裂、浅裂或分裂不明显而边缘有浅锯齿。基部截形或稍心形或宽楔形，叶柄长 1~2 cm，柄基无耳或有分裂的叶耳。两面同色或几同色，淡绿色，或干后两面成橄榄色，有稀疏的短柔毛，或下面的毛稍多。头状花序直径 1.5~2.5 cm，多数在茎枝顶端排成疏松的伞房圆锥花序或少数在茎顶排成伞房花序。瘦果长 1.5~1.8 mm。花期 6~11 月。

广泛分布于中国东北、华北、华中、华南及西南地区。

蓟（蓟属）

Cirsium japonicum Fisch. ex DC.

多年生草本，块根纺锤状或萝卜状。茎直立，30~150 cm。基生叶较大，全形卵形、或椭圆形，长 8~20 cm，宽 2.5~8 cm，羽状深裂或几全裂；侧裂片 6~12 对，中部侧裂片较大，向下侧裂片渐小；顶裂片披针形或长三角形。基部向上的叶渐小，无柄。全部茎叶两面同色。头状花序直立。总苞钟状，直径 3 cm。总苞片约 6 层。瘦果压扁，偏斜楔状倒披针状，长 4 mm，宽 2.5 mm，顶端斜截形。小花红色或紫色，长 2.1 cm，檐部长 1.2cm，不等 5 浅裂。冠毛浅褐色。花果期 4~11 月。

生于林中、林缘、灌丛、田间、路旁、溪旁，海拔 400~900 m。产于中国河北、山东、陕西、江苏、浙江、江西、湖南、湖北、四川、贵州、云南、广西、广东、福建、台湾。

线叶蓟（蓟属）

Cirsium lineare **(Thunb.) Sch.-Bip.**

多年生草本。茎直立，有条棱，高 60~150 cm，上部有分枝，全部茎枝被稀疏的蛛丝毛至几无毛。叶椭圆状披针形，长 6~12 cm，宽 2~2.5 cm，基部渐狭成翼柄，向上的叶渐小，无叶柄，上面被多细胞长或短节毛，下面被稀疏的蛛丝状薄毛。边缘有细密的针刺。头状花序排成稀疏的圆锥状伞房花序。总苞片约 6 层，顶端有针刺。小花紫红色，花冠长 2 cm。瘦果倒金字塔状，长 2.5 mm。冠毛刚毛长羽毛状。花果期 9~10 月。

生于山坡、路旁，海拔 200~500 m。产于中国浙江、福建、安徽、江西、湖南、四川。

杯菊（杯菊属 ）

Cyathocline purpurea **(Buch.-Ham. ex D. Don) Kuntze**

一年生草本，高 10~15 cm。茎直立，全部茎枝红紫色。中部茎叶长 2.5~12 cm，卵形，二回羽状分裂，一回全裂，二回半裂；一回羽片羽轴上常有不规正的栉齿；二回羽裂片斜三角形，全缘或有微尖齿。自中部向上或向下的叶渐小。头状花序小。总苞片半球形；总苞片 2 层。头状花序外围有多层结实的雌花，花冠线形，红紫色，顶端 2 齿裂；中央花两性。瘦果长圆形。无冠毛。花果期近全年。

生于山坡林下、山坡草地、或村舍路旁或田边水旁，海拔 100~500 m。产于中国云南、四川、贵州、广西。

野茼蒿（野茼蒿属）革命菜

Crassocephalum crepidioides **(Benth.) S. Moore**

直立草本，高 20~120 cm，茎有纵条棱，叶膜质，长圆状椭圆形，长 7~12 cm，宽 4~5 cm，边缘有不规则锯齿，或基部羽状裂，两面近无毛；叶柄长 2~2.5cm。头状花序数个在茎端排成伞房状，总苞钟状，长 1~1.2 cm，基部截形；总苞片 1 层，线状披针形，小花管状，两性，花冠红褐色。瘦果狭圆柱形，赤红色；冠毛极多数，白色，绢毛状。花期 7~12 月。

生于路旁、溪边、灌丛中，海拔 300~600 m。产于中国江西、福建、湖南、湖北、广东、广西、贵州、云南、四川、西藏。

鱼眼草（鱼眼草属）

Dichrocephala integrifolia **(L. f.) Kuntze**

一年生草本，高 12~50 cm。茎枝被白色茸毛。叶椭圆形或披针形；中部茎叶长 3~12 cm，宽 2~4.5 cm，大头羽裂，柄长 1~3.5 cm。中上部叶渐小。全部叶边缘具重粗锯齿或缺刻状，叶两面被稀疏的短柔毛。头状花序球形，直径 3~5mm，排成伞房状花序或伞房状圆锥花序。总苞片 1~2 层，长约 1 mm。外围雌花多层，紫色，花冠线形，长 0.5 mm；中央两性花黄绿色。瘦果压扁，倒披针形，边缘脉状加厚。无冠毛。花果期全年。

生于林下、荒地、水沟边，海拔 200~600 m。产于中国云南、四川、贵州、陕西、湖北、湖南、广东、广西、浙江、福建、台湾。

羊耳菊（羊耳菊属）
Inula cappa **(Buch.–Ham. ex DC.) Anderb.**

亚灌木。茎直立，高 70~200 cm，粗壮，全部被污白色或浅褐色密茸毛。叶长圆形；中部叶长 10~16 cm，柄长约 0.5 cm，上部叶渐小近无柄；叶边缘有小尖头状细齿，上面被基部疣状的密糙毛，下面被白色或污白色绢状厚茸毛。头状花序多数密集于茎和枝端成聚伞圆锥花序；被绢状密茸毛。小花长 4~5.5 mm；边缘的小花舌片短小。瘦果长圆柱形，长约 1.8 mm，被白色长绢毛。花期 6~10 月，果期 8~12 月。

生于山地林中、灌丛或草地上，海拔 300~600 m。产于中国四川、云南、贵州、广西、广东、江西、福建、浙江。

地胆草（地胆草属）
Elephantopus scaber **L.**

根状茎平卧或斜升；茎高 20~60 cm，密被白色贴生长硬毛；基部叶莲座状，长 5~18 cm，宽 2~4 cm，基部渐狭成短柄，边缘具圆齿状锯齿；茎叶少数而小，向上渐小，全部叶上面被疏长糙毛，下面密被长硬毛和腺点；头状花序多数，束生成复头状花序，基部被 3 枚叶状苞片所包围；花 4 朵，淡紫色或粉红色，花冠长 7~9 mm；瘦果长圆状线形，长约 4 mm，具棱，被短柔毛。花期 7~11 月。

生于山坡、路旁、林缘，海拔 100~400 m。产于中国浙江、江西、福建、台湾、湖南、广东、海南、广西、贵州、云南。

鳢肠（鳢肠属）旱莲草、墨旱莲
Eclipta prostrata **(L.) L.**

一年生草本。茎直立或平卧，高达 60 cm，基部分枝，被贴生糙毛。叶近无柄，长 3~10cm，宽 0.5~2.5 cm，两面被密硬糙毛。头状花序径 6~8 mm，花序梗长 2~4 cm；总苞片 2 层；外围的雌花 2 层，舌状，长 2~3 mm，中央的两性花多数，花冠管状，白色，长约 1.5 mm；花柱分枝钝，有乳头状突起；瘦果暗褐色，长 2.8 mm，雌花的瘦果三棱形，两性花的瘦果扁四棱形，顶端截形，边缘具白色的肋。花期 6~9 月。

生于河边、田边或路旁，海拔 100~300 m。中国广泛分布。

白花地胆草（地胆草属）
Elephantopus tomentosus **L.**

根状茎粗壮，斜升或平卧，具纤维状根；茎直立，被白色开展的长柔毛，具腺点；叶散生于茎上，基部叶在花期常凋萎，下部叶长圆状倒卵形，顶端尖，基部渐狭成具翅的柄，稍抱茎，上部叶椭圆形或长圆状椭圆形，近无柄或具短柄，最上部叶极小，全部叶具有小尖的锯齿，稀近全缘，上面皱而具疣状突起，被疏或较密短柔毛，下面被密长柔毛和腺点；总苞长圆形；总苞片绿色，或有时顶端紫红色，外层 4 枚，披针状长圆形，顶端尖，具 1 条脉，无毛或近无毛，内层 4 个，椭圆状长圆形；花 4 朵，花冠白色，漏斗状，管部细，裂片披针形，无毛；瘦果长圆状线形，具 10 条肋，被短柔毛；冠毛污白色，基部急宽成三角形。花期 8 月至翌年 5 月。

产于中国福建、台湾、广东。

黄花紫背草（一点红属）

***Emilia praetermissa* Milne-Redhead**

一年生草本，高达 1.4 m。茎直立或斜生，不分枝或基部分枝，无毛至被长柔毛。茎基部叶片宽卵形或近心形，基部截形或楔形，渐狭成叶柄，边缘具牙齿，中等程度被长柔毛，不具翅或具窄翅，基部不耳状；茎下部叶片宽卵形或近心形；茎中部的叶片与下部相似，但基部明显耳状抱茎；上部叶片无柄，基部心形耳状抱茎，三角形。头状花序直立，盘状，单生或多达 7 个排成开展的伞房状。瘦果椭球形，两端截平，肋上被短硬毛。花果期几乎全年。

中国台湾、广东有逸生。

一点红（一点红属）

***Emilia sonchifolia* (L.) DC.**

一年生草本。茎高 25~40 cm。叶质较厚，下部叶大头羽状分裂，长 5~10 cm，宽 2.5~6.5 cm，下面常变紫色，两面被短卷毛；中部茎叶疏生，较小，基部箭状抱茎，全缘或有不规则细齿；上部叶少数，线形。头状花序长 8 mm，在枝端排列成疏伞房状；总苞圆柱形，长 8~14 mm。小花粉红色或紫色，长约 9 mm。瘦果圆柱形，长 3~4 mm；冠毛丰富，白色，细软。花果期 7~10 月。

生于山坡荒地、田埂、路旁，海拔 200~600 m。产于中国云南、贵州、四川、湖北、湖南、江苏、浙江、安徽、广东、海南、福建、台湾。

小一点红（一点红属）

***Emilia prenanthoidea* DC.**

一年生草本，茎高 30~90 cm。基部叶小，倒卵形，基部渐狭成长柄，全缘或具疏齿，中部茎叶长圆形，长 5~9 cm，宽 1~3 cm，无柄，抱茎，边缘具波状齿，下面有时紫色，上部叶小线状披针形，头状花序在茎枝端排列成疏伞房状；花序梗细纤，长 3~10 cm；总苞圆柱形，长 8~12 mm，宽 5~10 mm。小花花冠紫红色，长 10 mm。瘦果圆柱形，长约 3 mm；冠毛丰富，白色，细软。花果期 5~10 月。

生于山坡、路旁潮湿处，海拔 200~400 m。产于中国云南、贵州、四川、湖北、湖南、江苏、浙江、安徽、广东、海南、福建、台湾。

球菊（鹅不食草属（球菊属））鹅不食草

***Epaltes australis* Less.**

一年生草本。基部多分枝。叶无柄或短柄，叶片倒卵形或倒卵状长圆形，长 1.5~3 cm，宽 5~11 mm，基部长渐狭，边缘有粗锯齿，中脉在上面明显。头状花序多数，扁球形，径约 5 mm；总苞半球形，直径 5~6 mm；总苞片 4 层，绿色，干膜质；外层卵圆形，内层卵形，长约 2 mm；花托稍凸。雌花多数，长约 1 mm，檐部 3 齿裂，有疏腺点。两性花约 20 朵，花冠圆筒形，檐部 4 裂，裂片三角形；雄蕊 4 枚。瘦果近圆柱形，有 10 条棱，长约 1 mm，有疣状突起，被疏短柔毛。无冠毛。花期 3~6 月，9~11 月。

生于旱田中或旷野沙地上，海拔 100~300 m。产于中国台湾、福建、广东、海南、广西、云南。

梁子菜（菊芹属）
Erechtites hieraciifolius **(L.) Raf. ex DC.**

一年生草本。叶无柄，具翅，基部渐狭或半抱茎，披针形至长圆形，长 7~16 cm，宽 3~4 cm，顶端急尖或短渐尖，边缘具不规则的粗齿，羽状脉，两面无毛或下面沿脉被短柔毛。头状花序较多数，在茎端排列成伞房状。总苞筒状，淡黄色至褐绿色，基部线形小苞片；总苞片 1 层。小花管状，淡绿色或带红色；外围小花 1~2 层，雌性，花冠丝状，顶端 4~5 齿裂；中央小花两性，花冠细管状，顶端 5 齿裂。瘦果圆柱形，长 2.5~3 mm，具明显的肋。冠毛白色。花果期 6~10 月。

生于山坡、林下、灌木丛中或湿地上，海拔 100~300 m。产于中国云南、贵州、四川、福建、台湾。

香丝草（飞蓬属）
Erigeron bonariensis **L.**

一年生或二年生草本。茎高 20~50 cm，中部以上常分枝，密被贴短毛，杂有开展的疏长毛。叶密集，下部叶长圆状披针形，长 3~5 cm，基部渐狭成柄，具粗齿或羽状浅裂，中上部叶较小，近无柄，两面均密被贴糙毛。头状花序排列成总状或总状圆锥花序；总苞 2~3 层，线形，背面密被灰白色短糙毛。雌花多层，白色，花冠细管状，长 3~3.5 mm，无舌片；两性花淡黄色；瘦果线状披针形，长 1.5 mm，被疏短毛；冠毛淡红褐色。花期 5~10 月。

生于荒地、田边、路旁，海拔 100~300 m。产于中国秦岭南坡以南地区以及河北、山东。

败酱叶菊芹（菊芹属）
Erechtites valerianifolius **(Link ex Spreng.) DC.**

一年生草本。茎直立，株高 50 ~ 100 cm。叶具长柄，长圆形至椭圆形，顶端尖或渐尖，边缘有重锯齿或羽状深裂；叶柄具狭下延的翅，上部叶与中部叶相似，但渐小。头状花序多数，直立或下垂，在茎端和上部叶腋排列成较密集的伞房状圆锥花序，长约 10 mm，宽 3 mm，具线形小苞片，总苞圆柱状钟形。小花多数，淡黄紫色，外围小花 1 ~ 2 层，花冠丝状，顶端 5 齿裂，中央小花细管状，长 7 ~ 8 mm，稍长于和宽于外围雌花，内层的小花细漏斗状，顶端 5 齿裂。瘦果圆柱形，长 2.5 ~ 3.5 mm，具 10 ~ 12 条淡褐色的细肋，冠毛多层，细，淡红色，约与小花等长。

生于路边，海拔 100~300 m。产于中国广东、海南、台湾。

小蓬草（飞蓬属）
Erigeron canadensis **L.**

一年生草本。茎高 50~100 cm，被疏长硬毛，上部多分枝。下部叶倒披针形，长 6~10 cm，宽 1~1.5 cm，基部渐狭成柄，边缘具疏锯齿或全缘，中上部叶较小，近无柄，两面被疏短毛。头状花序直径 3~4 mm，排列成顶生多分枝的大圆锥花序，花序梗细，长 5~10 mm；总苞片 2~3 层，淡绿色，线状披针形或线形；花托平，直径 2~2.5 mm，具不明显的突起；雌花多数，白色，长 2.5~3.5 mm，舌片小；两性花淡黄色；瘦果线状披针形，长 1.2~1.5 mm，稍扁压，被贴微毛；冠毛污白色。花期 5~9 月。

生于旷野、荒地、田边、路旁，海拔 100~300 m。中国南北各省区均有分布。

白酒草（白酒草属）

Eschenbachia japonica (Thunb.) J. Kost.

一年生草本，根木质纺锤状。茎直立，高 30~65 cm，分枝伞房状，全株被灰白色短柔毛。叶密集，下部叶匙状倒卵形，长 3~5.5 cm，宽 0.5~1.3 cm，顶端钝，边缘具齿，上部及分枝上的叶线形或线状倒披针形，长 1.2~2 cm，宽 2~4 mm，全缘，1 条脉，叶渐小。头状花序极小，直径 3 mm；花序梗长 2~4 mm，有 1 枚小苞片；总苞片 3 层；花黄色，外围的雌花多数，花冠舌状，舌片白色；中央有 4~ 7 个两性花；瘦果长圆形，长 0.6 mm。花期 9~11 月。

生长于草坡荒地或田边，海拔 100~500 m。产于中国长江以南地区。

佩兰（泽兰属）

Eupatorium fortunei Turcz.

多年生草本，高 40~100 cm。根茎横走，淡红褐色。茎直立。中部茎叶较大，三裂，总叶柄长 0.7~1 cm；中裂片较大，长椭圆形或长椭圆状披针形，顶端渐尖，上部的茎叶常不分裂；或全部茎叶不裂，披针形或长椭圆状披针形或长椭圆形，叶柄长 1~1.5 cm。全部茎叶两面光滑，边缘有齿。中部以下茎叶渐小。头状花序排成复伞房花序。总苞钟状；总苞片 2~3 层。花白色或带微红色，花冠长约 5 mm。瘦果黑褐色，长椭圆形，具 5 条棱；冠毛白色。花果期 7~11 月。

生路边灌丛及山沟路旁，海拔 100~300 m。产于中国秦岭南坡以南地区。

多须公（泽兰属）华泽兰

Eupatorium chinense L.

多年生草本，高 70~200 cm。全株多分枝，被污白色短柔毛，花序上的毛密集。叶对生，几无柄；中部茎叶卵形，长 4.5~10 cm，宽 3~5 cm，叶两面粗涩，被白色短柔毛及黄色腺点，自中部向上及向下部的茎叶渐小。头状花序排成大型疏散的复伞房花序，花序径达 30 cm。花白色、粉色或红色；花冠长 5 mm，外面被稀疏黄色腺点。瘦果淡黑褐色，椭圆状，长 3 mm，具 5 条棱，散布黄色腺点。花果期 6~11 月。

生于山谷、山坡林缘、林下、灌丛或山坡草地上，海拔 300~600 m。产于中国东南、西南地区。

白头婆（泽兰属）泽兰

Eupatorium japonicum Thunb.

多年生草本，高 70~200 cm。全株多分枝，被污白色短柔毛，花序上的毛密集。叶对生，几无柄；中部茎叶卵形，长 4.5~10 cm，宽 3~5 cm，叶两面粗涩，被白色短柔毛及黄色腺点，自中部向上及向下部的茎叶渐小。头状花序排成大型疏散的复伞房花序，花序径达 30 cm。花白色、粉色或红色；花冠长 5 mm，外面被稀疏黄色腺点。瘦果淡黑褐色，椭圆柱状，长 3 mm，具 5 条棱，散布黄色腺点。花果期 6~11 月。

生于山谷、山坡林缘、林下、灌丛、山坡草地上、河岸水旁，海拔 200~600 m。除西北地区外，广泛分布于中国。

林泽兰（泽兰属）

***Eupatorium lindleyanum* DC.**

多年生草本，高 30~150 cm。茎中下部红色或淡紫红色；茎枝密被白色长或短柔毛。中部茎叶狭披针形，长 3~12 cm，宽 0.5~3 cm，不分裂或三全裂，质厚，三出基脉，两面粗糙，被白色长或短粗毛及黄色腺点；自中部向上与向下的叶渐小；几无柄。头状花序排成伞房花序或大型复伞房花序；花序枝及花梗被白色密集的短柔毛。花白色、粉红色或淡紫红色，花冠长 4.5mm。瘦果黑褐色，长 3 mm，椭圆柱状，具 5 条棱；冠毛白色。花果期 5~12 月。

生于山谷阴处水湿地、林下湿地或草原上，海拔 200~600 m。除新疆外，遍布于中国。

多茎鼠麴草（鼠麴草属）

***Gnaphalium polycaulon* Pers.**

一年生草本。下部叶倒披针形，长 2~4 cm，宽 4~8 mm，基部长渐狭，下延，无柄，顶端通常短尖，全缘或有时微波状，两面被白色棉毛或上面有时多少脱毛；中部和上部的叶较小，倒卵状长圆形或匙状长圆形，长 1~2 cm，宽 2~4 mm，向下渐长狭，顶端具短尖头或中脉延伸成刺尖状。花冠丝状，长约 1.5 mm，顶端 3 齿裂。两性花少数，花冠管状，长约 1.5 mm，向上渐扩大，檐部 5 浅裂，裂片顶端尖，无毛。瘦果圆柱形，长约 0.5 mm，具乳头状突起。冠毛绢毛状，污白色，基部分离，易脱落，长约 1.5 mm。花期 1~4 月。

产于中国浙江、福建、广东、贵州、云南。

兔耳一枝箭（非洲菊属）兔儿一枝箭

***Piloselloides hirsuta* (Forsskal) C. Jeffrey ex Cufodontis**

多年生、被毛草本。根状茎短。叶基生，莲座状，纸质，长 6~16 cm，宽 2.5~5.5 cm，全缘，边缘有灰锈色睫毛；叶柄长 1~7.5 cm。头状花序单生于花葶之顶；总苞盘状；总苞片 2 层，线形或线状披针形；花托裸露，蜂窝状；外围雌花 2 层，外层花冠舌状，顶端有 3 枚细齿，檐部内 2 裂丝状；内层雌花花冠管状二唇形，外唇大，内唇短，2 深裂。瘦果纺锤形，具 6 条纵棱。冠毛橙红色或淡褐色。花期 2~5 月及 8~12 月。

生于林缘、草丛中或旷野荒地上。产于中国西藏、云南、广西、广东、湖南、江苏、浙江、福建。

红凤菜（菊三七属）紫背三七

***Gynura bicolor* (Roxb. ex Willd.) DC.**

多年生草本，高 50~100 cm，全株无毛。茎直立。叶具柄或近无柄。叶片倒卵形或倒披针形，长 5~10 cm，宽 2.5~4 cm，基部楔状渐狭成具翅的叶柄，边缘有齿，上面绿色，上部和分枝上的叶小。头状花序直径 10 mm，排列成疏伞房状；花序梗长 3~4 cm，有 1~23 丝状苞片。总苞狭钟状；总苞片 1 层，约 13 枚。小花橙黄色至红色，长 13~15 mm，管部细；裂片卵状三角形。瘦果圆柱形，淡褐色，具 10~15 条肋；冠毛白色。花果期 5~10 月。

生于山坡林下、岩石上或河边湿处，海拔 100~300 m。产于中国云南、贵州、四川、广西、广东、台湾。

白子菜（菊三七属）
Gynura divaricata **(L.) DC.**

多年生草本，高 30~60 cm，茎直立。叶质厚，叶片卵形，椭圆形或倒披针形，长 2~15 cm，宽 1.5~5 cm，边缘具粗齿，上面绿色，下面带紫色；叶柄长 0.5~4 cm，基部有耳。上部叶渐小，苞叶状。头状花序通常 2~5 枚排成疏伞房状圆锥花序；花序梗长 1~15 cm，被密短柔毛。总苞钟状。小花橙黄色，有香气；花冠长 11~15 mm，裂片长圆状卵形，顶端红色。瘦果圆柱形，长约 5 mm，褐色。花果期 8~10 月。

常生于山坡草地、荒坡和田边潮湿处，海拔 100~500 m。产于中国广东、海南、香港、云南、四川。

泥胡菜（泥胡菜属）
Hemisteptia lyrata **(Bunge) Fisch. & C. A. Mey.**

一年生草本。基生叶长椭圆形或倒披针形，花期通常枯萎；中下部茎叶与基生叶同形，长 4~15 cm 或更长，宽 1.5~5 cm 或更宽，全部叶大头羽状深裂或几全裂，侧裂片 2~6 对，通常 4~6 对。头状花序在茎枝顶端排成疏松伞房花序，少有植株仅含一枚头状花序而单生茎顶的。总苞宽钟状或半球形，直径 1.5~3 cm。总苞片多层，覆瓦状排列，最外层长三角形，长 2 mm，宽 1.3 mm；外层及中层椭圆形或卵状椭圆形，长 2~4 mm，宽 1.4~1.5 mm。花果期 3~8 月。

除新疆、西藏外，遍布中国。

菊三七（菊三七属）
Gynura japonica **(Thunb.) Juel**

高大多年生草本，茎高 60~150 cm，有沟棱，多分枝。基部和下部叶较小，不分裂至大头羽状，顶裂片大，中部叶大，长 10~30 cm，宽 8~15 cm，羽状深裂，顶裂片大。叶背有时紫色，两面近无毛；叶柄基部具叶耳；上部叶较小，渐变成苞叶。头状花序多数，直径 1.5~1.8 cm，排成伞房状圆锥花序。小花 50~100 朵，花冠橙黄色，长 13~15 mm。瘦果圆柱形，棕褐色，长 4~5 mm。冠毛白色。花果期 8~10 月。

生于山谷、山坡草地、林下或林缘，海拔 100~500 m。产于中国四川、云南、贵州、湖北、湖南、陕西、安徽、浙江、江西、福建、台湾、广西。

细叶小苦荬（小苦荬属）详细苦荬菜
Ixeridium gracile **(DC.) C. Shih**

多年生草本，高 10~70 cm。茎直立，上部伞房花序状分枝，茎枝无毛。基生叶线状长椭圆形，长 4~15 cm，宽 0.4~1 cm，基部具狭翼柄；茎生叶少数，线状披针形，基部无柄；全部叶两面无毛，边全缘。头状花序排成伞房花序或伞房圆锥花序。总苞圆柱状，长 6 mm；总苞片 2 层。瘦果褐色，长圆锥状，长 3mm。冠毛褐色或淡黄色，微糙毛状，长 3 mm。花果期 3~10 月。

生于山坡或山谷林下、田间、荒地，海拔 100~300 m。产于中国秦岭南坡以南地区。

翅果菊（莴苣属）

Lactuca indica **L.**

草本，根垂直直伸，生多数须根。全部茎叶线形，中部茎叶长达 21 cm 或过之，宽 0.5~1 cm，边缘大部全缘或仅基部或中部以下两侧边缘有小尖头或稀疏细锯齿或尖齿，或全部茎叶线状长椭圆形、长椭圆形或倒披针状长椭圆形，中下部茎叶长 13~22 cm，宽 1.5~3 cm。全部苞片边缘染紫红色。舌状小花 25 枚，黄色。瘦果椭圆形，长 3~5 mm，宽 1.5~2 mm，黑色，压扁，边缘有宽翅，顶端急尖或渐尖成 0.5~1.5 mm 细或稍粗的喙，每面有 1 条细纵脉纹。冠毛 2 层，白色，几单毛状，长 8 mm。花果期 4~11 月。

分布于中国北京、黑龙江、吉林、河北、陕西、山东、江苏、安徽、浙江、江西、福建、河南、湖南、广东、四川、云南。

六棱菊（六棱菊属）

Laggera alata **(D. Don) Sch-Bip. ex Oliv.**

多年生草本。茎粗壮，直立，高约 1 m。叶长圆形或匙状长圆形，无柄，长 2~8 cm，宽 2~7.5 cm，基部渐狭，沿茎下延成茎翅，边缘有细齿，两面密被头状腺毛，中脉粗壮，上部或枝生叶小。头状花序多数，下垂，总状花序式着生于叶腋内，在茎枝顶端排成总状圆锥花序；总苞近钟形；总苞片约 6 层；雌花多数，花冠丝状。两性花多数，花冠管状，檐部 5 浅裂；全部花冠淡紫色。瘦果圆柱形，有 10 条棱。冠毛白色。花期 10 月至翌年 2 月。

生于旷野、路旁以及山坡阳处地，海拔 100~300 m。产于中国东部、东南部至西南部地区。

瓶头草（瓶头草属）

Lagenophora stipitata **(Labill.) Druce**

矮小一年生草本，高 3.5~12 cm。根生叶莲座状，花期生存，倒卵状或宽匙形，长 1.2~3 cm，宽 0.7~1.3 cm，顶端浑圆或钝，基部楔形渐窄，被短柔毛；葶叶少数，1~2 枚，长 1~1.5 mm，线形，苞叶状。头状花序小，直径 4~9 mm。总苞半球形；总苞片 3~4 层，边缘膜质。小花管部外面被腺状乳突；雌花 3~4 层，舌片长 1.5~2.5 mm，宽约 0.5mm，淡紫色，顶端全缘，无齿裂；两性花短钟状，长 1.5 mm，顶端有 4~5 枚齿。瘦果倒披针状，长 2.5~3.5 mm，极扁，被多数腺点。花果期 9 月。

生长于山坡草地，海拔 400~600 m。产于中国广东、广西、福建、台湾、云南。

大丁草（大丁草属）

Leibnitzia anandria **(L.) Turcz.**

多年生草本，二型。春型者根状茎短。叶基生，莲座状，叶片形状多变异，常为倒披针形或长圆形，长 2~6 cm，宽 1~3 cm，具短尖头，边缘具齿；侧脉 4~6 对；叶柄长 2~4 cm；花葶单生或数个丛生；头状花序单，倒锥形，直径 10~15 mm；总苞片约 3 层；雌花花冠舌状，长 10~12 mm，舌片长圆形，两性花花冠管状二唇形。瘦果纺锤形，具纵棱，长 5~6 mm。花期春、秋季。

生于山顶、山谷丛林、荒坡、沟边或风化的岩石上，海拔 600~900 m。除新疆、西藏外，广泛分布于中国。

大头橐吾（橐吾属）
Ligularia japonica **(Thunb.) Less.**

多年生草本。根肉质。茎直立，高 50~100 cm。丛生叶与茎下部叶具柄，叶柄长 20~100 cm，光滑，具紫斑，叶片轮廓肾形，直径约 40 cm，掌状 3~5 全裂，裂片长 14 ~18 cm；茎中上部叶较小，具短柄，鞘状抱茎；最上部叶无鞘，叶片掌状分裂。头状花序辐射状，排成伞房状花序；花序梗长达 20 cm；总苞半球形。舌状花黄色，舌片长圆形，长 4~6.5 cm；管状花多数，檐部筒形，冠毛红褐色。瘦果细圆柱形，长达 1 cm。花果期 4~9 月。

生于水边，山坡草地及林下，海拔 900 m。产于中国湖北、湖南、江西、浙江、安徽、广西、广东、福建、台湾。

假臭草（假臭草属）
Praxelis clematidea **R. M. King & H. Rob.**

全株被长柔毛，茎直立，高 0.3~1 m，多分枝。叶对生，长 2.5~6 cm，宽 1~4 cm，卵圆形至菱形，具腺点，先端急尖，基部圆楔形，具 3 条脉，边缘明显齿状。叶柄长 0.3~2 cm。头状花序生于茎、枝端，总苞钟形，总苞片 4~5 层，小花 25~30 朵，藏蓝色或淡紫色。花冠长 3.5~4.8 mm。瘦果黑色，条状，具 3~4 条棱。种子长 2~3 mm，宽约 0.6 mm，顶端具一圈白色冠毛，30~34 根，冠毛长约 4 mm。花期长达 6 个月，在海南等地区几乎全年开花结果。

生于路边、林缘、扰动强烈的地方。归化于中国广东、福建、澳门、香港、台湾、海南。

假福王草（假福王草属）
Paraprenanthes sororia **(Miq.) C. Shih**

一年生草本，高 50~150 cm。茎枝光滑无毛。中下部茎叶大头羽状分裂，有翼柄，顶裂片长 5.5~15 cm，宽 5.5~15 cm，侧裂片 1~3 对，椭圆形，下方的侧裂片更小；羽轴有翼；上部茎叶小，不裂，几无柄；全部叶两面无毛。头状花序排成圆锥状花序。总苞片 4 层。舌状小花粉红色，约 10 枚。瘦果黑色，纺锤状，淡黄白色，长 4.3~5 mm。冠毛 2 层，白色，长 7mm。花果期 5~8 月。

生山坡、山谷灌丛、林下，海拔 200~600 m。产于中国长江以南地区。

宽叶鼠曲草（拟鼠麹草属）宽叶拟鼠麹草
Pseudognaphalium adnatum **(DC.) Y. S. Chen**

粗壮草本。茎直立，高 0.5~1 m。基生叶花期凋落；中部及下部叶倒披针状长圆形或倒卵状长圆形，长 4~9 cm，宽 1~2.5 cm，下延抱茎，但无耳，近革质，密被白色棉毛；上部花序枝的叶小，长 1~3 cm，宽 2~5 mm。头状花序在枝端密集成球状，并在茎上部排成伞房花序；总苞近球形；总苞片 3~4 层，干膜质。雌花多数，结实。两性花较少，通常 5~7 个，花冠管状。瘦果圆柱形，具乳头状突起。冠毛白色。花期 8~10 月。

生于山坡、路旁或灌丛中，海拔 500~900 m。产于中国秦岭南坡以南地区。

鼠曲草（鼠曲草属）拟鼠麴草

Pseudognaphalium affine **(D.Don) Anderb.**

一年生草本。茎直立，有沟纹。叶无柄，匙状倒披针形或倒卵状匙形，长 5~7 cm，宽 11~14 mm，上部叶长 15~20 mm，宽 2~5 mm，基部渐狭，具刺尖头，被白色棉毛，叶脉 1 条。头状花序径 2~3mm，密集成伞房花序，花黄色至淡黄色；总苞钟形；总苞片 2~3 层，膜质。雌花多数，花冠细管状，花冠 3 齿裂。两性花较少，管状，檐部 5 浅裂。瘦果倒卵形或倒卵状圆柱形。冠毛粗糙。花期 1~4 月，8~11 月。

生于低海拔干地或湿润草地上，尤以稻田最常见，海拔 100~300 m。产于中国秦岭南坡以南地区、山东。

千里光（千里光属）九里明、蔓黄菀

Senecio scandens **Buch.-Ham. ex D. Don**

多年生攀援草本。茎长 2~5 m，多分枝。叶片卵状披针形至长三角形，长 2. 5~12 cm，宽 2~4.5 cm，有时具细裂或羽状浅裂，通常具浅或深齿，两面被短柔毛至无毛，羽状脉，侧脉 7 ~ 9 对，弧状，叶脉明显；叶柄长 0.5~1.5 cm；上部叶变小。头状花序有舌状花，排成顶生复聚伞圆锥花序；花序梗长 1~2 cm。舌状花 8~10 朵，管部长 4.5 mm；舌片黄色，长 9~10 mm；管状花多数；花冠黄色，长 7.5 mm。瘦果圆柱形，长 3 mm，被柔毛；冠毛白色，长 7.5 mm。

生于森林、灌丛中，攀援于灌木、岩石上或溪边，海拔 100~600 m。产于中国秦岭南坡以南地区。

风毛菊（风毛菊属）

Saussurea japonica **(Thunb.) DC.**

二年生草本，高 50~200 cm。茎直立。基生叶与下部茎叶有叶柄，柄长 3~3.6 cm，有狭翼，叶片全形椭圆形、长椭圆形或披针形，长 7~22 cm，宽 3.5~9 cm，羽状深裂，侧裂片 7~8 对，中部侧裂片较大，向两端侧裂片较小，顶裂片较长；中部茎叶及下部茎叶同形，渐小，有短柄；上部茎叶与花序分枝上的叶更小，无柄。头状花序多数；总苞片 6 层。小花紫色，长 10~12 mm。瘦果深褐色，圆柱形。花果期 6~11 月。

生于山坡、山谷、林下、山坡路旁、山坡灌丛、水旁、田中，海拔 200~900 m。除新疆外，广泛分布于中国。

闽粤千里光（千里光属）

Senecio stauntonii **DC.**

多年生根状茎草本。茎高 30~60 cm，具棱，无毛。茎叶多数，无柄，披针形，长 5~12 cm，宽 1~4 cm，基部具圆耳，半抱茎，疏具细齿，革质，上面有贴生短毛，下面近无毛；上部叶渐小。头状花序排列成顶生疏伞房花序；花序梗长 1.5~3.5 cm。舌状花 8~13 朵，管部长 3.5 mm；舌片黄色，长圆形，长 8 mm；管状花多数，花冠黄色，长 7 mm。瘦果圆柱形，被柔毛。冠毛长 5.5 mm，白色。花期 10~11 月。

生于灌丛、疏林中、石灰岩干旱山坡或河谷，海拔 300~600 m。产于中国广东、香港、澳门、湖南、广西。

豨莶（豨莶属）

Sigesbeckia orientalis **L.**

一年生草本。茎直立；枝被灰白色短柔毛。基部叶花期枯萎；中部叶三角状卵圆形或卵状披针形，长 4~10 cm，宽 1.8~6.5 cm，基部下延成具翼的柄，边缘有粗齿，具腺点，三出基脉；上部叶渐小，卵状长圆形。头状花序排列成圆锥花序；总苞阔钟状；总苞片 2 层，背面被腺毛；外层苞片 5~6 枚。花黄色；雌花花冠的管部长 0.7 mm；两性管状花上部钟状。瘦果倒卵圆柱形，有 4 条棱。花期 4~9 月，果期 6~11 月。

生于山野、荒草地、灌丛、林缘、林下及耕地中，海拔 100~300 m。产于中国秦岭南坡以南地区。

蟛蜞菊（蟛蜞菊属）

Sphagneticola calendulacea **(L.) Pruski**

多年生草本。茎匍匐，上部近直立，长 15~50 cm。叶无柄，长 3~7 cm，宽 7~13 mm，全缘或有 1~3 对疏粗齿，两面疏被贴生的短糙毛。头状花序少数，径 15~20 mm，单生；花序梗长 3~10 cm，被贴生短粗毛。舌状花 1 层，黄色，舌片长圆形，长约 8 mm，顶端 2~3 深裂。管状花较多，黄色，长约 5 mm。瘦果倒卵形，长约 4 mm，多疣状突起，舌状花的瘦果具 3 条边，边缘增厚。无冠毛，而有具细齿的冠毛环。花期 3~9 月。

生于路旁、田边、沟边或湿润草地上，海拔 100~200 m。产于中国东北部、东部和南部各省区及沿海岛屿。

一枝黄花（一枝黄花属）

Solidago decurrens **Lour.**

多年生草本，高 30~100 cm。茎不分枝或中部以上有分枝。中部茎叶椭圆形至宽披针形，长 2~5 cm，宽 1~2 cm，有具翅的柄，中部以上有细齿或全缘；向上叶渐小。叶质地较厚，叶两面及叶缘有短柔毛或下面无毛。头状花序长 6~8 mm，宽 6~9 mm，多数在茎上部排列成总状花序或伞房圆锥花序。总苞片 4~6 层，披针形或披狭针形。舌状花舌片椭圆形，长 6 mm。瘦果长 3 mm，无毛。花果期 4~11 月。

生于林下、灌丛中及山坡草地上，海拔 100~500 m。产于中国秦岭南坡以南地区、山东。

三裂叶蟛蜞菊（蟛蜞菊属）南美蟛蜞菊

Sphagneticola trilobata **(L.) Pruski**

多年生草本植物，茎匍匐，上部茎近直立，茎长可达 2 m 以上。叶对生，椭圆形、长圆形或线形，长 4~9 cm，宽 2~5 cm，呈 3 浅裂，叶面富光泽，两面被贴生的短粗毛，几近无柄叶上有 3 裂，具齿。头状花序中等大小，花序宽约 2 cm，连柄长达 4 cm，多单生，外围雌花 1 层，舌状，顶端 2~3 齿裂，黄色；中央两性花，黄色，结实。瘦果倒卵形或楔状长圆形，长约 4 mm，宽近 3 mm，具 3~4 条棱。花期几乎全年。

生于路边、林缘、扰动强烈的地方。归化于中国广东、福建、澳门、香港、台湾、海南。

金腰箭（金腰箭属）

Synedrella nodiflora **(L.) Gaertn.**

一年生草本。茎直立，高 0.5~1 m。叶连叶柄长 7~12 cm，宽 3.5~6.5 cm，基部下延成柄，两面被糙毛，近基三出主脉。头状花序径 4~5 mm，常 2~6 簇生于叶腋；小花黄色；舌状花连管部长约 10 mm；管状花向上渐扩大，长约 10 mm。雌花瘦果倒卵状长圆形，扁平，深黑色，长约 5 mm，边缘有增厚、污白色宽翅，翅缘具长硬尖刺；两性花瘦果倒锥形，长 4~5 mm，宽约 1 mm，黑色，有纵棱，腹面压扁。花期 6~10 月。

生于旷野、耕地、路旁及宅旁，海拔 100~300 m。产于中国东南至西南部各省区，东起台湾，西至云南。

毒根斑鸠菊（斑鸠菊属）

Vernonia cumingiana **Benth.**

攀援灌木或藤本，长 3~12 m。枝被锈色或灰褐色密茸毛；叶厚纸质，长 7~21 cm，宽 3~8 cm，全缘或稀具疏浅齿，叶面近无毛，下面被锈色短柔毛；叶柄 5~15 mm；头状花序较多数，直径 8~10 mm 排成顶生或腋生疏圆锥花序；花淡红紫色，花冠管状，长 8~10 mm，向上部稍扩大；瘦果近圆柱形，长 4~4.5 mm，具 10 条肋，被短柔毛；冠毛红褐色，易脱落，长 8~10 mm。花期 10 月至翌年 4 月。

生于河边、溪边、山谷阴处灌丛或疏林中，海拔 300~500 m。产于中国福建、广东、广西、贵州、四川、台湾、云南。

夜香牛（斑鸠菊属）

Vernonia cinerea **(L.) Less.**

草本，高 20~100 cm。茎直立，被灰色贴生短柔毛，具腺。下中部叶具柄，菱状卵形，长 3~6.5 cm，宽 1.5~3 cm，基部楔状狭成具翅的柄，边缘有具小尖的疏锯齿，上面被疏短毛，下面被灰黄色短柔毛；叶柄长 10~20 mm；上部叶渐狭；头状花序多数，直径 6~8 mm，具 19~23 朵花，在茎枝端排列成伞房状圆锥花序；花淡红紫色，花冠管状，长 5~6 mm；瘦果圆柱形，长约 2 mm；冠毛白色，2 层，外层多数而短，内层近等长。花期全年。

生于山坡旷野、荒地、田边、路旁。产于中国华东、华中、华南、西南地区。

茄叶斑鸠菊（斑鸠菊属）

Vernonia solanifolia **Benth.**

直立灌木，高 8~12 m，枝密被茸毛。叶长 6~16 cm，宽 4~9 cm，多少不等侧，全缘或具疏钝齿，上面粗糙，下面被淡黄色密茸毛，叶柄粗壮，长 1~2.5 cm，被密茸毛。头状花序小，径 5~6 mm，排列成具叶宽达 20 cm 的复伞房花序；花约 10 朵，有香气，花冠管状，粉红色或淡紫色，长约 6 mm；瘦果具 4~5 条棱，长 2~2.5 mm，无毛；冠毛淡黄色，2 层，外层极短，内层糙长约 8 mm。花期 11 月至翌年 4 月。

生于山谷疏林中或攀援于乔木上，海拔 300~500 m。分布于中国广东、海南、广西、福建、云南。

山蟛蜞菊（山蟛蜞菊属）

***Wollastonia montana* (Blume) DC.**

直立草本。茎高 60~80 cm。叶片连叶柄长 6~11 cm，宽 3~4 cm，边缘有圆齿或细齿，两面被糙毛，近基出三脉，叶柄长 1~2 cm；上部叶小，连叶柄长 4~5 cm。头状花序较小，直径达 15 mm，通常单生。舌状花 1 层，黄色，舌片长圆形，长 4~6 mm，顶端 2~3 齿裂。管状花向上端渐扩大，檐部 5 裂。瘦果倒卵状三棱形，略扁，长约 5 mm，红褐色而具白色疣状突起，上部被细短毛。冠毛 2~3 个，短刺芒状，生于冠毛环上。花期 4~10 月。

生于溪边、路旁或山区沟谷中，海拔 500~900 m。产于中国广东、广西、贵州、海南、四川、云南。

苍耳（苍耳属）胡苍子

***Xanthium strumarium* L.**

一年生草本，高 20~90 cm。茎被灰白色糙伏毛。叶三角状卵形，长 4~9 cm，宽 5~10 cm，近全缘，或 3~5 浅裂，边缘有粗锯齿，三基出脉，脉上密被毛，叶背苍白色，被糙伏毛；叶柄长 3~11 cm。雄性头状花序球形，径 4~6 mm，雄花多数；雌性头状花序椭圆形，内层总苞片结合成囊状，在瘦果成熟时变坚硬，长 12~15 mm，宽 4~7 mm，外面疏生具钩状直刺。瘦果 2 颗，倒卵柱形。花期 7~8 月，果期 9~10 月。

生于平原、丘陵、低山、荒野路边、田边，海拔 100~500 m。广泛分布于中国。

黄鹌菜（黄鹌菜属）

***Youngia japonica* (L.) DC.**

一年生草本，高 10~100 cm。茎单生或簇生。基生叶长 2.5~13 cm，宽 1~4.5 cm，大头羽状深裂，叶柄长 1~7 cm，顶裂片卵形，侧裂片 3~7 对，向下渐小，最下方的侧裂片耳状；茎叶极少；全部叶被皱波状柔毛。头状花序含 10~20 枚舌状小花，排成伞房花序。舌状小花黄色，花冠管外面有短柔毛。瘦果纺锤形，压扁，褐色，长 1.5~2 mm，顶端无喙。冠毛长 2.5~3.5 mm，糙毛状。花果期 4~10 月。

生于山坡、山谷、林缘、草地及潮湿地、沼泽地、田间，海拔 100~500 m。除新疆、东北地区外，广泛分布于中国。

A404 南鼠刺科 Escalloniaceae

多香木（多香木属）

***Polyosma cambodiana* Gagnep.**

乔木，高达 20 m。幼枝有短柔毛。叶薄革质，对生，长椭圆状倒披针形或长椭圆形，长 7~15 cm，宽 3~5 cm，先端锐尖，基部楔形，上面光滑无毛，干后变黑色，下面被微毛或无毛，侧脉 8~12 对，全缘，稀具齿；叶柄长 1~1.5 cm；苞片小，线形；花白色，花梗长 3~4 mm，被短柔毛；萼筒被毛；萼片卵状三角形，细小；花瓣 4 枚，线形，长约 10 mm，顶端稍尖，内外两面均被柔毛；雄蕊 4 枚，略短于花瓣。果实卵圆球形，长约 10 mm，宽约 7 mm，干后变黑色，具 1 颗种子。花期夏季，果期冬季。

生于山地雨林及常绿林中，海拔 900 m。产于中国广东、广西、海南、云南。

A408 五福花科 Adoxaceae

接骨草（接骨木属）

***Sambucus javanica* Reinw. ex Blume**

高大草本，高 1~2 m；茎有棱条。羽状复叶的托叶叶状或有时退化成蓝色的腺体；小叶 2~3 对，互生或对生，狭卵形，长 6~13 cm，宽 2~3 cm，基部钝圆，两侧不等，边缘具细锯齿；顶生小叶基部楔形。复伞形花序顶生，大而疏散，分枝被黄色疏柔毛；杯形不孕性花不脱落，可孕性花小；萼筒杯状，萼齿三角形；花冠白色。果实红色，近圆球形，直径 3~4 mm。花期 4~5 月，果期 8~9 月。

生于山坡、林下、沟边和路旁，海拔 200~500 m。产于中国秦岭南坡以南地区。

A409 荚蒾科 Viburnaceae

金腺荚蒾（荚蒾属）陈氏荚蒾

***Viburnum chunii* P. S. Hsu**

常绿灌木，高 1~2 m。叶厚纸质至薄革质，长 5~11 cm，尾状渐尖，基部楔形；边缘有疏锯齿，有腺点，近缘前内弯而互相网结，最下一对有时伸长至叶中部以上而作离基 3 出脉状；侧脉 3~5 对；叶柄长 4~8 mm，初时被短伏毛，后变无毛；托叶缺。复伞形式聚伞花序顶生，直径 1.5~2 cm，总花梗长 5~18 mm，花生于第一级辐射枝上，有短梗；苞片和小苞片宿存；萼筒钟状，无毛，萼齿卵状三角形，顶钝，有缘毛；花冠蕾时带红色。果实红色，圆球形，直径 7~10 mm；核卵圆形，扁。花期 5 月，果期 10~11 月。

生于山谷林中及灌丛，海拔 100~600 m。产于中国安徽、浙江、江西、福建、湖南、广东、广西、贵州。

水红木（荚蒾属）

***Viburnum cylindricum* Buch.-Ham ex D. Don**

常绿灌木或小乔木，高达 8 m。叶革质，椭圆形至矩圆形或卵状矩圆形，长 8~24 cm，全缘或少数浅齿，通常无毛，近基部两侧有腺体；叶柄长 1~5 cm。聚伞花序伞形式，直径 4~18 cm，总花梗长 1~6 cm，第一级辐射枝常 7 条，花常生于第三级辐射枝上；花冠白色或有红晕，钟状，有微细鳞腺，裂片圆卵形。果实先红色后变蓝黑色，卵圆柱形。花期 6~10 月，果期 10~12 月。

生于阳坡疏林或灌丛中，海拔 500~900 m。产于中国甘肃、湖北、湖南、广东、广西、四川、贵州、云南、西藏。

荚蒾（荚蒾属）

***Viburnum dilatatum* Thunb.**

灌木，高 1.5~3 m。叶纸质，倒卵形，长 3~13 cm，顶端急尖，边缘有牙齿状锯齿，脉上毛尤密，近基部两侧有少数腺体；叶柄长 5~15 mm；无托叶。复伞形式聚伞花序稠密，生于具 1 对叶的短枝顶，直径 4~10 cm，总花梗长 1~3 cm，第一级辐射枝 5 条，花生于第三至第四级辐射枝上；花冠白色，辐状，直径约 5 mm。果实红色，椭圆状卵圆球形。花期 5~6 月，果期 9~11 月。

生于疏林下、林缘及灌丛中，海拔 100~600 m。产于中国河北、陕西、江苏、安徽、浙江、江西、福建、台湾、河南、湖北、湖南、广东、广西、四川、贵州、云南。

南方荚蒾（荚蒾属）

Viburnum fordiae **Hance**

灌木或小乔木。幼枝、芽、叶柄、花序、萼和花冠外面均被茸毛。叶厚纸质，长 4~8 cm，初时被簇状或叉状毛，后仅脉上有毛，稍光亮，下面毛较密，侧脉上面略凹陷；壮枝上的叶带革质，常较大，下面被茸毛；叶柄长 5~15 mm；无托叶。复伞形式聚伞花序直径 3~8 cm，总花梗长 1~3.5 cm；萼筒倒圆锥形，萼齿钝三角形；花冠白色，直径 4~5 mm，裂片卵形。果实红色，卵圆形，长 6~7mm。花期 4~5 月，果期 10~11 月。

生于山谷溪涧旁疏林、山坡灌丛中或平原旷野，海拔 100~500 m。产于中国安徽、浙江、江西、福建、湖南、广东、广西、贵州、云南。

蝶花荚蒾（荚蒾属）

Viburnum hanceanum **Maxim.**

灌木。当年小枝、叶柄和总花梗被茸毛，二年生小枝散生浅色皮孔。叶纸质，长 4~8cm，顶端圆形而微凸头，基部近圆形，边缘基部除外具整齐而稍带波状的锯齿，两面被黄褐色簇状短伏毛，侧脉略凹陷；叶柄长 6~15 mm。聚伞花序伞形式，直径 5~7 cm，花稀疏，外围有 2~5 朵白色、大型不孕花，总花梗长 2~4 cm，花生于第二至第三级辐射枝上；萼筒无毛，萼齿卵形；不孕花直径 2~3 cm，不整齐 4~5 裂；可孕花黄白色，直径约 3 mm，裂片卵形。果实红色，稍扁，卵圆球形，长 5~6 mm。花期 4~5 月，果期 8~9 月。

生于山谷溪流旁或灌木丛中，海拔 200~600 m。产于中国江西、福建、湖南、贵州、广东、广西。

海南荚蒾（荚蒾属）

Viburnum hainanense **Merr. & Chun**

常绿灌木，高达 3 m。叶亚革质，矩圆形、宽矩圆状披针形或椭圆形，长 3.5~10 cm，顶端尖，全缘或具 2~3 对疏离小齿，上面稍光亮，有腺点，离基三出脉状；叶柄长 3~10 mm。复伞形式聚伞花序顶生，花芳香，有短梗；萼筒长约 1mm，萼齿极短；花冠白色，辐状，直径约 4 mm，无毛，筒长约 1 mm，裂片近圆形，反曲，长约等于筒；雄蕊直立，高出花冠。果实红色，扁，卵圆柱形，直径约 6 mm，顶端细尖；核扁圆形，背面凸起，腹面深凹，其形如杓，无纵沟。花期 4~7 月，果期 8~12 月。

生于灌丛或丛林中，海拔 600~900 m。产于中国广东、海南、广西。

淡黄荚蒾（荚蒾属）

Viburnum lutescens **Blume**

常绿灌木，高可达 9 m。当年小枝疏被簇状短毛。芽鳞被褐色簇状短毛。叶亚革质，长 7~15 cm，基部下延，边缘具粗大钝锯齿，几无毛，侧脉连同中脉下面凸起；叶柄长 1~2 cm，无毛。聚伞花序复伞形式，直径 4~7 cm，总花梗长 2~5 cm；花芳香；萼筒倒圆锥形，长约 1.5 mm，无毛，萼齿三角状卵形；花冠白色，直径约 5 mm，裂片宽卵形。果实先红色后变黑色，宽椭圆球形，长 6~8(10) mm。花期 2~4 月，果期 10~12 月。

生于山谷林中、灌丛中或河边冲积沙地上，海拔 200~600 m。产于中国广东、广西。

吕宋荚蒾（荚蒾属）
Viburnum luzonicum **Rolfe**

灌木，高达 3 m。叶纸质或厚纸质，卵形、椭圆状卵形、卵状披针形至矩圆形，长 4~11 cm，边缘有深波状锯齿，侧脉 5~9 对；叶柄通常长 3~15 mm；无托叶。复伞形式聚伞花序，直径 3~5 cm，第一级辐射枝 5 条，纤细，花生于第三至第四级辐射枝上；萼筒卵圆形，长约 1 mm，萼齿卵状披针形；花冠白色，辐状，直径 4~5 mm。果实红色，卵圆形，长 5~6 mm；核甚扁，宽卵圆球形，长 4~5 mm，直径 3~4 mm。花期 4 月，果期 10~12 月。

生于山谷溪涧旁疏林和山坡灌丛中或旷野路旁，海拔 100~700 m。产于中国浙江、江西、福建、台湾、广东、广西、云南。

大果鳞斑荚蒾（荚蒾属）
Viburnum punctatum **Buch.-Ham. ex D. Don var. *lepidotulum*** **(Merr. & Chun) P. S.Hsu**

花和果实都比较大，花冠直径约 8 mm，裂片长约 3 mm，果实长 14~15 (18) mm，直径约 10 mm。

生于山谷杂木林中，海拔 200~900 m。产于中国广东、海南、广西。

珊瑚树（荚蒾属）极香荚蒾、法国冬青
Viburnum odoratissimum **Ker Gawl.**

常绿灌木或小乔木，高达 12 m。枝有凸起的小瘤状皮孔，几乎无毛。叶革质，近椭圆形，长 7~20 cm，边全缘或不规则浅波状钝齿，侧脉 4 ~5 对，脉腋常有集聚簇状毛和趾蹼状小孔；叶柄长 1~3 cm，近无毛。圆锥花序宽尖塔形，长 4~13 cm，宽 4~6 cm，总花梗长可达 10 cm；花芳香，近无梗；萼筒筒状钟形，长 2~2.5 mm，无毛；花冠白色，后变黄白色，直径约 7 mm，裂片反折，圆卵形。果实先红色后变黑色，卵圆球形，长约 8 mm。花期 4~5 月，果期 7~9 月。

生于山谷密林中溪涧旁、疏林或平地灌丛中，海拔 200~600 m。产于中国福建、湖南、广东、海南、广西。

常绿荚蒾（荚蒾属）坚荚蒾
Viburnum sempervirens **K. Koch**

常绿灌木。当年小枝四角状，紫色或灰褐色，近无毛，二年生小枝近圆柱状。叶革质，长 4~14 cm，近全缘，上面有光泽，下面中脉及侧脉常有疏伏毛，多少呈离基 3 出脉状，上面深凹陷，下面生小腺点，近基部两侧有少数腺体；叶柄带红紫色，长 5~15 mm。复伞形式聚伞花序直径 3~5 cm，有红褐色腺点，总花梗几无；萼筒倒圆锥形，长约 1 mm，萼齿宽卵形；花冠白色，辐状，直径约 4 mm，裂片近圆形。核果近球状卵形，红色。花期 5 月，果熟期 10~12 月。

生于山谷密林或疏林中、溪涧旁或丘陵地灌丛中，海拔 100~600 m。产于中国江西、湖南、广东、广西。

A409A 忍冬科 Caprifoliaceae

淡红忍冬（忍冬属）

***Lonicera acuminata* Wall.**

藤本。幼枝、叶柄和总花梗均密被开展黄褐色糙毛；叶纸质，三角状卵形或卵状披针形，稀宽卵形或长圆状披针形，长达 5.5 cm，基部微心形，稀圆或平截，老叶下面稍粉白色，中脉和侧脉疏生糙伏毛；叶柄长 2~5 mm；萼筒无毛或近无毛，萼齿条状披针形或条形，外被糙伏毛，有缘毛；花冠淡紫或白色，长约 2 cm，外面密生倒糙伏毛；花药长 2~3 mm，长为花丝的 1/3；花柱密被糙伏毛；果实圆球形，熟时蓝黑或黑色，直径 5~6 mm。花期 6~7 月，果期 10 月。

生于 400~800 m 的山坡林中或灌木林中。产于中国安徽、浙江、江西、湖南。

菰腺忍冬（忍冬属）

***Lonicera hypoglauca* Miq.**

落叶藤本。幼枝、叶柄、叶两面中脉及总花梗均密被上端弯曲淡黄褐色柔毛，有时有糙毛；叶纸质，卵形或卵状长圆形，长 6~9(11.5) cm，基部近圆或带心形，有无柄或具极短柄黄或桔红色蘑菇状腺；叶柄长 0.5~1.2 cm；双花单生至多朵集生侧生短枝，或于小枝顶集成总状，总花梗比叶柄短或较长；苞片条状披针形，与萼筒几等长，外面有糙毛和缘毛；花冠白色，有时有淡红晕，后黄色，长 3.5~4 cm，唇形，冠筒比唇瓣稍长，外面疏生倒微状毛，常具无柄或有短柄的腺；雄蕊与花柱均稍伸出，无毛；果实熟时黑色，近圆球形，有时具白粉，径 7~8 mm。花期 4~5(6) 月，果期 10~11 月。

产于中国广东、广西、贵州、云南。

华南忍冬（忍冬属）

***Lonicera confusa*（Sweet）DC.**

半常绿藤本。幼枝、叶柄、总花梗、苞片、小苞片和萼筒均密被灰黄色卷柔毛，并疏生微腺毛；叶纸质，卵形或卵状长圆形，长 3~6(7) cm，基部圆、平截或带心形，幼时两面有糙毛，老时上面无毛；叶柄长 0.5~1 cm；花有香味，双花腋生或于小枝或侧生短枝顶集成具 2~4 节的短总状花序，有总苞叶；总花梗长 2~8 mm；苞片披针形，长 1~2 mm；小苞片圆卵形或卵形，长约 1 mm，有缘毛；萼筒长 1.5~2 mm，被糙毛，萼齿披针形或卵状三角形，长 1 mm，外密被柔毛；花冠白色，后黄色，长 3.2~5 cm，唇形，筒直或稍弯曲，外面稍被开展倒糙毛和腺毛，内面有柔毛，唇瓣稍短于冠筒；雄蕊和花柱均伸出，比唇瓣稍长，花丝无毛；果实熟时黑色，椭圆球形或近圆球形，长 0.6~1 cm；花期 4~5 月，有时 9~10 月第二次开花，果期 10 月。

生于丘陵地山坡、杂木林和灌丛中及平原旷野路旁 。产于中国广东、海南、广西 。

大花忍冬（忍冬属）

***Lonicera macrantha* (D. Don) Spreng.**

半常绿藤本。幼枝、叶柄和总花梗均被开展黄白或金黄色长糙毛和稠密短糙毛，并散生腺毛；叶近革质或厚纸质，卵形、卵状长圆形、长圆状披针形或披针形，长 5~10(14) cm，基部圆或微心形，叶柄长 0.3~1 cm；花微香，双花腋生，常于小枝梢密集成多节伞房状花序；总花梗长 1~5(8) mm；苞片披针形或线形，长 2~4(5) mm，果实熟时黑色，圆球形或椭圆球形，长 0.8~1.2 cm。花期 4~5 月，果期 7~8 月。

生于石山灌丛或山坡阔叶林中。产于中国云南、西藏。

皱叶忍冬（忍冬属）

***Lonicera reticulata* Champ. ex Benth.**

常绿藤本。幼枝、叶柄和花序均被黄褐色毡毛；叶革质，宽椭圆形、卵形、卵状长圆形或长圆形，长 3~10 cm，边缘背卷，上面网脉皱纹状，除中脉外几无毛，下面有白色毡毛，干后黄白色；叶柄长 0.8~1.5 cm；双花成腋生小伞房花序，或在枝端组成圆锥状花序，总花梗基部常具苞状小叶；苞片线状披针形，长 2~3 mm，与萼筒等长或稍过，连同小苞片和萼齿均密生糙毛和缘毛；果实熟时蓝黑色，椭圆球形，长 7~8 mm。花期 6~7 月，果期 10~11 月。

生于山地灌丛或林中 400~900 m；产于中国江西、福建、湖南、广东、广西。

攀倒甑（败酱属）

***Patrinia villosa* (Thunb.) Dufr.**

多年生草本，高 0.5~1（1.2）m。根茎长而横走；基生叶丛生，卵形、宽卵形、卵状披针形或长圆状披针形，长 4~10（25）cm，具粗钝齿，基部楔形下延，不裂或大头羽状深裂，常有 1~4 对侧生裂片，叶柄较叶稍长，聚伞花序组成圆锥花序或伞房花序，分枝 5~6 级，萼齿浅波状或浅钝裂状，花冠钟形，白色，裂片异形；雄蕊 4 枚，伸出；瘦果倒卵圆形，与宿存增大苞片贴生；果苞长（2.8）4~5.5（6.5）mm，先端钝圆，不裂或微 3 裂，基部楔形，网脉明显，主脉 2（3）条，下面中部 2 条主脉有微糙毛；花期 8~10 月，果期 9~11 月。

产于中国华东、华中区地以及广东、广西、四川。

A413 海桐科 Pittosporaceae

光叶海桐（海桐属 ）

***Pittosporum glabratum* Lindl.**

常绿灌木，高 2~3 m。嫩枝无毛，老枝有皮孔。叶聚生于枝顶，薄革质，窄矩圆形，或为倒披针形，长 5~10 cm，宽 2~3.5 cm，先端尖锐，基部楔形，上面绿色，发亮，下面淡绿色，无毛，侧脉 5~8 对，叶柄长 6~14 mm。花序伞形，1~4 枝簇生于枝顶叶腋、多花；苞片披针形，长约 3 mm；花梗长 4~12 mm；花瓣分离，倒披针形，长 8~10 mm。蒴果椭圆形，长 2~2.5 cm，有时为长筒形，长达 3.2 cm，3 片裂开，果爿薄，革质；种子大，近圆形，长 5~6 mm，红色，种柄长 3 mm；果梗短而粗壮，有宿存花柱。花期 3~8 月，果期 6~12 月。

生于林缘、溪谷中，海拔 200~900 m。产于中国广东、海南、广西、江西、湖南、贵州、四川、湖北、甘肃。

狭叶海桐（海桐属 ）

***Pittosporum glabratum* Lindl. var. *neriifolium* Rehder & E. H. Wilson**

常绿灌木，高 1.5 m，嫩枝无毛，叶带状或狭窄披针形，长 6~18 cm，或更长，宽 1~2 cm，无毛，叶柄长 5~12 mm。伞形花序顶生，有花多朵，花梗长约 1 cm，有微毛，萼片长 2 mm，有睫毛；花瓣长 8~12 mm；雄蕊比花瓣短；子房无毛。蒴果长 2~2.5 cm，子房柄不明显，3 片裂开，种子红色，长 6 mm。

生于林缘、溪谷，海拔 600~900 m。产于中国广东、广西、江西、湖南、贵州、四川、湖北。

少花海桐（海桐属）

Pittosporum pauciflorum **Hook. & Arn.**

常绿灌木。叶散布于嫩枝上，有时呈假轮生状，革质，狭窄矩圆形，长5~8 cm，宽1.5~2.5 cm，先端急锐尖，基部楔形，上面深绿色，发亮，下面在幼嫩时有微毛，侧脉6~8对，与网脉在上面稍下陷，在下面突起，边缘干后稍反卷，叶柄长8~15 mm，初时有微毛，以后变秃净。花3~5朵生于枝顶叶腋内，呈假伞形状；花梗长约1 cm，秃净或有微毛；苞片线状披针形，长6~7 mm；萼片窄披针形，长4~5 mm，有微毛，边缘有睫毛；花瓣长8~10 mm。蒴果椭圆球形或卵球形，长约1.2 cm，被疏毛，3片裂开，果爿阔椭圆形；种子红色。

生于阔叶林中、溪谷旁，海拔700~900 m。产于中国广西、广东、福建、江西、湖南。

A414 五加科 Araliaceae

黄毛楤木（楤木属）鸟不企

Aralia chinensis **L.**

灌木。茎皮灰色，有纵纹和裂隙；新枝密生黄棕色茸毛，有短直刺，基部稍膨大。二回羽状复叶长达1.2 m；叶柄长20~40 cm，疏生细刺和黄棕色茸毛；叶轴和羽片轴密生黄棕色茸毛；小叶7~13枚，基部有小叶1对；小叶革质，长7~14 cm，宽4~10 cm，上面密生黄棕色茸毛，下面毛更密，边缘有细尖锯齿。圆锥花序大；分枝长达60 cm，密生黄棕色茸毛，疏生细刺；花淡绿白色；花瓣长约2 mm。果实球形，黑色，有5条棱，直径约4 mm。花期10月至翌年1月，果期12月至翌年2月。

生于阳坡或疏林中，海拔100~600 m。产于中国福建、广东、广西、贵州、海南、江西。

头序楤木（楤木属）雷公种

Aralia dasyphylla **Miq.**

灌木或小乔木。小枝有刺。叶为二回羽状复叶；叶柄长30 cm以上；托叶和叶柄基部合生，先端离生部分三角形；叶轴和羽片轴密生黄棕色茸毛；羽片有小叶7~9片；小叶片薄革质，长5.5~11 cm，先端渐尖，侧生小叶片基部歪斜，边缘有细锯齿。圆锥花序长达50 cm；一级分枝长达20 cm；三级分枝长2~3 cm，有数个宿存苞片；苞片长圆形；小苞片长圆形；花无梗，聚生为头状花序；花瓣5枚，长圆状卵形。果实球形，紫黑色，直径约3.5 mm，有5条棱。花期8~10月，果期10~12月。

生于林中、林缘和向阳山坡上，海拔200~600 m。产于中国长江以南地区。

长刺楤木（楤木属）刺叶楤木

Aralia spinifolia **Merr.**

灌木。小枝疏生扁刺，并密生刺毛。二回羽状复叶长40~70 cm，叶柄、叶轴和羽片轴具刺和刺毛；羽片长20~30 cm，有小叶5~9枚，基部有小叶1对；小叶薄纸质，长圆状卵形，长7~11 cm，宽3~6 cm，上面脉上疏生小刺和刺毛，下面更密，边缘有锯齿，侧脉5~7对，两面明显，网脉上面不明显，下面明显。圆锥花序长达35 cm，花序轴和总花梗均密生刺和刺毛；花瓣5枚，淡绿白色，卵状三角形，长约1.5 mm。果实卵球形，黑褐色，有5条棱，长4~5 mm；宿存花柱长约2 mm。花期8~10月，果期10~12月。

生于山坡或林缘阳光充足处，海拔200~600 m。产于中国广西、湖南、江西、福建、广东。

树参（树参属）

***Dendropanax dentiger* (Harms) Merr.**

乔木或灌木，高 2~8m。叶片厚纸质，密生粗大半透明红棕色腺点，叶形变异很大，不分裂叶片通常为椭圆形，长 7~10 cm，宽 1.5~4.5 cm，分裂叶片倒三角形，掌状 2~3 裂，两面无毛，全缘，基脉三出，侧脉 4~6 对，网脉两面显著且隆起；叶柄长 0.5~5 cm，无毛。伞形花序单生或聚生成复伞形花序，有花 20 朵以上；总花梗长 1~3.5 cm；花瓣 5 枚，三角形或卵状三角形，长 2~2.5 mm。果实长圆状球形，长 5~6 mm，有 5 条棱；宿存花柱长 1.5~2 mm；果梗长 1~3 cm。花期 8~10 月，果期 10~12 月。

生于常绿阔叶林或灌丛中，海拔 100~600 m。产于中国长江以南地区。

变叶树参（树参属）三层楼

***Dendropanax proteus* (Champ.) Benth.**

直立灌木。叶片革质或纸质，无半透明有色腺点，叶形变异很大，不分裂叶片椭圆形至狭披针形，长 2.5~12 cm，宽 1~7 cm，分裂叶片倒三角形，掌状 2~3 深裂，两面无毛，近先端处常有细齿 2~3 枚，基脉三出，中脉隆起，侧脉 5 ~ 9 对；叶柄长 0.5~5 cm，无毛。伞形花序单生聚生；总花梗长 0.5~2 cm；花瓣 4~5 枚，卵状三角形，长 1.5~2 mm。果实球形，平滑，直径 5~6 mm，宿存花柱长 1~1.5 mm。花期 8~9 月，果期 9~10 月。

生于山谷溪边、山坡林下、路旁，海拔 300~600 m。产于中国福建、江西、湖南、广东、海南、广西、云南。

海南树参（树参属）

***Dendropanax hainanensis* (Merr. & Chun) Chun**

乔木，高 10~18 m。叶片纸质，无腺点，椭圆形、长圆状椭圆形或卵状椭圆形，长 6~11 cm，宽 2~5 cm，先端长渐尖，基部楔形，长 6~11 cm，宽 2~5 cm，两面均无毛，边缘全缘，叶脉羽状，基部无三出脉，中脉隆起，侧脉约 8 对，纤细，略明显至明显，网脉不明显或明显；叶柄纤细，长 1~9 cm，无毛。伞形花序顶生，4~5 个聚生成复伞形花序；总花梗长 1.5~2 cm；花梗长 4 mm；萼长 1.5~2 mm；花瓣 5 枚，长 1.5~2 mm。果实球形，有 5 条棱，熟时浆果状，暗紫色，直径 7~9 mm，宿存花柱长约 2 mm。花期 6~7 月，果期 10 月。

常生于山谷密林或疏林中，海拔 700~900 m。产于中国湖南、贵州、云南、广西、广东。

短梗幌伞枫（幌伞枫属）短梗罗汉伞

***Heteropanax brevipedicellatus* H. L. Li**

常绿小乔木；树皮灰棕色，有细密纵裂纹。叶大，四至五回羽状复叶，长 90 cm，宽 60 cm；叶柄粗壮，长 15~40 cm；叶轴密生暗锈色茸毛；小叶片纸质，椭圆形至狭椭圆形，边缘稍反卷，长 2~8.5 cm，宽 0.8~3.5 cm，上面深绿色，下面灰绿色，两面均无毛，全缘，侧脉 5 ~ 6 对；小叶柄极短。圆锥花序顶生；伞形花序头状；花梗密生茸毛；花淡黄白色；花瓣 5 枚，三角状卵形，长约 2 mm。果实扁球形，黑色，长 5~6 mm，宽 7~8 mm，宿存花柱长 2~3 mm；果梗长 4 mm。花期 11~12 月，果期翌年 1~2 月。

生于丘陵森林中和林缘路旁，海拔 100~600 m。产于中国广西、广东、江西、福建。

刺楸（刺楸属）

Kalopanax septemlobus **(Thunb.) Koidz.**

落叶乔木，树皮暗灰棕色，小枝散生粗刺。叶片纸质，在长枝上互生，在短枝上簇生，圆形，直径 9~25 cm，掌状 5~7 浅裂，裂片阔三角状卵形至长圆状卵形，基部心形，边缘有细锯齿；叶柄长 8~50 cm。圆锥花序大，长 15~25 cm；伞形花序有花多数；花白色或淡绿黄色；萼无毛，边缘有 5 枚小齿；花瓣 5 枚，三角状卵形，长约 1.5 mm。果实球形，蓝黑色。花期 7~10 月，果期 9~12 月。

多生于阳性密林、灌木林中和林缘，海拔 200~600 m。除西北地区外，中国广泛分布。

鹅掌柴（鹅掌柴属）鸭母树、鸭脚木

Schefflera heptaphylla **(L.) Frodin**

乔木或灌木。小枝幼时密生星状短柔毛，后脱落。叶有小叶 6~9 枚，最多至 11 枚；叶柄长 15~30 cm；小叶纸质至革质，长 9~17 cm，宽 3~5 cm，幼时密生星状短柔毛，后渐脱落，全缘，但在幼树时常有锯齿或羽状分裂；小叶柄长 1.5~5 cm，近无毛。圆锥花序顶生，长 20~30 cm；伞形花序有花 10~15 朵；总梗长 1~2 cm；花梗长 4~5 mm；花白色；花瓣 5~6 枚，开花时反曲。果实球形，黑色，直径约 5 mm。花期 11~12 月，果期 12 月。

常绿阔叶林中常见植物，海拔 100~600 m。产于中国西藏、云南、广西、广东、浙江、福建、台湾。

穗序鹅掌柴（鹅掌柴属）德氏鸭脚木、绒毛鸭脚木、大五加皮

Schefflera delavayi **(Franch.) Harms**

乔木或灌木。掌状复叶，小叶 4~7 枚，小叶片纸质至薄革质，形状变化很大，椭圆状长圆形至长圆状披针形，稀线状长圆形，长 6~35 cm，宽 2~8 cm，先端急尖至短渐尖，上面无毛，下面密生星状茸毛，侧脉 8~12 对；小叶柄粗壮，中央的较长，两侧的较短。花无梗，密集成穗状花序，再组成大圆锥花序。花白色；萼有 5 枚齿；花瓣 5 枚，三角状卵形，无毛。果实球形，紫黑色，直径约 4 mm；宿存花柱长 1.5~2 mm，柱头头状。花期 10~11 月，果期翌年 1 月。

生于山谷溪边的常绿阔叶林中，阴湿的林缘或疏林也能生长，海拔 600~900 m。产于中国云南、贵州、四川、湖北、湖南、广西、广东、江西、福建。

星毛鸭脚木（鹅掌柴属）星毛鹅掌柴

Schefflera minutistellata **Merr. ex H. L. Li**

灌木或小乔木。小枝及叶柄密生黄棕色星状茸毛，不久毛即脱净。叶有小叶 7~15 枚；叶柄长 12~45 cm；小叶薄革质，长 10~16 cm，宽 4~6 cm，上面无毛，下面密生灰色小星状茸毛，全缘，稍反卷；中央小叶柄长 3~7 cm，两侧的长 1~1.5 cm。圆锥花序顶生，长 20~40 cm，主轴和分枝幼时密生黄棕色星状茸毛；伞形花序总梗长 2.5~3 cm；花瓣长 2~3 mm。果实球形，有 5 条棱，直径 4 mm；宿存花柱长约 2 mm。花期 9 月，果期 10 月。

生于山地林中，海拔 600~900 m。产于中国云南、贵州、湖南、广西、广东、江西、浙江、福建。

通脱木（通脱木属）天麻子
***Tetrapanax papyrifer* (Hook.) K. Koch**

常绿灌木。树皮深棕色，略有皱裂；新枝有明显的叶痕和大形皮孔，幼时密生星状厚茸毛，后渐脱落。叶集生茎顶；叶薄革质，长50~75 cm，宽50~70 cm，掌状5~11裂，通常再分裂为2~3枚小裂片，上面无毛，下面密生白色厚茸毛，边缘近全缘；叶柄长30~50 cm，无毛；托叶长7.5 cm，密生厚茸毛。圆锥花序长50 cm；伞形花序直径1~1.5 cm；花淡黄白色。果实直径约4 mm，球形，紫黑色。花期10~12月，果期翌年1~2月。

生于向阳肥厚的土壤上，海拔100~600 m。产于中国秦岭南坡以南地区。

刺芹（刺芹属）
***Eryngium foetidum* L.**

二年生或多年生草本，高11~40 cm或超过，主根纺锤形。茎绿色直立，粗壮，无毛，有数条槽纹。基生叶披针形或倒披针形不分裂，革质，顶端钝，基部渐窄有膜质叶鞘，边缘有骨质尖锐锯齿，近基部的锯齿狭窄呈刚毛状，表面深绿色，背面淡绿色，两面无毛，羽状网脉；叶柄短，基部有鞘可达3 cm；茎生叶着生在每一叉状分枝的基部，对生，无柄，边缘有深锯齿，齿尖刺状。头状花序生于茎的分叉处及上部枝条的短枝上，呈圆柱形，无花序梗；花瓣与萼齿近等长，倒披针形至倒卵形，顶端内折，白色、淡黄色或草绿色；花柱直立或稍向外倾斜，略长过萼齿。果实卵圆球形或球形，表面有瘤状凸起，果棱不明显。花果期4~12月。

产于中国广东、广西、贵州、云南。

A416 伞形科 Apiaceae

积雪草（积雪草属）
***Centella asiatica* (L.) Urb.**

多年生草本，茎匍匐，节上生根。叶草质，圆形，长1~2.8 cm，宽1.5~5 cm，边缘有钝锯齿，基部阔心形，两面无毛；叶柄长1.5~27 cm。伞形花序梗2~4个，聚生于叶腋，长0.2~1.5 cm；每一伞形花序有花3~4朵，聚集呈头状；花瓣卵形，紫红色或乳白色，膜质，长1.2~1.5 mm；花柱长约0.6 mm。果实两侧扁压，圆球形，长2.1~3 mm。花果期4~10月。

生于阴湿的草地或水沟边，海拔100~600 m。产于中国秦岭南坡以南地区。

红马蹄草（天胡荽属）
***Hydrocotyle nepalensis* Hook.**

多年生草本，高5~45 cm。茎匍匐。叶片硬膜质，长2~5 cm，宽3.5~9 cm，边缘通常5~7浅裂，裂片有钝锯齿，掌状脉7~9条，疏生短硬毛；叶柄长4~27 cm，上部密被柔毛；托叶膜质。伞形花序数个簇生，花序梗长0.5~2.5 cm，有柔毛；小伞形花序密集成头状花序；花柄长0.5~1.5 mm；花瓣卵形，白色，有时有紫红色斑点。果实长1~1.2 mm，宽1.5~1.8 mm，基部心形，两侧扁压。花果期5~11月。

生于山坡、路旁、阴湿地、水沟和溪边草丛中，海拔300~800 m。产于中国秦岭南坡以南地区。

天胡荽（天胡荽属）

Hydrocotyle sibthorpioides **Lam.**

多年生草本，有气味。叶片膜质至草质，圆形或肾圆形，基部心形，两耳有时相接，不分裂或5~7裂，裂片阔倒卵形，边缘有钝齿，表面光滑。伞形花序与叶对生，单生于节上；花序梗纤细；小总苞片卵形至卵状披针形，膜质，有黄色透明腺点，背部有1条不明显的脉；小伞形花序有花5~18朵，花无柄或有极短的柄，花瓣卵形，绿白色，有腺点；花丝与花瓣同长或稍超出，花药卵形。果实略呈心形，两侧扁压，中棱在果熟时极为隆起，幼时表面草黄色，成熟时有紫色斑点。花果期4~9月。

产于中国陕西、江苏、安徽、浙江、江西、福建、湖南、湖北、广东、广西、台湾、四川、贵州、云南。

肾叶天胡荽（天胡荽属）

Hydrocotyle wilfordi **Maxim.**

多年生草本，株高达45 cm；茎直立或匍匐，节上生根。叶近圆形或肾圆形，长1.5~3.5 cm，宽2~7 cm，不明显7浅裂，裂片有钝圆齿基部心形，弯缺稍开展，两面无毛或下面脉上疏生短刺毛；叶柄长3~19 cm。花无梗或梗极短；小总苞片膜质，细小，具紫色斑点；花瓣白或黄绿色，卵形。果实长1.2~1.8 mm，直径1.5~2.1 mm，基部心形，两侧扁，熟时紫褐或黄褐色，有紫色斑点。花果期5~9月

生于阴湿的山谷、田野、沟边、溪旁等处，海拔300~900 m。产于中国福建、广东、广西、江西、四川、台湾、云南、浙江。

破铜钱（天胡荽属）

Hydrocotyle sibthorpioides **Lam. var.** ***batrachium*** **(Hance) Hand.–Mazz. ex R. H. Shan**

与原种的区别为：叶片较小，3~5深裂几达基部，侧面裂片间有一侧或两侧仅裂达基部1/3处，裂片均呈楔形。

喜生在路旁、河沟边、湖滩、溪谷，海拔150~600 m。产于中国安徽、浙江、江西、湖南、湖北、台湾、福建、广东、广西、四川。

薄片变豆菜（变叶菜属）

Sanicula lamelligera **Hance**

多年生矮小草本，高13~30 cm。根茎短，有结节。基生叶圆心形或近五角形，长2~6 cm，宽3~9 cm，掌状3裂，中间裂片长2~6 cm，宽1~3 cm，上部3浅裂，侧面裂片常2深裂或在外侧边缘有1缺刻；叶柄长4~18 cm；最上部的茎生叶小，3裂至不分裂，顶端渐尖。花序通常2~4回二歧分枝或2~3叉；小伞形花序有花5~6朵，通常6朵；雄花4~5朵，花柄长2~3 mm；花瓣白色、粉红色或淡蓝紫色，倒卵形。果实长卵形或卵球形。花果期4~11月。

生于林下、沟谷、溪边，海拔500~900 m。产于中国长江以南地区。

直刺变豆菜（变叶菜属）

***Sanicula orthacantha* S. Moore**

多年生草本，高 8~45 cm。茎直立，上部分枝。基生叶长 2~7 cm，宽 3.5~7 cm，掌状 3 全裂，边缘具锯齿或刺毛状齿；叶柄长 5~26 cm，基部具膜质鞘；茎生叶略小，有柄，掌状 3 全裂。花序通常 2~3 回分枝；伞形花序 3~8 枚；小伞形花序有花 6~7 朵；花瓣白色、淡蓝色或紫红色；花柱长 3.5~4 mm，向外反曲。果实卵形，长 2.5~3 mm，宽 2.2~5 mm，外面有直而短的皮刺，皮刺不呈钩状；分生果侧扁。花果期 4~9 月。

生于山涧林下、路旁、沟谷及溪边等处，海拔 300~600 m。产于中国秦岭南坡以南地区。

窃衣（窃衣属 ）

***Torilis scabra* (Thunb.) DC.**

一年或多年生草本，高 20~120 cm。茎有纵条纹及刺毛。叶柄长 2~7 cm，下部具膜质鞘；叶片一至二回羽状分裂，两面疏生粗毛，第一回羽片长 2~6 cm，宽 1~2.5 cm，柄长 0.5~2 cm，末回裂片边缘具粗齿至分裂。复伞形花序，花序梗长 3~25 cm，有倒生的刺毛；小伞形花序有花 4~12 朵；花瓣白色、紫红或蓝紫色，倒圆卵形，长 0.8~1.2 mm。果实卵圆球形，长 1.5~4 mm，宽 1.5~2.5 mm，通常有内弯或呈钩状的皮刺；花果期 4~10 月。

生于杂木林下、林缘、路旁、河沟边以及溪边草丛中，海拔 100~400 m。产于中国秦岭南坡以南地区。

中文名称索引

D

M

学名索引

I

J

K

L

T